普通高等教育“十三五”规划教材·电子信息与电气工程类专业规划教材

通信电子电路原理及仿真设计

（第2版）

叶建芳　仇润鹤　叶建威 / 编著

電子工業出版社
Publishing House of Electronics Industry
北京·BEIJING

内 容 简 介

本书注重选材，内容丰富，层次分明，难易适中，以“讲透基本原理，打好电路基础，面向集成电路”为宗旨，强调物理概念的描述，避免复杂的数学推导。在知识点的阐述上，本书有自己的个性特色，并在内容取舍、编排及文字表达等方面深入浅出、图文并茂，不仅易教，更便于自学。在清楚阐述基本概念、基本原理和基本分析方法的同时，本书也给出了非常实用的典型高频电子电路。全书共 10 章，主要介绍了无线电发射系统和接收系统的组成和工作原理，高频电子电路基础，高频小信号放大器，高频谐振功率放大器，正弦波振荡器，频率变换电路基础及基本部件，振幅调制、解调及混频电路，角度调制与解调电路，反馈控制电路，最后一章以集成芯片为核心，全面、系统地分析了无线电收发系统的各功能模块的基本工作原理，实现了整体内容从“树木到森林”的重要转变。另外，为了帮助读者更好地掌握所学知识，每章后面都有难度适中的思考题和习题，填空题、选择题旨在加强学生对基本概念的理解与掌握，而计算题有利于加深读者对本书内容的理解，提高解题能力。

本书可以作为通信工程、电子信息工程、信息工程等专业的本科生教材，也可以作为高职高专、电大、职大的教材，还可以供从事电子协调研制与开发的工程技术人员参考。

图书在版编目（CIP）数据

通信电子电路原理及仿真设计 / 叶建芳，仇润鹤，叶建威编著. —2 版. —北京：电子工业出版社，2019.8
普通高等教育“十三五”规划教材. 电子信息与电气工程类专业规划教材

ISBN 978-7-121-36765-6

Ⅰ. ①通…　Ⅱ. ①叶…　②仇…　③叶…　Ⅲ. ①通信系统—电子电路—高等学校—教材　Ⅳ. ①TN91

中国版本图书馆 CIP 数据核字（2019）第 106591 号

策划编辑：李敏
责任编辑：李敏
印　　刷：三河市鑫金马印装有限公司
装　　订：三河市鑫金马印装有限公司
出版发行：电子工业出版社
　　　　　北京市海淀区万寿路 173 信箱　邮编 100036
开　　本：787×1 092　1/16　印张：24.75　字数：597 千字
版　　次：2012 年 6 月第 1 版
　　　　　2019 年 8 月第 2 版
印　　次：2019 年 8 月第 1 次印刷
定　　价：79.00 元

凡所购买电子工业出版社图书有缺损问题，请向购买书店调换。若书店售缺，请与本社发行部联系，联系及邮购电话：（010）88254888，88258888。

质量投诉请发邮件至 zlts@phei.com.cn，盗版侵权举报请发邮件至 dbqq@phei.com.cn。

本书咨询联系方式：（010）88254753 或 limin@phei.com.cn。

前 言

“通信电子电路”是一门理论性、工程性很强，且有待不断发展的课程。在集成化技术和计算机辅助设计的推动下，该课程无论在内容上，还是在体系上都需要不断更新。本书的内容将体现教育部高等院校电子信息类基础课程教学指导委员会制定的电子电路课程教学基本要求，遵循“加强基础，强调功能，优选内容，面向集成”的原则。在参考国内外同类有影响力教材的经验后，编著者在典型电路结构和工作原理的分析中，以理解概念、实现功能为主，加强基本理论方法的讨论，避免过多的数学推导。另外，编著者结合多年的教学、科研经验，在本书中注重反映现代通信技术的发展现状和趋势，做到起始于基本概念，落脚于实际应用。本书内容上重视工程性内容的引入，电路实例均来源于工程实践，遵循“分立为基础，集成为重点，分立为集成服务”的原则，依据“管为路用，以路为主”的方法，做到以点带面、举一反三。

本书的一个重要特色是将EDA技术与内容及实践环节有机地结合起来，融合现代化教学方法和先进的实践教学手段，培养学生运用计算机辅助分析和设计技术解决工程实际问题的能力。随着大规模集成电路的广泛应用，系统电路的复杂程度不断提高，借助于EDA技术对高频电子电路进行仿真分析、设计、电路制板和电磁兼容分析已势在必行，这将成为高频电子电路中非常重要的内容。

本书由叶建芳、仇润鹤、叶建威编著。其中，第1～5章由叶建威执笔，第6～8章由仇润鹤执笔，第9～10章由叶建芳执笔。解放军陆军工程大学张雄伟教授对全书的内容提出了许多宝贵意见，在此表示衷心感谢。第10章中无线电收发系统波形测试工作得到刘世地高级实验师的大力帮助；陈金山协助完成了部分电路仿真工作。在本书编写过程中，编著者从所列文献中吸取和借鉴了宝贵的经验与成果，谨向各位作者表示感谢。

承蒙电子工业出版社给予的支持和帮助，学术出版分社董亚峰副社长和李敏编辑为本书的出版付出了辛勤的努力，在此表示衷心的感谢。

由于编者水平有限，书中难免存在疏漏，恳请广大读者批评指正，联系邮箱：leaf6411@dhu.edu.cn，qiurh@dhu.edu.cn。

编著者

2019年6月

书中符号说明

1. 基本物理量和单位

物理量的名称	物理量的符号	单位名称	单位符号
电压	V，u	伏（特）	V
电流	I，i	安（培）	A
功率	P	瓦（特）	W
电阻	R，r	欧（姆）	Ω
电导	G，g	西（门子）	S
电抗	X，x	欧（姆）	Ω
电纳	B，b	西（门子）	S
阻抗	Z，z	欧（姆）	Ω
导纳	Y，y	西（门子）	S
电感	L	亨（利）	H
电容	C	法（拉）	F
互感	M	亨（利）	H
频率	F，f	赫（兹）	Hz
角频率	ω，Ω	弧度/秒	rad/s
带宽	BW	赫（兹）	Hz
跨导	g_{m}	西（门子）	S

注：加括号中的字后表示相应物理量单位的全称，括号中的字可以省略，省略后得到该物理量单位的简称。

2. 电压、电流符号表示

小写字母和小写下标	交流电压（电流）瞬时值（如 u_{be} 表示基射极之间的交流电压瞬时值）
大写字母和大写下标	直流电压（电流）值或交流电压（电流）的有效值（如 U_{BE} 表示基射极之间的直流电压值，U_{O} 表示输出交流电压的有效值）
小写字母和大写下标	含有直流电压（电流）的瞬时值（如 u_{BE} 表示基射极之间含有直流电压的瞬时值）
大写字母和大写双字母重复下标	直流供电电压（如 V_{BB} 表示基极直流供电电压，V_{CC} 表示集电极直流供电电压）

3．功率

P_C	集电极耗散功率	P_D	直流电源功率
P_O	输出功率	P_{av}	平均功率

4．其他符号

Q	品质因数	K_Σ	环路直流增益
K	矩形系数	m_a	调幅指数
η	效率	m_f	调频指数
ξ	广义失谐	m_P	调相指数
R_Σ	选频回路谐振电阻	K_f	调频灵敏度
P	接入系数	β	共发射极短路电流放大倍数
θ	电流导通角或相位	f_α	共基极短路电流放大倍数的截止频率
α	电流分解系数	f_β	共发射极短路电流放大倍数的截止频率
ζ	阻尼系数	f_T	特征频率（当 β 降至 1 时的频率）

目　录

第1章　绪　　论

通信的任务是传递信息，信息可以是语言、音乐、文字、符号、图像或数据。古代人们曾用烽火、信鸽或信使报告敌情，用军旗来指挥战斗，用战鼓和号角传达军令。这些方法都依赖于人的视觉和听觉，而人的视觉和听觉范围都非常有限，很难实现远距离信息传递。我国古代神话创作中的千里眼、顺风耳都反映了人们渴望实现远距离快速传递信息的愿望。

1837 年，莫尔斯（Morse）发明了电报，开创了通信的新纪元；1864 年麦克斯韦（Maxwell）发表了著名论文《电磁场的动力理论》，该论文在总结前人工作的基础上，得出了电磁场方程，从理论上预言了电磁波的存在；1876 年贝尔（Bell）发明了有线电话，能直接将语音信号变为电信号沿导线传输；1887 年，德国物理学家赫兹（Hertz）用实验证实了电磁波的客观存在，验证了麦克斯韦理论的正确性。自此以后，许多科学家都致力于研究如何利用电磁波传输信息的问题，即无线电通信。著名的科学家包括英国的罗吉（Lodge）、法国的勃兰利（Branly）、俄国的波波夫、意大利的马可尼（Marconi）等。其中，马可尼的贡献最为重要，1895 年他首次在几百米距离上实现了电磁波通信，1901 年又完成了横跨大西洋的无线电通信。从此无线电通信进入实用阶段，无线电技术也就蓬勃发展起来了。

1.1　通信系统模型

1.1.1　通信系统的基本组成

任何一个通信系统，都从一个被称为信息源的时空点向另一个被称为受信者的目的点传送信息。通信系统是指实现这一通信过程的全部技术设备和信道的总和。通信系统种类很多，它们的具体设备和业务功能各不相同，但一个完整的通信系统应包括信息源、输入变换器、发送设备（发射机）、信道、接收设备（接收机）、输出变换器和受信者，通信系统的基本组成如图 1-1 所示。

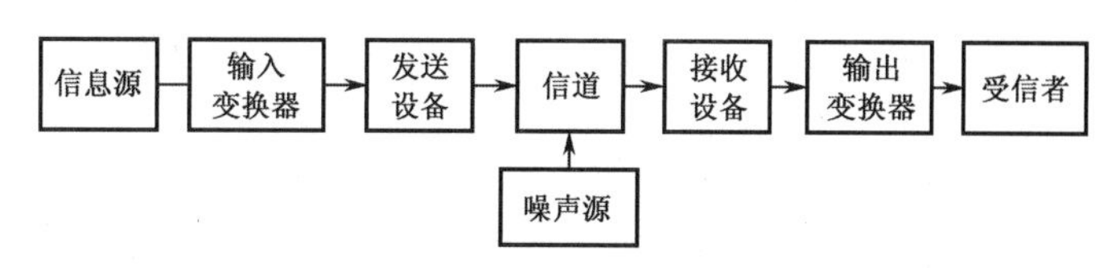

图 1-1　通信系统的基本组成

信息源：信息来源，具有各种不同的形式，如音乐、语言、文字、图像等，一般是非电量信号。

输入变换器（话筒、拾音器、摄像机等）：将信息源输入的待传输的信息变换成相应的电信号，这种包含消息的电信号称为基带信号。例如，利用话筒可以把语音变换成与之相应变化的电信号，利用摄像机可把图像信号变换成与之相应变化的电信号。

发射机：主要任务是调制和放大，将基带信号变换为适合信道传输的高频电信号（调制），高频电信号经过放大后获得足够的功率送入信道，完成信号的有效传输。变换后的高频电信号称为已调信号或频带信号（Passband Signal）。

信道：带有信息高频电信号的传输通道，也就是传输媒介。信道可分为有限信道和无线信道两大类。有限信道可以是架空明线、电缆、波导、光纤等，无线信道是自由空间。

接收机：其功能是从信道接收到的信号中恢复出与发射机输入信号一致的基带信号。因信号经信道传输后，难免有噪声干扰的加入，在接收机中必须滤除这些干扰，确保通信质量。

输出变换器：将接收机输出的电信号还原成原始信息，如声音、图像等。例如，通过耳机或扬声器把代表语音变化的电信号还原为语音，通过显像管把图像信号还原成图像信息重现在荧光屏上。

噪声源：信道中的噪声及分散在通信系统中所有噪声的集中表示。

通信系统通常要完成两种重要的变换。在发送端，将要传输的非电量信号变换成电信号，该电信号一般由零频附件的直流分量和低频信号组成，称为基带信号（Baseband Signal），其特点是频率低、相对带宽较大。例如，语音信号带宽为 300～3400Hz，波长为几百千米，天线尺寸与信号波长相比拟难以实现，所以不适合无线传输，也不适合发射。为了实现有效发射和传输就必须对信号进行调制。

调制过程：使高频载波信号的某一参数（幅度、频率、相位）随着要传输的低频电信号变化，即实现包含消息的低频信号对高频信号的加载。

调制过程的目的如下。

1. 天线有效发射

无线电通信中的“发射”是指把高频电流转换成电磁波的形式在空间传播。只有当馈送到天线上的信号波长与天线尺寸可以相比拟时，天线才能有效发射。代表消息的基带信号通常都是低频信号，其波长远远大于天线尺寸，因此将基带信号电流送到天线上，是不能有效地变换成辐射到远方的无线电波的。例如，频率为 50Hz 的信号，波长为 6000km，要有效发射，天线尺寸要几百千米，这样的天线几乎无法实现。

2. 实现有效传输

高频具有宽阔的频段，能容纳许多互不干扰的频道，从而传输某些宽频带信号。我们知道，任何通信系统为了传递一定的信息必须占据一定的带宽。也就是说，代表消息的电信号通常都具有复杂的波形，它含有许多频率分量，因而占有一定的频率范围。单纯的正弦波不携带任何信息。要听懂对方的语音需要传递信号的频率为 300～3400Hz；

要传送一个语音信号至少要 3kHz 的频带。普通电话就是这样设计的，因为电话的声音只能听懂，不悦耳，也不逼真。为了相当逼真地传送语音和音乐信号，要占据 6～15kHz 的带宽。在调频广播中，其信号频率规定为 50Hz～15kHz，这是广播所要求的频率。电视中的图像信号，波形较复杂。它会有宽广的频率范围，图像信号占据的带宽为 0～6MHz。一路彩色图像信号加上伴音信号要占据 8MHz 带宽；而一条通信线路一般只能有不超过 10%的相对带宽（$\frac{\Delta f}{f_0}$），其中 f_0 为载波频率。f_0 越高，则 Δf 越大，所能容纳的互不干扰的信息就越多，传输的信息容量就越大。这就是无线电通信要通过调制之后才能进行发射传输的原因。

3．实现信道的复用，提高信道利用率

音频信号的频带几乎分布在同一范围，都集中在 20Hz～20kHz。如果直接把反映原始信息的电信号通过天线以辐射电磁波的形式传送，则无法保证同时传送多路信息而又不相互干扰，并且不利于接收端正确区分两路以上的信息，因此必须要把传送的信息分开。本书即将介绍的 AM、FM 中，就是通过调制实现频带分离的。这种分离信号的方法称为频分多址（FDMA），即不同信号被分配到不同频率的信道里，采用带通滤波器滤除邻近信道的干扰。另外，还有一种方法称为时分多址（TDMA），即两个或两个以上的信号共享相同的频带，但在不同的时间段使用。人耳在接收时，可以将不同的时间段结合起来，感觉上就像信号是连续的一样。扩展频谱技术称为码分多址（CDMA），即多个用户连续使用一个较宽的频带，然而在每个用户发送和接收数据时，使用接收的方式进行编码，以便能够和所有其他用户区分开来。

1.1.2 无线电发射系统的组成及工作原理

无线电广播调幅发射系统应用极其广泛，现以图 1-2 所示调幅发射机为例说明无线电发射系统的主要组成及基本工作原理。

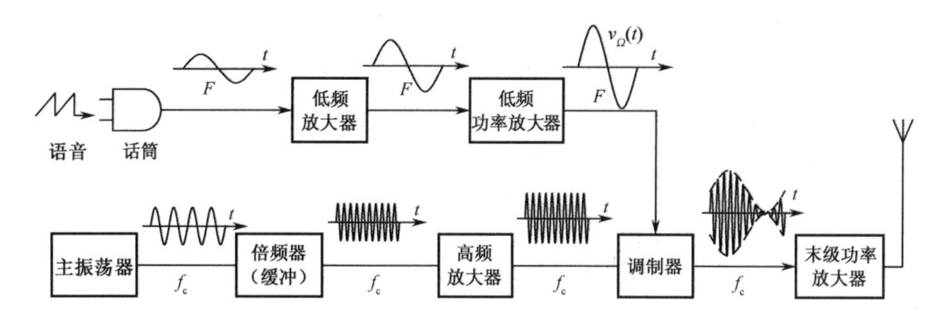

图 1-2 调幅发射机的主要组成及基本工作原理

发射机的主要功能是调制、上变频、功率放大和滤波。原始信号（语音、图像、数据等）经过变换器变换为电信号，用该低频基带信号对高频载波进行调制，将已调波信号经过功率放大器放大后通过天线发射出去。发射机通常由高频、低频、电源和天线 4

部分组成。

高频部分如下。

主振荡器（Master Oscillator）：由石英晶体振荡器产生频率稳定的高频振荡。

缓冲级（Buffer）：实质上是一种吸收功率小、工作稳定的放大级，其作用是减弱后级对主振荡器的影响。

倍频器（Frequency Double）：将主振荡器的频率提高到需要的频率。

高频放大器（Amplifier）：放大高频信号，以推动末级功率放大器的电平。

调制器（Modulator）：完成低频信号对高频载波信号的加载。

末级功率放大器（Power Amplifier）：将输出功率提高到所需的发射功率。

低频部分用于实现声电变换，并将音频信号逐级放大到调制所需功率，对高频载波信号进行调制。低频部分包括声电变换器（话筒）、低频放大器、低频功率放大器。

直流电源：给各部分电路提供直流电能。

天线：把高频已调制信号变换为空间电磁波辐射出去。

1.1.3 无线电接收系统的组成及工作原理

无线电信号的接收过程与发射过程相反，其根本任务就是准确恢复信息。为了提高灵敏度，目前无线电接收机都采用超外差式，系统框架如图 1-3 所示，主要包括选频回路、高频放大器、变频器、本振、中频放大器、检波器、低频功放器和扬声器。接收过程如下：接收天线收到微弱高频调幅信号，经选频回路选频后，通过高频放大器放大，送到变频器与本振所产生的等幅高频信号进行混频，混频后得到的中频信号的包络形状与天线感应输入的高频信号的包络形状完全相同，经中频放大器放大后送到检波器，检出原调制的低频信号，经低频功放器去推动扬声器。超外差式无线电接收机（Super Heterodyne Receiver）的主要特点是把天线感应进来的不同已调波信号的载波频率 f_c，通过混频转换为固定中频频率 f_I（Intermediate Frequency）的已调信号，通常中频频率要比接收信号频率低得多。我国广播收音机的中频频率为 465kHz，电视接收机的图像中频频率为 38MHz。由于中频信号是频率较低的固定中频信号，因而中频放大器的谐振回路在接收机选频时不需要调整，这显著提高了接收机整机的选择性和灵敏度。这是无线电设备中的接收机都要用超外差式的原因。

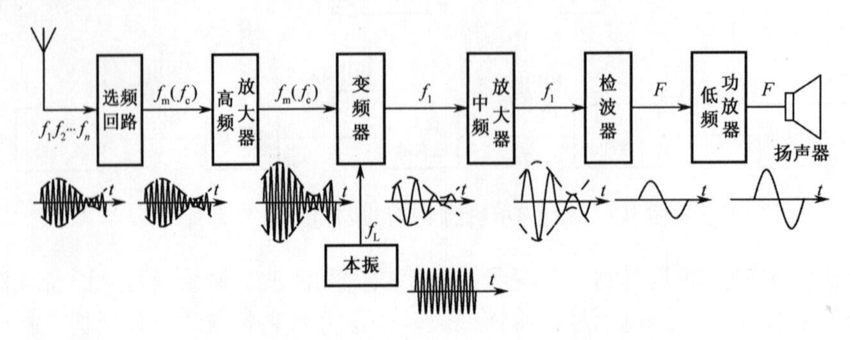

图 1-3　典型超外差式无线电接收机系统框架

1.1.4　无线电系统的通信方式

如果通信只在点与点之间进行，那么按消息的传送方向与时间，通信方式可分为单工通信、半双工通信、全双工通信 3 种。

单工通信是指消息只能单方向进行传输的工作方式，如图 1-4（a）所示。广播、遥控就采用单工通信方式。

半双工通信是指通信双方都能收发信息，但收和发不能同时进行的工作方式，如图 1-4（b）所示。使用同一载频工作的对讲机就是按这种通信方式工作的，当一方占用载频发送信息时，另一方只能接收信息。

全双工通信是指通信双方可同时、双向传输消息的工作方式，如图 1-4（c）所示。普通电话就采用最简单的全双工通信方式。

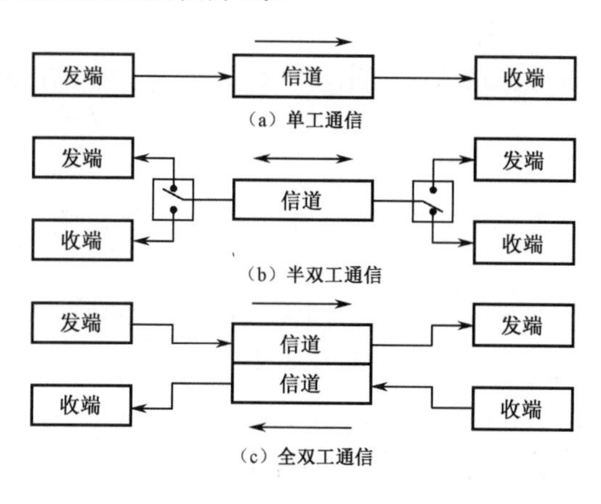

图 1-4　通信方式

1.1.5　通信系统的主要性能指标

通信系统的性能指标是衡量、比较和评价一个通信系统的标准，是针对整个通信系统综合提出的。

发射机的主要技术指标如下。

1. 频率范围

发射机的工作频率是指发射机的射频载波频率，一般是接收机能够正常工作的频率范围或频段，有两个方面的要求。其一，在频段内任何一个频率点上都能工作；其二，在整个频段内所有频率上的电性能基本稳定。

2. 频率的准确度与稳定度

发射机的频率准确度与稳定度是相对于射频载波而言的，基本上由载波基准频率振荡器决定。

频率准确度是指实际工作频率对于标称工作频率的准确程度。频率稳定度是指在各种外界因素的影响下发射机频率的稳定程度。一般调幅发射机、单边带发射机的频率稳定度量级分别为10^{-5}～10^{-4}、10^{-7}～10^{-6}。

3. 载波的频率捷变

载波的频率捷变是多频道发射机的一个重要指标，是指载波频率快速改变的能力。通常利用频率合成器来设置和改变发射频率。

4. 频谱纯度

发射机除产生载波信号及需要的边带信号外，还会产生一些寄生信号。所有的放大器都可能产生谐波失真，如 C 类功率放大器就会产生大量的谐波成分，必须设计电路对寄生谐波进行滤除，以免影响正常通信。

5. 输出功率

发射机的输出功率是指发射机传送到天线馈线上的功率。因为发射机采用不同的调制方式，故发射输出功率的测量方法是不同的。例如，普通调幅波（AM）系统的发射功率是根据载波功率来确定的，而在抑制载波的调幅系统中采用峰值包络功率（PEP）来确定发射功率。FM 系统发射的额定功率为输出信号的总功率。

接收机的主要性能指标包括频率范围、频率稳定度、频率准确度、灵敏度、选择性、工作稳定性等。

1. 频率范围

接收机通常是分波段工作的，即具有一定的工作频率范围。对于接收机的频率范围有以下两点要求：

（1）接收机能准确调谐到给定频率范围内的任何一个频率点；

（2）在给定频率范围内的任何一个频率点上，接收机的主要性能指标均符合要求。

2. 频率稳定度与频率准确度

接收机的频率稳定度是指其本振频率的稳定度。频率准确度用于描述接收机实际工作频率与度盘刻度的一致性程度。

3. 灵敏度

灵敏度是指当接收机输出功率和输出信噪比一定时，接收机接收微弱信号的能力，即天线上所需的最小感应电动势。灵敏度越高，接收微弱信号的能力就越强。

需要指出的是，接收机应具有选择信号而抑制干扰的能力。提高接收机增益虽然有利于提高灵敏度，但接收机的噪声也被同时放大。当接收信号很微弱时，噪声就可能淹没有用信号。

4. 选择性

选择性是指接收机从与有用信号相近的各种频率干扰信号中鉴别出有用信号的能力。通常接收机的选择性由谐振回路及滤波器实现，谐振曲线是描述选择性最基本、最常用的表示方法。谐振曲线可以很好地说明对邻近干扰的抑制情况。谐振曲线过于尖锐往往会使通频带减小而造成信号失真，故不能离开通频带来讨论选择性，必须同时兼顾。

5. 工作稳定性

接收机的工作稳定性包括两个方面：一是在任何情况下，接收机不应产生寄生振荡；二是在工作过程中，接收机质量指标的变动不应超出许可范围。

1.2　无线信道及无线电波的传播特性

无线信道主要是自由空间。由于地球表面及空间层的环境条件不同，发射的无线电波因其频率或波长不同，传播特性也不相同。传播特性指的是无线电信号的传播方式、传播距离、传播特点等。决定传播方式的关键因素是无线电信号的频率，不同频段的无线电信号有各自最适宜的传播方式，而传播方式又决定了其传播距离和传播特点。

无线电波的传播方式主要有绕射（地面波）传播、折射和反射（天波）传播、直射（视距）传播、散射传播。

图 1-5 给出了无线电波的几种主要传播方式。

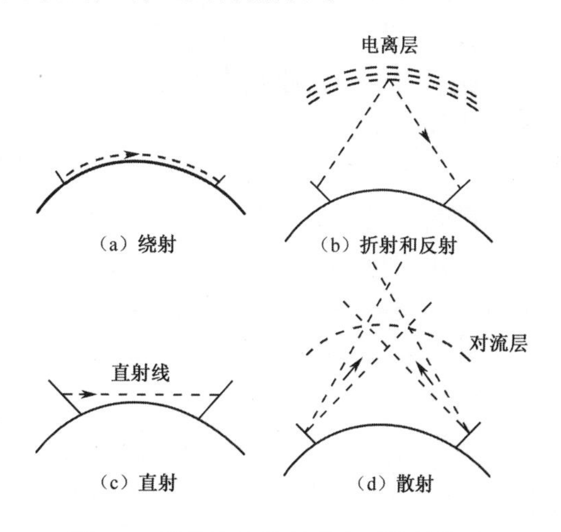

图 1-5　无线电波的几种主要传播方式

1．绕射（地面波）传播

沿着地球弯曲表面传播的无线电波叫地面波，又叫表面波，如图 1-5（a）所示。由于地球表面是具有电阻的导体，当电磁波沿地面传播时，一部分能量将被消耗，并且频率越高，趋肤效应越严重，损耗越大，传播的距离就越短，因此频率较高的电磁波不宜采用绕射方式传播。通常只有中、长波范围的信号才采用绕射方式传播。例如，1.5MHz 以下的电磁波可以采用这种传播方式。由于地面的电性能在短时间内不会有大的变化，故地面波的传播特性是稳定、可靠的。它主要用于无线电导航、中波无线电通信和中波广播。

2．折射和反射（天波）传播

在地球表面存在一定厚度的大气层，由于受到太阳照射，大气层上部的气体将发生电离而产生自由电子和离子。距地球表面 60～450km 被电离了的这部分大气层叫作电离层。通过电离层的折射和反射返回地面的无线电波叫天波，如图 1-5（b）所示。

当无线电波入射到电离层后，一部分能量被电离层吸收后损失，另一部分能量被电离层折射和反射回地面。无线电波频率越高，在电离层中被吸收的能量越少。随着频率升高，无线电波穿入电离层越深；当频率超过一定值后，无线电波将穿透电离层而不再返回地面。最适合采用天波传播方式的是短波波段，如1.5～30MHz的电磁波主要靠天波传播。远距离无线电广播、短波无线电通信、国际无线电广播都采用天波传播。

当短波波段利用天波传播时，受到电离层反射、折射回到地面的无线电波可能受到地面的反射再次入射电离层，经过多次反复反射、折射，可使天波传播距离很远，所以天波传播方式可利用较小的功率传播很远的距离。不足之处在于电离层物理特性受季节、昼夜、气候的影响，因而采用天波传播的短波波段通信不稳定。例如，在接收短波电台时，声音忽大、忽小，有时甚至完全收听不到。

3. 直射（视距）传播

电波从发射天线出发，沿直线传播到接收天线的传输方式称为直射传播，这种波也叫空间波，如图1-5（c）所示。对于频率在30MHz以上，进入米波、分米波、厘米波的波段，以地面波方式传播衰减极大，以天波方式传播将穿透电离层不能返回地面，只能以空间波方式在视距范围内传播。

由于地球表面是弯曲的，因此发射天线和接收天线的高度将影响这种直射传播的距离。也就是说，空间波传播的距离受限于视距范围。发射天线和接收天线越高，所能进行通信的距离越远。理论计算和实践经验表明，当接收天线和发射天线高度均为50m时，视距传播距离约为50km。利用通信卫星来增加天线高度，可大大增加通信距离。微波中继通信中的天线高度大约为几十米，视距传播距离可达50～60km。

4. 散射传播

距离地表面10～13km的大气层称为对流层。对流层空气密度较高，所有的大气现象（如风、雨、雷、电等）都发生在对流层。对流层中存在各种不同尺度的非均匀介质，当无线电波辐射到这种非均匀介质上时，它将入射波的能量向四面八方辐射，称为散射。利用对流层的散射进行超视距远距离通信的无线电波传播方式称为散射传播，如图1-5（d）所示。东方鱼肚白，就是大气对阳光的散射作用。散射传播主要发生在400～10000MHz，属于超短波和微波范围。对流层散射传播的通信距离为100～500km，电磁波经对流层散射后能量损失很大，所以对流层散射通信要求使用大功率的发射机、高灵敏度的接收机、方向性强的天线。

1.3 本书的主要内容及特点

“通信电子电路”是通信类、电子类、信息类专业一门重要的专业基础课，是理论性和实践性很强的课程，也是难点课程之一。

本书的内容主要包括以下3个方面。

（1）信号的放大：包括高频小信号谐振放大器、高频谐振功率放大器。

（2）信号的产生：正弦波振荡器。

（3）信号的频率变换：调制、解调及混频电路。

“通信电子电路”课程主要研究无线电通信系统发射设备、接收设备中各组成模块的基本功能、工作原理及设计方法。

“通信电子电路”课程特点如下。

（1）通信电子电路主要由线性元器件和非线性元器件组成。严格来讲，所有包含非线性元器件的电路都是非线性的，只是在不同的工作条件下，非线性元器件表现出的非线性程度不同而已。例如，当分析高频小信号谐振放大器时，就利用非线性元器件在较小的动态范围内可用线性等效电路来描述的特点，将其近似地用线性电路进行分析。非线性电路一般都采用非线性电路分析方法。

（2）通信电子电路学习的一个重点是实现各种功能电路的分析。熟悉典型的单元电路对提高识图能力和系统电路的设计能力都非常有意义，在学习中还必须抓住各种电路模块之间的共性，洞察各功能模块之间的内在联系。近年来，集成电路（IC）和数字信号处理芯片（DSP）技术发展迅速，各种通信电路模块甚至系统都可以集成到一个芯片内完成，称为片上系统（SOC）。但所有这些电路都是以分立元器件为基础的，在学习中应做到“分立为基础，集成为重点，分立为集成服务”。在学习具体电路时，要掌握“管为路用，以路为主”的方法，做到以点带面、触类旁通。

（3）通信电子电路是在科学技术和生产实践中发展起来的，只有通过实践才能对理论有深刻的理解，在学习中一定要重视实践环节，坚持理论联系实际，在实践中积累丰富经验。随着系统电路复杂程度的不断提高，运用电子设计自动化（EDA）技术对电路进行仿真分析、优化设计和 PCB 板的电磁兼容分析，已成为一种必然趋势，因此掌握通信电子电路 EDA 技术成为本课程的一个重要内容。

1.4 本章小结

本章简要介绍了无线电通信的发展史、无线电信号的传输特点和传输方法，概述了无线电发射设备和接收设备的基本组成和工作原理，阐述了“通信电子电路”课程的主要研究内容及学习方法，为后续章节的学习奠定了基础，并提供了引导。

思考题与习题

1-1 画出无线电通信接收机/发射机的原理框架及各功能模块的输出波形，并说明各部分的功能。

1-2 为什么在无线电通信中要使用“载波”发射？其作用是什么？

1-3 基带信号有什么特点？无线电通信为什么要进行调制？

1-4 无线电通信传播主要有哪几种方式？

1-5 不同波段的无线电信号的传播特性有何不同？

1-6　在超外差式接收机中，天线收到的高频信号经______、______、______、______后送入低频放大器的输入端。

1-7　一个完整的通信系统由______、______和______组成。

1-8　接收机框架如题图 1-1 所示，写出空白框 A 和 B 的名称。在框架中由非线性电路实现的功能有______。

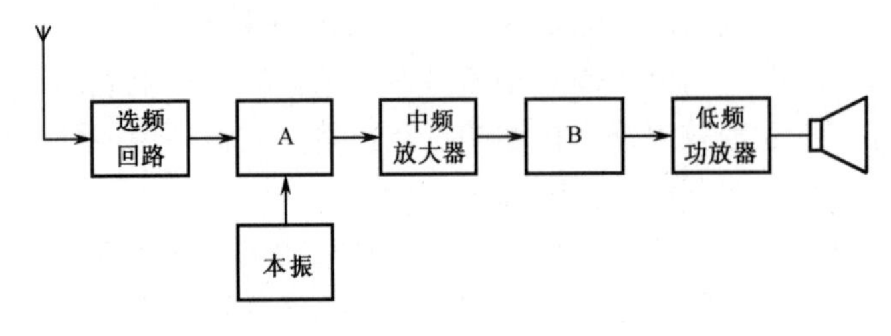

题图 1-1　接收机框架

第 2 章　高频电子电路基础

各种无线电设备都由一些处理高频信号的功能电路，如高频放大器、振荡器、调制器、解调器和混频器构成。这些实际电路虽然在工作原理、分析方法等方面各有特点，但电路所使用的有源元器件和无源网络是基本相同的。在这些功能电路中，有源元器件（包括二极管、晶体管、场效应管等）实现信号放大和非线性变换功能；无源网络（谐振网络、滤波网络等）则实现信号传输、频率选择、阻抗变换等功能。有源元器件和无源网络是组成各种通信电子电路的基础。

2.1　高频电路中的元器件

2.1.1　高频电路中的无源元器件

高频电路中的无源元器件主要有电阻器、电容器和电感器，它们都属于线性元器件。

1．电阻器

一个实际的电阻器，在低频时主要表现为电阻特性，但在高频时必须考虑其电抗特性。一般来说，一个电阻 R 的高频等效电路如图 2-1 所示，其中，C_R 为分布电容，L_R 为引线电感，R 为电阻。由等效电路可知，在高频情况下，电阻器可能呈现出电抗（电感或电容）特性，并且频率越高，电抗特性表现得越明显。电阻器的电抗特性反映的就是其高频特性，分布电容和引线电感越小，表明电阻的高频特性越好。在实际使用中，要尽量减小电阻器高频特性的影响，使之表现为纯电阻。

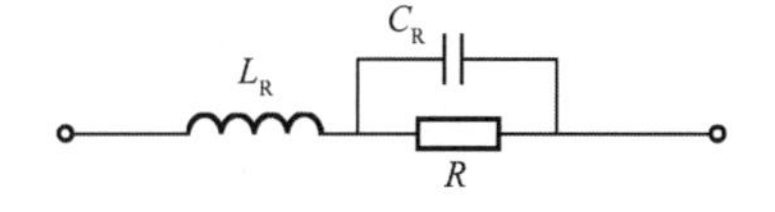

图 2-1　电阻 R 的高频等效电路

电阻器的高频特性与制作电阻的材料、电阻的封装形式和尺寸大小有密切关系。通常金属膜电阻比炭膜电阻的高频特性要好，而炭膜电阻比绕线电阻的高频特性要好，表面贴装（SMD）电阻比引线电阻的高频特性要好；一般来说小尺寸电阻比大尺寸电阻的高频特性要好。

2. 电容器

两个导体之间填充介质即构成电容。当在电容两端加电压时便有电能储存。一个实际的电容器，除表现出电容特性之外，两个极板之间的介质会产生介质损耗，该损耗可用与电容并联的电阻 R 表示，其值与电容的容量和填充的介质材料有关。此外，当有电流流过电容时，会产生磁场，因而有电感效应，图 2-2（a）给出电容器的等效电路。图 2-2（b）中虚线表示理想电容器的阻抗$1/(\mathrm{j}\omega C)$特性，实线表示实际电容器的高频特性，其中，f 为工作频率，$\omega=2\pi f$ 。由图可知，当工作频率很高时，感抗可能超过容抗，此时电容器等效为一个电感器。描述电容器高频特性的参量为损耗角正切（或品质因数 Q_C ）和自身谐振频率（Self Resonant Frequency，SRF）。电容的品质因数为

$$Q_\mathrm{C}=\omega CR_\mathrm{C}$$

根据上述特性，在设计去耦滤波电路时，通常将一个大容量电容和一个小容量电容并联在一起使用，这样可以拓宽去耦滤波电路的频率范围。在频率较小时，大容量电容的寄生串联电感的感抗比容抗小得多，总体呈现为容抗，而小容量电容的容抗很大，在整个电路中不起作用。在频率很大时，大容量电容将等效为一个电感，起不到去耦滤波作用，此时小容量电容的容抗很小，可以起到去耦滤波作用。

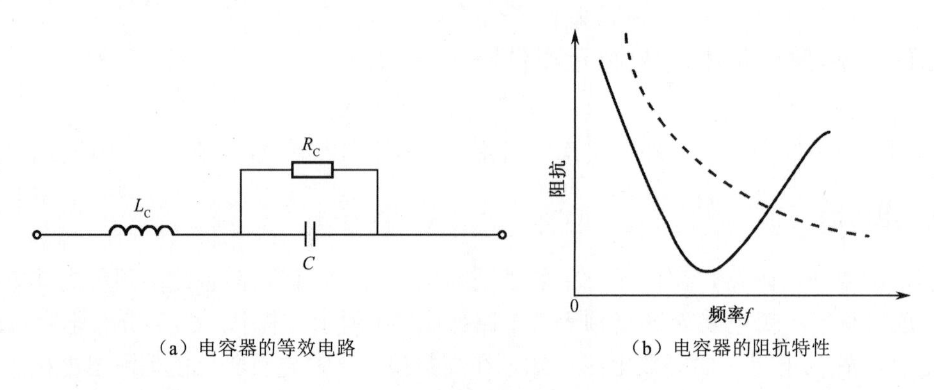

（a）电容器的等效电路　　（b）电容器的阻抗特性

图 2-2　电容器的高频等效电路

3. 电感器

理想电感器是一个储存磁能的元器件。实际应用中的电感器，除储存磁能之外，其导线的电阻要消耗一部分能量。另外，线圈各匝之间存在电容，其高频等效电路如图 2-3（a）所示。在不同的频段，各参数所起作用的相对大小不同。在中波、短波波段，可将实际电感器等效为理想（无损耗）电感器和电阻器的串联，如图 2-3（b）所示。

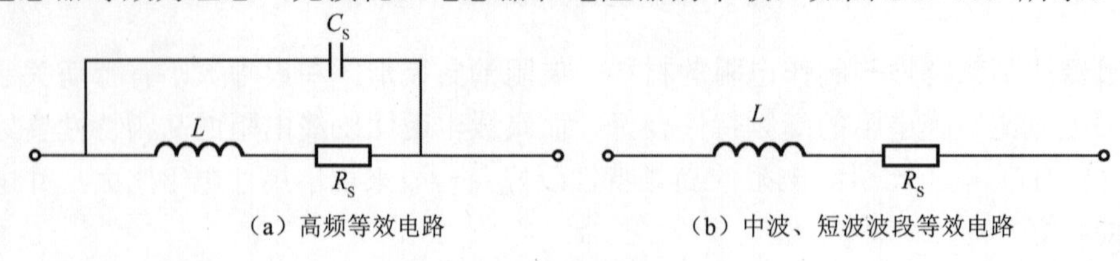

（a）高频等效电路　　（b）中波、短波波段等效电路

图 2-3　电感器的高频等效电路

当频率进入超短波波段之后，必须考虑趋附效应和并联电容效应；当频率高到一定程度时，电感高频等效电路以容抗特性为主，阻抗随频率变化的规律如图 2-4 所示。

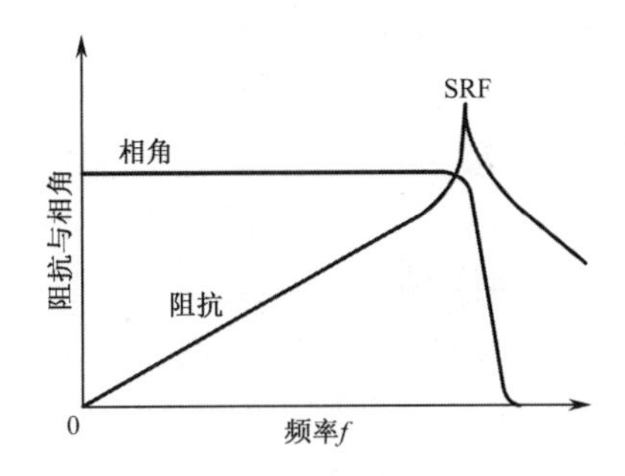

图 2-4　高频电感器的阻抗随频率变化的规律

由图 2-4 可以看出，存在这样一个频率点，在该频率点线圈电感和分布电容产生并联谐振，高频电感的阻抗幅值达到最大，并且为纯电阻，因而相角为零，通常称这个频率点为电感器的自谐振频率（Self Resonant Frequency，SRF）。当频率超过自谐振频率时，分布电容 C_S 的影响将成为主要因素。

在通信技术中，还常用品质因数来描述电感的特性。品质因数是电感一周内储能与耗能之比。电感的品质因数为

$$Q=\frac{\text{无功功率}}{\text{有功功率}}=\frac{\omega L}{R_S}$$

Q 越大，表明电感的储能作用越强，损耗越小。在通信电路中，电感的品质因数 Q 通常为几十至一二百。

2.1.2　高频电路中的有源元器件

在高频电路中，有源元器件主要完成信号的放大和非线性变换等功能。有源元器件的基本工作原理与用于低频电子电路的元器件没有什么根本的不同，只是工作频率的升高，对元器件的电特性提出了更高的要求。半导体和集成电路技术的高速发展，引导出现了许多具有良好高频特性的元器件，能很好地满足高频电路的需要。

1. 二极管

二极管在高频电路中主要应用于检波、调制、解调及混频等非线性变换电路中，一般工作在低电平条件下。常用的二极管有点触式二极管和表面势垒二极管（又称肖特基二极管）两种类型，两者都利用多数载流子的导电机理，它们的极间电容小、工作频率高。常用的点触式二极管（如 2AP 系列）的工作频率可到一二百兆赫兹，而表面势垒二极管的工作频率可高达微波范围。

利用二极管的电容效应，还可以制成变容二极管。变容二极管的主要特点是其结电容随所加的反偏压的改变而变化，变容二极管在正常工作时应处于反偏状态，以确保结电容变化范围较大。变容二极管多用于电谐振器、压控振荡器、混频器、倍频器等电路中。

2．三极管

高频电路中常用的三极管主要有双极型晶体管与场效应管。根据其功能，高频电路中的晶体管可分为两大类。一类为用于小信号放大的高频小功率管，主要要求是高增益和低噪声。目前的双极型小信号放大管工作频率可达几吉赫兹，噪声系数为几分贝；小信号场效应管可工作到更高频段，且噪声更低，如砷化镓（GaAs）场效应管的工作频率可达十几吉赫兹以上。另一类为高频功率放大管，主要用于功率放大电路，除要求增益外，还要求在高频时有较大的输出功率。在工作频率为几百兆赫兹以下时，双极型晶体管的输出功率可达十几瓦至上百瓦；而MOSFET型场效应管在几吉赫兹的频率上还能输出几瓦功率。

高频三极管有多种等效电路和不同的参数，如混合π型等效电路、Y参数等效电路、H参数等效电路、S参数等效电路，它们分别在不同的场合下使用，相互之间可以转换。

在高频电路中常采用由双极型晶体管、场效应管构成的各种集成电路（IC），分为通用型IC和专用型IC（ASIC）两类。通用型IC主要有宽带集成放大器和模拟相乘器，ASIC主要有集成锁相环（PLL）、FM信号解调器、单片接收机等，还有一些功率放大模块，使用前要查阅芯片手册，以便正确使用。

2.2 简单谐振回路

各种形式的选频网络在高频电路中得到了广泛应用，其功能是选出需要的频率分量和滤除不需要的频率分量。在高频电路中常用的选频网络分为两类。第一类是LC谐振回路，可分为单谐振回路和耦合谐振回路；第二类是各种滤波器，如LC谐振式滤波器、石英晶体滤波器、陶瓷滤波器、表面声波滤波器等。本节重点讨论第一类LC谐振回路。

谐振回路是高频电路中应用最为广泛的无源网络之一，它是构成高频谐振放大电路、正弦波振荡电路及各种选频网络电路的基础。LC谐振回路除了作为选频网络，还可以用在鉴频器电路中实现频幅和频相的转换，更可以组成阻抗变换电路用于级间耦合和阻抗匹配，因此LC谐振回路是高频电路中不可缺少的部分。

简单谐振回路是指只由一个电容和一个电感组成的谐振回路，又称为单谐振回路。对于具有多个电容和电感的电路，若能通过同类电抗的串联、并联合并，最后简化为一个电容和一个电感，则该电路也可以按照单谐振回路进行分析。

2.2.1 串联谐振回路

在LC谐振回路中，当信号源、电感、电容、负载串联时就组成串联谐振（Series Resonance）回路，如图2-5所示。图中r是L和C的损耗之和，通常C的损耗很小，可以忽略，故r实际上就是L的损耗，因此电路中的L和C是理想无损耗的。串联谐振必须由电压源激励。

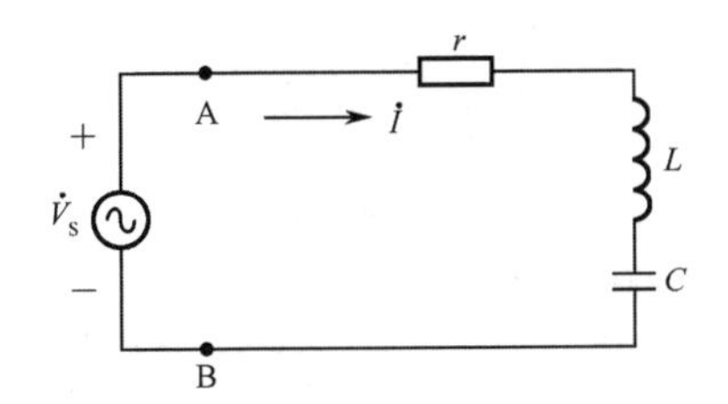

图 2-5　LC 串联谐振回路

1．串联谐振回路的阻抗特性

由图 2-5 可得电路的等效阻抗为

$$Z_S = r + j(\omega L - \frac{1}{\omega C}) \tag{2.2.1}$$

当信号源电压的频率使电感的感抗与电容的容抗相等时，谐振回路的阻抗最小，并且为纯电阻，即 $Z_S = r = Z_{min}$，此时谐振回路发生串联谐振。下面介绍谐振回路的几个重要特性与参数。

1）谐振条件及谐振频率

当谐振回路的总电抗为 0 时，称 LC 谐振回路对外加信号源频率 ω 谐振。

回路的谐振条件：

$$\omega L - \frac{1}{\omega C} = 0 \tag{2.2.2}$$

回路的串联谐振频率：

$$\omega = \omega_0 = \frac{1}{\sqrt{LC}} \text{或} f_0 = \frac{1}{2\pi\sqrt{LC}} \tag{2.2.3}$$

2）品质因数 Q

品质因数定义为，在谐振条件下，回路储存能量与消耗能量之比，即

$$Q_0 = \frac{1}{\omega_0 C r} = \frac{\omega_0 L}{r} \tag{2.2.4}$$

Q_0 为在不考虑源阻抗和负载阻抗影响时的空载品质因数。

3）特性阻抗 ρ

特性阻抗 ρ 定义为在谐振时容抗或感抗的值，因为在谐振时容抗和感抗是相等的，所以有

$$\rho = \omega_0 L = \frac{1}{\omega_0 C} = \sqrt{\frac{L}{C}} \tag{2.2.5}$$

4）广义失谐 ξ

当信号频率偏离谐振频率 ω_0 时，电路的状态称为失谐。引入一个反映失谐大小的参数——广义失谐 ξ，定义为

$$Z_S = r[1 + j\frac{1}{r}(\omega L - \frac{1}{\omega C})] = r[1 + j\frac{\omega_0 L}{r}(\frac{\omega}{\omega_0} - \frac{\omega_0}{\omega})] = r[1 + jQ_0\frac{2\Delta\omega}{\omega_0}] = r(1 + j\xi)$$

其中，广义失谐

$$\xi=2Q_0\frac{\Delta\omega}{\omega_0}=2Q_0\frac{\Delta f}{f_0} \tag{2.2.6}$$

由式（2.2.6）得到回路阻抗的幅频特性为

$$|Z_S|=r\sqrt{1+\left(Q_0\frac{2\Delta f}{f_0}\right)^2}=r\sqrt{1+\xi^2} \tag{2.2.7a}$$

回路阻抗的相频特性为

$$\varphi_z=\arctan\xi=\arctan Q_0\frac{2\Delta f}{f_0} \tag{2.2.7b}$$

根据式（2.2.7a）和式（2.2.7b）可画出串联谐振回路阻抗的幅频特性曲线和相频特性曲线，如图 2-6 所示。

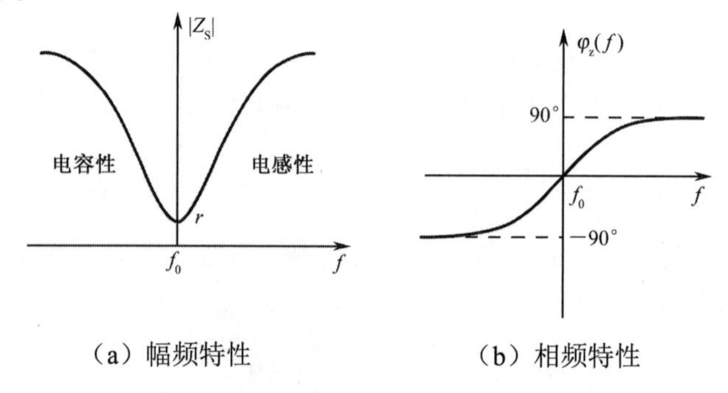

（a）幅频特性　　（b）相频特性

图 2-6　串联谐振回路阻抗的幅频特性曲线与相频特性曲线

如果忽略简单串联谐振回路的损耗电阻，可得到串联谐振回路的电抗频率特性曲线，如图 2-7 所示。

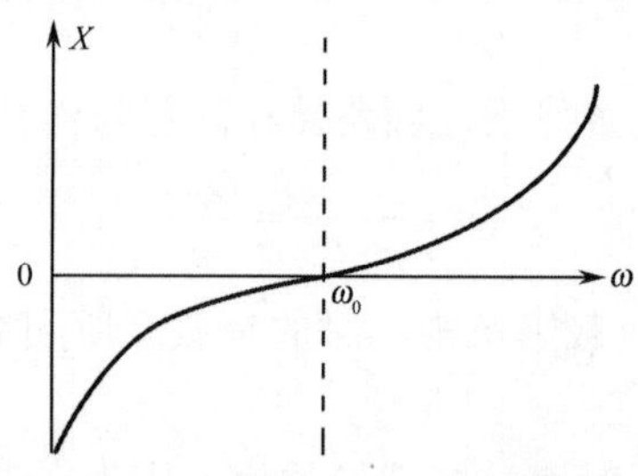

图 2-7　串联谐振回路的电抗频率特性曲线

综上分析，可知串联谐振回路具有以下特点。

（1）当回路谐振时，回路的感抗与容抗相等，互相抵消，回路阻抗最小，$Z_S=Z_{min}=r$，并且为纯电阻，电流、电压同相位。

（2）当回路失谐时，串联谐振回路阻抗增大，相移增大。

当 $\omega>\omega_0$ 时，串联谐振回路阻抗呈感性，电压超前电流；

当 $\omega<\omega_0$ 时，串联谐振回路阻抗呈容性，电压滞后电流。

（3）谐振电流。

当 $\omega=\omega_0$ 时，回路电流最大，$\dot{I}_0=\frac{\dot{V}_S}{r}$，电流、电压同相位。

（4）谐振电压。

当 $\omega=\omega_0$ 时，电感两端的电压为

$$\dot{V}_{L0}=\dot{I}_0\mathrm{j}\omega_0 L=\frac{\dot{V}_S}{r}\mathrm{j}\omega_0 L=\mathrm{j}\frac{\omega_0 L}{r}\dot{V}_S=\mathrm{j}Q\dot{V}_S$$

电容两端的电压为

$$\dot{V}_{C0}=\dot{I}_0\frac{1}{\mathrm{j}\omega_0 C}=\frac{\dot{V}_S}{r}\frac{1}{\mathrm{j}\omega_0 C}=-\mathrm{j}\frac{1}{\omega_0 Cr}\dot{V}_S=-\mathrm{j}Q\dot{V}_S$$

可见，当串联回路谐振时，电感和电容上的电压是输入源电压的 Q 倍，所以串联谐振回路又称电压谐振回路。

2．串联谐振回路的选频特性

串联谐振回路的选频特性也可称为串联谐振回路的谐振特性，指的是串联谐振回路电流的幅值与工作频率之间的关系曲线。在实际中常用的幅频特性曲线都是归一化的，即与谐振时的最大幅值之比的幅频特性曲线。

串联谐振回路的电流

$$\dot{I}(\mathrm{j}\omega)=\frac{\dot{V}_S}{Z_S}=\frac{\dot{V}_S/r}{1+\mathrm{j}Q_0\left(\dfrac{\omega}{\omega_0}-\dfrac{\omega_0}{\omega}\right)}=\frac{\dot{I}_0}{1+\mathrm{j}\xi} \tag{2.2.8}$$

式中 $\dot{I}_0=\dot{V}_S/r$ 为谐振时的回路电流。

串联谐振回路的幅频特性

$$\alpha_S=\left|\frac{\dot{I}}{\dot{I}_0}\right|=\frac{1}{1+\mathrm{j}Q_0\dfrac{2\Delta\omega}{\omega_0}}=\frac{1}{1+\mathrm{j}\xi}=\frac{1}{\sqrt{1+\xi^2}} \tag{2.2.9a}$$

串联谐振回路的相频特性

$$\varphi_S=-\arctan(Q_0\frac{2\Delta\omega}{\omega_0})=-\arctan\xi \tag{2.2.9b}$$

根据式（2.2.9a）和式（2.2.9b）可得串联谐振回路的幅频特性曲线和相频特性曲线，如图 2-8 所示。

3．谐振回路的通频带和矩形系数

通频带（Pass Band）指 3dB 带宽，定义为当 α_S 由 1 下降到 $\frac{1}{\sqrt{2}}$（=0.707，为简单起见，以下记为 0.7）时，两边界频率 ω_1 和 ω_2 之间的频带宽度，如图 2-9 所示。通频带表示为

$$\begin{aligned}\mathrm{BW}_{0.7}&=2\Delta\omega_{0.7}=\omega_2-\omega_1=\frac{\omega_0}{Q_0}\\&=2\Delta f_{0.7}=f_2-f_1=\frac{f_0}{Q_0}\end{aligned} \tag{2.2.10}$$

结论：Q_0 越大，频带越窄，回路损耗越小，如图 2-9 所示。

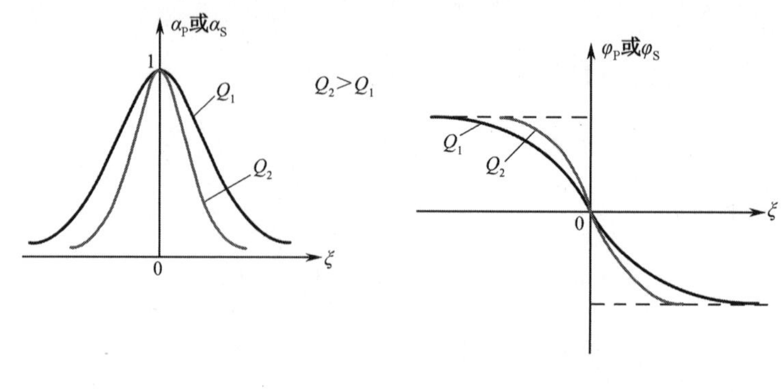

（a）幅频特性　　（b）相频特性

图 2-8　串联谐振回路的幅频特性曲线和相频特性曲线

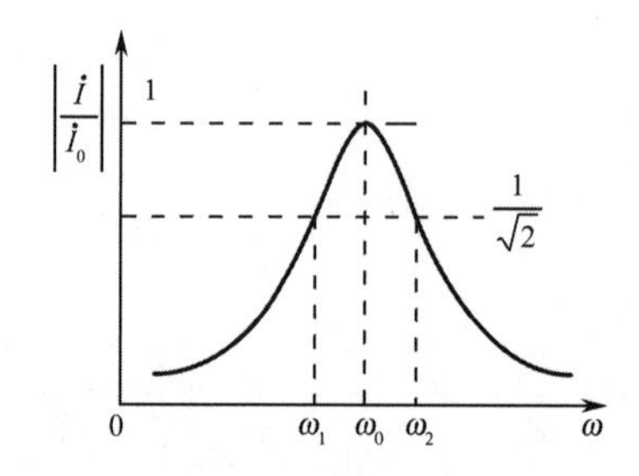

图 2-9　谐振回路的通频带

矩形系数（Rectangular Coefficient）定义为当幅频特性曲线下降到 0.1 时的频带范围与通频带之比，即

$$K_{0.1}=\frac{\mathrm{BW}_{0.1}}{\mathrm{BW}_{0.7}} \tag{2.2.11}$$

在串联谐振电路中，有

$$K_{0.1}=\frac{\mathrm{BW}_{0.1}}{\mathrm{BW}_{0.7}}=\sqrt{99}=9.95$$

对于理想谐振回路的选频特性有 $K_{0.1}=1$，在实际回路中 $K_{0.1}$ 总是大于 1 的，并且其值越大，选频特性越差。LC 谐振回路的矩形系数远大于 1，其选频特性较差，并且对回路带宽的要求和对选择性的要求是矛盾的。

4．信号源内阻和负载电阻对串联谐振回路的影响

考虑到信号源内阻 R_S 和负载电阻 R_L 的接入将使回路的 Q 值下降，则串联谐振回路的等效品质因数为

$$Q_L=\frac{\omega_0 L}{r+R_S+R_L} \tag{2.2.12}$$

当不考虑信号源内阻和负载电阻时，回路本身的 Q 值称为空载品质因数 Q_0（或无载品质因数）；当考虑信号源内阻和负载电阻时，回路本身的 Q 值称为有载品质因数 Q_L。由于 $Q_L<Q_0$，则在考虑信号源内阻和负载电阻后，串联谐振回路的选择性变差，通频带

加宽。由式（2.2.12）可知，要保证串联谐振回路有较好的选频特性，其信号源内阻 R_S 必须较小（恒压源），同时负载电阻 R_L 也不能太大，如图 2-10 所示。

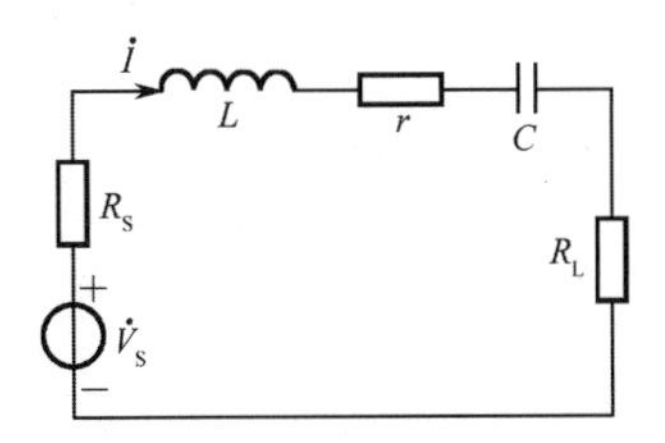

图 2-10　考虑信号源内阻 R_S 和负载电阻 R_L 后的串联谐振回路

2.2.2　并联谐振回路

在 LC 谐振回路中，当信号源、电感、电容及负载电阻并联时就组成了并联谐振（Parallel Resonance）回路，如图 2-11（a）所示。通常 C 的损耗很小，可以忽略，故图中 r 实际上就是 L 的损耗，因此电路中的 L 和 C 是理想无损耗的，通过串并联转换得到如图 2-11（b）所示常用的并联谐振等效回路，$R_{e0}(g_{e0})$ 是电感的损耗。并联谐振回路必须由电流源激励。

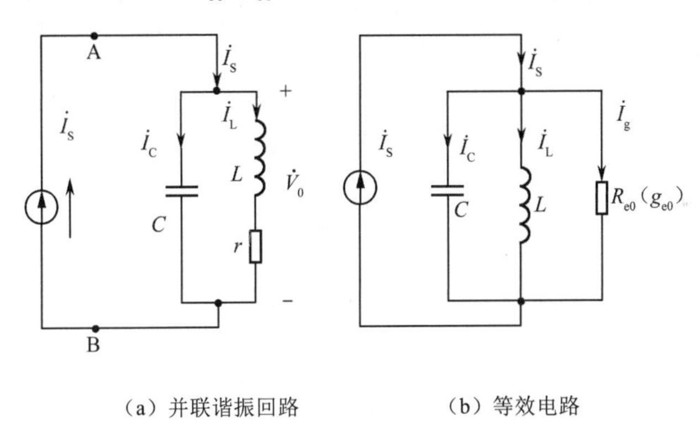

（a）并联谐振回路　　（b）等效电路

图 2-11　并联谐振回路

1．并联谐振回路的阻抗特性

由图 2-11 给出的并联谐振回路可得回路的等效导纳为

$$Y_P = \frac{1}{Z_P} = g_{e0} + j(\omega C - \frac{1}{\omega L}) \tag{2.2.13}$$

式中，$g_{e0} = 1/R_{e0}$。R_{e0} 为回路的固有谐振电阻，有

$$R_{e0} = \frac{1}{g_{e0}} = \frac{L}{Cr}$$

当信号源电流 $\dot{I}_S$ 的频率使电感的感抗与电容的容抗相等时（$\omega C=\frac{1}{\omega L}$），回路发生并联谐振，此时回路的等效阻抗最大，并且为纯电阻 R_{e0}，即

$$Z_P = R_{e0} = Z_{max}$$

并联谐振回路的几个重要特性与参数如下。

1）谐振条件及谐振频率

当并联谐振回路的总电抗为 0 时，称 LC 谐振回路对外加信号源频率 ω 谐振。

并联谐振回路的谐振条件：

$$\omega C-\frac{1}{\omega L}=0 \tag{2.2.14}$$

并联谐振回路的谐振频率：

$$\omega=\omega_0=\frac{1}{\sqrt{LC}} \text{或} f_0=\frac{1}{2\pi\sqrt{LC}} \tag{2.2.15}$$

2）回路的空载品质因数

$$Q_0=\frac{\omega_0 L}{r}=\frac{R_{e0}}{\omega_0 L}=\omega_0 C R_{e0} \tag{2.2.16}$$

一个有耗的空心线圈和电容组成的回路的空载品质因数 Q_0 大约为几十到几百。

3）回路阻抗的幅频特性和相频特性

回路的阻抗特性

$$Z_p=\frac{1}{\dfrac{1}{R_{e0}}+\mathrm{j}\left(\omega C-\dfrac{1}{\omega L}\right)}=\frac{R_{e0}}{1+\mathrm{j}R_{e0}\omega_0 C\left(\dfrac{\omega}{\omega_0}-\dfrac{\omega_0}{\omega}\right)}=\frac{R_{e0}}{1+\mathrm{j}Q_0\dfrac{2\Delta\omega}{\omega_0}}=\frac{R_{e0}}{\sqrt{1+\xi^2}}$$

式中，广义失谐

$$\xi=Q_0\left(\frac{\omega}{\omega_0}-\frac{\omega_0}{\omega}\right)=2Q_0\frac{\Delta\omega}{\omega_0}=2Q_0\frac{\Delta f}{f_0}$$

回路阻抗的幅频特性

$$|Z_{\mathrm{P}}|=\frac{R_{e0}}{\sqrt{1+\left(Q_0\dfrac{2\Delta\omega}{\omega_0}\right)^2}}=\frac{R_{e0}}{\sqrt{1+\xi^2}} \tag{2.2.17a}$$

回路阻抗的相频特性

$$\varphi_z=-\arctan\left(Q_0\frac{2\Delta\omega}{\omega_0}\right)=-\arctan\xi \tag{2.2.17b}$$

根据式（2.2.17a）和式（2.2.17b）可画出并联谐振回路阻抗的幅频特性曲线和相频特性曲线，如图 2-12 所示。

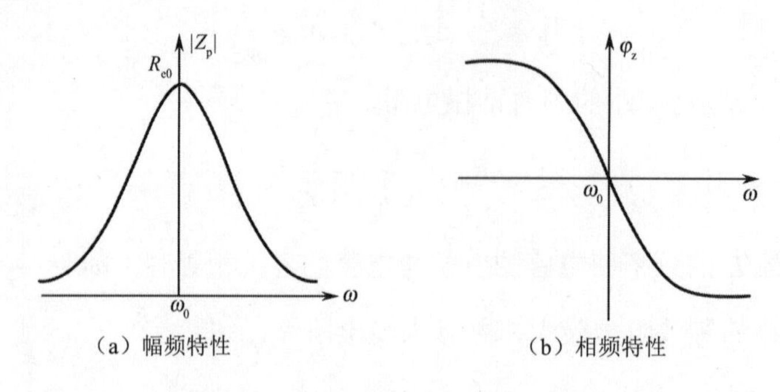

图 2-12　并联谐振回路阻抗的幅频特性曲线和相频特性曲线

如果忽略简单并联谐振回路的损耗电阻 r，可得到并联谐振回路的电抗频率特性曲线，如图 2-13 所示。

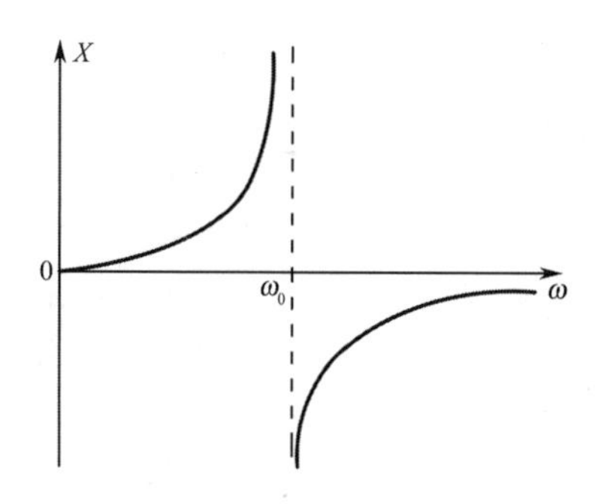

图 2-13　并联谐振回路的电抗频率特性曲线

综上分析，可得并联谐振回路具有以下特点。

（1）当回路谐振时，回路的感抗与容抗相等，互相抵消，回路阻抗最大，$Z_P = Z_{max} = R_{e0}$，并且为纯电阻，电流、电压同相位。

（2）当回路失谐时，并联谐振回路阻抗减小，相移增大。

当 $\omega > \omega_0$ 时，并联谐振回路阻抗呈容性，电压滞后电流。

当 $\omega < \omega_0$ 时，并联谐振回路阻抗呈感性，电压超前电流。

（3）谐振电流。

当 $\omega = \omega_0$ 时，电感和电容中电流的大小为信号源电流的 Q_0 倍，即

$$\dot{I}_L = \dot{I}_C = Q_0 \dot{I}_S, \qquad \dot{I}_R = \dot{I}_S \tag{2.2.18}$$

可见，当回路并联谐振时，电感和电容上的电流是输入信号源电流的 Q_0 倍，所以并联谐振回路又称电流谐振回路，且 $\dot{I}_L$ 与 $\dot{I}_C$ 相位相反。

（4）谐振电压。

当并联回路谐振时，$\omega = \omega_0$，回路两端的电压最大，$\dot{V}_{00} = \dot{I}_S R_{e0}$，与激励电流同相位。

2. 并联谐振回路的选频特性

并联谐振回路的选频特性也可称为并联谐振回路的谐振特性，指的是并联谐振回路电压的幅值与工作频率之间的关系曲线。在实际中常用的是归一化幅频特性，即在任意频率下电路电压 $\dot{V}$ 与谐振时电路电压 $\dot{V}_0$ 之比

$$\alpha_P = \frac{\dot{V}}{\dot{V}_0} = \frac{Z_p}{R_{e0}} = \frac{1}{1 + jQ_0 \dfrac{2\Delta f}{f_0}} = \frac{1}{1 + j\xi} \tag{2.2.19}$$

并联谐振回路的幅频特性

$$\alpha_P = \left|\frac{\dot{V}}{\dot{V}_0}\right| = \frac{1}{\left|1 + jQ_0 \dfrac{2\Delta f}{f_0}\right|} = \frac{1}{|1 + j\xi|} = \frac{1}{\sqrt{1+\xi^2}} \tag{2.2.20a}$$

并联谐振回路的相频特性

$$\varphi_S = -\arctan(Q_0 \frac{2\Delta\omega}{\omega_0}) = -\arctan\xi \tag{2.2.20b}$$

根据式（2.2.20）可得谐振曲线的幅频特性曲线和相频特性曲线，如图2-14所示。

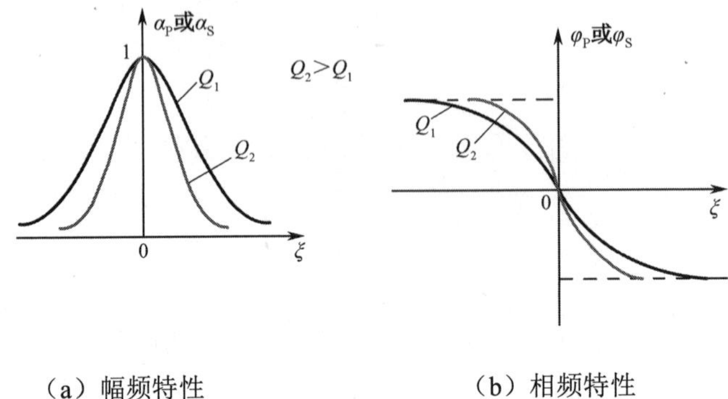

（a）幅频特性　　（b）相频特性

图2-14　并联谐振回路的幅频特性曲线和相频特性曲线

3．并联谐振回路的通频带和矩形系数

并联谐振回路的通频带和矩形系数与串联谐振回路的定义完全相同。并联谐振回路的Q值越大，带宽越窄，选择性越好。带宽和选择性是不可调和的矛盾。

4．信号源内阻和负载电阻对并联谐振回路的影响

考虑到信号源内阻R_S和负载电阻R_L的接入将使回路的Q值下降，则并联谐振回路的等效品质因数为

$$Q_L = \frac{Q_0}{1+\frac{R_{e0}}{R_S}+\frac{R_{e0}}{R_L}} \tag{2.2.21}$$

由于$Q_L<Q_0$，则在考虑信号源内阻和负载电阻后，并联谐振回路的选择性变差，通频带加宽。由式（2.2.21）可知，R_S和R_L越大，对Q值影响越小，因此并联谐振回路要求信号源内阻R_S必须很大（恒流源），同时负载电阻也要比较大，如图2-15所示。在实际应用中，为了保证回路有较高的选择性，可采用后续章节讨论的阻抗变换网络，以减小这种影响。

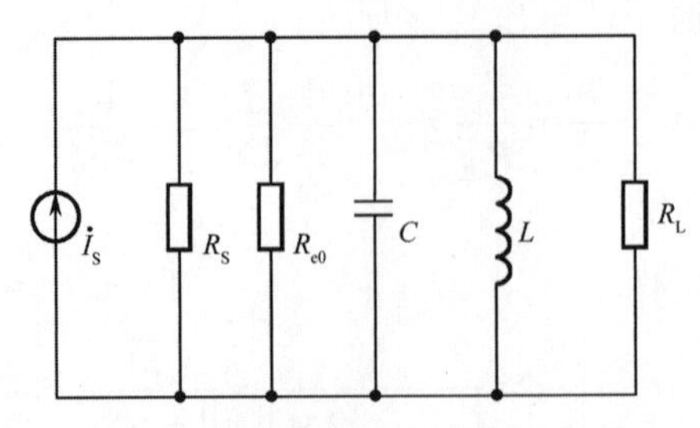

图2-15　考虑信号源内阻和负载电阻后的并联谐振回路

2.3　耦合谐振回路

前面讨论的单谐振回路在通信设备中有极其广泛的应用，但单谐振回路存在一定的缺陷。例如，选频特性不够理想，带内不平坦，带外衰减很慢，再加上单谐振回路存在选择性与通频带的矛盾，因此在无线电技术中常采用两个单谐振回路耦合的方法来解决选择性和通频带之间的矛盾，以获得尽可能接近理想矩形的频率特性。这种互相耦合的两个单谐振回路称为耦合谐振回路或双谐振回路。把接有激励信号源的回路称为初级回路，把与负载电阻相接的回路称为次级回路或负载回路。图 2-16 所示为两种常见的耦合谐振回路，分别由两个单谐振回路通过互感或电容耦合组成。图 2-16（a）为通过互感 M 耦合的串联型双耦合谐振回路，称为互感双耦合回路；R_1、L_1、C_1 组成初级回路，R_2、L_{12}、C_2 组成次级回路；初级回路、次级回路之间以互感 M 耦合。图 2-16（b）为通过电容 C_M 耦合的并联型双耦合谐振回路，称为电容耦合回路。初级回路、次级回路之间以耦合电容 C_M 相互耦合。改变 M 或 C_M 就可以改变其初级回路、次级回路之间的耦合程度，通常用耦合系数来表征。

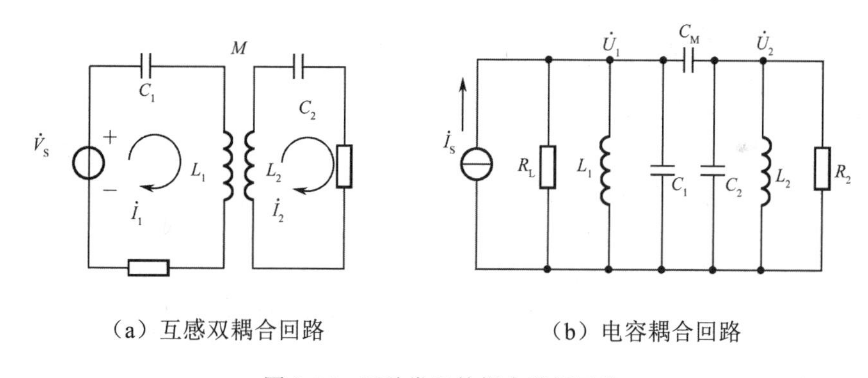

（a）互感双耦合回路　　（b）电容耦合回路

图 2-16　两种常见的耦合谐振回路

1．耦合谐振回路在高频电路中的主要功能

（1）进行阻抗变换以完成高频信号的有效传输。在发射机末级功率放大器中，当天线阻抗在宽波段内变化较大时，通过调节初级回路、次级回路耦合的方法，使末级功率放大器获得最佳匹配阻抗，从而实现最大功率输出，并且经两个回路滤波后，提高了滤波性能。

（2）获得比单谐振回路更好的频率特性。单谐振回路难以解决选择性与通频带之间的矛盾，输出波形容易失真。采用耦合谐振回路可以通过调节两个回路之间的耦合程度获得较好的选频特性，解决选择性与通频带之间的矛盾。

2．耦合系数 k 与耦合因数 η

耦合谐振回路的特性和谐振曲线的形状与两个谐振回路之间的耦合程度密切相关，

为此引入耦合系数 k 与耦合因数 η 这两个参数。

以图 2-16（a）为例，耦合系数定义为两个回路之间的耦合阻抗 Z_m 的绝对值与初级回路、次级回路中同性电抗的几何平均值之比。这里耦合阻抗 Z_m=jωM，则耦合系数为

$$k=\frac{|j\omega M|}{\sqrt{\omega^2 L_1 L_2}}=\frac{M}{\sqrt{L_1 L_2}} \tag{2.2.22a}$$

对于如图 2-16（b）所示的电容耦合谐振回路，耦合系数为

$$k=\frac{C_M}{\sqrt{(C_1+C_M)(C_2+C_M)}} \tag{2.2.22b}$$

其中，k 为无量纲常数，其值为 0～1。一般，$k<0.05$ 称为弱耦合，$k>0.05$ 称为强耦合，$k=1$ 称为全耦合。k 值的大小将极大地影响耦合回路频率特性曲线的形状。

为了简化分析，假设初级回路、次级回路都调谐到同一中心频率 f_0，且初级回路、次级回路的 Q 值相等，即有

$$f_{01}=f_{02}=f_0,\qquad Q_1=Q_2=Q \tag{2.2.23}$$

耦合因数 $\eta=kQ$。耦合系数 k 与耦合因数 η 都反映了初级回路、次级回路的耦合程度。

3. 耦合谐振回路的频率特性

根据电路理论，当初级信号源激励时，初级回路电流 I_1 通过耦合阻抗将在次级回路中产生感应电动势 jωMI_1，从而在次级回路中产生电流 I_2。次级回路必然要对初级回路产生反作用，此反作用通过在初级回路中引入一个反映阻抗 Z_f 来等效。反映阻抗为

$$Z_f=-\frac{Z_m^2}{Z_2}=\frac{\omega^2 M^2}{Z_2} \tag{2.2.24}$$

式中，Z_2 是次级回路的串联阻抗，它具有串联谐振特性。当次级回路谐振时，Z_f 为一个电阻。分别调节初级回路、次级回路电抗，使两个回路均与信号源频率谐振，这时耦合回路达到全谐振状态。为了简化分析，假设初级回路、次级回路参数对应相等，令

$$L_1=L_2=L,\qquad C_1=C_2=C,\qquad Q_1=Q_2=Q \tag{2.2.25}$$

讨论次级回路谐振特性对了解作为选频网络的耦合谐振回路的频率特性具有实际意义。

次级回路的归一化谐振特性为

$$\frac{\dot{I}_2}{\dot{I}_{2\max}}=\frac{2\eta}{(1+j\xi)^2+\eta^2}$$

取其模值，得归一化幅频特性：

$$\alpha=\left|\frac{\dot{I}_2}{\dot{I}_{2\max}}\right|=\frac{2\eta}{\sqrt{(1+\eta^2)^2+2(1-\eta^2)\xi^2+\xi^4}} \tag{2.2.26}$$

式中，ξ 为广义失谐，有

$$\xi=Q\left(\frac{\omega}{\omega_0}-\frac{\omega_0}{\omega}\right)=2Q\frac{\Delta\omega}{\omega_0}$$

由式（2.2.26）可知，归一化谐振曲线 α 是 ξ 的偶函数，因此谐振曲线相对于横坐标而言

是对称的。以ξ为变量，以η为参变量，由式（2.2.26）可得次级回路归一化幅频（谐振）特性曲线，如图 2-17 所示。由图可看出，η值不同，曲线形状就不同。

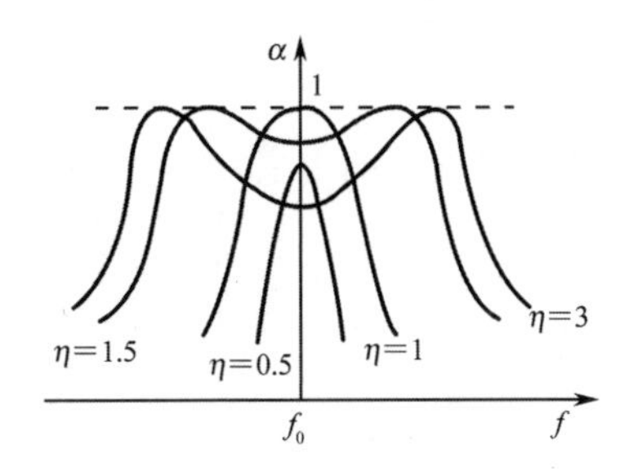

图 2-17　耦合谐振回路的幅频特性曲线

1）$\eta=1$时的幅频特性曲线

$\eta=1$，即$kQ=1$，称为临界耦合。由图 2-17 可见临界耦合幅频特性曲线呈现单峰。在谐振点上当$\xi=0$时，$\alpha=1$，次级回路电流I_2达到最大值，这就是最佳耦合下的全谐振状态。此时，式（2.2.26）可简化为

$$\alpha=\frac{2}{\sqrt{4+\xi^4}} \tag{2.2.27}$$

令$\alpha=\frac{1}{\sqrt{2}}$，并将其代入式（2.2.27）可得，$\xi=\pm\sqrt{2}$，据此求得通频带

$$\mathrm{BW}_{0.7}=\sqrt{2}\frac{f_0}{Q} \tag{2.2.28}$$

因此，在Q值相同的情况下，临界耦合回路的通频带是单谐振回路的$\sqrt{2}$倍。

令式（2.2.27）中$\alpha=0.1$，可求得

$$K_{0.1}=\frac{\mathrm{BW}_{0.1}}{\mathrm{BW}_{0.7}}=\sqrt[4]{100-1}=3.16 \tag{2.2.29}$$

可见临界耦合回路（$\eta=1$）的矩形系数比单谐振回路的矩形系数（$K_{0.1}=9.95$）小得多，这是双谐振回路的主要优点。

2）$\eta<1$，弱耦合状态

此时谐振曲线是单峰，在$\xi=0$时，α达到最大值

$$\alpha=\frac{2\eta}{1+\eta^2} \tag{2.2.30}$$

$\eta<1$，通频带变窄，并且次级回路电流最大值较小，通常应避免在这种状态下工作。

3）$\eta>1$，强耦合状态

此时谐振曲线在$\xi=0$两边形成双峰，在$\xi=0$处为谷点。η越大，两峰点相距越远，谷点下凹也越厉害。用δ表示谷点的凹陷值，其值可由式（2.2.26）在$\xi=0$时求出。

$$\delta=\frac{2\eta}{1+\eta^2} \tag{2.2.31}$$

可见，δ随η增大而增大，即η越大，凹陷越深。

令 $\alpha=\dfrac{1}{\sqrt{2}}$，可由式（2.2.26）解得 $\xi=\sqrt{\eta^2+2\eta-1}$，故通频带为

$$\mathrm{BW}_{0.7}=2\Delta f_{0.7}=\sqrt{\eta^2+2\eta-1}\frac{f_0}{Q} \tag{2.2.32}$$

η 越大，通频带越宽。但根据通频带的定义，谷点的凹陷不应小于 $\dfrac{1}{\sqrt{2}}$，即

$$\delta=\frac{2\eta_{\max}}{1+\eta_{\max}^2}=\frac{1}{\sqrt{2}}$$

从而求得 $\eta_{\max}=2.41$，代入式（2.2.32）得

$$\mathrm{BW}_{0.7}=3.2\frac{f_0}{Q} \tag{2.2.33}$$

在 Q 值相同的情况下，强耦合谐振回路的通频带是单谐振回路通频带的3.2倍。

综上分析，耦合谐振回路的幅频特性曲线的特点归纳如下。

（1）当 $\eta<1$ 时，曲线的形状是单峰的，峰值随着 η 的减小而减小。在这种情况下，通频带窄，且最大值较小，没有实际应用价值，应避免。

（2）当 $\eta>1$ 时，曲线具有双峰，随着 η 的增大，峰点距离增加，曲线中心的凹陷加深。当 η 过大时，频带内频响特性变差，在设计中常取 $\eta=1$ 或略大于1，这时中心频率处凹陷较小，可以获得较为理想的选频特性——矩形系数接近于1。

必须指出，以上分析都是在假设初级回路、次级回路元器件参数相同的情况下得到的结果。

2.4 无源阻抗变换电路

在工程实际应用中，谐振回路必须与信号源和负载电阻相连接，信号源的输出阻抗和负载阻抗都会对谐振回路的特性产生明显的影响，不但会使回路的有载品质因数下降，通频带加宽，选频特性变差，而且由于信号源电容 C_S 和负载电容 C_L 的影响，还会使回路谐振频率发生变化。另外，谐振回路要传输信号能量，因而当信号源及负载电阻同时接在并联回路上时，必须考虑阻抗匹配问题，使电路达到最佳状态。

阻抗变换电路是一种将实际负载阻抗变换为前级网络所要求的最佳负载阻抗的电路。常用的阻抗变换电路有自耦变压器电路、变压器耦合电路、电容分压式电路和电感分压式电路等。

2.4.1 串并联阻抗的等效转换

在实际电路分析中，经常需要将电抗、电阻串联的电路变换为电抗、电阻并联的电路，或者反过来。为了简化计算，工程上常对数学推导结果做简化处理。其前提条件是电路的 Q 值足够大，即电路的储能远大于能耗。

图 2-18 给出了串并联互换等效电路。其中，图 2-18（a）是并联回路，等效后的串联回路如图 2-18（b）所示。等效是指在相同工作频率下，并联回路和串联回路两端口的阻抗完全相等，即 $Z_P = Z_S$。

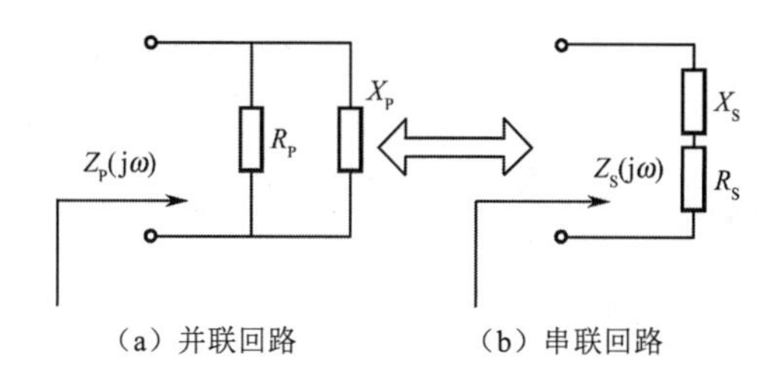

图 2-18　串并联互换等效电路

在图 2-18（a）中，有

$$Z_p = R_p // jX_p = \frac{X_p^{\ 2}}{R_p^{\ 2} + X_p^{\ 2}} R_p + j\frac{R_p^{\ 2}}{R_p^{\ 2} + X_p^{\ 2}} X_p$$

在图 2-18（b）中，有

$$Z_S = R_S + jX_S$$

根据网络等效原则，有 $Z_P = Z_S$，即

$$\begin{cases} R_S = \dfrac{X_p^{\ 2}}{R_p^{\ 2} + X_p^{\ 2}} R_p \\ X_S = \dfrac{R_p^{\ 2}}{R_p^{\ 2} + X_p^{\ 2}} X_p \end{cases} \quad 或 \quad \begin{cases} R_p = \dfrac{R_S^{\ 2} + X_S^{\ 2}}{R_S} \\ X_p = \dfrac{R_S^{\ 2} + X_S^{\ 2}}{X_S^{\ 2}} \end{cases} \tag{2.2.34}$$

根据品质因数定义，回路的等效品质因数为

$$Q = \frac{|X_S|}{R_S}(串联回路) = \frac{R_P}{|X_P|}(并联回路) \tag{2.2.35}$$

用 $R_S = \dfrac{|X_S|}{Q}$，即 $|X_S| = QR_S$ 代入式（2.2.34）得

$$\begin{cases} R_p = (1+Q^2)R_S \\ X_p = (1+\dfrac{1}{Q^2})X_S \end{cases} \tag{2.2.36}$$

当 Q>10 时，则

$$\begin{cases} R_p = Q^2 R_S = \dfrac{\omega^2 L^2}{R_S} \\ X_p = X_S \end{cases} \tag{2.2.37}$$

上述分析结果表明：串并联转换电路，电抗性质不变。在 Q 值较大时，电抗变换前后也基本不变，并联电路的阻抗比串联电路的阻抗大 Q^2 倍。串联电路中的电阻越大，则损耗越大；并联电路中的电阻越小，则分流、损耗越大；反之亦然。

2.4.2 变压器阻抗变换

变压器阻抗变换有两种常用的形式，一种是变压器耦合阻抗变换，另一种是自耦变压器耦合阻抗变换。

1. 变压器耦合阻抗变换

图 2-19 所示为变压器耦合阻抗变换电路。设初级线圈的匝数为 N_1，次级线圈的匝数为 N_2，且初级、次级线圈间为全耦合，线圈损耗忽略不计，因此初级、次级变压器消耗的功率是相等的。也就是说，等效到初级回路的电阻 R_L' 上消耗的功率应和次级回路负载电阻 R_L 上消耗的功率相等，即

$$\frac{u_1^2}{R_L'}=\frac{u_2^2}{R_L} \text{或} \frac{R_L'}{R_L}=\frac{u_1^2}{u_2^2}$$

全耦合变压器初级、次级电压比 $\frac{u_1}{u_2}$ 等于初级、次级线圈的匝数比 $\frac{N_1}{N_2}$，可推出初级、次级电阻的关系为

$$R_L'=\left(\frac{N_1}{N_2}\right)^2 R_L \tag{2.2.38}$$

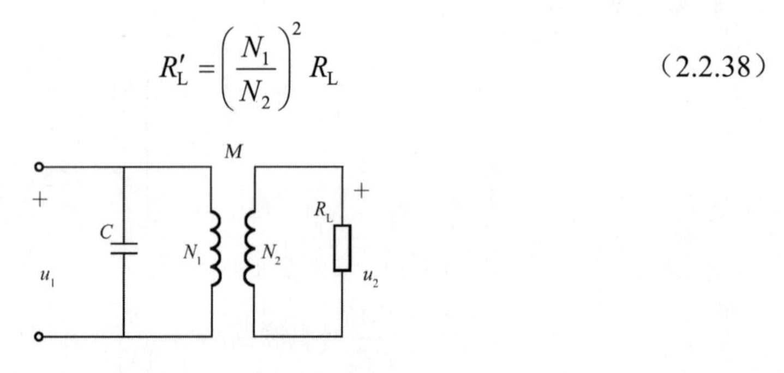

图 2-19 变压器耦合阻抗变换电路

变压器耦合阻抗变换在高频电路中得到了广泛应用，具有以下特点。

（1）负载电阻与放大器回路之间实现了直流隔离，负载电阻的故障（如短路、开路）不会引起放大器的损坏。

（2）可通过调节初级、次级线圈的匝数比 $\frac{N_1}{N_2}$，使等效电阻 R_L' 满足放大器的最佳负载。

2. 自耦变压器耦合阻抗变换

图 2-20 所示为自耦变压器耦合阻抗变换电路。其中，图 2-20（a）所示为实际连接电路，图 2-20（b）所示为等效电路。

在图 2-20 中线圈的总电感量为 L，中间抽头接负载电阻为 R_L。N_1 为电感总匝数，N_2 为抽头部分的匝数，忽略自耦变压器的损耗，则 1-3 端 R_L' 上所得功率 P_1 应等于 2-3 端 R_L 上所得功率 P_2。设 1-3 端电压为 u_1，2-3 端电压为 u_2，则有

$$\frac{R_L'}{R_L}=\frac{u_1^2}{u_2^2}$$

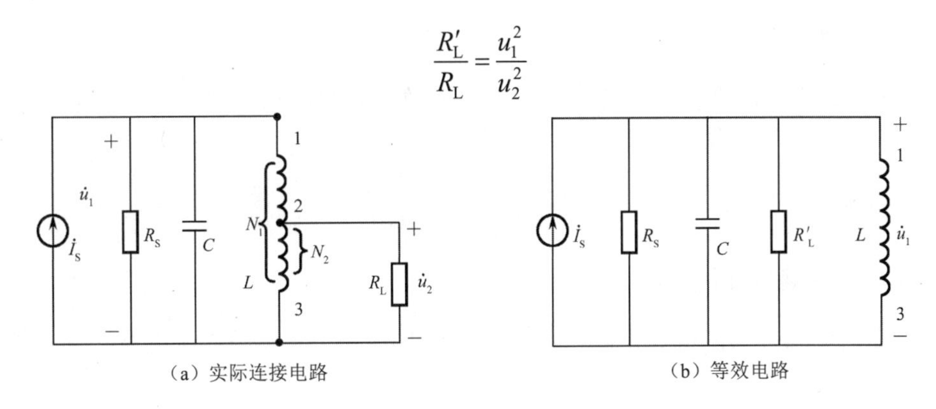

图 2-20　自耦变压器耦合阻抗变换电路

根据变压器的电压变换关系

$$\left(\frac{u_1}{u_2}\right)^2=\left(\frac{N_1}{N_2}\right)^2$$

可推出

$$R_L'=\left(\frac{N_1}{N_2}\right)^2 R_L \tag{2.2.39}$$

由于 $\frac{N_1}{N_2}>1$，则 $R_L'>R_L$。以上表明，负载电阻 R_L 从 2-3 端等效到 1-3 端变为电阻 R_L'，大小为原来的 $\left(\frac{N_1}{N_2}\right)^2$ 倍。

自耦变压器耦合阻抗变换的特点总结如下。

（1）等效后的电阻 R_L' 只可能比原来的负载电阻 R_L 大，不可能比原来小。

（2）中间抽头能顺势拉出，铜芯不用剪断，制作方便。

2.4.3　部分接入阻抗变换

在实际应用中，为了减小负载电阻和信号源内阻对回路选频特性的影响，常常采用电抗元器件部分接入的方法进行阻抗变换。常用的部分接入阻抗变换方法有电感抽头阻抗变换和电容分压阻抗变换。图 2-21 给出了几种常见的分压电路。

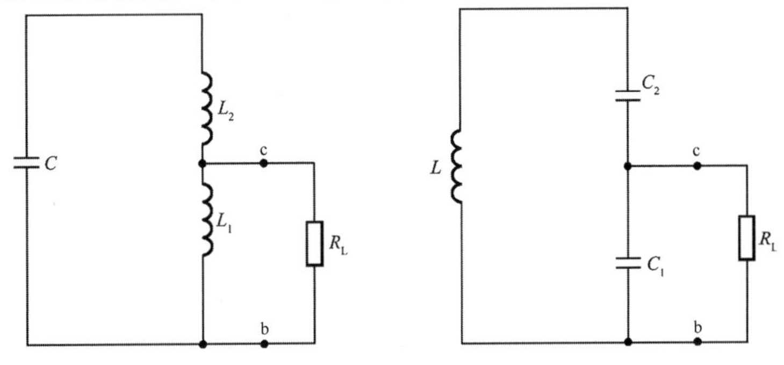

图 2-21　几种常见的分压电路

1．接入系数 P

在电路的分析中，常把部分接入的外电路等效到并联回路两端。等效原则：等效电路与原电路功率相等。接入系数 P 定义为

$$P=\frac{\text{部分接入电压}}{\text{回路两端总电压}}<1$$

2．电感抽头阻抗变换

图 2-22 为电感抽头阻抗变换电路。其中，图 2-22（a）为实际连接电路，图 2-22（b）为等效电路。

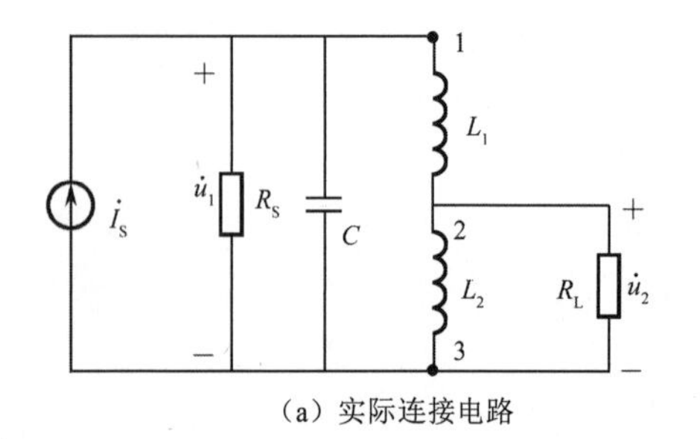

（a）实际连接电路

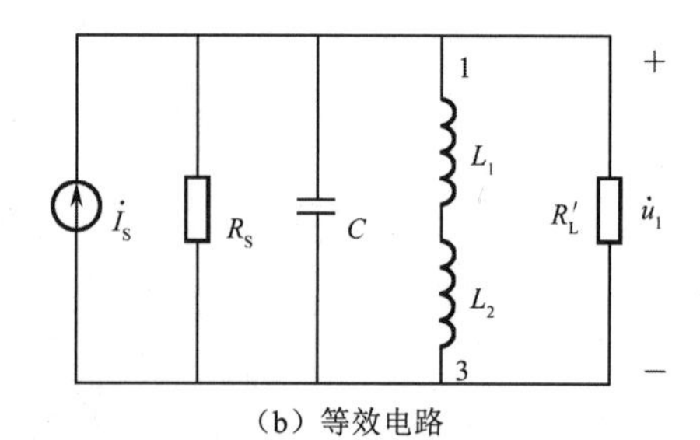

（b）等效电路

图 2-22　电感抽头阻抗变换电路

当线圈互感可以忽略时，有

$$P=\frac{u_2}{u_1}=\frac{L_2}{L}$$

其中

$$L=L_1+L_2$$

当两线圈互感为 M 时，有

$$P=\frac{u_2}{u_1}=\frac{L_2\pm M}{L}$$

其中

$$L=L_1+L_2\pm 2M$$

若 L_1 和 L_2 绕向一致，则 M 取正号；若 L_1 和 L_2 绕向相反，则 M 取负号。

根据功率相等原则，将部分接入在 2-3 端口的负载电阻 R_L 等效成回路 1-3 端口的电阻 R_L'，有

$$R_L'=\frac{1}{P^2}R_L \tag{2.2.40}$$

可见，当采用部分接入方式，并且阻抗从低抽头向高抽头变换时，等效电阻 R_L' 将增加，增加的倍数为 $\frac{1}{P^2}$。因此，合理选择抽头位置，可达到阻抗匹配的目的。

3．电容分压阻抗变换

图 2-23 为电容分压阻抗变换电路。其中，图 2-23（a）为实际连接电路，图 2-23（b）

为等效电路。

回路的总电容由 C_1 和 C_2 串联组成，回路电容为

$$C=\frac{C_1C_2}{C_1+C_2}$$

接入系数

$$P=\frac{u_2}{u_1}=\frac{\frac{1}{\omega C_2}}{\frac{1}{\omega C}}=\frac{C}{C_2}=\frac{C_1}{C_1+C_2}$$

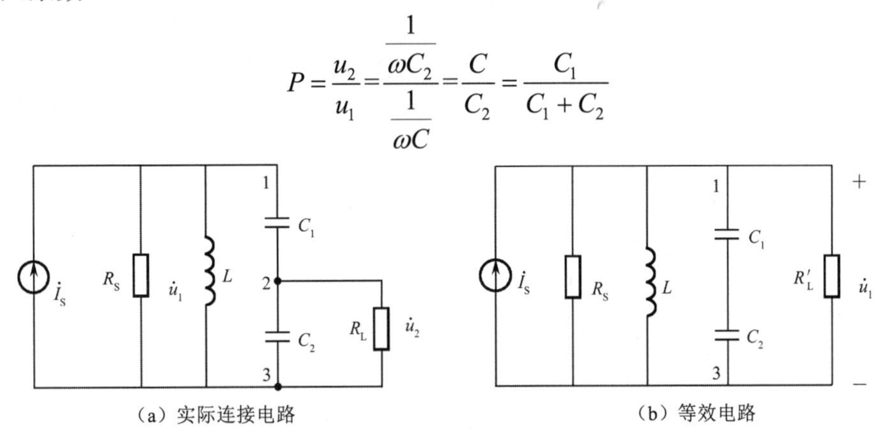

图 2-23　电容分压阻抗变换电路

根据功率相等原则，将部分接入在 2-3 端口的负载电阻 R_L 等效成回路 1-3 端口的电阻 R'_L，有

$$R'_L=\frac{1}{P^2}R_L \tag{2.2.41}$$

电容分压阻抗变换电路的优点是，避免了绕制变压器和线圈抽头的麻烦，调整更方便；另外，在高频时，可将分布电容作为电路中电容的一部分计入，可减少分布电容对电路参数的影响。因此，电容分压阻抗变换电路比电感抽头阻抗变换电路应用得更为广泛。

4．信号源的部分接入

等效折合的方法不仅适用于负载电阻，也完全适用于信号源。如图 2-24 所示，将信号源内阻 R_S 和电流源 $\dot{I}_S$ 从 2-3 端口折合到 1-3 端口，根据功率相等原则可得

$$R'_S=\frac{1}{P^2}R_S\,,\qquad \dot{I}'_S=P\dot{I}_S \tag{2.2.42}$$

如果信号源为恒压源，则有

$$\dot{U}'_S==\frac{1}{P}\dot{U}_S \tag{2.2.43}$$

综上分析，根据功率相等原则，阻抗部分接入的折算系数为 $\frac{1}{P^2}$，电流源部分接入的折算系数为 P，电压源部分接入的折算系数为 $\frac{1}{P}$。

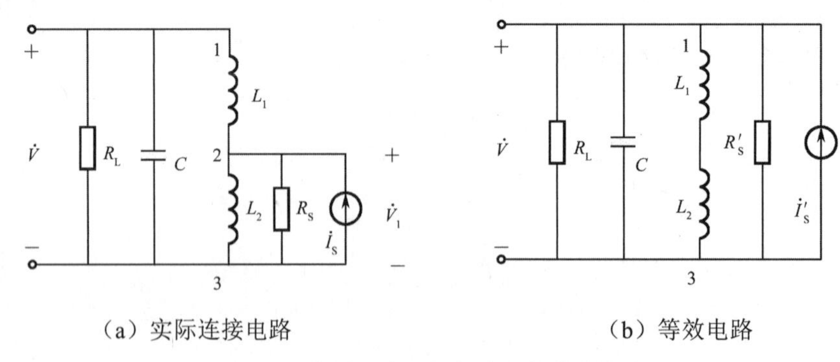

（a）实际连接电路　　（b）等效电路

图 2-24　信号源内阻与恒流源的等效电路

2.5　本章小结

本章介绍了简单 LC 谐振回路及耦合谐振回路的选频特性在高频电子电路中的重要应用。通过引入两个基本参量——通频带 BW 和回路品质因数 Q 来衡量选频特性的好坏。矩形系数则是一个综合指标，用于衡量实际的幅频特性接近理想幅频特性的程度。矩形系数越小（接近 1），则选频特性越接近理想状态。

本章还介绍了无源阻抗变换电路，作为实现信号源内阻或负载电阻的阻抗匹配的重要方法，也为后续章节的学习奠定了重要基础。

思考题与习题

2-1　试设计用于收音机中频放大器中的简单并联谐振回路。已知中频频率 f_0=465kHz，回路电容为 200pF，要求的 3dB 频带宽度 $BW_{0.7}$=8kHz。试计算回路电感和有载品质因数 Q_L。若电感线圈的 Q_0 为 100，回路应并联多大的电阻才能满足要求？

2-2　在如题图 2-1 所示电路中，已知回路谐振频率 f_0=465kHz，Q_0=100，N=160 匝，N_1=40 匝，N_2=10 匝，C=200pF，R_S=16kΩ，R_L=1kΩ，试求回路电感 L、有载品质因数 Q_L 和通频带。

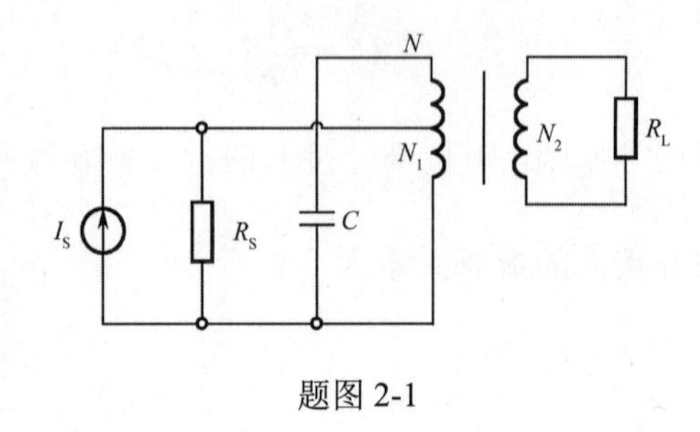

题图 2-1

2-3　已知并联谐振回路的固有谐振频率为 30MHz，线圈电感量 L=0.75μH，空载品质因数 Q_0=60。求：①回路的通频带；②若 Q_0、L 和 f_0 不变，而要求通频带变为 2.5MHz，该如何实现？

2-4　题图 2-2 为电容抽头并联谐振回路，已知电源频率 $\omega = 10^7$ rad/s，回路空载品质因数 Q_0=100。试计算谐振回路电感 L 和通频带 $\mathrm{BW}_{0.7}$。

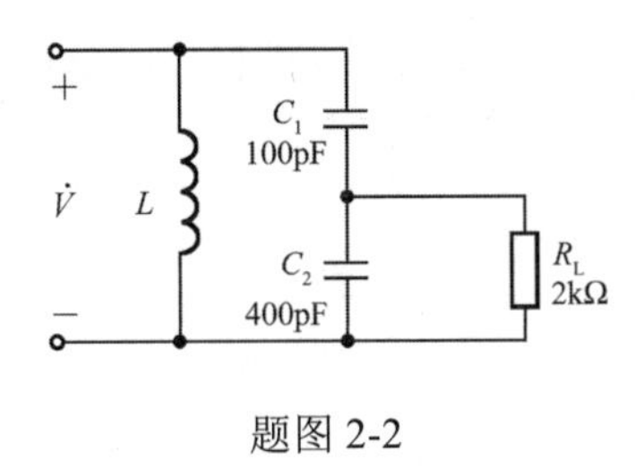

题图 2-2

2-5　题图 2-3 为某电路的交流等效电路，其中，$L = 0.8\mu\text{H}, Q_0 = 100, C = 5\text{pF}$，$C_1 = 20\text{pF}$，$C_2 = 20\text{pF}$，$R = 10\text{k}\Omega, R_L = 5\text{k}\Omega$，试计算回路的谐振频率、谐振电阻。

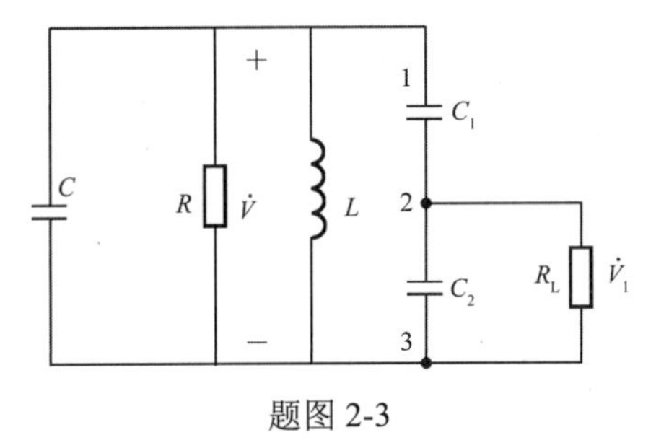

题图 2-3

2-6　当并联谐振回路作为负载时，常采用抽头接入的方式，其目的是______，若接入系数 P 增大，则谐振回路的 Q ______，带宽______。

2-7　如题图 2-4 所示电路，ω_1和ω_2 分别为其串联谐振频率和并联谐振频率。它们之间的大小关系为______________。

2-8　在如题图 2-5 所示电路中，信号源频率 $f_0 = 1\text{MHz}$，信号源电压振幅 $V_{\text{ms}} = 0.1\text{V}$，回路空载品质因数 Q_0 为 100，r 是回路损耗电阻。将 1-2 端短路，在将电容 C 调至100pF 时回路谐振。如将 1-2 端开路后再串联一阻抗 Z_x（由电阻 R_x 与电容 C_x 串联），则回路失谐；当将电容 C 调至 200pF 时重新谐振，这时回路有载品质因数 Q 为 50。试求电感 L、未知阻抗 Z_x。

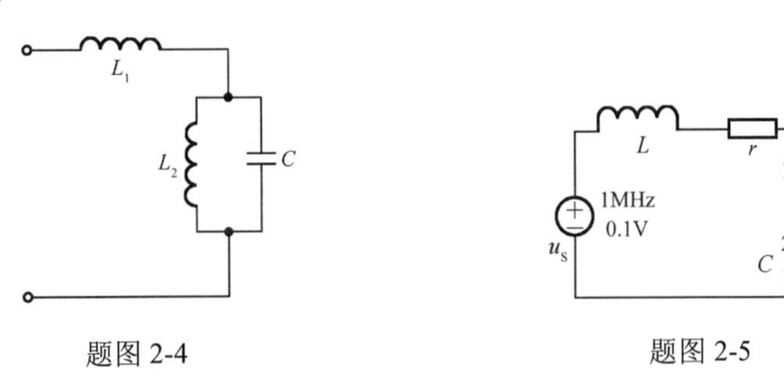

题图 2-4　　　　题图 2-5

2-9　并联谐振回路与负载间采用部分接入方式，如题图 2-6 所示，已知 $L_1 = 4\mu H$，$L_2 = 4\mu H$（L_1、L_2 间互感可以忽略），$C = 500pF$，空载品质因数 $Q_0 = 100$，负载电阻 $R_L = 1k\Omega$，负载电容 $C_L = 10pF$。计算谐振频率 f_0 及通频带 $BW_{0.7}$。

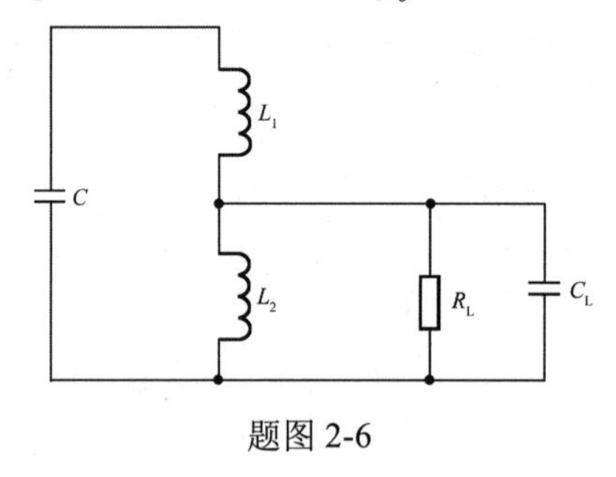

题图 2-6

第 3 章　高频小信号放大器

3.1　概述

高频小信号放大器广泛应用于广播、电视、通信、雷达等设备的接收机中。高频是指放大器的中心频率为数百千赫兹到数百兆赫兹，信号频带的宽度为几千赫兹到几十兆赫兹；小信号是指放大器输入信号电压的振幅小，量级为毫伏和微伏。因为放大器的输入信号小，可以认为放大器的晶体管工作于线性范围内，即甲类放大状态，则放大器输入信号的频谱与输出信号的频谱完全相同。

按照所用负载电阻的性质，高频小信号放大器可分为谐振放大器与非谐振放大器。本章主要讨论小信号谐振放大电路，谐振放大器以选频网络作为负载。小信号谐振放大器的典型应用是置于超外差式接收机中的混频器前面，从众多的输入信号频率中选出有用的信号，滤除或抑制无用的信号。前者要求放大器有一定的带宽和增益，后者要求放大器有很好的选择性，尽量抑制不需要的干扰信号。下面介绍高频小信号谐振放大器的主要性能指标。

1．增益

电压增益 A_{V}：放大器的输出信号电压（负载电阻上的电压）与输入信号电压之比，习惯上对其取对数，用分贝表示为 $20\lg A_{\mathrm{V}}(\mathrm{dB})$。

功率增益 A_{P}：负载电阻上输出信号功率与输入信号功率之比，也可用分贝表示为 $10\lg A_{\mathrm{P}}(\mathrm{dB})$。

在谐振频率 f_0 处的电压增益为谐频增益，记为 A_{V0}，功率增益记为 A_{P0}，相对增益记作 $S=\left|\dfrac{A_{\mathrm{V}}}{A_{\mathrm{V0}}}\right|$。人们总希望放大器在中心频率和通频带内的增益尽量大，在满足总增益的前提下使级数尽可能小，放大器增益的大小取决于所用的晶体管、要求的通频带、是否良好匹配和稳定等。为保证放大器的稳定性，放大器的增益不能太高。在一般情况下，放大器的稳定增益约为 20 倍。

2．通频带

谐振放大器的负载是谐振回路，放大器的增益特性曲线与谐振回路的谐振特性是一致的。当放大器的电压增益下降到谐频增益 A_{V0} 的 $\dfrac{1}{\sqrt{2}}$ 时，对应的上下限频率之差，用 $\mathrm{BW}_{0.7}$ 表示，如图 3-1 所示。通频带 $\mathrm{BW}_{0.7}$ 也称 3dB 带宽，因为电压增益下降 3dB 即等于

下降至 $\frac{1}{\sqrt{2}}$。与谐振回路相同，放大器的通频带与回路的有载品质因数 Q_L 有关。

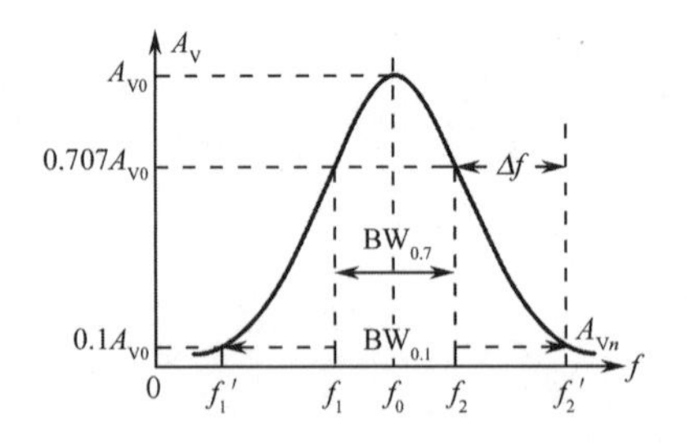

图 3-1　谐振放大器电压增益频率特性曲线

高频小信号谐振放大器通频带的确定应考虑以下几个问题。

（1）高频小信号谐振放大器放大的都是高频已调信号，而已调信号都包含一定的频谱宽度。例如，调幅广播收音机的通频带为 9kHz，调频广播收音机的通频带约为 180kHz，电视接收机接收图像信号的通频带约为 6MHz。为了使放大的信号基本不失真，高频小信号谐振放大器的通频带应大于已调信号的频谱宽度。

（2）放大器总的通频带，随着级数的增加而变窄。通频带与放大器的增益是一对矛盾，即放大器的通频带越宽，增益就越小。

3. 选择性

选择性是指从各种频率的输入信号中选出有用信号并抑制干扰信号的能力。通常用矩形系数 $K_{0.1}$ 描述放大器选频特性的好坏。

$$K_{0.1}=\frac{BW_{0.1}}{BW_{0.7}}$$

式中，$BW_{0.1}$ 为放大器的电压增益下降到谐频增益 A_{V0} 的 0.1 倍时对应的带宽，如图 3-1 所示。$K_{0.1}$ 越小越好，在等于 1 时为理想选频特性。

4. 噪声系数

噪声系数定义为放大器的输入信噪比与输出信噪比之比，通常用 NF 表示：

$$NF=\frac{p_{si}/p_{ni}}{p_{so}/p_{no}}$$

噪声系数是描述放大器噪声性能的参数。放大器的噪声性能差，将使有用信号淹没在噪声中。例如，在收听收音机电台时，听到很响的沙沙声；在接收电视节目时，屏幕上有雪花干扰。通常 NF>1，在理想状态下 NF=1。NF 越接近 1，则放大器内部产生的噪声越小。在设计制作放大器时，应采用低噪声元器件，正确选择静态工作点电流，选择合适的电路拓扑，从而尽可能地减小放大器的内部噪声。

5. 稳定性

稳定性是指当放大器直流偏置及电路元器件参数等随温度、环境发生变化时，放大器的主要性能指标，如增益、中心频率、通频带的稳定程度。

当环境温度剧烈变化时，电路元器件参数及放大器的性能指标必然会随之改变，但这些变化必须限制在允许的范围内。不稳定状态的极端情况是放大器产生自激振荡，致使放大器完全不能正常工作。为使放大器稳定工作，必须采取稳定措施，如限制每级增益、选择内反馈小的晶体管、应用中和或失配方法使放大器远离自激，并且各项主要性能指标的变化不超出允许范围。

上述指标之间有联系，也有矛盾，如增益与通频带、增益与稳定性之间是矛盾的。在工程设计中必须根据设计要求，在这些指标中进行协调和折中，最终得到满足总体指标要求的设计方案。

3.2　高频小信号谐振放大器

高频小信号谐振放大器由晶体管和谐振回路两部分构成。根据不同的要求，晶体管可以是双极型晶体管，也可以是场效应管，或者是模拟集成电路。谐振回路可用单谐振回路，也可用双谐振回路。近年来，GaAs（砷化镓）MESFET（金属半导体场效应管）技术在微波领域得到了重要应用。但通常当频率大于 1～2GHz 才使用 GaAs MESFET 元器件；当频率在 1GHz 以下时，仍大量使用硅双极型晶体管。本章主要分析双极型晶体管构成的高频小信号谐振放大器。

3.2.1　晶体管高频小信号等效电路

晶体管在高频线性运用时常采用两种等效电路进行分析：一种是模拟等效电路，另一种是形式等效电路。

1．高频晶体管模拟等效电路

从晶体管的物理特征出发，把晶体管内部的复杂关系用集中参数元器件 R、C 和受控源来等效，每个元器件都与晶体管内部发生的物理过程有明显关系。采用这种物理模拟方法得到的等效电路就是晶体管的混合 π 型等效电路。混合 π 型等效电路是高频电路分析中采用最多的物理模拟等效电路，其优点在于物理意义明确，在较宽的频带内元器件值基本上与频率无关；缺点是随元器件不同，等效电路有一定差别，且分析测量都不方便。图 3-2（a）给出共发射极高频晶体管的结构示意，基区为 P 型半导体，基极体电阻 $r_{bb'}$ 不能忽略；N 型半导体是高掺杂的，发射极区、集电极区的体电阻 r_{ee} 和 r_{cc} 可以忽略不计。图 3-2（b）为混合 π 型等效电路。

下面介绍共发射极混合π型等效电路中各元器件参数的物理意义及取值范围。

（1）基极体电阻 $r_{bb'}$。基极体电阻 $r_{bb'}$ 是与晶体管的杂质浓度等制造工艺有关，而与晶体管工作状态无关的一个固定值。对于高频小功率硅管，基极体电阻 $r_{bb'}$ 为几十欧姆到几百欧姆。

（2）$r_{b'e}$ 是有效基极到发射极之间的电阻，是发射结的正向偏置电阻 r_e 折合到基极回路的等效电阻，反映了基极电流受控于发射结电压的物理过程。

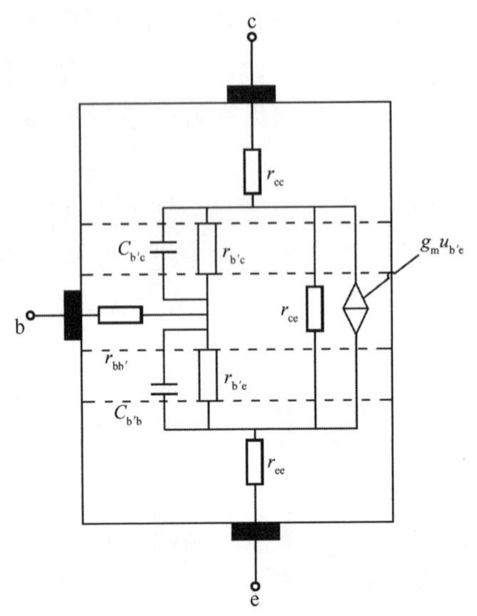

（a）共发射极高频晶体管的结构示意

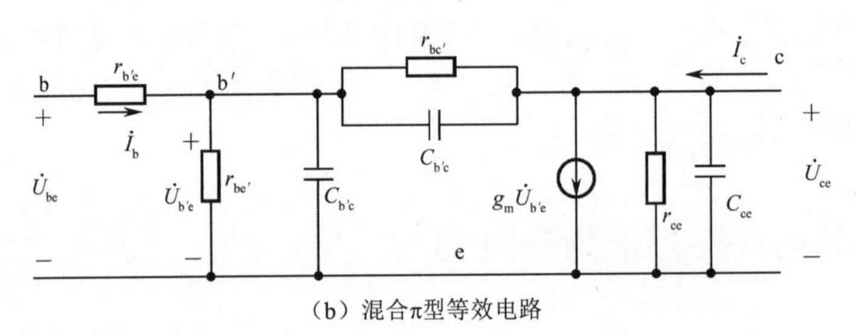

（b）混合π型等效电路

图 3-2　共发射极高频晶体管结构示意和混合π型等效电路

流过 r_e 的电流是发射极电流 i_e，但在等效电路中，流过其等效电阻 $r_{b'e}$ 的电流是基极电流 i_b，由此可得到 $r_{b'e}$ 和 r_e 之间的关系为

$$r_{b'e} = (1+\beta)r_e \approx \beta r_e \text{，而 } r_e = \frac{26}{I_E}$$

所以有

$$r_{b'e} = (1+\beta)\frac{26}{I_E} \approx \beta\frac{26}{I_E} \tag{3.2.1}$$

式中，I_E 为发射极的工作点电流，单位为 mA。由于发射结正偏，r_e 较小，因此 $r_{b'e}$ 也不是很大，一般为几十欧姆到几百欧姆。

（3）集-射极间电阻 r_{ce}。它表示集电极电压 U_{ce} 对集电极电流 I_c 的影响，r_{ce} 越大，I_c 受 U_{ce} 的影响越小。通常 I_c 受 U_{ce} 影响很小，r_{ce} 很大，一般在几十千欧以上，但 r_{ce} 小于集电结电阻 $r_{b'c}$。

（4）集电结电阻 $r_{b'c}$，表征基区宽度调制效应。由于集电结反偏，因此 $r_{b'c}$ 很大，取值为 100kΩ～10MΩ。通常可以忽略 $r_{b'c}$ 和 r_{ce} 的影响。

（5）发射结电容 $C_{b'e}$，包括发射结的势垒电容 C_T 和扩散电容 C_D 。当晶体管工作在放大区时，其发射结正偏，所以 $C_{b'e}$ 主要指扩散电容 C_D，其值一般为 100～500pF。

（6）集电结电容 $C_{b'c}$，由集电结的势垒电容 C_T 和扩散电容 C_D 两部分构成。由于集电结反偏，因此 $C_{b'c}$ 主要指势垒电容 C_T，其值一般为 2～10pF。尽管该电容很小，但由于它构成了在高频条件下集电极到基极的内部反馈通路，因此会严重影响放大器的稳定性，是宽带放大器设计中必须考虑的一个因素。

（7）跨导 g_m。晶体管的跨导 g_m 反映了发射结电压对集电极电流的控制能力。

$$g_m = \frac{\dot{I}_c}{\dot{U}_{b'e}}$$

受控电流源 $g_m U_{b'e}$ 模拟了晶体管的放大作用，在低频情况下，有

$$g_m \approx \frac{1}{r_e} \tag{3.2.2}$$

（8）集-射极间电容 C_{ce}，由引线或封装等构成的分布电容，C_{ce} 很小，一般为 2～10pF，通常可以忽略或归并到负载电容中去。

某个高频晶体管混合 π 型电路的参数为：$r_{b'c}$ =1MΩ，$C_{b'e}$ =500pF，$C_{b'c}$ =5pF，r_{ce} =100kΩ，$r_{bb'}$ =25Ω，$r_{b'e}$ =150Ω，g_m =50ms。

在高频段工作时，满足 $\frac{1}{\omega C_{b'c}} \ll r_{b'c}$，$R_L \ll r_{ce}$，通常可将 $r_{b'c}$ 和 r_{ce} 忽略，将 C_{ce} 并入负载回路电容中，可得简化的混合 π 型等效电路，如图 3-3 所示。

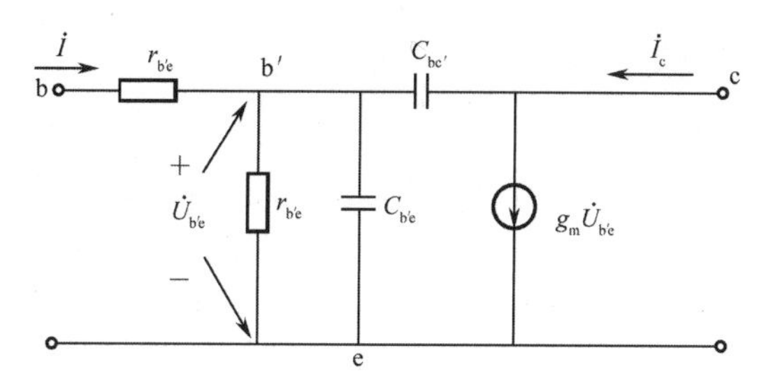

图 3-3　简化的混合π型等效电路

另外，常用的晶体管高频共基极等效电路如图 3-4（a）所示，图 3-4（b）是简化等效电路。

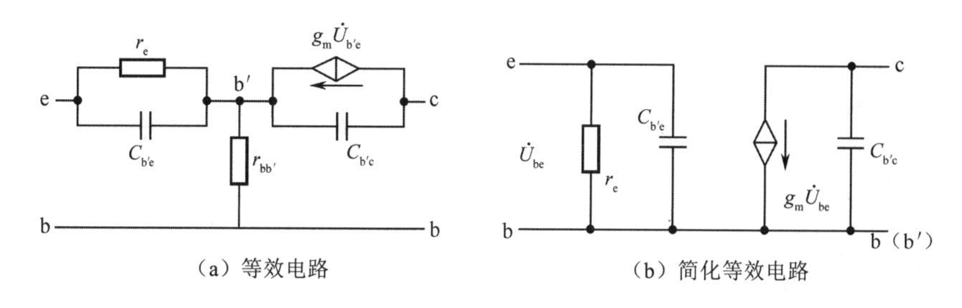

（a）等效电路　　　　（b）简化等效电路

图 3-4　晶体管高频共基极等效电路及简化等效电路

2. 高频晶体管形式等效电路

形式等效电路又称网络参数等效电路，是从测量和使用角度出发，不考虑晶体管内部物理过程，把晶体管作为有源线性二端口网络，用一些网络参数构成的等效电路。这种等效电路具有通用性，导出的表达式具有普遍意义，分析和测量比较方便。其缺点主要是网络参数与工作频率有关，且物理意义不明确。

任何一个线性二端口网络都有 4 个分量。根据所选择的自变量和因变量的不同，可有不同的参数，常用的有 4 种，H 参数——混合参数，Z 参数——阻抗参数，Y 参数——导纳参数，A 参数——传输参数。在模拟电子电路中讨论过 H 参数模型，而在高频小信号放大电路分析过程中，常采用 Y 参数等效电路。这有两方面的原因：一是因为 Y 参数要求在短路条件下进行测量和计算，而当高频时，晶体管内部的电容效应不可忽略，在其端口实现短路较容易；二是晶体管的等效参数与谐振回路之间常以并联方式连接，采用导纳参数可给电路计算带来方便。

在如图 3-5（a）所示共发射极晶体管组态双端口网络的 4 个参数中，选择电压 $\dot{U}_{\mathrm{be}}$ 和 $\dot{U}_{\mathrm{ce}}$ 为自变量，电流 $\dot{I}_{\mathrm{b}}$ 和 $\dot{I}_{\mathrm{c}}$ 为因变量，其网络方程为

$$\begin{cases}\dot{I}_{\mathrm{b}}=y_{\mathrm{ie}}\dot{U}_{\mathrm{be}}+y_{\mathrm{re}}\dot{U}_{\mathrm{ce}}\\ \dot{I}_{\mathrm{c}}=y_{\mathrm{fe}}\dot{U}_{\mathrm{be}}+y_{\mathrm{oe}}\dot{U}_{\mathrm{ce}}\end{cases}$$

式中，y_{ie}、y_{re}、y_{fe}、y_{oe} 称为共发射极晶体管组态的 Y 参数，可通过实验测量的方法得到这些参数。

$y_{\mathrm{ie}}=\left.\dfrac{\dot{I}_{\mathrm{b}}}{\dot{U}_{\mathrm{be}}}\right|_{\dot{U}_{\mathrm{ce}}=0}$ ：当输出短路时的输入导纳。

$y_{\mathrm{re}}=\left.\dfrac{\dot{I}_{\mathrm{b}}}{\dot{U}_{\mathrm{ce}}}\right|_{\dot{U}_{\mathrm{be}}=0}$ ：当输入短路时的反向传输导纳。反向传输导纳代表晶体管内部的反馈作用，其值越大，表明内部反馈越强，这会给实际电路设计带来很大危害，应尽可能选择 y_{re} 较小的晶体管。

$y_{\mathrm{fe}}=\left.\dfrac{\dot{I}_{\mathrm{c}}}{\dot{U}_{\mathrm{be}}}\right|_{\dot{U}_{\mathrm{ce}}=0}$ ：当输出短路时的正向传输导纳。正向传输导纳越大，则晶体管的放大能力越强。

$y_{\mathrm{oe}}=\left.\dfrac{\dot{I}_{\mathrm{c}}}{\dot{U}_{\mathrm{ce}}}\right|_{\dot{U}_{\mathrm{be}}=0}$ ：当输入短路时的输出导纳。

根据 Y 参数表示的网络方程和 Y 参数的基本定义，可推出如图 3-5（b）所示的晶体管 Y 参数等效电路。在一般情况下，y_{re} 很小，在实际电路分析中常忽略其影响，图 3-6 给出了简化的共发射极晶体管 Y 参数等效电路。

在高频时，Y 参数表现为复数，一般记为

$$y_{\mathrm{ie}}=g_{\mathrm{ie}}+\mathrm{j}\omega C_{\mathrm{ie}}$$
$$y_{\mathrm{oe}}=g_{\mathrm{oe}}+\mathrm{j}\omega C_{\mathrm{oe}}$$
$$y_{\mathrm{fe}}=|y_{\mathrm{fe}}|\angle\varphi_{\mathrm{fe}}$$

$$y_{re} = |y_{re}| \angle \varphi_{re}$$

式中，g_{ie}、g_{oe} 分别为输入、输出导纳，C_{ie}、C_{oe} 分别为输入、输出电容，y_{fe}、y_{re} 分别为正向传输导纳、反向传输导纳。

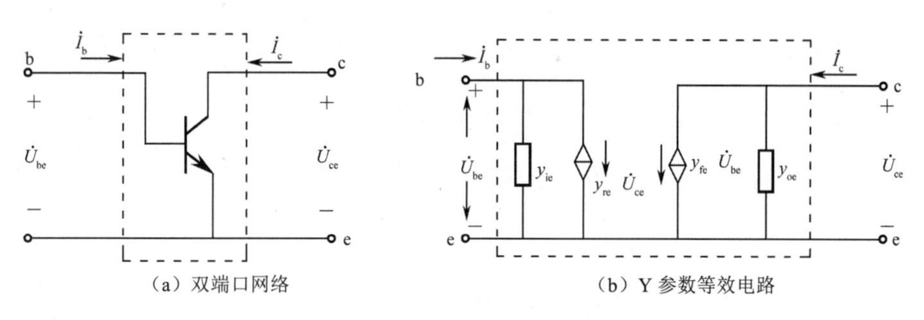

（a）双端口网络　　（b）Y 参数等效电路

图 3-5　共发射极晶体管 Y 参数等效电路

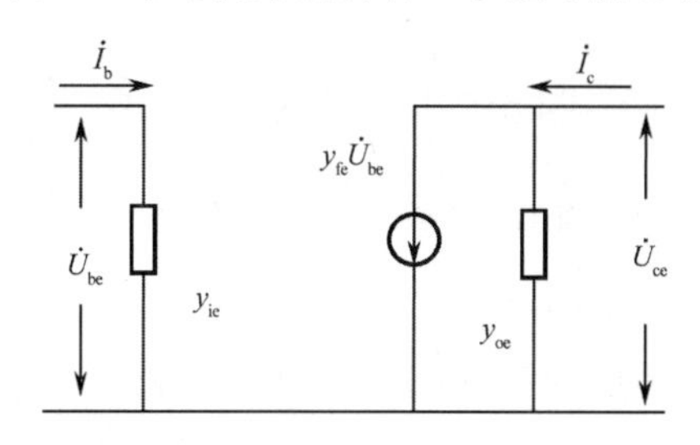

图 3-6　简化的共发射极晶体管 Y 参数等效电路

晶体管 Y 参数与混合 π 型参数可对应互换，常用的简化结果为

$$y_{fe} \approx g_m$$

$$y_{re} \approx -j\omega C_{b'c}$$

注意，晶体管的 Y 参数是在其输入端或输出端短路时得到的，只与晶体管的特性有关，与外电路无关，因此称为内参数。对于放大器中的晶体管，其输入端和输出端都接有外电路，晶体管和外电路构成一个整体电路，这样得到的是相应放大器的 Y 参数，它不仅与晶体管的特性有关，还与外电路有关。不同的工作频率，不同的外电路，放大器的 Y 参数不同，所以又被称为外参数。Y 参数是在假设晶体管是线性网络的条件下得到的，在大信号工作时，晶体管将进入非线性状态，一个非线性二端口网络，不能用导纳（或阻抗）和电流源（或电压源）等效替代，因此在大信号工作状态下，不能使用 Y 参数。

3．晶体管的高频参数

为了分析和设计各种高频电路，必须了解晶体管的高频特性。下面介绍几个表征晶体管高频特性的主要参数，包括截止频率 f_β、特征频率 f_T、最高振荡频率 f_{max} 等参数。

（1）截止频率（Cut-off Frequency）f_β。

β 是晶体管共发射极电流放大系数，其大小与工作频率有关。当工作频率高到一定程度时，β 会随着工作频率的增大而下降。在共射组态时，电流放大系数 β 与工作频率 f

之间的关系为

$$\beta(f)=\frac{\beta_0}{1+\mathrm{j}\dfrac{f}{f_\beta}} \tag{3.2.3}$$

式中，β_0 为直流（或低频）电流放大倍数；f_β 为晶体管共发射组态的截止频率，是指当共发射极电流放大倍数$|\beta|$下降到$\dfrac{\beta_0}{\sqrt{2}}$时对应的频率。图 3-7 给出了晶体管共发射极电流放大系数β的频率特性。在高频电子系统中，晶体管经常工作在大于f_β的频率范围内。

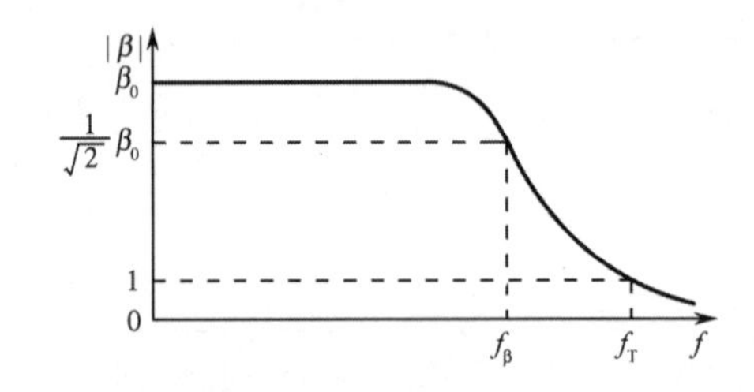

图 3-7　晶体管共发射极电流放大系数β 的频率特性

（2）特征频率（Characteristic Frequency）f_T。

特征频率 f_T 是晶体管最重要的频率参数。其定义为：当高频电流放大倍数$|\beta|=1$ 时所对应的频率称为双极型晶体管的特征频率 f_T。$|\beta|=1$ 意味着集电极电流增量与基极电流增量相等，共发射极组态的晶体管失去电流放大能力。从式（3.2.3）可知

$$|\beta(f_T)|=\frac{\beta_0}{\sqrt{1+\left(\dfrac{f_T}{f_\beta}\right)^2}}=1$$

$$f_T=f_\beta\sqrt{\beta_0^2-1} \tag{3.2.4}$$

$$\beta_0\gg1,\quad f_T\approx\beta_0 f_\beta \tag{3.2.5}$$

特征频率 f_T 是晶体管在共发射极电路中能得到电流增益的最高极限频率。当 $f>f_T$ 时，$|\beta|<1$，此时电流增益小于 1，但并不意味着晶体管没有放大能力了，因为放大器的功率增益仍然有可能大于 1。根据 f_T 的不同，晶体管可分为低频管、高频管、微波管。目前，先进的硅半导体工艺已经可将双极型晶体管的 f_T 做到 100GHz 以上。

（3）最高振荡频率 f_{max}。

最高振荡频率 f_{max} 是指当晶体管的功率增益 $A_P=1$ 时所对应的频率，该频率为晶体管工作的最高极限频率，可以证明

$$f_{max}\approx\frac{1}{2\pi}\sqrt{\frac{g_m}{4r_{bb'}C_{b'e}C_{b'c}}} \tag{3.2.6}$$

当工作频率高于最高振荡频率 f_{max} 时，无论用什么方法，都不可能使晶体管产生振荡。通常为了使放大电路既能稳定工作，又能提供一定的功率增益，晶体管的实际工作频率应不超过最高振荡频率 f_{max} 的$\dfrac{1}{4}$～$\dfrac{1}{3}$。

对于同一个晶体管，以上 3 个频率参数的大小顺序为 $f_{max} > f_T > f_β$。

3.2.2　单谐振回路谐振放大器

单谐振放大器是以一个 LC 谐振回路为负载的高频小信号放大器。在接收机中用于放大高频或中频已调信号。共发射极组态是单谐振放大器常采用的电路，因为共发射极电路具有较高的增益。图 3-8 给出了典型的单谐振放大电路。高频小信号谐振放大器的输入信号电平较低，放大器工作在线性范围内，处于甲类工作状态，晶体管在整个输入信号周期始终是导通的。

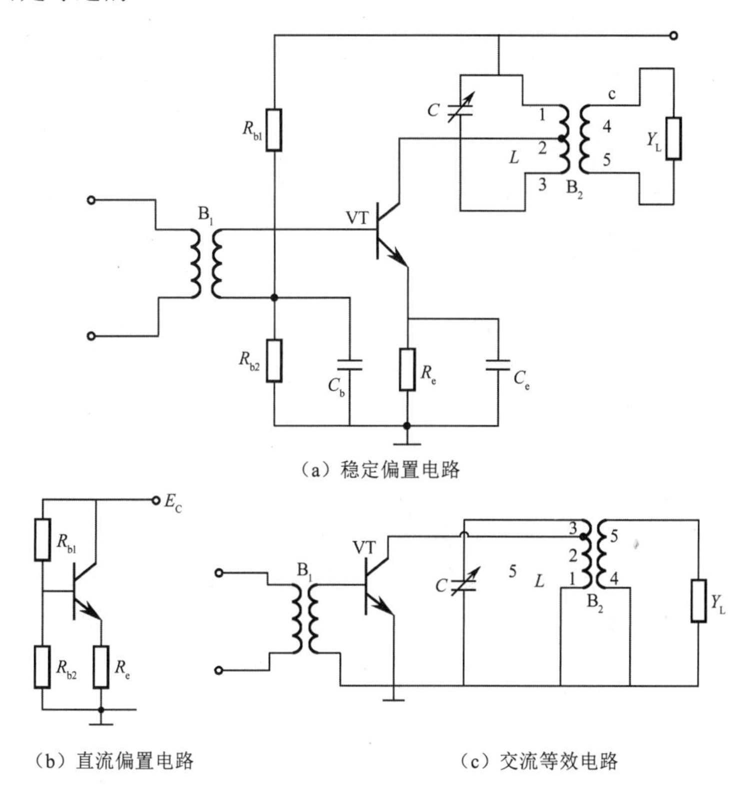

图 3-8　典型的单谐振放大电路

1. 电路结构

该放大电路由 3 个部分构成。

（1）输入回路：由输入变压器 B_1 构成，其作用是隔离信号源与放大器之间的直流联系，将交流能量耦合至晶体管，同时能实现阻抗匹配与变换。用耦合电容也能实现“隔直通交”，但不能实现阻抗匹配和变换。一般输入回路由谐振回路或滤波回路构成。它把从天线信号中选择出的有用信号输入晶体管基极。

（2）晶体管：它是谐振放大器的核心部件，具有电流控制和放大作用。

（3）输出回路：由 LC 并联谐振回路、输出变压器 B_2 及负载 Y_L 构成。电容器 C 与输出变压器B_2的初级绕组电感L构成并联谐振回路，完成选频和阻抗变换双重功能。

2．基本工作原理

（1）直流偏置电路。

在图 3-8（a）给出的实用单谐振放大器电路中，采用了典型的稳定偏置电路。将图3-8（a）中的所有电容开路、电感短路，可得如图3-8（b）所示的放大器直流偏置电路。电源电压E_C经偏置电阻R_{b1}、R_{b2}分压后，取R_{b2}两端的分压作为晶体管的基极直流偏置电压。当静态工作点的发射极直流I_{EQ}流经发射极电阻R_e时，形成直流负反馈电压U_E，它起着稳定静态工作点的作用，C_b和C_e为旁路电容。

（2）高频交流通路。

把如图3-8（a）所示的电路旁路电容（大电容）短路，直流电源E_C对地短路，可得到如图 3-8（c）所示的交流等效电路。基本工作原理：单谐振放大器的输入高频小信号由基极互感耦合电路取自信号源。信号源电压可以来自天线回路，也可以来自前级放大器或混频器的负载电路。单谐振放大器的输出电路是一个对信号中心频率谐振的 LC 并联谐振回路，经放大的高频电压通过互感耦合加于负载阻抗Z_L（或负载导纳Y_L）。这个负载通常是下级放大器的输入阻抗（导纳）或检波器的输入阻抗。

单谐振放大器工作在晶体管的线性放大区，从信号源耦合到输入端的高频信号电压加于晶体管的 b、e 极之间，产生高频基极电流I_b。由于晶体管的放大作用，由I_b的控制产生较大的高频集电极电流I_c。I_c流过集电极的 LC 并联谐振回路产生电压，通过输出耦合回路加于负载导纳Y_L上。因此，后级放大器或检波器的输入端得到的是经单谐振放大器放大了的高频信号电压。

在单谐振放大器中，LC 谐振回路起着选频滤波和阻抗匹配两个作用。LC 谐振回路的选频滤波功能表现为当信号频率在 LC 并联谐振回路的谐振频率附近时，回路阻抗最大，放大器增益较高；反之，如果信号频率远离谐振频率，则回路阻抗急剧下降，放大器增益降低，因而使 LC 谐振回路的谐振频率得到放大，其他信号得到很好抑制。LC 谐振回路两端的谐振阻抗通常都远大于晶体管要求的最佳匹配负载，改变L的中心抽头的位置，可使 LC 谐振回路对晶体管 c、e 极间呈现的阻抗为最佳阻抗，从而使放大器获得最佳的电压增益和功率增益，这就是 LC 谐振回路所完成的阻抗匹配作用。另外，负载和谐振回路之间采用变压器耦合，晶体管集、射回路与谐振回路之间采用抽头接入方式减小了晶体管输出阻抗与负载对谐振回路品质因数的影响，保证了 LC 谐振回路良好的选频特性。

3．谐振放大器性能分析

谐振放大器的分析采用等效电路的方法，放大管用 Y 参数等效，而并联谐振回路通常也采用导纳进行计算，这样的选择会给单谐振放大器的分析计算带来方便。单谐振放大器通常工作在小信号、窄带条件下，在窄带的信号频率范围内，可近似认为晶体管的 Y 参数保持不变。在分析时先画出放大器的交流等效电路，再将 Y 参数及负载等效到谐振电路的两端，最终归结为一个单谐振回路或双谐振回路进行讨论。小信号谐振放大器的主要指标是谐振频率、通频带宽度、选择性及放大器的稳定度。下面将对图 3-9 给出的单谐振放大器 Y 参数等效电路进行分析。

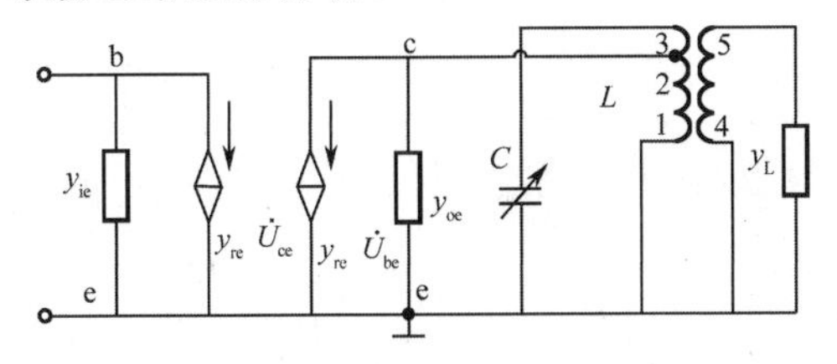

图 3-9　单谐振放大器 Y 参数等效电路

忽略反向传输导纳 y_{re} 的影响，可得简化后的 Y 参数等效电路，如图 3-10（a）所示。负载和谐振回路之间采用变压器耦合，其接入系数 $n_2 = \dfrac{n_{45}}{n_{31}} = \dfrac{N_2}{N}$；晶体管的集、射极回路与谐振回路之间采用抽头接入方式，接入系数 $n_1 = \dfrac{n_{21}}{n_{31}} = \dfrac{N_1}{N}$，其中 N、N_1 和 N_2 分别为变压器初级线圈 1-3 端、1-2 端的匝数和次级线圈的匝数。

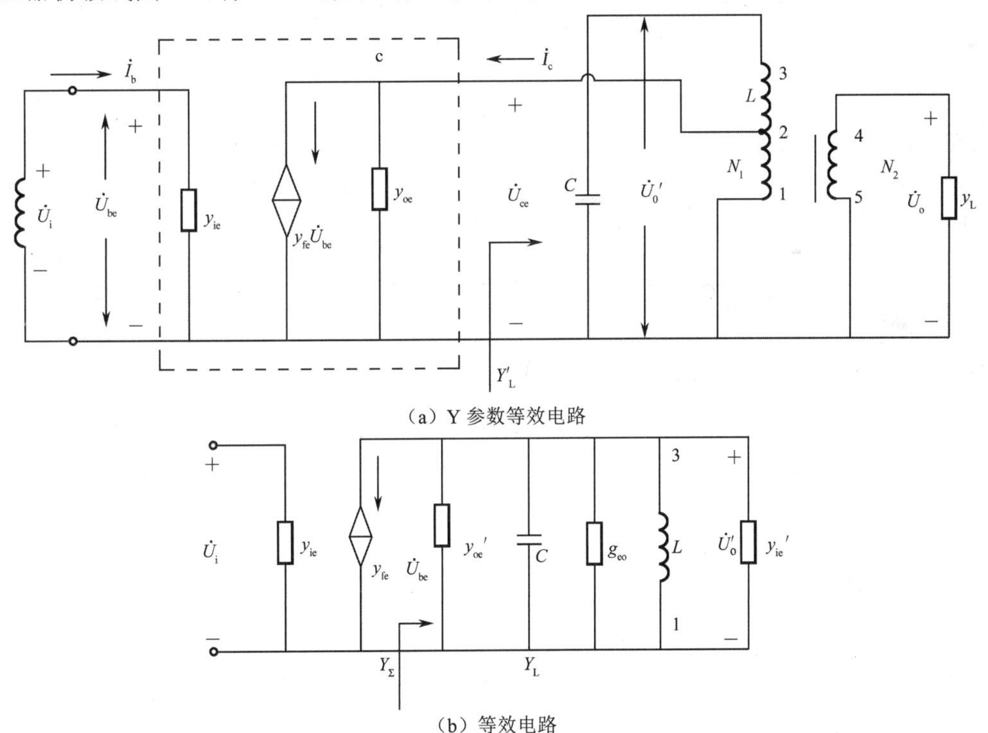

图 3-10　单向简化 Y 参数等效电路

为了分析方便，将晶体管的等效参数 y_{oe}、$y_{fe}\dot{U}_{be}$ 和负载 Y_L 折算到整个回路两端（1-3 端），得到如图 3-10（b）所示的等效电路。图中 g_{eo} 为 LC 谐振回路的谐振电阻。

$$g_{eo} = \frac{1}{R_{eo}} = \frac{1}{Q_0}\sqrt{\frac{C}{L}} = \frac{1}{Q_0 \omega_0 L} \qquad (3.2.7)$$

$$(y_{fe}\dot{U}_{be})' = n_1 y_{fe}\dot{U}_{be}$$

$$y'_{\text{ie}} = n_2^2 y_{\text{L}} = n_2^2 g_{\text{ie1}} + \text{j}\omega n_2^2 C_{\text{ie1}}$$
$$y'_{\text{oe}} = n_1^2 y_{\text{oe}} = n_1^2 g_{\text{oe}} + \text{j}\omega n_1^2 C_{\text{oe}}$$
$$\dot{U}'_{\text{o}} = \frac{1}{n_2}\dot{U}_{\text{o}}$$

式中 $y_{\text{L}} = g_{\text{ie1}} + C_{\text{ie1}}$ 是下一级放大器的输入阻抗。

1）电压增益

由图 3-10（b）可知

$$\dot{U}'_{\text{o}} = -(y_{\text{fe}}\dot{U}_{\text{be}})'/y_{\Sigma}$$

式中，y_{Σ} 为输出回路的总导纳，即

$$\begin{aligned} y_{\Sigma} &= y'_{\text{oe}} + y'_{\text{ie}} + g_{\text{e0}} + \text{j}\omega C + \frac{1}{\text{j}\omega L} \\ &= n_1^2 g_{\text{oe}} + \text{j}\omega n_1^2 C_{\text{oe}} + n_2^2 g_{\text{ie1}} + \text{j}\omega n_2^2 C_{\text{ie1}} + g_{\text{e0}} + \text{j}\omega C + \frac{1}{\text{j}\omega L} \qquad (3.2.8) \\ &= g_{\Sigma} + \text{j}(\omega C_{\Sigma} - \frac{1}{\omega L}) \end{aligned}$$

输出回路的总电导为

$$g_{\Sigma} = n_1^2 g_{\text{oe}} + n_2^2 g_{\text{ie1}} + g_{\text{e0}} \qquad (3.2.9\text{a})$$

输出回路的总电容为

$$C_{\Sigma} = {n_1}^2 C_{\text{oe}} // {n_2}^2 C_{\text{ie1}} // C = n_1^2 C_{\text{oe}} + n_2^2 C_{\text{ie1}} + C \qquad (3.2.9\text{b})$$

因为

$$\dot{U}_{\text{o}} = n_2 \dot{U}'_{\text{o}} = -n_2 n_1 y_{\text{fe}} \dot{U}_{\text{be}} / y_{\Sigma}$$

所以，电压增益为

$$\dot{A}_{\text{V}} = \frac{\dot{U}_{\text{o}}}{\dot{U}_{\text{i}}} = \frac{\dot{U}_{\text{o}}}{\dot{U}_{\text{be}}} = \frac{-n_1 n_2 y_{\text{fe}}}{g_{\Sigma} + \text{j}(\omega C_{\Sigma} - \frac{1}{\omega L})} = -\frac{n_1 n_2 y_{\text{fe}}}{g_{\Sigma}(1 + \text{j}Q_{\text{e}}\frac{2\Delta f}{f_0})} \qquad (3.2.10)$$

其中 Q_{e} 为 LC 谐振回路的有载品质因数，即

$$Q_{\text{e}} = \frac{\omega_0 C_{\Sigma}}{g_{\Sigma}} = \frac{1}{g_{\Sigma}\omega_0 L} = \frac{1}{\omega_0 L(n_1^2 g_{\text{oe}} + n_2^2 g_{\text{ie1}} + g_{\text{e0}})} \qquad (3.2.11)$$

回路的谐振频率为

$$f_0 = \frac{\omega_0}{2\pi} = \frac{1}{2\pi\sqrt{LC_{\Sigma}}} \qquad (3.2.12)$$

当回路谐振时（常用的工作状态），$f = f_0$，$\Delta f = 0$，由式（3.2.10）得到谐振电压增益

$$\dot{A}_{\text{V0}} = \frac{\dot{U}_{\text{o0}}}{\dot{U}_{\text{i}}} = -\frac{n_1 n_2 y_{\text{fe}}}{g_{\Sigma}} = -\frac{n_1 n_2 y_{\text{fe}}}{n_1^2 g_{\text{oe}} + n_2^2 g_{\text{ie1}} + g_{\text{e0}}} \qquad (3.2.13)$$

在式（3.2.13）中，$\dot{U}_{\text{o0}}$ 为谐振时的输出电压，$\dot{U}_{\text{i}} = \dot{U}_{\text{be}}$，负号表示 180° 的相位差。通常 y_{fe} 是一个复数，因此在谐振时，输出电压和输入电压之间的相位差并不是 180°。只有当工作频率较低时，才可近似认为输出电压与输入电压反相。根据以上分析可得出以下结论。

（1）单谐振放大器的谐振频率不仅取决于回路电感和回路电容，还与 C_{oe} 和 C_{ie1} 及它

们的接入系数有关。

（2）由式（3.2.11）可知，单谐振放大回路的有载品质因数 Q_e 比回路的空载品质因数 $Q_0=\dfrac{1}{\omega_0 L g_{e0}}$ 小，决定放大器通频带和选频特性的是 Q_e。

（3）为了增大谐振增益 $|\dot{A}_{V0}|$，应选取 $|y_{fe}|$ 较大、g_{oe} 较小的晶体管，并且要求负载电导较小，若负载电导是下一级放大器，则要求下一级放大器的输入 g_{ie1} 较小。

实际单谐振放大器的设计，应在满足通频带和选择性要求的前提下，尽可能提高回路谐振时的电压增益。

2）频率特性

单谐振放大器的频率特性通常用谐振放大器的归一化电压增益的幅频特性曲线来表示。

谐振放大器的归一化电压增益为

$$\frac{\dot{A}_V}{\dot{A}_{V0}}=\frac{1}{1+jQ_e\dfrac{2\Delta f}{f_0}}=\frac{1}{1+j\xi} \tag{3.2.14}$$

式中 $\xi=Q_e\dfrac{2\Delta f}{f_0}$ 为广义失谐。归一化电压增益的幅频特性为

$$\left|\frac{\dot{A}_V}{\dot{A}_{V0}}\right|=\frac{A_V}{A_{V0}}=\frac{1}{\sqrt{1+\left(Q_e\dfrac{2\Delta f}{f_0}\right)^2}}=\frac{1}{\sqrt{1+\xi^2}} \tag{3.2.15}$$

由式(3.2.15)可以得到谐振放大器的幅频特性曲线，该曲线又称谐振放大器的谐振曲线。

分析结果表明，单谐振放大器的幅频特性与 LC 并联谐振回路的幅频特性相同，即谐振放大器的选频特性取决于 LC 并联谐振回路的幅频特性。

3）通频带和选择性

谐振放大器的通频带和选择性都可以根据放大器的幅频特性来确定。

令

$$\left|\frac{\dot{A}_V}{\dot{A}_{V0}}\right|=\frac{1}{\sqrt{1+\xi^2}}=\frac{1}{\sqrt{2}}$$

可求出放大器的通频带为

$$\mathrm{BW}_{0.7}=2\Delta f_{0.7}=\frac{f_0}{Q_e} \tag{3.2.16}$$

根据式（3.2.11）、式（3.2.16）可知

$$g_\Sigma=\frac{\omega_0 C_\Sigma}{Q_e}=\frac{2\pi f_0 C_\Sigma}{\dfrac{f_0}{2\Delta f_{0.7}}}=4\pi C_\Sigma \Delta f_{0.7} \tag{3.2.17}$$

将式（3.2.17）代入式（3.2.13）得

$$\dot{A}_{V0}=-\frac{n_1 n_2 y_{fe}}{g_\Sigma}=\frac{-n_1 n_2 y_{fe}}{4\pi C_\Sigma \Delta f_{0.7}} \tag{3.2.18}$$

因此放大器的增益带宽积

$$\left|\dot{A}_{V0}\right|2\Delta f_{0.7}=\frac{n_1 n_2\left|y_{fe}\right|}{2\pi C_\Sigma} \tag{3.2.19}$$

式（3.2.19）说明，当晶体管和电路参数确定后，放大器的电压增益带宽为一固定值，即通频带越宽，电压增益越小；反之，通频带越窄，电压增益越大。

放大器的选择性用矩形系数表示。令$\left|\frac{\dot{A}_V}{\dot{A}_{V0}}\right|=\frac{1}{\sqrt{1+\xi^2}}=0.1$，可得

$$2\Delta f_{0.1}=\sqrt{10^2-1}\frac{f_0}{Q_e}$$

因此有

$$K_{0.1}=\frac{BW_{0.1}}{BW_{0.7}}=\frac{2\Delta f_{0.1}}{2\Delta f_{0.7}}=\sqrt{10^2-1}\approx 9.95\gg 1 \tag{3.2.20}$$

上式表明单谐振放大器的矩形系数远大于 1，选频曲线与矩形相差甚远。选频特性较差，这是单谐振放大器的缺点。

3.2.3　多级单谐振回路谐振放大器

在实际应用中，往往需要把很微弱的信号放大到足够大，这就要求放大电路有足够的增益。而单级放大电路的增益又受到放大器稳定性的制约，因此高频放大电路大多是多级放大电路级联而成的。例如，电视接收机的图像中频放大电路是3～4级，放大量要求大于40dB，其伴音中频放大电路一般也有2～3级，放大量在40dB左右；广播收音机的中频放大电路一般也有3级，增益在40dB以上。实现高增益的一种比较简单的方法就是把各级完全相同的n级单谐振回路的谐振放大电路级联起来。如果各级谐振在同一个频率上，则称为同步调谐；如果各级谐振在不同的频率上，则称为参差调谐。级联之后增益、通频带和选择性都将发生变化。

1．多级单谐振放大器的电压增益

设放大器有n级，各级电压增益的振幅分别为A_{V1}、A_{V2}、A_{V3}、…、A_{Vn}，则总电压增益振幅是各级电压增益振幅的乘积，即

$$A_\Sigma=A_{V1}A_{V2}\cdots A_{Vn} \tag{3.2.21}$$

如果每级放大器的参数、结构均相同，根据式（3.2.10），则总电压增益振幅为

$$A_\Sigma=A_{V1}^n=\frac{\left[n_1 n_2\left|y_{fe}\right|\right]^n}{\left[g_\Sigma\sqrt{1+\left(Q_e\frac{2\Delta f}{f_0}\right)^2}\right]^n} \tag{3.2.22}$$

谐振电压增益振幅（$\Delta f=0$）为

$$A_{\Sigma 0}=\left(\frac{n_1 n_2\left|y_{fe}\right|}{g_\Sigma}\right)^n \tag{3.2.23}$$

2. 多级单谐振放大器的频率特性

归一化电压增益的幅频特性为

$$\frac{A_{\Sigma}}{A_{\Sigma 0}}=\frac{1}{\left[\sqrt{1+\left(Q_{\mathrm{e}}\frac{2\Delta f}{f_0}\right)^2}\right]^n}=\left(\frac{1}{1+\xi^2}\right)^{\frac{n}{2}}=\left(\frac{1}{\sqrt{1+\xi^2}}\right)^n \tag{3.2.24}$$

由式（3.2.24）可知，多级单谐振放大电路总的幅频特性等于各级幅频特性的乘积。因此，级数越多，幅频特性曲线越尖锐，选择性虽变好了，通频带却变窄了。

3. 多级单谐振放大器的通频带和选择性

根据通频带的定义

$$\frac{1}{\left[\sqrt{1+\left(Q_{\mathrm{e}}\frac{2\Delta f}{f_0}\right)^2}\right]^n}=\frac{1}{\sqrt{2}}$$

可得

$$(\mathrm{BW}_{0.7})_n=(2\Delta f_{0.7})_n=\sqrt{2^{\frac{1}{n}}-1}\,\frac{f_0}{Q_{\mathrm{e}}} \tag{3.2.25}$$

式中，$\frac{f_0}{Q_{\mathrm{e}}}$是单谐振放大器的通频带。由于 n 是大于 1 的整数，通常把$\sqrt{2^{\frac{1}{n}}-1}$称为 3dB 带宽缩减系数。

由式（3.2.25）可知，n 级相同单谐振放大器的总增益比单谐振放大器的增益提高了，而通频带比单谐振放大器的变窄了，并且级数越多，通频带越窄。换句话说，在多级放大器的频带确定以后，级数越多，则要求其中每级放大器的频带越宽。所以，增益和通频带是一对矛盾。

n 级单谐振放大器的矩形系数为

$$(K_{0.1})_n=\frac{(\mathrm{BW}_{0.1})_n}{(\mathrm{BW}_{0.7})_n}=\frac{\sqrt{100^{\frac{1}{n}}-1}}{\sqrt{2^{\frac{1}{n}}-1}} \tag{3.2.26}$$

矩形系数与级数 n 的关系如下所示。

n	1	2	3	4	5	6	7	8	9	10	∞
$(K_{0.1})_n$	9.95	4.7	3.75	3.4	3.2	3.1	3.0	2.94	2.92	2.9	2.56

可见，当级数 n 增加时，放大器的矩形系数有所改善，但这种改善是有限度的，级数越多，$(K_{0.1})_n$ 改善得越缓慢。当 $n\to\infty$ 时，$(K_{0.1})_n$ 也只有 2.56，与理想矩形仍有一定

距离。也就是说，单谐振放大器的选择性差，无法解决增益和通频带之间的矛盾。改善放大器选择性及解决其增益与通频带之间矛盾的有效方法之一是采用参差调谐放大器。

3.2.4 参差调谐放大器

鉴于多级单谐振放大电路的不足，本节将利用参差调谐放大电路得到较理想的通频带和选择性，但面临的问题是电路复杂、调节困难。参差调谐放大电路广泛应用于要求通频带较宽的小信号谐振放大电路中，本节将介绍双参差调谐放大电路。

双参差调谐放大电路是指把 n 级放大电路中每两级作为一组。假设共有 m 组（$m=\frac{n}{2}$），每组中的两级放大电路均有相同的电路结构和性能，只是把其中的一级调谐在略高于中心频率的 $f_{01}=f_0+\Delta f$ 上，另一级调谐在略低于中心频率的 $f_{02}=f_0-\Delta f$ 上，f_0 为信号的中心频率。图 3-11（a）给出了由两级单谐振放大器组成的双参差调谐放大器的交流通路，图 3-11（b）为其频率特性曲线。

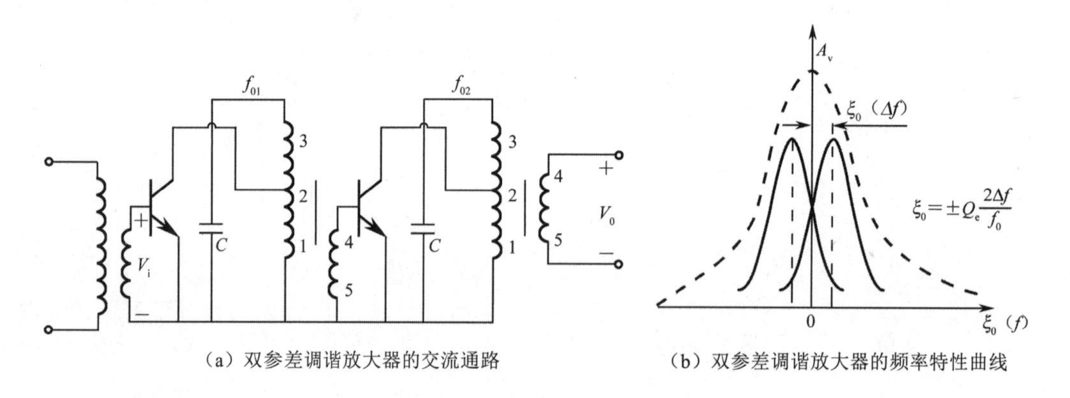

（a）双参差调谐放大器的交流通路　　（b）双参差调谐放大器的频率特性曲线

图 3-11　双参差调谐放大电路

对于单个谐振电路而言，处于失谐状态，广义参差失谐量

$$\xi_0=Q_e\frac{2\Delta f}{f_0} \tag{3.2.27}$$

双参差调谐回路的合成频率特性曲线如图 3-11（b）中的虚线所示。如果谐振频率 f_{01}、f_{02} 取值恰当，使其中一级放大电路幅频特性上升段与另一级放大电路幅频特性下降段相互补偿，则双参差调谐回路的合成频率特性曲线如图 3-11（b）中虚线所示。显然，合成曲线比两级调谐在同一频率上的放大电路具有更宽的通频带，并且使带外下降的陡峭程度得到了加强。

双参差调谐回路的合成频率特性与广义参差失谐量 ξ_0 有关。$\xi_0(\Delta f)$ 越小，合成频率特性曲线越尖锐；$\xi_0(\Delta f)$ 越大，合成频率特性曲线越平坦。当 $\xi_0(\Delta f)$ 大到一定程度时，由于 f_0 失谐严重，合成频率特性曲线将出现双峰形状。

理论推导表明，当 $\xi_0<0$ 时，合成频率特性曲线为单峰；当 $\xi_0>0$ 时，合成频率特性曲线为双峰；当 $\xi_0=0$ 时，合成频率特性曲线为两者的分界线，相当于单峰中最平坦的情况。

$\xi_0(\Delta f)$越大，则双峰的距离越远，且中间下凹越严重。

3.3　高频谐振放大器的稳定性

前面讨论了谐振放大器的主要性能，如增益、通频带、选择性等，都是在谐振放大器稳定工作的情况下进行的。如果谐振放大器不能稳定工作，上述性能就会变化甚至丧失，所以谐振放大器的稳定性极为重要。

3.3.1　晶体管内部反馈的影响

共射电路的电压和电流增益都较大，是谐振放大器最常用的电路形式。前面讨论的谐振放大器都采用共射电路形式。为了简化分析过程，假设反向传输导纳 $y_{re}=0$，也就是说，晶体管是单向工作的，输入可以控制输出，而输出不影响输入。但实际上，反向传输导纳 $y_{re}\neq 0$，y_{re} 的存在会对放大器电路产生两方面的影响。

（1）由于晶体管的集电极和基极之间存在结电容 $C_{b'c}$，使 $y_{re}\neq 0$，从而形成内部反馈，并且随着工作频率升高，这种反馈越强。内部反馈使输入导纳与负载有关，而输出导纳与信号源导纳有关。也就是说，当调整输出回路改变 Y_L 时，放大器的输入端将会受到影响；同样，当调整输入回路改变 Y_S 时，放大器的输出导纳也会随之改变，这时输出电路的调谐与匹配又受到了影响，所以调整工作需要反复进行。

（2）晶体管内部反馈的另一个有害影响是使放大器的工作不稳定。放大后的输出电压 $\dot{V}_o$ 通过反向传输导纳 y_{re} 把输出信号的一部分反馈到输入端，尽管 y_{re} 通常很小，但由于放大后的信号 $\dot{V}_o$ 比输入信号 $\dot{V}_S$ 大得多，通过 y_{re} 反馈到输入端由晶体管放大，再反馈，再放大，如此循环往复，放大器在没有外加信号的情况下，产生了振荡。这时，放大器的正常功能就因自激振荡而被破坏了。另外，y_{re} 的存在，使得输出导纳的电导比单向晶体管有所减小，而输出导纳中的容纳却比单向晶体管有所增大，这将导致放大器频率特性曲线的变化。输出电导减小使放大器的增益上升，输出电容增加使谐振频率 f_0 下降，放大器频率特性曲线的变化如图 3-12 所示。

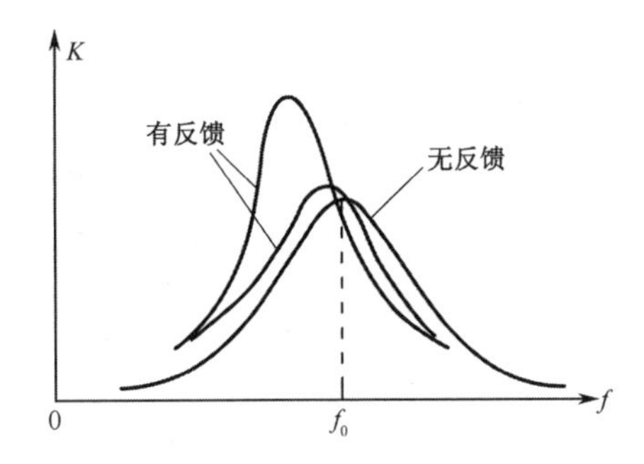

图 3-12　放大器频率特性曲线

3.3.2 解决的方法

为了提高放大器的稳定性，必须消除引起不稳定的原因，即减小反向传输导纳 y_{re}。由混合π型等效电路可知，集电极和基极间的结电容 $C_{b'c}$ 跨接在输入端、输出端之间，y_{re} 的大小主要取决于 $C_{b'c}$。通常从两方面着手减小 $C_{b'c}$：一是提高晶体管制作技术，使晶体管 $C_{b'c}$ 尽可能小，从而使反馈容抗增大，反馈作用减弱；二是从电路上设法消除晶体管的内部反馈，使其单向化。具体的方法有中和法和失配法。

1. 中和法

中和法是指在晶体管的输出端与输入端之间引入一个附加的外部反馈电路（中和电路），来抵消晶体管内部参数 y_{re} 的反馈作用。由于 y_{re} 的实部（反馈电导）通常很小，可忽略，所以常常只用一个电容 C_N 来抵消 y_{re} 的虚部（反馈电容的影响），以便达到中和的目的。为了使通过 C_N 的外部电流和通过 $C_{b'c}$ 的内部反馈电流相位相差 180°，从而实现相互抵消，通常在晶体管输出端加一个反相的耦合变压器。图 3-13（a）为谐振放大器中常用的中和电路，图 3-13（b）为其交流等效电路。为了直观，把晶体管内部电容 $C_{b'c}$ 画在了晶体管外部。

由于 y_{re} 是随频率而变的，因而固定的中和电容 C_N 只能在某个频率点起到完全中和的作用，对其他频率只能起到部分中和作用。另外，实际上 y_{re} 为复数，中和电容也应该是由电阻和电容构成的电路，这给调试增加了难度。如果将分布参数的作用和温度变化等因素加以考虑，实际上中和电路的效果非常有限。

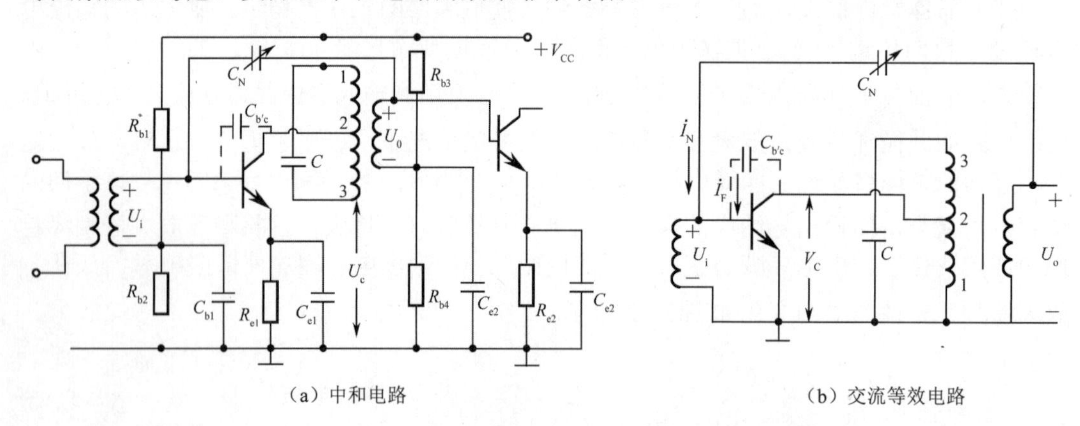

（a）中和电路　　　　（b）交流等效电路

图 3-13　谐振放大器中常用的中和电路

目前，由于晶体管制造技术的发展可实现很小的 y_{re}，通常要求电路调整过程简单，因此中和法已很少使用，用得较多的是失配法。

2. 失配法

失配是指信号源内阻与晶体管的输入电阻不匹配，晶体管输出阻抗与输出端接负载阻抗不匹配。失配法的实质是降低放大器的增益，以满足稳定的要求。在实际电路设计中，常用来实现晶体管单向化的方法是共射-共基级联电路组成谐振放大器，其等效电路如图 3-14 所示。

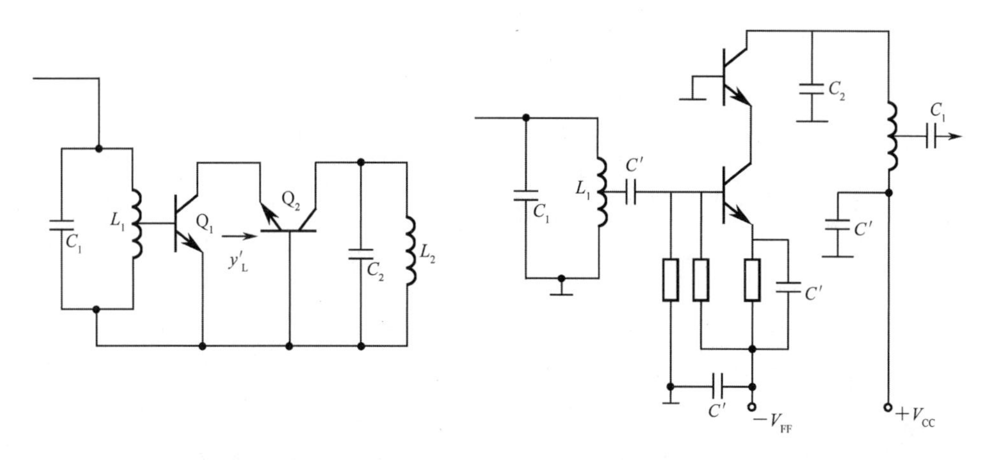

图 3-14　失配法典型应用电路及交流通路

在实际电路分析中，会遇到很多电容。不同量值的电容，其作用不同。C 为几十 pF，对低频和高频都呈现高阻抗，通常用作谐振回路的电容；C 为0.xxμF，对高频呈现低阻抗，近似短路，对低频阻抗很大，近似开路，用作高频旁路电容；C 为几十 μF，对低频呈现低阻抗，近似短路。

在级联放大器中，后一级放大器的输入导纳是前一级放大器的负载，而前一级放大器的输出是后一级放大器的信号源，它的输出导纳就是信号源的导纳。Q_1 是共射电路，Q_2 是共基电路。共基电路输入阻抗很小，即输入导纳很大，而共射电路输出阻抗很大，即输出导纳很小，这样 Q_1 和 Q_2 严重失配，从而使 Q_1 电压增益下降，输出电压减小，放大器稳定性提高。虽然 Q_1 电压增益下降，但 Q_2 是共基组态，有较大的电压增益，且截止频率高。也就是说，在级联电路中，共射电路的电压增益较小，但电流增益较大；共基电路的电流增益较小，但电压增益较大。所以，共射-共基级联放大器总的电流增益主要由 Q_1 提供，总的电压增益主要由 Q_2 提供，它仍具有较高的功率增益和良好的高频特性。失配法除了能防止放大器自激，还能减小由于电路中各参数的变化而对放大器性能的影响。失配法在生产中无须调整，且工作稳定，适用于大批量生产。

3.4　高频集成放大器

高频集成放大器有两类：一类是非选频的高频集成放大器，主要用在某些不需要选频功能的设备中，通常以电阻或宽带高频变压器作为负载；另一类是集中选频放大器，主要用在需要选频功能的设备中。

为了提高放大器的增益，一般采用多级放大电路。而多级放大电路每级都有 LC 谐振回路，故不易获得较宽的频带，选择性也不够理想，特别是安装调试较麻烦，不适合批量生产。随着宽频技术的发展，放大器越来越多地采用集中选频放大器。

集中选频放大器通常由集中选择性滤波器和集成宽带放大器构成，如图 3-15 所示。

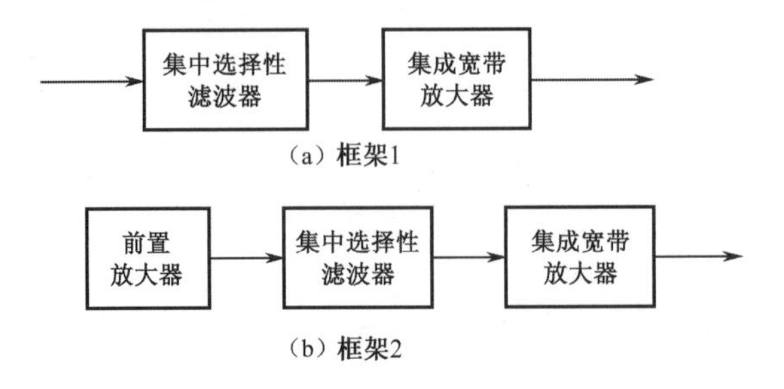

图 3-15　集中选频放大器的结构框架

在图 3-15（a）中，集中选择性滤波器设置在整个放大电路的低电平处。也就是说，在集成宽带放大电路之前，首先采用矩形系数好的集中选择性滤波器进行选频，然后利用集成宽带放大器进行放大。这种结构的好处是，当所需放大信号的频带以外有强干扰信号时（这是接收机中一种常见的现象），强干扰信号被集中选择性滤波器滤除，避免了强干扰信号作用于放大器，使放大器避免产生交调、互调干扰等非线性失真。滤波器是这样一类电路，它能让指定频率的信号顺利通过，而对指定频率以外的信号则起衰减作用。集中选择性滤波器可以选用带通 LC 滤波器、石英晶体滤波器、声表面波滤波器、压电陶瓷滤波器、机械滤波器等。虽然集中选频滤波代替了逐级选频滤波，减少了调试难度，但由于滤波器本身具有一定的损耗，并且其噪声系数较大，因此这种连接方式将增大集中选频放大器的噪声系数，使整个放大电路的噪声大大增加。

图 3-15（b）是一种较好的组成方法，将集中选择性滤波器设置在两个放大电路之间。也就是说，在集中选择性滤波器之前增加一个前置放大器，用以补偿滤波器的损耗，改善由于滤波器的衰减而导致的整个放大器信噪比的恶化。

1. 集成宽带放大器

现代通信技术的发展对宽带放大器的带宽要求越来越高，从低频 0Hz 直流开始，一直延伸到几百 MHz 甚至几百 GHz。如此宽的频带范围，对集成电路提出了很高的要求，并且在电路的设计中必须采用展宽频带的方法。在实际集成宽带放大器电路中，放大器的下限截止频率一般很低或为零频。要展宽通频带也就是提高上限截止频率，常用的方法有共射-共基级联组合法和负反馈法。

共射电路的电压增益和电流增益都较大，是放大器最常用的组态。但它的上限频率较低，从而带宽受到限制，这主要是密勒效应的缘故。将集电结电容 $C_{b'c}$ 等效到输入端，则有 $C_M=(1+g_m R'_L)C_{b'c}$。虽然 $C_{b'c}$ 很小，只有几 pF，但等效到输入端后的 C_M 扩大为 $C_{b'c}$ 的 $1+g_m R'_L$ 倍。密勒效应使共射电路的输入电容增大，容抗减小，且随着频率的升高，容抗越来越小，致使高频性能降低。

在共基电路和共集电路中，$C_{b'c}$ 或者处于输出端，或者处于输入端，无密勒效应，所以其上限截止频率远高于共射电路。

采用共射-共基级联电路来展宽放大器的通频带，即提高上限截止频率，其实质性原理是减小共射电路的密勒电容。由于共基电路输入阻抗小，将它作为共射电路的负载，使共射电路输出总电阻 R_L' 大大减小，进而使密勒电容大大减小，从而有效展宽了级联电路的上限截止频率。

集成宽带放大器的种类很多。如果选用某种集成宽带放大器，首先要仔细阅读厂商提供的技术说明书，然后要根据要求设计应用电路。下面介绍单片集成放大器 MC1590，其输入级便是一个差动式共射-共基组态电路。

2. MC1590 的工作原理

单片集成放大器 MC1590 是 Motorola 公司生产的一种集成射频/中频/高频通用放大功能模块。该放大功能模块具有高功率增益，且具有自动增益控制的功能。当频率为 10MHz 时增益为 50dB，当频率为 60MHz 时增益为 45dB，当频率为 100MHz 时增益为 35dB。AGC 自动增益控制在 DC-60MHz 频率范围内，控制范围为 60dB，6～15V 单电源供电，图 3-16 是该芯片的内部电路原理。

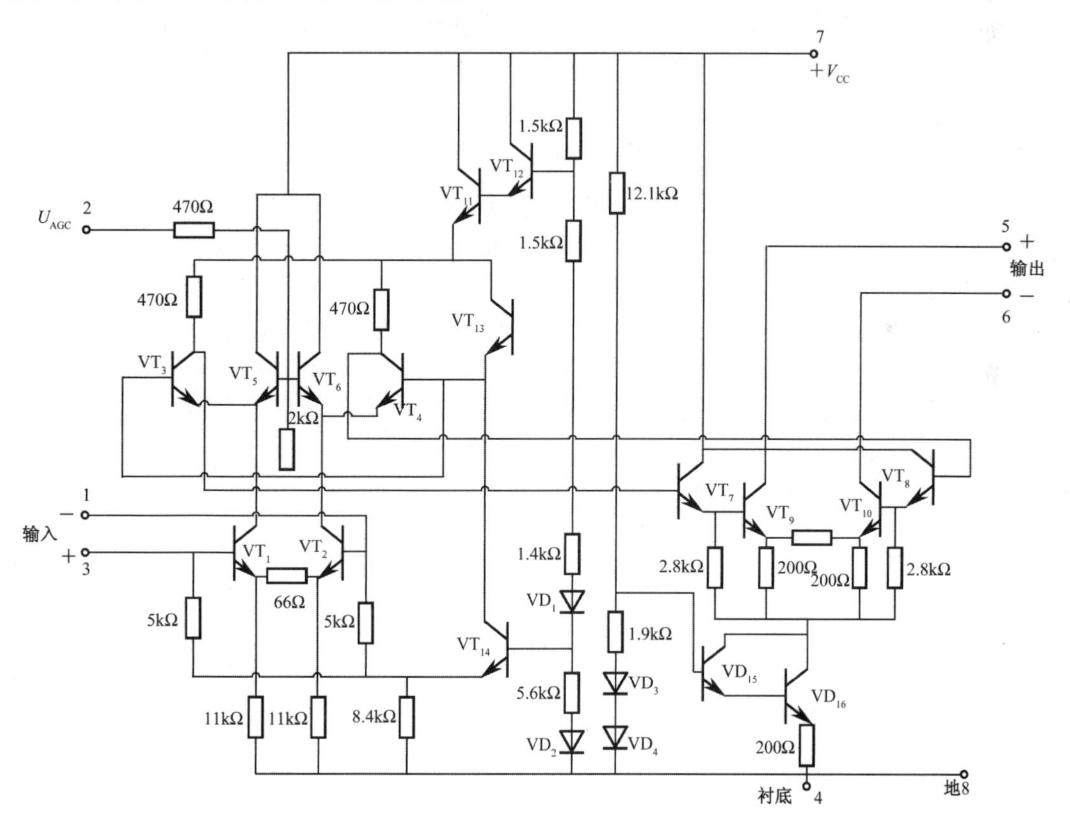

图 3-16　单片集成放大器 MC1590 的内部电路原理

这是一个双端口输入、双端口输出的全差动式电路，整个放大器包含两级。输入级为差动式共射-共基级联电路。VT_1 和 VT_2 组成共射差分输入级，驱动 VT_3、VT_5 及 VT_4、VT_6 组成的共基差分放大器。由于 VT_3、VT_5 及 VT_4、VT_6 的基极是通过 AGC 直流电压控制的，相当于基极直流接地。从放大作用来看，由 VT_1、VT_3 及 VT_2、VT_4 组成共射-共基差分放大电路，由 VT_3 和 VT_4 的集电极提供差动输出。VT_5 和 VT_6 的基极直流电压的变化用来控制对 VT_3 和 VT_4 分流的大小，使其电压增益变化，达到自动电压控制的目的。

自动增益控制的工作原理：VT_5的发射极和VT_3的发射极连在一起，因而两个晶体管发射极电流之和等于VT_1的集电极电流。这样，经VT_1放大后的信号电流将在VT_3和VT_5两个晶体管的输入端分配，分配比例取决于两个晶体管从发射极看进去的输入阻抗的相对大小，它是受加到VT_5基极的自动增益控制电压U_{AGC}控制的。U_{AGC}正比于放大器的输出电压。当输出电压增大时，U_{AGC}随之增大，使VT_5基极电压增大，于是VT_5从发射极看进去的输入阻抗减小，对信号电流的分流作用增大，整个放大器的放大量减小。上述分析同样适用于VT_2的输出信号在VT_4和VT_6之间的分配，以及自动增益控制管VT_6的工作原理。VT_5、VT_6的基极通过70Ω电阻引出到AGC控制端，当AGC电压较低时，VT_5、VT_6截止，不影响电路正常工作。当AGC电压超过5V时，VT_5、VT_6导通，因而对VT_3和VT_4的发射极输入电流进行分流，从而有效地控制了放大器的增益。这种AGC方式不仅控制效率高，而且放大器的输入、输出阻抗也不会因为改变增益受到影响。VT_3和VT_4的集电极输出直接与VT_7和VT_8的基极相连，VT_7和VT_9组成共集-共射级联，VT_8和VT_{10}也组成共集-共射级联，共集-共射组合晶体管VT_7、VT_8、VT_9和VT_{10}组成差分放大器的输出级，由VT_9和VT_{10}的集电极提供输出。其余的VT_{12}、VT_{13}、VT_{14}、VT_{15}、VT_{16}和二极管构成偏置电路。信号经VT_1、VT_3及VT_2、VT_4组成共射-共基组合差分放大的输入级放大，再经VT_7、VT_9及VT_8、VT_{10}组成共集-共射组合差分放大输出，因此该电路具有足够高的增益和足够大的带宽。首先，输出和输入两个回路之间隔着两个放大级。其次，每个放大级输出端和输入端之间的内反馈也非常小。输入级为共射-共基级联组态，这种混合连接电路的内部反馈较小。输出级的两个组合晶体管的集电极不连在一起，前一个晶体管的集电极接电源，即交流零电位，实际上为共集电极组态电路。这样就不会有密勒效应，也就是说不会有从集电极通过$C_{b'c}$反馈到基极的输出信号。输出信号从输出晶体管VT_9、VT_{10}通过$C_{b'c}$反馈到输入晶体管VT_7、VT_8的发射极，再输送到VT_7、VT_8的基极，反馈信号已经非常弱，从而确保了输出回路到输入回路的内部反馈非常小。表3-1给出了MC1590的主要参数。

表3-1 MC1590的主要参数

参数名称		符　号	参 数 值	单　位
AGC范围（U_{AGC}=5～7V）		MAGC	≥60	dB
单端功率增益0.5～10MHz	A档	A_P	≥30	dB
	B档		≥60	dB
带宽			10	MHz
噪声系数		N_f	≤7	V
差动输出摆幅（0dB AGC）		U_o	4	mA
输出电流（$I_{5端}+I_{6端}$）		I_o	5	mA
输出电流对称度（$I_{5端}-I_{6端}$）			≤0.5	mA
电源电流		I_{CC}	≤20	mA
消耗功率		P_d	≤240	mW

3．MC1590 的应用电路

（1）图 3-17 给出了以 MC1590 作为放大元器件的谐振放大电路。元器件的输入端和输出端各有一个单谐振回路。输入信号 U_i 通过隔直流电容 C_4 加到输入端之一的第 1 引脚，另一输入端第 3 引脚通过电容 C_3 交流接地。输出端之一的第 6 引脚连接电源正极，并通过电容 C_5 交流接地，故电路是单端输入、单端输出电路。L_3 和 C_6 构成去耦滤波器，用于减小输出级信号通过供电电源对输入级的寄生反馈。

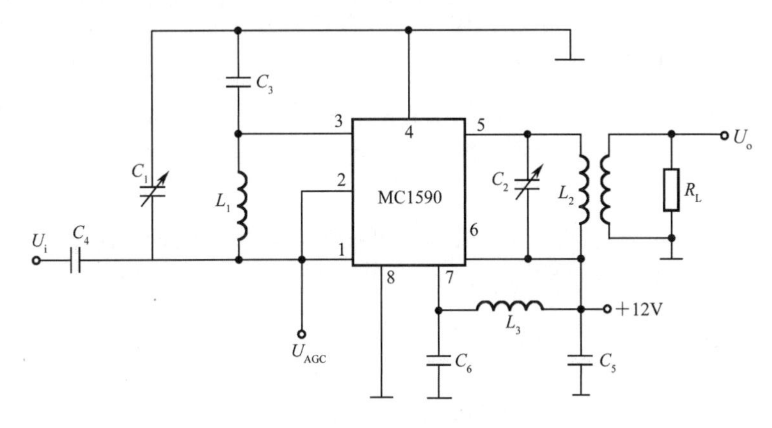

图 3-17　MC1590 应用电路

（2）图 3-18 给出了以国产 XG1590 为放大元器件的两级 60MHz 中频放大电路。XG1590 是国产的通用型高频线性集成放大器芯片，与 MC1590 是同类产品，其内部电路和引脚完全相同，可以互换。

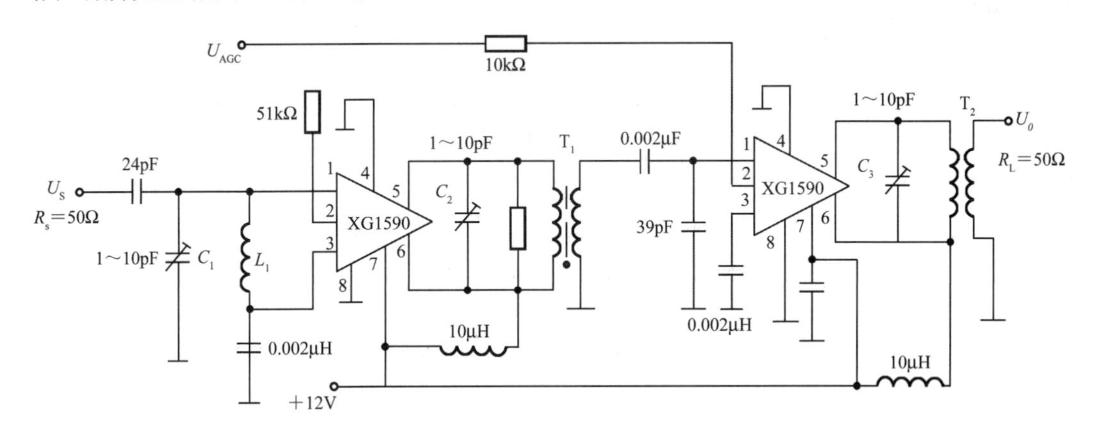

图 3-18　两级 60MHz 中频放大电路

该电路是应用于某雷达系统的中频放大器，第一级 XG1590 的输入端接有一个并联谐振回路 L_1、C_1，输出端 C_2 与变压器 T_1 的初级电感组成并联谐振回路。第二级 XG1590 的输入端由 39pF 电容与变压器 T_1 的次级电感组成并联谐振回路，输出端由 C_3 和变压器 T_2 的初级电感组成并联谐振回路。可见，两级放大器的输入端和输出端都接有 LC 谐振回路，所有的谐振电路均调谐在 60MHz 频率上，级与级之间及输出采用变压器耦合。两个 10μH 电感起隔离作用，以防止高频信号进入直流电源影响其他电路工作的稳定性。自动增益控制电压 U_{AGC} 分别加至芯片 XG1590 的第 2 引脚，以实现增益自动控制。整个电路的功率增益约为 80dB，带宽为 1.5MHz。

4. 集中选频放大器的设计原则

（1）在高频电路中，各种信号极易通过直流电源产生耦合，从而影响电路的稳定性，严重时甚至会产生自激振荡。为了避免这种情况，在高频电路中需要采用去耦电路，如图 3-19 所示。在直流情况下，电感短路，而电容开路，从而使电源加到芯片上的电源引脚。在交流情况下，电感的感抗随频率的升高而升高，可近似认为电感开路；而电容的容抗随频率的升高而减小，可近似认为电容短路。使用两个不同容量电容的目的是展宽滤波电路的频率范围。电源的去耦电路不仅应用于小信号谐振放大电路，在高频中也几乎处处可见该电路的应用。

（2）为了避免在低频时产生自激振荡，可在各功能模块间使用电容进行耦合，从而降低低频增益，避免低频自激振荡。

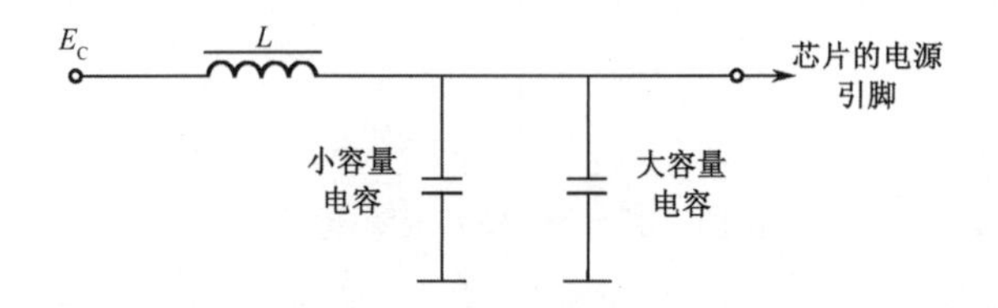

图 3-19　电源的去耦电路示意

3.5　本章小结

（1）高频小信号放大器是对微弱高频信号进行不失真放大的功能电路。在通信系统中常用的小信号放大器分为两类，一类是谐振放大器，另一类是宽带放大器。谐振放大器的主要技术指标包括电压放大倍数（增益）、通频带、选择性（矩形系数）、稳定性、输入输出阻抗。选择性是谐振放大器有别于其他放大器的重要参数。在实际应用中，使用较多的宽带放大器为集中选频放大器。

（2）谐振放大器的负载是并联谐振回路、耦合谐振回路和各种固体滤波器。谐振放大器既有放大作用，又有选频作用，其幅频特性曲线与所用 LC 谐振回路相同。单谐振放大器和双谐振放大器的分析是本章的重点。单谐振放大器选择性较差，采用参差调谐放大器和双谐振放大器可以改善单级单谐振放大器的矩形系数。采用多级单谐振放大电路既可以提高单级单谐振放大电路的增益，也可以改善其矩形系数。为了增大回路的 Q 值，提高电压增益，减少晶体管输入/输出参数对回路谐振特性的影响，谐振回路与信号源和负载的连接大都采用部分接入方式，即采用 LC 分压式阻抗变换电路。

小信号放大器能否稳定工作是电路设计和调整中必须考虑的问题，提高稳定性的方法主要有中和法和失配法。

（3）在分析高频小信号谐振放大器时，通常采用 Y 参数等效电路来分析计算，它是描述晶体管工作状况的重要模型，使用时必须注意 Y 参数不仅与静态工作点有关，而且是工作频率的函数。在分析宽频带放大器时，混合π型等效电路是描述晶体管工作状态的重要模型，它是把晶体管内复杂物理结构用集总参数元器件 R、C 来表示的等效电路。混合π型参数同样与静态工作点有关。

（4）集中选频放大器由集中选择性滤波器和集成宽带放大器组成，其性能指标优于由分立元器件组成的多级谐振放大器，并且调试简单。展宽集成宽带放大器工作频带的主要方法有组合法和反馈法。集成宽带放大器也存在稳定工作的问题，当频率较高时，须认真考虑阻抗匹配问题。

思考题与习题

3-1　在高频谐振放大器中，造成工作不稳定的主要因素是什么？它有哪些不良影响？为使放大器稳定工作，可以采取哪些措施？

3-2　为什么晶体管在高频工作时要考虑单向化或中和，而在低频工作时，则可以不必考虑？

3-3　在三级单谐振放大器中，工作频率为 465kHz，每级 LC 谐振回路的 $Q_L = 40$，试问总的通频带是多少？如果要使总的通频带为 10kHz，则允许最大 Q_L 为多少？

3-4　在高频小信号谐振放大器中，不能一味追求大的放大倍数的原因是什么？

3-5　影响高频小信号谐振放大器稳定工作的主要因素是什么？常用的稳定措施是什么？

3-6　题图 3-1 所示为单谐振放大器，其工作频率 f_0=10.7MHz，N_{13}=20，$N_{23}=N_{45}$=5，初级线圈电感量 L_{13}=4μH，Q_0=100，晶体管在 E_c=8V，I_e=2mA 和工作频率上测得：g_{ie}=2.86mS，g_{oe}=200μS，$|y_{fe}|$=45mS，C_{ie}=18pF，C_{oe}=7pF，$|y_{re}|$=0。试计算放大器的谐振电压增益 A_{V0}、通频带 $BW_{0.7}$ 和回路电容 C。

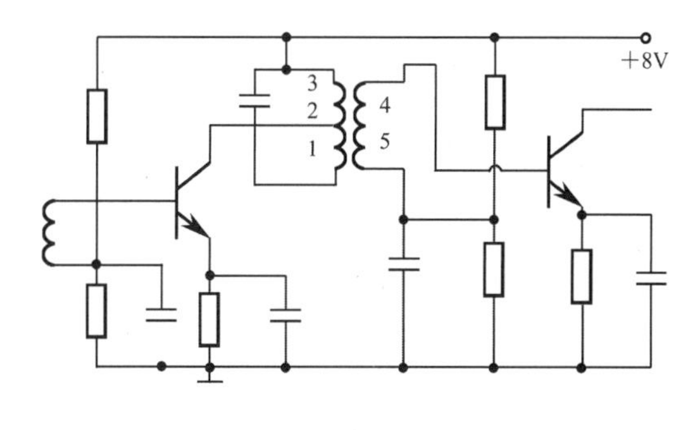

题图 3-1

3-7　单谐振放大器如题图 3-2 所示。已知工作频率 $f_0 = 30\text{MHz}$，$L_{13} = 1\mu\text{H}$，$Q_0 = 80$，$N_{13} = 20$，$N_{23} = 5$，$N_{45} = 4$。晶体管的 Y 参数为 $y_{ie} = (1.6 + \text{j}4.0)\text{mS}$，$y_{re} = 0$，$y_{fe} = (36.4 - \text{j}42.4)\text{mS}$，$y_{oe} = (0.072 + \text{j}0.6)\text{mS}$，电路中 $R_{b1} = 15\text{k}\Omega$，$R_{b2} = 6.2\text{k}\Omega$，$R_e = 1.6\text{k}\Omega$，$C_1 = 0.01\mu\text{F}$，$C_e = 0.01\mu\text{F}$，回路并联电阻 R=4.3kΩ，负载电阻 R_L=620Ω。试求：

（1）画出高频等效电路；

（2）计算回路电容 C；

（3）计算 A_{V0}、$2\Delta f_{0.7}$、$K_{0.1}$。

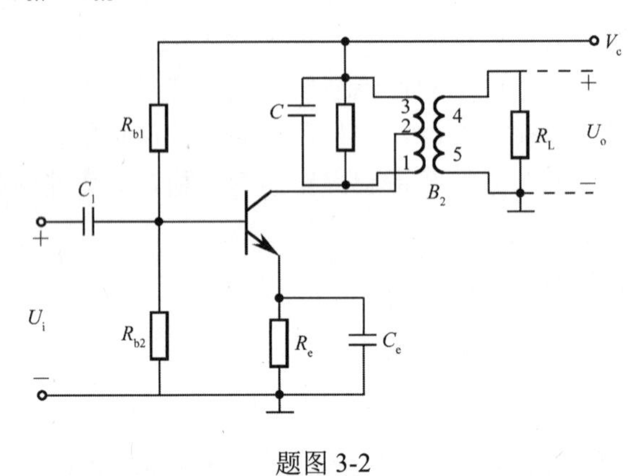

题图 3-2

3-8　题图 3-3 所示是中频放大器单级电路。已知工作频率 $f_0 = 30\text{MHz}$，回路电感 $L = 1.5\mu\text{H}$，$Q_0 = 100$，$N_1/N_2 = 4$，C_1～C_4 均为耦合电容或旁路电容。晶体管采用 CG322A，Y 参数如下：

$y_{ie} = (2.8 + \text{j}3.5)\text{mS}$，$y_{re} = (-0.08 - \text{j}0.3)\text{mS}$，$y_{fe} = (36 - \text{j}27)\text{mS}$，$y_{oe} = (0.2 + \text{j}2)\text{mS}$

（1）画出 Y 参数表示的放大器微变等效电路。

（2）求回路总电导 g_Σ。

（3）求回路总电容 C_Σ 的表达式。

（4）求放大器电压增益 A_{V0}。

（5）当要求该放大器通频带为 $f_0 = 10\text{MHz}$ 时，应在回路两端并联多大的电阻？

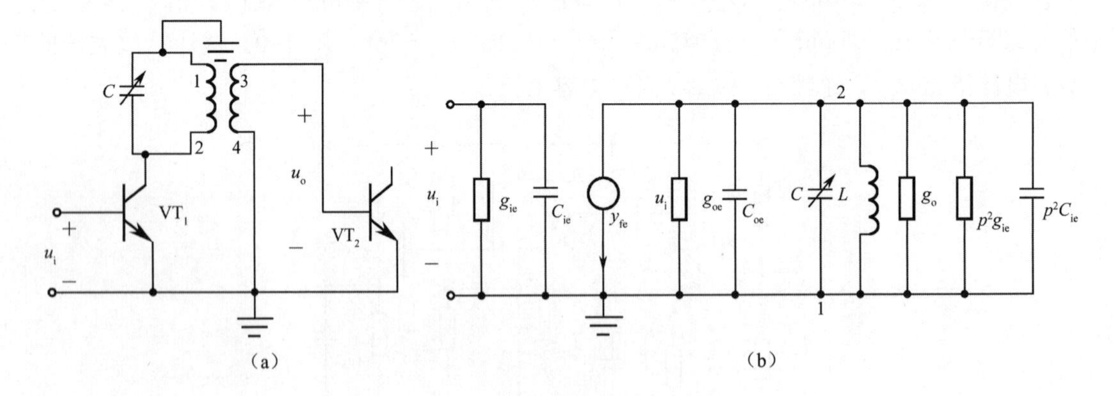

题图 3-3

3-9　多级单谐振小信号放大器级联，将使（　）

A. 总增益减小，总通频带增大

B. 总增益增大，总通频带减小

C. 总增益增大，总通频带增大

3-10　高频小信号放大器在正常情况下应工作在晶体管的______区。

第 4 章　高频功率放大器

4.1　概述

1．高频功率放大器的功能

无线电通信的任务是传送信息。由于发射机中的振荡器所产生的高频振荡功率很小，为了有效地实现远距离传输，首先要将传送的信息对高频载波信号进行加载（调制），再经过高频功率放大，之后才能馈送到天线上辐射出去。可见，高频功率放大器是发送设备的重要组成部分。

高频功率放大器是一种换能器，其基本原理就是利用输入基极的激励信号，去控制集电极直流电源所提供的直流功率，并把它转变为与输入信号频谱结构相同的交流输出，如图 4-1 所示。

图 4-1　高频功率放大器功能原理

高频功率放大器输入、输出信号频谱相同，但输出功率较大。

根据输出功率大小要求，选用晶体管、场效应管或电子管作为高频功率放大器的电子元器件。例如，无线电广播电台的发射功率为几十千瓦，无线电导航发射机的发射功率达兆瓦级，这时功放管要采用电子管或功率合成；晶体管、场效应管的单管功率可达 100 瓦左右。

2．高频功率放大器的分类

高频功率放大器按照工作频带的范围，可分为窄带高频功率放大器和宽带高频功率放大器。窄带高频功率放大器用于放大以载频为中心、相对带宽窄的信号。相对带宽是指发送有用信号的频带宽度与载波中心频率之比。例如，调频广播载波频率为 88～108MHz，载波中心频率为$0.5\times(88+108)\text{MHz}=98\text{MHz}$，信号频带宽度为$(108-88)\text{MHz}=20\text{MHz}$，相对带宽为 $20\text{MHz}/98\text{MHz}=0.2$；中波段调频广播的载波频率为 535～1602kHz，相对带宽只有 0.6%～1.7%。窄带高频功率放大器一般都采用具有选频功能的谐振回路作为负载，所以又称为谐振功率放大器。为了提高效率，谐振功率放大器常工作于乙类状态或丙类状态，甚至丁类状态或戊类状态。

宽带高频功率放大器采用工作频带很宽的传输线变压器作为负载，又称为非谐振功率放大器。由于不采用调谐网络，因此这种高频功率放大器可以在很宽范围内变化工作频率而不必调谐。宽带高频功率放大器只能选用甲类和乙类推挽状态。

综上分析，谐振功率放大器与非谐振功率放大器的共同点是都要求输出功率大，效率高；它们的不同之处是两者的工作频率与相对带宽不同，因而负载网络和工作状态也不同。

通过前面的介绍已经知道，放大器可以按照电流导通角的不同分为甲类（A 类）、乙类（B 类）、甲乙类（AB 类）和丙类（C 类）。导通角θ是指一个信号周期内集电极电流导通角的一半，导通角θ满足$0 \leqslant \theta \leqslant 180^\circ$。导通角$\theta$的大小是由静态工作点确定的，如图 4-2 所示，图中U_{BZ}为截止电压或起始导通电压。硅管$U_{BZ} = 0.5 \sim 0.7\text{V}$，锗管$U_{BZ} = 0.2 \sim 0.4\text{V}$。

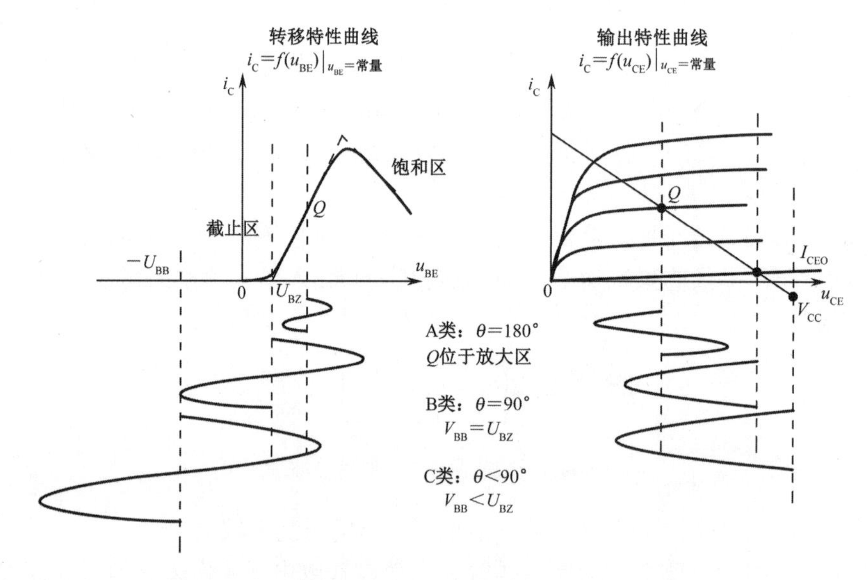

图 4-2　静态工作点的设置与工作状态的关系

甲类功率放大器在整个周期内导通，$\theta = 180^\circ$，ω相同，输出波形不失真，极限效率为 50%。考虑到晶体管的饱和压降影响，实际的集电极效率只有 35%。为了提高效率，低频放大器工作在乙类推挽状态下。乙类功率放大器在半个周期内导通，$\theta = 90^\circ$。输出电流为余弦脉冲，含有丰富的谐波。为保证不失真输出，采用乙类推挽状态（正半周一根晶体管导通，负半周另一根晶体管导通，然后两根晶体管叠加得到一个完整的正弦波形），极限效率为 78%，实际效率为 60%左右。为了防止交越失真，常工作在甲乙类推挽状态下。甲乙类功率放大器在大于半个周期小于一个周期内导通，即$90^\circ < \theta < 180^\circ$。丙类功率放大器的晶体管仅在小于半个周期内导通，$\theta < 90^\circ$，输出电流为余弦脉冲电流，有丰富的谐波。由于负载为谐振网络，其选频作用使输出电压波形与输入激励信号的电压波形相同。图 4-3 给出了在各种状态下集电极输出电流的波形。

在上述几类功率放大器中，丙类功率放大器的效率最高，可达 85.9%。

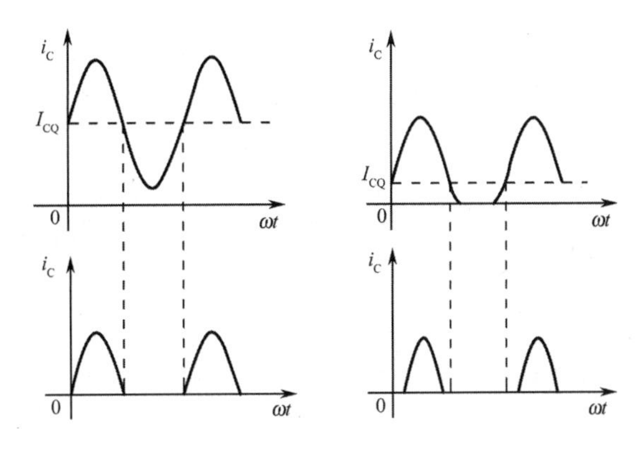

图 4-3　在各种状态下集电极输出电流的波形

3．高频功率放大器的性能指标

高频功率放大器的主要性能指标是输出功率和效率。由于大功率的放大器其输出功率很大，所以效率的提高就显得非常重要了。这不仅表现为当放大器输出相同功率时，放大器效率高，可以节约直流电源的电能，还表现为在采用相同元器件的条件下，放大器效率高，可以输出更大的功率。

功率放大器实质上是一个能量转换器——把电源供给的直流能量转换为输出的交流能量。当然这种转换不能是 100%的，直流电源提供的功率一部分转换为交流输出功率，另一部分主要以热能的形式消耗在集电极上，称为集电极耗散功率。

（1）集电极效率 η_c。

集电极效率定义为功率放大器负载获得的输出功率 P_o 和电源提供的直流功率 P_D 之比，即

$$\eta_c = \frac{P_o}{P_D} \tag{4.1.1}$$

根据能量守恒定律有

$$P_D = P_c + P_o$$

式中，P_c 为集电极耗散功率。

$$\eta_c = \frac{P_o}{P_D} = \frac{P_o}{P_o + P_c} = \frac{1}{1 + \dfrac{P_c}{P_o}} \tag{4.1.2}$$

由式（4.1.2）可知，当要求输出功率 P_o 保持不变时，减小集电极耗散功率 P_c 可提高效率。如果维持晶体管的集电极耗散功率 P_c 不超过允许值，那么提高效率 η_c，就可增加输出功率 P_o。例如，当 $\eta_c = 20\%$ 时，$P_o = P_c / 4$；当 $\eta_c = 80\%$ 时，$P_o = 4P_c$。显然，提高效率可显著增加输出功率。

（2）集电极耗散功率 P_c。

$$P_c = \frac{1}{2\pi}\int_{-\theta}^{\theta} i_C u_{CE} \mathrm{d}\omega t \tag{4.1.3}$$

式中，i_C 为晶体管集电极电流瞬时值，u_{CE} 为晶体管集射极间电压瞬时值，θ 为晶体管集电极电流导通角。

（3）集电极电源提供的直流功率 P_{D}。

集电极电源提供的直流功率为

$$P_{\mathrm{D}}=V_{\mathrm{CC}}I_{\mathrm{CO}} \tag{4.1.4}$$

式中，对于甲类功率放大器而言，I_{CO} 为直流偏置电流；对乙类、丙类功率放大器而言，I_{CO} 为集电极电流瞬时值 i_{C}（小写字母，大写下标，表示含有直流的瞬时值）中的平均直流分量。

（4）输出功率 P_{o}。

P_{o} 是指由电子元器件传送给谐振回路的基波信号功率，有

$$P_{\mathrm{o}}=\frac{1}{2}I_{\mathrm{C1m}}V_{\mathrm{cm}}=\frac{1}{2}I_{\mathrm{C1m}}{}^{2}R_{\Sigma}=\frac{1}{2}\frac{V_{\mathrm{cm}}{}^{2}}{R_{\Sigma}} \tag{4.1.5}$$

研究功率放大器的设计要解决的重要问题就是提高输出功率和效率。从上面的分析可知，提高输出功率和效率的关键是降低耗散功率，因此设法减小耗散功率是高频功放设计的重要目标。

4.2 高频谐振功率放大器

4.2.1 高频谐振功率放大器的电路组成

图 4-4（a）和图 4-4（b）所示分别为发送设备的中间级放大器和末级放大器电路，C_{A} 为天线对地的等效电容，r_{A} 为天线等效辐射损耗电阻，电感线圈的损耗电阻为 r_{r}，图 4-4（c）和图 4-4（d）为相应的原理电路。

输出回路实质上是谐振回路。假设回路有载品质因数 $Q_{\mathrm{e}}\gg 1$，把 r_{A} 折合到电感支路，$r_{\mathrm{e}}\approx r_{\mathrm{r}}+r_{\mathrm{A}}$，如图 4-4（c）所示，然后利用串并联互换关系，转换成典型的并联谐振回路，如图 4-4（d）所示。下面将以图 4-4（a）为例，分析高频功率放大器的基本组成。

（1）电子元器件，应该是高频大功率管，能承受高电压、大电流，并具有较高的特征频率 f_{T}。它在电路中主要起开关控制作用，控制直流能量转变为交流输出能量。

（2）电源。高频功率放大器包括两个电源，基极电源 V_{BB} 和集电极电源 V_{CC}。其中，基极供电电源画成独立的电源 V_{BB}，是为了讲述原理更方便，在实际电路中则由集电极电源 V_{CC} 通过偏置电路产生工作于丙类状态所需的偏置电压。调整 V_{BB} 可以改变放大器工作状态（如工作在甲类、乙类、甲乙类和丙类状态下），使 $V_{\mathrm{BB}}<V_{\mathrm{BZ}}$ 或 V_{BB} 为负值，即能保证晶体管工作在丙类状态下。V_{CC} 则用于提供直流能量。

（3）馈电电路。其作用是既保证把电压 V_{BB} 和 V_{CC} 馈送到晶体管的各极，又防止交流信号进入直流电源影响系统的稳定性。馈电电路包括基极馈电电路（由 C_1、L_1、C_2 构成）和集电极馈电电路（由 C_3、L_2、C_4 构成）。L_1、L_2 为高频扼流圈；C_2、C_3 为电源退耦电容；C_1、C_4 分别为输入、输出回路的耦合电容，起到隔直通交的作用。

（4）输出谐振回路。主要起无损耗地传输高频信号及其能量、滤除谐波成分及阻抗匹配的作用。高频功率放大器的耦合回路可以是 LC 并联谐振回路，也可以是互感耦合

回路或各种 LC 匹配网络。图 4-4（a）所示中间级放大器的负载通过互感耦合回路与谐振回路连接；图 4-4（b）所示末级放大器则通过 L、C_t 匹配网络与天线负载连接。通过调节 C_t，使回路谐振在输入信号频率。无论是中间级放大器还是末级放大器，最终都可等效为如图 4-4（d）所示的并联谐振电路。图中谐振电阻 $R_\Sigma=\dfrac{\omega_0^2L^2}{r_e}=\dfrac{L}{Cr_e}=Q_e\omega_0L$，式中 Q_e 为有载品质因数，$Q_e=\dfrac{\omega_0L}{r_e}$，总电容 $C=\dfrac{C_tC_A}{C_t+C_A}$，回路谐振角频率 $\omega_0=\dfrac{1}{\sqrt{LC}}$。这部分电路有两个作用：①利用它的谐振特性，从众多电流分量中选出有用分量（基波分量），起到选频作用；②将负载电阻变换成晶体管集电极所需的最佳负载电阻。

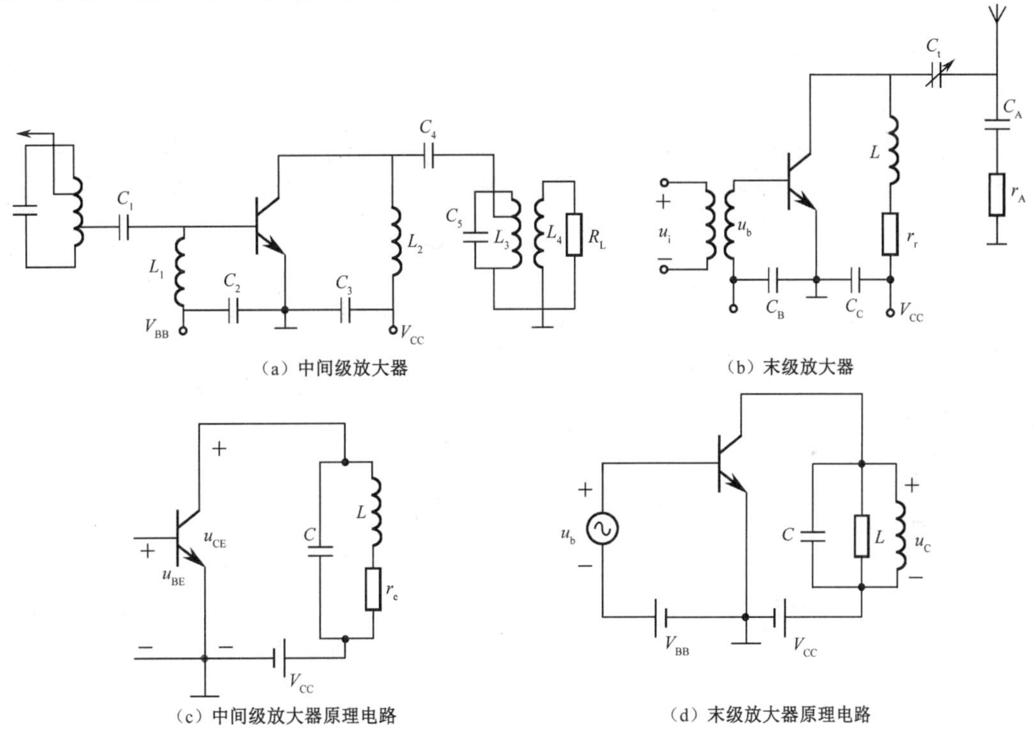

（a）中间级放大器　（b）末级放大器

（c）中间级放大器原理电路　（d）末级放大器原理电路

图 4-4　高频谐振功率放大器电路

4.2.2　晶体管特性曲线的折线分析

丙类功率放大器工作在大信号状态下，因此不能采用线性等效电路来分析，其可以采用的分析方法有非线性电路分析法、图解法和解析近似分析法。非线性电路分析法需要求解非线性方程，分析过程非常复杂、困难。图解法是指从晶体管的实际静态特性曲线入手，从图上取若干点，测量得到所需的分量。图解法虽然具有较高的准确度，但由于晶体管特性曲线的个体差异很大，因此必须通过测量的方法得出，这给采用该方法分析带来很大困难。工程上通常采用解析近似分析法，也就是折线分析法来简化该分析过程。

折线分析法首先将晶体管的特性曲线理想化，每条曲线都用一条或几条折线来代替，然后写出理想化曲线的数学解析式。只要知道在数学解析式中晶体管的参数，就能够方便地求出需要的物理参量。这种方法简单，易于进行概括性的理论分析，且物理概念清楚。但其不足之处是只能进行估算，存在一定误差，在电路设计完成后还要进行必要的调整。综合考虑，该方法对定性分析高频功率放大器的特性实用、可行。

晶体管的特性曲线包括输入特性曲线、正向传输特性曲线和输出特性曲线。在大信号工作情况下，理想化特性曲线的原理是指在放大区，集电极电流和基极电流不受集射极（集电极与发射极之间）电压的影响，而与发射结（基极与发射极之间）电压成线性关系；在饱和区集电极电流与集射极电压成线性关系，而与发射结电压无关。下面将分别讨论晶体管 3 条特性曲线的理想化。

1. 输入特性曲线

当集电极电压大于一定值时，集电极与发射极之间电压的改变对基极的电流影响不大，可近似认为基极电流仅受基极电压控制，而与集电极与发射极之间的电压无关，理想化输入特性曲线如图 4-5 所示。其中，U_{BZ} 称为晶体管的导通电压或截止电压。

该特性曲线的数学表达式为

$$i_B = \begin{cases} 0 & u_{BE} < U_{BZ} \\ g_b(u_{BE} - U_{BZ}) & u_{BE} > U_{BZ} \end{cases} \tag{4.2.1}$$

式中，g_b 是折线的斜率，即

$$g_b = \frac{\Delta i_B}{\Delta u_{BE}} \tag{4.2.2}$$

由图 4-5 可知，理想化的晶体管输入特性曲线包括两段，一段对应晶体管截止的情况，另一段对应晶体管导通的情况。

2. 正向传输特性曲线

理想化晶体管的共射电流放大倍数 β 被认为是常数，因而将输入特性的 i_B 乘以 β 就可得到理想化正向传输特性曲线，如图 4-6 所示。

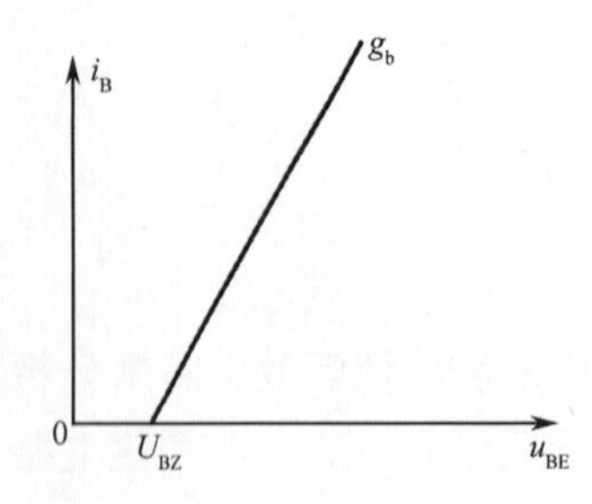

图 4-5 理想化输入特性曲线

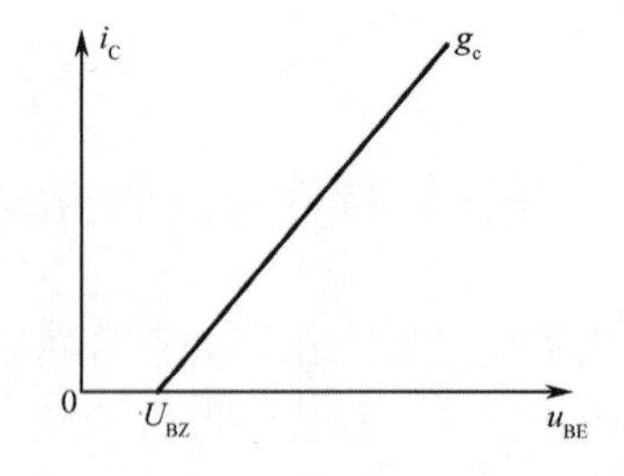

图 4-6 理想化正向传输特性曲线

理想化正向传输特性曲线的表达式为

$$i_C = \begin{cases} 0 & u_{BE} < U_{BZ} \\ g_c(u_{BE} - U_{BZ}) & u_{BE} > U_{BZ} \end{cases} \tag{4.2.3}$$

式中，g_c为曲线的斜率，即

$$g_c = \frac{\Delta i_C}{\Delta u_{BE}} = \beta \frac{\Delta i_B}{\Delta u_{BE}} = \beta g_b \tag{4.2.4}$$

式中，g_c称为理想化晶体管的跨导。它表示当晶体管工作于放大区时，单位基极电压变化产生的集电极电流变化。

3．输出特性曲线

输出特性曲线的理想化需要分别对饱和区和放大区采用不同的简化方式，首先对晶体管在不同区的工作特性加以讨论。

晶体管有 3 个工作区，它们是饱和区、放大区和截止区。图 4-7 给出了理想化输出特性曲线。

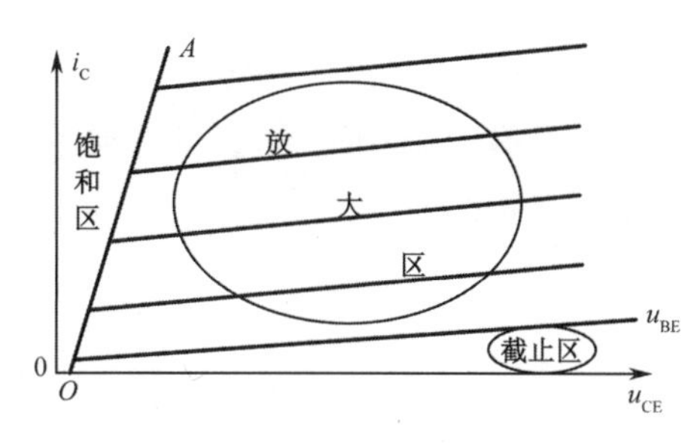

图 4-7　理想化输出特性曲线

在 OA 线以左的饱和区，集电极电流只受u_{CE}控制，而与u_{BE}无关。u_{CE}对i_C有强烈的控制作用，u_{CE}略微下降，导致i_C迅速减小。OA 称为饱和临界线，其斜率为g_{cr}。它表示当晶体管工作于饱和区时，单位集电极电压变化引起集电极电流的变化关系。

在 OA 线以右的放大区，i_C基本与u_{CE}无关，只受到u_{BE}的控制，所以各条输出曲线均以u_{BE}为参变量，且都近似与u_{CE}轴平行。

在截止区，当$u_{BE} < U_{BZ}$时，i_C=0。

了解晶体管的特性曲线是分析高频功率放大器的基础。

4.2.3　高频谐振功率放大器的工作原理

高频谐振功率放大器的工作原理电路如图 4-8 所示。放大器一般都采用功率增益较大的共发射极电路。当V_{BB}为反向偏置电压，即$V_{BB} < 0$或$0 < V_{BB} < V_{BZ}$时，发射结只在信号周期的部分时间内处于导通状态。只有当u_{BE}的瞬时值大于晶体管的导通电压U_{BZ}，基极导通时，才会产生基极电流i_B和集电极电流i_C，故i_B、i_C均为一系列高频电流脉冲，这时高频功率放大器工作在丙类（C 类）状态下。

假定输入信号为单频正弦波$u_b = V_{bm}\cos\omega t$，则加在三极管发射结的电压为

$$u_{BE} = V_{BB} + u_b = V_{BB} + V_{bm}\cos\omega t \tag{4.2.5}$$

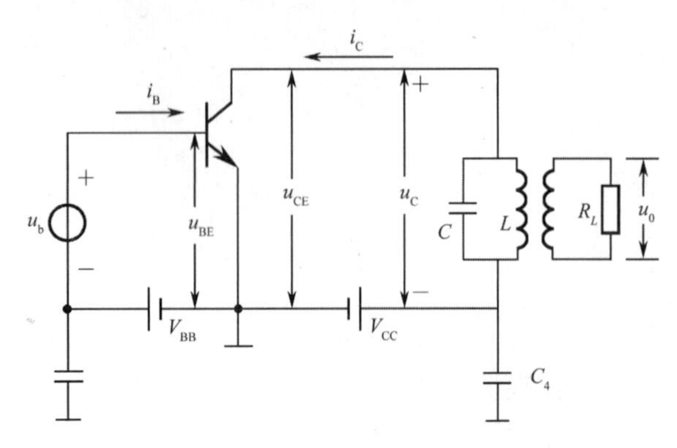

图 4-8　高频谐振功率放大器原理电路

1．集电极电流 i_C

由图 4-9 所示晶体管正向转移特性曲线可以看出：当 $u_{BE} < U_{BZ}$ 时，晶体管截止，集电极电流 $i_C = 0$；当 $u_{BE} > U_{BZ}$ 时，发射结导通，集电极电流 i_C 可表示为

$$i_C = g_c(u_{BE} - U_{BZ}) \tag{4.2.6}$$

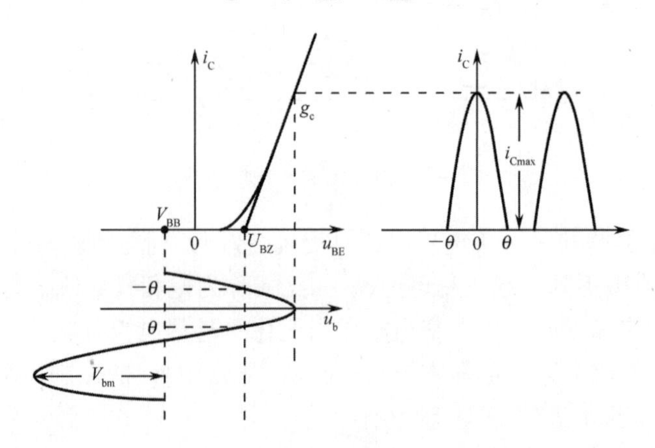

图 4-9　晶体管正向转移特性曲线

将式（4.2.5）代入式（4.2.6）得

$$i_C = g_c\left(V_{BB} + V_{bm}\cos\omega t - U_{BZ}\right) \tag{4.2.7}$$

由图 4-9 可得，当 $\omega t = \theta$ 时，i_C=0，代入式（4.2.7）可求得

$$0 = g_c\left(V_{BB} + V_{bm}\cos\theta - U_{BZ}\right) \tag{4.2.8}$$

$$\cos\theta = \frac{U_{BZ} - V_{BB}}{V_{bm}} \tag{4.2.9}$$

$$\theta = \arccos\frac{U_{BZ} - V_{BB}}{V_{bm}} \tag{4.2.10}$$

式中，θ 为晶体管的导通角。将式（4.2.7）减去式（4.2.8）得

$$i_C = g_c V_{bm}(\cos\omega t - \cos\theta) \tag{4.2.11}$$

当 $\omega t = 0$ 时，将 $i_C = i_{C\max}$ 代入式（4.2.11），得

$$i_{C\max} = g_c V_{bm}(1 - \cos\theta) \tag{4.2.12}$$

把式（4.2.12）与式（4.2.11）相除，得

$$i_{\mathrm{C}} = i_{\mathrm{Cmax}} \frac{\cos\omega t - \cos\theta}{1-\cos\theta} \tag{4.2.13}$$

式（4.2.13）是集电极余弦脉冲电流的解析表达式，i_{C} 取决于余弦脉冲的高度 i_{Cmax} 和导通角 θ 。

2. 集电极电流 i_{C} 的傅里叶分析

用傅里叶级数将式（4.2.13）表示的余弦脉冲电流 i_{C} 展开：

$$i_{\mathrm{C}} = I_{\mathrm{C0}} + I_{\mathrm{c1m}}\cos\omega t + I_{\mathrm{c2m}}\cos 2\omega t + \cdots + I_{\mathrm{c}n\mathrm{m}}\cos n\omega t + \cdots \tag{4.2.14}$$

可以看出，i_{C} 可分解为直流分量、基波分量、二次谐波分量、三次谐波分量和 n 次谐波分量。图 4-10（a）给出了集电极余弦脉冲电流 i_{C} 与各次谐波的波形示意；图 4-10（b）给出了集电极余弦脉冲电流 i_{C} 的频谱。

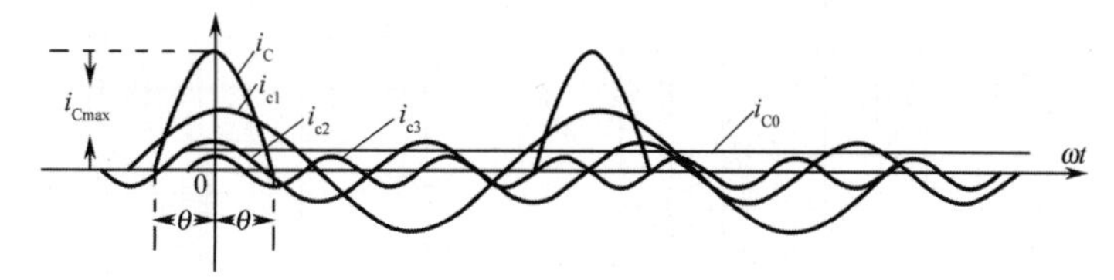

（a）集电极余弦脉冲电流 i_{C} 与各次谐波的波形

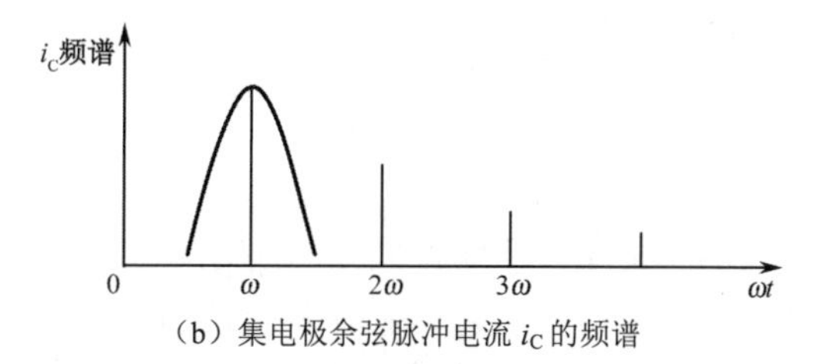

（b）集电极余弦脉冲电流 i_{C} 的频谱

图 4-10　集电极余弦脉冲电流 i_{C} 的波形和频谱

由图 4-10 可以看出，谐波次数越高，谐波的幅值越小。

式（4.2.14）中的 I_{C0}、I_{c1m}、I_{c2m}、…、$I_{\mathrm{c}n\mathrm{m}}$ 为直流、基波和各次谐波分量的振幅，可用傅里叶级数中的系数法求得

$$I_{\mathrm{C0}} = \frac{1}{2\pi}\int_{-\pi}^{\pi} i_{\mathrm{C}}\mathrm{d}(\omega t) = \frac{i_{\mathrm{Cmax}}}{\pi}\left(\frac{\sin\theta - \theta\cos\theta}{1-\cos\theta}\right) = i_{\mathrm{Cmax}}\alpha_0(\theta) \tag{4.2.15}$$

$$I_{\mathrm{c1m}} = \frac{1}{2\pi}\int_{-\theta}^{\theta} i_{\mathrm{C}}\cos(\omega t)\mathrm{d}(\omega t) = \frac{i_{\mathrm{Cmax}}}{\pi}\left(\frac{\theta - \sin\theta\cos\theta}{1-\cos\theta}\right) = i_{\mathrm{Cmax}}\alpha_1(\theta) \tag{4.2.16}$$

$$\begin{aligned} I_{\mathrm{c}n\mathrm{m}} &= \frac{1}{2\pi}\int_{-\theta}^{\theta} i_{\mathrm{C}}\cos(n\omega t)\mathrm{d}(\omega t) \\ &= i_{\mathrm{Cmax}}\left[\frac{2}{\pi}\frac{\sin(n\theta)\cos\theta - n\cos(n\theta)\sin\theta}{n(n^2-1)(1-\cos\theta)}\right] = i_{\mathrm{Cmax}}\alpha_n(\theta) \end{aligned} \tag{4.2.17}$$

将 $n=2,3\cdots$ 代入式（4.2.17），即可得到二次、三次及各次谐波分量的振幅。式（4.2.15）～式（4.2.17）中的 $\alpha_0(\theta)$、$\alpha_1(\theta)$、$\alpha_n(\theta)$ 称为余弦脉冲的分解系数。图 4-11 给出了导通

角θ与各分解系数的关系曲线，可根据θ的数值查出各分解系数的值。

在图 4-11 中显示了各次谐波分量变化的趋势。谐波次数越高，振幅就越小。这与图4-9和图4-10表示的结果是一致的。研究高频谐振功率放大器需要特别关注的是I_{C0}和I_{c1m}，前者与直流功率有关，后者与输出基波功率有关。由图4-11可见，$\alpha_0(\theta)$将随导通角θ的增大而增大，I_{C0}直接影响电路静态直流工作点，进而决定功率放大器的工作状态。

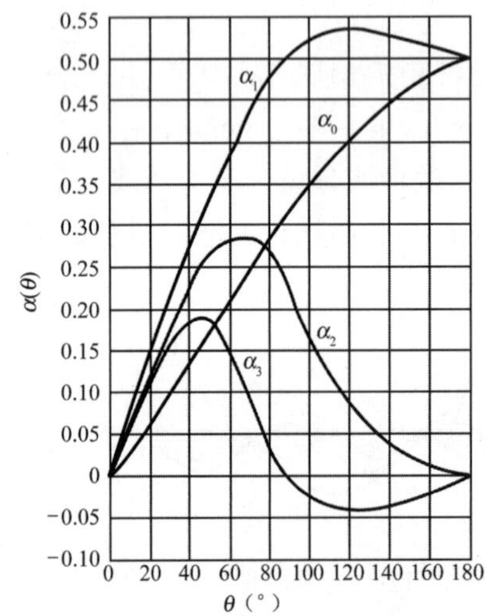

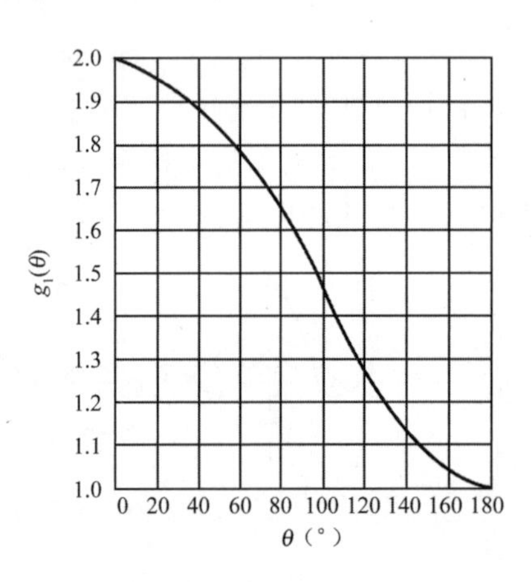

图4-11　余弦脉冲分解系数$\alpha(\theta)$、波形系数$g_1(\theta)$与导通角θ的关系曲线

3．集电极电压u_{CE}

高频谐振功率放大器的负载为LC谐振回路。该谐振回路调谐在基波频率ω上，因此输出回路只对集电极电流中的基波分量呈现很大的谐振电阻，而对直流分量I_{C0}和其他高次谐波分量呈现很小的失谐阻抗或近似短路。换句话说，集电极余弦脉冲电流i_C经过具有选频功能的LC谐振回路，其他各次谐波和直流被滤除，只有基波电流才能在回路两端产生较大的电压u_c，即

$$u_c = -V_{cm}\cos\omega t = -I_{c1m}R_{\Sigma}\cos\omega t \tag{4.2.18}$$

式中，$V_{cm}=I_{c1m}R_{\Sigma}$，I_{c1m}是基波电流分量的振幅，R_{Σ}是输出回路的有载谐振电阻。

由图4-8可知，集射极电压的瞬时值

$$u_{CE} = V_{CC} + u_c = V_{CC} - I_{c1m}R_{\Sigma}\cos\omega t \tag{4.2.19}$$

综上所述，对于丙类谐振功率放大器，流过晶体管各极的电流均为余弦脉冲，但利用谐振回路的选频作用，其输出为基波正弦信号。

图4-12给出了谐振功率放大器各级电压、电流的波形。由图可得如下结论。

（1）当$V_{BB}<0$或$0<V_{BB}<U_{BZ}$，功率放大器处于丙类工作状态，且$u_{BE}>U_{BZ}$时，才有基极电流i_B产生，所以i_B为余弦脉冲。U_{BZ}为晶体管的截止电压或导通电压。硅管的U_{BZ}为0.5～0.7V，锗管的U_{BZ}为0.2～0.4V。

（2）只有当$u_{BE}>U_{BZ}$基极导通后，晶体管由截止区进入放大区，才会产生集电极电流i_C，i_C与i_B是具有相同周期的余弦脉冲。

（3）前面已经分析过，周期性的余弦脉冲可通过傅里叶级数展开为一系列的谐波和直流分量。丙类功率放大器的负载是具有选频功能的 LC 谐振回路，通过调节回路的电抗，使其谐振频率等于输入激励信号的频率，LC 谐振回路对谐振频率（也就是基波频率 ω）呈现的阻抗为 R_{Σ}。如图 4-4 所示，该谐振回路对 n 次谐波呈现的阻抗为

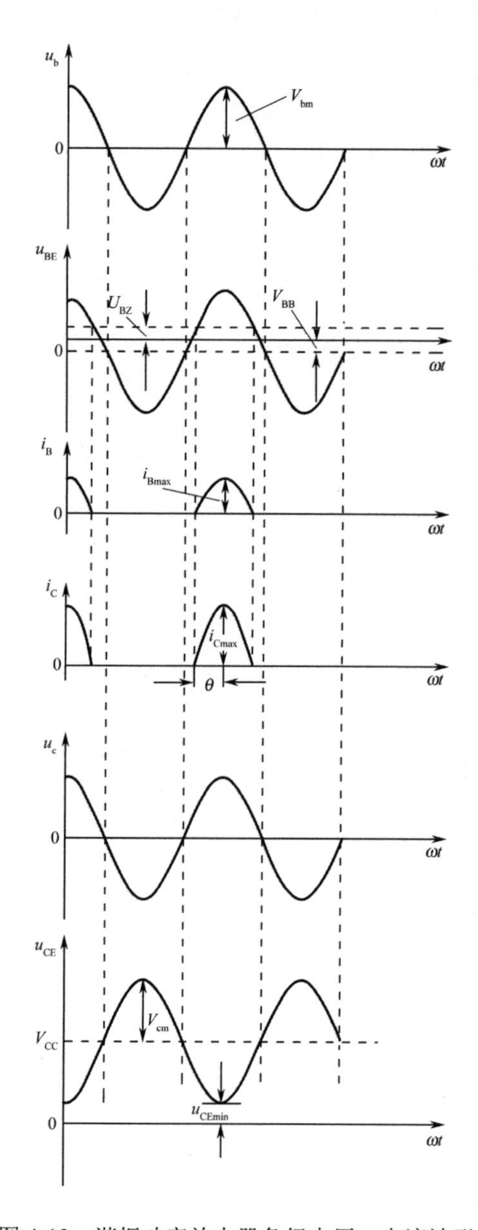

图 4-12　谐振功率放大器各级电压、电流波形

$$Z_n = \frac{(r_e + jn\omega L)\dfrac{1}{jn\omega C}}{r_e + j(n\omega L - \dfrac{1}{n\omega C})}$$

在高频电路工程实践中，一般有 $Q_e \gg 1$，即 $r_e \ll \omega L$，那么 $r_e \ll n\omega L$ 肯定成立，因此

$$Z_n \approx \frac{n\omega L}{\mathrm{j}(n^2\omega^2 LC-1)}$$

将回路谐振频率 $\omega=\frac{1}{\sqrt{LC}}$ 代入上式得

$$Z_n=\frac{n\omega L}{\mathrm{j}(n^2-1)}=\frac{n\omega LQ_\mathrm{e}}{\mathrm{j}(n^2-1)Q_\mathrm{e}}=\frac{nR_\Sigma}{\mathrm{j}(n^2-1)Q_\mathrm{e}}$$

$$\left|\frac{Z_n}{R_\Sigma}\right|=\frac{n}{(n^2-1)Q_\mathrm{e}} \tag{4.2.20}$$

假设 $Q_\mathrm{e}=10$，则有如表 4-1 所示结果。

表 4-1 $\left|\frac{Z_n}{R_\Sigma}\right|$ 随 n 变化结果

n	2	3	4	5
$\left\|\frac{Z_n}{R_\Sigma}\right\|$	0.0667	0.0375	0.0267	0.0208

由此可见，高频功率放大器的输出回路对于基波电流而言，等效为一个纯电阻 R_Σ，而对于高次谐波 2ω、3ω、…、$n\omega$ 来说，回路的阻抗与基波的阻抗相比小到可以近似认为其短路，且输出回路中因为电感的存在，对直流可近似看成短路，这正是谐振回路两端电压可以被近似认为是与输入激励信号同频的正弦基波电压，以及高频功率放大器能实现线性放大功能的理论基础。

4.2.4 高频谐振功率放大器的效率和输出功率

功率放大电路实质上依靠激励信号对基极电流及集电极电流进行控制。把集电极电源的直流功率转换为负载回路的交流功率，转换效率越高，就可以在同样的直流功率下输出更大的交流功率。追求高转换效率是功率放大电路的基本设计要求之一。

由图 4-12 可见，高频谐振功率放大器集电极输出电压 u_CE 中包含直流分量与交流分量，其交流分量与 u_b 波形一样，但相位相差 π。

功率放大器输出的基波功率为

$$P_\mathrm{o}=\left(\frac{I_\mathrm{c1m}}{\sqrt{2}}\right)^2 R_\Sigma=\frac{V_\mathrm{cm}}{\sqrt{2}}\frac{I_\mathrm{c1m}}{\sqrt{2}}=\frac{1}{2}V_\mathrm{cm}I_\mathrm{c1m}=\frac{1}{2}\frac{{V_\mathrm{cm}}^2}{R_\Sigma} \tag{4.2.21}$$

电源提供的直流功率

$$P_\mathrm{D}=I_\mathrm{C0}V_\mathrm{CC} \tag{4.2.22}$$

根据能量守恒定律，集电极耗散功率为

$$P_\mathrm{C}=P_\mathrm{D}-P_\mathrm{o} \tag{4.2.23}$$

集电极效率

$$\eta_\mathrm{c}=P_\mathrm{o}/P_\mathrm{D}=\frac{1}{2}\frac{V_\mathrm{cm}}{V_\mathrm{CC}}\frac{I_\mathrm{c1m}}{I_\mathrm{C0}}=\frac{1}{2}\xi g_1(\theta) \tag{4.2.24}$$

式中，$g_1(\theta)=\dfrac{I_{c1m}}{I_{C0}}=\dfrac{\alpha_1(\theta)}{\alpha_0(\theta)}$ 称为波形系数，是导通角 θ 的函数；$\xi=\dfrac{V_{cm}}{V_{CC}}$ 称为集电极电压利用系数，它总是小于 1 的。

由式（4.2.24）可知，要提高效率 η_c，有两种途径。

一种是提高集电极电压利用系数 ξ，即提高 V_{cm}，而 $V_{cm}=I_{c1m}R_\Sigma$ 是输出基波电压的幅值，$R_\Sigma=Q_e\omega_0L$，因此通过提高回路的有载品质因数来增大 R_Σ。

另一种是提高波形系数 $g_1(\theta)$。由图 4-11 可知，导通角 θ 越小，$g_1(\theta)$ 越大，效率 η_c 越高，$\alpha_1(\theta)$ 却越小，输出功率 P_o 也就越低。为了兼顾输出功率 P_o 和效率 η_c，必须选取合适的导通角 θ。如果取 $\theta=120°$，则 $\alpha_1(\theta)$ 达到最大值，输出功率最大，但 $g_1(\theta)$ 的值相对较小，集电极的效率仅为 64%左右；如果取 $\theta=70°$，此时虽然 $\alpha_1(\theta)$ 相对减小，输出功率有一定程度的下降，但集电极的效率可达到 85.9%。因此，在工程设计中 θ 的取值通常为 $65°$～$75°$。$\theta=70°$ 左右为最佳导通角，可兼顾输出功率和效率两个重要指标。

还有一个应该注意的问题是，集电极损耗 $P_C=\dfrac{1}{2\pi}\int_{-\theta}^{\theta}i_Cu_{CE}\mathrm{d}\omega t$，减小 i_C 与 u_{CE} 的乘积，可减小晶体管的瞬时损耗。由图 4-12 可以看出，当晶体管集电极电流 i_C 最大时，晶体管的集电结压降 u_{CE} 最小，这时它们的乘积最小，也即晶体管的损耗最小，而要达到这个要求，晶体管的集电极负载回路必须工作在谐振状态下。一旦负载回路失谐，将导致放大器的损耗功率增加，效率降低。

例 4.1　在丙类谐振功率放大器中，若 $i_{Cmax}=10\text{mA}$，$V_{CC}=10\text{V}$，且 V_{CC} 与 V_{cm} 近似相等，求当 θ 为 $60°$ 时的输出功率及集电极效率。其中，$\alpha_0(60°)=0.218$，$\alpha_1(60°)=0.39$。

解： $P_o=\dfrac{1}{2}I_{c1m}V_{cm}=\dfrac{1}{2}i_{Cmax}[\alpha_1(60°)]V_{CC}=0.5\times10\times0.39\times10=19.5\text{W}$

$$P_D=I_{C0}V_{CC}=i_{Cmax}[\alpha_0(60°)]V_{CC}=10\times0.218\times10=21.8\text{W}$$

$$\eta_c=\frac{P_o}{P_D}=89.4\%$$

例 4.2　在丙类谐振功率放大器中，已知 $V_{CC}=24\text{V}$，$P_o=5\text{W}$，$\theta=70°$，$\xi=0.9$，求该功率放大器的 η_c、P_D、P_C、i_{Cmax} 和谐振回路谐振电阻 R_Σ。

解： 由图 4-11 可查得 $\alpha_0(70°)=0.25$，$\alpha_1(70°)=0.44$

$$\eta_c=\frac{1}{2}\frac{\alpha_1(\theta)}{\alpha_0(\theta)}\xi=\frac{1}{2}\times\frac{0.44}{0.25}\times0.9=79\%$$

$$P_D=\frac{P_o}{\eta_c}=\frac{5}{0.79}=6.3\text{W}$$

$$P_C=P_D-P_o=6.3-5=1.3\text{W}$$

$$P_o=\frac{1}{2}I_{c1m}V_{cm}=\frac{1}{2}\alpha_1(\theta)i_{Cmax}\xi V_{CC}$$

$$i_{Cmax}=\frac{2P_o}{\alpha_1(\theta)\xi V_{CC}}=\frac{2\times5}{0.44\times0.9\times24}=1.05\text{A}$$

$$R_\Sigma=\frac{V_{cm}}{I_{c1m}}=\frac{\xi V_{CC}}{\alpha_1(\theta)i_{Cmax}}=\frac{0.9\times24}{0.44\times1.05}=46.5\Omega$$

4.2.5 谐振功率放大器的效率与工作状态

谐振功率放大器的效率与其工作状态有密切关系。图 4-13 给出了甲、乙、丙 3 种工作状态的波形。

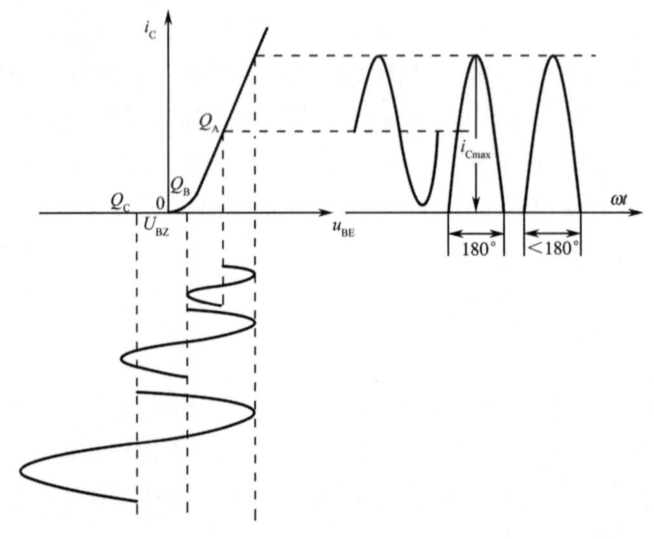

图 4-13 甲、乙、丙 3 种工作状态的波形

取 $\xi=\dfrac{V_{cm}}{V_{CC}}=1$，从图 4-13 可得如下结果。

（1）选择 Q_A 为静态工作点，功率放大器工作于甲类工作状态下，整个周期内晶体管都导通，$\theta=180°$，有

$$\alpha_1(\theta)=\alpha_1(180°)=0.5，\ \alpha_0(\theta)=\alpha_0(180°)=0.5，\ g_1(\theta)=1$$

$$\eta_c=\frac{1}{2}\xi g_1(\theta)=\frac{1}{2}\frac{V_{cm}}{V_{CC}}\times 1$$

当静态工作点 Q_A 位于交流负载线中心时，$V_{cm}=V_{CC}$，$\xi=\dfrac{V_{cm}}{V_{CC}}=1$，$\eta_{cmax}=50\%$。

（2）选择 Q_B 为静态工作点，功率放大器工作在乙类工作状态下，晶体管在半个周期内导通，$\theta=90°$，$\alpha_1(\theta)=\alpha_1(90°)=0.5$。

由式（4.2.15）、式（4.2.16）可得

$$I_{C0}=\frac{i_{Cmax}}{\pi},\ I_{c1m}=\frac{i_{Cmax}}{2}$$

$$\eta_{cmax}=\frac{1}{2}\xi g_1(\theta)=\frac{1}{2}\frac{V_{cm}}{V_{CC}}\frac{I_{c1m}}{I_{CO}}=\frac{1}{2}\frac{V_{cm}}{V_{CC}}\times\frac{\pi}{2}=\frac{\pi}{4}=78.5\%$$

（3）选择 Q_C 为静态工作点，功率放大器工作于丙类工作状态下，晶体管只在很短的时间内导通，$\theta<90°$，$\alpha_1(\theta)=\alpha_1(<90°)<0.5$。$\theta$ 减小，$g_1(\theta)$ 增大，η_c 增大，但 $\alpha_1(\theta)$ 减小，P_o 减小，所以提高输出功率和提高效率是矛盾的，必须折中考虑。

通过上述分析可得出如下结论。

（1）当输入信号及回路谐振电阻 R_{Σ} 给定时，如果希望得到尽可能大的输出功率，应采用甲类或乙类功率放大器。丙类功率放大器效率的提高是以功率放大器的电压增益下降为代价的，随着导通角的不断减小，由甲类功率放大器到甲乙类功率放大器，到乙类功率放大器，再到丙类功率放大器，谐振功率放大器的效率越来越高，但电压增益却越来越低，因此对输入信号的幅度要求越来越高。

（2）对于丙类功率放大器，在回路谐振电阻 R_{Σ} 给定时，如果要增大输出功率，就要增大 I_{c1m}，当元器件确定时，就是要增大输入信号振幅 V_{bm}；如果要提高效率，就要增大 I_{c1m} 或减小 I_{C0}（减小 I_{C0} 即减小集电极功耗，通过降低静态工作点可以实现）。所以，增大输入信号振幅和降低静态工作点是实现大功率、高效率的两条重要途径。

（3）对于丙类功率放大器，当 i_{C} 减小到使 I_{c1m}=0 时，则有 $I_{\text{C0}}=0$。也就是说，当 $P_{\text{o}}=0$ 时，则有 $P_{\text{D}}=0$，这对提高效率有益。甲类功率放大器的 P_{D} 只与静态工作点有关，而与输出功率 P_{o} 无关。也就是说，即使功率放大器输出的交流信号为 0，直流电源仍旧提供直流功率，这时电源提供的能量将全部被晶体管消耗掉，所以甲类功率放大器效率最低。

4.3　高频谐振功率放大器的特性分析

4.3.1　高频谐振功率放大器的动态特性

晶体管的静态特性是，在集电极没有接负载阻抗的条件下，得到的三极管集电极电流 i_{C} 与电压 u_{BE} 和 u_{CE} 的关系曲线 $i_{\text{C}}=f(u_{\text{BE}},u_{\text{CE}})$，这是晶体管本身所固有的。在 4.2.2 节介绍的晶体管的输入特性曲线、正向传输特性曲线和输出特性曲线都是未接负载时的静态特性曲线。当基极加入激励信号，并且集电极接上负载阻抗时，三极管集电极电流 i_{C} 与电压 u_{BE} 和 u_{CE} 的关系曲线 $i_{\text{C}}=f(u_{\text{BE}},u_{\text{CE}})$ 称为谐振功率放大器的动态特性。谐振功率放大器的负载是并联谐振回路，回路的谐振频率等于输入信号频率，回路的谐振电阻为 R_{Σ}。谐振功率放大器的动态特性曲线就是指，当输入激励信号、负载和晶体管（可用 g_{c} 和 U_{BZ} 表示）确定后，瞬时工作点 $Q(i_{\text{C}},u_{\text{CE}})$ 在输入信号作用下移动的轨迹，有时也叫负载线。

1．放大区动态特性方程

工作于丙类放大状态下的高频谐振功率放大器 $\theta<90^{\circ}$，集电极电流 i_{C} 为周期性脉冲，属于非线性电路，其动态特性曲线不是一条直线，而是曲线。工程上采用折线法来近似估算，并结合实验调整来解决问题。要将实际是一条曲线的谐振功率放大器动态特性曲线近似为一条直线，其前提条件是：

（1）晶体管的静态特性曲线（转移特性曲线、输出特性曲线）理想化为直线；

（2）功率放大器的负载回路工作于谐振状态下（负载为纯电阻）。

在此条件下，放大器的外部电路方程为

$$u_{\text{BE}}=V_{\text{BB}}+u_{\text{b}}=V_{\text{BB}}+V_{\text{bm}}\cos\omega t \tag{4.3.1}$$

$$u_{\mathrm{CE}} = V_{\mathrm{CC}} + u_{\mathrm{c}} = V_{\mathrm{CC}} - V_{\mathrm{cm}}\cos\omega t \tag{4.3.2}$$

由上两式消去 $\cos\omega t$ 可得

$$u_{\mathrm{BE}} = V_{\mathrm{BB}} + \frac{V_{\mathrm{bm}}}{V_{\mathrm{cm}}}(V_{\mathrm{CC}} - u_{\mathrm{CE}}) \tag{4.3.3}$$

动态特性应同时满足外部电路和内部电路关系方程，而内部电路关系方程是由晶体管理想化的正向传输特性决定的。对于导通段，即

$$i_{\mathrm{C}} = g_{\mathrm{c}}(u_{\mathrm{BE}} - U_{\mathrm{BZ}})$$

将式（4.3.3）代入上式，可得

$$\begin{aligned} i_{\mathrm{C}} &= g_{\mathrm{c}}\left(V_{\mathrm{BB}} + V_{\mathrm{bm}}\frac{V_{\mathrm{CC}} - u_{\mathrm{CE}}}{V_{\mathrm{cm}}} - U_{\mathrm{BZ}}\right) \\ &= -g_{\mathrm{c}}\frac{V_{\mathrm{bm}}}{V_{\mathrm{cm}}}\left(u_{\mathrm{CE}} - \frac{V_{\mathrm{bm}}V_{\mathrm{CC}} - U_{\mathrm{BZ}}V_{\mathrm{cm}} + V_{\mathrm{BB}}V_{\mathrm{cm}}}{V_{\mathrm{bm}}}\right) \\ &= g_{\mathrm{d}}(u_{\mathrm{CE}} - U_0) \end{aligned} \tag{4.3.4}$$

上式为截距式直线方程，在 u_{CE} 轴上的截距为

$$U_0 = \frac{V_{\mathrm{bm}}V_{\mathrm{CC}} - U_{\mathrm{BZ}}V_{\mathrm{cm}} + V_{\mathrm{BB}}V_{\mathrm{cm}}}{V_{\mathrm{bm}}} \tag{4.3.5}$$

斜率为

$$g_{\mathrm{d}} = -g_{\mathrm{c}}\frac{V_{\mathrm{bm}}}{V_{\mathrm{cm}}} \tag{4.3.6}$$

负斜率的物理意义：对负载而言，功率放大器相当于一个交流电能发生器，可以提供能量给负载（正电阻消耗能量，负电阻提供能量）。

由上可知，当 $u_{\mathrm{BE}} > U_{\mathrm{BZ}}$ 时，理想化晶体管输出特性在放大区，其动态特性为一条直线，i_{C} 由式（4.3.4）确定；而当 $u_{\mathrm{BE}} < U_{\mathrm{BZ}}$ 时，$i_{\mathrm{C}} = 0$。

2．动态特性曲线

假设：已知谐振功率放大器晶体管的理想化输出特性，以及外部电压 V_{CC}、V_{BB}、V_{bm} 和 V_{cm} 的值，如何求出动态特性曲线及输出电压、电流波形。通常可以采用截距法和虚拟电流法。

（1）截距法。

在输出特性的 u_{CE} 轴上取一点 B，满足：

$$\begin{cases} \omega t = \theta \\ i_{\mathrm{C}} = 0 \\ u_{\mathrm{CE}} = U_0 = \dfrac{V_{\mathrm{bm}}V_{\mathrm{CC}} - U_{\mathrm{BZ}}V_{\mathrm{cm}} + V_{\mathrm{BB}}V_{\mathrm{cm}}}{V_{\mathrm{bm}}} \end{cases}$$

过 B 点绘制斜率为 g_{d} 的直线交 $u_{\mathrm{BEmax}} = V_{\mathrm{BB}} + V_{\mathrm{bm}}$ 于 A 点，所以线段 AB 为当 $u_{\mathrm{BE}} > U_{\mathrm{BZ}}$ 时放大区的动态特性曲线；在 $u_{\mathrm{BE}} < U_{\mathrm{BZ}}$ 的截止区，虽然 $i_{\mathrm{C}} = 0$，但由于谐振回路的作用，回路电压不为 0，动态特性为线段 BC。完整的动态特性曲线为 AB-BC 折线。图 4-14（a）给出了截距法求解动态特性曲线示意。

（2）虚拟电流法。

在晶体管输出特性 i_C-u_{CE} 坐标系中确定 A、Q 两点，连接 AQ 即得集电极交流负载线，即动态特性曲线，如图 4-14（b）所示。下面将分析如何确定该动态特性曲线。

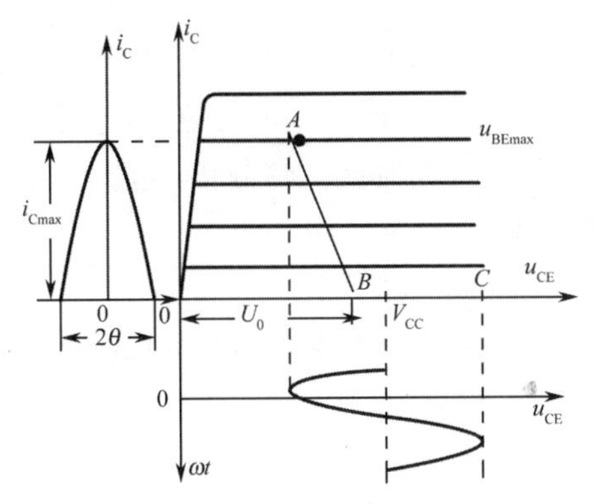

（a）截距法求解动态特性

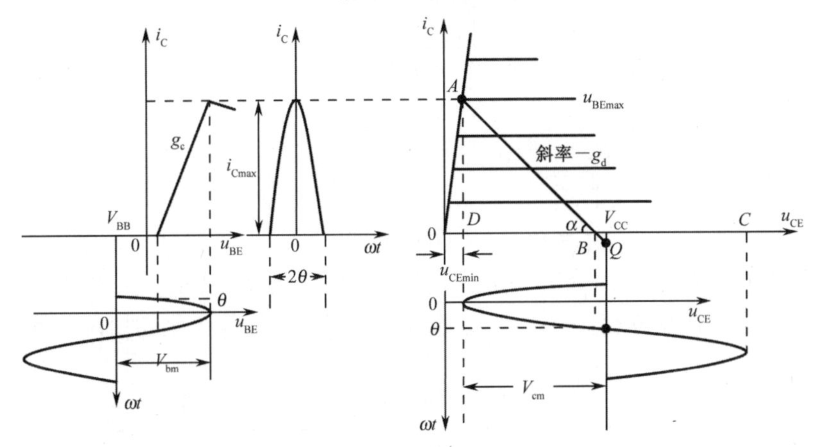

（b）虚拟电流法求解动态特性

图 4-14　求解动态特性

首先，确定虚拟工作点 Q。

在 Q 点，$\omega t = \dfrac{\pi}{2}$，由式（4.3.2）可知

$$u_{CE} = V_{CC} + u_c = V_{CC} - V_{cm}\cos\frac{\pi}{2} = V_{CC}$$

由式（4.3.1）可知

$$u_{BE} = V_{BB} + u_b = V_{BB} + V_{bm}\cos\frac{\pi}{2} = V_{BB}$$

$$i_C = g_c(u_{BE} - U_{BZ}) = g_c(V_{BB} - U_{BZ}) = I_Q$$

该电流为“负值”，晶体管电流是不能反向流动的，因此 I_Q 实际上是不存在的（仅是为了确定 Q 点假定的），称其为虚拟工作点电流。

然后，确定动态特性曲线上的另一点 A。

在 A 点，$\omega t=0$，由式（4.3.2）可知

$$u_{CE}=u_{CEmin}=V_{CC}+u_c=V_{CC}-V_{cm}\cos 0^\circ=V_{CC}-V_{cm} \tag{4.3.7}$$

由式（4.3.1）可知

$$u_{BE}=u_{BEmax}=V_{BB}+u_b=V_{BB}+V_{bm}\cos 0^\circ=V_{BB}+V_{bm} \tag{4.3.8}$$

连接 AQ 可绘出动态特性曲线，其与 u_{CE} 轴交于 B 点。在导通角 2θ 内，晶体管导通，$i_C\neq 0$；在导通角 2θ 外，$i_C=0$，即晶体管截止。晶体管开始截止发生在 B 点，B 点到 Q 点一段虚线为绘图需要。实际上，此时晶体管截止，由动态特性曲线 BC 表示，因此整条动态特性曲线由 AB-BC 构成。

（3）动态负载电阻与导通角的关系。

动态特性曲线斜率 g_d 的倒数，称为丙类功率放大电路的动态负载电阻 R_d。由图 4-14 可知

$$\begin{aligned}\tan\alpha&=\frac{AD}{BD}=\frac{i_{Cmax}}{V_{cm}-V_{cm}\cos\theta}=\frac{i_{Cmax}\alpha_1(\theta)}{V_{cm}(1-\cos\theta)\alpha_1(\theta)}\\&=\frac{I_{c1m}}{V_{cm}}\frac{1}{(1-\cos\theta)\alpha_1(\theta)}\\&=\frac{1}{R_\Sigma\alpha_1(\theta)(1-\cos\theta)}=\frac{1}{R_d}\end{aligned} \tag{4.3.9}$$

在式（4.3.9）中

$$R_d=R_\Sigma\alpha_1(\theta)(1-\cos\theta) \tag{4.3.10}$$

由式（4.3.10）可见，丙类功率放大电路的动态负载电阻 R_d，不仅与回路的谐振电阻 R_Σ 有关，还与导通角 θ 有关。当 R_Σ 一定时，R_d 随导通角变化的情况如表 4-2 所示。

表 4-2　动态负载电阻 R_d 随导通角变化的规律

θ	60°	70°	80°	90°	120°	180°
R_d	0.2 R_Σ	0.29 R_Σ	0.39 R_Σ	0.5 R_Σ	0.81 R_Σ	R_Σ

由表 4-2 可见，R_d 随 θ 增加而变大。当 θ=90°（处于乙类工作状态下）时，R_d=0.5R_Σ；当 θ=180°（处于甲类工作状态下）时，R_d=R_Σ。

4.3.2　高频谐振功率放大器的负载特性

当功率放大器集电极电压 V_{CC}、基极偏置电压 V_{BB} 及输入信号幅值 V_{bm} 保持不变时，回路谐振负载电阻 R_Σ 变化，从而引起放大器的集电极电流 I_{C0}、I_{c1m}、回路电压 V_{cm}、输出功率 P_o、效率 η_c 等发生变化。高频功率放大器的这个特性称为负载特性，它是高频功率放大器的重要特性之一。

1. 丙类功率放大器的 3 种工作状态

当丙类功率放大器的回路谐振电阻 R_Σ 变化时，其动态负载线的斜率为

$\frac{1}{R_d}=\frac{1}{R_\Sigma\alpha_1(\theta)(1-\cos\theta)}$也会随之改变。由式（4.2.10）可知，当$V_{BB}$、$V_{bm}$确定后，$\theta$就不变了，这时$R_d$的变化完全由$R_\Sigma$决定；当$V_{CC}$、$V_{BB}$和$V_{bm}$确定后，$R_\Sigma$增加，则动态线的斜率$\frac{1}{R_d}$减小，这时动态线上的$Q$点位置不变，动态线会以$Q$点为轴逆时针旋转，如图 4-15 所示为 3 种不同负载电阻对应的 3 条动态曲线及相应的电流、电压波形。根据晶体管在信号的一个周期内是否进入饱和区，将丙类功率放大器的工作状态分为欠压、临界和过压 3 种状态。若在整个信号周期内，晶体管工作部分时间不进入饱和区，也就是说在任何时刻都工作在放大区，称为功率放大器工作在欠压状态下；若晶体管工作时有部分时间进入饱和区，则称功率放大器工作在过压状态下。

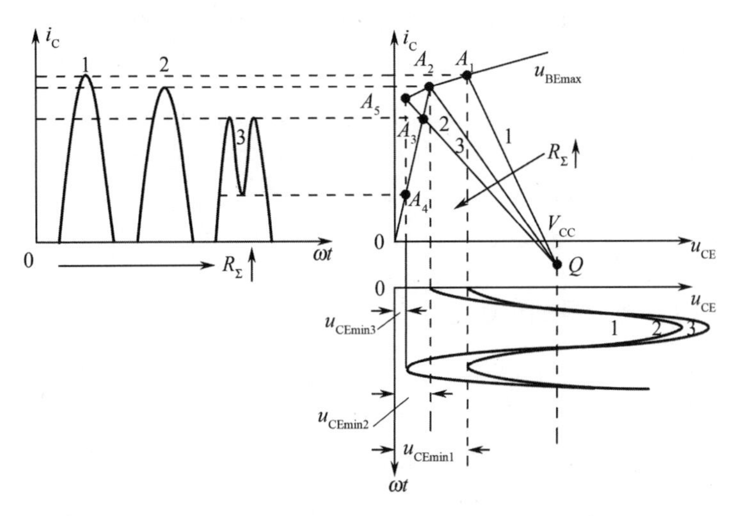

图 4-15　R_Σ变化对动态特性曲线的影响

功率放大器 3 种工作状态的判别方法如下。

$$u_{BE}=V_{BB}+V_{bm}\cos\omega t$$
$$u_{CE}=V_{CC}-V_{cm}\cos\omega t$$

当$\omega t=0$时，$u_{BE}=u_{BEmax}=V_{BB}+V_{bm}$，$u_{CE}=u_{CEmin}=V_{CC}-V_{cm}$。也就是说，当$u_{BE}$达到最大时，$u_{CE}$一定有最小值，即$u_{BEmax}$和$u_{CEmin}$同时发生，当$u_{CE}$很小时，晶体管进入饱和区。

当$\omega t=\pi$时，$u_{BE}=u_{BEmin}=V_{BB}-V_{bm}$，$u_{CE}=u_{CEmax}=V_{CC}+V_{cm}$。也就是说，当$u_{BE}$达到最小时，$u_{CE}$一定有最大值，即$u_{BEmin}$和$u_{CEmax}$同时发生，当$u_{CE}$很大时，晶体管进入截止区。

因此，不仅可以根据u_{CE}的大小判断晶体管的工作状态，还可根据u_{CEmin}的大小判断功率放大器所处的工作状态。

（1）当$u_{CEmin}>u_{CEsat}$时，在任何时刻晶体管都工作在放大区，对应于u_{CE}最小值和u_{BE}最大值的A_1点处于放大区，这种工作状态称为欠压状态，对应于图 4-15 中的A_1Q，此时R_Σ和V_{cm}都较小。式中，u_{CEsat}为临界饱和电压，是u_{BEmax}线与临界饱和线A_2O的交点所对应的u_{CE}值。

（2）当$u_{CEmin}=u_{CEsat}$时，对应于u_{CE}最小值和u_{BE}最大值的A_2点，正好处于临界线上，这种工作状态称为临界状态，对应于图 4-15 中的A_2Q。

（3）当$u_{CEmin}<u_{CEsat}$时，晶体管有部分时间进入饱和区工作，由u_{CEmin}与u_{BEmax}决定的A_5点在u_{BEmax}的延长线上，连接A_5、Q，与临界线相交于A_3点，得到相应的动态曲线A_3Q，此时i_C出现凹陷。其原因在于：丙类功率放大器的负载是谐振回路，具有良好的选频能力，谐振回路两端的电压波形是连续的正弦波形，当工作点到达A_3点后，u_{BE}还没达到最大值，V_{cm}也未达到最大值，为输出完整的波形，u_{BE}要继续增大，u_{CE}进一步下降，一直达到由u_{CEmin}与u_{BEmax}决定的A_5点，完成输出连续的正弦波形。由图 4-15 可知，当工作点沿负载线移到A_3点时，还未输出完整的正弦波形，因此u_{BE}要继续增大、u_{CE}进一步减小，进入饱和区。在进入饱和区之后，u_{CE}任何微小的变化会导致i_C迅速减小，工作点沿着临界饱和线从A_3点下移到A_4点，A_4点与A_5点具有相同的u_{CEmin}。实际上，A_5点并不存在，画出A_5点只是为了找出相对应的u_{CEmin}，从而确定实际工作点为A_4点，这种工作状态为过压状态。其对应的集电极电流是一个有凹陷的余弦脉冲。峰值对应于A_3点，谷点对应于A_4点。如果负载是电阻，则电流波形不可能出现凹陷。一旦余弦电流脉冲出现凹陷，则余弦电流脉冲波形分解系数求直流分量、基波分量等将不再适用。

2．高频谐振功率放大器的负载特性

前面提过，负载特性是指当晶体管及V_{CC}、V_{BB}、V_{bm}一定时，改变回路谐振电阻R_Σ，功率放大器的电流、电压、功率及效率随R_Σ变化的特性。晶体管一定是指g_c、U_{BZ}不变。在V_{CC}、V_{BB}、V_{bm}、g_c、U_{BZ}一定的条件下，Q点固定不变。又由于$\cos\theta=(U_{BZ}-V_{BB})/U_{bm}$不变，导通角$\theta$为常数，因此$g_d$的绝对值与$R_\Sigma$成反比。另$u_{BEmax}=V_{BB}+V_{bm}$不变，随着$R_\Sigma$增加，$A$点由$A_1$点移到$A_2$点、$A_3$点，如图 4-15 所示。也就是说，随着$R_\Sigma$增加，丙类功率放大器的工作状态由欠压状态变到临界状态，然后进入过压状态。

在欠压状态下，R_Σ增加，A点在u_{BEmax}上由A_1点移向A_2点，处于放大区。u_{CE}对i_C的影响很小，u_{BEmax}基本与横轴平行，所以i_{Cmax}变化不大，略有下降，如图 4-15 所示。I_{c1m}、I_{C0}基本保持不变，I_{c1m}、$V_{cm}=I_{c1m}R_\Sigma$随R_Σ增加近似线性增大。R_Σ、V_{cm}均按线性增加，而$P_o=V_{cm}^2/(2R_\Sigma)$，所以在欠压状态下，P_o随R_Σ增加线性增加。当V_{CC}不变、R_Σ增加时，I_{C0}略有下降，$P_D=V_{CC}I_{C0}$也略有下降。因为P_D基本不变，P_o随R_Σ增加线性增加，所以$P_C=P_D-P_o$随R_Σ增加而减小。$\eta_c=P_o/P_D$随R_Σ增加而增大，如图 4-16 所示。

以上分析可得出如下结论。

（1）在欠压工作状态的大部分范围内，输出功率P_o和集电极效率都较低，在欠压严重时，R_Σ很小，V_{cm}很小，P_o很小，u_{CE}很大。P_D基本上都消耗在集电结上，集电极损耗极大，会导致晶体管烧毁，必须尽量避免谐振回路严重失谐导致负载短路。由图 4-16 可知，在欠压区，电流I_{c1m}不随R_Σ变化，因此欠压状态的放大器可以看成一个恒流源。

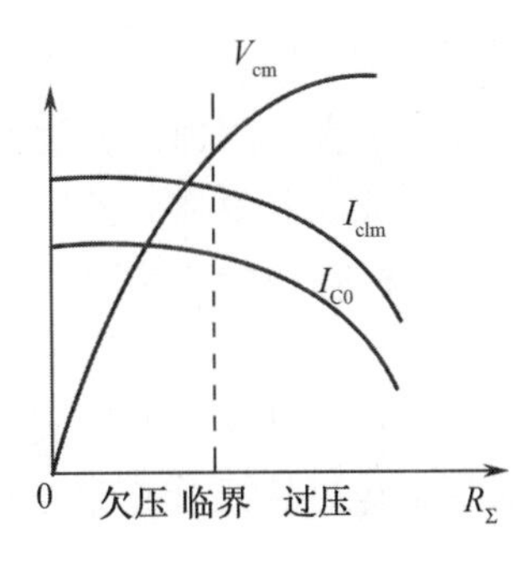

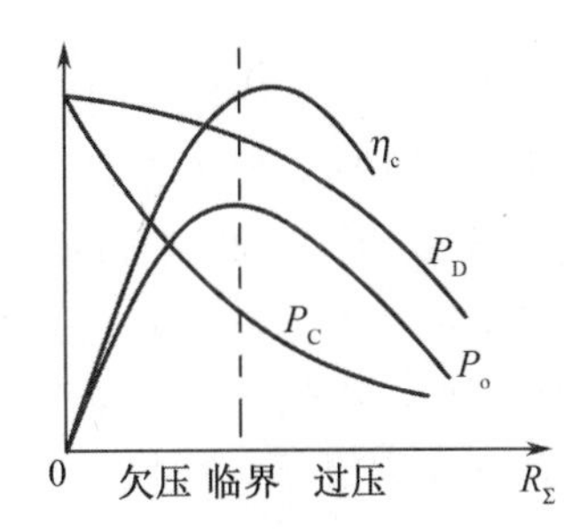

图 4-16　丙类功率放大器的负载特性

（2）在临界状态时，i_C 仍为一个余弦脉冲，其幅值 i_{Cmax} 较大，和欠压区基本相同，但此时 V_{cm} 很大，u_{CE} 很小。因此，功率放大器在临界状态下输出功率大，效率也较高。临界状态是丙类功率放大器的最佳状态，主要用于发射机的强放级。通常将功率放大器在临界状态时相应 R_Σ 的值称为谐振功率放大器的匹配负载，用 R_{opt} 表示。工程上这个电阻值可以根据所需输出信号功率 P_o 由下式近似确定：

$$R_{opt}=\frac{1}{2}\frac{V_{cm}{}^2}{P_o}\approx\frac{1}{2}\frac{(V_{CC}-V_{CEsat})^2}{P_o} \tag{4.3.11}$$

（3）过压状态。在弱过压状态时，输出电压基本不随 R_Σ 变化，过压状态的功率放大器可视为恒压源。在弱过压状态时，集电极效率最高，常用于需要维持输出电压比较平稳的场合，如发射机的中间级放大器。在深度过压状态时，i_C 波形出现严重凹陷，输出基波减小，谐波增多，在设计中应尽量避免。

4.3.3　高频谐振功率放大器的调制特性

在高频放大电路中，经常需要通过改变基极或集电极电压来改变高频输出信号的振幅，从而实现振幅调制的目的，这种方式又称为高电平调制，它能够一次性完成功率放大和调制的任务。高频谐振功率放大电路的调制特性分为基极调制特性和集电极调制特性。

1．集电极调制特性

定义：在 V_{BB}、g_c、U_{BZ}、V_{bm}、R_Σ 不变的条件下，功率放大器性能随 V_{CC} 变化的特性称为集电极调制特性。

当 V_{CC} 由小到大变化时，静态工作点将自左向右平移。由于 V_{BB} 和 V_{bm} 不变，意味着 $u_{BEmax}=V_{BB}+V_{bm}$、i_{Cmax} 及 i_C 的导通角 $\cos\theta=(U_{BZ}-V_{BB})/V_{bm}$ 不变；又因为 R_Σ 不变，动态曲线的斜率不变。若高频谐振功率放大器工作在过压状态下，当 V_{CC} 由小到大变化时，放大器的工作状态由过压状态进入临界状态，最后进入欠压状态。

若高频谐振功率放大器工作在临界工作状态下，当 V_{CC} 由大变小时，动态曲线向左平移，放大器由临界工作状态进入过压工作状态，i_C 将由余弦脉冲波形变为中间凹陷的脉冲波，如图 4-17（a）所示。在过压状态下，随着 V_{CC} 减小，集电极脉冲的高度降低，凹陷加深，因而I_{c1m}、I_{C0}及V_{cm}将迅速减小，它们随V_{CC}变化的特性如图 4-17（b）所示。由图可见，在过压状态下，I_{c1m}、I_{C0}及V_{cm}随V_{CC}增加线性增大。同理，若放大器工作在临界工作状态下，当V_{CC}由小变大时，动态曲线向右平移，放大器由临界工作状态进入欠压工作状态，集电极电流为余弦脉冲，其高度随V_{CC}的增大略有增加，因而I_{c1m}、I_{C0}及V_{cm}在欠压区随V_{CC}增加略有增加，可近似认为不变。

由图 4-17（b）可见，在欠压区，改变V_{CC}对V_{cm}影响不大，只有在过压区，V_{CC}才能有效地控制V_{cm}，从而实现调幅。所以，集电极调幅电路应工作在过压区。

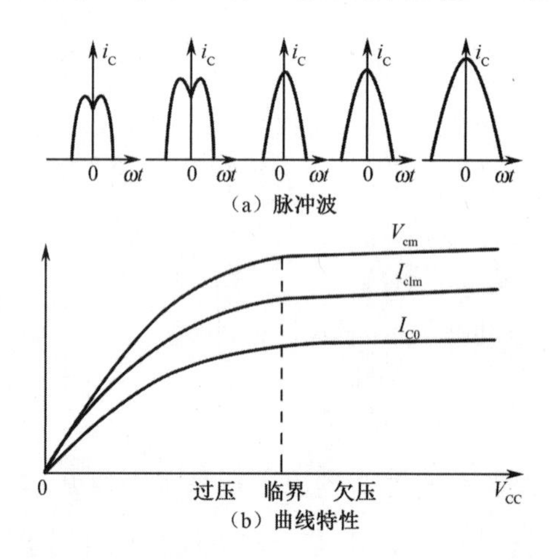

图 4-17　高频谐振功率放大器的集电极调制特性

2. 基极调制特性

定义：在V_{CC}、g_c、U_{BZ}、V_{bm}、R_Σ不变的条件下，放大器性能随V_{BB}变化的特性称为基极调制特性。为了使晶体管工作在丙类状态，基极电源$V_{BB}<0$或$0<V_{BB}<U_{BZ}$，增大V_{BB}意味着从负值向小于U_{BZ}的正电压变化。

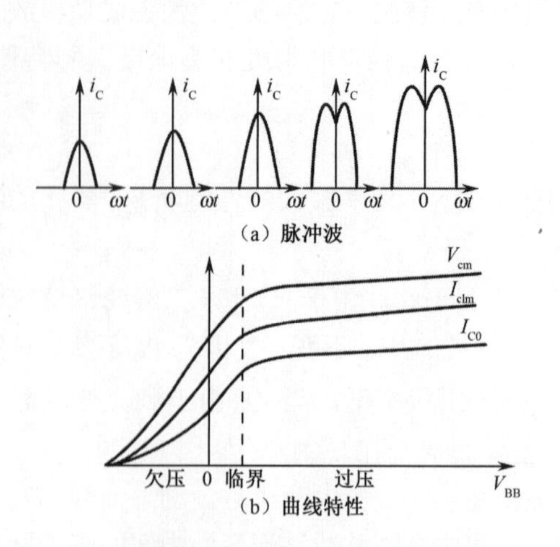

图 4-18　高频谐振功率放大器的基极调制特性

若放大器工作在欠压状态下，当V_{BB}由小变大时，意味着$u_{BEmax}=V_{BB}+V_{bm}$、i_{Cmax}也随之增加，而导通角的余弦$\cos\theta=(U_{BZ}-V_{BB})/V_{bm}$减小，导通角$\theta$增加。也就是说，集电极电流脉冲不仅宽带增加，且高度也随V_{BB}的增加而增加，导通角θ的增加还会导致$\alpha_0(\theta)$、$\alpha_1(\theta)$增加，所以I_{c1m}、V_{cm}随V_{BB}增加而增加，放大器从欠压工作状态进入临界工作状态，最后进入过压工作状态，如图 4-18（b）所示。在进入过压工作状态后，集电极电流脉宽和高度均增加，但i_C出现凹陷，且随V_{BB}增加凹陷加深，使I_{c1m}减小，而u_{BEmax}增加使得I_{c1m}增加，这两种趋势相互中和，使I_{c1m}

和 V_{cm} 基本保持不变。

由基极调制特性可看出，在过压状态下，当基极电压 V_{BB} 改变时，V_{cm} 基本保持不变；只有在欠压状态下，V_{cm} 才随 V_{BB} 单调变化。所以，高频谐振功率放大器只有工作在欠压区才能有效实现 V_{BB} 对输出电压 V_{cm} 的调制，也就是说基极调幅电路应工作在欠压区。

4.3.4　高频谐振功率放大器的放大特性

定义：在 V_{CC}、V_{BB}、g_c、U_{BZ}、R_Σ 不变的条件下，高频谐振功率放大器性能随 V_{bm} 变化的特性称为放大特性。当 V_{bm} 改变时，其对功率放大器性能的影响与基极调制特性相似。它们都使 u_{BEmax} 随之增大，对应的集电极脉冲电流 i_C 的幅度和宽度均增大，放大器的工作状态由欠压状态进入临界状态，最后进入过压状态，如图 4-19（a）所示。在欠压状态时，V_{cm} 随 V_{bm} 的增大近似线性增大；在进入过压状态后，集电极电流出现凹陷，且随着 V_{bm} 的增大脉冲宽度增加、凹陷加深。因此 I_{C0}、I_{c1m}、V_{cm} 随 V_{bm} 变化的特性与基极调制特性类似。图 4-19（b）给出了线性功率放大器和振幅限幅器的作用。由放大特性可知，在欠压区，当 V_{bm} 增大时，i_{Cmax} 和 θ 都随之增大，导致 I_{C0}、I_{c1m}、V_{cm} 随 V_{bm} 的增大是非线性变化的，使放大特性产生失真，所以丙类谐振功率放大器只能放大高频等幅信号（如载波、调频和调相波）。若把高频谐振功率放大器作为线性功率放大器使用，用来放大调幅信号，如图 4-18 所示，为了使输出信号振幅 V_{cm} 线性地反映输入信号振幅 V_{bm} 的变化，不仅应使放大器在 V_{bm} 变化范围内工作在欠压状态下，还应设法消除丙类功率放大器由于 V_{bm} 的增大而产生的放大特性失真。在实际电路中，除了采用负反馈等措施来消除放大特性失真，还普遍采用乙类工作的推挽电路，以使集电极电流脉冲保持半个周期（θ 保持不变），此时 V_{cm} 和 V_{bm} 成线性关系。

由图 4-19 可知，当高频谐振功率放大器用作振幅限幅器时，须将振幅在较大范围内变化的输入信号转换为振幅恒定的输出信号，这时放大器必须在 V_{bm} 变化范围内工作在过压状态下。也就是说，输入信号振幅的最小值应大于临界状态所对应的 V_{bm}，通常该值称为限幅门限值。

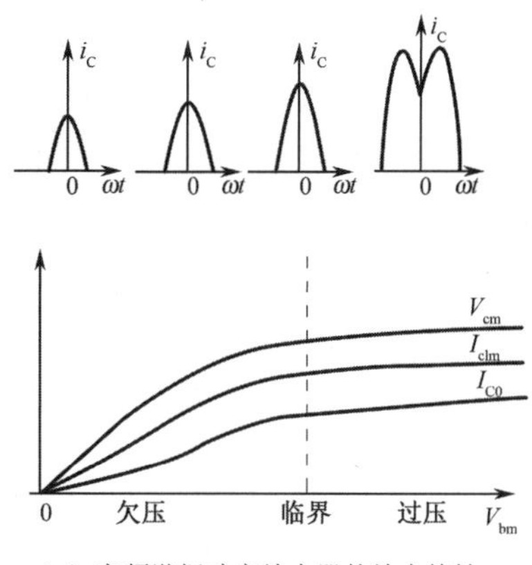

（a）高频谐振功率放大器的放大特性

图 4-19　高频谐振功率放大器的放大特性及振幅限幅器的作用

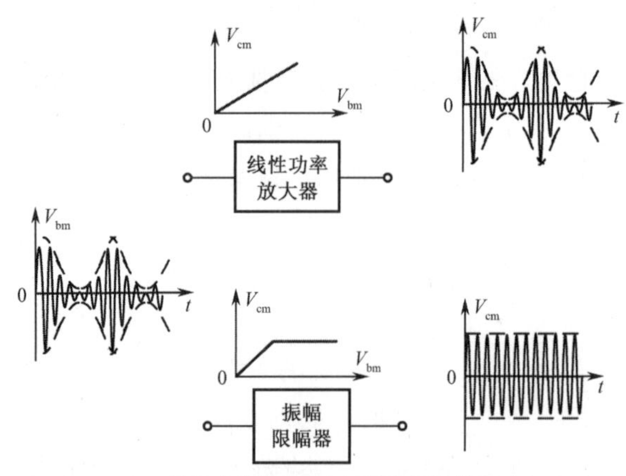

（b）线性功率放大器和振幅限幅器的作用

图 4-19　高频谐振功率放大器的放大特性及振幅限幅器的作用（续）

以上讨论是非常有实用价值的，它可以指导我们调试高频谐振功率放大器。例如，一个丙类高频谐振功率放大器，要求其工作在临界状态下。若在调试时发现输出功率 P_o 和效率 η_c 均达不到设计要求，则应如何调整？P_o 不能达到设计要求，表明放大器没有进入临界状态，而是工作在欠压状态或过压状态下。若增大等效负载电阻 R_Σ 能使放大器从欠压状态进入临界状态，使 P_o 增大，则根据负载特性可断定该放大器实际工作在欠压状态下。在这种情况下，可分别增大 R_Σ、V_{BB}、V_{bm} 或同时两两增大，使放大器由欠压状态进入临界状态，P_o 和 η_c 同时增大。如果增大 R_Σ，反而使 P_o 减小，则可断定该放大器实际工作在过压状态下。在这种情况下，在增大 V_{CC} 的同时，应适当增大 R_Σ 或 V_{BB} 或 V_{bm}，这样可以增大 P_o 和 η_c。另外，在增大 V_{CC} 时，必须注意放大器应能安全工作。

4.3.5　高频谐振功率放大器的调谐特性

前面讨论的负载特性、调制特性、放大特性都假设负载回路处于谐振状态，因而负载呈现为纯电阻。在实际使用时，不可能回路正好处于谐振状态，因此必须进行调谐。一般通过改变电容 C 来实现调谐。

定义：高频功率放大器的电流 I_{C0}、I_{c1m} 和 V_{cm} 随电容 C 变化的特性称为调谐特性。利用调谐特性可以指示放大器是否处于调谐状态。当回路失谐时，无论感性失谐（谐振回路阻抗呈感性），还是容性失谐（谐振回路阻抗呈容性），阻抗 Z_Σ 模值都将小于 R_Σ（$|Z_\Sigma| < R_\Sigma$）。当并联谐振失谐严重时，其相当于短路。

一般高频功率放大器调谐时都工作在弱过压状态下。当回路失谐时，由于 $|Z_\Sigma| < R_\Sigma$，功率放大器向临界状态及欠压状态变化，此时 I_{C0}、I_{c1m} 增大，直流功率 P_D 较大，而交流输出 $P_o = \frac{1}{2} V_{cm} I_{c1m} \cos\varphi$，式中 φ 为失谐引入的附加相移，失谐使 I_{c1m} 增加，但 V_{cm} 减小（因为 $|Z_\Sigma|$ 减小），因此有 P_o 下降，而耗散功率 P_C 迅速增加。图 4-20 给出丙类功率放大器的调谐特性，利用这种调谐特性可以指示放大器是否调谐。负载回路实现调谐的标志是，

无论向哪个方向改变 C，I_{C0}、I_{c1m} 都增加。

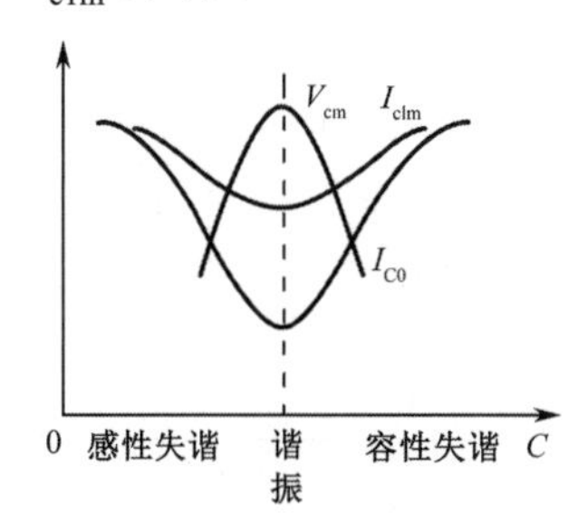

图 4-20　丙类功率放大器的调谐特性

在实际功率放大器调谐操作过程中可使用的方法包括：

（1）因 I_{C0} 变化明显，且可使用直流电流表来指示，所以通常监控 I_{C0} 指示调谐；

（2）由于失谐后，P_C 会迅速增加，因而在调谐过程中动作应尽可能迅速，使晶体管处于失谐状态的时间尽可能短，为避免调谐过程损坏晶体管，在调谐时，应降低 V_{CC}，减小激励电压 V_{bm}。

4.4　高频谐振功率放大器的实用电路

高频谐振功率放大器的管外电路由两部分构成：直流馈电电路和匹配网络。

4.4.1　直流馈电电路

高频谐振功率放大电路的工作状态是由直流馈电电路确定的。要使高频谐振功率放大器工作于丙类状态下，必须设计合适的直流馈电电路。直流馈电电路指的是把直流电源馈送到晶体管各极的电路，它包括集电极馈电电路和基极馈电电路两部分。集电极馈电电路、基极馈电电路都有串联馈电（简称“串馈”）和并联馈电（简称“并馈”）两种基本形式。串馈是指晶体管、谐振回路、直流电源三者串联，并馈是指晶体管、谐振回路、直流电源三者并联。无论哪种馈电方式，都要遵循共同的准则。

（1）直流能量有效地加到晶体管集电极回路或基极回路上，不应再有其他损耗直流能量的元器件。设计良好的馈电电路交流阻抗应较大，从而使到达电源的高频信号及其谐波分量尽可能小，以免造成电源电压波动。这种波动会干扰共用电源的正常功能，从而造成系统工作性能的降低，甚至不稳定。为此，馈电电路应设计成对交流开路、对直流短路。在实际馈电电路中经常接入退耦电路，其由耦合电容和隔交通直的高频扼流圈构成。也就是说，要保证直流有自己的通路，并且这个通路不应有交流信号流入，如图 4-21（a）所示。

（2）高频基波分量 I_{c1} 应有效地流过负载回路，以产生所需要的高频输出功率。除输出回路以外的电路，应尽可能小地损耗基波分量的能量。也就是说，除输出回路以外的

电路对 I_{c1} 来说应该是短路，其等效电路如图 4-21（b）所示。

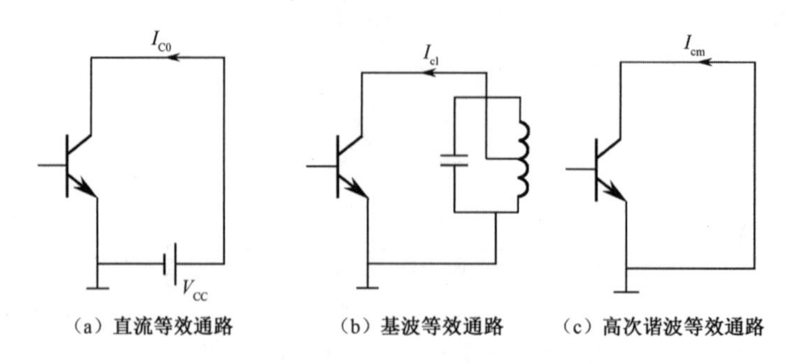

图 4-21　馈电电路对不同电流分量的等效电路

（3）除倍频器外，高次谐波属于滤除对象，不应消耗功率，即所有电路都应对其呈现短路，其等效电路如图 4-21（c）所示。

1．集电极馈电电路

功能：将直流电源 V_{CC} 无耗地加在功率放大器晶体管集电极上。集电极馈电电路分串馈和并馈两种，如图 4-22 给出了两种馈电方式。图中，LC 为负载回路，L_C 为高频扼流圈（Radio Frequency Choke，RFC）。它对直流可近似认为是短路的；对高频则呈现很大的阻抗，可近似认为是开路的，用于阻止高频电流流入电源。C_P 是高频旁路电容，C_C 是隔直耦合电容。C_P、C_C 对高频应呈现很小的阻抗，相当于短路。具体要求为

$$\begin{cases} X_{RFC} = \omega L_C \geqslant (50\sim100) X_{C_C} \\ X_{C_C} = \dfrac{1}{\omega C_C} \leqslant \dfrac{1}{50\sim100} R_{\Sigma} \end{cases} \tag{4.4.1}$$

式中，R_{Σ} 是谐振回路的等效谐振电阻。

无论是串馈还是并馈，直流电压与交流电压总是串联的，并且 V_{CC} 的一端必须接地，否则电源的分布参数将限制工作频率的提高。从图 4-22 可以看出，基本关系式 $u_{CE} = V_{CC} - V_{cm}\cos\omega t$ 对于两种电路都是成立的。

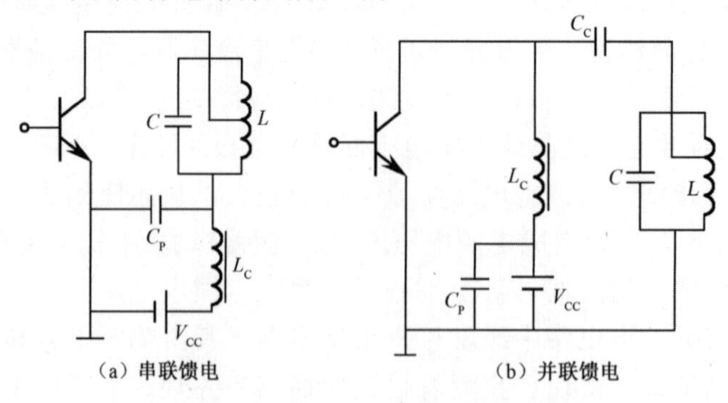

图 4-22　集电极馈电电路

串馈、并馈电路的优缺点如下。

在并馈电路中，馈电支路与谐振回路并联，馈电支路的分布电容将使放大器 c-e 端

总电容增大，从而限制了放大器在更高频段上工作。

串馈调谐回路通过旁路电容 C_C 直接接地，处于高频低电位，所以馈电支路的分布电容不会影响谐振回路的工作频率。串馈适合工作在较高的频率，并馈一般适用于低频电路。

串馈的缺点：调谐回路处于直流高位，有时大功率高频谐振功率放大器采用电子管，V_{CC} 达数千伏，在调整时容易触上高压，易发生危险。并馈可避免该危险。

2．基极馈电电路

基极馈电电路也可分为串馈和并馈两种。对基极馈电电路的基本要求是，输入信号电压 $u_i(t)$ 应有效地加到基极和发射极之间，而不被其他元器件旁路或损耗。直流偏置电压 V_{BB} 应有效地加到基极和发射极之间，而不被其他元器件所旁路。基极馈电电路如图 4-23 所示。图中，C_P 是高频旁路电容，C_C 是隔直耦合电容，L_C 为高频扼流圈（RFC）。为了使功率放大器工作于丙类状态，基极偏置电压一般要加上负偏压。若采用固定偏置电路，意味着需要一组负电源提供装置，这往往给馈电带来麻烦。为了避免这种麻烦，因此在实际工程设计中较少使用固定偏置电路。在丙类功率放大器中经常采用自给偏置的方式来获取基极偏置电压。通常有 3 种方式产生基极偏置电压，分别是自给基极偏置、自给发射极偏置和零偏置，如图 4-24 所示。自给偏压是指利用发射极电流或基极电流的直流成分通过一定的电阻而造成的电压作为放大器的自给偏压。

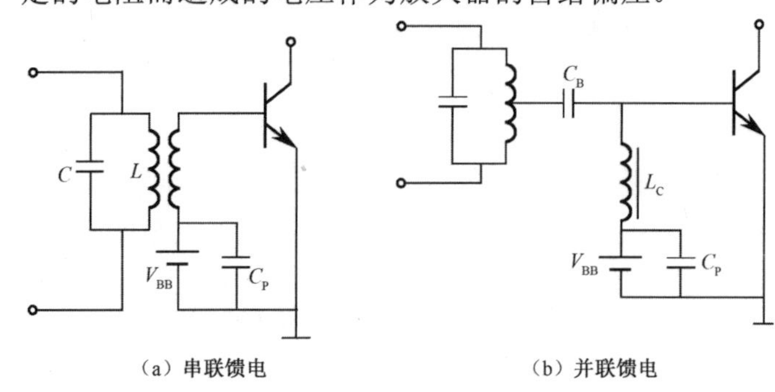

（a）串联馈电　（b）并联馈电

图 4-23　基极馈电电路

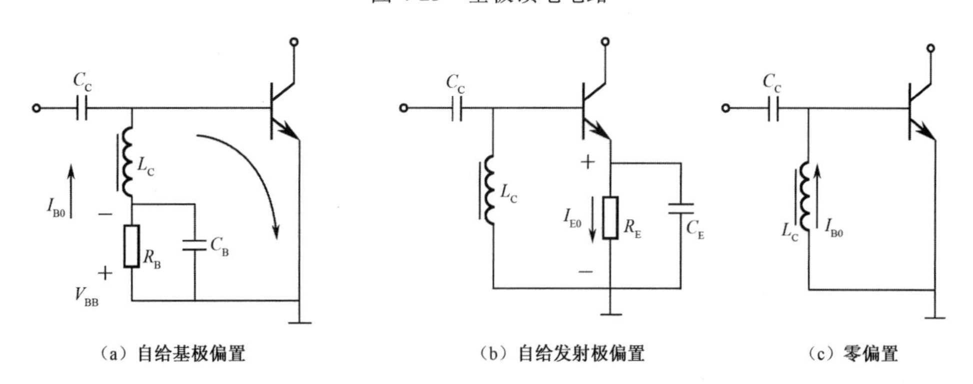

（a）自给基极偏置　（b）自给发射极偏置　（c）零偏置

图 4-24　几种常用的自给偏置电路

（1）自给基极偏置。

利用基极电流在基极电阻上产生偏压，如图 4-24（a）所示。基本原理：在信号正半周，晶体管导通，基极电流的流向如图所示。此时电容 C_C 被充电；在信号负半周，晶体管截止。C_C 将对 R_B 放电(I_{B0})。只要满足 C_CR_B 远大于信号周期，则电容在充放电期间端电压变化很小，所以放电电流 I_{B0} 在 R_B 上产生的电压基本稳定，其极性为上负、下正，对晶体管发射结来说是一个反向偏压。电路中的 L_C 用来避免 R_B、C_B 对输入匹配网络的旁路作用。当放大器输入电压 u_i 增加时，自给反偏压也随之增加，从而使放大倍数下降，起到在输入电压 u_i 变化时稳定输出电压的效果。该偏置的优点是，当放大器输入电压变化时，输出电压能保持基本稳定。

（2）自给发射极偏置。

这种偏置电路将基极直流接地（高频扼流圈 L_C 直流阻抗为 0），如图 4-24（b）所示。在输入信号作用下，直流电流 I_{E0} 自上而下流经 R_E 产生上正、下负的电压，高频扼流圈 L_C 的作用是将发射极偏压引向基极，相当于给发射结一个负偏压。该偏置的优点是，R_E 提供串联直流电流负反馈，能起到稳定 I_{E0} 的作用；而 $I_{E0} \approx I_{C0}$，I_{C0} 与 I_{c1} 按比例变化，所以能很好地稳定 I_{c1}。该偏置的缺点是，由于 I_{E0} 较大，这种电路消耗较大的直流功率，从而影响其效率。

（3）零偏置。

如图 4-24（c）所示，在基极和发射极间用直流电阻很小的高频扼流圈连通，得到近似于 0V 的稳定偏置电压 V_{BB}。很多中小功率丙类谐振功率放大器常应用零偏置或略微正电压偏置，以减小对输入激励电压 u_b 幅值的要求。

在图 4-24 所示的电路中，图 4-24（a）、图 4-24（b）是并馈，图 4-24（c）是串馈。当未加输入信号电压时，3 种电路的偏置电压均为零；当输入信号由小变大时，由于 I_{B0} 相应增加，加到发射结上的偏置电压均向负值方向增大。这种偏置电压随输入电压振幅变化而变化的效应称为自给偏置效应。对于放大等幅载波信号的丙类功率放大器来说，利用自给偏置效应可以在输入信号振幅变化时起到自动稳定输出电压振幅的作用。在第 5 章讨论正弦波振荡器时，将会发现这种效应可以用来提高振荡器幅度的稳定性。但是，在放大振幅调制信号的线性功率放大器中，这种效应会使输出信号失真，这是应该力求避免的。

4.4.2 匹配网络

为了使高频谐振功率放大器具有最大的输出功率，除了正确设计三极管的工作状态，还必须有良好的输入匹配网络、输出匹配网络。输入匹配网络的作用是实现信号源输出阻抗与放大器输入阻抗之间的匹配，使放大器获得最大的激励功率；输出匹配网络的作用是将外接负载电阻 R_L 变换为高频谐振功率放大器所需的最佳负载电阻 R_{opt}，以保证输出功率最大。图 4-25 给出了输入、输出匹配网络在高频谐振功率放大器中的位置示意。对输入匹配网络与输出匹配网络的要求略有不同，但基本设计方法相同。本章将重点讨论输出匹配网络，对输入匹配网络与级间耦合网络只进行简要介绍。

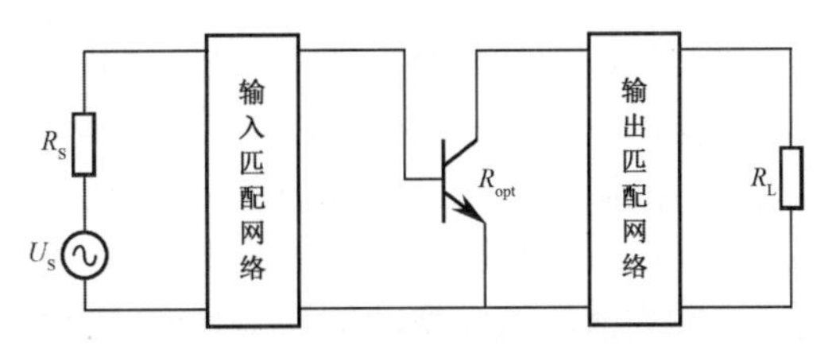

图 4-25　输入、输出匹配网络在高频谐振功率放大器中的位置

1. 输出匹配网络

在高频谐振功率放大电路中，输出匹配网络介于功率管和外接负载电阻 R_L 之间，如图 4-25 所示。对输出匹配网络的主要要求包括高效率地传送能量、滤除高次谐波分量、阻抗变换 3 个方面，在设计输出匹配网络时应综合考虑这 3 个方面的要求。

（1）高效率地传送能量。

将功率管输出的有用信号功率高效率地传送到外接负载电阻上，即要求回路效率 $\eta_k=\dfrac{P_L}{P_o}$ 接近 1，其中，P_o 为功率管输出的信号功率，P_L 为外接负载电阻上获得的基波功率。也可使用插入损耗（Insert Loss）来描述输出匹配网络的损耗，其定义为

$$L=10\lg\frac{P_o}{P_L} \tag{4.4.2}$$

对于无源匹配网络来说，不可避免地会产生能量损耗，故插入损耗恒为正；另外，对于某一匹配网络或元器件来说，插入损耗越小越好。

（2）滤除高次谐波分量。

充分滤除不需要的高次谐波分量，以保证外接负载电阻上仅输出高频基波功率。在工程上用谐波抑制度来表示这种滤波性能的好坏。假设 I_{Lm1} 和 I_{Lmn} 分别为通过外接负载电阻电流中基波和 n 次谐波分量的振幅，相应的基波和 n 次谐波功率分别为 P_L 和 P_{Ln}，则对 n 次谐波的抑制度定义为

$$H_n=10\lg\frac{P_{Ln}}{P_L}=20\lg\frac{I_{Lmn}}{I_{Lm1}} \tag{4.4.3}$$

显然，H_n 越小，滤波匹配网络对 n 次谐波的抑制能力就越强。通常都采用二次谐波抑制度 H_2 表示网络的滤波性能。在实际匹配网络中，要使谐波抑制度更高，则要求提高谐振回路的 Q 值。回路的 Q 值取决于回路的损耗。回路损耗的功率由两部分组成：一部分是传送到负载的功率；另一部分是回路的元器件（电感和电容）的固有损耗，即电感的导体损耗和电容的漏电。在设计电路时应选用品质因数高的电感和电容以减小回路固有损耗。但受到工艺条件的限制，电感和电容品质因数的提高是有限的。采用减小传送到负载功率的措施来提高回路的 Q 值，其带来的负面影响是：在回路固有损耗一定的条件下，减小传送到负载的功率，意味着回路固有损耗在总损耗中的比例加大，网络的传送效率降低。为了保证丙类高频谐振功率放大电路负载获取的功率较大，回路的 Q 值很难做到像小信号 LC 选频放大器那样高，在多数情况下只能在 10 以下。因此，谐波抑制度与传输效率的要求往往是矛盾的。提高抑制度，就会牺牲传输效率；反之亦然。

（3）阻抗变换。

丙类高频谐振功率放大器中的阻抗变换，在有些资料中称为阻抗匹配。需要指出的是，

丙类高频谐振功率放大器中的阻抗匹配和线性网络中的阻抗匹配有着原则性的区别。在线性网络中，当负载阻抗和信号源的输出阻抗“共轭匹配”时，从信号源输送到负载的功率最大。丙类高频谐振功率放大器的阻抗匹配不是共轭匹配，而要满足负载阻抗和信号源输阻电抗大小相等、符号相反。但是，负载电阻不等于输出电阻，原因在于丙类高频谐振功率放大器是一个非线性电路，放大器的内阻变动剧烈：导通时内阻很小；截止时内阻趋于无穷大。因此，输出电阻不是常数，丙类高频谐振功率放大器的匹配是指将外接负载电阻 R_L 变换为放大器所需的最佳阻抗 R_{opt}，以保证放大器传输到负载的功率最大。

匹配网络的形式很多，但归纳起来主要有两种类型：并联谐振回路型匹配网络；滤波器型匹配网络。前者多用于前级放大器、中间级放大器，后者多用于大功率输出级。

1）并联谐振回路型匹配网络

并联谐振回路型匹配网络可分为简单并联谐振回路型匹配网络和耦合谐振回路型匹配网络两种。简单并联谐振回路将负载通过并联回路接入集电极回路。为了实现匹配，常采用部分接入法，其一般形式如图4-26所示。可见，只要谐振回路的 Q 值足够大，它就具有很好的滤波作用；调整抽头位置或初级、次级线圈匝数比，即可完成阻抗变换。

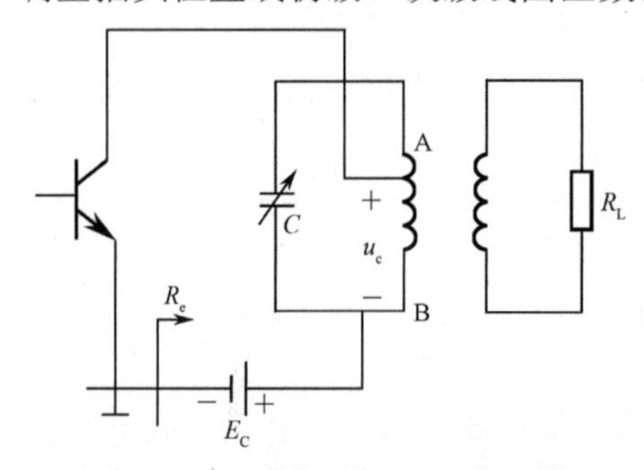

图4-26　简单谐振回路型匹配网络

为便于理解，举例加以说明。

例4.3　谐振功率放大器电路如图4-27（a）所示，要求其工作状态如图4-27（b）所示。已知 R_L=100Ω，f_0=30MHz，BW=1.5MHz，C=100pF，E_C=12V，N_1+N_2=60。求 N_3、N_1、N_2。

解：由动态特性可知，当谐振功率放大器工作在临界状态下时，输出功率大，谐振功率放大器效率也较高。临界状态是丙类高频谐振功率放大器的最佳状态，变压器通过改变其线圈匝数比来实现阻抗变换。

由动态特性可知

$$V_{cm} = E_C - u_{CEmin} = 12 - 2 = 10\text{V}$$

$$i_{Cmax} = 0.1\text{A}$$

$$\cos\theta = \frac{E_C - E_C'}{V_{cm}} = \frac{1}{2}, \theta = 60^\circ$$

$$V_{cm} = I_{c1m} R_\Sigma = i_{Cmax} a_1(\theta) R_\Sigma$$

$$R_{opt} = R_\Sigma = \frac{V_{cm}}{i_{Cmax} a_1(\theta)}$$

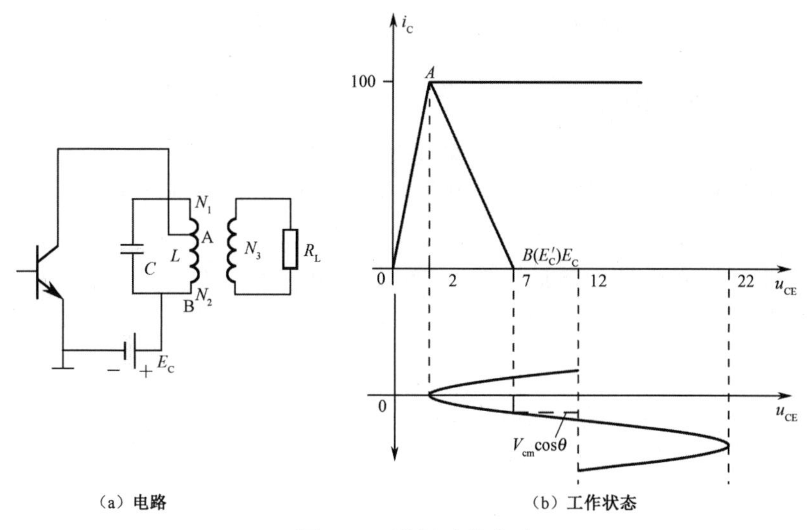

图 4-27　谐振功放电路

查表可知 $a_1(\theta)\approx 0.4$，因此有

$$R_{opt}=\frac{V_{cm}}{i_{Cmax}a_1(\theta)}\approx 250\Omega$$

可见，须将 $R_L=100\Omega$ 变换为 $R_{opt}=250\Omega$，才能保证高频谐振功率放大器在临界状态下工作。与此同时，还应保证谐振回路的谐振频率 f_0 和带宽 BW 符合要求。由电路理论可知

$$Q_e=\frac{f_0}{BW}=\frac{30}{1.5}=20$$

特性阻抗ρ为

$$\rho=\frac{1}{\omega_0 C}=\frac{1}{2\pi\times 30\times 10^6\times 100\times 10^{-12}}\approx 50\Omega$$

因此，LC 谐振回路两端的谐振阻抗 R_Σ' 为

$$R_\Sigma'=Q_e\rho=20\times 50=1000\Omega$$

$$R_\Sigma'=n^2R_L=\left(\frac{N_1+N_2}{N_3}\right)^2R_L=1000\Omega$$

$$\left(\frac{N_1+N_2}{N_3}\right)^2=\frac{1000}{10}=10$$

$$N_3=\frac{N_1+N_2}{\sqrt{10}}=\frac{60}{\sqrt{10}}\approx 19\text{匝}$$

又由于

$$R_\Sigma'=\frac{R_{opt}}{p^2},\ p=\frac{N_2}{N_1+N_2}$$

$$\left(\frac{N_1+N_2}{N_2}\right)^2=\frac{R_\Sigma'}{R_{opt}}=\frac{1000}{250}=4$$

$$N_1=N_2=30\text{匝}$$

简单并联谐振回路型匹配网络的优点是电路简单，缺点是阻抗匹配不易调节，滤波性能不好。

下面介绍耦合谐振回路型匹配网络。

图 4-28 给出了一种典型的互感耦合型复合输出回路。这种回路将作为负载的天线回路通过互感与集电极调谐回路相耦合。图中，介于电子元器件与天线回路之间的 L_1C_1 回路叫作中介并联谐振回路；R_A、C_A 分别代表天线的辐射电阻与等效电容；L_2、C_2 为天线回路的调谐元器件，它们的作用是使天线回路处于串联谐振状态，以使天线回路的电流 I_A 达到最大，即使天线的辐射功率达到最大。除图 4-28 给出的回路形式外，后面还将介绍其他形式的匹配网络，如 π 型匹配网络和 T 型匹配网络等。但是，无论采用哪种形式的匹配网络，有一点是共同的，那就是从集电极向右方看去，它们都应当等效于一个并联谐振回路。图 4-28（b）给出了互感耦合型复合输出回路的等效电路，其中，r_1 代表 L_1 线圈的损耗电阻，与回路品质因数 Q_0 有关，即 $Q_0=\dfrac{\omega L_1}{r_1}$，$r_1=\dfrac{\omega L_1}{Q_0}$。

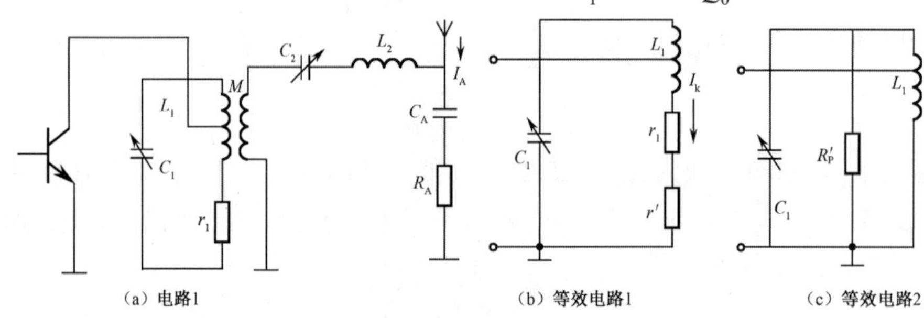

图 4-28　互感耦合型复合输出回路

由互感耦合电路的理论可知，当作为次级回路的天线回路调谐到串联谐振状态时，其回路谐振阻抗 $Z_L=R_A$，它反映到 L_1C_1 中介回路的等效电阻

$$r'=\frac{\omega^2M^2}{R_A} \tag{4.4.4}$$

L_1C_1 中介回路的等效谐振阻抗为

$$R_P'=Q_L\omega L_1=\frac{Q_L}{\omega C_1} \tag{4.4.5}$$

式中，$Q_L=\dfrac{\omega L_1}{r_1+r'}$ 为有载品质因数，因此有

$$R_P'=\frac{L_1}{C_1(r_1+r')}=\frac{L_1}{C_1\left(r_1+\dfrac{\omega^2M^2}{R_A}\right)} \tag{4.4.6}$$

设初级回路的接入系数为 P，则晶体管输出回路的等效负载为

$$R_P=P^2R_P'=P^2\frac{L_1}{C_1\left(r_1+\dfrac{\omega^2M^2}{R_A}\right)} \tag{4.4.7}$$

由上式可知，改变互感系数 M 和接入系数 P，就可以在不影响回路调谐的情况下，

调整晶体管的输出回路的等效负载电阻 R_p，以达到阻抗匹配的目的。在复合输出回路中，由于负载（天线）断路对元器件不会造成严重损坏，而且它的滤波特性也比单谐振回路优越得多，因而得到了广泛的应用。

为了使元器件的输出功率绝大部分送到负载电阻 R_A 上，希望电阻 r' 远远大于回路损耗电阻 r_1。通常用中介回路的传输效率 η_k 来衡量回路传输能力的大小。

$$\eta_k = \frac{\text{回路送到负载的功率}P_L}{\text{元器件送到回路的总功率}P_o} = \frac{I_k^2 r'}{I_k^2(r_1 + r')} = \frac{r'}{r_1 + r'} \tag{4.4.8}$$

空载回路的谐振阻抗

$$R'_{po} = \frac{L_1}{C_1 r_1}$$

有载回路的谐振阻抗

$$R'_P = \frac{L_1}{C_1(r_1 + r'_1)}$$

空载品质因数

$$Q_0 = \frac{\omega L_1}{r_1}$$

有载品质因数

$$Q_L = \frac{\omega L_1}{r_1 + r'_1}$$

将以上各式代入式（4.4.8），可得

$$\eta_k = \frac{r'}{(r_1 + r')} = 1 - \frac{r_1}{(r_1 + r')} = 1 - \frac{R'_P}{R'_{P_o}} = 1 - \frac{Q_L}{Q_0} \tag{4.4.9}$$

式（4.4.9）说明，要提高回路传输效率，则空载品质因数 Q_0 越大越好，有载品质因数 Q_L 越小越好。Q_0 越大越好，意味着中介回路本身的损耗越小越好。通常 Q_0 为100～200；有载品质因数 Q_L 越小越好，意味着在中介回路本身损耗一定时，负载的损耗越大越好。但是，从抑制高次谐波分量的滤波特性来看，则要求 Q_L 足够大。兼顾矛盾双方，尽量使 Q_L 不小于 10。

2）滤波器型匹配网络

图 4-29 给出了几种常用的 LC 匹配网络。它们是由两种不同性质的电抗元器件构成的 L 型、T 型和 π 型的双端口网络。由于 LC 元器件损耗功率很小，因此可以高效地传输功率；同时，由于它们对频率的选择作用，决定了这种电路的窄带性质。

各种匹配网络的阻抗变换特性都是以串联、并联阻抗转换为基础的，2.4.1 节介绍了串联、并联阻抗等效转换的相关内容。图 2-18 给出了阻抗串并转换等效电路，串并转换关系式（2.2.35）和式（2.2.36）表明，串、并结构互换前后，电路的品质因数保持不变；变换前后的电抗性质保持不变，对于 Q 较大的电路，变换前后的电抗近似相等；在并联电路中的电阻 R_P 是在串联电路中 R_S 的 $1+Q^2$ 倍。这些基本概念对于确定 LC 匹配网络的结构非常重要。

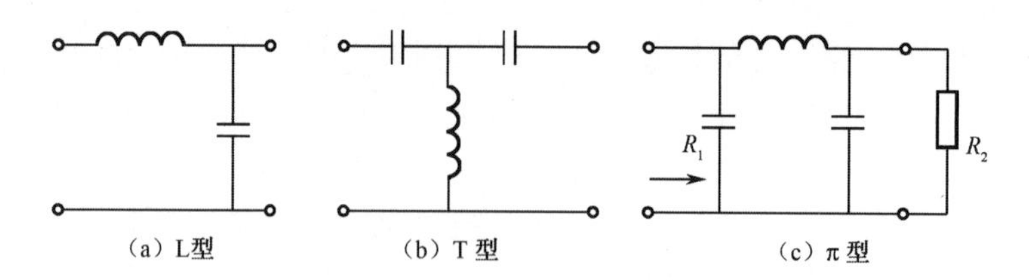

图 4-29　几种常用的 LC 匹配网络

（1）L 型匹配网络。

L 型匹配网络有 4 种形式，如图 4-30 所示。其中，图 4-30（a）、图 4-30（b）为低通型，图 4-30（c）、图 4-30（d）为高通型。图 4-30（c）、图 4-30（d）的滤波效果要比图 4-30（a）、图 4-30（b）差，原因就在于将电感和电容的位置对调之后，电路从具有低通特性变为具有高通特性，此时输出的谐波将显著增大。因此，在实际设计中，通常优先选择低通型匹配网络结构。

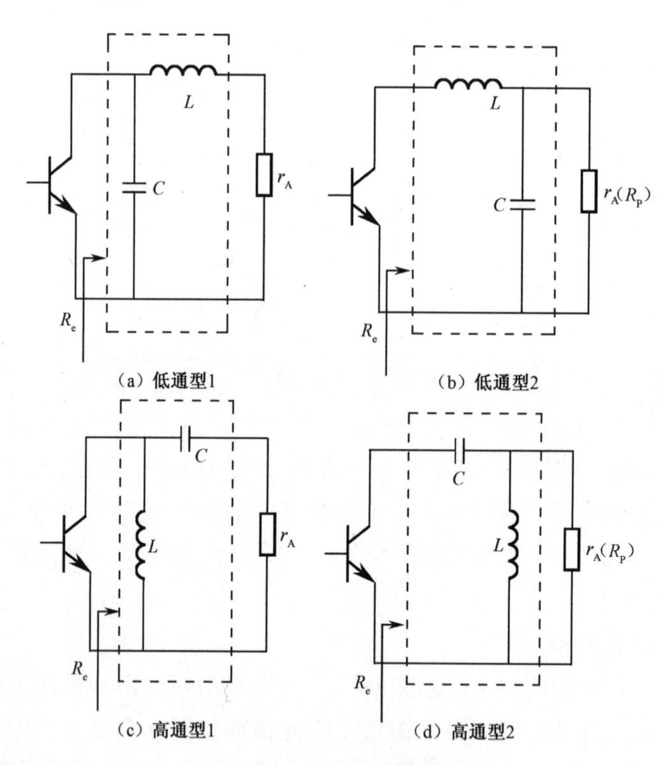

图 4-30　L 型匹配网络

根据 L 型匹配网络的负载电阻 r_A 与网络电抗的并联或串联关系，又可将其分为：L-I 型网络（负载电阻与网络电抗并联），如图 4-30（b）、图 4-30（d）所示；L-II 型网络（负载电阻与网络电抗串联），如图 4-30（a）、图 4-30（c）所示。下面将介绍 L 型匹配网络的阻抗变换原理，图 4-31 中的 X_S 和 X_P 分别为串联支路和并联支路的电抗，两者性质相异。

对于 L-I 型网络，利用阻抗相等的原理得

$$R'_S = \frac{1}{1+Q^2} R_P \tag{4.4.10a}$$

$$X_S' = \frac{Q^2}{1+Q^2} X_P \tag{4.4.10b}$$

$$Q = \frac{R_P}{|X_P|} \tag{4.4.10c}$$

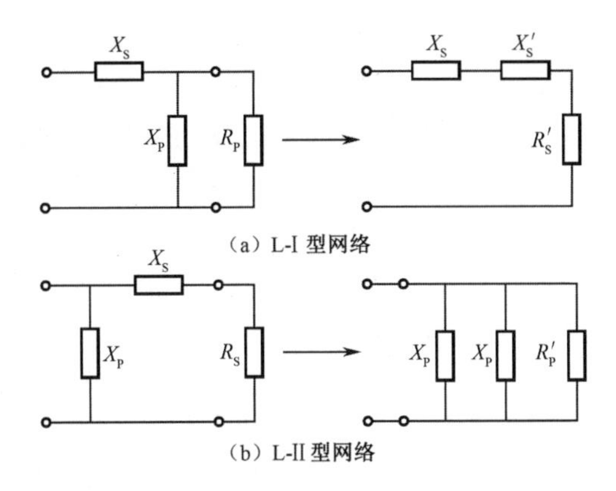

图 4-31　L 型匹配网络阻抗变换原理

可见，$R_P > R_S'$，通过调整 Q，可将大的 R_P 变换成小的 R_S'，使 $R_S' = R_{opt}$，从而实现匹配，回路在谐振时应有 $X_S' = X_S$。当负载电阻 R_L 大于高频谐振功率放大器要求的最佳负载 R_{opt} 时，采用 L-I 型网络。

同理，对于 L-II 型网络有

$$R_P' = (1+Q^2) R_S \tag{4.4.11a}$$

$$X_P' = \frac{1+Q^2}{Q^2} X_S \tag{4.4.11b}$$

$$Q = \frac{|X_S|}{R_S} \tag{4.4.11c}$$

可见，$R_P' > R_S$，通过调整 Q，可将小的 R_S 变换成大的 R_P'，使 $R_P' = R_{opt}$，从而实现匹配，回路在谐振时应有 $X_P' = X_P$。当负载电阻 R_L 小于高频谐振功率放大器要求的最佳负载 R_{opt} 时，采用 L-II 型网络。

由上述得到的关于阻抗变换的定量分析结果可知，无论是 L-I 型网络，还是 L-II 型网络，变换前后的电阻相差 $1+Q^2$ 倍，尽管 L 型匹配网络结构简单，但由于只有两个元器件可以选择，因此在满足阻抗匹配时，Q 就确定了。例如，高频谐振功率放大器要求的最佳负载为 R_{opt}，而负载电阻为 R_L，若 $R_{opt} > R_L$，则由式（4.4.11a）得

$$Q = \sqrt{\frac{R_P'}{R_S} - 1} = \sqrt{\frac{R_{opt}}{R_S} - 1}$$

若 $R_{opt} < R_L$，则由式（4.4.10a）得

$$Q = \sqrt{\frac{R_P}{R_S'} - 1} = \sqrt{\frac{R_P}{R_{opt}} - 1}$$

如果在实际设计中，当要求变换的阻抗比不大时，回路的 Q 就很小，其结果是滤波作用很差。为了克服这一矛盾，可使用 π 型匹配网络或 T 型匹配网络作为阻抗变换网络。

（2）π 型匹配网络和 T 型匹配网络。

图 4-32 给出了 π 型匹配网络和 T 型匹配网络结构示意。π 型匹配网络和 T 型匹配网络有 3 个电抗支路，其中，2 个支路为同性电抗，1 个支路为异性电抗。

π 型匹配网络的形式如图 4-32（a）所示。显然，它可以分解为两节 L 型匹配网络的级联，如图 4-32（b）所示。π 型匹配网络的阻抗变换特点是高→低→高。

T 型匹配网络的形式如图 4-32（c）所示。它同样可以分解为两节 L 型匹配网络的级联，如图 4-32（d）所示。与 π 型匹配网络相反，T 型匹配网络的阻抗变换特点是低→高→低。

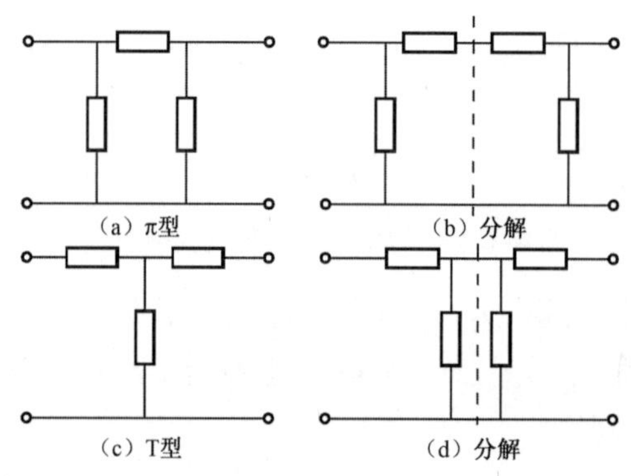

图 4-32　π 型匹配网络和 T 型匹配网络

注意，在 π 型匹配网络和 T 型匹配网络分解时要保证每个 L 型匹配网络由异性电抗构成。图 4-33 和图 4-34 分别给出了 π 型匹配网络和 T 型匹配网络的具体结构，两种结构都可视为两节 L 型匹配网络的级联，其阻抗变换公式可用上面介绍的方法得到，不再赘述。可以证明 π 型匹配网络和 T 型匹配网络的 Q 比 L 型匹配网络的 Q 高，因此能较好地解决当 R_{opt} 和 R_L 的阻抗比不大时，回路的 Q 较小，导致滤波效果很差的矛盾。但由于 T 型匹配网络输入端有近似串联谐振回路的特性，因此一般不用作功率放大器的输出电路，而常用作各高频功率放大器的级间耦合电路。图 4-35 是一种超短波输出放大器的实际电路，它工作于固定频率。图中，L_1、C_1、C_2 构成 L-Ⅱ型匹配网络，L_2 是为了抵消天线输入阻抗中的容抗而设置的。改变 C_1、C_2 就可以实现调谐和阻抗匹配的目的。

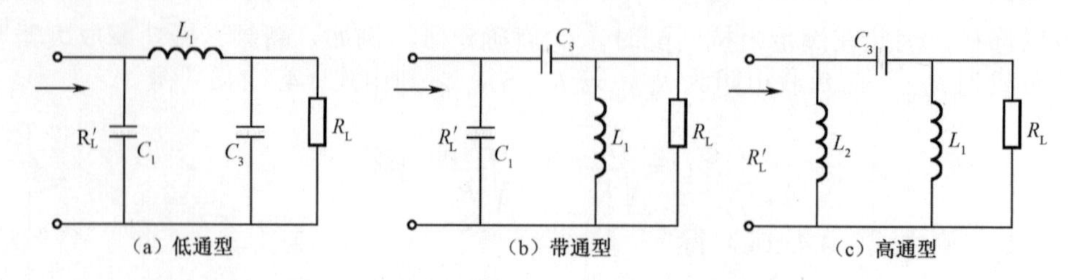

图 4-33　π 型匹配网络的具体结构

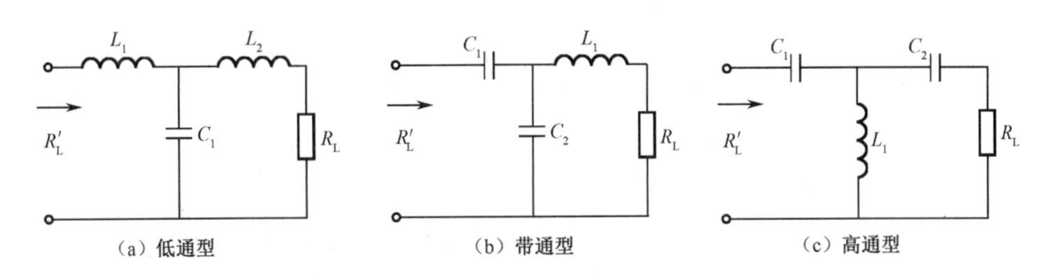

图 4-34　T 型匹配网络的具体结构

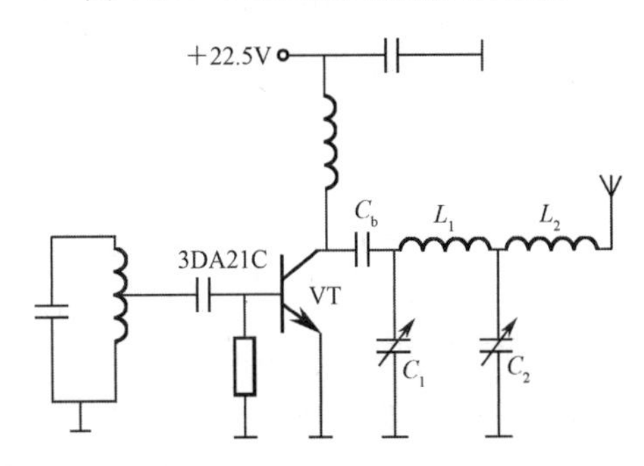

图 4-35　超短波输出放大器实际电路

下面将解决如何实现宽带匹配的问题。

对于单节L型匹配网络而言，其Q由R_{opt}和R_L唯一决定，$Q^{(1)}=\sqrt{n-1}$（其中n为R_{opt}、R_L中的大电阻与小电阻之比），因而匹配带宽是不可改变的。两个电阻差别越大，Q就越大，匹配带宽就越窄。因π型匹配网络和T型匹配网络的Q比L型匹配网络的Q更高，所以若采用π型匹配网络和T型匹配网络，则匹配带宽就更窄。如果希望获得比单节L型匹配网络还要宽的带宽，可以采用多节L型匹配网络级联的形式实现宽带匹配。对于两节L型匹配网络，可以首先用1节L型匹配网络把R_L变换为$\sqrt{R_L R_{opt}}$，之后再用1节L型匹配网络把$\sqrt{R_L R_{opt}}$变换为R_{opt}，这样的匹配方法可以使得两节L型匹配网络的品质因数$Q^{(2)}$远小于单节L型匹配网络的品质因数$Q^{(1)}$，从而使得两节L型匹配网络级联后的带宽比单节L型匹配网络大大增加，下面举例说明。假设需要匹配的两个电阻的电阻比$n=10000$，如果用单节匹配网络，则$Q^{(1)}=\sqrt{10000-1}=99.995$，匹配带宽$\mathrm{BW}_{3\mathrm{dB}}\approx\dfrac{f_0}{Q^{(1)}}\approx 0.01f_0$，带宽很窄；如果用两节匹配网络，每节匹配网络的品质因数$Q^{(2)}=\sqrt{100-1}=9.95$，匹配带宽$\mathrm{BW}_{3\mathrm{dB}}\approx\dfrac{f_0}{Q^{(2)}}\approx 0.1f_0$，两节匹配网络级联后的匹配带宽$\mathrm{BW}_{3\mathrm{dB}}\approx\sqrt{\sqrt{2}-1}\dfrac{f_0}{Q^{(2)}}\approx 0.065f_0$，虽然比$0.1f_0$小，但仍远大于单节匹配网络的匹配带宽$0.01f_0$。交错使用低通L型匹配网络和高通L型匹配网络，可获得令人满意的宽带匹配效果。

2．输入匹配网络与级间耦合回路

上面所讨论的输出回路用于高频谐振功率放大器的末级，末级以前的各级（主振级除外）都叫中间级。这些中间级的用途不尽相同，比如可作为缓冲级、倍频或功率放大器等，但它们的集电极回路都是用来给下一级馈送所需要的激励功率的。这些回路就叫作级间耦合回路。而对于下级来说，这些回路就是输入匹配网络。在下面的讨论中，将不再区分级间耦合回路与输入匹配网络。

由于末级放大器和中间级放大器的电平及负载状态不同，因而对它们的要求也有差别。对于末级放大器输出回路的要求是输出功率大，效率高。由于天线阻抗（R_A、C_A）在正常情况下是不变的，因此可使末级放大器工作在临界状态下，以获得最大输出功率。这时，回路的传输效率η_k也很高。但对于级间耦合回路来说，情况有所不同。级间耦合回路的负载是下一级的基极输入阻抗，它的值随激励电压的大小和元器件本身工作状态的变化而改变，反映到级间耦合回路，就是该回路的等效负载阻抗是变化的。如果前级放大器工作在欠压状态下，则必然导致输出电压的不稳定（因为在欠压区，输出电压随负载的变化而变化），这是电路设计中应当避免的。因此，对中间级放大器的设计则主要考虑在不稳定的负载下提供稳定的输出电压推动后级，效率则降为次要问题。为了保证馈送给下级稳定的激励电压，可采取下列措施。

（1）中间级放大器工作在过压状态下，此时它等效为一个恒压源，其输出电压基本上不随负载变化。这样，尽管后级的输入阻抗是变化的，但后级所得到的激励电压仍然是稳定的。

（2）降低级间耦合回路的效率η_k。因为回路效率降低，意味着回路本身损耗增加，这样就使下级输入阻抗的损耗相对于前者来说只是较小的一部分。这样，下级输入阻抗的变化对前级工作状态的影响就比较小。如果前级是放大器，则取$\eta_k = 0.3 \sim 0.5$；如果前级是振荡器，为了减小下级负载对振荡器频率的牵引，常取$\eta_k = 0.1 \sim 0.3$。

由于晶体管的基极电路输入阻抗很低，而且功率越大的晶体管，它的输入阻抗就越低，一般约为十分之几欧（大功率管）至几十欧（小功率管）。输入匹配网络的作用就是使晶体管的低输入阻抗能与比它高得多的信号源阻抗相匹配。对于大多数功率晶体管来说，它的输入阻抗可以认为是由电阻$r_{bb'}$与电容C_i串联组成的。输入匹配网络应抵消C_i的作用，使它对信号源呈现纯电阻性。图4-36给出了输入匹配网络示意，虚线框中为T型匹配网络，其中的L_1除用于抵消C_i的作用外，还与C_1、C_2谐振。这种电路适用于使低输入阻抗R_2与高输出阻抗R_1相匹配。下面给出相关公式。

$$X_{L1} = Q_L R_2 = Q_L r_{bb'}, \quad X_{C1} = R_1\sqrt{\frac{r_{bb'}(Q_L^2+1)}{R_1} - 1}$$

$$X_{C2} = \frac{r_{bb'}(Q_L^2+1)}{Q_L} / (1 - \frac{X_{C1}}{Q_L R_1})$$

匹配网络在高频谐振功率放大器中占有很重要的地位。只有设计性能良好的匹配网络，才能保证放大器工作于最佳状态。正确地设计与调整匹配网络，具有十分重要的意义。

一般来说，谐波发送出去会成为一种干扰，放大器在谐波系数（谐波与基波有效值之比）一定时，输出功率越大，谐波功率的绝对值就越大，对谐波抑制度的要求也越严。输出匹配网络应该对谐波有较强的抑制能力，它往往需要采用多节、较复杂的网络。而级间耦合回路对谐波的抑制度可以低一些，宜采用简单网络以简化电路。设计级间耦合回路所依据的主要参数有工作频率、对网络阻抗变换的要求、网络所接负载阻抗及网络的品质因数等。通常在设计时需要设定某些元器件的值。在设定电抗元器件值时，要考虑到元器件实现的可能性。例如，电感量和电容量过小都难以实现，电感量必须大于引线电感，不宜小于 0.1μH；电容量必须大于 5pF，以减小分布电容的不良影响。

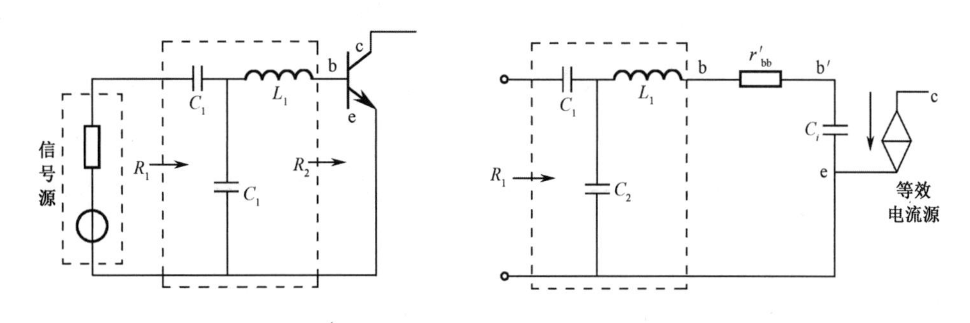

图 4-36　输入匹配网络

4.4.3　高频谐振功率放大器设计举例

本节举例说明高频谐振功率放大器匹配网络的设计方法。

例 4.4　图 4-37 为丙类高频谐振功率放大器的输出级。已知天线等效电阻 $R_A = 50\Omega$，天线电容 $C_A = 20\text{pF}$，集电极所需的等效电阻 $R_{ac} = 150\Omega$，集电极输出等效电容 $C_0 = 50\text{pF}$，放大器中心工作频率为 30MHz。试确定阻抗变换网络元器件 C_1、C_2、L_1、L_2 的值。

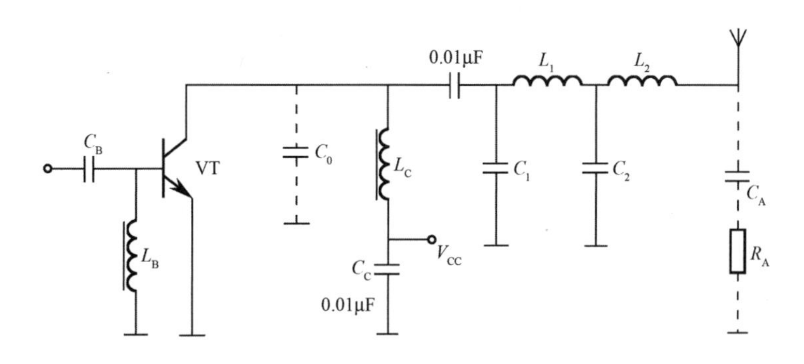

图 4-37　丙类高频谐振功率放大器的输出级

解：首先使 L_2 和 C_A 谐振于 30MHz，可得

$$L_2 = \frac{1}{4\pi^2 f_0^2 C_A} = \frac{1}{4\pi^2 \times (30\times10^6)^2 \times 20\times10^{-12}}\text{H} = 1.4\mu\text{H}$$

当 L_2 和 C_A 谐振时，回路呈现纯电阻 R_A。为了便于分析，将电感 L_1 拆成两部分，即 L_{11} 和 L_{12}，则 L_{12} 和 C_2 构成由高阻抗变换成低阻抗的网络，变换后的等效电阻为 R_2；L_{11}

和 $C_0 + C_1$ 构成低阻抗变换为高阻抗的网络，变换后的等效电阻应为晶体管集电极所需的负载电阻。图 4-38 给出了阻抗变换网络的等效电路。

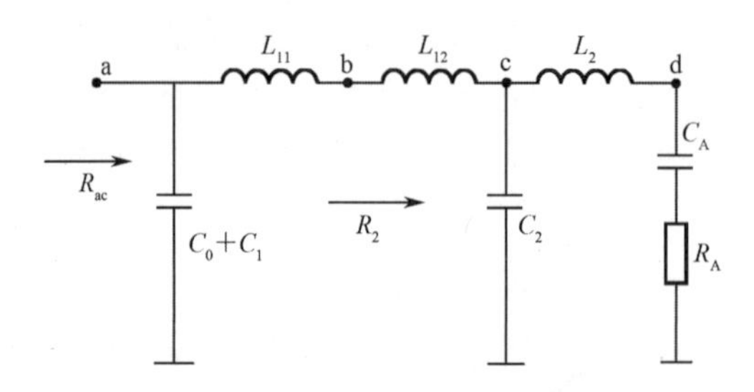

图 4-38　阻抗变换网络的等效电路

设由 b 向右看进去的网络品质因数为 Q_2，由晶体管集电极向右看进去的网络品质因数为 Q_1，则

$$\frac{R_{ac}}{R_2} = 1 + {Q_1}^2$$

$$\frac{R_2}{R_A} = \frac{1}{1 + {Q_2}^2}$$

由上述两式可得

$$1 + {Q_1}^2 = \frac{R_{ac}}{R_A}(1 + {Q_2}^2) = 3(1 + {Q_2}^2)$$

若取 Q_2 为 5，则

$${Q_1}^2 = 2 + 3{Q_2}^2 = 77$$

$$Q_1 = 8.77$$

$$R_2 = \frac{R_A}{1 + {Q_2}^2} = \frac{50}{1 + 5^2} = 1.92\Omega$$

$$C_2 = \frac{Q_2}{\omega_0 R_A} = \frac{5}{2\pi \times 30 \times 10^6 \times 50}\text{F} = 530\text{pF}$$

$$L_{12} = \frac{Q_2 R_2}{\omega_0} = \frac{5 \times 1.29}{2\pi \times 30 \times 10^6}\text{H} = 0.05\mu\text{H}$$

$$C_0 + C_1 = \frac{Q_1}{\omega_0 R_{ac}} = \frac{8.77}{2\pi \times 30 \times 10^6 \times 150}\text{F} = 310\text{pF}$$

$$L_{11} = \frac{1}{{\omega_0}^2 (C_0 + C_1)} = \frac{5 \times 1.29}{(2\pi \times 30 \times 10^6)^2 \times 310 \times 10^{-12}}\text{H} = 0.09\mu\text{H}$$

所以

$$L_1 = L_{11} + L_{12} = (0.09 + 0.05)\mu\text{H} = 0.14\mu\text{H}$$

$$C_1 = 310 - C_0 = (310 - 50)\text{pF} = 260\text{pF}$$

下面举例说明实用高频谐振放大电路的构成及特点。

图 4-39 给出了两级功率放大器的电路结构。该放大电路两级均发射极接地。第一级基极采用分压式偏置电路，集电极采用并馈；第二级基极采用自给偏置电路，集电极采

用串馈。两级间的耦合回路采用 T 型匹配网络，输出回路采用 π 型匹配网络。两级功率放大器共用一组电压。

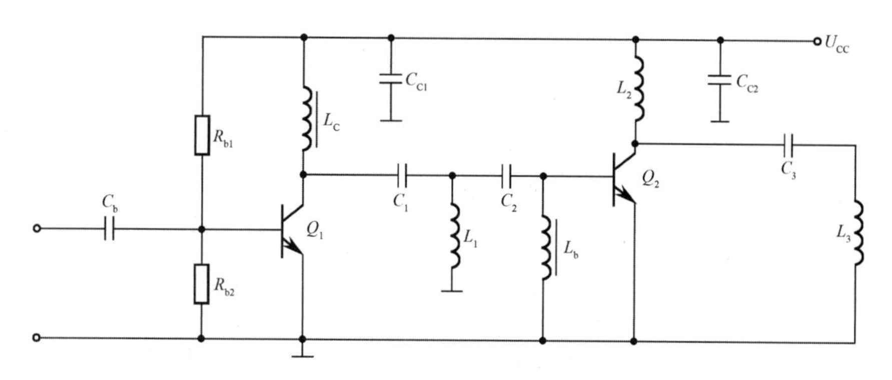

图 4-39　两级功率放大器的电路结构

图 4-40 给出了工作频率为 50MHz 的谐振功率放大器的实际电路。该电路可向 50Ω 外接负载提供 25W 的输出功率，功率增益可达 7dB。该电路的基极采用自给偏置电路，由高频扼流圈 L_{B1} 中的直流电阻产生很小的负值偏置电压。在放大电路的输入端采用 T 型和 L 型混合匹配网络，调节 C_1 和 C_2，使得功率放大器的输入阻抗在工作频率上变换为前级放大电器所需要的 50Ω 匹配电阻。集电极采用并馈电路，高频扼流圈 L_{B2} 和 C_{C1}、C_{C2} 组成电源滤波网络，输出端采用两节 T 型匹配网络级联而成，调节 C_4、C_5、C_6，以便高效率地提供所需功率，使得 50Ω 外接负载电阻在工作频率上变换为功率放大器所要求的匹配电阻。

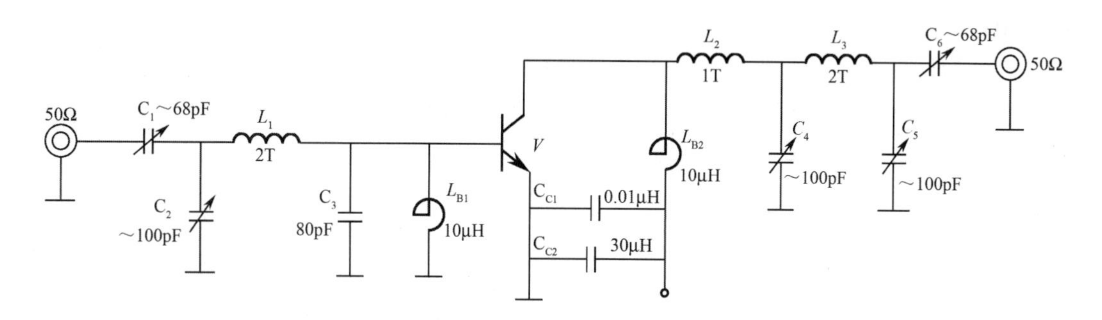

图 4-40　工作频率为 50MHz 的谐振功率放大器的实际电路

图 4-41 所示是工作频率为160MHz的谐振功率放大器电路，它可以向 50Ω 外接负载提供13W 的输出功率，功率增益可达 9dB。基极馈电电路采用自给零偏置电路，输入端采用 T 型匹配网络，调节 C_1、C_2 使得功率放大器的输入阻抗在工作频率上变换为前级放大器所要求的 50Ω 匹配电阻。集电极采用并馈电路，其中，L_B、L_C 为高频扼流圈，C_C 为退耦电容。该电路的输出端采用 L 型匹配网络，以高效率地提供所需的输出功率，调节 C_3、C_4 使得 50Ω 外接负载电阻在工作频率上变换为功率放大器所需的最佳匹配电阻 R_{opt}。

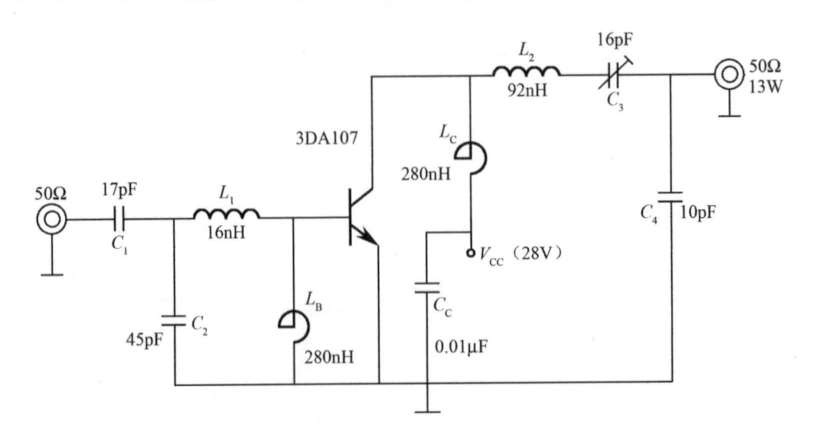

图 4-41　工作频率为 160MHz 的谐振功率放大器电路

4.5　本章小结

高频功率放大器用于对载波和已调信号进行功率放大，是各种无线发射机的主要组成部分。在无线发射机的前级电路中，调制或振荡电路所产生的射频信号功率很小，需要经过缓冲级、中间级放大器、末级功率放大器等多级放大，在获得足够的发射功率后，才能馈送到天线上发射出去。为了达到发射所需的大功率，必须采用高频功率放大器。高频功率放大器由功率放大晶体管（高频晶体管、场效应管、电子管）、LC 振荡回路和电源构成。对高频功率放大器的基本要求是尽可能高的集电极效率，以及产生符合要求的高频功率。

（1）为了提高高频功率放大器的集电极效率 η_c，高频谐振功率放大电路一般工作在丙类状态下，并使谐振回路的阻抗 $R_L = R_{opt}$（高频功率放大器的最佳负载），即达到最佳工作状态。这时，高频功率放大器的效率可达 70%～85%，输出最大高频功率。在丙类状态下的输出功率虽不及在甲类状态下和在乙类状态下大，但由于导通角 θ 较小，晶体管的导通时间短，集电极功耗小，所以效率较高，节约能源，这对于手持的移动设备非常重要。然而导通角 θ 越小，输出功率越小，因而功率放大器的设计必须兼顾效率和输出功率两个指标，应合理选择导通角 θ。丙类功率放大器晶体管的导通角小于 90°，集电极电流为余弦脉冲形式，所以必须采用具有选频特性的谐振网络作为负载。高频功率放大器采用 LC 谐振回路作为负载，其功能如下。

- 选频滤波。高频功率放大器工作在丙类状态下。丙类工作状态的集电极电流是周期性脉冲电流，该脉冲电流中含有基波电流和各次谐波电流。必须利用 LC 谐振回路的选频特性，选出基波信号分量，滤除高次谐波分量，使高频功率放大器在集电极电流为脉冲电流的条件下，仍能输出不失真的高频正弦电压，实现选频输出。
- 阻抗匹配。使谐振回路的谐振电阻 $R_\Sigma = R_{opt}$，使高频功率放大器获得较高输出效率和输出功率。

（2）谐振功率放大电路的工作状态和性能分析常采用折线分析法，用以分析负载特性、调制特性、放大特性等。折线化的动态特性在性能分析中起了非常重要的作用，使用折线分析法可以获得关于输出功率、输出电流、输出电压、效率等参数随导通角 θ 变化的趋势。但由于折线分析法是一种近似分析方法，故所得的结论只有定性的参考价值，而不能作为精确计算的依据。

（3）丙类谐振功率放大电路有欠压、过压、临界 3 种工作状态。欠压状态，动态特性曲线在截止区和放大区，输出电压幅度较小，输出功率和效率较低，集电极功耗大。过压状态，动态特性曲线进入饱和区，集电极电流出现凹陷，输出电压幅度较大，且呈现恒压特性，输出功率低，效率高。临界状态，动态特性曲线为临界饱和线，输出电压幅度大，输出功率和效率高，集电极功耗小，是谐振功率放大器理想的工作状态。当集电极电压、基极偏置电压、输入信号、负载电阻等发生变化时，其都将引起放大电路的工作状态发生变化。在调谐功率放大器设计时，不同的场合应该注意选用不同的工作状态。对于固定负载，以工作在临界状态或弱过压状态为宜。对于变化的负载，假如设计在负载高的情况下工作在临界状态，那么在低电阻时，在欠压状态下工作，就会造成输出功率 P_{o} 减小而晶体管功耗增大，所以选晶体管时功耗 P_{CM} 一定要留有余量；假如设计在负载低的情况下工作在临界状态，那么在高电阻时，在过压状态下工作。在过压状态下，输出波形谐波成分增多，可采用自给偏置电路使过压深度减轻。

（4）丙类谐振功率放大器的外部特性是指外部参数的变化对谐振功率放大器工作状态和性能所造成的影响，包括负载特性、放大特性、基极调制特性、集电极调制特性和调谐特性。负载特性指仅负载电阻 R_{Σ} 的变化对功率放大器工作状态和性能的影响，R_{Σ} 增大，工作状态由欠压状态经临界状态向过压状态变化。放大特性指仅激励电压幅度 V_{bm} 的变化对功率放大器工作状态和性能的影响，V_{bm} 增加，工作状态由欠压状态经临界状态向过压状态变化。功率放大器工作在欠压区，对输入信号可实现线性放大。基极调制特性指仅基极偏置电压 V_{BB} 的变化对功率放大器工作状态和性能的影响，V_{BB} 增加，工作状态由欠压状态经临界状态向过压状态变化。功率放大器工作在欠压区，可实现基极调幅。集电极调制特性指仅集电极偏置电压 V_{CC} 的变化对功率放大器工作状态和性能的影响，V_{CC} 减小，工作状态由欠压状态经临界状态向过压状态变化。功率放大器工作在过压区，可实现集电极调幅。功率放大器的电流 I_{C0}、I_{c1m} 和 V_{cm} 等随电容 C 变化的特性称为调谐特性。利用调谐特性可以指示放大器是否处于调谐状态。

（5）丙类谐振功率放大器的一些重要参数计算公式。

- 电流导通角：

$$\cos\theta = \frac{U_{\mathrm{BZ}} - V_{\mathrm{BB}}}{V_{\mathrm{bm}}}, \qquad \theta = \arccos\frac{U_{\mathrm{BZ}} - V_{\mathrm{BB}}}{V_{\mathrm{bm}}}$$

- 集电极余弦脉冲电流的解析表达式为

$$i_{\mathrm{C}} = i_{\mathrm{Cmax}} \frac{\cos\omega t - \cos\theta}{1 - \cos\theta}$$

i_{C} 取决于余弦脉冲的高度 i_{Cmax} 和导通角 θ。

- 余弦脉冲的高度为

$$i_{\mathrm{Cmax}} = g_{\mathrm{c}} V_{\mathrm{bm}} (1 - \cos\theta)$$

- 波形系数为

$$g_1(\theta)=\frac{I_{c1m}}{I_{C0}}=\frac{\alpha_1(\theta)}{\alpha_0(\theta)}$$

- 集电极电压利用系数

$$\xi=\frac{V_{cm}}{V_{CC}}$$

- 最佳匹配负载

$$R_{opt}=\frac{1}{2}\frac{V_{cm}{}^2}{P_o}\approx\frac{1}{2}\frac{(V_{CC}-u_{CEsat})^2}{P_o}$$

- 在临界状态下，有

$$u_{CE}=u_{CEmin}=V_{CC}-V_{cm}$$

$$i_{Cmax}=g_{cr}u_{CEmin}=g_{cr}(V_{CC}-V_{cm})$$

  其中 g_{cr} 为临界饱和线的斜率。

- 直流电源提供的功率

$$P_D=I_{C0}V_{CC}$$

  集电极耗散功率

$$P_C=P_D-P_o$$

  集电极效率

$$\eta_c=P_o/P_D=\frac{1}{2}\frac{V_{cm}}{V_{CC}}\frac{I_{c1m}}{I_{C0}}=\frac{1}{2}\xi g_1(\theta)$$

（6）丙类谐振功率放大电路的输入端和输出端均由直流馈电电路和匹配网络两部分组成。直流馈电电路有串馈和并馈两种方式，在电路中存在的自给偏压会对电路性能产生较大影响。对匹配网络的主要要求包括功率传输效率、滤波和阻抗变换。在设计匹配网络时应综合考虑不同应用场合的不同侧重点，在实现时可采用由 LC 分立元器件组成的 L 型、T 型、π 型匹配网络或级间耦合回路等形式。

思考题与习题

4-1 高频功率放大器的欠压、临界、过压状态是如何区分的？各有什么特点？当 V_{CC}、V_{BB}、V_{bm} 和 R_L 这 4 个外界因素只变化其中一个时，高频功率放大器的工作状态如何变化？

4-2 已知高频功率放大器工作在过压状态下，现欲将它调整到临界状态，可以改变哪些外界因素来实现？在此过程中集电极输出功率 P_o 如何变化？

4-3 通常所说的晶体管的放大、饱和与截止，功率放大器的甲类、乙类和丙类，谐振功率放大器的临界、欠压和过压，这 3 种提法有何区别与联系？

4-4 高频功率放大器工作在临界状态下，当电压参数不变时，若 R_Σ 减小，则直流 I_{C0}____，输出功率 P_o_____；此时若通过改变 V_{CC} 使高频功率放大器重新回到临界状态，则V_{CC}应______。

4-5　集电极调幅应工作在______工作状态下，若对普通调幅波采用峰值包络检波，由于负载 RC 放电时间常数太大，则可能产生______失真。

4-6　当$V_{BB}=-1V, V_{bm}=3V$时，谐振功率放大器工作在临界状态下，则当$V_{BB}=-0.5V, V_{bm}=3V$时，谐振功率放大器将工作在______状态下。

4-7　基极调幅要求放大器工作在_______状态下，而集电极调幅则要求放大器工作在______状态下。

4-8　在甲、乙、丙 3 类功率放大器中，效率最高的是______，效率最低的是______。

4-9　高频谐振功率放大器工作在临界状态下，当R_L增大时，高频谐振功率放大器将工作在______状态下，i_C将从______脉冲变为______脉冲。

4-10　一个高频谐振功率放大器，设计在临界工作状态下，经测量其输出功率P_o仅为设计值的 60%，而I_{C0}却略大于设计值。试问该高频谐振功率放大器处于何种工作状态下？分析产生这种工作状态的原因。

4-11　设两个高频谐振功率放大器具有相同的回路元器件参数。它们的输出功率P_o分别为 1W 和 0.6W。现若增大两个高频谐振功率放大器的V_{CC}，发现P_o=1W 高频谐振功率放大器的输出功率增加不明显，而P_o=0.6W 高频谐振功率放大器的输出功率增加明显，试分析其原因。若要增加P_o=1W 高频谐振功率放大器的输出功率，还应同时采取什么措施（不考虑高频谐振功率放大器的安全工作问题）？

4-12　某高频谐振功率放大器，已知V_{CC}=24V，输出功率P_o=5W，晶体管集电极电流中的直流分量I_{C0}=250mA，输出电压V_{cm}=22.5V，试求直流电源输入功率P_D、集电极效率η_c、谐振回路谐振电阻R_Σ、基波电流I_{c1m}、导通角θ。

4-13　有一个高频谐振功率放大器，已知晶体管的$g_c=2000ms, U_{BZ}=0.5V$，$V_{CC}=12V$，谐振回路谐振电阻$R_\Sigma=130\Omega$，集电极效率η_c=74.6%，输出功率P_o=500MW，并且工作在欠压状态下。试求：

（1）V_{cm}、θ、I_{c1m}、I_{C0}、i_{Cmax}；

（2）为了提高效率η_c，在保持V_{CC}、R_Σ、P_o不变的条件下，将导通角θ减小到$60°$，计算对应于$\theta=60°$时的η_c、I_{c1m}、I_{C0}、i_{Cmax}。

（3）采用什么样的措施才能使$\theta=60°$？

4-14　某高频谐振功率放大器，晶体管的饱和临界线斜率$g_{cr}=0.5S, U_{BZ}=0.6V$，电源电压$V_{CC}=24V$，$V_{BB}=-0.2V$，输入信号振幅V_{bm}=2V，输出回路谐振电阻$R_\Sigma=50\Omega$，输出功率P_o=2W，试求：

（1）集电极电流最大值i_{Cmax}、输出电压振幅V_{cm}、集电极效率η_c；

（2）判断高频谐振功率放大器工作于什么状态？

（3）当R_Σ变为何值时，高频谐振功率放大器工作在临界状态下，这时输出功率P_o、集电极效率η_c分别为何值？

4-15　某高频谐振功率放大器，$V_{BB}=-0.2V$，$U_{BZ}=0.6V$，$g_{cr}=0.4S$，$V_{CC}=24V$，$R_\Sigma=50\Omega, V_{bm}=1.6V$，$P_o$=1W。试求集电极电流最大值$i_{Cmax}$、输出电阻振幅$V_{cm}$、集电

极效率 η_c，并判断高频谐振功率放大器工作在什么状态下？当 R_Σ 变为何值时，高频谐振功率放大器工作在临界状态下，这时输出功率 P_o、集电极效率 η_c 分别为何值？

4-16　某高频谐振功率放大器工作在临界状态（见题图 4-1）下，已知晶体管的临界线斜率 g_{cr}=0.8S，最低管压降 u_{CEmin}=2V，输出电压幅度 V_{cm}=22V，导通角 $\theta=70°$，求交流输出功率 P_o、电源供给直流功率 P_D、集电极耗散功率 P_C 及集电极效率 η_c（$\alpha_1(70°)$=0.436，$\alpha_0(70°)$=0.253）。

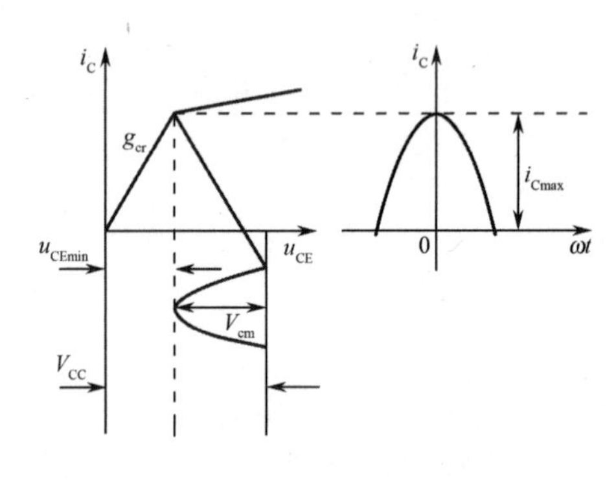

题图 4-1

4-17　一个高频调谐功率放大器工作在临界状态下，已知 V_{CC}=24V，临界线的斜率 g_{cr} 为 0.6S，晶体管导通角为 90°，输出功率 $P_o=2W$，试计算 P_D、P_C、η_c、R_Σ。

4-18　某一个晶体管高频谐振功率放大器，设已知 V_{CC}=24V，I_{C0}=250mA，P_o=5W，电压利用系数 $\xi=1$。试求 P_D、η_c、R_Σ、I_{c1m}，电流导通角 θ。

4-19　高频谐振功率放大器工作在临界状态下，输出功率为 15W，V_{CC}=24V，导通角 $\theta=70°$。高频谐振功率放大器晶体管参数 g_{cr}=1.5S，i_{Cmax}=5A。试问：

（1）电源提供的功率 P_D、功率放大器晶体管的损耗功率 P_C、效率 η_c 和临界负载 R_Σ 各为多少？

（2）若输入信号振幅增加 1 倍，功率放大器的工作状态如何变化？输出功率大约为多少？

（3）若负载电阻增加 1 倍，则功率放大器的工作状态如何改变？

（4）若回路失谐，会有什么危险？如何指示电路的谐振？

第 5 章 正弦波振荡器

5.1 概述

在通信系统及无线电测量仪器中，除放大电路之外，还需要能够产生周期性振荡信号的振荡电路，正弦波振荡器在电子技术领域有着极其广泛的应用。例如，在无线电发送设备中，用振荡器产生载波；在超外差式接收机里产生本振信号；在各种定时系统中，把振荡器作为时间基准信号；在各种通信测量仪器中，用振荡器作为各种波段的正弦波信号源。振荡器在整个通信系统中占据着非常重要的地位。在上述各种用途中，都要求振荡电路产生一定频率和振幅的正弦波信号，其主要技术指标是振荡频率的准确性和稳定度，以及振荡幅度的大小、稳定性等，而其中振荡频率的稳定度最为重要。

振荡电路和放大电路一样，是一种能量转换电路，它无须外加激励而自动地把直流电源输出的直流能量转换成指定频率和波形的交流电信号。它与放大电路的区别在于，振荡器不需要外加信号的激励，其输出信号的频率、波形、振幅由电路的参数确定。

振荡电路的种类很多。根据产生振荡波形的不同，振荡电路可分为：简谐波振荡电路，即正弦波振荡电路（能产生单频正弦波）；多谐振荡电路（能产生含有丰富谐波的波形，如方波、三角波、锯齿波等）。按照振荡机理的不同，振荡电路可分为反馈型振荡电路和负阻型振荡电路两类。反馈型振荡电路利用正反馈将输出信号的一部分反馈回输入端，以补充振荡过程所损失的能量。振荡器频率在 200MHz 以下的正弦波振荡器绝大部分采用反馈型振荡电路。负阻型振荡电路则利用具有负阻效应的元器件在一定条件下对负载呈现负阻，即等效一个源的特性来补充（或者说抵消）谐振回路中电阻所损耗的能量，从而使回路维持等幅的正弦振荡。负阻型振荡电路绝大多数用于振荡频率在几百兆赫兹以上的正弦波振荡器，在微波波段用得较多。

根据选频网络所采用的不同形式，正弦波振荡器又可分为如下类型。

（1）RC 振荡器（低频振荡器）
- RC串并联网络振荡器
- 移相式振荡器

（2）互感耦合式振荡器：工作频率不能很高，一般工作于短波波段，如调幅广播接收机。

（3）三点式振荡器
- 电感反馈OSC（哈特莱OSC）
- 电容反馈OSC
  - 基本型OSC（考比兹）
  - 克拉泼OSC
  - 西勒OSC

（4）石英晶体 OSC
- 串联型晶体OSC
- 并联型晶体OSC
  - 皮尔斯OSC
  - 密勒OSC
  - 泛音OSC

本章将着重讨论反馈型振荡器的构成、工作原理、分析方法及常用的典型电路结构。

5.2 反馈型振荡器的工作原理

反馈型振荡电路是指通过反馈回路将放大电路输出信号的一部分回送到输入端作为输入信号来控制能量，从而产生正弦波振荡。反馈型振荡器通常由放大器（以选频网络为负载的高频谐振放大器）和反馈网络（由无源元器件构成的线性网络）构成。放大器是一个在规定频段内具有能量变换（或放大）作用的换能机构。其中，作为有源元器件的晶体管既起着能量变换的作用，又起着调整和控制振荡强度的非线性作用；选频网络由储能元器件构成，它决定振荡电路的振荡频率。反馈网络用于补充电路元器件的能量损耗，以保证振荡器稳定工作。

5.2.1 谐振回路的自由振荡

二阶 RLC 回路的自由振荡现象是正弦波振荡器的基础。图 5-1 给出的 LC 并联谐振回路是 LC 振荡器的重要组成部分，图中电阻 R_{eo} 表示谐振回路中的损耗。把开关拨向 1，直流电源向电容 C 充电，电容 C 上的电压被充至电源电压 V_S。假设在 $t=0$ 时刻，将开关拨向 2，无激励的并联 LC 谐振回路的电路方程为

$$L\frac{\mathrm{d}i}{\mathrm{d}t}+ri+\frac{1}{C}\int i\mathrm{d}t=0 \tag{5.2.1}$$

式中，r 为电感的损耗电阻，$r=\dfrac{L}{CR_{e0}}$。式（5.2.1）的物理意义是回路电压为零，对其微分一次得

$$\frac{\mathrm{d}^2 i}{\mathrm{d}t^2}+2\delta\frac{\mathrm{d}i}{\mathrm{d}t}+{\omega_0}^2 i=0 \tag{5.2.2}$$

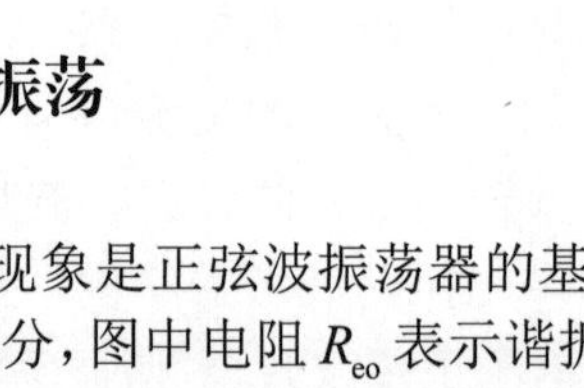

图 5-1　LC 并联谐振回路的自由振荡

式中，$\delta=\dfrac{1}{2R_{e0}C}$为回路的衰减系数，$R_{e0}$ 代表回路的损耗，$\omega_0=\dfrac{1}{\sqrt{LC}}$称为回路的固有无

阻尼振荡角频率。

求解该方程得

$$i = \frac{V_S}{\omega L} e^{-\delta t} \sin \omega t$$

式中，$\omega = \sqrt{\omega_0^2 - \delta^2}$，故振荡频率 $\omega \neq \omega_0$，只有在 δ 很小时，两者才近似相等。

请思考： δ 很小的物理意义是什么？

1．当 $\delta > 0$，$R_{e0} > 0$ 时，振荡波形为阻尼振荡

当谐振电阻 $R_{e0} > 0$ 时，并联谐振回路两端的电流（或电压）变化是一个振幅按指数规律衰减的正弦振荡，其振荡波形如图 5-2（a）所示。

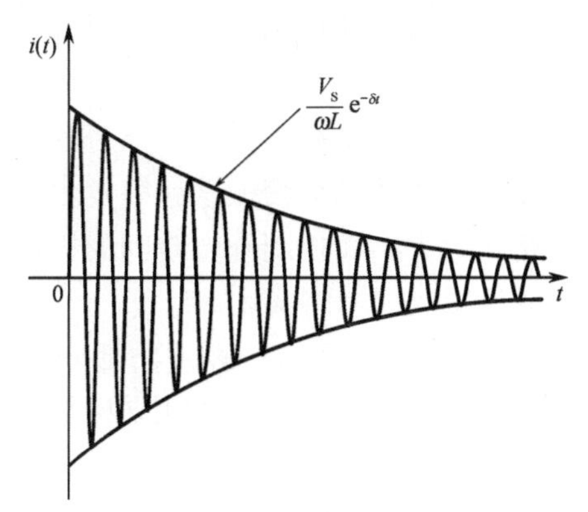

（a）阻尼振荡波形

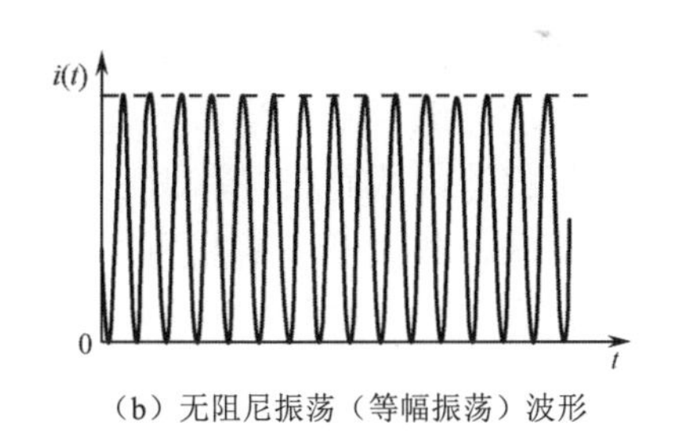

（b）无阻尼振荡（等幅振荡）波形

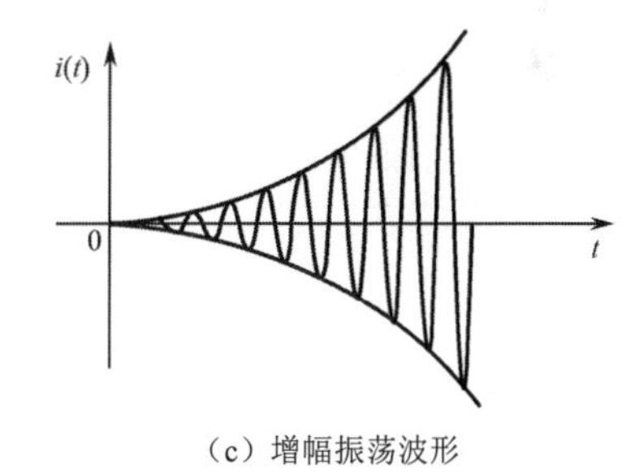

（c）增幅振荡波形

图 5-2　振荡波形

2．当 $\delta = 0$（$R_{e0} \to \infty$）时，振荡波形为无阻尼振荡，即等幅振荡

如果回路无损耗，即 $R_{e0} \to \infty$，则衰减系数 $\delta \to 0$，有 $i(t) = \frac{V_S}{\omega L} \sin \omega t$，并且 $\omega = \omega_0$ 称为无阻尼振荡频率，产生如图 5-2（b）所示的等幅振荡波形。

另外，若 $R_{e0} < 0$，为负阻，则意味着回路等效为一个源的特性，并为谐振回路提供能量。

在实际的 LC 谐振回路中，由于电感和电容都不可能是理想无耗的，则回路有损耗，即 R_{e0} 一定大于零，因此在 RLC 并联谐振回路中自由振荡是衰减的阻尼振荡。为了得到

幅度、频率都不随时间变化的稳定等幅振荡，可采取两种方法。

（1）正反馈的方法：利用正反馈不断地、适时地给回路补充能量，使之刚好与电路损耗的能量相等，就可以获得等幅的正弦振荡。

（2）负阻法：在电路中引入一个具有负阻特性的元器件，使其等效电阻刚好与电路的损耗电阻大小相等，从而相互抵消，以获得一个等幅正弦振荡。

5.2.2 反馈型振荡器的基本组成及工作原理

振荡器没有外加激励，而电路本身要消耗能量。因此，要从无输出到有输出并维持一定幅度的正弦波电压信号，必须有一个向电路提供能量的电源和一个放大器。如果补充的能量超过了消耗的能量，输出信号的振幅会增加；反过来，如果补充的能量低于消耗的能量，输出信号的振幅就会衰减。要使输出信号的振幅稳定，意味着补充的能量与消耗的能量相等，进而形成一个动态的平衡。另外，能量的补充必须适时地进行，既不能提前，也不能滞后，因为提前或滞后都会使振荡频率发生变化。也就是说，振荡器中必须有一种能够自动调节补充能量大小和控制补充时间的机构，前一项任务由放大器来完成，后一项任务由选频网络和正反馈网络实现。

反馈型振荡器的原理框架如图 5-3 所示，由以下两部分构成。

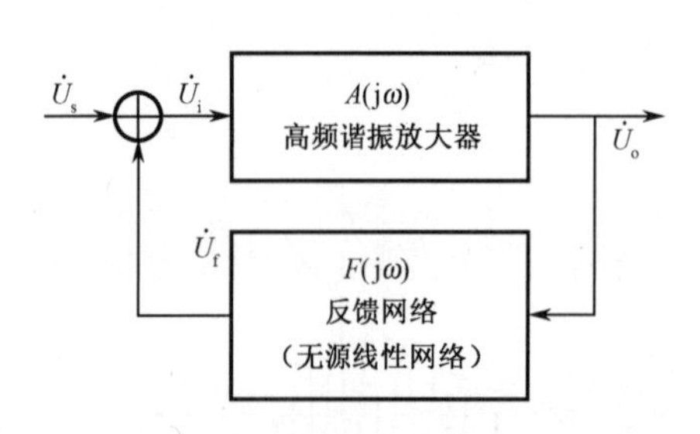

图 5-3 反馈型振荡器原理框架

（1）高频谐振放大器。它不仅要对外输出功率，而且要通过反馈网络提供自身的输入功率，其能量来源由直流电源提供，其输出信号的频率主要由选频网络决定。

（2）反馈网络。通常是由无源元器件构成的线性网络，不断适时地给回路补充能量，使之与回路的能量损耗相等，从而获得等幅正弦振荡。

由图 5-3 可知，放大器（增益为 A）和反馈网络（反馈系数为 F）构成一个闭合环路。

下面将分析高频谐振放大器产生自激振荡的条件。

高频谐振放大器的开环放大倍数

$$A(\mathrm{j}\omega)=\frac{\dot{U}_\mathrm{o}}{\dot{U}_\mathrm{i}}$$

反馈网络的反馈系数

$$F(\mathrm{j}\omega)=\frac{\dot{U}_\mathrm{f}}{\dot{U}_\mathrm{o}}$$

而

$$\dot{U}_\mathrm{i}=\dot{U}_\mathrm{s}+\dot{U}_\mathrm{f}$$

反馈放大器的放大倍数

$$H(\mathrm{j}\omega)=\frac{\dot{U}_\mathrm{o}}{\dot{U}_\mathrm{s}}=\frac{A(\mathrm{j}\omega)}{1-A(\mathrm{j}\omega)F(\mathrm{j}\omega)} \tag{5.2.3}$$

当$T(\mathrm{j}\omega)=A(\mathrm{j}\omega)F(\mathrm{j}\omega)=1$时，该放大器的增益无穷大，说明当输入信号为零时，放大器具有有限输出u_{o}，也就是说该放大器无须外加信号就可以产生输出信号，并自行维持振荡，该式又称为巴克豪森准则。

综上分析，只有正反馈才能使u_{f}、u_{i}同相，$A(\mathrm{j}\omega)F(\mathrm{j}\omega)=1$，反馈放大器的增益无穷大。所以说，正反馈是产生自激振荡的必要条件（必要条件意味着：正反馈不一定能保证产生自激振荡，但若能产生自激振荡必然是正反馈）。

为了便于理解，给出变压器耦合反馈型振荡器的交流通路，如图 5-4 所示。反馈型振荡器的主网络是负载为谐振回路的高频谐振放大器，反馈网络是与L_1相耦合的线圈L_{f}。

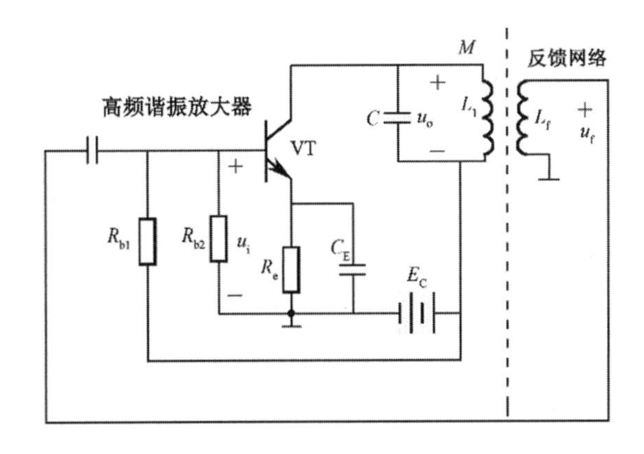

图 5-4 变压器耦合反馈型振荡器的交流通路

5.2.3 反馈型振荡器的振荡条件

一个反馈型振荡器要产生稳定的振荡必须满足 3 个条件：起振条件，保证接通电源后能逐步建立起振荡；平衡条件，保证在起振之后能够进入维持等幅持续振荡的平衡状态；稳定条件，保证平衡状态不因外界不稳定因素影响而受到破坏。

1. 起振过程与起振条件

起振过程是指在接通电源后，振荡从无到有的建立过程。起振条件又称自激条件，表示振荡电路在接通电源时，输出信号从无到有建立起来应满足的条件。

振荡器最初的激励从何而来？

第一，来源于功率放大器晶体管基极电压V_{B}，电压V_{B}在开机后由零升至定值，就相当于接入一个阶跃信号，此阶跃信号含有多种频率分量；第二，电路各部分存在许多形式的扰动，如晶体管的内部噪声、输入回路电阻的热噪声等，这些噪声和干扰所含有的频率成分非常丰富。这些微小的扰动电压或电流经过放大器的放大，加至负载回路和反馈网络。由于负载谐振回路的选频作用，只有与谐振回路的固有谐振频率ω_0相同的那个频率成分才能在负载回路两端产生电压。由于正反馈的存在，这个微弱信号经过放大、反馈，再放大，再反馈，往复循环。在信号较小的起振阶段，每次返回至输入端信号的幅度总要比前一次的大，振荡幅度不断增加，完成起振过程。因此，在接通电源后，经过一定的时间，振荡器从无到有，形成了幅度稳定的正弦波输出信号，其频率等于选频网络的谐振频率。

将图 5-5 所示反馈型振荡器组成框架在“×”处断开，并定义环路增益

$$T(\mathrm{j}\omega)=\dot{A}(\mathrm{j}\omega)\dot{F}(\mathrm{j}\omega) \tag{5.2.4}$$

根据上述分析，由图 5-5 可直接写出振荡器的起振条件为

$$\dot{U}_{\mathrm{f}}=\dot{A}\dot{F}\dot{U}_{\mathrm{i}}>\dot{U}_{\mathrm{i}}$$

即环路增益

$$T(\mathrm{j}\omega_{\mathrm{osc}})=\dot{A}\dot{F}>1 \tag{5.2.5}$$

式（5.2.5）为复数形式，$\dot{A}=|A|\mathrm{e}^{\mathrm{j}\varphi_{\mathrm{A}}}$为基本放大器的增益，$\dot{F}=|F|\mathrm{e}^{\mathrm{j}\varphi_{\mathrm{F}}}$为反馈系数 。

令$T(\mathrm{j}\omega_{\mathrm{osc}})=T(\omega_{\mathrm{osc}})\mathrm{e}^{\mathrm{j}\varphi_{\mathrm{T}}(\omega_{\mathrm{osc}})}$，式（5.2.5）可表示为

振幅起振条件

$$T(\omega_{\mathrm{osc}})=AF>1 \tag{5.2.6a}$$

相位起振条件

$$\varphi_{\mathrm{T}}(\omega_{\mathrm{osc}})=\varphi_{\mathrm{A}}+\varphi_{\mathrm{F}}=2n\pi,\ n=0,1,2,\cdots \tag{5.2.6b}$$

式中，φ_{T} 表示开环环路增益 T 的相角；φ_{A} 为基本放大器输出电压与输入电压的相位差；φ_{F} 为反馈网络的相移。

振幅的起振条件式（5.2.6a）要求$u_{\mathrm{f}}>u_{\mathrm{i}}$，即反馈信号幅度大于前一次的信号输入；式（5.2.6b）为相位起振条件，要求在环路起振过程中，环路始终保持正反馈。

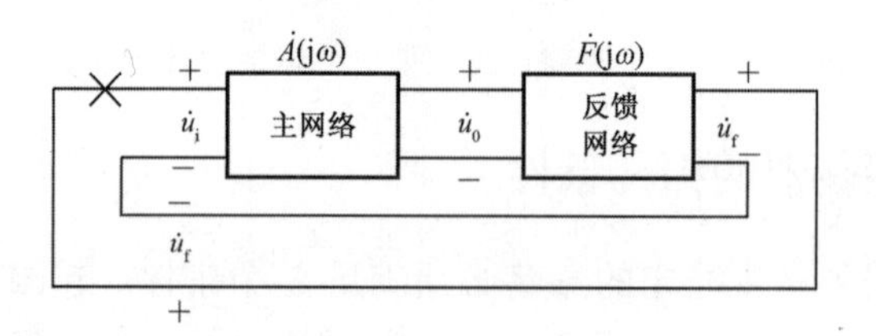

图 5-5　反馈型振荡器组成框架

2．平衡过程与平衡条件

由于放大器的线性范围是有限的，因此振荡幅值的增长过程不可能无止境地延续下去。随着振幅的增大，放大器逐渐由放大区进入饱和区或截止区，工作于非线性的甲、乙类状态，其增益 $\dot{A}$ 逐渐减小。当 $\dot{A}$ 减小到使环路增益$T(\mathrm{j}\omega_{\mathrm{osc}})=\dot{A}\dot{F}=1$，即每次循环中反馈电压 u_{f} 等于上一次的输入信号电压 u_{i} 时，振幅的增长过程将停止，振荡器进入等幅振荡的平衡状态。此时，在每个振荡周期中，直流电源补充给 LC 振荡回路的能量正好等于回路损耗的能量。所以反馈振荡器的平衡条件为

$$T(\mathrm{j}\omega_{\mathrm{osc}})=\dot{A}\dot{F}=1 \tag{5.2.7}$$

式中，放大器的增益 $\dot{A}$ 和反馈系数 $\dot{F}$ 均为复数，因而可将式（5.2.7）分解为

振幅平衡条件

$$T(\omega_{\mathrm{osc}})=AF=1 \tag{5.2.8a}$$

相位平衡条件

$$\varphi_{\mathrm{T}}(\omega_{\mathrm{osc}})=\varphi_{\mathrm{A}}+\varphi_{\mathrm{F}}=2n\pi,\quad n=0,1,2,\cdots \tag{5.2.8b}$$

振幅平衡条件式（5.2.8a）决定了振荡器输出信号的幅值；相位平衡条件式（5.2.8b）决定了振荡器输出信号的频率。

振荡器的相位平衡条件表述的是正反馈，也就是说仅在特定频率点 ω_{osc} 上才满足严格的正反馈，在其他频率点上无法满足正反馈条件，所以相位平衡条件决定了反馈振荡器的振荡频率。

振荡器的振幅平衡条件是由放大器中晶体管的非线性来保证的。在起振时，$|T(\mathrm{j}\omega_{\mathrm{osc}})|>1$，反馈网络提供的正反馈总是大于前一次反馈，随着输入信号幅度的增加，晶体管在输入信号的正半周进入饱和区，在输入信号的负半周进入截止区，也就是当输入信号 u_{be} 增加到一定程度后，i_{C} 会出现切顶现象，虽然 i_{C} 不是正弦波形，但由于谐振回路的选频特性，可选出其基波分量，其输出的 u_{ce} 电压仍为正弦波形，如图 5-6 所示。

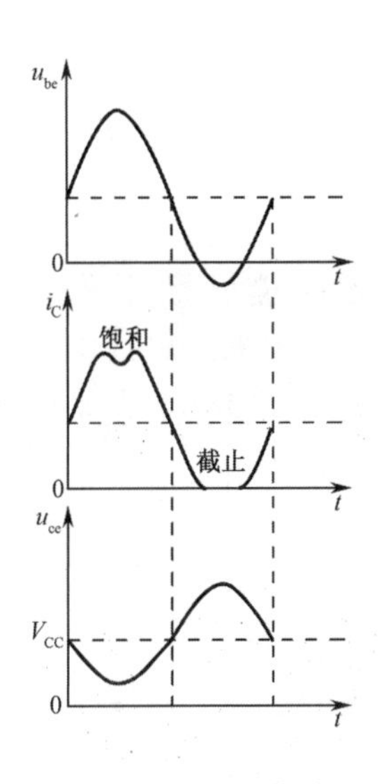

图 5-6　晶体管工作波形

根据振幅的起振条件和平衡条件，环路增益的模值应该具有随振荡电压振幅增大而下降的特性，如图 5-7 所示。由于一般放大器的增益特性曲线均具有如图 5-7 所示的形状，所以这一条件很容易得到满足，只要保证在起振时环路增益幅值大于 1，并且环路增益的相位 $\varphi_{\mathrm{T}}(\omega_{\mathrm{osc}})$ 维持在 $2n\pi$ 上即可起振。在起振时，$T(\omega_{\mathrm{osc}})>1$，输入信号 u_{i} 迅速增长，而后 $T(\omega_{\mathrm{osc}})$ 减小，u_{i} 的增长速度变慢，直到 $T(\omega_{\mathrm{osc}})=1$，$u_{\mathrm{i}}$ 停止增长，振荡器进入平衡状态，维持幅值为 V_{iA} 的等幅振荡，图 5-8 给出了振荡建立过程的波形。放大器的非线性可以保证振荡的振幅平衡条件，从而使振荡达到平衡。

在振荡建立过程中，环路增益 $T(\omega_{\mathrm{osc}})>1$，放大器的输入信号 u_{i} 不断增大。放大器从小信号工作状态逐渐转变为大信号工作状态。若外界不采取任何附加措施，仅靠晶体管自行从线性放大过渡到非线性放大，即发生饱和、截止。在电路设计中，应尽量避免振荡器的晶体管工作在饱和区，因为在饱和区晶体管的输出阻抗极低，并联在谐振回路两端将会大大降低选频回路 Q，严重影响振荡器选频网络的滤波、选频功能。这将对振荡器的频率稳定度产生灾难性的破坏。晶体管在增幅过程中是进入截止区还是饱和区与晶体管的初始静态工作点有关，如图 5-9 所示。静态工作点设置在 Q_1，放大器易产生饱和失真；通常振荡器的静态工作点设置在靠近截止区，如设置在 Q_2，放大器远离饱和失真，易产生截止失真。这并不是说，振荡器的静态工作点设置得越低越好，因为静态工作点过低，放大器的增益下降，会导致振荡器无法起振，所以必须合理选择静态工作点。

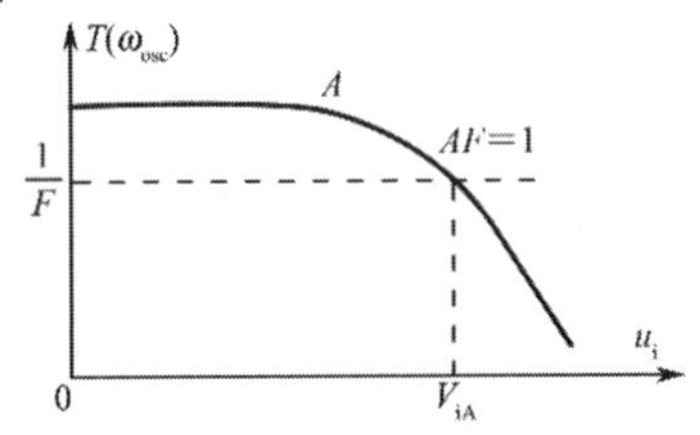

图 5-7　满足起振条件和平衡条件的环路增益特性

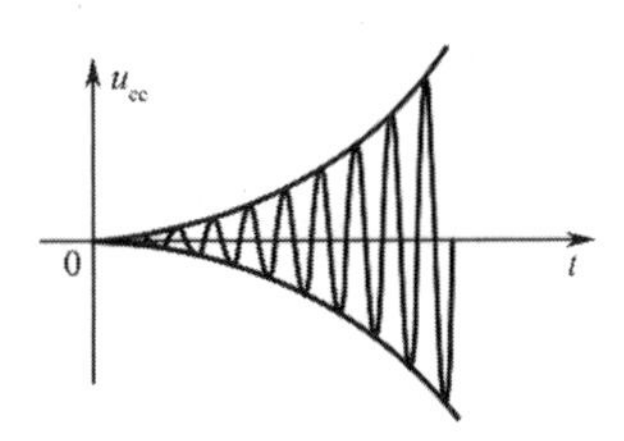

图 5-8　振荡建立过程的波形

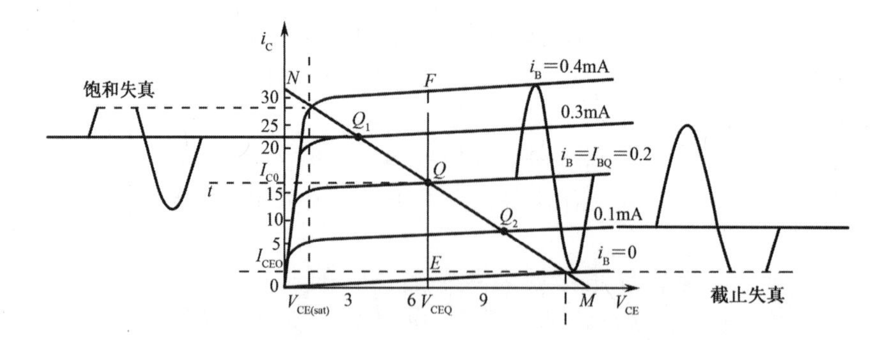

图 5-9　静态工作点设置与晶体管非线性的关系

上面介绍的仅靠晶体管的非线性使放大器进入振幅平衡的方法称为内稳幅。为了减弱晶体管非线性工作程度，改善输出波形，减小失真，在电路设计时可采取一些外界措施，帮助振荡器从起振过程中的 $T(\omega_{osc}) = AF > 1$ 自动调整为平衡时的 $T(\omega_{osc}) = AF = 1$，这种方法称为外稳幅。在实际电路中，为了帮助振荡器将起振过程中的 $T(\omega_{osc}) = AF > 1$ 自动调整为平衡时的 $T(\omega_{osc}) = AF = 1$，通常采用如图 5-10 所示的电路形式，这是一个带有直流负反馈电阻 R_e 的振荡电路。图 5-10（a）为实用电路，如不考虑反馈，实际上就是一个小信号谐振放大器；图 5-10（b）为等效直流偏置电路。

$$V_{BB} = \frac{V_{CC}}{R_{b1} + R_{b2}} R_{b2},\quad R_B = R_{b1} // R_{b2}$$

$$V_{BEQ} = V_{BB} - I_{BQ}R_B - I_{EQ}R_e \tag{5.2.9}$$

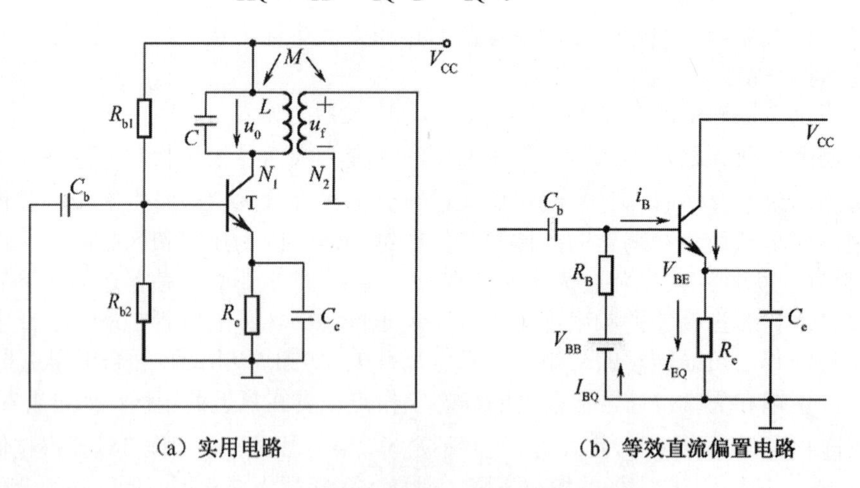

图 5-10　带有偏置的反馈型振荡器电路

为了避免在增幅过程中晶体管进入饱和区，通常振荡器的静态工作点设置在靠近截止区。在刚起振时，u_i 幅度很小，晶体管工作在甲类状态下，流过晶体管的平均直流分量 I_{C0} 等于晶体管的静态工作电流。当幅度达到一定程度时，电流下半部分进入截止区，电流波形上、下不对称，此时平均直流分量 I_{C0} 增加。因为 $I_{EQ} \approx I_{C0}$，发射极偏置电阻 R_e 上的电压 R_eI_{EQ} 增加，由式（5.2.9）可知基极偏压 V_{BEQ} 由大变小、由正变负，放大器的工作状态由甲类向甲乙类、乙类、丙类转化，这种现象称为自给偏置效应。直流偏置点随着起振过程不断降低，工作点越低，导通角 θ 就越小，放大器增益的幅值 A 也随之减小，直到 $AF=1$ 时，增幅过程停止，振荡器最终达到振幅平衡，维持等幅振荡。当振荡器处于平衡状态时，放大器工作在丙类状态下，晶体管集电极电流中有很多谐波成分，甚至出现凹陷，如图 5-11 所示。但是，选频回路良好的选频滤波特性使得振荡器的输出仍为正弦波形。

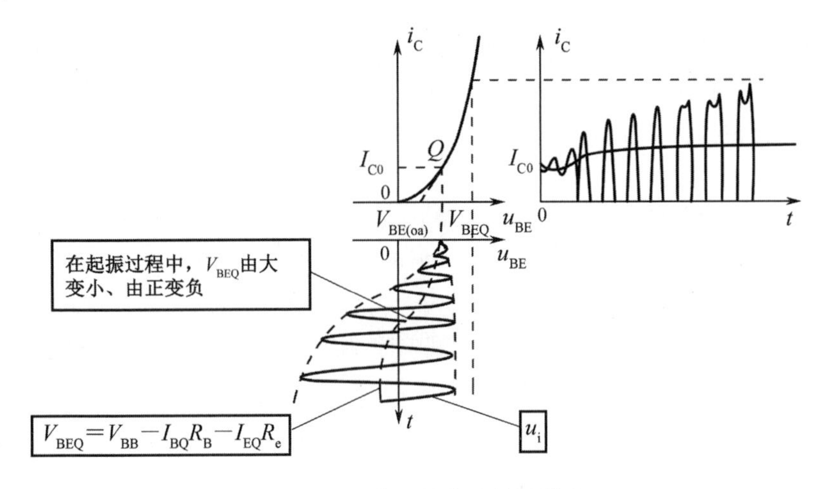

图 5-11　振荡器的自给偏置效应

根据电路中振荡建立后产生自给负偏压这个物理事实，在实践中人们往往用下述简易方法来判断一个振荡器是否起振。设法测出在消除正反馈之前和之后的 u_{BE}，观察其变化。若除去正反馈后，元器件的正向偏压加大，或由反向偏压变为正向偏压，则意味着电路已起振。

带有自给偏置电路振荡器的环路增益 $T(\omega_{osc})$ 随 u_i 变化的曲线如图 5-12 中虚线所示。

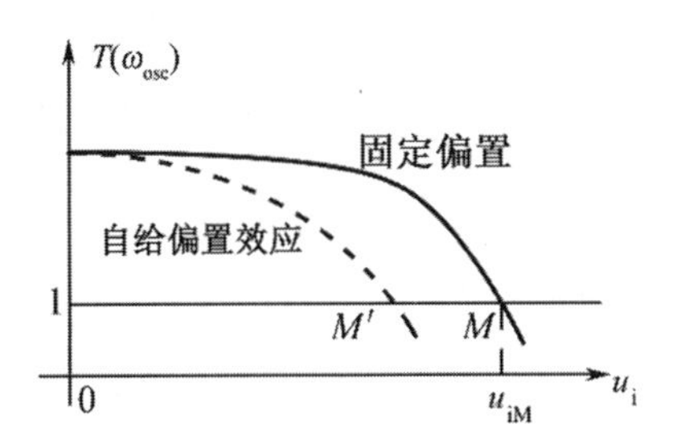

图 5-12　放大器增益随输入信号幅值变化的曲线

由图 5-12 可知，具有自给偏压的振荡器其环路增益的变化率要比固定偏置的振荡器陡，这样起振过程到平衡状态的过渡时间就短。采用自给偏置方法的优点是避免了通过晶体管的饱和来达到振幅平衡，而是让晶体管在振荡周期的一周内有一部分时间是截止的。这样，起振过程对选频回路 Q 的影响就很小，对选频回路的选频性能影响就很小，这对振荡器频率稳定性的改善是非常有益的。

3. 稳定条件

振荡器电路不可避免地受到电源电压、温度、湿度等外界因素变化的影响，这些变化将引起晶体管和回路参数的变化。同时，振荡电路内部的噪声叠加在振荡电压上，引起振荡电压幅度及其相移的起伏波动，所有这些都将造成$T(\omega_{osc})$和$\varphi_T(\omega_{osc})$的变化，从而破坏已建立的平衡状态。如果通过放大和反馈的反复循环之后，振荡器偏离原来的平衡状态越来越远，从而导致停振或突变到新的平衡状态，这表明原来的平衡状态是不稳定的。反之，若干扰因素经过放大和反馈的反复循环，振荡器在原来平衡点附近建立起新的平衡，而且在外界干扰因素消除后，它能自动恢复到原来的平衡状态，这种平衡状态就是稳定的。

下面列举两个简单的物理现象来说明稳定平衡和不稳定平衡的概念。图5-13（a）和图5-13（b）分别将一个小球置于凸面上的平衡位置B，而将另一个小球置于凹面上的平衡位置Q。显然，图5-13（a）中的小球处于不稳定平衡状态。因为在这种情况下，稍有“风吹草动”，小球将离开原来的平衡点，即使消除外界干扰因素，小球再也不会回到原来的平衡点。图5-13（b）中的小球则处于稳定平衡状态。因为在这种情况下，外界因素的扰动，会使小球偏离原来的平衡点，一旦外界干扰因素消除，在重力的作用下，小球就会自动回到原来的平衡点。

振荡器能起振并进入平衡状态，这仅是建立振荡的必要条件。为了维持振荡，电路还必须能抵抗外界干扰，保证电路的平衡状态不会因外界干扰而被破坏，即振荡器还必须满足稳定条件。所谓稳定条件是指，在某种因素作用下，当振荡器的平衡条件遭到破坏时，它能在原来平衡点附近建立起新的平衡，一旦外界干扰因素消除后，它能自动地恢复到原来的平衡状态。振荡器的稳定条件包括两个方面：振幅稳定条件和相位稳定条件。

1）振幅稳定条件

由前面的分析可知，如图5-14所示的环路增益特性，满足振幅起振条件和振幅平衡条件，下面将分析它是否满足振幅稳定条件。

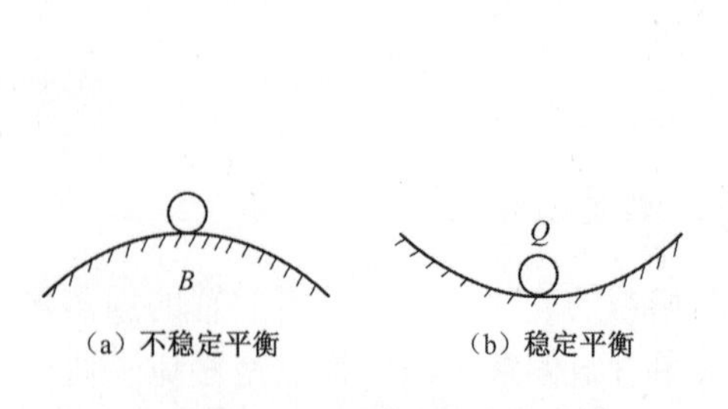

图5-13 两种平衡状态示意

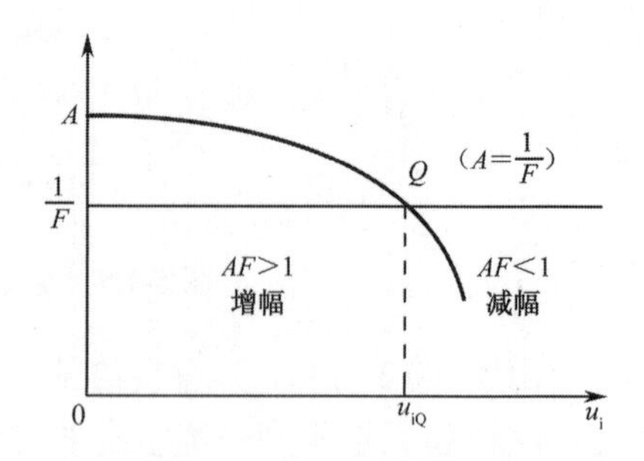

图5-14 环路增益特性曲线

振幅稳定条件要求振荡器在其平衡点必须具有阻止振幅变化的能力。图5-14给出的是放大器增益的幅值随输入信号变化的规律。在输入信号较小时，A 较大，$A>\dfrac{1}{F}$，即

$AF>1$，输入信号幅度不断增加，增益 A 逐渐减小，反馈系数是一个常数；当 $A=\frac{1}{F}$，即 $AF=1$时，输入信号的增幅过程结束，振荡器达到平衡状态，即 Q 点为平衡点；在 Q 点右边，$A<\frac{1}{F}$，即 $AF<1$，是输入信号幅度不断减小的减幅区。

假设振荡器处于平衡点 Q，由于某种原因，使 u_{i} 增加，即 $u_{\mathrm{i}}>u_{\mathrm{iQ}}$，$Q$ 点右移使 $AF<1$，振荡器进入减幅区，输入信号的幅度自动减小回到 Q 点；反之，若因外界原因使 u_{i} 减小，即 $u_{\mathrm{i}}<u_{\mathrm{iQ}}$，$Q$ 点左移使 $AF>1$，进入增幅区，输入信号的幅度自动增大回到 Q 点，所以 Q 点是稳定的平衡点。

由此得出结论：当外界因素使 $u_{\mathrm{i}}>u_{\mathrm{iQ}}$，振荡器进入减幅区，阻止振荡器幅度增加，从而维持在 Q 点不变；若外界因素使 $u_{\mathrm{i}}<u_{\mathrm{iQ}}$，振荡器进入增幅区，阻止振荡器幅度减小，从而维持在 Q 点不变；Q 点的平衡状态是稳定的。

由上面分析可得，振幅平衡的稳定条件是：

$$\left.\frac{\partial T(\omega_0)}{\partial u_{\mathrm{i}}}\right|_{A=\frac{1}{F}}<0 \tag{5.2.10}$$

也就是，在平衡点附近，环路增益的幅频特性具有负斜率的变化规律，放大器的增益随输入信号幅度的增加而减小，$\left|\frac{\partial T(\omega_0)}{\partial u_{\mathrm{i}}}\right|$越大，电路自动调节振幅的能力越强。

这种振荡器在起振时，满足 $AF>1$，处于增幅振荡状态，无须外界激励就能自动起振，自动进入平衡状态，并具备维持平衡状态的能力，这种特性称为软激励。

若晶体管的静态工作点选得太低，过于靠近截止区，反馈系数又太小，接通电源后 $AF<1$，不满足振幅的起振条件，因此它不能自动起振。必须在起振时额外加一个冲击信号，信号幅值超过 P 点，使振荡器进入增幅区，到 Q 点达到稳定。关机后，再接通电源，若无外界激励，振荡无法建立起来。对于这种振荡器，需要预先施加一个冲击信号才能起振的现象称为硬激励，如图 5-15 所示。

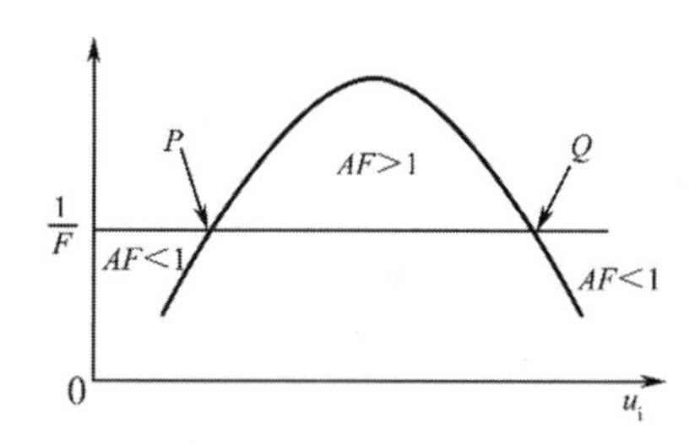

图 5-15　硬激励特性

在一般情况下，只要静态工作点设计合理，反馈系数不过分小，就可使振荡器工作在软激励状态下。在设计时应避免工作在硬激励状态下。

提高振幅稳定度的方法如下。

振荡电路要起振，必须满足 $AF>1$，在起振后，晶体管就会因振荡不断增幅而自动进入非线性区，达到自动稳幅的效果。前面已经分析过，晶体管的非线性表现在两个区域，截止区和饱和区。在进入饱和区工作时，由于集电结处于正向导通状态，呈现低阻抗而使得集电极的 LC 谐振回路的选频特性受到严重影响。因此，必须避免进入饱和区，这就要求晶体管的静态工作点不宜过高。另外，能够产生负偏压的电路形式，有助于避免晶体管进入饱和区。

电路中的自给反偏压是随信号幅度的增大而增大的。自给反偏压的增大使导通角 θ 减小，放大倍数 A 减小，因此在振荡电路中采用自给反偏压能得到更好的 $\left|\dfrac{\partial T(\omega_{\text{osc}})}{\partial u_{\text{i}}}\right|$，如图 5-12 所示。

在振荡器中运用自给反偏压电路来稳幅时，必须注意的一个问题就是正确选择自给偏置电路的时间常数。自给偏置电路的时间常数太小，则在晶体管截止期间放电很快，无法建立起稳定的偏压；自给偏置电路的时间常数太大，则在晶体管截止期间放电很慢，不利于保证在起振时要求的 $AF>1$。实验证明，自给偏置电路的时间常数的选取应满足

$$RC \leqslant \frac{2Q}{5\omega_{\text{osc}}}$$

2）相位稳定条件

实质上，相位稳定条件就是频率稳定条件，因为正弦振荡 $u(t)=V_{\text{m}}\cos\omega t$ 的角频率 ω 与相位的内在关系为

$$\omega = \frac{\mathrm{d}\varphi}{\mathrm{d}t}$$

也就是说，当外界因素引起振荡器相角的变化 $\Delta\varphi>0$，即反馈电压 $\dot{u}_{\text{f}}$ 超前于原来的输入电压 $\dot{u}_{\text{i}}$，相当于提前给回路补充能量，振荡频率就增加了；反之，$\Delta\varphi<0$，即反馈电压 $\dot{u}_{\text{f}}$ 滞后于原来的输入电压 $\dot{u}_{\text{i}}$，振荡频率就下降。因此，外界因素引起相位变化，相位变化又引起频率变化的趋势是

$$\begin{cases}\Delta\varphi>0,\ \ \omega\uparrow \\ \Delta\varphi<0,\ \ \omega\downarrow\end{cases}$$

即

$$\frac{\mathrm{d}\varphi}{\mathrm{d}\omega}>0 \tag{5.2.11}$$

不稳定因素不仅会破坏振幅平衡条件，同时会破坏相位平衡条件，使振荡频率发生变化。相位稳定条件是指，由于干扰因素暂时破坏了相位平衡条件，致使振荡频率发生改变，当扰动离去后，振荡器能自动稳定在原有频率上。

当振荡器的相位受到干扰而发生变化时，如果这种相位扰动会无止境地发展下去，振荡器将离开原有的相位平衡点，破坏正常工作状态，则这种相位平衡是不稳定的；如果振荡器的相位受到干扰而发生变化，振荡器内部能够产生一个新的相位变化量，这个变化量与外界因素引起的相位变化 $\Delta\varphi$ 的符号相反，可削弱或抵消由外界因素引起的相位变化，则这种相位平衡就是稳定的。外界因素引起的频率随相位变化的趋势 $\dfrac{\mathrm{d}\varphi}{\mathrm{d}\omega}>0$，为了使振荡器的相位平衡满足稳定条件，必须使得振荡器频率变化时产生相反方向的相位

变化，以补偿外因引起的相位变化。因此，相位平衡的稳定条件为

$$\left.\frac{\mathrm{d}\varphi}{\mathrm{d}\omega}\right|_{\omega=\omega_0}<0 \tag{5.2.12}$$

式（5.2.12）的物理意义：相频特性曲线在工作频率附近的斜率是负的；$\left|\frac{\mathrm{d}\varphi}{\mathrm{d}\omega}\right|$越大，振荡器的稳频能力越强。

振荡器的相移

$$\varphi=\varphi_A+\varphi_F=\varphi_Y+\varphi_Z+\varphi_F$$

式中，φ_Y为晶体管正向传输导纳的相移，φ_Z为选频回路的相移，φ_F为反馈网络的相移。

$$\frac{\mathrm{d}\varphi}{\mathrm{d}\omega}=\frac{\mathrm{d}\varphi_Y}{\mathrm{d}\omega}+\frac{\mathrm{d}\varphi_Z}{\mathrm{d}\omega}+\frac{\mathrm{d}\varphi_F}{\mathrm{d}\omega}$$

在振荡器中，由晶体管引入的相移φ_Y和由反馈网络引入的相移φ_F，可近似认为与频率无关；而由放大器的负载并联谐振回路引入的相移φ_Z对频率十分敏感，即

$$\left|\frac{\mathrm{d}\varphi_Y}{\mathrm{d}\omega}\right|\ll\left|\frac{\mathrm{d}\varphi_Z}{\mathrm{d}\omega}\right|,\quad\left|\frac{\mathrm{d}\varphi_F}{\mathrm{d}\omega}\right|\ll\left|\frac{\mathrm{d}\varphi_Z}{\mathrm{d}\omega}\right|$$

所以有

$$\frac{\mathrm{d}\varphi}{\mathrm{d}\omega}\approx\frac{\mathrm{d}\varphi_Z}{\mathrm{d}\omega}$$

因此，相位平衡的稳定条件可表示为$\left.\frac{\mathrm{d}\varphi_Z}{\mathrm{d}\omega}\right|_{\omega=\omega_0}<0$。

并联 LC 谐振回路正好具有这种相频特性，如图 5-16 所示。

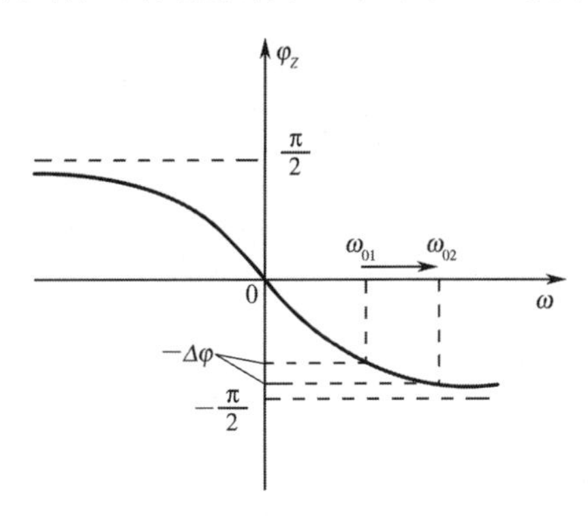

图 5-16　LC 谐振回路的相频特性曲线

（1）当外界干扰引入$+\Delta\varphi$时，由式（5.2.11）可知，工作频率将由ω_{01}增加为ω_{02}，即$\omega_{01}\to\omega_{01}+\Delta\omega_0=\omega_{02}$，如图 5-16 所示，这时 LC 谐振回路将引入相移$-\Delta\varphi$，用于抵消由外界干扰引起的相位变化$+\Delta\varphi$，将振荡频率牵引回原有的频率ω_{01}，工作频率的变动得到控制。当外界干扰$+\Delta\varphi$消失以后，工作频率回到ω_{01}。

（2）反之，若由外界干扰引入$-\Delta\varphi$导致工作频率降低，LC 谐振回路将引入$+\Delta\varphi$，抵消由外界干扰引起的相位变化，从而维持振荡频率的稳定性。

综上所述，放大器的非线性可以满足振荡器振幅平衡的稳定条件；并联谐振回路阻抗的相频特性可以满足振荡器相位平衡的稳定条件。也就是说，以并联谐振回路作为负载的 LC 振荡器具有稳定相位平衡的能力，且谐振回路的 Q 值越高，这种稳频能力就越强。

5.2.4 反馈型振荡器的基本分析方法

一个简单的反馈型振荡器包括：一个以并联 LC 谐振回路作为负载的谐振放大器，同时配置合适的直流偏置电路，使晶体管处于正确的工作状态；反馈网络将输出的一部分反馈回输入端，要求必须满足正反馈。LC 振荡器可用来产生几十千赫兹到几百兆赫兹的正弦波信号。

根据晶体管接地电极的不同，反馈型振荡器可分为共射（共源）组态、共基（共栅）组态、共集（共漏）组态。共集（共漏）组态的电压放大倍数小于 1，而电压反馈系数大于 1，这对我们的分析和理解增加了一些难度，因此本节主要讨论共射（共源）组态和共基（共栅）组态。

在设计振荡电路时必须注意以下两个问题。

1．反馈电压的提取

振荡电路中的放大器有 3 种组态：共基、共集、共射。共基、共集放大器为同相放大器，共射放大器为反相放大器。在反馈提取时，必须满足正反馈，才可能产生振荡。

2．对并联 LC 回路 Q 值的要求

并联 LC 谐振回路的 Q 值反映了回路选频特性的好坏，Q 值越高，振荡器的频率稳定度就越高；Q 值过低，谐振放大器的谐振电阻 $R_{\Sigma}=Q\sqrt{\frac{L}{C}}$ 就很小，放大器的增益 $A=g_{\mathrm{m}}R_{\Sigma}$ 也就很小，起振条件 $AF>1$ 就不容易得到满足，且 Q 值过低不利于提高振荡器的频率稳定度。

共射、共基放大器，晶体管的输入阻抗都很低。如果直接从集电极输出端，即从谐振回路两端取出电压反馈回输入端，小的晶体管输入电阻直接并联在谐振回路两端，会大大降低回路的谐振阻抗 R_{Σ} 和 Q 值。降低谐振阻抗的后果是降低放大器的增益，甚至会破坏环路增益大于 1 的条件而无法起振。为此，Q 值较高的 LC 谐振回路是 LC 振荡器设计中至关重要的环节。

反馈网络的作用是双向的，它在把放大器输出信号回送到放大器输入端的同时，也将放大器的输入阻抗以某种形式并联在放大器的输出端，因此必须提高放大器输入端对回路的接入阻抗，即反馈网络应同时应完成阻抗变换功能，如图 5-17 所示。

在振荡器中，阻抗变换最常用的两种方法：①变压器互感耦合；②部分接入。

在分析反馈型振荡器时，需要抓住几个要点。

（1）可变增益放大器应有合适的直流偏置，在刚开始起振时，应工作在甲类状态下以便于起振。

（2）闭合环路是正反馈。

（3）选频回路在振荡频率点附近具有负斜率变化的相频特性。

相位稳定条件是由选频网络的相频特性决定的。LC 并联谐振回路阻抗的相频特性和 LC 串联谐振回路导纳的相频特性是负斜率的，而 LC 并联谐振回路导纳的相频特性和 LC 串联谐振回路阻抗的相频特性是正斜率的。前者能满足相位稳定条件，后者则不能满

足相应稳定条件。

（4）按照小信号放大器等效电路的分析方法，计算出环路增益 $T(\mathrm{j}\omega)$，看其是否满足起振条件 $T(\mathrm{j}\omega)=AF>1$，再根据相位平衡条件计算出振荡频率。

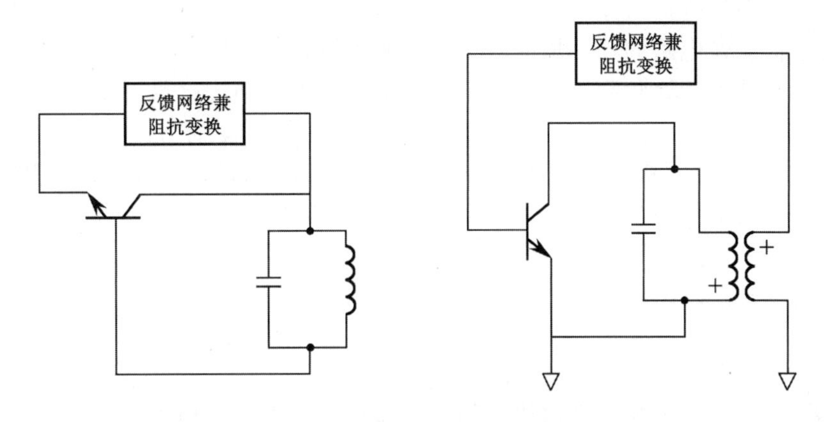

图 5-17　反馈网络与阻抗变换网络结构示意

5.3　LC 正弦波振荡器

采用 LC 谐振回路作为选频网络的反馈型振荡电路称为 LC 振荡器，按其反馈方式，LC 振荡器可分为互感耦合式振荡器、电感反馈式振荡器和电容反馈式振荡器 3 种类型，后两种通常统称为三点式振荡器。

5.3.1　互感耦合式振荡器

互感耦合式振荡器利用互感耦合实现反馈振荡。根据 LC 谐振回路与三极管不同电极的连接方式分为集电极调谐型、发射极调谐型和基极调谐型，如图 5-18 所示。

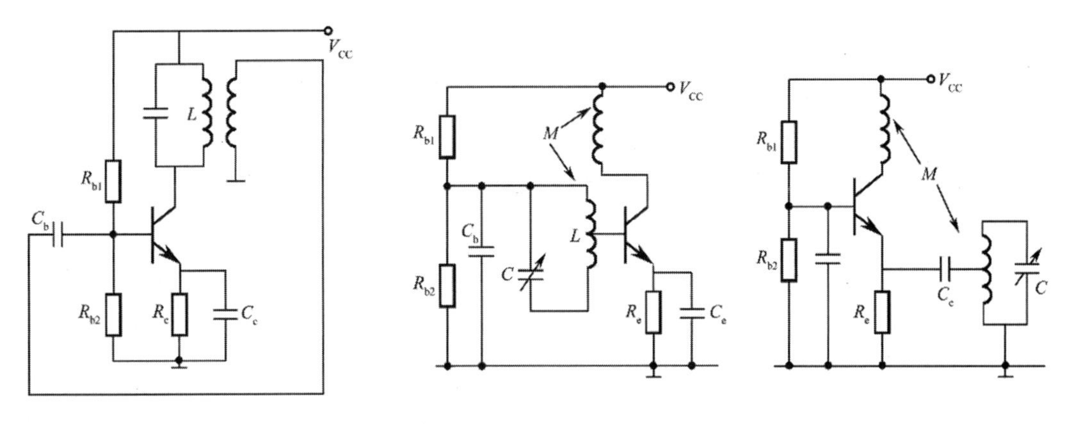

图 5-18　3 种互感耦合式振荡器

3种振荡器相比较，集电极调谐型振荡器的高频输出比其他两种振荡器稳定，而且输出信号振荡幅度大，谐波成分小；基极调谐型振荡器的振荡频率可以在较宽的范围内变化，且能保持输出信号振荡幅度平稳。这里我们只讨论集电极调谐型振荡器。

集电极调谐型振荡器又分为共射和共基两种类型，两者均得到了广泛应用。两者相比，共基集电极调谐电路的功率增益较小、输入阻抗较低，所以难以起振，但共基集电极调谐电路的振荡频率比较高，再加上共基集电极调谐电路内部反馈较小，工作整体比较稳定。

图 5-18 所示的互感耦合式振荡器，变压器同名端的位置必须满足振荡的相位条件，在此基础上适当调节反馈量 M 总是可以满足振荡的振幅条件的。

判断互感耦合式振荡器是否可能振荡，通常以能否满足相位平衡条件，即是否构成正反馈为判断准则。判断方法采用瞬时极性法。

瞬时极性法：首先，识别放大器的组态，即共射、共基、共集；然后，根据同名端的设置，判断放大器是否构成正反馈。

放大器组态的判别方法：观察放大器中晶体管与输入端和输出回路相连的电极，余下的电极就是参考端。下面以实例说明如何确定放大器的组态。

（1）输入端接基极，输出端接集电极，发射极为参考点（接地点），是共射组态。共射组态为反相放大器，输入信号、输出信号的瞬时极性相反，如图 5-19（a）所示。

（2）输入端接发射极，输出端接集电极，基极为参考点（接地点），是共基组态。共射组态为同相放大器，输入信号、输出信号的瞬时极性相同，如图 5-19（b）所示。

（3）输入端接基极，输出端接发射极，集电极为参考点（接地点），是共集组态。共集组态为同相放大器，输入信号、输出信号的瞬时极性相同，如图 5-19（c）所示。

采用瞬时极性法判断振荡电路是否满足相位条件的基本步骤如下：

（1）先判断放大器的组态；

（2）在电路中某一适当位置（往往是放大器的输入端）把电路断开；

（3）在断开处的一侧（往往是放大器输入端）对地引入一个外加电压 u_{i}；

（4）该外加电压经过放大器反馈网络之后回送到输入端，此时电压为 u_{f}，若其瞬时极性与输入电压 u_{i} 相同，则电路满足相位条件，有可能起振。

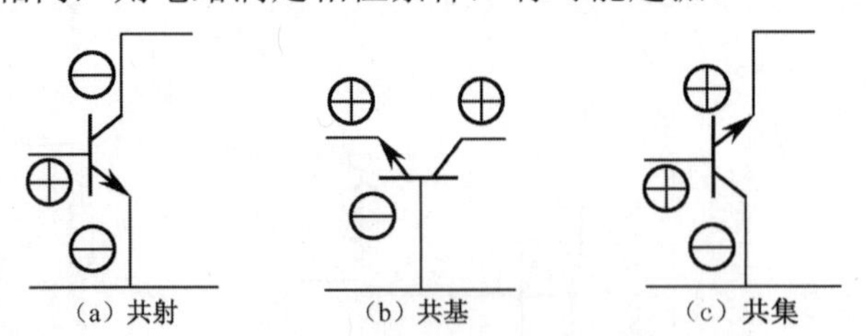

图 5-19　3 种组态的瞬时极性

图 5-20 是一种最为常见的集电极调谐型互感耦合式振荡器电路。以此为例，用瞬时极性法判断其是否满足振荡的相位条件。注意耦合电容 C_{b} 的作用。如果将 C_{b} 短路，则基极通过变压器次级直流接地，振荡电路不能起振。

该输入端接基极，输出端接集电极，发射极为参考点（接地点），是共射组态。共射组态为反相放大器，输入信号、输出信号的瞬时极性相反，根据同名端的位置可知，反馈电压 u_{f} 与输入电压 u_{i} 的瞬时极性相同，因此是正反馈，满足振荡的相位条件。

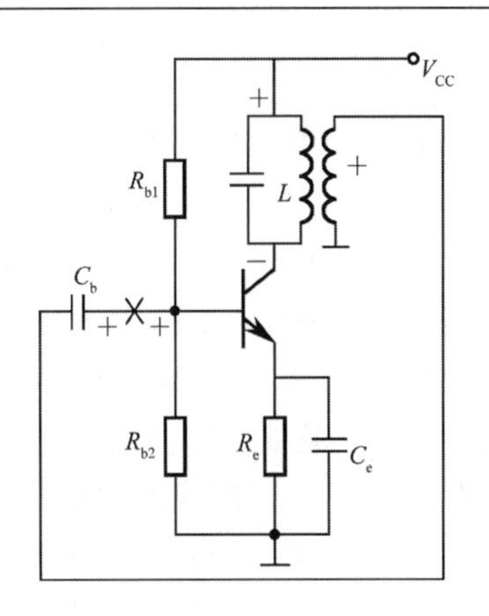

图 5-20　集电极调谐型互感耦合式振荡器电路

例 5.1　判断下图所示两级互感耦合式振荡器电路能否起振。

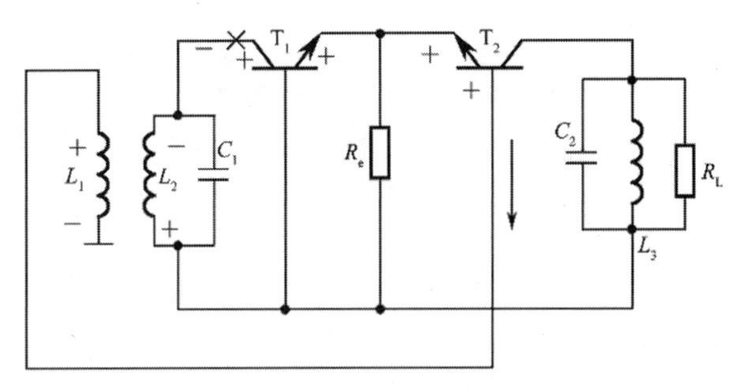

解：电路中的 T_1 是共基组态，而 T_2 是共集组态。在 T_1 输入端处断开，引入一个外加电压 u_i，极性如图所示。共基组态、共集组态是同相放大器，输入信号、输出信号的瞬时极性相同，根据图示同名端的位置可知，反馈信号与输入信号的瞬时极性相反，所以电路是负反馈，不能产生振荡。如果把变压器次级线圈的同名端位置换一下，则电路成为正反馈。

例 5.2　判断下图所示互感耦合式振荡器电路能否起振。

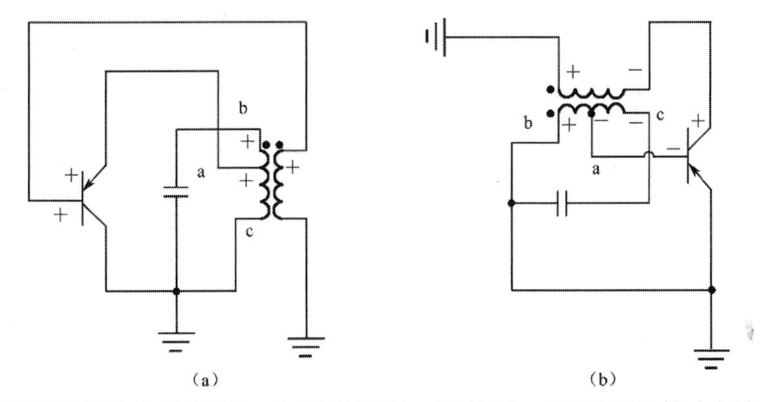

解：本题涉及有抽头的绕组，由于绕组有一端接地，因而晶体管电极与抽头相接处的同名端可移至另一不接地的绕组端处。

在图（a）中，输入端接晶体管基极，输出端接发射极，所以是共集组态，为同相放大器。有抽头的绕组端 a 处的极性移至另一不接地的绕组端 b 处（此处 c 端接地），所以 a 处的极性移至 b 处。根据瞬时极性法判断此电路为正反馈，电路可能产生振荡。

在图（b）中，输入端接晶体管基极，输出端接集电极，所以是共射组态，为反相放大器。有抽头的绕组端 a 处的极性移至另一不接地的绕组端 c 处（此处 b 端接地），所以 a 处的极性移至 c 处。根据瞬时极性法判断此电路为负反馈，电路不可能产生振荡。

互感耦合式振荡器的优点是容易起振，输出电压较大，结构简单，调节频率方便，在调整反馈时，基本不影响振荡频率，因此在广播收音机中常用于本地振荡。互感耦合式振荡器的缺点是变压器的分布电容限制了振荡频率的升高，在高频时输出波形不好，频率稳定性也差，通常工作频率不宜过高，一般在几十千赫至几十兆赫范围内，很少用在短波以上的更高频段。

5.3.2 三点式振荡器

三点式振荡器是指 LC 回路的 3 个端点与晶体管的 3 个电极分别连接而组成的反馈型振荡器。三点式振荡器用电感耦合或电容耦合代替变压器耦合，可以克服变压器耦合振荡器只适用于低频振荡的缺点，是一种广泛应用的振荡电路，其工作频率可从几兆赫兹到几百兆赫兹。

1. 三点式振荡器的构成原则

图 5-21 是三点式振荡器的原理电路(交流通路)。为了便于分析，图中忽略了回路损耗，3 个电抗元器件 X_{be}、X_{ce} 和 X_{bc} 构成了决定振荡频率的并联谐振回路。显然，要产生振荡，必须满足谐振回路的总电抗 $X_{be}+X_{ce}+X_{bc}=0$，回路呈现纯阻性。反馈电压 $\dot{u}_f$ 作为输入加在晶体管的 b、e 极，输出 $\dot{u}_o$ 加在晶体管的 c、e 极之间。共射组态为反相放大器，放大器的输出电压 $\dot{u}_o$ 与输入电压 $\dot{u}_i$（$\dot{u}_f$）反相，而反馈电压 $\dot{u}_f$ 又是 $\dot{u}_o$ 在 X_{bc}、X_{be} 支路中分配在 X_{be} 上的电压，即

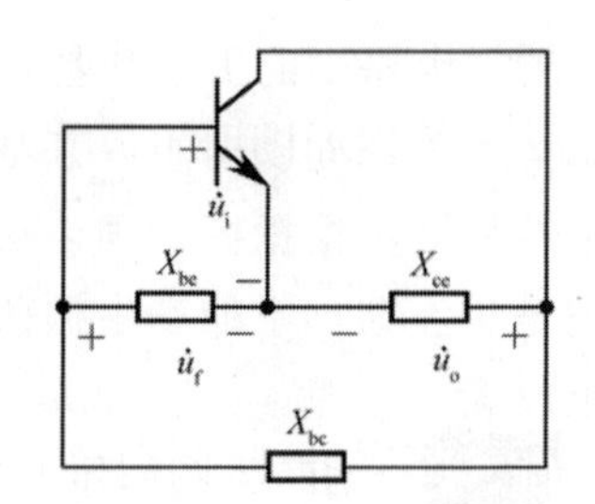

图 5-21　三点式振荡器的原理

$$\dot{u}_f=\frac{X_{be}}{(X_{be}+X_{bc})}\dot{u}_o=-\frac{X_{be}}{X_{ce}}\dot{u}_o \tag{5.3.1}$$

为了满足相位平衡条件，$\dot{u}_f$ 和 $\dot{u}_o$ 必须反相，即由式（5.3.1）可知 $\frac{X_{be}}{X_{ce}}>0$ 必然成立，即 X_{be} 和 X_{ce} 必须是同性电抗，而 $X_{bc}=-(X_{be}+X_{ce})$ 必须为异性电抗。综上所述，三点式振荡器构成的一般原则如下。

（1）为满足相位平衡条件，与晶体管发射极相连的两个电抗元器件 X_{be}、X_{ce} 必须为同性，而不与发射极相连的电抗元件 X_{bc} 的电抗性质与前者相反，概括起来就是“射同基反”。此构成原则同样适用于场效应管电路，对应的有“源同栅反”。

（2）振荡器的振荡频率可利用谐振回路的谐振频率来估算。

若与发射极相连的两个电抗元件 X_{be}、X_{ce} 为容性的，则称为电容三点式振荡器，也称考比兹（Colpitts）振荡器，如图 5-22（a）所示；若与发射极相连的两个电抗元件 X_{be}、X_{ce} 为感性的，则称为电感三点式振荡器，也称哈特莱（Hartley）振荡器，如图 5-22（b）所示。

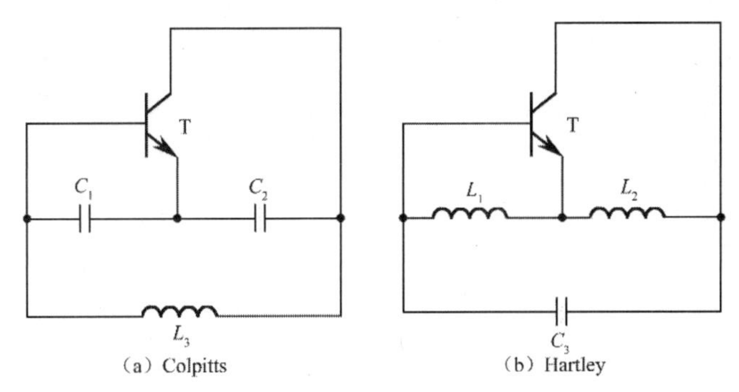

图 5-22　电容三点式振荡器与电感三点式振荡器电路原理

2．三点式振荡器的性能分析

1）电容三点式振荡器——考比兹（Colpitts）振荡器

图 5-23 给出了两种电容三点式振荡器电路。图中 R_{b1}、R_{b2} 和 R_e 为分压式偏置电阻，C_b、C_c 和 C_e 为高频耦合和旁路电容，对于高频振荡信号可近似认为短路，R_L 为输出负载电阻，L、C_1 和 C_2 构成并联谐振回路，C_1和C_2 称为回路电容。一般来说，旁路和耦合电容的容值至少要比回路电容的容值大一个数量级以上。两种电路的区别仅在于组态不同，即三极管交流接地的电极不同。在图 5-23（a）电路中，三极管发射极通过 C_E 交流接地，是共射组态；在图 5-23（b）电路中，三极管基极通过 C_b 交流接地，是共基组态。图 5-24 给出了两种电路的交流等效电路，尽管两个振荡器电路的组态不同，但都满足“射同基反”的构成原则，即与发射极相连的两个电抗性质相同，不与发射极相连的电抗性质相异。

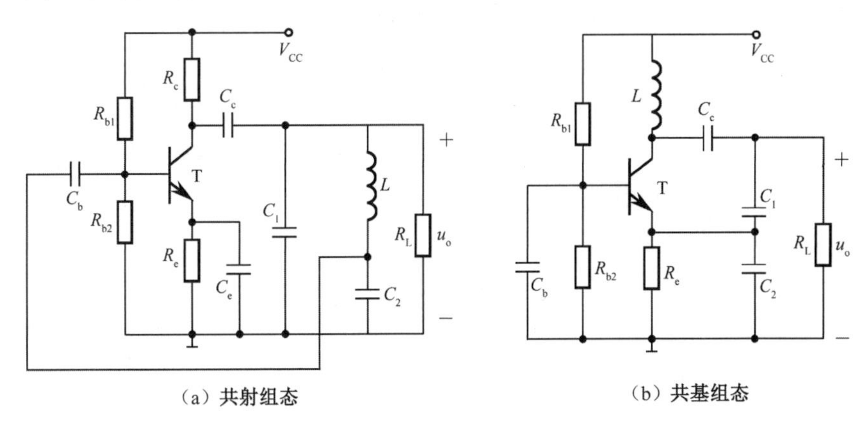

图 5-23　电容三点式振荡器电路

电路中作为可变增益元器件的三极管，必须由偏置电路设置合适的静态工作点，以保证在起振时工作在放大区，提供足够的增益满足起振条件。在起振之后，振荡器输出的振幅不断增长，直到三极管开始呈现非线性放大特性，此时放大器的增益将随振荡振幅增大而减小。同时，偏置电路产生的自给偏置效应又进一步加速放大器增益的下降，使振荡器以更快的速度完成从增幅过程向等幅过程的转换，进入稳定的平衡状态。

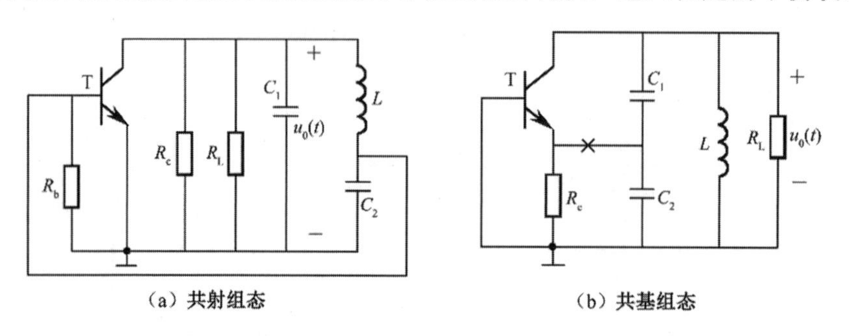

图 5-24　电容三点式振荡器电路的等效交流电路

2）电容三点式振荡器电路的起振条件

以图 5-23（b）所示共基组态的电容三点式振荡器电路为例分析起振条件。

（1）交流等效电路。

在画振荡器交流等效电路时，需要将原电路中不参与高频振荡的元器件去除。判断工作电容和工作电感的依据如下。一是根据参数值大小，电路中数值最小的电容（电感）和与其处于同一数量级的电容（电感）均被视为工作电容（电感），耦合电容与旁路电容的数值往往要大工作电容的数值几十倍以上，高频扼流圈（RFC）的电感的数值远远大于工作电感的数值。二是根据所处的位置。另外，工作电容与工作电感是按照振荡器组成法则设置的，耦合电容的作用是阻隔直流和交流耦合，旁路电容对偏置电阻起旁路作用，高频扼流圈对直流和低频信号提供通路，对高频信号起阻隔作用，因此它们在电路中所处位置不同。据此也可以正确判断工作电容和工作电感。画交流等效电路应遵循以下几个原则。

- 小电容是工作电容，大电容是耦合电容或旁路电容。旁路电容、耦合电容对高频信号短路，直流电源对地短路。区分耦合电容、旁路电容和回路电容的基本方法是根据电容所处位置及电容数值的大小来判断。分别与晶体管的电极和交流地相连的电容为旁路电容；耦合电容通常在振荡器负载和晶体管电路之间，起到高频信号耦合及阻隔直流作用。这两种电容对高频信号都近似为短路。回路电容比耦合电容、旁路电容小得多，至少相差一个数量级。
- 小电感是工作电感，大电感是高频扼流圈，高频扼流圈对高频信号近似开路。直流电源与地短路，通常高频等效电路用于分析振荡频率，一般不用画出偏置电阻。

图 5-25 给出了图 5-23（b）的等效交流电路。

（2）起振条件和振荡频率。

$T(\mathrm{j}\omega)$ 为反馈放大器的环路增益，$T(\mathrm{j}\omega)=\dot{A}\dot{F}=T(\omega_{\mathrm{osc}})\mathrm{e}^{\mathrm{j}\varphi_{\mathrm{T}}(\omega)}$。振荡器起振的振幅条件是 $T(\omega_{\mathrm{osc}})=\left|\dot{A}\right|\left|\dot{F}\right|=AF>1$，起振的相位条件已由“射同基反”满足。判断振荡器能否起振要解决的关键问题就是推导放大器环路增益 $T(\mathrm{j}\omega)$。在推导放大器环路增益 $T(\mathrm{j}\omega)$ 时，

必须将闭和环路断开。断开点的选择并不影响 $T(\mathrm{j}\omega)$ 表达式的推导，一般以便于分析为准则，通常选择在输入端，本题在图 5-25 所示的×处断开，断开点的右面加环路的输入电压 V_{i}，断开点的左面接入自左向右看进去的输入阻抗 Z_{i}，如图 5-26（a）所示。图中，R_{eo} 是并联谐振回路 L、C_1 和 C_2 的谐振电阻，$R_{\mathrm{eo}} \approx \omega_{\mathrm{osc}} L Q_0$，式中 Q_0 为回路固有品质因数。将共基组态的晶体管用混合 π 型等效电路表示。当振荡频率远小于晶体管的特征频率 f_{T} 时，可忽略 $r_{\mathrm{bb'}}$、r_{ce} 和 $C_{\mathrm{b'c}}$，得到如图 5-26（b）所示的等效电路。由图可见，由断开处向右看进去的输入阻抗 $Z_{\mathrm{i}} = R_{\mathrm{e}} // r_{\mathrm{e}} // \mathrm{j}\omega C_{\mathrm{b'e}}$，可画出断开环路后的等效电路，如图 5-26（c）所示。图中虚线框内是晶体管共基组态的简化等效电路，r_{e} 为共基放大器的输入电阻，即

$$r_{\mathrm{e}} = \frac{r_{\mathrm{b'e}}}{1+\beta} \Rightarrow r_{\mathrm{b'e}} = (1+\beta) r_{\mathrm{e}} \tag{5.3.2}$$

式中，$r_{\mathrm{b'e}}$ 为发射结电阻，β 为共射组态晶体管的低频放大倍数。因为在放大区，发射结总是正偏的，所以，$r_{\mathrm{b'e}}$ 通常很小，一般在几百欧以下。而 $\beta = g_{\mathrm{m}} r_{\mathrm{b'e}}$，即

$$g_{\mathrm{m}} = \frac{\beta}{(1+\beta) r_{\mathrm{e}}}$$

因为 $\beta \gg 1$，所以 g_{m}（跨导 g_{C}）$\approx \dfrac{1}{r_{\mathrm{e}}}$。

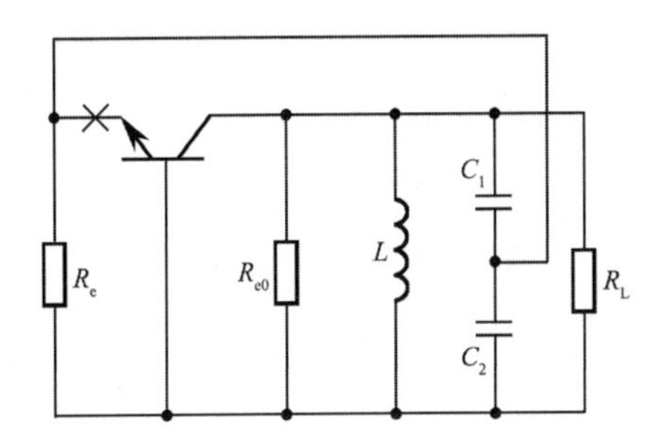

图 5-25　共基组态电容三点式振荡器电路的等效交流电路

而共基放大器的输入电阻

$$r_{\mathrm{e}} = \frac{26}{I_{\mathrm{EQ}}} \Omega$$

将输出回路的等效电路简化为如图 5-26（d）所示电路，以便求出基本放大器的增益 A 和反馈系数 F，最终得到环路增益 $T(\omega_{\mathrm{osc}})$。图中 $C_2' = C_2 + C_{\mathrm{b'e}}$，输入阻抗 Z_{i} 对谐振回路的接入系数

$$n = \frac{C_1}{C_1 + C_2'}, \quad \dot{V}_{\mathrm{f}}' = \frac{1}{n} \dot{V}_{\mathrm{f}}$$

通常 $r_{\mathrm{e}} \ll R_{\mathrm{e}}$，所以有

$$r_{\mathrm{e}}' = \frac{1}{n^2} (r_{\mathrm{e}} // R_{e}) \approx \frac{1}{n^2} r_{\mathrm{e}}$$

将图 5-26（d）简化为图 5-26（e），图中的电导

$$G = g_{\mathrm{L}}' + g_{\mathrm{i}}'$$

式中，有

$$g_L' = \frac{1}{R_L'}，\quad g_i' = \frac{1}{r_e'} = n^2 g_i，\quad R_L' = R_L // R_{e0}$$

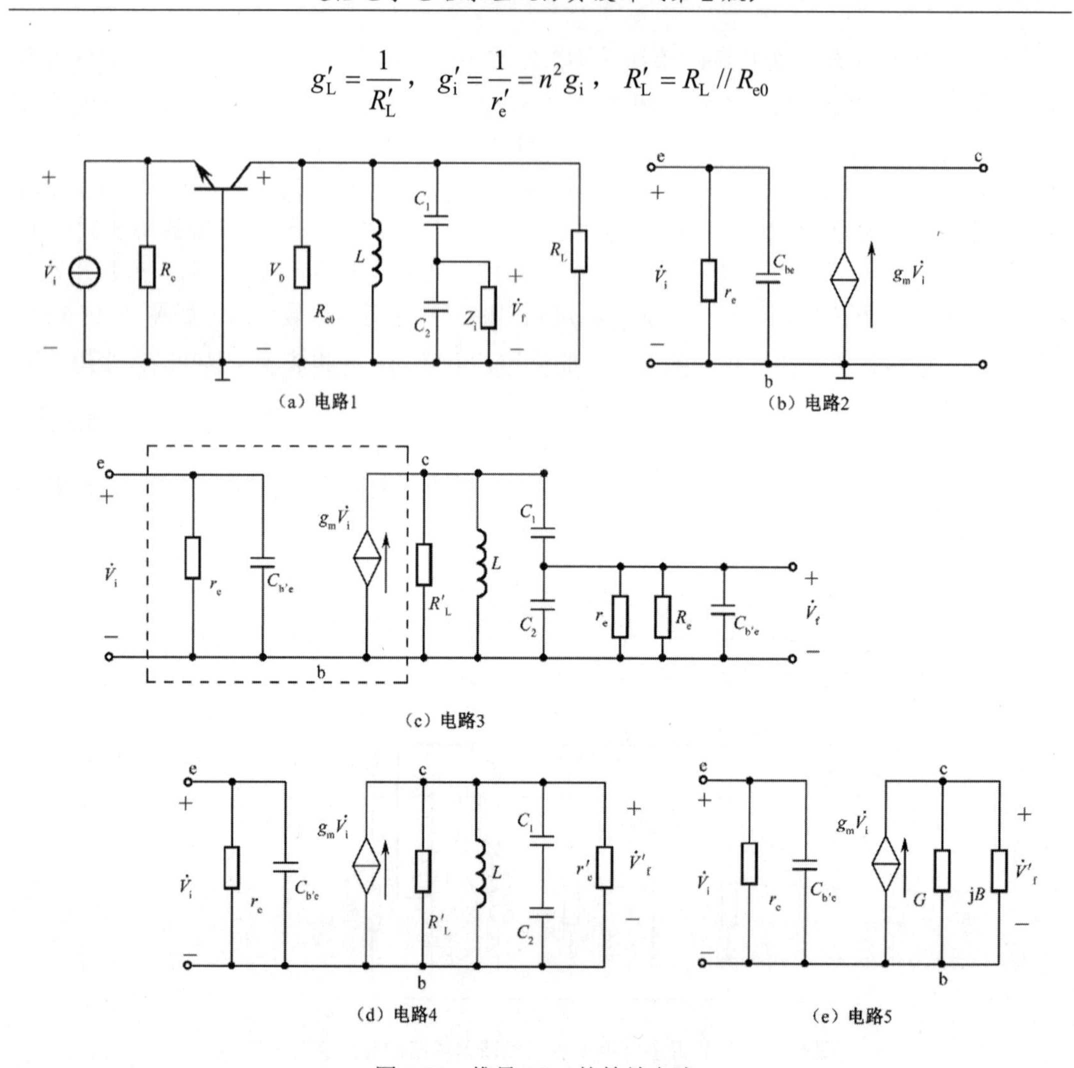

图 5-26　推导 $T(\mathrm{j}\omega)$的等效电路

图中的电纳

$$B = \omega C - \frac{1}{\omega L}$$

式中，有

$$C = \frac{C_1 C_2'}{C_1 + C_2'} \approx \frac{C_1 C_2}{C_1 + C_2}$$

由图 5-26（e）可知

$$\dot{V}_f' = \frac{g_m \dot{V}_i}{G + \mathrm{j}B}$$

而

$$\dot{V}_f = n\dot{V}_f'$$

反馈系数

$$F = n = \frac{C_1}{C_1 + C_2}$$

环路增益为

$$T(\mathrm{j}\omega) = \dot{A}\dot{F} = \frac{\dot{V}_\mathrm{o}}{\dot{V}_\mathrm{i}}\frac{\dot{V}_\mathrm{f}}{\dot{V}_\mathrm{o}} = \frac{\dot{V}_\mathrm{f}}{\dot{V}_\mathrm{i}} = \frac{ng_\mathrm{m}}{G + \mathrm{j}B} = \frac{ng_\mathrm{m}}{g'_\mathrm{L} + g'_\mathrm{i} + \mathrm{j}(\omega C - \frac{1}{\omega L})}$$

当回路发生谐振时，$T(\mathrm{j}\omega)$ 分母的虚部为零，即可得到振荡器的振荡角频率为

$$\omega_\mathrm{osc} = \frac{1}{\sqrt{LC}} \tag{5.3.3}$$

令 $T(\omega) > 1$，可求得振幅起振的条件为

$$T(\omega_\mathrm{osc}) = AF = \frac{ng_\mathrm{m}}{g'_\mathrm{L} + g'_\mathrm{i}} > 1 \tag{5.3.4}$$

式（5.3.4）可改写为

$$g_\mathrm{m} > \frac{1}{n}(g'_\mathrm{L} + n^2 g_\mathrm{i}) = \frac{1}{n}g'_\mathrm{L} + ng_\mathrm{i} \tag{5.3.5a}$$

或

$$n\frac{g_\mathrm{m}}{g'_\mathrm{L} + n^2 g_\mathrm{i}} > 1 \tag{5.3.5b}$$

由图 5-26（c）可知，$n^2 g_\mathrm{i}$ 是 g_i 经电容分压器折算集电极输出回路上的电导值。所以，当回路谐振时，集电极输出回路的总电导为 $g'_\mathrm{L} + n^2 g_\mathrm{i}$，而 $g_\mathrm{m}/(g'_\mathrm{L} + n^2 g_\mathrm{i})$ 就是在回路谐振时放大器的电压增益 A，n 则是反馈系数。由式（5.3.5b）可知，要满足振幅起振条件，应增大 A 和 F，但增大 F（$F = n$），$n^2 g_\mathrm{i}$ 也应随之增大，必将导致 A 减小；反之，减小 F，虽然能增大 A，但不能增大 $T(\omega_\mathrm{osc})$，因此要使 $T(\omega_\mathrm{osc})$ 较大，必须合理选择 F。一般要求 $T(\omega_\mathrm{osc})$ 为 3～5，F 的取值一般为 $\frac{1}{8}$～$\frac{1}{2}$。另外，提高三极管集电极电流 I_CQ，可增大 g_m，从而增大 A，但是 I_CQ 不宜过大，否则 $g_\mathrm{i}(\approx \frac{1}{r_\mathrm{e}} = g_\mathrm{m})$ 会过大，导致回路有载品质因数过低，影响振荡频率稳定度。一般 I_CQ 取值 1～5mA。通常选用 $f_\mathrm{T} > 5 f_\mathrm{osc}$，$R_\mathrm{L} > 1\mathrm{k}\Omega$，反馈系数 F 取值适当，一般都能满足振幅起振条件。

3）工程估算法求起振条件和谐振频率

通过上述分析可知，采用工程估算法，可大大简化起振条件的分析。现将基本步骤归纳如下：

（1）选择断开点，画出推导 $T(\mathrm{j}\omega)$ 的高频等效电路；

（2）求出谐振回路的 ω_osc（近似由谐振回路决定）；

（3）将输入阻抗中部分接入电阻折算到集电极输出回路中。求出在输出回路谐振时基本放大器的增益 A 和反馈系数 F（通常就是接入系数 n），便可得到振幅起振条件；其中

$$A = \frac{输出电压}{输入电压} = \frac{输入电导}{输出回路电导}, \quad F = \frac{反馈电压}{输出电压} = \frac{u_\mathrm{f}}{u_\mathrm{o}}$$

4）电感三点式振荡器——哈特莱（Hartely）振荡器

图5-27给出了两种电感三点式振荡器电路。图中，R_{b1}、R_{b2}和R_e为分压式偏置电阻；C_b、C_c和C_e为高频耦合和旁路电容，对于高频振荡信号可近似认为短路；R_c为集电极限流电阻；R_L为输出负载电阻；C、L_1和L_2构成并联谐振回路。图5-27（a）和图5-27（b）的区别仅在于组态不同，即三极管交流接地的电极不同。在图5-27（a）电路中，三极管发射极通过C_e交流接地，是共射组态；在图5-27（b）电路中，三极管基极通过C_b交流接地，是共基组态。尽管两个振荡电路的组态不同，但都满足“射同基反”的构成原则，即与发射极相连的两个电抗性质相同，不与发射极相连的是性质相异的电抗。

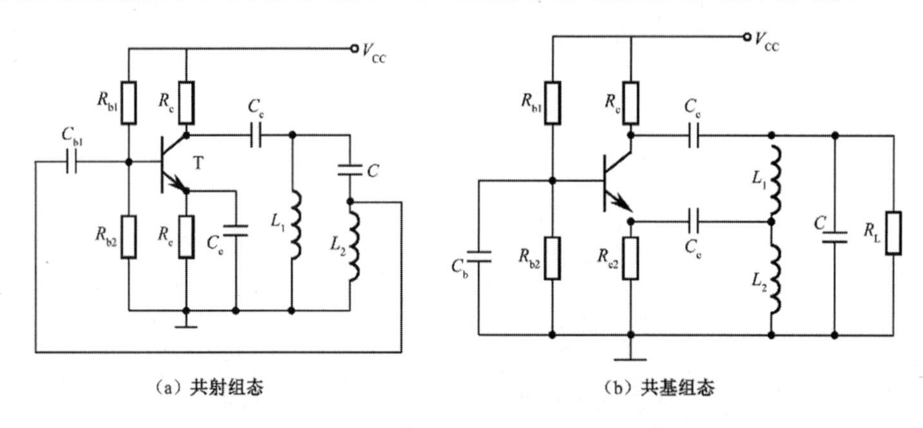

图5-27　电感三点式振荡器电路

5）电感三点式振荡器电路的起振条件

前面电容三点式振荡器是以共基组态为例进行分析的，这里将以图5-27（a）所示的共射组态的电感三点式振荡器电路为例分析起振条件。因电感三点式振荡器应用较少，尤其在集成电路中更为少见，故只对其进行简单分析，给出一些结论作为参考。

（1）等效交流电路。

图5-28给出了图5-27（a）所示电感三点式振荡器电路的等效交流电路。

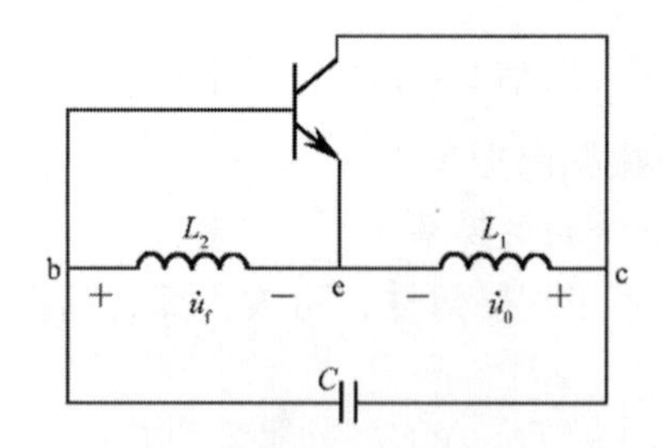

图5-28　共射组态电感三点式振荡器等效交流电路

（2）起振条件和振荡频率。

将共射组态的晶体管用Y参数等效电路表示。当振荡频率远小于晶体管的特征频率f_T时，可忽略晶体管正向传输导纳的相移，y_{fe}可近似等于晶体管的跨导g_m，电路中忽略了晶体管的内部反馈，即$y_{re}=0$，不考虑晶体管输入和输出电容的影响，图5-29（a）给出了高频微变等效电路。图5-29（b）为断开环路后的等效电路，图中虚线框内是晶体管共射组态的简化等效电路，g_{ie}为共射放大器的输入电导，g_{oe}为输出电导，$y_{fe} \approx g_m$，$g'_L(g'_L = g_0 + g_L)$为输出负载回路等效电导，其中g_0为谐振回路谐振电导。

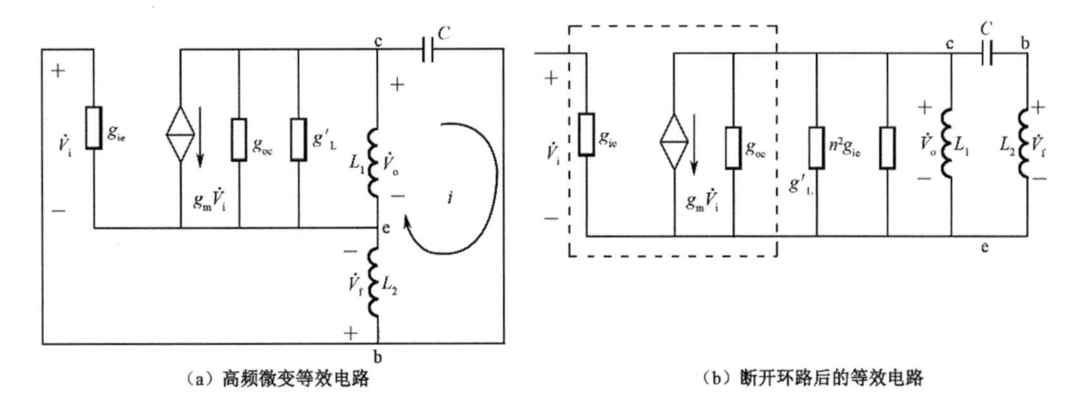

图 5-29　推导 $T(j\omega)$的等效电路

振荡电路的反馈系数为

$$F = \frac{\text{反馈电压}}{\text{输出电压}} = \frac{V_f}{V_o} = \frac{L_2 + M}{L_1 + M} \quad (L_1\text{与}L_2\text{之间有互感})$$

$$F = \frac{L_2}{L_1} \quad (L_1\text{与}L_2\text{之间无互感})$$

其中，F取值过小，不易起振；F取值过大，晶体管的输入阻抗会对谐振回路的Q值及频率稳定性产生不良影响，并使振荡波形失真，严重时甚至会使电路无法起振。为了兼顾振荡的起振条件和各项质量指标，F通常取$\frac{1}{8} \sim \frac{1}{2}$。

放大器增益的幅值为

$$A = \frac{\text{输出电压}}{\text{输入电压}} = \frac{V_o}{V_i} = \frac{g_m}{g_\Sigma}$$

式中，有

$$g_\Sigma = g_{oe} + g'_L + n^2 g_{ie}$$

式中，n为接入系数，其值等于反馈系数。

振幅起振条件为$AF > 1$，即

$$AF = \frac{g_m}{g_\Sigma} n = \frac{g_m}{g_{oe} + g'_L + n^2 g_{ie}} n > 1$$

上式可改写为

$$g_m > n g_{ie} + \frac{1}{n}(g_{oe} + g'_L) \tag{5.3.6}$$

振荡频率的近似计算式为

$$\omega_{osc} = \frac{1}{\sqrt{LC}} \tag{5.3.7}$$

式中，$L = L_1 + L_2 + 2M$，M为L_1与L_2的互感。

3．三点式振荡器性能比较

电容三点式振荡器的优点是，由于反馈电压取自电容，而电容对晶体管的非线性产生的高次谐波呈现低阻抗，能有效地滤除高次谐波，因而输出波形好。晶体管的极间电容与回路电容并联，可并入回路电容中考虑。若直接用极间电容代替回路电容，工作频率可大大提高。

电容三点式振荡器的缺点是反馈系数与回路电容有关。如果用改变电容的方法来调整振荡频率，将改变反馈系数 F，甚至可能导致电路停振。

电感三点式振荡器通过改变电容来调整频率，基本上不会影响反馈系数 F。但是，电路能够振荡的最高频率较低，因为在电感三点式振荡器电路中，晶体管的极间电容与回路电感并联，在高频工作时，可能会改变支路电抗特性，破坏相位平衡条件而无法振荡，因此电路的振荡频率不能过高，一般最高只能达几十兆赫。另外，由于反馈电压取自电感，而电感线圈对高次谐波呈现高阻抗，使输出中含有较大的谐波电压，导致输出波形失真较大，波形较差。

4．克拉泼（Clapp）振荡器

考比兹（Colpitts）振荡器虽然有电路简单、波形好的优点，在许多场合得到应用，但从提高振荡器频率稳定性的角度考虑，还存在一些需要完善的不足之处。在电容三点式振荡器中，晶体管的极间电容直接和谐振回路的电抗元器件并联，极间电容（结电容）是随环境温度、电源电压和电流变化的不稳定参数，它的变化会导致谐振回路谐振频率的变化，因为振荡器的振荡频率基本上由谐振回路的谐振频率决定，谐振回路谐振频率的不稳定将直接影响振荡器频率的稳定性。因此，三点式振荡器电路的频率稳定性不高，一般在 10^{-3} 量级。为提高频率稳定性，必须设法减小晶体管极间电容的不稳定性对振荡器频率稳定性的影响，为此引入串联改进型电容三点式振荡器——克拉泼（Clapp）振荡器。

图 5-30（a）给出了克拉泼振荡器的实用电路，图 5-30（b）是其高频等效电路。与普通电容三点式振荡器电路相比，其区别仅在于 b、c 间的电感支路串入一个小电容 C_3，满足 $C_3 \leqslant C_1$，$C_3 \leqslant C_2$，这就是串联改进型振荡器电路命名的由来。图中输入端（反馈接入端）与发射极相连，输出回路与集电极相连，基极通过旁路电容 C_b 接地，所以电路为共基组态。图 5-30（c）给出了用于分析振荡频率的简化等效电路，该电路满足“射同（C_1、C_2）基反（L、C_3 串联呈现感抗）”，选频回路由 $C_1'(=C_1+C_{ce})$、$C_2'(=C_2+C_{be})$ 和 C_3 串联，再与 L 并联构成。

谐振回路的总电容为

$$\frac{1}{C_\Sigma}=\frac{1}{C_1'}+\frac{1}{C_2'}+\frac{1}{C_3}=\frac{1}{C_1+C_{ce}}+\frac{1}{C_2+C_{be}}+\frac{1}{C_3}$$

因为满足

$$C_3 \leqslant C_1+C_{ce},\quad C_3 \leqslant C_2+C_{be}$$

所以有

$$C_\Sigma \approx C_3$$

另外，串联电容的总电容取决于小电容，而并联电容的总电容取决于大电容。

振荡器的振荡频率为

$$f_{\text{osc}} \approx \frac{1}{2\pi\sqrt{LC_{\Sigma}}} \approx \frac{1}{2\pi\sqrt{LC_3}} \tag{5.3.8}$$

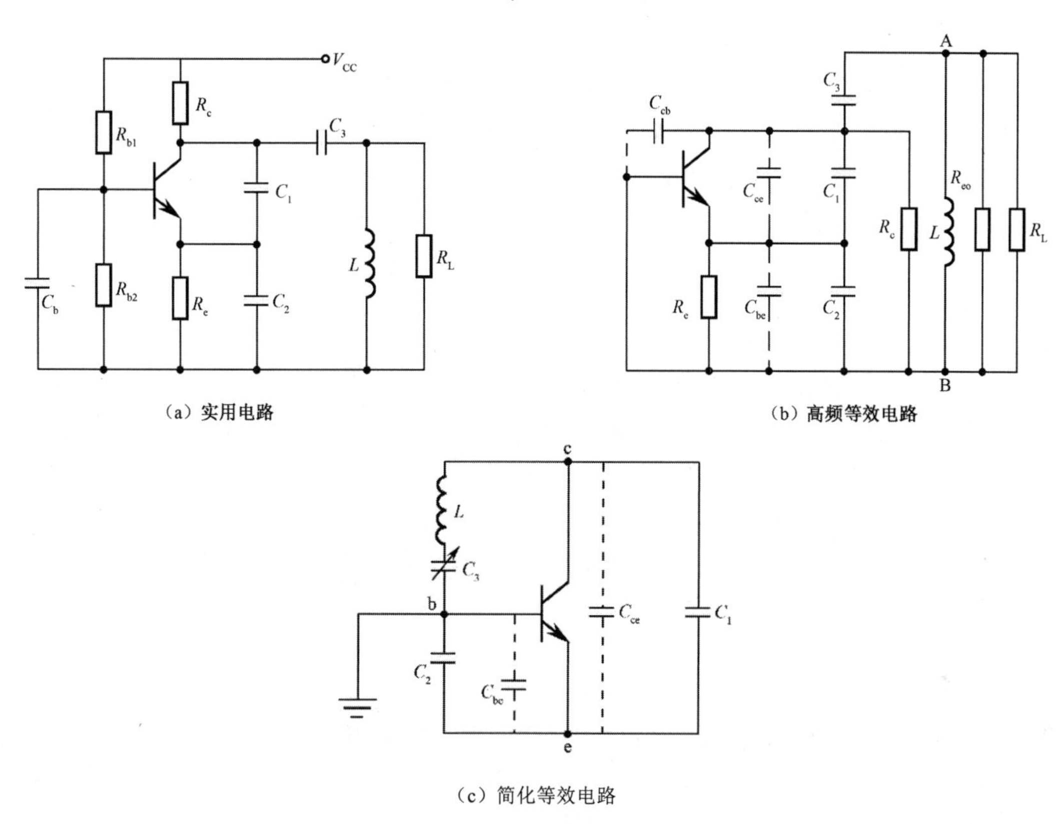

图 5-30　克拉泼振荡器

由式（5.3.8）可知：当满足 $C_3 \leqslant C_2$，$C_3 \leqslant C_1$ 时，f_{osc} 几乎不受晶体管极间电容（输入、输出电容）的影响，C_3 越小，晶体管极间电容对振荡频率的影响就越小。电路的频率稳定性就越好。

在实际电路设计中，根据需要的振荡频率确定 L、C_3 的值，C_1、C_2 的取值应远大于 C_3。仅从振荡频率的稳定性考虑，C_3 越小越好，但 C_3 过小会影响振荡器的起振。

图 5-31 给出了接入系数与等效负载计算示意。由图 5-31 可知，晶体管 c、b 两端（输出回路的两个端点）对谐振回路 A、B 两端的接入系数

$$n_1 = \frac{u_{\text{cb}}}{u_{\text{AB}}} = \frac{\dfrac{1}{\omega C_1} + \dfrac{1}{\omega C_2}}{\dfrac{1}{\omega C_1} + \dfrac{1}{\omega C_2} + \dfrac{1}{\omega C_3}} = \frac{1}{1 + \dfrac{C_1 C_2}{C_3(C_1 + C_2)}} \tag{5.3.9}$$

谐振回路 A、B 两端的等效电阻 $R_{\text{L}}' = R_{\text{L}} // R_{\text{e0}}$，将 R_{L}' 折算到输出回路 c、b 两端，对应的阻抗为

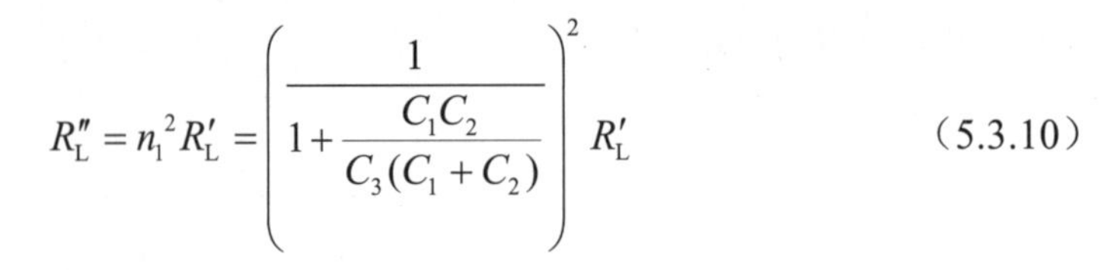

$$R''_{\mathrm{L}} = n_1^{\ 2} R'_{\mathrm{L}} = \left(\frac{1}{1+\dfrac{C_1 C_2}{C_3 (C_1 + C_2)}} \right)^2 R'_{\mathrm{L}} \tag{5.3.10}$$

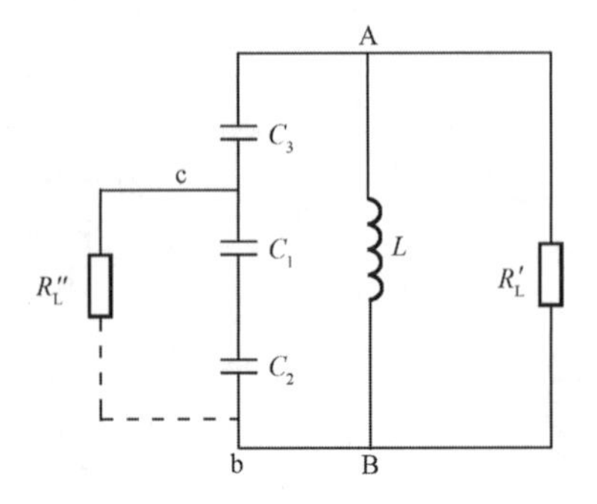

图 5-31　接入系数与等效负载计算示意

由式（5.3.10）可知，C_3越小，R'_{L}就越小，而R'_{L}是共基放大器的等效负载，R'_{L}越小，则共基电路的电压增益就越小，从而环路增益也就越小，可能会导致振荡器无法起振。对于考比兹振荡器而言，其共基电路的等效负载就是R'_{L}。所以，克拉泼振荡器电路以牺牲环路增益的方法来换取回路振荡频率稳定性的改善。

综上分析，克拉泼振荡器电路有以下几点不足。

（1）在减小C_3以提高振荡频率f_{osc}的同时，使环路增益减小，减小到一定程度会导致电路无法起振，这就限制了振荡频率f_{osc}的提高。

（2）克拉泼振荡器电路不适合作为波段振荡器。波段振荡器要求振荡频率在一定区间内可调，且输出信号的振荡振幅基本保持不变。由于克拉泼振荡器电路是通过改变C_3来调节振荡频率的，根据式（5.3.10）可知，C_3的改变，导致R'_{L}变化，致使共基电路的增益变化，最终导致输出信号的振幅发生变化，使所调波段频率范围内输出信号的振幅不平稳。所以，克拉泼振荡器电路可以调节的频率范围不够宽，只能用作固定振荡器或波段覆盖系数（$=\dfrac{f_{\mathrm{oscmax}}}{f_{\mathrm{oscmin}}}$）较小的可变频率振荡器。克拉泼振荡器电路的波段覆盖系数一般为1.2～1.3。

5．西勒（Seiler）振荡器

在对克拉泼振荡器电路的不足之处进行改进的基础上，产生了西勒振荡器。图 5-32（a）给出了西勒振荡器的实用电路，图 5-32（b）是其高频等效电路。西勒振荡器电路在克拉泼振荡器电路中的电感L两端并联了一个可变小电容C_4，且满足C_1、C_2远大于C_4，这就是并联改进型电路命名的由来。

西勒振荡器电路的回路总电容C_Σ由C_1、C_2、C_3串联，再与C_4并联构成，即

$$C_\Sigma = C_4 + \frac{1}{\dfrac{1}{C_1}+\dfrac{1}{C_2}+\dfrac{1}{C_3}} \approx C_3 + C_4 \tag{5.3.11}$$

西勒振荡器的振荡频率为

$$\omega_{\text{osc}} = \frac{1}{\sqrt{LC_{\Sigma}}} = \frac{1}{\sqrt{L(C_3 + C_4)}} \tag{5.3.12}$$

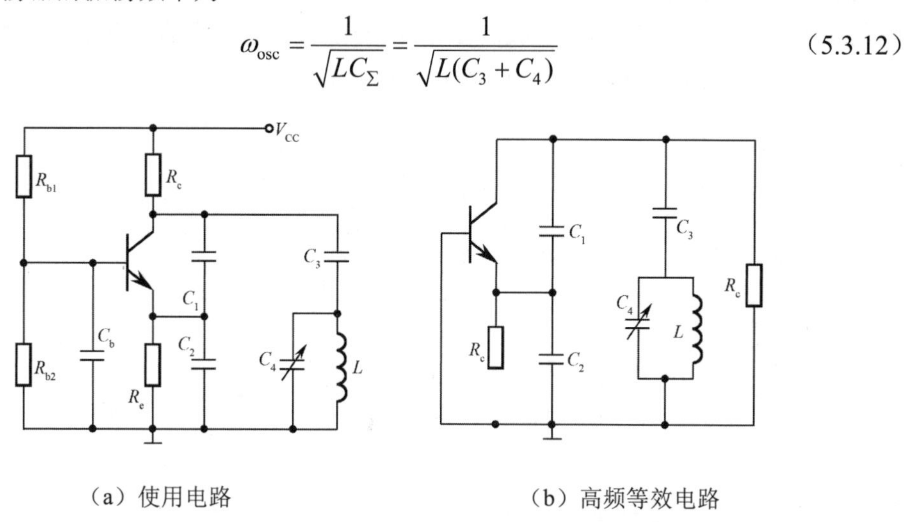

（a）使用电路　　　　（b）高频等效电路

图 5-32　西勒振荡器

图 5-33 给出了计算接入系数与等效负载的结构示意。由图可知，晶体管 c、b 两端（输出回路的两个端点）对谐振回路 A、B 两端的接入系数与式（5.3.9）表示的完全相同。当通过调节 C_4 来改变振荡频率时，不会影响回路的接入系数。也就是说，通过调节 C_4 来改变振荡频率时，输出回路 c、b 端的等效负载 R_L'' 不会随之变化，共基电路增益也保持不变，所以在波段范围内输出信号的振幅基本保持不变，振幅的稳定性较好。因为调谐电容 C_4 直接与电感 L 并联，所以其对回路的谐振频率影响较大，使西勒振荡器电路的调谐带宽较克拉泼振荡器电路大。西勒振荡器电路可用作波段振荡器，其波段覆盖系数可达 1.6～1.8。另外，当通过减小 C_4 来提高振荡频率时，不会影响环路增益和振荡器的起振，因此西勒振荡器电路适用于更高频段的振荡器。

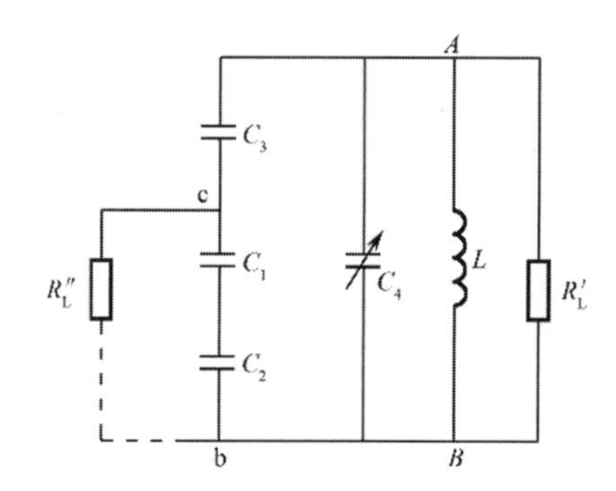

图 5-33　计算接入系数与等效负载的结构示意

6．应用电路举例

例 5.3　在下图所示振荡器等效交流电路中，3 个 LC 并联回路的谐振频率分别是：$f_1 = 1/(2\pi\sqrt{L_1C_1})$，$f_2 = 1/(2\pi\sqrt{L_2C_2})$，$f_3 = 1/(2\pi\sqrt{L_3C_3})$，试问当 f_1、f_2、f_3 满足什么条件时该振荡器能正常工作？

解：在解本题之前首先必须掌握串联谐振回路、并联谐振回路的电抗特性曲线，如图5-34所示。在图5-34（a）中，$\omega_{01}=1/\sqrt{LC}$为串联谐振回路的固有谐振频率；在图5-34（b）中，$\omega_{02}=1/\sqrt{LC}$为并联谐振回路的固有谐振频率。

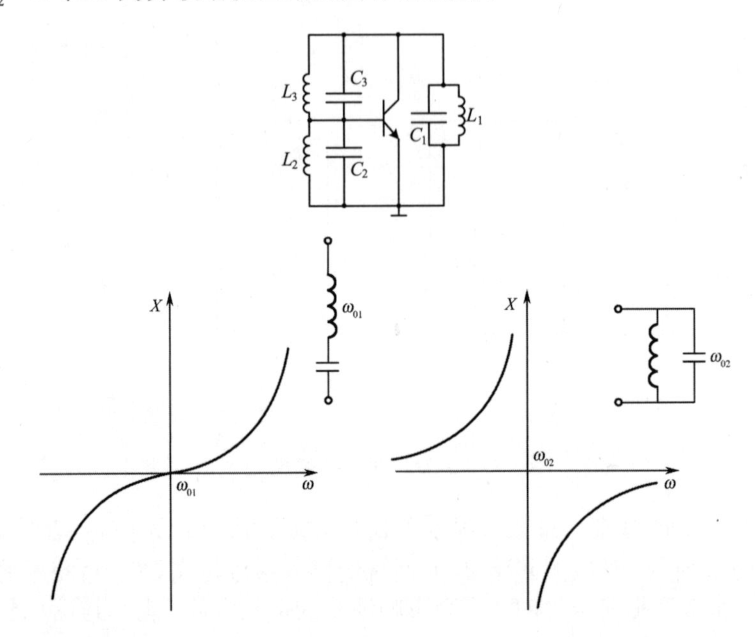

（a）串联谐振回路的电抗特性曲线　　（b）并联谐振回路的电抗特性曲线

图5-34　串联、并联谐振回路的电抗特性曲线

（1）电感三点式振荡器。

L_2C_2、L_1C_1呈现感性，而L_3C_3并联谐振回路呈现容性，如下图所示。

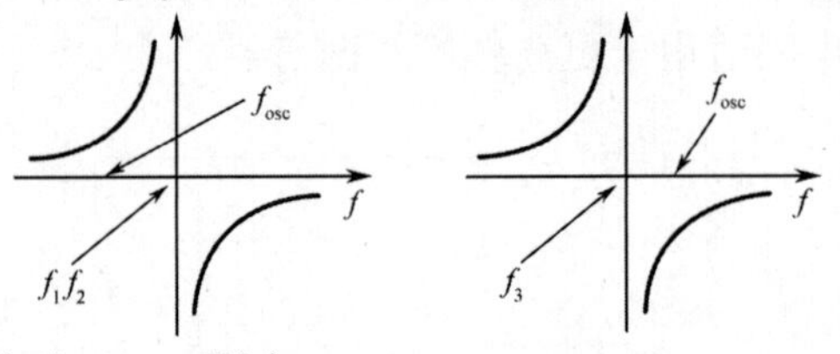

设该振荡器的振荡频率为f_{osc}，则有

f_1、f_2、f_3分别为谐振回路L_1C_1、L_2C_2、L_3C_3的固有谐振频率。

所以满足$f_3<f_{osc}<f_1,f_2$，电路为电感三点式振荡器。

（2）电容三点式振荡器。

L_2C_2、L_1C_1并联谐振回路呈现容性，L_3C_3呈现感性，如下图所示。

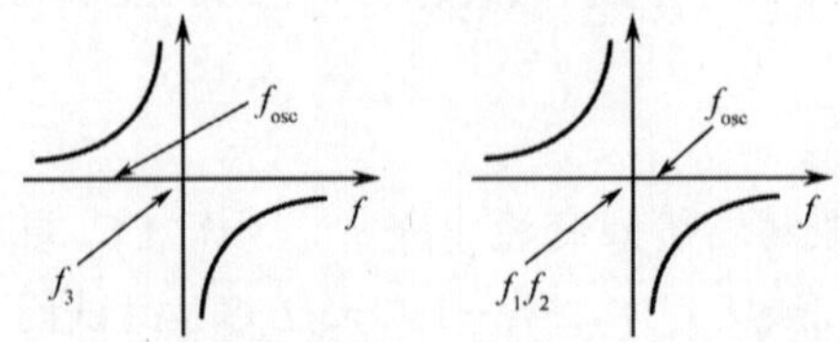

所以应满足$f_1,f_2<f_{osc}<f_3$，这时电路为电容三点式振荡器。

例 5.4　在下图所示电容三点式振荡器电路中，已知 $L = 0.5\mu H$，$C_1 = 51pF$，$C_2 = 3300pF$，$C_3 = 12 \sim 250pF$，$P_L = 50k\Omega$，$g_m = 30mS$，$C_{b'e} = 20pF$，$Q_0 = 80$，试求起振的频率范围。

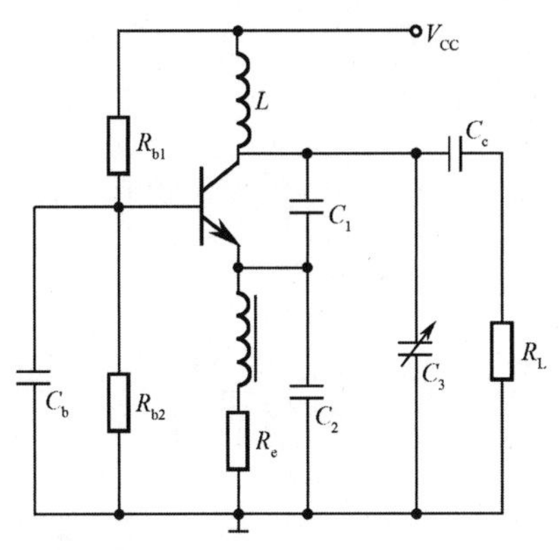

解：题图的等效交流电路如下。

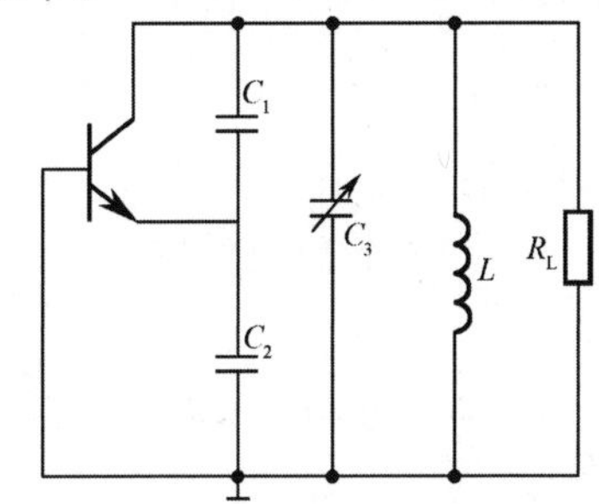

电路满足“射同基反”，构成电容三点式振荡器。在发射极处拆环后，混合 π 型等效电路如下图所示。

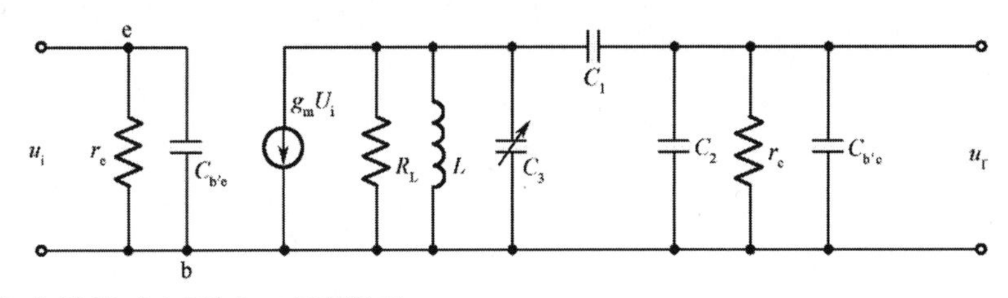

c、b 构成的输出回路如下图所示。

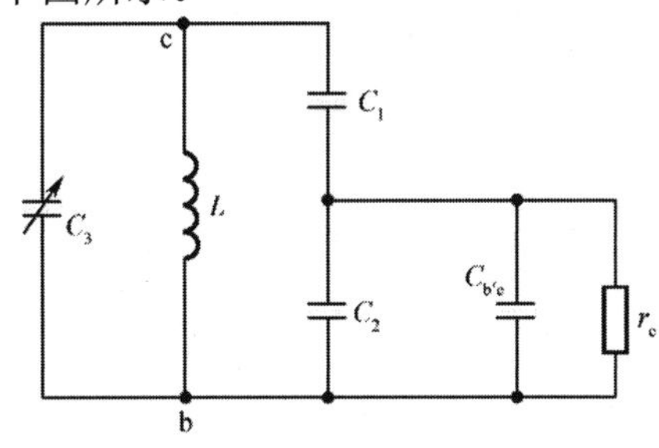

振荡器起振条件为

$$AF>1$$

$$\Downarrow$$

$$\frac{g_m}{g_L'+n^2 g_i}\text{（基本放大增益器）}\cdot n\text{（接入系数）}>1$$

$R_L' = R_{e0}$（并联谐振电阻）$//R_L$

$$g_i = \frac{1}{r_e} = g_m = 30\text{mS}$$

注意：g_i是部分接入输出 b、c 回路的。

$$n = \frac{C_1}{C_1 + C_2'}，\ C_2' = \underbrace{C_2 + C_{b'e}}_{\text{并联电路}} = 3320\text{pF}$$

$$n = \frac{51}{51+3320} = 0.015$$

$$g_L' = \frac{1}{R_{e0}} + \frac{1}{R_L}，\ R_{e0} = \frac{1}{g_L' - \frac{1}{R_L}}$$

由 $AF>1$ 可知，要满足振幅的起振条件。则

$$g_L' < 0.443\text{mS}$$

也就是

$$\frac{1}{R_{e0}} + \frac{1}{R_L} < 0.443 \Rightarrow R_{e0} > 4.115\text{k}\Omega$$

因为

$$R_{e0} \approx Q_0 \omega L \Rightarrow \omega = \frac{R_{e0}}{LQ_0} > \frac{4.115}{0.5\times10^{-6}\times80} = 102.9\times10^6\ \text{rad/s}$$

即

$$\omega_{\min} = 102.9\times10^6\ \text{rad/s}$$

回路总电容

$$C_\Sigma = C_3 + \frac{C_1 C_2'}{C_1 + C_2'}\text{（}C_1\text{、}C_2'\text{串联，并与}C_3\text{并联）}$$

在振荡时，有

$$\omega C_\Sigma = \frac{1}{\omega L}$$

$$C_\Sigma = \frac{1}{\omega^2 L} < \frac{1}{(102.9\times10^6)^2\times0.5\times10^{-6}}$$

所以有

$$C_\Sigma < 189\text{pF}$$

$$C_3 = C_\Sigma - \frac{C_1 C_2'}{C_1 + C_2'} < 189 - \frac{51\times3320}{3371} = 138.79\text{pF}$$

即 $C_3 < 138.79\text{pF}$，也就是说，要振荡器起振需要满足 $C_3 < 138.79\text{pF}$。

根据已知条件，C_3 取值为12～250pF 。

则 $C_{3\min}=12\text{pF}\rightarrow$ 对应 $\omega_{\max}=\dfrac{1}{\sqrt{LC_{\Sigma}}}=179.2\times10^{6}\,\text{rad/s}$ 。

所以

$$\omega_{\min}\sim\omega_{\max}=102.9\times10^{6}\sim179.2\times10^{-6}\,\text{rad/s}$$

5.3.3 集成电路振荡器

以常用的单片集成 LC 高频振荡器 E1648 为例介绍集成电路振荡器的组成。单片集成振荡器 E1648 是 ECL 中规模集成电路，其内部电路如图 5-35（a）所示，差分对管振荡电路如图 5-35（b）所示，器件外部连接电路如图 5-35（c）所示。

E1648 内部电路由 3 个部分组成。第一部分为偏置电路，由晶体管 V_{10}～V_{14} 组成直流电源馈电电路；由 V_{12}～V_{14} 组成电流源，为差分对管振荡电路提供偏置电压；由 V_{12} 与 V_{13} 组成互补稳定电路，稳定 V_8 基极电位；V_{14} 的输出电流在 R_{16} 和 R_{17} 上产生的压降，经 V_{11} 和 V_{10} 射极跟随后分别为两级放大电路提供偏置电压。第二部分为差分对管振荡电路，如图 5-35（b）所示，由晶体管 V_7、V_8、V_9 和第 12 引脚、第 10 引脚之间外接的 LC 并联回路构成，其中 V_9 为可控恒流源电路。第三部分是输出电路，振荡信号由 V_7 基极取出，经两级放大电路和一级射极跟随后，从第 1 引脚或第 3 引脚输出。其中，第一级放大电路由 V_4、V_5 构成共射-共基组合放大器；第二级放大电路是由 V_3、V_2 组成的单端输入、单端输出的差分放大器；最后经射随器 V_1 隔离，由第 3 引脚输出。在图 5-35（a）中，为了提高振荡稳幅性能，由 V_8 输出的电压经 V_5 射随和 V_6 放大加到二极管 D_1 上，控制 V_9 晶体管的恒流值 I_{o}，第 5 引脚外接 0.1μF 滤波电容，用于滤除高频分量。当 V_8 输出电压振幅增大时，V_5 射极电压增大，V_6 集电极电压电流减小，从而使差分振荡器恒流源 I_{o} 减小、跨导 g_{m} 减小，限制了输出电压的增大，提高了振幅的稳定性。

E1648 单片集成振荡器的振荡频率 f_{s} 由第 10 引脚和第 12 引脚之间外部连接振荡电路的 L_1、C_1 决定，即 $f_{\text{s}}=\dfrac{1}{2\pi\sqrt{L_1(C_1+C_{\text{i}})}}$。其中，$C_{\text{i}}$ 为第 10 引脚和第 12 引脚之间的输入电容，产品手册中给出 $C_{\text{i}}=6\text{pF}$。改变外部连接电路元器件 L_1、C_1 的值，可以改变 E1648 单片集成振荡器的振荡频率。E1648 的最高振荡频率可达 225MHz。

芯片的第 1 引脚和第 3 引脚分别是片内射随器 V_1 的集电极和发射极，所以 E1648 有第 1 引脚和第 3 引脚两个输出端，第 1 引脚输出电压的振幅大于第 3 引脚输出电压的振幅。当在第 1 引脚接+5V 电源电压时，振荡信号由射随器 V_1 的第 3 引脚输出，输出振荡电压的峰值可达 750mV。为了进一步增大 E1648 输出振荡信号的电压和功率，可在第 1 引脚外接并联谐振回路 R、L_2、C_2 和+9V 电源电压，如图 5-35（c）所示，并把外接并联谐振回路调到对振荡频率 f_s 谐振，这时 V_1 作为谐振功率放大器工作。在谐振条件下，若取负载电阻 $R=1\text{k}\Omega$，当第 1 引脚外接的谐振回路的谐振频率 $f_{\text{s}}=10\text{MHz}$ 时，输出功率 $P_{\text{o}}=13\text{mW}$；在 $f_{\text{s}}=100\text{MHz}$ 时，输出功率 $P_{\text{o}}=5\text{mW}$。

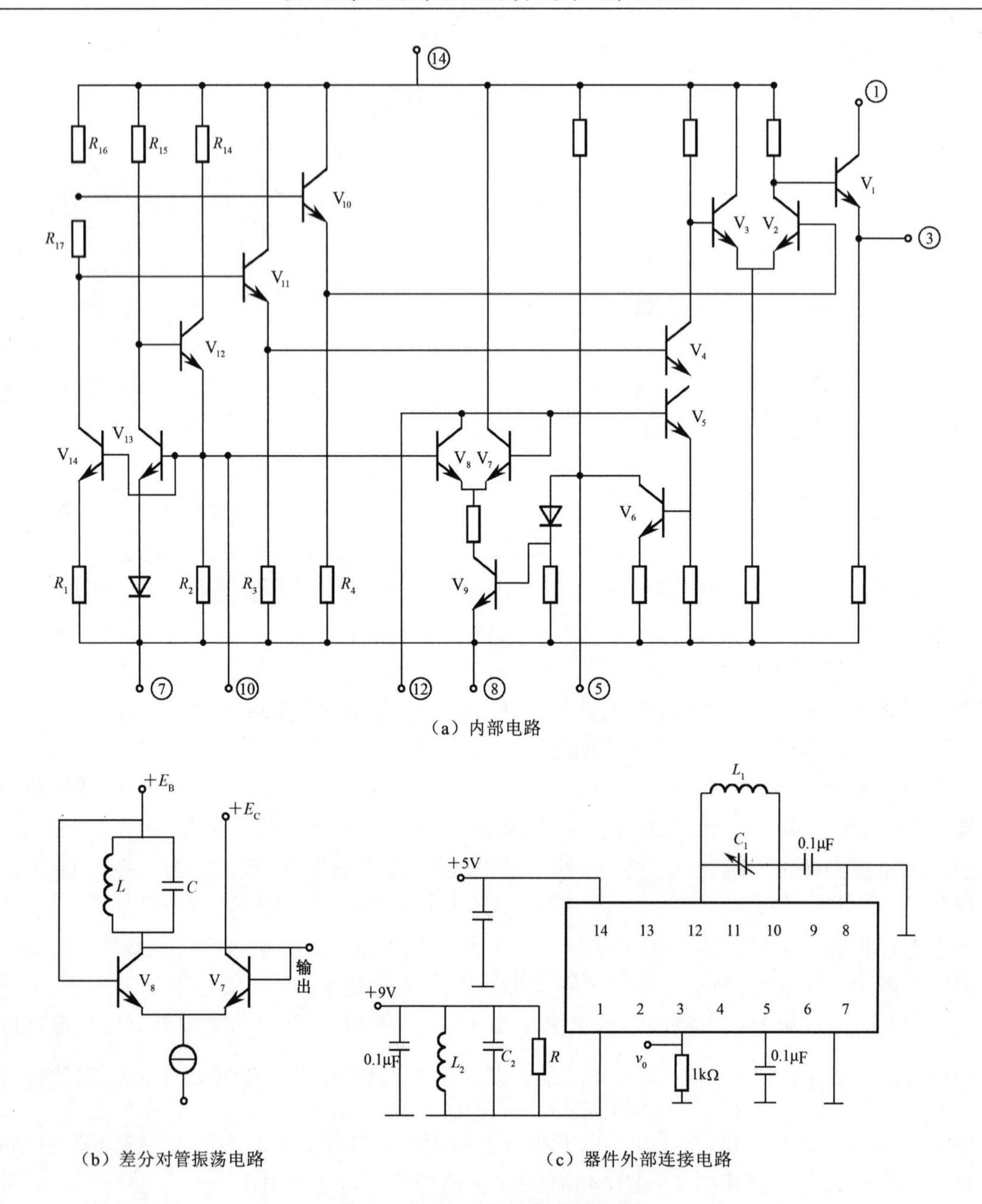

（b）差分对管振荡电路

（c）器件外部连接电路

图 5-35　E1648 单片集成振荡器

E1648 单片集成振荡器除可以产生正弦波振荡电压输出外，还可以产生方波电压输出。在产生方波电压输出时，应在第 5 引脚外加一个正电压，使可控恒流源 V_9 供给的恒流源电流 I_o 增大，由晶体管 V_7、V_8、V_9 组成的差分对管振荡电路的输出振荡电压增大，经后级放大，以及 V_3、V_2 差分对管放大器截止限幅，输出方波振荡电压。如果在第 10 引脚和第 12 引脚之间外接的 LC 谐振回路中有压控元器件，如变容二极管，则可以构成压控振荡器。利用 E1648 可构成晶体振荡器，如图 5-36 所示。晶体振荡器的标称频率为 100MHz，LC 谐振回路调谐于晶体振荡器的标称频率。晶体接在第 3 引脚与第 12 引脚之间，形成正反馈支路，故属于串联型晶体振荡器。实测振荡器的频率稳定度为 2×10^{-5}

数量级。

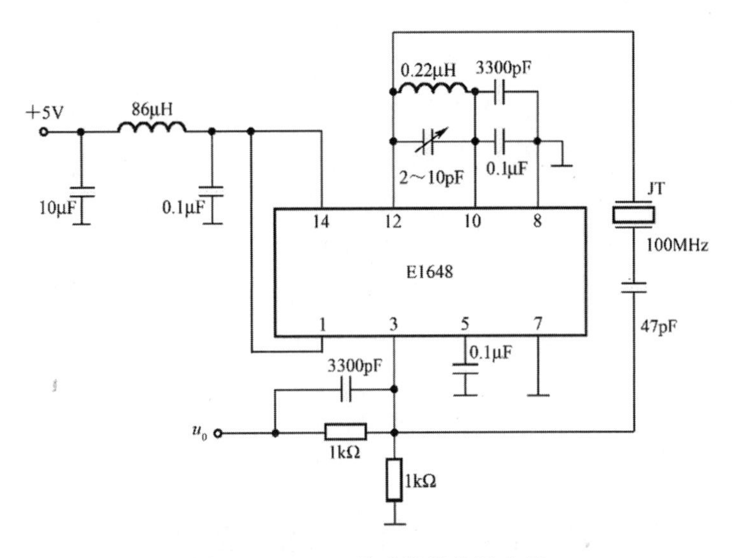

图 5-36　E1648 构成的晶体振荡器

5.4　振荡器的频率稳定度

满足起振、平衡和稳定 3 个条件的反馈型振荡器能够产生等幅、持续的振荡波形。当受到外界或振荡器内部不稳定因素干扰时，振荡器的瞬时相位（或频率）会在平衡点附近随机变化。为了衡量实际振荡频率 f_{osc} 与标称频率 f_0 偏离的程度，引入了频率稳定度这一性能指标。

频率稳定度是振荡器最重要的性能指标之一。现代电子技术的飞速发展对振荡器的频率稳定度提出了越来越高的要求。通信系统的频率不稳定，就会因漏失信号而无法通信。如果调频广播发射机的频率不稳定，调频接收机就不能准确接收；如果调频广播发射机的频率准确、稳定，则调频接收机在不需要调谐的情况下就能够实现自动收听和转播。在数字电路中，时钟不稳定会引起时序关系的混乱；测量仪器的频率不稳定会引起较大的测量误差。军事保密通信及空间技术对频率稳定度提出了更为严格的要求。例如，要实现与火星通信，频率的相对误差不能大于10^{-11}数量级；倘若要给距离地球 5600 万千米的卫星定位，则要求频率的相对误差不能大于10^{-12}数量级。

5.4.1　频率准确度和频率稳定度

评价振荡频率的主要指标是频率准确度和频率稳定度。

频率准确度表明实际工作频率偏离标称频率的程度，分为绝对频率准确度和相对频率准确度。

绝对频率准确度是实际工作频率 f_{osc} 与标称频率 f_0 的偏差，即

$$\Delta f = f_{osc} - f_0 \tag{5.4.1}$$

相对频率准确度是频率偏差 Δf 与标称频率之比，即

$$\frac{\Delta f}{f_0}=\frac{f_{\mathrm{osc}}-f_0}{f_0} \tag{5.4.2}$$

频率稳定度是在指定时间间隔内频率准确度变化的最大值，分为绝对频率稳定度和相对频率稳定度。最常用的是相对频率稳定度，简称频率稳定度，以 δ 表示为

$$\delta=\left.\frac{|f_{\mathrm{osc}}-f_0|_{\max}}{f_0}\right|_{\text{时间间隔}} \tag{5.4.3}$$

其中 $|f_{\mathrm{osc}}-f_0|_{\max}$ 是某个间隔内的最大频率偏移。如果某振荡器的标称频率为 5MHz，在一天所测的频率中，与标称频率偏离最大的一个频率点为 4.99995MHz，则该振荡器的频率稳定度为

$$\delta=\left.\frac{|f_{\mathrm{osc}}-f_0|_{\max}}{f_0}\right|_{\text{天}}=\left.\frac{|(4.99995-5)\times10^6|}{5\times10^6}\right|_{\text{天}}=1\times10^{-5}/\text{天}$$

在频率准确度与频率稳定度两个指标中，频率稳定度更为重要。因为只有频率稳定，才能谈得上频率准确。频率不稳定，准确度也就失去了意义。下面主要讨论频率稳定度。

频率稳定度按时间间隔分为以下几类。

长期频率稳定度：以月甚至年为观测时间长度，观测的是长时间的频率漂移。长期频率稳定度主要取决于构成振荡器的有源元器件、无源元器件和石英晶体的老化特性。它主要用于评价天文台或国家计量单位高精度频率标准和计时设备。

短期频率稳定度：以一天、小时、分钟为观测时间长度。短期频率稳定度主要取决于振荡器的电源电压、电路参数或环境温度的稳定性。它用于评价通信电子设备和仪器中振荡器的频率稳定度。

瞬时频率稳定度：在秒级时间内，主要由振荡器内部干扰和噪声作用引起的频率起伏，是频率的瞬间无规则变化。瞬时频率稳定度在频域上又称为相位抖动或相位噪声。

通常用得较多的是短期频率稳定度。由于频率的变化是随机的，不同的观测时段，测出的频率稳定度往往是不同的，而且有时还出现某个局部时段内频率的漂移远远超过其他时间在相同时间间隔内的漂移值，因此用式（5.4.3）来表征频率稳定度不是十分合理。频率稳定度应用在大量观测基础上的统计值来表征，常用的方法之一是均方根。它将指定的时间划分为 n 个等间隔，测得的各频率准确度与其平均值的偏差的均方根来表征，即

$$\delta_n=\frac{\Delta f}{f_0}=\sqrt{\frac{1}{n}\sum_{i=1}^{n}\left[\frac{(\Delta f)_i}{f_0}-\frac{\overline{\Delta f}}{f_0}\right]^2} \tag{5.4.4}$$

式中，f_i 为第 i 个时间间隔内实测的频率，$(\Delta f)_i=f_i-f_0$ 为第 i 个时间间隔内实测的绝对误差。

$$\overline{\Delta f}=\frac{1}{n}\sum_{i=1}^{n}(f_i-f_0) \tag{5.4.5}$$

$\overline{\Delta f}$ 为绝对频差的平均值。$\overline{\Delta f}$ 越小，频率准确度就越高。

频率稳定度当然越高越好，但这样的振荡器造价高，使用者必须在性能和成本间折

中考虑。根据不同场合，采用不同频率稳定度的振荡器。例如，用于中波广播电台发射机的振荡器的频率稳定度为10^{-5}数量级；普通信号发生器的频率稳定度为10^{-5}～10^{-4}数量级；电视发射机的频率稳定度为10^{-7}数量级；高精度信号发生器的频率稳定度为10^{-9}～10^{-7}数量级；在标准计时的天文测量和太空通信中，要求有很高的长期频率稳定度和短期频率稳定度，相对频率变化不大于10^{-13}～10^{-11}。频率稳定度一般由实测确定。普通的 LC 电路的日频率稳定度可达10^{-3}～10^{-2}；采用改进型的西勒振荡器电路，也只能达到10^{-4}数量级。如果要求更高的话，可采用石英谐振器。

5.4.2　造成频率不稳定的因素

振荡器的频率主要取决于谐振回路的参数，与晶体管的参数也有一定关系。这些参数受到环境因素的影响不可能一成不变，所以振荡频率也会随之发生变化。

1. LC 回路参数的不稳定性

温度变化是使 LC 回路参数不稳定的主要因素。温度改变会使电感线圈和回路电容几何尺寸变形，因而改变电感 L 和电容 C 的数值。一般 L 具有正温度系数，即 L 随温度的升高而增大；而电容由于介电材料和结构的不同，电容的温度系数可正、可负。另外，机械振动可使电感和电容产生变形，电感 L 和电容 C 的数值变化，因而引起振荡频率的改变。

2. 晶体管参数的不稳定性

当温度变化或电源电压变化时，必定会引起静态工作点和晶体管结电容的改变，从而导致振荡频率不稳定。

5.4.3　振荡器的稳频措施

1. 减小温度的影响

为了减小温度变化对振荡频率的影响，最根本的办法是将整个振荡器或振荡回路置于恒温槽内，以保持温度恒定。这种方法适用于技术指标要求较高的设备。在技术指标要求不是特别高的情况下，为了减小温度变化的影响，应该采取温度系数较小的电感、电容。例如，铁氧体的温度系数很大，当对谐振回路的电感提出高稳定度要求的时候，应该避免采用铁氧体芯。此时，电感线圈可用高频磁鼓架，它的温度系数和损耗都较小。比较好的固定电容器是云母电容，它的温度系数比其他类型电容的温度系数都要小。可变电容应采用极片和转轴线膨胀系数小的金属材料（如铁镍合金）制作。它们的温度系数小，性能稳定、可靠。另外，还可采用正、负温度系数的元器件相互补偿。例如，瓷介电容具有正温度系数，有的电容具有负温度系数，而很多电感都具有正温度系数。

2．稳定电源电压

电源电压的波动，会使晶体管静态工作点发生变化，从而改变晶体管的参数，降低其频率稳定度。为了减小这种影响，采用性能良好的电源供电，并采取退耦措施避免高频信号对电源的稳定性产生不良影响。制作高性能指标的振荡器，应当采用稳压电源。当振荡器与整机其他部分共用一个电源时，往往从公用电源取出电压，再经一次单独稳压，以避免整机其他部分耗电的变化影响电源电压的稳定。另外，制作时还应采用具有稳定静态工作点的偏置电路。

3．减少负载的影响

振荡器输出信号需要加在负载上，负载的变动必然会引起振荡频率的变化。为了减小这一影响，可在主振级及其负载之间加一个缓冲级。为了使缓冲级最大限度地起到缓冲作用，缓冲级从主振级所获取的功率应尽可能小。当负载所要求的功率一定时，缓冲级的功率增益越高，则要求主振级提供的功率越小。因此，缓冲级的电路形式及工作状态的选择，应该从功率增益最大来考虑，具体为：

（1）缓冲放大级应工作在甲类工作状态下，因为甲类工作状态的功率增益最高；

（2）共射电路比共基电路和共集（射级跟随器）电路的功率增益大，所以共射电路是缓冲级电路优先考虑的电路形式。

共射电路的不足之处在于，其输入阻抗不如共集电路高，但可以通过缓冲级的输入端和谐振回路以部分接入方式连接，以提高缓冲级对谐振回路的等效引入阻抗。射级跟随器也是比较常用的缓冲级。

4．晶体管与谐振回路之间采用松耦合

减小晶体管和谐振回路之间的耦合，可以减小晶体管输出、输入电容的变化对谐振回路等效电容的影响，从而使频率稳定度提高。减小晶体管和谐振回路之间耦合的常用方法是将晶体管以部分接入的方式接入谐振回路。前面介绍的克拉泼振荡器电路和西勒振荡器电路就采用了这种方法。另外，应选择 f_T 较高的晶体管。f_T 越高，高频性能就越好，可以保证在工作频率范围内有较高的跨导，电路容易起振；一般选择 $f_T > (3 \sim 10) f_{oscmax}$，$f_{oscmax}$ 是最高振荡频率。

5．提高回路的品质因数 Q

LC 谐振回路的相频特性表达式为

$$\varphi_Z = -\arctan Q\left(\frac{\omega}{\omega_0} - \frac{\omega_0}{\omega}\right) \tag{5.4.6}$$

根据式（5.4.6）可画出不同 Q 值对应的相频特性曲线，如图 5-37 所示。由图可见，相频特性曲线的变化规律有如下特点。

（1）ω 越接近 ω_0，即 $\Delta\omega_0 = \omega - \omega_0$ 越小，相频特性曲线的斜率 $\left|\frac{d\varphi}{d\omega}\right|$ 就越大，稳频能

力越强；反之，失谐越严重，$\left|\frac{d\varphi}{d\omega}\right|$就越小，频率稳定度就越低。

（2）Q值越大，在ω_0附近$\left|\frac{d\varphi}{d\omega}\right|$的值越大，稳频能力越强。

所以，提高回路的Q值，减小$\Delta\omega_0$，有利于改善振荡器的频率稳定性。

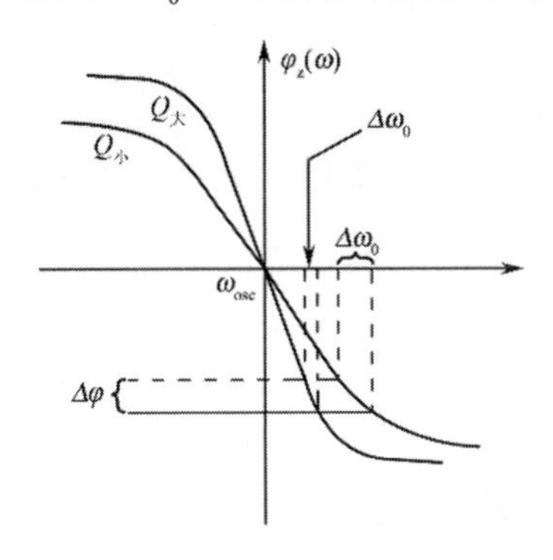

图 5-37　并联谐振回路相频特性曲线

如何提高谐振回路的Q值？

在绕制电感时应注意，平行密绕线圈的线间分布电容较大，影响Q值。对于匝数较多的线圈，如果振荡频率在 2MHz 以下，宜采用“蜂房式”绕法，并且最好用多股线，以减小趋附效应的影响，以提高Q值。

对谐振回路而言，电感的铜损耗电阻r构成了谐振回路的主要损耗，其品质因数$Q=\frac{1}{r}\sqrt{\frac{L}{C}}$。因此，在确定电感值时，$r$应取得大一些，电容量取得小一些，就可得到较大的$Q$值。但是，当电容量太小时，晶体管的输出、输入电容对回路的等效电容和分布电容在回路中所占的比例将增大，使频率稳定度降低，所以必须兼顾这两个方面。

6．屏蔽、远离热源

将 LC 回路屏蔽可以减少周围电磁场的干扰。但在加屏蔽后，电感值减小，损耗增大，因此，线圈的Q值将减小。在可能的前提下，尽量将屏蔽罩做得大一些，这样电感值不会减小太多，Q值所受影响也较小。振荡器电路离开热源（如电源变压器、大功率晶体管等）远一些，可以减小温度变化对振荡器的影响。

5.5　晶体振荡器

振荡器的频率稳定度与谐振回路的品质因数Q密切相关。普通 LC 回路的Q值不超过 300。通常 LC 振荡器的频率稳定度为10^{-3}～10^{-2}，采取一些改进措施，可达到10^{-4}，但很难突破10^{-5}。然而，在通信设备、电子测量仪器仪表、电子对抗等应用中，对频率稳定度的要求往往高于10^{-5}，前面介绍的振荡器都无法达到要求。石英晶体谐振器具有极高的品质因数和频率稳定度，利用石英晶体谐振器代替一般的 LC 谐振系统，它的频率稳定度很容易达到10^{-5}。石英晶体谐振器的频率稳定度随采用的石英晶体、外部电路形式和稳频措施的不同而不同，一般为10^{-11}～10^{-5}。如果采用低精度的石英晶体，稳定度可达到10^{-5}数量级；如果采用中等精度的石英晶体，稳定度可达到10^{-6}数量级；如果采用单层恒温控制系统和中等精度的石英晶体，稳定度可以达到10^{-8}～10^{-7}数量级；如果采用双层恒温控制系统和高精度的石英晶体，稳定度可以达到10^{-11}～10^{-9}数量级。

石英晶体谐振器是用石英谐振器控制和稳定振荡频率的振荡器，石英晶体谐振器之所以具有极高的频率稳定度，关键是其采用了石英晶体这种具有极高Q值的谐振元器件。下面首先了解石英晶体谐振器的基本特性。

5.5.1 石英晶体谐振器

石英的化学成分为SiO_2，石英晶体呈柱状，其横截面为六边形，图 5-38 给出了晶体的形状及横断面示意。从石英晶体中按一定的方向切割出一小片来构成石英晶体谐振器的材料。切割出来的石英片两面涂上银层作为电极，两个电极各自焊出的引线固定在引脚上，加上外封装即构成石英晶体谐振器。石英晶片是种弹性体，存在一个固有振动频率，其值与石英晶片的形状、尺寸和切型（从石英晶体柱的哪个方位上切割下来的）有关，该频率十分稳定，它的温度系数均为10^{-6}或更高的数量级。当晶片的频率和外加信号的频率相等时，晶片产生谐振，此时机械振动的幅度最大，晶片面上积累的电荷最多，外电路中流过的电流最大。石英晶体谐振器是利用石英晶体（Quartz-Crystal）的压电效应制成的一种谐振元器件。石英晶体谐振器的内部结构如图 5-39 所示。

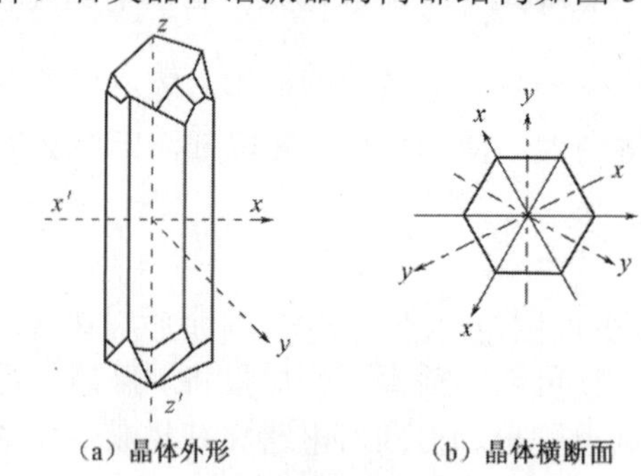

图 5-38 晶体的形状及横断面

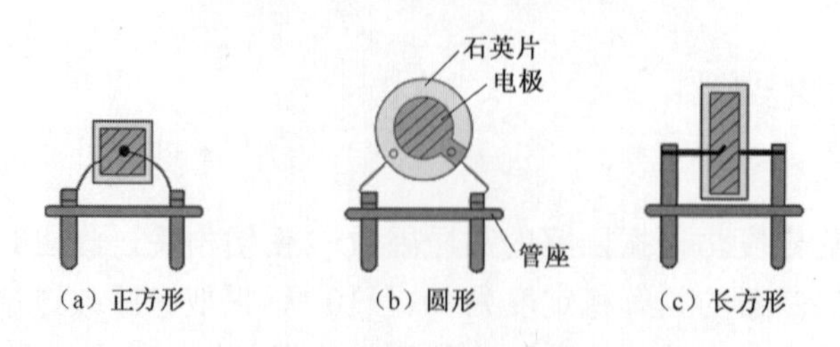

图 5-39 石英晶体谐振器的内部结构

1. 石英晶体谐振器的等效电路

石英片的振动具有多谐性，除基频（Fundamental Frequency）振动外，还有奇次谐波的泛音（Overtones）振动。泛音振动的频率接近于基频的整数倍，但不是严格的整数倍。对于一个石英晶体谐振器，它既可以利用其基频振动，也可以利用其泛音振动。利用基频振动实现对频率控制的晶体称为基音晶体，其余称为泛音晶体。采用 AT 切割石英片的基频频率一般都限制在 20MHz 以下。因为此时石英片的厚度仅为 0.041mm，石英片的厚度太薄，不足以提供更高频率必要的强度。因此，在要求更高的工作频率时，一般均采用泛音晶体。泛音晶体一般利用 3 次和 5 次的泛音振动，而很少利用 7 次以上的泛音振动。泛音次数太高，晶体的性能也将显著下降。图 5-40 给出了石英晶体谐振器的等效电路。在图 5-40（b）中，石英晶体谐振器等效为 L_q、C_q、r_q 串联的谐振电路。其中，L_q 是石英晶体的动态电感，表征晶体的质量，值较大，通常为几十个毫亨的量级；C_q 是动态电容，表征晶体的弹性，值很小，通常在10^{-3}pF 量级；r_q 是动态电阻，表征在晶体振动时分子间互相摩擦引起的能量损耗，阻抗很小，通常在几十欧左右。在图 5-40（c）中，C_0 为静态电容和支架、引线等分布电容之和，其中，静态电容是以石英晶片为介质、以两个电极为极板形成的电容，它是 C_0 的主要成分，通常为几个皮法。由于石英具有多谐性，每次泛音都对应一个串联谐振电路。基音等效为 L_{q1}、C_{q1}、r_{q1} 的串联谐振支路，该支路的谐振频率等于基音频率。3 次泛音等效为 L_{q3}、C_{q3}、r_{q3} 的串联谐振支路，该支路的谐振频率等于 3 次泛音频率。当工作频率等于某串联谐振支路的谐振频率时，串联阻抗等于 r_q，近似于短路，其他支路失谐，可近似于开路。所以，对于工作频率，石英晶体谐振器都用如图 5-40（b）所示的等效电路。

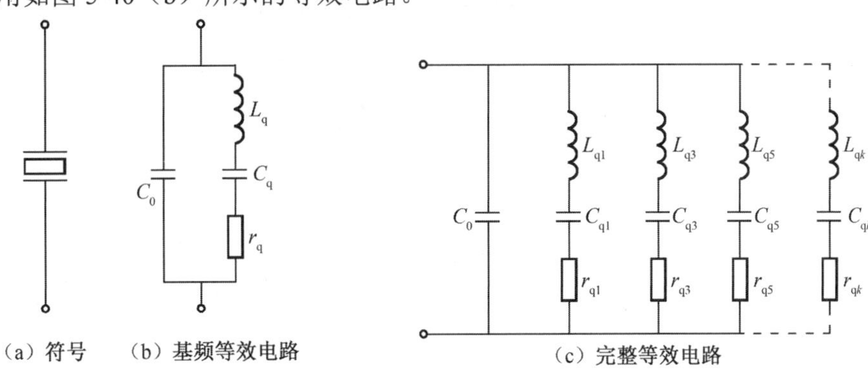

图 5-40　石英晶体谐振器的等效电路

2. 石英晶体的参数

温度系数：温度变化 1℃引起固有振动频率的相对变化量。

拐点温度：与温度系数最小值相对应的温度。若需要将石英晶体置于恒温槽内，槽内温度就应该控制在拐点温度。

负载电容：对石英晶体而言的总外部电容。石英晶体必须在规定的负载电容下工作，才能保证标称频率的准确性和稳定性。

3．石英晶体谐振器的特点

石英晶体振荡器的频率稳定度非常高，主要是因为用于稳频的石英晶体谐振器具有如下特点。

（1）石英晶体的物理性能和化学性能十分稳定，因此在其等效谐振电路中的元器件参数都非常稳定。

（2）石英晶体谐振器具有非常高的品质因数 Q_q，因为

$$Q_q = \frac{\omega_q L_q}{r_q} = \frac{1}{\sqrt{L_q C_q}}\frac{L_q}{r_q} = \frac{1}{r_q}\sqrt{\frac{L_q}{C_q}}$$

Q_q 值可达几万到几百万（10^5～10^6 量级），维持振荡频率稳定不变的能力极强。

（3）石英晶体谐振器与晶体管之间的耦合很弱，即晶体管对谐振回路的接入系数很小。

图 5-41 给出了外电路对石英晶体谐振器接入系数电路示意。

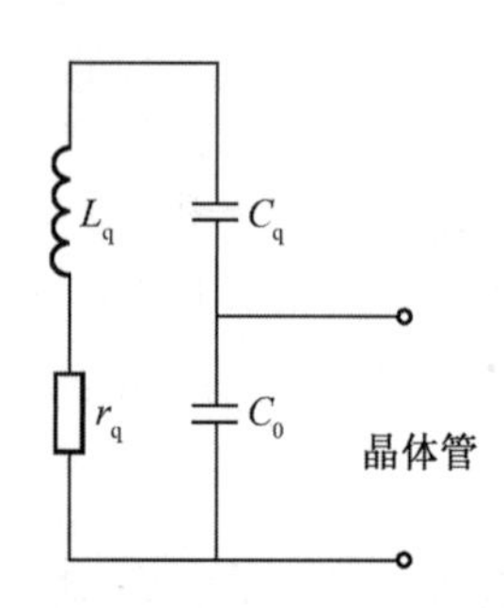

图 5-41　外电路对石英晶体谐振器的接入系数电路示意

$$P = \frac{C_q}{C_0 + C_q} \approx \frac{C_q}{C_0} = 10^{-4} \sim 10^{-3} \quad (C_q \ll C_0)$$

外电路对石英晶体谐振器的接入系数很小，意味着石英晶体谐振器与外电路的耦合非常弱，外电路中不稳定参数对石英晶体谐振器的影响很小，使石英晶体振荡器的振荡频率基本不受外界不稳定因素的影响。因此，由石英晶体谐振器构成的石英晶体振荡器具有极高的频率稳定度。

（4）石英晶体谐振器的两个谐振频率。

- 当 L_q、C_q、r_q 支路发生串联谐振时，其串联谐振频率为

$$f_s = \frac{1}{2\pi\sqrt{L_q C_q}} \tag{5.5.1}$$

- 当频率大于 f_s 时，L_q、C_q、r_q 支路呈现感性，与 C_0 发生并联谐振，其并联谐振频率为

$$f_p = \frac{1}{2\pi\sqrt{L_q \dfrac{C_0 C_q}{C_0 + C_q}}} = f_s\sqrt{1 + \frac{C_q}{C_0}} \cong f_s\left(1 + \frac{C_q}{2C_0}\right) \tag{5.5.2}$$

在谐振时，满足

$$\omega_p L_q - \frac{1}{\omega C_q} = \frac{1}{\omega C_0}$$

一般 $C_0 \gg C_q$，$\dfrac{C_q}{C_0}$ 取值为 0.002～0.003，因此 f_s、f_p 非常接近。例如，5MHz 晶振 $\dfrac{C_q}{C_0} = 2.6\times10^{-3}$，求得 $f_p - f_s = 6.5\text{kHz}$。

● 石英晶体谐振器的标称频率 f_N。

在实际振荡电路中，晶体两端往往并联了外部电容 C_L，如图 5-42 所示。在这种情况下，晶体等效电路中的并联电容为 $C_L + C_0$，相应地，晶体的频率为

$$f_N = f_s(1+\frac{1}{2}\frac{C_q}{C_L + C_0}) \tag{5.5.3}$$

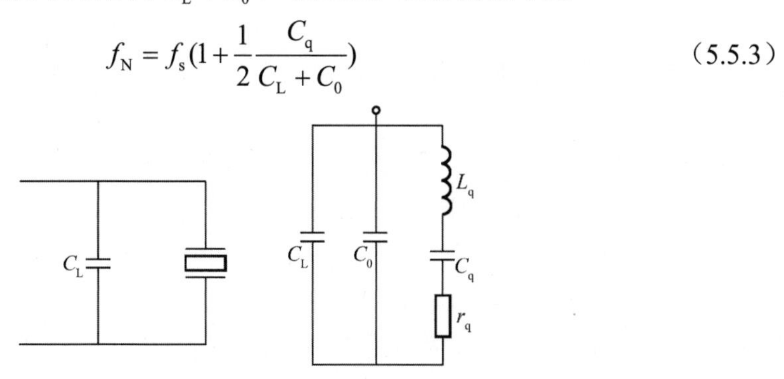

图 5-42 石英晶体谐振器的标称频率

标在晶体外壳上的振荡频率（晶体的标称频率）就是并联 C_L 时石英晶体谐振器的振荡频率 f_N。比较式（5.5.2）和式（5.5.3）可知，f_N 介于 f_s 和 f_p 之间，显然，晶体的负载电容 C_L 越大，f_N 就越靠近 f_s。C_L 的电抗频率曲线如图 5-43 中虚线所示。负载电容 C_L 的值记载于生产厂家的产品说明书中，通常高频晶体 $C_L = 30\text{pF}$，低频晶体 $C_L = 100\text{pF}$；对于串联型晶体振荡器的石英晶体谐振器，C_L 的值标记为 $C_L \to \infty$，即无须外接负载电容。目前国内已生产出高达几百兆赫兹的基频晶体。

4．石英晶体谐振器的电抗特性

由图 5-40 可知，当忽略 r_q 时，晶体两端呈现的阻抗为纯电抗，其值近似为

$$Z_e \approx jX_e = -j\frac{1}{\omega C_0}\frac{1-\left(\frac{\omega_s}{\omega}\right)^2}{1-\left(\frac{\omega_p}{\omega}\right)^2} \tag{5.5.4}$$

式中，$\omega_s = \frac{1}{\sqrt{L_q C_q}}$ 为串联谐振频率，$\omega_p = \frac{1}{\sqrt{L_q \frac{C_q C_0}{C_q + C_0}}}$ 为并联谐振频率。

由式（5.5.4）可画出石英晶体谐振器的电抗特性曲线，如图 5-43 中两条实线所示。

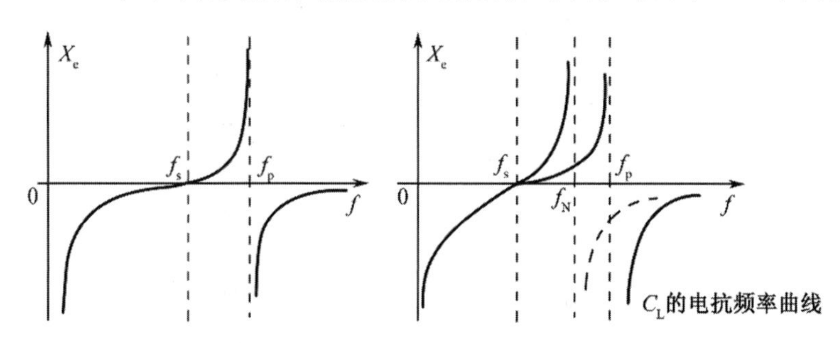

图 5-43 石英晶体谐振器的电抗特性曲线

由图 5-43 可看出，石英晶体谐振器的电抗特性具有如下特点。

（1）当 $f < f_s$ 时，等效电抗呈现容性。该部分电抗特性曲线平坦，频率稳定度差，通常不工作于该区段。

（2）当 $f = f_s$ 时，L_q、C_q 支路串联谐振，近似于短路，$X_e = 0$。

（3）当 $f_s < f < f_p$ 时，石英晶体谐振器的等效电抗呈现感性，石英晶体谐振器具有极强的电抗补偿能力。

从图 5-43 可知，当 $f_s < f < f_p$ 时，石英晶体谐振器等效为一数值随频率变化的非线性电感 $L(\omega)$；当 f 从 f_s 变化至 f_p 时，电感从 0 变到无穷大，在极其狭窄的 f_s 与 f_p 之间，存在一条极其陡峭的感抗曲线。由于该感抗曲线对频率具有极大的变化速率，因此对频率的变化具有极灵敏的补偿作用，是晶体振荡电路频率稳定度非常高的原因之一。若外部因素使谐振频率增大，则根据晶体谐振器的电抗特性，必然会使等效电感 L 增大，但由于振荡频率与 L 的平方根成反比，所以又促使谐振频率下降，趋近原来的值。

（4）当 $f = f_p$ 时，产生并联谐振，$X_e \to \infty$。

（5）当 $f > f_p$ 时，C_0 呈现的容性起主要作用，$X_e < 0$。该频段电抗特性曲线平坦，频率稳定性差，通常不工作于该区段。

5.5.2 晶体振荡器电路

根据晶体在振荡器电路中的作用不同，晶体振荡器可分为并联型晶体振荡器和串联型晶体振荡器。石英晶体在电路中可以起两种作用。

一种是石英晶体等效为电感元器件，与其他回路元器件一起按照三点式振荡器的构成原则组成三点式振荡器。这类振荡器称为并联型晶体振荡器。在并联型晶体振荡器电路中，晶体必须作为感性元器件，振荡频率在 ω_s 和 ω_p 之间，靠近 ω_p。

另一种是石英晶体作为短路元器件，串联在正反馈支路上，用于控制反馈的强弱。它工作在石英晶体的串联谐振频率 ω_s 上，称为串联型晶体振荡器。

1．并联型晶体振荡器

在并联型晶体振荡器中，石英晶体等效为电感元器件，用于代替三点式电路中的某个电感。并联型晶体振荡器有两种形式，如图 5-44 所示。在图 5-44（a）中，石英晶体接在晶体管的 c、b 极之间构成的电容三点式振荡器，称为皮尔斯（Pirce）晶体振荡器；在图 5-44（b）中，石英晶体接在晶体管的 b、f 极之间构成的电容三点式振荡器，称为密勒（Miller）晶体振荡器。

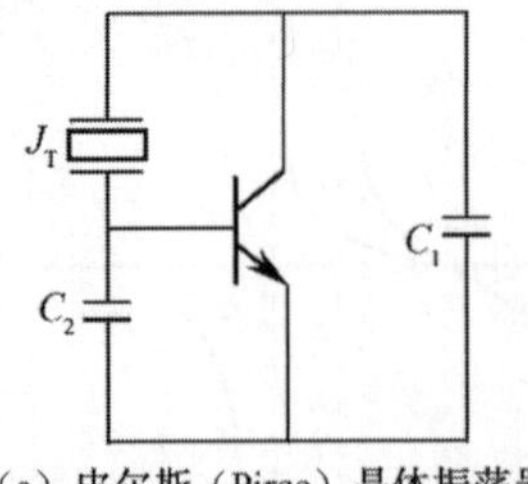

（a）皮尔斯（Pirce）晶体振荡器

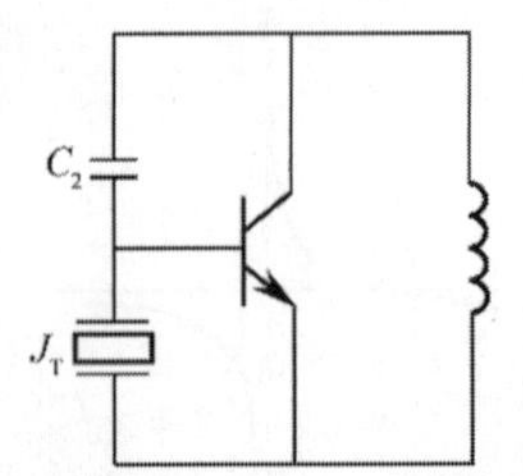

（b）密勒（Miller）晶体振荡器

图 5-44 并联型晶体振荡器

1）皮尔斯晶体振荡器

在皮尔斯晶体振荡器中的石英晶体接在晶体管 c、b 极之间，无须再外接线圈，且频率稳定度高，得到了广泛应用，图 5-45 给出了实际电路，其中，R_{b1}、R_{b2}、R_e 构成分压式自偏压偏置电路，L_c 为高频扼流圈，C_b 为旁路电容，C_c 为耦合电容。图 5-45（b）给出了高频交流电路，其中虚线框内为石英晶体谐振器的等效电路。在振荡电路中，当 C_1 和 C_2 两个电容串联后，并联接在晶体两端，构成了晶体的负载电容。如果其值等于晶体规定的 C_L，那么振荡电路的振荡频率就是晶体的标称频率。实际上，在一些振荡频率准确度要求很高的场合，在振荡电路中必须设置频率微调元器件，图 5-46 给出了一个电路实例。图中，C_4 为微调电容，用于改变并联在晶体上的负载电容，从而微调振荡器的振荡频率，达到要求的标称频率。

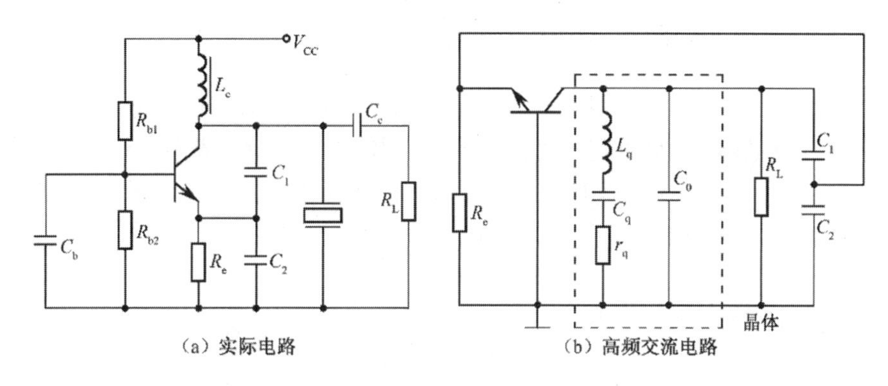

图 5-45　皮尔斯晶体振荡器电路

为了更好地掌握和设计晶体振荡器电路，下面将分析几个与其工作特性相关的问题。

（1）为什么要加微调电容？

首先，在实际应用中，外接负载电容不一定正好等于规定的 C_L，因此晶体振荡器的振荡频率 f_{osc} 一般不会正好等于石英晶体谐振器的标称频率 f_N，有一个较小的偏差。通过在电路中接入微调电容 C_4，使晶体的外接电容达到规定的 C_L，以确保晶体振荡器的 $f_{osc}=f_N$，通常 $C_4 \ll C_1$，$C_4 \ll C_2$。其次，虽然晶体的物理性能、化学性能稳定，但是温度的变化仍会改变它的参数，还有晶体老化等原因，都会导致振荡频率的缓慢变化，需要通过微调负载电容 C_L 对振荡频率进行校正。

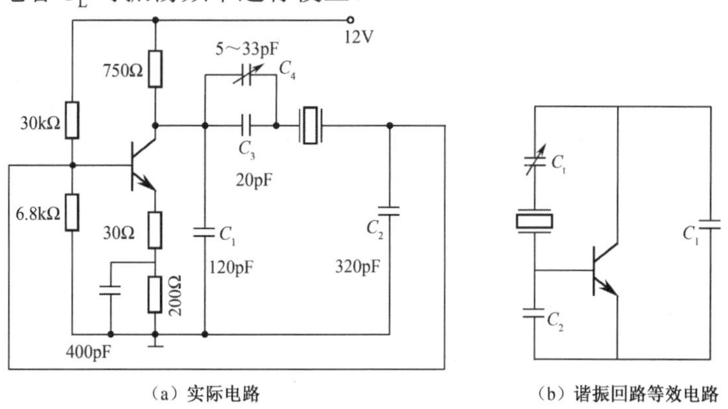

图 5-46　采用微调电容的晶体振荡器电路

（2）改变微调电容。

图 5-46（b）给出了谐振回路等效电路，图中可变电容 C_t 由 C_3、C_4 并联构成。忽略晶体的损耗，得到如图 5-47 所示的等效电路。

由图 5-47 可见，谐振回路中的总电容 C_Σ 由 C_t、C_1、C_2 串联，再与 C_0 并联，最后与 C_q 串联构成。所以有

$$\frac{1}{C_\Sigma}=\frac{1}{C_q}+\frac{1}{C_0+\dfrac{1}{\dfrac{1}{C_t}+\dfrac{1}{C_1}+\dfrac{1}{C_2}}} \tag{5.5.5}$$

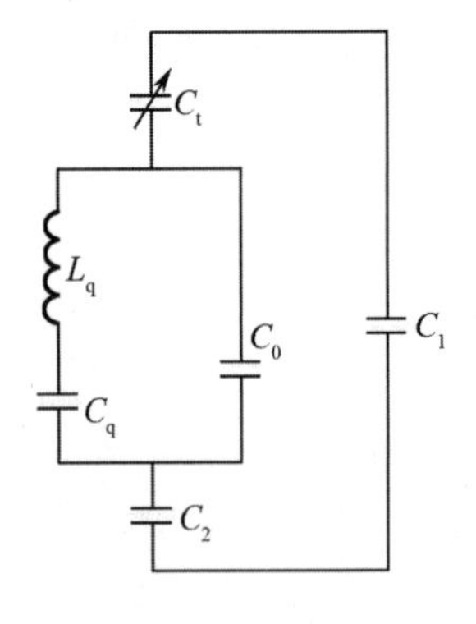

图 5-47　谐振回路等效电路

其中，$\dfrac{1}{C_L}=\dfrac{1}{C_t}+\dfrac{1}{C_1}+\dfrac{1}{C_2}$，$C_L$ 为并联在晶体两端总的外部电容，称为晶体的负载电容。可见，晶体的负载电容 C_L 包括与 C_1、C_2 并联的晶体管极间电容，而极间电容是极易随温度变化的不稳定参数。显然 C_L 成为不稳定量，进一步导致晶体振荡器频率的不稳定。为此，接入微调电容，且使 $C_t \ll C_1$，$C_t \ll C_2$，则 $C_L \approx C_t$。只要选择温度系数较小的电容构成 C_t，就可以改善 C_L 的稳定性，使其等于规定的负载电容。

将式（5.5.5）简化为

$$\frac{1}{C_\Sigma}=\frac{1}{C_q}+\frac{1}{C_0+C_t}$$

谐振回路的总电容为

$$C_\Sigma=\frac{C_q(C_0+C_t)}{C_q+C_0+C_t}$$

晶体振荡器的频率为

$$f_{osc}=\frac{1}{2\pi\sqrt{L_q C_\Sigma}} \tag{5.5.6}$$

下面分析石英晶体振荡器的振荡频率变化范围。

当 $C_t \to \infty$ 时，将其代入式（5.5.6）得

$$f_{oscmin}=\frac{1}{2\pi\sqrt{L_q C_q}}=f_s \tag{5.5.7}$$

当 $C_t \to 0$ 时，将其代入式（5.5.6）得

$$f_{oscmax}=\frac{1}{2\pi\sqrt{L_q\dfrac{C_q C_0}{C_q+C_0}}}=f_p \tag{5.5.8}$$

结论：改变微调电容 C_t 可使晶体振荡器的频率产生微小变化。取 $C_t \to \infty$，得到晶体振荡器频率的最小值 $f_{oscmin}=f_s$；取 $C_t \to 0$，得到晶体振荡器频率的最大值 $f_{oscmax}=f_p$。无论怎样调节 C_t，总有 $f_s < f_{osc} < f_p$，也就是说，振荡器频率总介于晶体串联谐振频率与并联谐振频率之间。由于只有在并联谐振频率 f_p 附近，晶体的电抗频率特性曲线较陡。

当斜率大时，晶体才有很强的电抗补偿能力，进而具有很高的频率稳定度。因此，C_t 的取值应较小。

（3）谐振回路与晶体管之间的耦合很弱，那么能否满足振幅的起振条件呢？

以皮尔斯晶体振荡器为例，图 5-48 给出了等效交流电路。因为 $C_t \ll C_1$，$C_t \ll C_2$，C_t 是与 C_0 数量级相同的小电容，在分析接入系数时可将 C_t 并入 C_0（把 C_t 并入 C_1、C_2 求接入系数是不合适的，因为 $C_t \ll C_1$，$C_t \ll C_2$，C_t 两端的电压 u_{ac} 远大于 u_{cb}。不少参考书把 C_t 归入 C_1、C_2 求接入系数，即假设 $u_{cb} \approx u_{ab} = u_{ac} + u_{cb}$，意味着假设 $u_{ac} \approx 0$，这是不符合实际的。由这个假设得出的结果是，接入微调电容 C_t 使晶体管与石英晶体的接入系数增大，即加强了晶体管与石英晶体之间的耦合；而实际上，C_t 的接入使晶体管的接入系数减小，即减弱了晶体管与石英晶体之间的耦合，有利于提高频率稳定度)，得到如图 5-48（c）所示的等效电路。

由第 2 章的介绍可以知道，石英晶体谐振器的品质因数为

$$Q_q = \frac{\omega_q L_q}{r_q} = \frac{1}{\sqrt{L_q C_q}} \frac{L_q}{r_q} = \frac{1}{r_q} \sqrt{\frac{L_q}{C_q}} \tag{5.5.9}$$

石英晶体谐振器的特性阻抗 $\rho = \sqrt{\dfrac{L_q}{C_q}}$，石英晶体的并联谐振电阻为

$$R_p = \frac{L_q}{r_q C_q} = \frac{1}{r_q} \sqrt{\frac{L_q}{C_q}} \sqrt{\frac{L_q}{C_q}} = Q_q \rho \tag{5.5.10}$$

由图 5-48（c）的 c、e 极看进去的谐振阻抗为

$$R'_p = (n_{ce})^2 (n_{cb})^2 R_p = (n_{ce})^2 (n_{cb})^2 Q_q \rho \tag{5.5.11}$$

式中，$n_{ce} = \dfrac{C_2}{C_1 + C_2}$ 为振荡管 c、e 极对回路 c、b 极的接入系数；$n_{cb} = \dfrac{C_q}{C_0 + C_L + C_q}$ 为外电路对石英晶体谐振器电路的接入系数，其中 $C_L = \dfrac{C_1 C_2}{C_1 + C_2}$，$n_{cb} < 10^{-4} \sim 10^{-3}$。

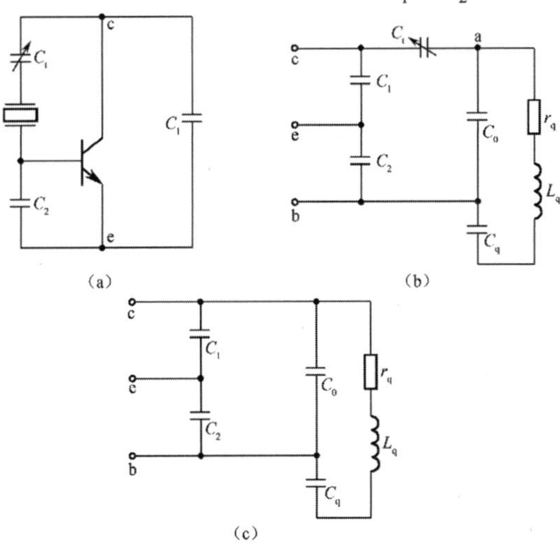

图 5-48　皮尔斯晶体振荡器电路等效交流电路

例 5.5 BA12 型2.5MHz精密石英谐振器，其参数 $L_q = 19.5H$， $C_q = 2.1\times10^{-4}pF$， $r_q \leqslant 110\Omega$， $C_0 = 5pF$。假定石英谐振器输出端对谐振回路的接入系数 $n = n_{ce}n_{cb} = 10^{-4}$，求与石英谐振器相耦合的等效阻抗 R_p'。

解：

$$Q_q = \frac{2\pi f L_q}{r_q} = 2.8\times10^6$$

$$\rho = \sqrt{\frac{L_q}{C_q}} = 3.04\times10^8$$

$$R_p = Q_q\rho = 8.5\times10^{14}\Omega$$

$$R_p' = (n_{cb})^2 Q_q\rho = 8.5\times10^6\Omega$$

可见，由于石英晶体的 Q、ρ 非常大，R_p 高达 10^{10} 以上，尽管回路的接入系数只有0.01%，R_p 折合到晶体管输出端的等效阻抗仍然很大，完全可以保证晶体管增益满足振幅起振条件。

（4）C_1、C_2 的选择依据。

C_1、C_2 选得大一些，易于滤除高次谐波，有利于改善振荡波形。但是，皮尔斯晶体振荡器的起振条件为 $(g_m)_{min} > \omega^2 C_1 C_2 r_q$（$r_q$ 为石英晶体的动态电阻)，可见，C_1、C_2 越大，起振越困难。

综合各种因素，通常要求 $F = \frac{C_1}{C_2} \geqslant 0.5$。实践证明，对于5MHz的晶体振荡器，$C_1$、$C_2$ 一般为250～500pF；对于2.5MHz的晶体振荡器，C_1、C_2 一般为650～1100pF。

2）密勒晶体振荡器

图5-49给出密勒晶体振荡器电路。石英晶体谐振器连接在晶体管的b、e极之间。该电路实质上是双回路振荡电路，L_1、C_1 是集电极回路元器件，由于基极与发射极之间接入电感元器件的晶体，根据相位平衡条件的判断准则，集电极回路必须等效为感性。可变电容 C_1 作为集电极回路的调谐电容，必须使回路的固有谐振频率 f_1 满足 $f_1 > f_{osc}$，以确保谐振回路呈现感性。由于石英晶体谐振器连接在晶体管的b、e极之间，在正向偏置时，发射结电阻很小，并联在谐振回路两端，对其 Q 值影响很大，从而影响振荡器的频率稳定度。鉴于此，密勒晶体振荡器通常不采用双极型晶体管，而采用输入阻抗很高的场效应管，如图5-50所示。C_2 通常由极间电容 C_{gd} 构成，这样构成电感三点式振荡器。C_{gd} 又称为密勒电容。

3）并联型泛音晶体振荡器

基音晶体的标称频率与晶体的厚度近似成反比。对于目前广泛采用的AT切割型石英晶体谐振器，当固有机械振荡频率（基频）为1.615MHz时，晶片厚度为1mm；当固有机械振荡频率（基频）为15MHz时，晶片厚度为0.08mm，即谐振频率越高，晶体越薄，强力的机械振动会导致晶片的损坏，而且晶片越薄，加工越困难。因此，在实际应用中，为了提高晶体谐振器电路的频率，多采用泛音谐振模式，使电路振荡频率为晶体的谐波（一般为 3～7 次谐波）频率，泛音次数太高，晶体的性能也会显著下降。

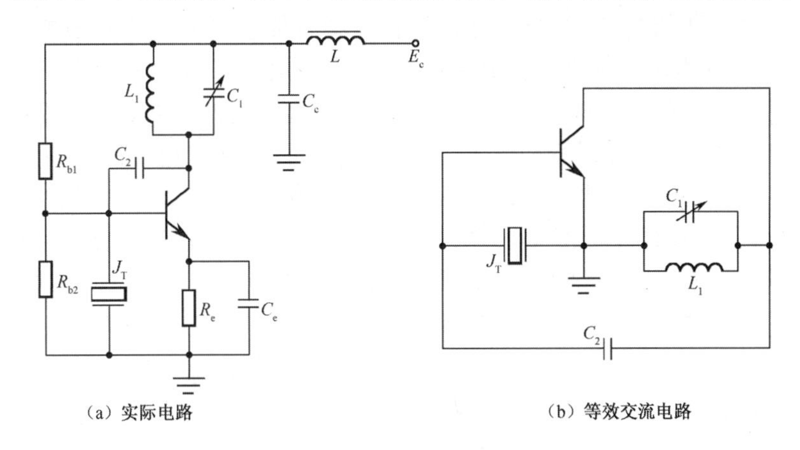

图 5-49　密勒晶体振荡器

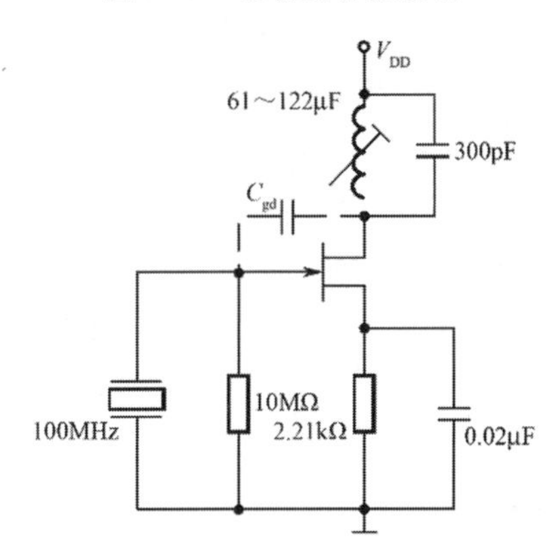

图 5-50　场效应管密勒晶体振荡器

所谓泛音，是指石英晶片振动的机械谐波。它与电气谐波的主要区别是，电气谐波与基频是整数倍的关系，且谐波和基波同时存在；而泛音在基频奇数倍附近，泛音晶体只有奇次泛音晶体，而无偶次泛音晶体，且基频和奇次泛音不能共存。泛音晶体是一种特制的晶体，如 JA12 型。泛音晶体的使用，可使几十兆赫兹基频的晶片产生上百兆赫兹的稳定振荡。石英晶体工作于泛音时与基音晶振电路有些不同，在泛音晶振电路中，所需泛音可能获得的机械振动和相应的电振荡均相对较弱，低次泛音和基音更易起振。如果不对它们加以抑制，基音和低次泛音也会因满足振荡条件而产生振荡。除此之外，对于较高的振荡频率，元器件的放大能力和谐振阻抗都比较小。因此，为了保证晶体振荡器电路能准确地工作于所需要的奇次谐波上，而不是基波或其他谐波，不但必须有效地抑制基音和低次谐波的寄生振荡，而且必须正确地调节环路增益 AF ，使其在需要的谐波频率上略大于 1，满足振幅起振条件，而在更高次的谐波频率上都小于 1，不满足振幅起振条件。这样可以有效地抑制不需要的高次谐波。至于抑制基波振荡，可采用如图 5-51（a）所示的实际电路。它是在三点式振荡电路中，用选频回路来代替某支路的电抗元器件，使这个支路在基频和低次谐波频率上呈现的电抗特性不满足三点式振荡器的组成法则，不能起振；而在所需要的谐波频率上呈现的电抗特性恰好满足三点式振荡器的组成法则，符合起振条件，产生振荡。图5-51（b）给出了泛音石英晶体振荡器的等效交流电路，与只适用于产生基音振荡的图 5-46（b）相比，在泛音石英晶体振荡器电路中，用电感L_1和电容C_1组成的并联谐振回路代替了基音石英晶体振荡器中的电容C_1。这个谐振回路的固有谐振频率必须设计在该电路所需要的n次谐波和n–2次谐波之间。假设泛音晶振为5次泛音，标称频率为5MHz，基频为1MHz，则L_1C_1回路必须调谐在3～5次泛音。这样在5MHz频率上，L_1C_1谐振回路呈现容性，振荡电路满足三点式振荡器的组成法则“射同基反”，而对于基音和3次泛音频率来说，L_1C_1谐振回路呈现感性，振荡电路不符合三点式振荡器的组成法则，不能起振，而在7次及其以上泛音频率上，L_1C_1谐振回路虽然呈现容性，满足“射同基反”的相位平衡条件，但L_1C_1谐振回路对f_7失谐严重，从而使电压的放大倍数减小，环路增益$AF<1$，不满足振幅起振条件，也不能产生振荡。图5-52给出了L_1C_1谐振回路的电抗特性。图中L_1C_1谐振回路的固有谐振频率为$f_1=\dfrac{1}{2\pi\sqrt{L_1C_1}}$，且满足$f_3<f_1<f_5$。$L_1C_1$谐振回路对$f_3$呈现感性，对$f_5$呈现容性。

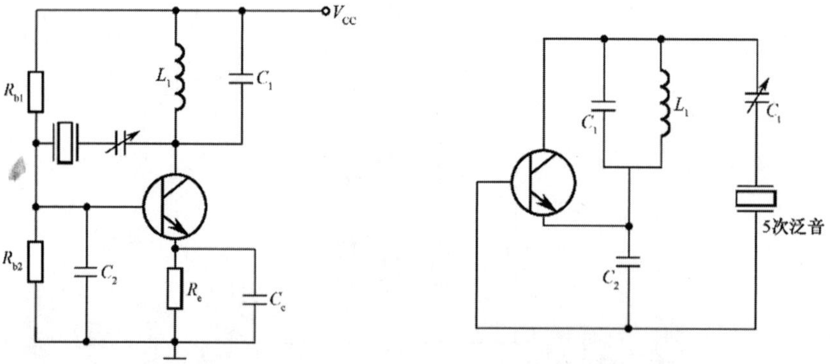

（a）实际电路

（b）等效交流电路

图5-51　泛音石英晶体振荡器电路

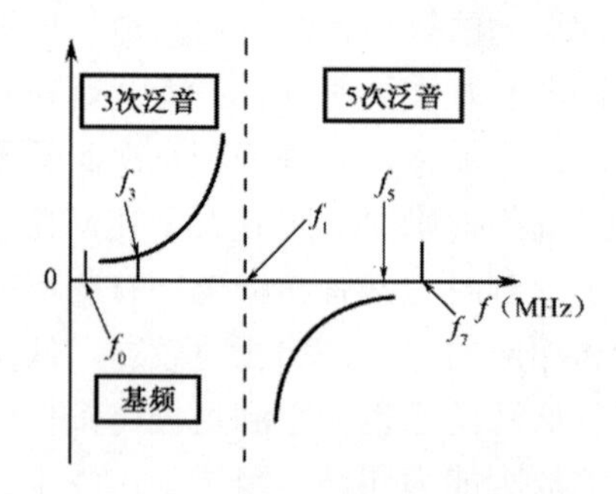

图5-52　L_1C_1谐振回路的电抗曲线特性

2．串联型晶体振荡器

串联型晶体振荡器是将石英晶体串联于正反馈支路中，利用其串联谐振时等效为短路元器件的特性，使反馈电压信号最强，满足振幅起振条件，振荡器在晶体串联谐振频率f_s上起振。图5-53给出了串联型晶体振荡器的实际电路，若将石英晶体短路，它就是一个电容三点式振荡器。

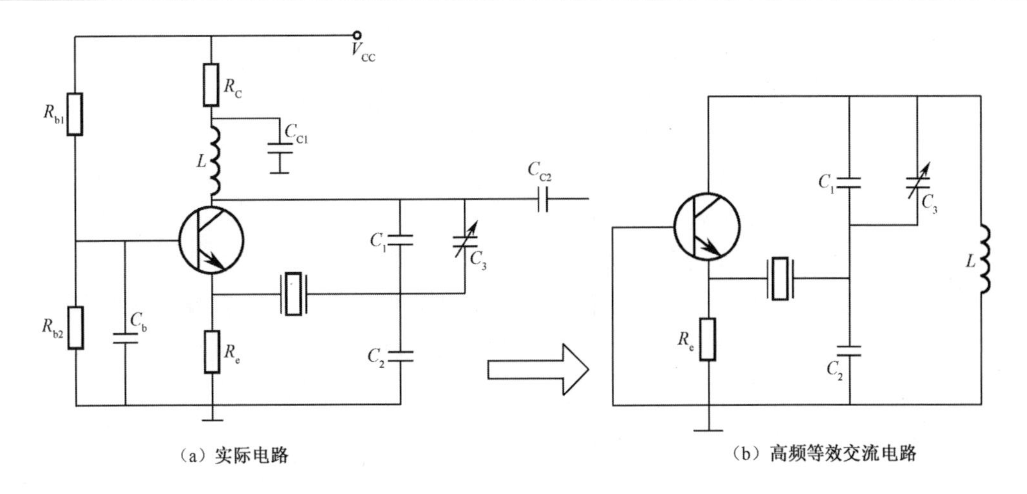

图 5-53　串联型晶体振荡器

当振荡器的工作频率 $f_{osc} = f_s$ 时，晶体以很小的电阻 r_q 接通正反馈通路产生振荡；当振荡器的工作频率偏离晶体串联谐振频率，即 $f_{osc} \neq f_s$ 时，晶体将呈现很大的阻抗，使反馈电压振幅减小，相移增大，不能满足起振条件。这样电路的振荡频率受到石英晶体谐振器控制，具有很高的频率稳定度。需要注意的是，虽然串联型晶体振荡器的工作频率 f_{osc} 由晶体谐振器的晶体 f_s 决定。其稳定性也由晶体谐振器决定，而不是由选频网络决定的。这并不意味着其选频网络 L、C_1、C_2、C_3 可取任何值。如果由这几个元器件决定的固有频率 f_0 与 f_s 相差很大，则这个振荡器不能起振。所以，应该合理选择 L、C_1、C_2、C_3 的值，使其调谐在 f_s 上。

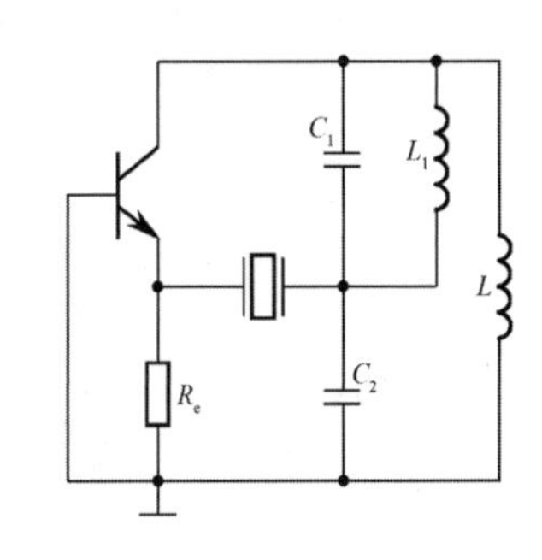

图 5-54　串联型泛音晶体振荡器的高频等效交流电路

同样，可以利用串联型泛音晶体振荡器电路来提高振荡器频率。图 5-54 给出了串联型泛音晶体振荡器的高频等效交流电路。图中用电感 L_1 和电容 C_1 组成的并联谐振回路代替了如图 5-53（b）所示基音晶体振荡器中的电容 C_1 和 C_3。其工作原理与并联型泛音晶体振荡器相同，不再赘述。

5.5.3　使用石英晶体谐振器时应注意的事项

（1）石英晶体谐振器上标记的标称频率，负载电容 C_L。

并联在石英晶体谐振器两端总的外部电容，称为晶体的负载电容。石英晶体谐振器上的标称频率是在成品出厂之前，在晶振两端并联特定的负载电容 C_L 的条件下测定的。在实际使用时，必须将外电路并联在石英晶体谐振器两端的总电容调整至规定的负载电容 C_L，才能获得标称的振荡频率。对于串联型晶体振荡器中的石英晶体谐振器，无须外接负载电容，即 $C_L \to \infty$。

（2）石英晶体谐振器的激励功率应控制在规定的范围内。

当石英晶体谐振器在晶体振荡器中被激励时，两端加有激励电压，并产生激励电流，因此会消耗一定的激励功率。在实际应用中，超过规定的激励功率会使石英晶体谐振器内部的温度升高，使石英晶片老化，并使频率产生漂移，极强的激励会使石英晶片的机械振动过于剧烈而使晶片损坏。国产小型金属壳高频石英晶体谐振器JA15、JA9、JA5的激励功率分别为1mW、2mW、4mW。

（3）在并联型石英晶体振荡器中，石英晶体只能等效为电抗元器件。若石英晶体等效为容抗元器件，其频率稳定度将降低，且在石英晶片失效时，石英晶体谐振器的静态电容仍然存在，线路虽然仍可能满足振荡条件产生振荡，但此时石英晶体谐振器已不起稳频作用，振荡频率也会偏离标称的工作频率，应该避免这种情况的发生。

在组成分立元器件的石英晶体振荡器时，必须遵守以上注意事项，否则无法达到稳频效果。

例 5.6 某一泛音晶体振荡器电路如下图所示。

（1）说明3.8μH和390pF组成的回路的作用。

（2）若把晶振换为8MHz和2.5MHz，能否振荡?

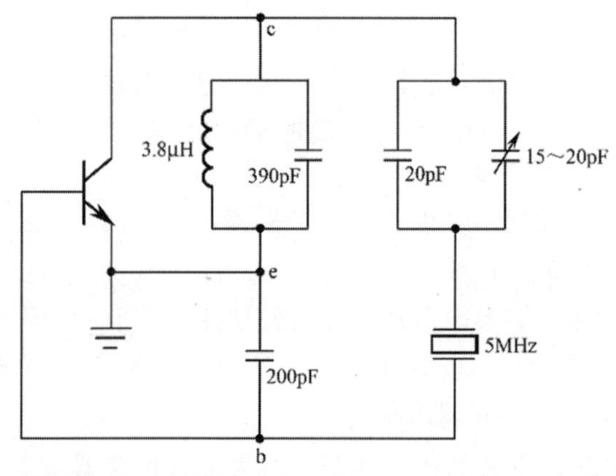

解：谐振回路的固有谐振频率为

$$f_0 = \frac{1}{2\pi\sqrt{LC}} = \frac{1}{2\pi\sqrt{3.8\times10^{-6}\times390\times10^{-12}}}$$
$$= 4.14\text{MHz}$$

泛音晶振 f=5MHz，回路呈现容性，满足“射同基反”。而对于 f<4.14MHz 的基音，则呈现感性，不满足“射同基反”，因而不能振荡。

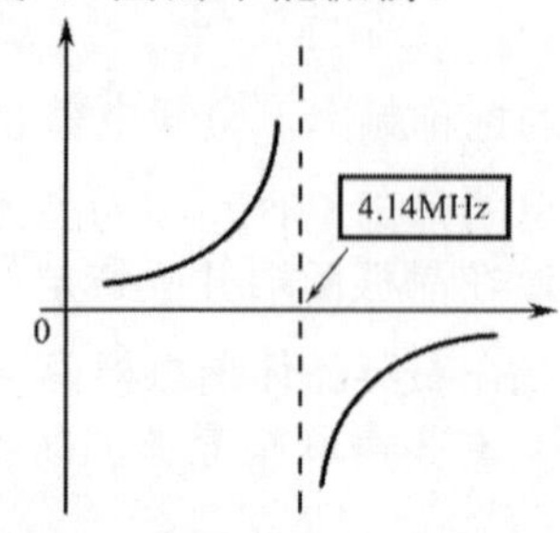

如果晶振为2.5MHz。因为LC并联回路对其呈现感性，因而不能振荡。

如果晶振为8MHz，满足“射同基反”，但因8MHz离4.14MHz太远，失谐严重，并联谐振回路的等效电阻太小，很难满足起振条件，不能振荡。

例 5.7　下图是一个数字频率计晶振电路，试画出高频等效电路，并说明其中 LC 回路的作用。

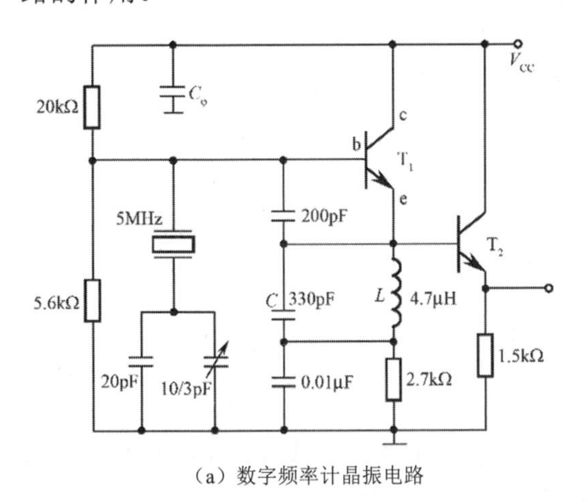

（a）数字频率计晶振电路

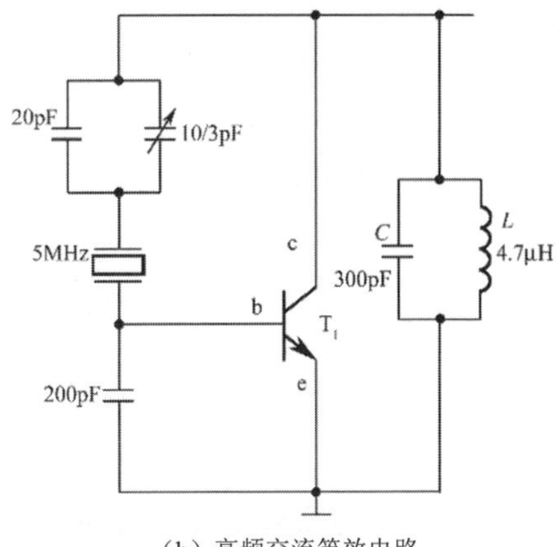

（b）高频交流等效电路

解：先画出 T_1 晶体管高频交流等效电路，如图（b）所示，0.01μF 电容较大，作为高频旁路电路，T_2 晶体管作为射随器，起缓冲隔离作用，避免负载对振荡器的性能牵引。由高频交流等效电路可以看到 T_1 晶体管的 c、e 极之间有一个 LC 回路，其谐振频率为

$$f_0=\frac{1}{2\pi\sqrt{4.7\times10^{-6}\times330\times10^{-12}}}\approx4.0\text{MHz}$$

所以，在晶振工作频率 5 MHz 处此 LC 回路等效为一个电容。可见，这是一个皮尔斯晶体振荡器电路，晶体等效为电感，容量为 3～10pF 的可变电容起微调作用，使振荡器工作在晶振的标称频率 5MHz 上。

5.6　压控振荡器

压控振荡器（Voltage Controlled Oscillator，VCO），是以某一电压来控制振荡频率或相位大小的一种振荡器。这种振荡器可以通过调整外加电压使振荡器输出频率随之改变，主要用于锁相环路或频率微调。在电子设备中，压控振荡器的应用极为广泛，几乎所有移动通信设备中的本机振荡电路、各种自动频率控制（AFC）系统中的振荡电路、锁相环（PLL）中所用的振荡电路等都采用压控振荡器。压控振荡器中最常用的压控元器件是变容二极管，输出的波形有正弦波和方波。

5.6.1　变容管压控振荡器的工作原理

1．变容二极管

晶体二极管在反向应用时，其 PN 结的结电容将随反向偏压绝对值的增大而减小。改变该反向偏压可使二极管的结电容 C_{j} 按一定规律变化，即晶体二极管可以作为一个可变电容来使用。

变容二极管是利用 PN 结的结电容随外加反向电压变化这一特性制成的一种压控电抗元器件。变容二极管的符号和结电容随外加电压变化的典型曲线如图 5-55 所示。

变容二极管结电容为

$$C_{\mathrm{j}}(t)=\frac{C_{\mathrm{j}}(0)}{\left(1+\frac{u}{u_{\mathrm{B}}}\right)^{n}} \tag{5.6.1}$$

式中，u 为加在变容二极管上反向偏压的绝对值；$C_{\mathrm{j}}(t)$ 为变容二极管结电容；$C_{\mathrm{j}}(0)$ 为变容二极管在零偏置（$u=0$）时的电容；u_{B} 为二极管的势垒电压，硅晶体管约为 0.7V，锗晶体管约为 0.3V；n 为变容指数，它与 PN 掺杂情况有关，$n=\frac{1}{3}$ 为缓变结，$n=\frac{1}{2}$ 为突变结，$n>1$ 为超突变结。

变容二极管必须工作在反向偏压状态下，所以在工作时须加负的静态直流偏压 U_{Q}。在实际变容二极管电路中，外部控制电压 $u(t)$ 通常由两部分构成，即

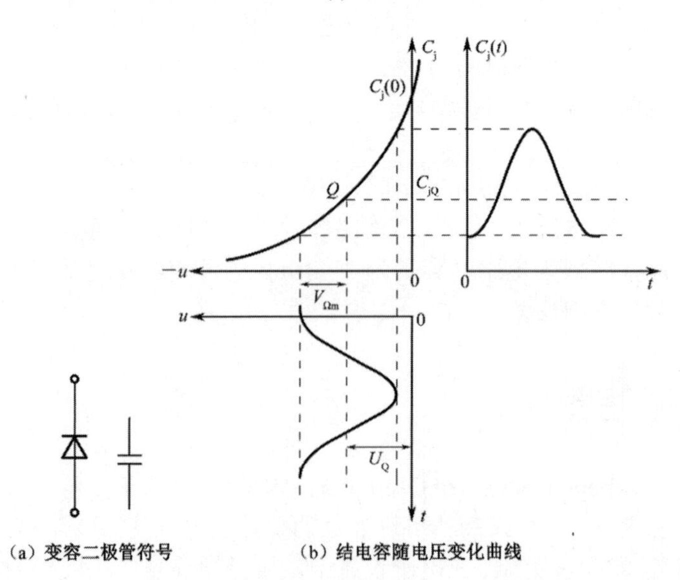

（a）变容二极管符号　　（b）结电容随电压变化曲线

图 5-55　典型的变容二极管压控特性曲线

$$u(t)=U_{\mathrm{Q}}+u_{\Omega}(t)=U_{\mathrm{Q}}+V_{\Omega\mathrm{m}}\cos(\Omega t) \tag{5.6.2}$$

式中，U_{Q} 为偏置电压，或变容二极管的静态工作点电压（是直流电压），是为了保证变容二极管始终处于反向偏压工作状态必需的；$u_{\Omega}(t)$ 是低频调制信号。将式（5.6.2）代入式（5.6.1），得

$$C_{\mathrm{j}}=\frac{C_{\mathrm{jQ}}}{\left(1+\frac{u_{\Omega}}{u_{\mathrm{B}}+U_{\mathrm{Q}}}\right)^{n}}=\frac{C_{\mathrm{jQ}}}{[1+m\cos(\Omega t)]^{n}} \tag{5.6.3}$$

式中，静态电容

$$C_{jQ}=\frac{C_j(0)}{\left(1+\frac{U_Q}{u_B}\right)^n}$$

结电容调制度

$$m=\frac{V_{\Omega m}}{u_B+U_Q}<1$$

变容管的最大电容值大约为几到几百皮法，可调电容范围 $\frac{C_{jmax}}{C_{jmin}}$ 约为3∶1。有些变容管的可调电容范围高达15∶1，这时可控频率范围可接近4∶1。通常变容二极管压控振荡器的频率可控范围约为中心频率的±25%。

2. 变容二极管压控振荡器

将变容二极管作为压控电容接入LC振荡器中，就组成了LC压控振荡器。一般可采用各种形式的三点式电路。这种振荡器的工作原理很简单，只要在振荡器的振荡回路上并联或串联某一受电压控制的电抗元器件，即可对振荡频率进行控制。

图5-56（a）为变容二极管LC压控振荡器电路。变容二极管的结电容大小受电压u控制，电容C_4与变容二极管串联，可减小变容二极管与振荡回路的耦合程度，提高振荡器中心频率的稳定性。C_3为耦合电容，用于隔离晶体管的供电电压V_{CC}和变容二极管的控制电压。图5-56（b）为高频等效交流电路，该电路实质上是一个西勒振荡器电路。通过改变控制电压u来改变谐振回路中的电抗，从而实现电压对振荡频率的控制。

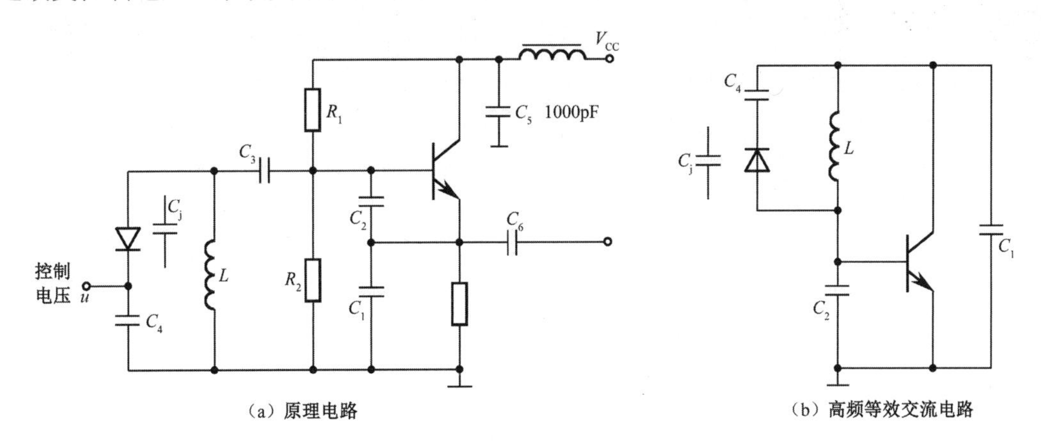

图5-56　变容二极管LC压控振荡器电路

图5-56只给出了变容二极管原理电路。在实际电路中，为了使变容二极管能正常工作，必须正确地给其提供静态负偏压和交流控制电压，而且要抑制高频振荡信号对直流偏压和低频控制电压的干扰。所以，要采用高频扼流圈、旁路电容、隔直流电容等元器件，合理设计变容二极管直流偏置电路。

5.6.2 压控振荡器电路应注意的问题

在分析变容二极管压控振荡器时，除和一般的振荡器一样，必须正确画出振荡器的直流电路和高频交流等效电路之外，还要画出变容二极管的直流偏置电路与低频控制回路。在画高频交流等效电路与低频控制回路之前，应仔细分析每个电容与电感的作用。对于低频控制回路，只要将与变容二极管有关的电感短路（由于其感抗相对较小），除低频耦合或旁路电容短路外，其他电容开路，直流电源与地短路即可。由于此时变容二极管的等效容抗和反向电阻均很大，可以将其他与变容二极管串联的电阻近似作为短路处理。在一般情况下，可忽略晶体管对变容二极管直流电路和低频控制回路的影响，也就是说在分析变容二极管直流电路和低频控制回路时，可将晶体管作为开路处理。

5.6.3 压控振荡器的主要性能指标

压控振荡器的主要性能指标是压控灵敏度和线性度。

1. 压控灵敏度

压控灵敏度也称压控振荡器的增益，定义为单位控制电压引起的频率变化量，用 S 表示，即

$$S=\frac{\Delta f}{\Delta u} \tag{5.6.4}$$

压控灵敏度的单位为Hz/V或(rad/s)/V，是锁相环电路中的一个重要参数。图 5-57 给出了变容二极管压控振荡器的频率—电压特性曲线。

在一般情况下，该曲线是非线性的，其非线性程度与变容指数 n 和电路结构有关。在中心频率附近较小区域内线性较好，灵敏度也较高。

2. 线性度

线性度定义为实际控制特性相对于理想控制特性的偏移。线性度好，意味着实际控制特性非常接近理想控制特性；线性度差，则表明实际控制特性偏离理想特性较远。

图 5-57（a）为实际压控特性，图 5-57（b）为理想压控特性，理想压控特性是线性的，即

$$f=f_0+Su \tag{5.6.5}$$

式中，u 为外加控制电压；f_0 是外加控制电压 $u=0$ 时振荡器的频率，又称为压控振荡器的固有频率；S 为压控灵敏度。

在一般情况下，该特性曲线如图 5-57（a）所示，是非线性的。因此，我们必须在电路设计中采取一些措施，改善其线性度。

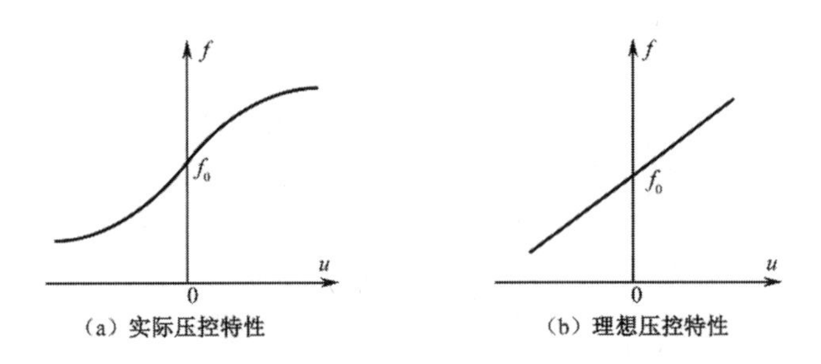

图 5-57　变容二极管压控振荡器的频率—电压特性曲线

5.6.4　晶体压控振荡器

为了提高压控振荡器中心频率的稳定度，可采用晶体压控振荡器。在晶体压控振荡器中，晶振既可等效为一个短路元器件，起选频作用；也可等效为一个高 Q 值的电感元器件，作为振荡回路元器件之一。采用变容二极管作为压控可变电抗元器件，实现对振荡器频率的调整。

图 5-58 给出了晶体压控振荡器高频等效电路。在电路中晶振作为一个电感元器件，控制电压调节变容二极管的电容，使其与晶振串联后的总等效电感发生变化，从而改变振荡器的振荡频率。

晶体压控振荡器的缺点是频率控制范围很窄。如图 5-58 所示电路的频率控制范围仅在晶振的串联谐振频率 f_s 与并联谐振频率 f_p 之间。为了增大频率控制范围，可在晶振支路中增加一个电感 L。L 越大，频率控制范围越大，但频率稳定度相应下降。因为增加一个电感 L 与晶振串联或并联，分别相当于使晶振本身的串联谐振频率 f_s 左移或使并联谐振频率 f_p 右移，所以可控频率范围 $f_s\sim f_p$ 增大，但电抗曲线斜率下降，导致频率稳定度变差。图 5-59 给出了扩展晶振频率调谐范围的原理。

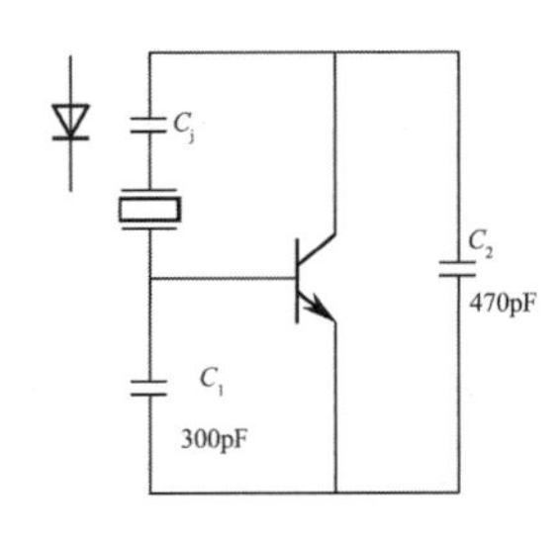

图 5-58　晶体压控振荡器高频等效电路

在图 5-59 中，虚线表示未加扩展电感时的电抗曲线，实线代表加入扩展电感后的电抗曲线。图 5-59（a）给出了串联电感扩展法的原理，基本方法是在晶振支路串联一个电感，使原有的串联谐振频率 f_s 左移到 f_s'，f_s' 是扩展后的串联谐振频率，并联谐振频率 f_p 保持不变；图 5-59（b）给出了并联电感扩展法的原理，基本方法是在晶振支路并联一个电感，使原有的并联谐振频率 f_p 右移到 f_p'，f_p' 是扩展后的并联谐振频率，串联谐振频率 f_s 保持不变。

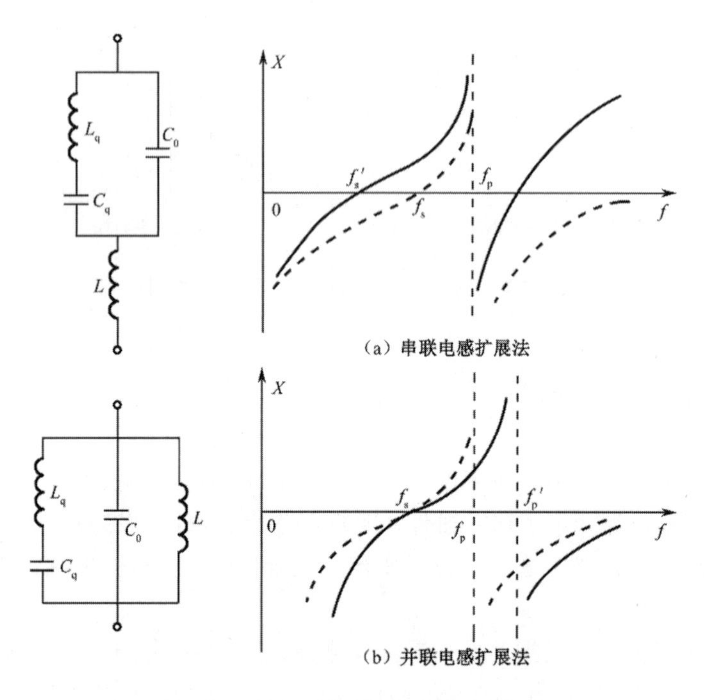

图 5-59　扩展晶振频率调谐范围原理

5.7　振荡器中的几个常见问题

5.7.1　寄生振荡

在实际电路中往往存在寄生反馈，致使振荡器电路产生一种不希望的振荡，这种振荡就称为寄生振荡。寄生振荡非人为安排，一切有源电路都可能产生寄生振荡。寄生振荡会使电路的性能遭到严重破坏，甚至使电路不能正常工作。从原理上说，各种寄生振荡产生的原因是在某些特定的频率上，电路中的一些集总参数元器件，包括直流供电电路元器件和一些分布参数，如晶体管极间电容、分布电容、引线电感等，构成满足振荡条件的闭合环路，从而自行产生一种不希望的振荡。因此，抑制各种振荡的措施就是破坏闭合环路的振荡条件。但实际情况非常复杂，要确切找到产生寄生振荡的闭合环路绝非一件易事，需要借助长期积累的实践经验。

如果寄生振荡的频率远低于工作频率，则称为低频寄生振荡。其振荡电路是由电路中的扼流圈、隔直流电容、旁路电容等构成的。图 5-60（a）为高频功率放大器的实际电路，图中 L_C 为高频扼流圈。在寄生振荡的频率远低于工作频率时，耦合电容 C_1 的阻抗很大，可得到如图 5-60（b）所示的等效电路，产生低频寄生振荡。消除寄生振荡的措施是力求减少扼流圈个数，适当选取其电感量和隔直流电容、旁路电容的电容，在扼流圈中加接电阻以增加寄生振荡回路损耗达到破坏振荡条件的目的。在允许的条件下，基极电路的扼流圈可用电阻代替。

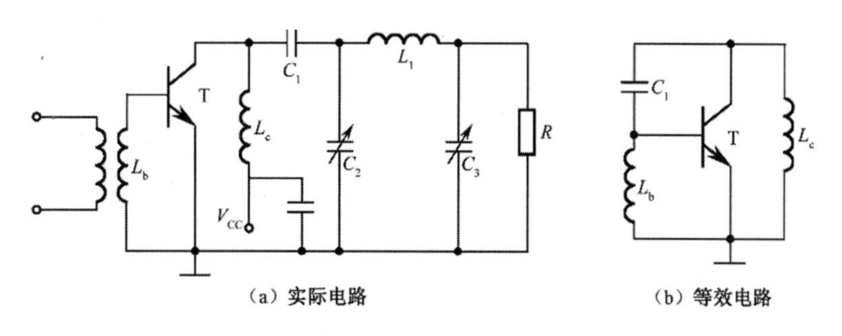

图 5-60　高频功率放大器实际电路及产生低频寄生振荡的等效电路

如果寄生振荡的频率远高于工作频率，则称为高频寄生振荡。其振荡回路由极间电容、分布参数构成，且一些分布参数往往会在很高频率时改变其性质，如大容量的电容会变成电感。消除高频寄生振荡的措施包括：采用粗而短的引线和贴片元器件，以减小分布参数；在放大管的基极或集电极上串联几欧姆的无感电阻，破坏其振幅起振条件；在隔直流和旁路电容上并联几百皮法的小电容，以便在超高频段仍可视为短路元器件。此外，元器件的排列、布线应合理，采用集中接地或大面积接地，避免输入回路、输出回路之间的寄生耦合。高频接线尽量粗、短，且不要平行布线，远离作为地的底板，以减小引线电感与地之间的分布电容，做到良好的接地和屏蔽。

5.7.2　间歇振荡

间歇振荡是指振荡器在工作时，时而振荡、时而停振的一种现象。这种现象产生的原因是振荡器的自偏压电路参数选择不当。

LC 振荡器在建立振荡的过程中，有两个互相联系的暂态过程，一个是回路上高频振荡的建立过程，另一个是偏压的建立过程。由于回路有储能作用，要建立稳定的振荡器需要一定的时间。一般来说，振荡的建立过程取决于回路有载 Q 值及环路增益 AF 的大小。Q 值越低，AF 越大，则振荡建立越快；反之，Q 值越高，AF 越小，振荡建立越慢。但该过程也会受到偏压变化的影响，而偏压的建立过程，取决于偏置电路电阻、电容的充放电快慢。只有当这两个暂态过程能协调一致地进行时，才能建立振幅稳定的振荡。

图 5-61 给出了一个电容三点式振荡电路。该电路偏压的建立主要由偏置电路的电阻 R_e、旁路电容 C_e 决定，因为偏压是由发射极电流对 R_e、C_e 充放电产生的。由前面分析可知，利用偏置电路的自给偏压效应，可有效地提高振荡器的振幅稳定性。但是，如果旁路电容 C_e 或耦合电容 C_b 取值过大，高频振荡建立较快，偏置电压由于时间常数过大而跟不上振荡振幅的变化，就会产生周期性起振和停振的间歇振荡，如图 5-62 所示。下面以 C_e 为例讨论产生间歇振荡的原因。

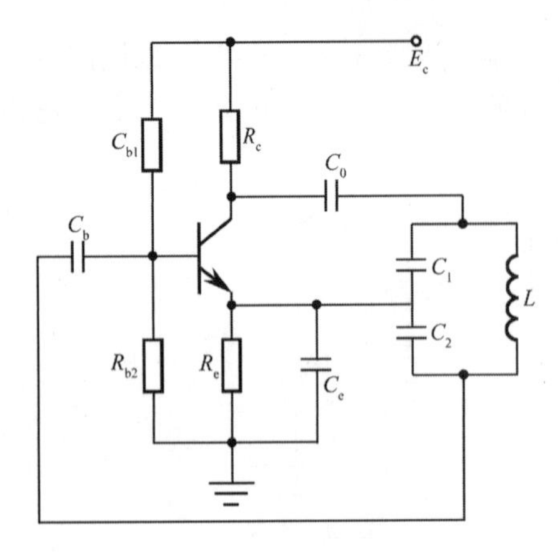

图 5-61　电容三点式振荡电路

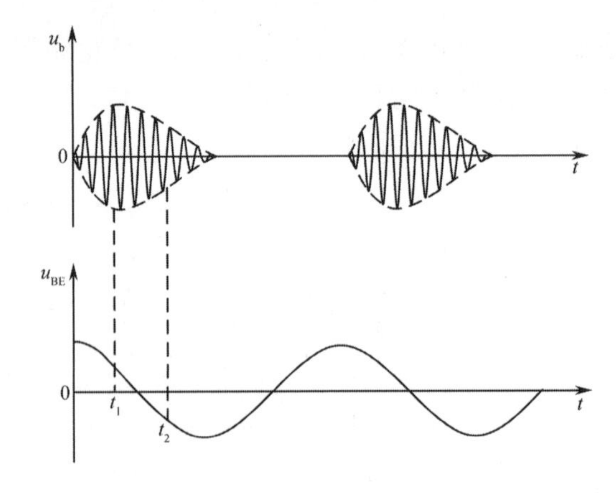

图 5-62　间歇振荡波形

当输入端作用着振荡电压u_b时，在u_b的一个高频周期内，晶体管经历了导通和截止两个过程。当晶体管导通时，发射极电流向C_e充电；当晶体管截止时，C_e向R_e放电。由于晶体管导通时的电阻远小于R_e，因而充电快而放电慢，偏置电压在上述充电、放电过程中随振荡振幅而变化。在振荡器起振之前，起始偏压u_{BE0}为正值，即

$$u_{BE0}=\frac{R_{b2}}{R_{b1}+R_{b2}}E_c-R_eI_{Eo}$$

式中，I_{Eo}为发射极静态电流。

起振后，由于AF的值很大，振荡电压u_b迅速增大，C_e上偏置电压增长（u_{BE0}向负值方向增大）很快；振荡振幅减小时，C_e上偏置电压减小较慢。如果C_e、R_e取值比较大，偏压u_{BE0}的变化比u_b的变化要滞后，当振荡平衡后，u_{BE0}的值仍会继续下降，导致A下降，使$AF<1$，不满足振幅平衡条件而停振。停振后，C_e、R_e自行放电，偏压u_{BE0}增大，经过一段时间，u_{BE0}恢复到起振时的电压，又重复上述过程，从而形成了间歇振荡。

当出现间歇振荡时，通常集电极直流电流很小，回路的高频电压很大，可用示波器观察到间歇振荡的波形。为了避免间歇振荡，保证振荡器正常工作，偏置电压变化速度必须比振荡振幅变化速度快。在起振时，除了AF不要取得太大，还要适当选择偏压电路中的R_e、C_e。C_e、R_e适当选得小一些，具体数值通常由实验确定。另外，高Q_e值的晶体振荡器通常不会产生间歇振荡现象。因而，尽量提高振荡电路的Q_e，对避免间歇振荡是有益的。

5.7.3　频率拖曳

振荡器为了将信号传输到下一级负载上，往往采用互感或其他耦合形式。一旦耦合系数过大，而负载又是一个调谐回路，则当调节次级回路时，振荡频率也会随之变化，甚至产生频率跳变，这个现象通常称为频率拖曳。图 5-63 为以耦合谐振回路作为负载的电容三点式振荡器。其中，L_1、C_1、C_2是与晶体管直接连接的初级调谐回路，L_2、C_3是与它耦合的次级调谐回路。

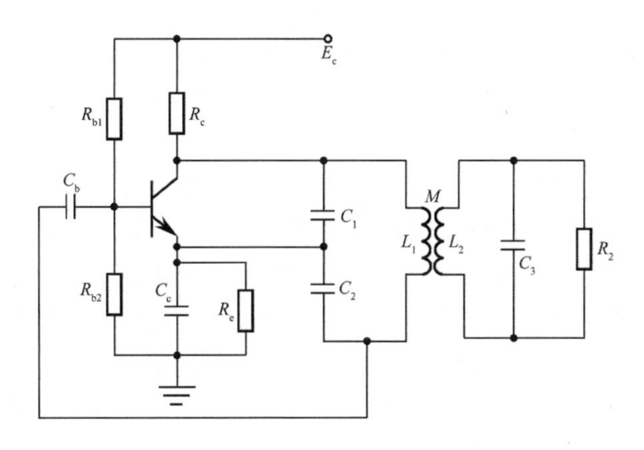

图 5-63 具有耦合谐振回路作为负载的电容三点式振荡器

该电路是以谐振回路作为负载的电容三点式振荡器。其中，L_2、C_3 和 R_2 组成负载回路，振荡器的输出是通过互感耦合传输到负载上的。振荡回路的自然谐振角频率为 ω_{01}，负载回路的自然谐振角频率为 ω_{02}，振荡器的工作频率为 ω，两回路间的互感系数为 M。由于振荡回路与负载回路之间存在耦合，因此调节负载回路将对振荡器工作频率产生影响。即当调节负载回路的自然谐振频率 ω_{02} 时，振荡器的工作频率 ω 也随之改变，其影响程度与回路之间的耦合松紧程度有关。

频率拖曳使振荡器的频率不由回路谐振频率 ω_{01} 唯一确定。为了避免产生频率拖曳现象，应该减小两回路的耦合，或减小次级回路的 Q 值。另外，如果次级回路频率远离所需的振荡频率范围，也不会产生频率拖曳现象。

5.8 本章小结

在没有外加激励的情况下，能自行产生具有一定频率、一定振幅、一定振荡波形的电子电路称为振荡器。产生正弦波振荡信号的电子电路称为正弦波振荡器。振荡器是无线发射机和超外差式接收机的心脏，也是各种电子测量仪器的主要组成部分。振荡器按其构成原理可分为反馈式振荡器和负阻式振荡器两大类。

（1）反馈式振荡器是由放大器和反馈网络组成的具有选频能力的正反馈系统。按照选频网络所采用元器件的不同，正弦波振荡器可分为 LC 振荡器、RC 振荡器和晶体振荡器。反馈式振荡器必须满足起振条件、平衡条件和稳定条件。每个条件中包括振幅和相位两个方面的要求。在振荡频率点，起振和平衡条件的振幅要求是：环路增益的模值在起振时必须大于 1，在保持等幅振荡时必须等于 1；环路增益的相位要求为 2π 的整数倍。平衡点的稳定条件对振幅和相位的要求是：振幅特性和相频特性都必须具有负斜率特性。

（2）互感耦合式振荡器和三点式振荡器是 LC 正弦波振荡器的常用电路，其中三点式振荡器是 LC 正弦波振荡器的主要形式。本章介绍了三点式振荡器的组成原则“射同基反”或“源同栅反”，分析了电容三点式振荡器和电感三点式振荡器的常用电路、等效交流电路、优缺点和应用场合，还介绍了三点式振荡器的两种实用改进型电路，克拉泼振荡器电路和西勒振荡器电路。克拉泼振荡器电路和西勒振荡器电路通过减小有源元器件极间电容的影响来提高 LC 正弦波振荡器的频率稳定度。前者可用作固定频率振荡器，后者波段覆盖系数较宽，可用作波段振荡器。

（3）频率稳定度是振荡器的主要性能指标之一。提高频率稳定度的措施包括：减小外界因素变化的影响，提高抗外界因素变化影响的能力。普通 LC 振荡器在采用一些稳频措施后，频率稳定度可达10^{-4}～10^{-3}量级，西勒振荡器电路通过采取稳频措施后的稳定度可达到10^{-5}量级。采用 LC 振荡器可满足一般短波、超短波移动通信机对频率稳定度（10^{-5}～10^{-4}）的要求。中、短波广播，电视要求频率稳定度为10^{-6}，甚至要求更高数量级，这时要采用石英晶体振荡器。晶体振荡器具有很高的频率稳定度，通过采取一定的措施，其稳定度可达到10^{-11}～10^{-5}，晶体振荡器是本章的一个重点。晶体振荡器分并联型和串联型两种类型。在并联型晶体振荡器中，晶体作为振荡电路中的一个电感元器件；在串联型晶体振荡器中，晶体作为反馈支路的控制元器件。晶体振荡器的频率稳定度很高，但振荡频率的可调范围较窄。并联型晶体振荡器分为基音晶体振荡器和泛音晶体振荡器两类，泛音晶体振荡器用于产生较高频率的振荡器，但要采取措施抑制低次谐波的产生，保证只谐振在所需要的工作频率上，这是电路设计的关键所在。

（4）集成电路正弦波振荡器需要外加 L 元器件、C 元器件组成的选频网络，电路简单、调试方便是未来发展的一个方向。

（5）采用变容二极管组成的压控振荡器可使振荡频率随外加电压而变化，这在调频和锁相环路技术中有极其广泛的应用。晶体振荡器的频率可调范围很小，采用串联电感或并联电感的方法可以扩展晶振压控振荡器的振荡频率范围，但频率稳定度有所下降。

（6）本章最后介绍了振荡器中容易发生的几个现象，并就如何避免各种现象发生的措施进行了简要介绍。

思考题与习题

5-1　试从相位条件出发，判断在题图 5-1 所示的高频等效电路中，哪些可能振荡，哪些不可能振荡。能振荡的属于哪种类型的振荡器？

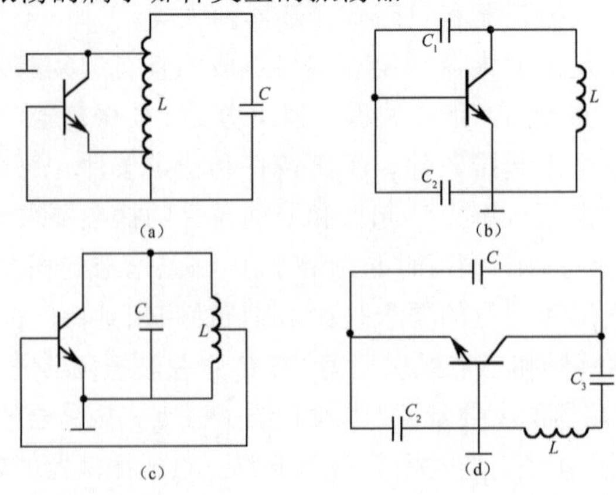

题图 5-1

5-2　在题图 5-2 所示的电容三点式振荡器电路中，试求电路振荡频率和维持振荡所需的最小电压增益。

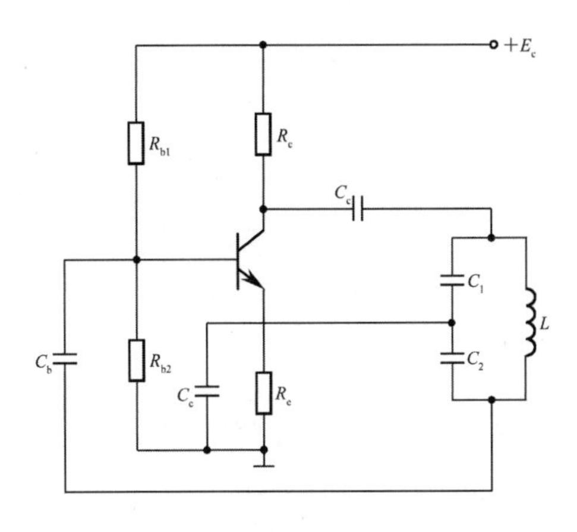

题图 5-2

5-3　克拉泼振荡器电路和西勒振荡器电路是怎样改进电容反馈振荡器性能的？

5-4　题图 5-3 是两个实用的晶体振荡器电路，试画出它们的等效交流电路，并指出它们是哪种振荡器，晶体在电路中的作用分别是什么？

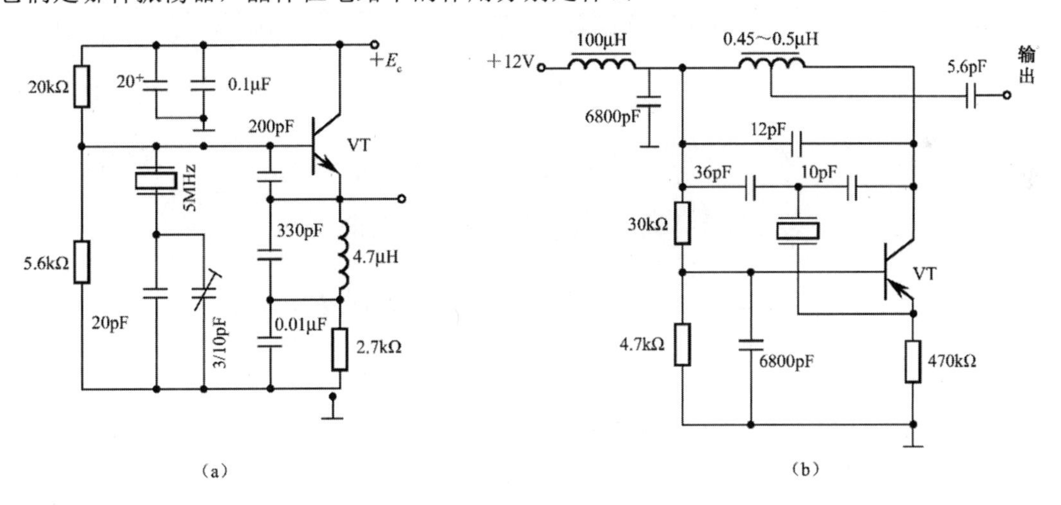

题图 5-3

5-5　若反馈式振荡器满足起振和平衡条件，则必然满足稳定条件。这种说法是否正确？为什么？

5-6　在题图 5-4 所示交流电路中，判断哪些可能产生振荡，哪些不能产生振荡。若能产生振荡，则说明属于何种振荡电路。

5-7　试运用反馈振荡原理，分析题图 5-5 所示各交流电路能否振荡。

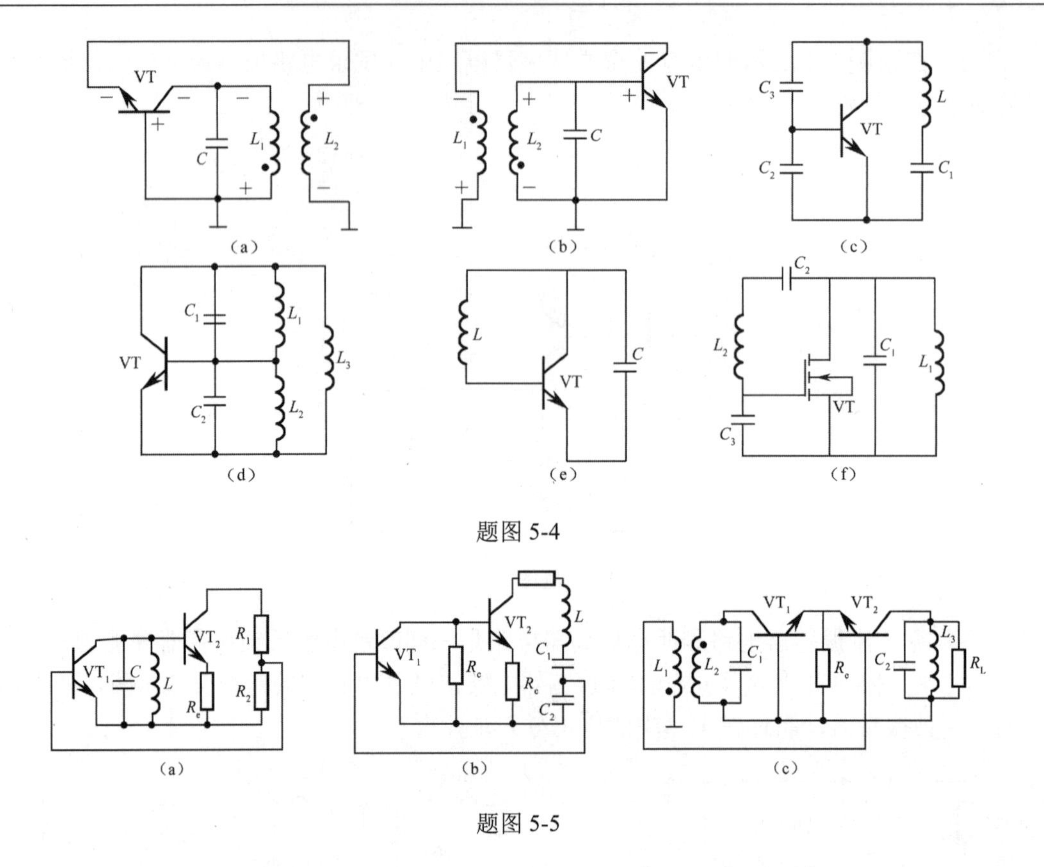

题图 5-4

题图 5-5

5-8　晶体振荡电路如题图 5-6 所示，已知 $\omega_1=\dfrac{1}{\sqrt{L_1C_1}}$，$\omega_2=\dfrac{1}{\sqrt{L_2C_2}}$，试分析电路能否产生正弦波振荡。若能振荡，试指出 ω_{osc} 与 ω_1、ω_2 之间的关系。

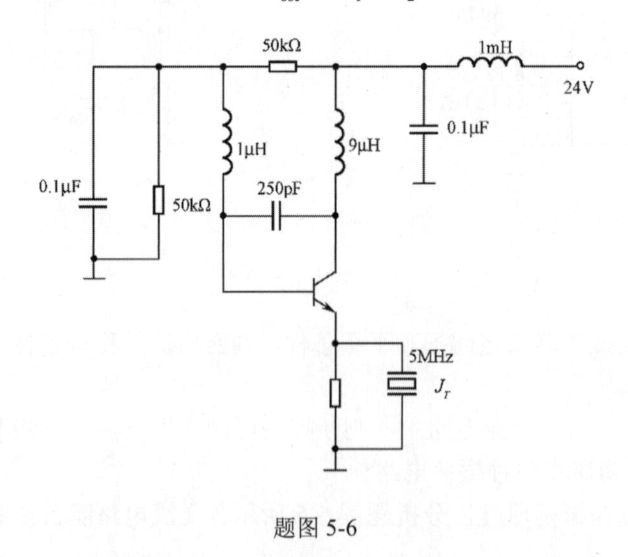

题图 5-6

5-9　为了满足下列电路起振的相位条件，给题图 5-7 中的互感耦合线圈标注正确的同名端，并说明各电路的名称。

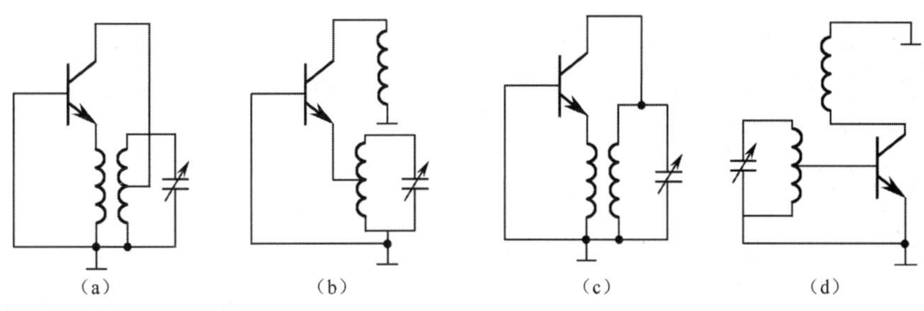

题图 5-7

5-10　题图 5-8 为三点式振荡器的等效电路，设有以下 4 种情况：

（1）$L_1C_1>L_2C_2>L_3C_3$；

（2）$L_1C_1<L_2C_2<L_3C_3$；

（3）$L_1C_1=L_2C_2>L_3C_3$；

（4）$L_1C_1<L_2C_2=L_3C_3$。

试分析上述 4 种情况是否可能振荡？振荡频率 f_0 与各回路谐振频率有何关系？

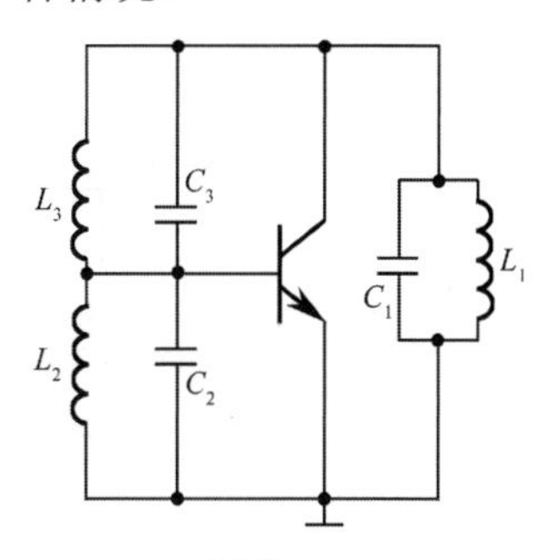

题图 5-8

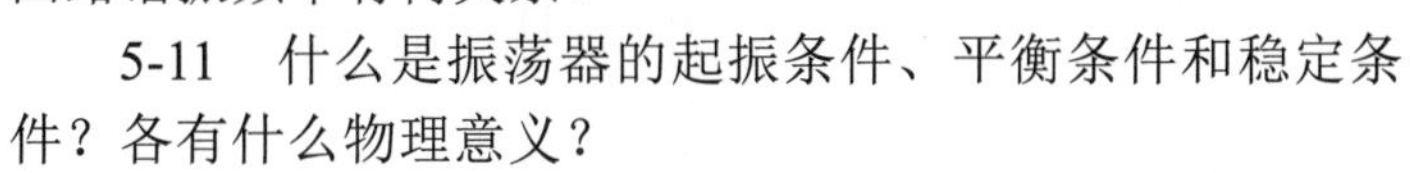

5-11　什么是振荡器的起振条件、平衡条件和稳定条件？各有什么物理意义？

5-12　试画出题图 5-9 中各电路的等效交流电路，并用振荡器的相位条件判断哪些可能产生正弦波振荡器，哪些不能产生正弦波振荡器？

5-13　振荡电路如题图 5-10 所示，试画出等效交流电路，并判断电路在什么条件下起振，属于什么形式的振荡电路？

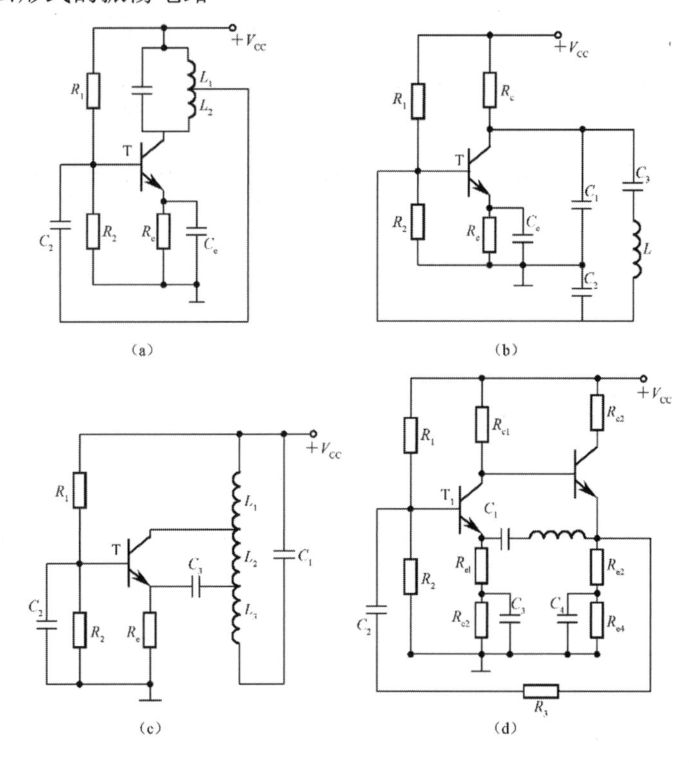

题图 5-9

5-14　对题图 5-11 所示的晶体振荡器电路：

（1）画出等效交流电路，指出是何种类型的晶体振荡器。

（2）该电路的振荡频率是多少？

（3）晶体在电路中的作用是什么？

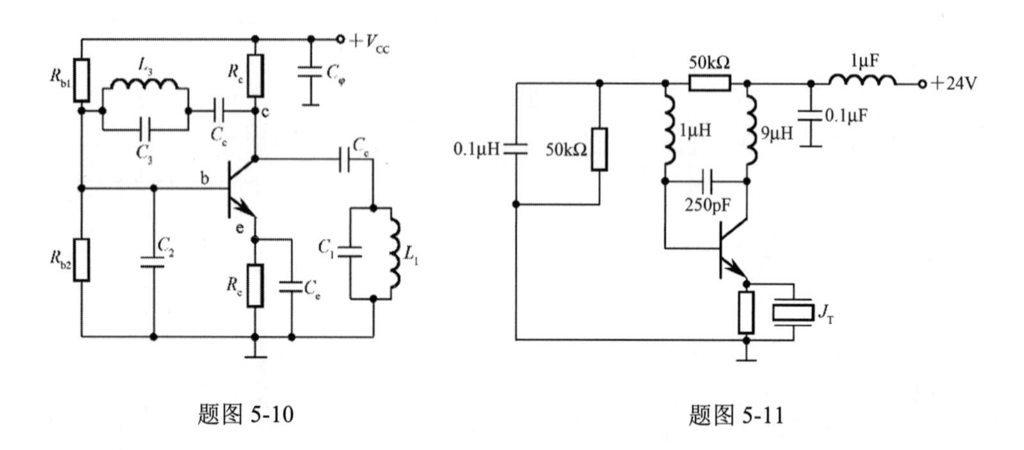

题图 5-10　　　　题图 5-11

5-15　对于如题图 5-12 所示的各振荡电路：

（1）画出等效交流电路，说明振荡器类型。

（2）估算振荡频率和反馈系数。

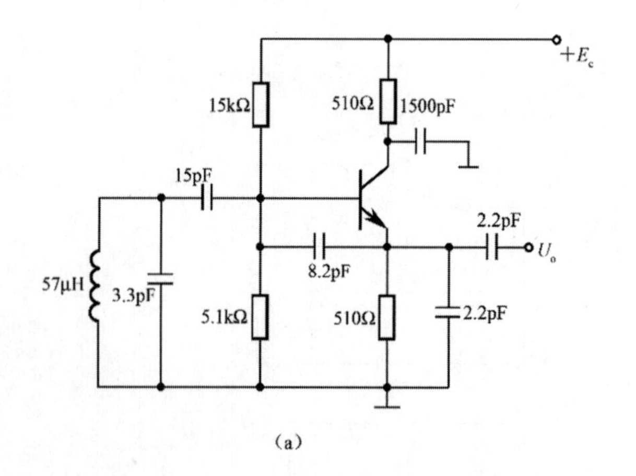

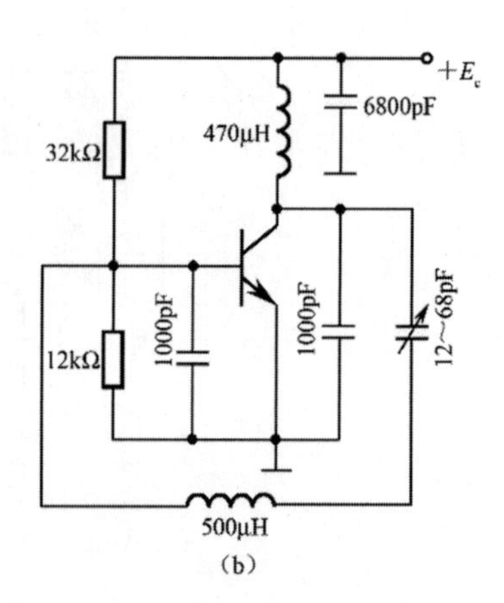

题图 5-12

5-16　振荡电路如题图 5-13 所示，其中，$C_1 = 0.01\mu\text{F}$，$C_2 = 300\mu\text{F}$，$L_1 = 200\mu\text{H}$，$L_2 = 10\mu\text{H}$，试完成：

（1）画出等效交流电路；

（2）求该电路的振荡频率 f_0 和反馈系数 F。

5-17　题图 5-14 是一个电容反馈式振荡器的实际电路。已知 $C_1 = 50\text{pF}$，$C_2 = 100\text{pF}$，$C_3 = 10\sim260\text{pF}$。要求工作在 $f = 10\sim20\text{MHz}$ 波段范围，试计算回路电感 L 和电容 C_0。设回路无载 $Q_0 = 100$，负载电阻 $R = 1\text{k}\Omega$，晶体管输入电阻 $R_i = 500\Omega$。若要求起振时环路增益 $AF > 3$，则要求跨导 g_m 和静态工作电流 I_{CQ} 必须为多大？

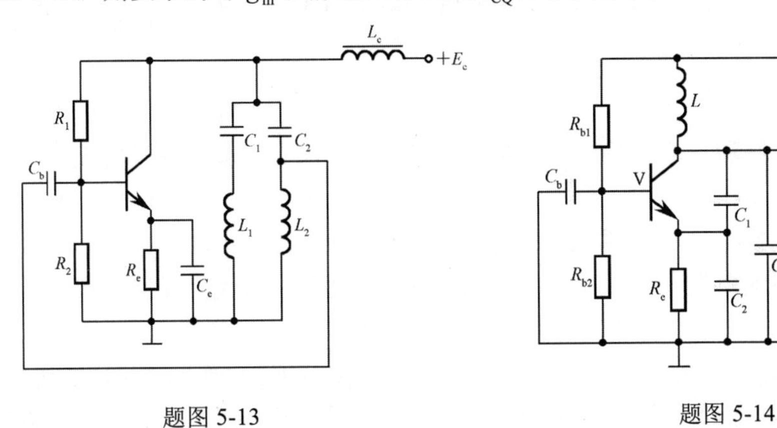

题图 5-13　　　　题图 5-14

第 6 章　频率变换电路的分析方法

在现代通信系统和其他一些电子设备中，需要一些能实现频率变换的电路。这些电路的特点是在其输出信号的频谱中产生了一些在输入信号频谱中没有的频率分量，即发生了频率分量的变换，故称为频率变换电路。频率变换电路属于非线性电路，其频率变换功能应由非线性元器件产生。在高频电子电路里，常用的非线性元器件有非线性电阻性元器件和非线性电容性元器件。前者在电压-电流平面上具有非线性的伏安特性。如不考虑晶体管的电抗效应，它的输入特性、转移特性和输出特性均具有非线性的伏安特性，所以晶体管可视为非线性电阻性元器件。后者在电荷-电压平面上具有非线性的库伏特性。如第 5 章介绍的变容二极管就是一种常用的非线性电容性元器件。

分析频率变换电路的目的是寻找描述非线性元器件特性的函数，力求用简单、明确的方法揭示电路工作的物理过程，从而求得输出信号中新出现的频率成分。对于不同的非线性电子元器件，可以用不同的函数描述；而对于同一元器件，当其工作条件不同时，也可以采用不同形式的函数及工程近似方法进行描述。

6.1　非线性元器件的特性描述

非线性元器件是组成频率变换电路的基本单元。在高频电子电路中常用的非线性元器件有 PN 结二极管、晶体三极管（双极性 BJT 或单极性 FET）、变容二极管等。这些元器件只有在合适的静态工作点条件下，且小信号激励时，才能表现出一定的线性特性，并可用其构成高频小信号谐振放大器等线性电子电路。在一般情况下，当静态工作点与外加激励信号的幅度变化时，非线性元器件的参数会随之变化，从而在输出信号中出现不同于输入激励信号的频率分量，完成频率变换的功能。从信号的波形上看，非线性元器件表现为输出信号的失真（不同于线性失真引起的波形失真）。另外，和线性元器件不同，非线性元器件的参数是工作电压和电流的函数。本节将概要地介绍非线性元器件，以及非线性电子电路的基本特性及其解析方法。

6.1.1　非线性元器件的基本特性

非线性元器件的基本特性包括：

（1）工作特性是非线性的，即伏安特性曲线不是直线；

（2）具有频率变换的作用，会产生新的频率分量；

（3）非线性电路不满足叠加定理。

1. 非线性元器件的伏安特性

在电子电路中大量使用的线性电阻的特点是，电阻两端的电压与通过电阻的电流呈现线性关系，即满足欧姆定理。具有这种特点的元器件称为线性元器件，其伏安特性曲线如图 6-1 所示。它是通过坐标原点的一条直线，其斜率为常数，称为元器件的电导，用 g 表示，有

$$g=\frac{i}{u}=\frac{1}{R} \tag{6.1.1}$$

还有一些电子元器件的伏安特性与线性电阻不同，它们的特性曲线不是直线而是曲线，这类电子元器件称为非线性元器件。例如，我们最熟悉的二极管和三极管就是非线性元器件，即加在其上的电压与通过其中的电流不成比例（不满足欧姆定理）。图 6-2 给出了二极管的伏安特性曲线。

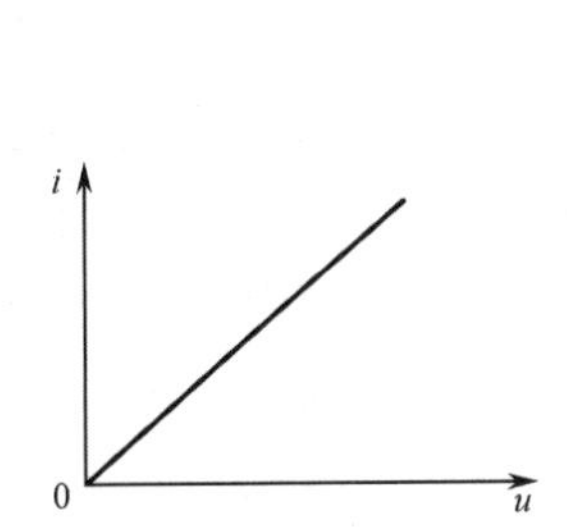

图 6-1　线性电阻的伏安特性曲线

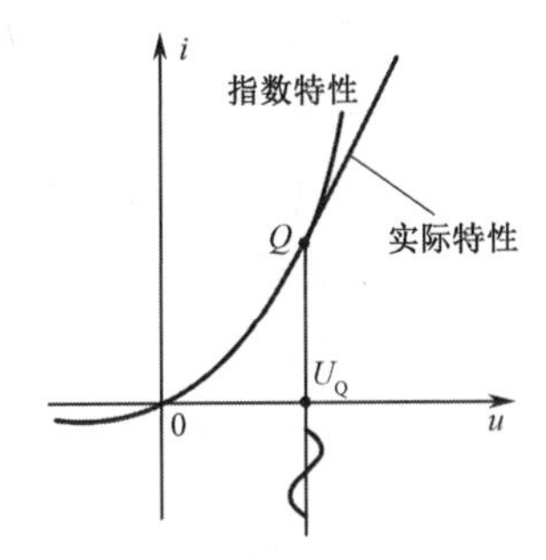

图 6-2　二极管的伏安特性曲线

由图 6-2 可以看出，当非线性元器件的直流工作点 Q 一定，且输入信号幅度较小时，则 Q 点处的斜率，即非线性元器件的电导可表示为

$$g=\left.\frac{\Delta i}{\Delta u}\right|_{u=u_{\mathrm{Q}}} \tag{6.1.2}$$

若 Q 点不同，则 g 的大小也不同，即非线性元器件的电导不是一个常数，其大小与元器件的直流工作点有关。

在高频电子电路中，实际用到的非线性元器件除二极管外，还有许多其他的元器件，如晶体管、场效应管等，在一定的工作范围内，它们均属于非线性电阻元器件，其电阻值随工作点变化。如果工作点是时变的，则电阻值也随时间变化，变为时变电阻。

2. 非线性元器件的频率变换作用

非线性元器件与线性元器件具有不同的特点，其中一个重要的不同在于：非线性元器件具有频率变换作用，而线性元器件没有。下面举例说明。

如果在一个线性电阻元器件上加某一频率的正弦电压，那么在电阻中就会产生同一频率的正弦电流。反之，给线性电阻输入某一频率的正弦电流，则在电阻两端就会得到

同一频率的正弦电压。线性电阻上的电压和电流具有相同的波形与频率，如图 6-3（a）所示。图 6-3 所示为角频率为ω 的正弦交流电压信号分别加在线性电阻 R 和二极管上所产生的流经它的电流 i 的波形。

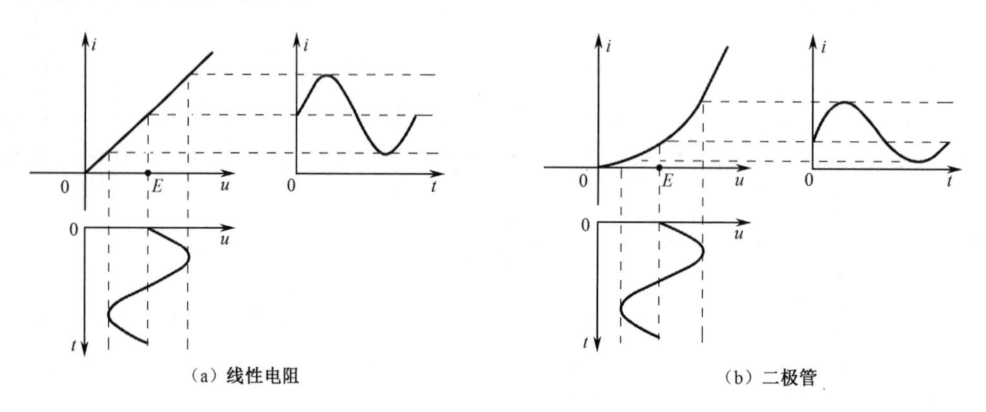

（a）线性电阻　　（b）二极管

图 6-3　线性电阻和二极管上的电压和电流波形

对于非线性元器件来说，情况就大不相同了。由图 6-3（b）可以看出，加在二极管上的电压为正弦交流电压，而流过二极管的电流却为非正弦信号。利用傅里叶级数将其展开，会发现在 $i(t)$的频谱中除含有原有信号电压 u 的角频率ω外，还包含ω的各次谐波 2ω、3ω、$4\omega\cdots$及直流成分。也就是说，二极管会产生新的频率分量，具有频率变换的能力。一般来说，非线性元器件的输出信号比输入信号具有更丰富的频率成分。许多重要的通信技术，正是利用了非线性元器件的这种频率变换作用才得以实现的。

3．非线性电路不满足叠加定理

叠加定理是分析线性电路的重要基础。在线性电路中许多行之有效的分析方法，如傅里叶分析法等都是以叠加定理为基础的。图 6-4 所示为角频率分别为ω_1 和ω_2 的正弦信号叠加后，再加到线性电阻 R 和二极管所获得的电流波形。

由图 6-4（a）可以看出，由于线性元器件满足叠加定理，故流过电阻的电流仍由角频率为ω_1 和ω_2 的正弦波叠加的信号决定，并没有新的频率分量产生。

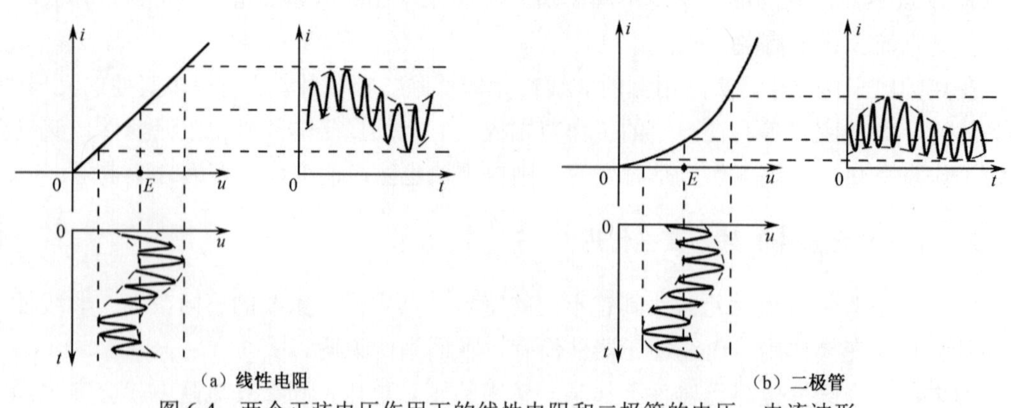

（a）线性电阻　　（b）二极管

图 6-4　两个正弦电压作用下的线性电阻和二极管的电压、电流波形

但是，对于非线性电路来说，叠加定理就不再适用了。由图 6-4（b）可以看出，两个正弦电压叠加后加在二极管上，产生的电流波形与原来大不相同，表明非线性元器件并不满足叠加定理。可以证明，在流过二极管的电流中包含大量的组合频率分量，它们可以表示为：

$$\omega=|\pm p\omega_1\pm q\omega_2| \quad p,q=0,1,2,3\cdots \tag{6.1.3}$$

可见，非线性元器件的输出信号比输入信号具有更丰富的频率成分。许多重要的无线电技术过程，如调制、解调、混频、倍频等，正是利用了非线性元器件的这种频率变换作用才得以实现的。

6.1.2　非线性电路的工程分析法

在分析非线性电路时，首先需要写出非线性元器件特性曲线的数学表示式。由于非线性元器件的非线性特性曲线很难用精确的函数来表示，因此，在实际应用中，通常根据非线性元器件的外部工作条件的不同，选取不同的函数来近似地描述其非线性特征。

所谓非线性电路的工程分析法就是针对不同的输入条件和电路类型，寻找合适的函数对非线性元器件的非线性特性进行近似，从而用简单、明确的方法揭示非线性电路工作的物理过程。常见的非线性电路的工程分析法包括指数函数分析法、幂级数分析法、线性时变电路分析法、开关函数分析法等。

1．指数函数分析法

晶体二极管的正向伏安特性可用指数函数描述为

$$i=I_s(\mathrm{e}^{\frac{q}{KT}u}-1)=I_s(\mathrm{e}^{\frac{1}{U_T}u}-1) \tag{6.1.4}$$

式中，热电压 $U_T\approx 26\text{mV}$（当 T=300K 时）。

在输入电压 u 较小时，式（6.1.4）与二极管的实际特性是吻合的，但是当 u 增大时，二者有较大的误差，如图 6-2 所示。所以，指数函数分析法仅适用于在小信号工作状态下的二极管特性分析。

利用指数函数的幂级数展开式，有

$$\mathrm{e}^x=1+x+\frac{1}{2!}x^2+\cdots+\frac{1}{n!}x^n+\cdots$$

若 $u=U_Q+U_s\cos(\omega_s t)$，由式（6.1.4）可得

$$i=I_s\left\{\frac{U_Q}{U_T}+\frac{U_S}{U_T}\cos(\omega_s t)+\frac{1}{2U_T^2}\left[U_Q^2+2U_QU_S\cos(\omega_s t)+U_s^2\frac{1+\cos(2\omega_s t)}{2}\right]+\cdots+\frac{1}{n!U_T^n}\left[U_Q+U_S\cos(\omega_s t)\right]^n+\cdots\right\} \tag{6.1.5}$$

利用三角函数公式将上式展开后，可以看到在输入电压中虽然仅有直流和 ω_s 分量，但在输出电流中除直流和 ω_s 分量外，还出现了新的频率分量，这就是 ω_s 的二次及以上各次谐波分量。输出电流的频率分量可表示为

$$\omega_o=n\omega_s，其中\ n=0,1,2\cdots \tag{6.1.6}$$

由于指数函数是一种超越函数，所以这种方法又称为超越函数分析法。

2．幂级数分析法

二极管的伏安特性曲线如图 6-2 所示，图中 U_Q 用来确定二极管的静态工作点，使之工作在伏安特性 $i=f(u)$ 的弯曲部分。若在静态工作点 U_Q 附近的各阶导数都存在，则电流 i 可以在该点附近展开为泰勒级数，即

$$\begin{aligned} i &= f(U_Q)+f'(U_Q)(u-U_Q)+\frac{f''(U_Q)}{2!}(u-U_Q)^2+\cdots+\frac{f^{(n)}(U_Q)}{n!}(u-U_Q)^n+\cdots \\ &= a_0+a_1(u-U_Q)+a_2(u-U_Q)^2+\cdots+a_n(u-U_Q)^n+\cdots \end{aligned} \tag{6.1.7}$$

式中，$a_n=\dfrac{f^{(n)}(U_Q)}{n!}$（$n$=0, 1, 2, 3⋯）

当输入电压 $u=U_Q+U_s\cos(\omega_s t)$ 时，由式（6.1.7）可求得输出电流为

$$i=a_0+a_1U_s\cos(\omega_s t)+\frac{a_2U_s^2}{2}\left[1+\cos 2(\omega_s t)\right]+\cdots+a_nU_s^n\cos^n(\omega_s t)+\cdots \tag{6.1.8}$$

可见，在输出电流中出现的频率分量与式（6.1.6）相同。

显然，展开的泰勒级数必须满足收敛条件。

综上所述，非线性元器件的特性分析是建立在函数逼近的基础之上的。当工作信号大小不同时，适用的函数可能不同，但与实际特性之间的误差都必须在工程所允许的范围之内。

例 6.1 已知晶体管基极输入电压为 $u_B=U_Q+u_1+u_2$，其中，$u_1=U_{m1}\cos(\omega_1 t)$，$u_2=U_{m2}\cos(\omega_2 t)$，求晶体管集电极输出电流中的频率分量。

解：这道题实际上是要分析当在直流偏压上叠加两个不同频率输入交流信号时，其频率变换情况。

设晶体管转移特性为 $i_C=f(u_{BE})$，用幂级数分析法将其在 U_Q 处展开为

$$i_C=a_0+a_1(u_1+u_2)+a_2(u_1+u_2)^2+\cdots+a_n(u_1+u_2)^n+\cdots=\sum_{n=0}^{\infty}a_n(u_1+u_2)^n$$

将 $u_1=U_{m1}\cos(\omega_1 t)$，$u_2=U_{m2}\cos(\omega_2 t)$ 代入上式，然后对各项进行三角函数变换，则可以求得 i_C 中频率分量的表达式为

$$\omega_o=|\pm p\omega_1\pm q\omega_2| \quad p,q=0,1,2\cdots \tag{6.1.9}$$

所以，输出信号频率是两个不同输入信号频率各次谐波的各种不同组合，包含直流分量。

3．线性时变电路分析法

由例 6.1 可以看到，若两个不同频率的交流信号同时输入，晶体管输出信号的频谱是由式（6.1.9）决定的众多组合分量。为了有效地减小高阶相乘项及其产生的组合频率分量幅度，可以减小 u_1 或 u_2 的幅度，使非线性元器件工作在线性时变状态。

非线性元器件时变工作状态如图 6-5 所示，其中，U_Q 为静态工作点电压，u_2 幅度很小，远小于 u_1。由图可见，非线性元器件的工作点按大信号 u_1 的变化规律随时间变化，在伏安特性曲线上来回移动，称为时变工作点。在任一工作点（见图 6-5 中的 Q_1、Q_2、Q_3）上，由于叠加在其上的 u_2 很小，因此，在 u_2 的变化范围内，非线性元器件特性可近似看成一段直线，不过对于不同的时变工作点，直线的斜率是不同的。由于工作点是随 u_1 的变化而变化的，而 u_1 是时间的函数，所以这种工作状态称为线性时变工作状态。

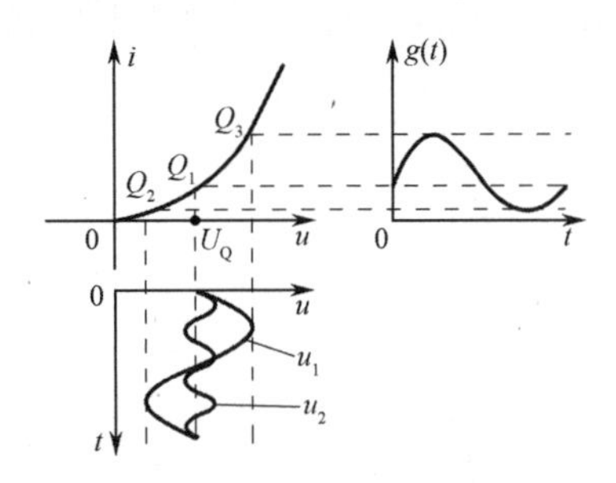

图 6-5　非线性元器件线性时变工作状态示意

若 u_2 足够小，即 $u_2 \leqslant u_1$，则可以认为晶体管的工作状态主要由 U_Q 与 u_1 决定，若在交变工作点（U_Q+u_1）处将输出电流 i_C 展开为幂级数，可以得到

$$i_C = f(u_{BE}) = f(U_Q + u_1 + u_2) = f(U_Q + u_1) + f'(U_Q + u_1)u_2 + \frac{1}{2!}f''(U_Q + u_1)u_2^2 + \cdots + \frac{1}{n!}f^{(n)}(U_Q + u_1)u_2^n + \cdots \tag{6.1.10}$$

因为 u_2 很小，故可以忽略 u_2 的二次及以上各次谐波分量，由此简化为

$$i_C \approx f(U_Q + u_1) + f'(U_Q + u_1)u_2 = I_0(t) + g(t)u_2 \tag{6.1.11}$$

其中

$$I_0(t) = f(U_Q + u_1),\quad g(t) = f'(U_Q + u_1)$$

$I_0(t)$与 $g(t)$分别是 u_2=0 时的电流值和电流对于电压的变化率（电导），而且它们均随时间变化（因为它们均随 u_1 变化，而 u_1 又随时间变化），所以分别称为时变静态电流与时变电导。由于此处 $g(t)$是指晶体管输出电流 i_C 对于输入电压 u_{BE} 的变化率，故又称为时变跨导。

若 $u_1=U_{m1}\cos(\omega_1 t)$，$u_2=U_{m2}\cos(\omega_2 t)$，由图 6-6 可以看出，在周期性电压 $U_Q+U_{m1}\cos(\omega_1 t)$作用下，$g(t)$也是周期性变化的，所以可展开为傅里叶级数：

$$g(t) = g_0 + \sum_{n=1}^{\infty} g_n \cos(n\omega_1 t) \tag{6.1.12}$$

其中

$$g_n = \frac{1}{\pi}\int_{-\pi}^{\pi} g(t)\cos(n\omega_1 t)\mathrm{d}\omega_1 t$$

同样，$I_0(t)$也可以展开为傅里叶级数：

$$I_0(t) = I_{00} + \sum_{n=1}^{\infty} I_{0n} \cos(n\omega_1 t) \tag{6.1.13}$$

将式（6.1.12）、式（6.1.13）代入式（6.1.11），可求得

$$i_C = I_{00} + \sum_{n=1}^{\infty} I_{0n} \cos(n\omega_1 t) + \left[(g_0 + \sum_{n=1}^{\infty} g_n \cos(n\omega_1 t)\right] U_{m2} \cos(\omega_2 t) \tag{6.1.14}$$

由上式可以看出，在 i_C 中含有直流分量，ω_1 的各次谐波分量及$|\pm n\omega_1 \pm \omega_2|$分量（$n$=0,1,2⋯）。与式（6.1.9）比较，减少了许多组合频率分量。

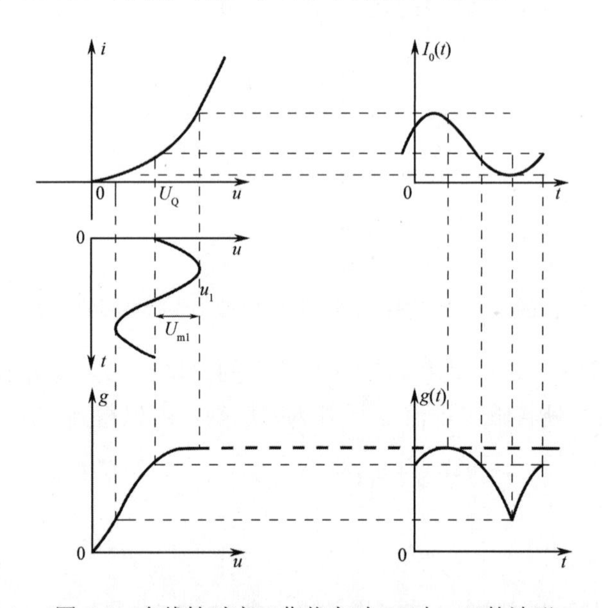

图 6-6　在线性时变工作状态时 $I_0(t)$与 $g(t)$的波形

4．开关函数分析法

当 u_1 足够大时，二极管工作在大信号状态，即在 u_1 的作用下工作在二极管的导通区和截止区，由于曲线的弯曲部分只占整个工作范围中很小的一部分，如图 6-7（a）所示，这样，二极管特性可以用两段折线来逼近它，如图 6-7（b）所示，图中 V_D 为二极管导通电压。若 u_1 的振幅足够大，远大于 V_D，就可以忽略 V_D 的影响，晶体管的转移特性可以进一步由从坐标原点出发的两段折线逼近，如图 6-7（c）所示。

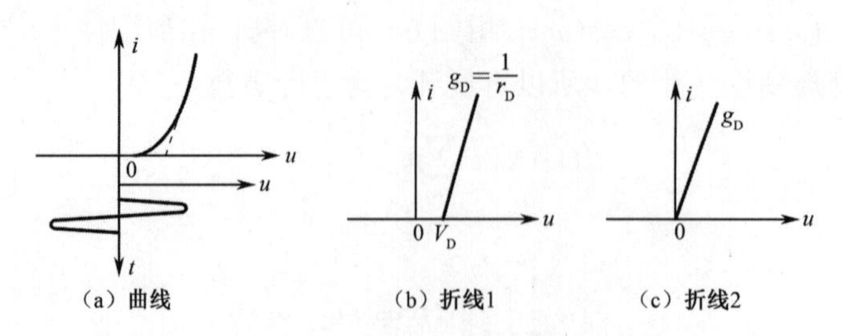

图 6-7　二极管伏安特性的折线近似

现设 U_Q=0，则晶体管半周导通、半周截止，完全受 u_1 的控制，如图 6-8 所示。这种工作状态称为开关工作状态，是线性时变工作状态的一种特例。在导通区，$g(u)$是一个常数 g_D，而 $g(t)$是一个矩形脉冲序列。

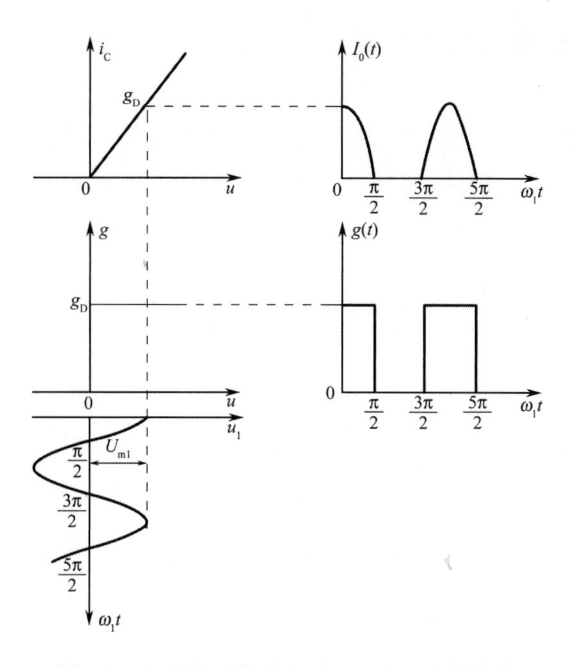

图 6-8　在开关工作状态时 $I_0(t)$与 $g(t)$的波形

如果将图 6-9 所示振幅为 1 的单向周期方波定义为单向开关函数，它的傅里叶级数展开式为

$$K_1(\omega_1 t)=\frac{1}{2}+\sum_{n=1}^{\infty}(-1)^{n-1}\frac{2}{(2n-1)\pi}\cos(2n-1)\omega_1 t \tag{6.1.15}$$

利用单向开关函数表达式，参照图 6-8，此时的集电极电流为

$$\begin{aligned}i_C &= I_0(t)+g(t)u_2 = g_D u_1 K_1(\omega_1 t)+g_D K_1(\omega_1 t)u_2 = g_D K_1(\omega_1 t)(u_1+u_2)\\ &= g_D K_1(\omega_1 t)(U_{1m}\cos\omega_1 t+U_{2m}\cos\omega_2 t)\end{aligned} \tag{6.1.16}$$

由于 $K_1(\omega_1 t)$中包含直流分量和ω_1 的奇次谐波分量，所以在 i_C 中含有直流分量、ω_1 的奇次谐波分量、ω_2 分量及$|\pm(2n-1)\omega_1\pm\omega_2|$分量（$n$=1,2⋯）。与式（6.1.14）比较，$i_C$ 中的组合频率分量进一步减少，但有用的和频及差频$|\pm\omega_1\pm\omega_2|$仍然存在。

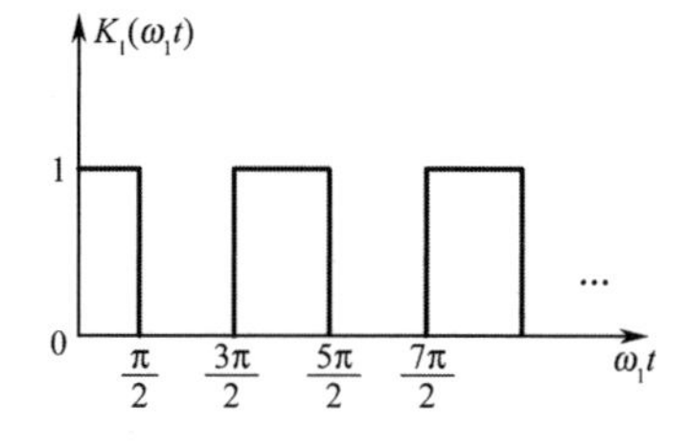

图 6-9　单向开关函数

6.2 模拟相乘器基本功能及其基本单元电路

6.2.1 模拟相乘器的基本功能

模拟相乘器是实现两个模拟信号瞬时值相乘功能的电路，它的电路符号如图 6-10 所示。它具有两个输入端和一个输出端，是一个三端网络。

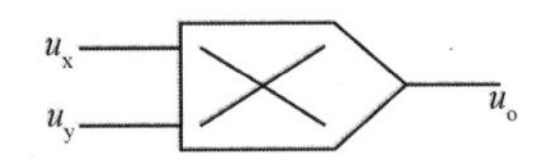

图 6-10 模拟相乘器的电路符号

若用 $u_x = U_x\cos(\omega_x t)$，$u_y = U_y\cos(\omega_y t)$ 表示两个输入信号，用 u_o 表示输出信号，则模拟相乘器的理想输出特性为

$$u_o = ku_x u_y = kU_x U_y\cos(\omega_x t)\cos(\omega_y t) = \frac{k}{2}U_x U_y\left[\cos(\omega_y + \omega_x)t + \cos(\omega_y - \omega_x)t\right] \quad (6.2.1)$$

式中，k 称为模拟相乘器的增益系数，又称为相乘因子。

模拟相乘器利用非线性元器件完成两个模拟信号的相乘运算。数字相乘器利用数字逻辑元器件完成两个数字信号的相乘运算。此节仅研究模拟相乘器。集成模拟相乘器是一种模拟集成电路，它是以差分放大器为基础构成的信号相乘电路。模拟相乘器的主要指标有工作频率、运算精度、载波抑制比、输入信号动态范围等。

6.2.2 模拟相乘器的基本单元电路

在通信系统及高频电子电路中实现模拟相乘的方法很多，常用的有环形二极管相乘法和变跨导相乘法等。其中，变跨导相乘法采用差分电路为基本电路，工作频带宽、温度稳定性好、运算精度高、速度快、成本低、便于集成化，得到了广泛应用。目前单片集成模拟乘法器大多采用变跨导相乘器。

1. 单差分对电路

变跨导相乘器的核心单元是一个带有恒流源的差分电路，如图 6-11 所示。图中两个晶体管和两个电阻精密配对（这在集成电路上很容易实现）。

根据晶体三极管特性，工作在放大区的晶体管 V_1、V_2 集电极电流可表示为

$$\begin{cases} i_{c1} = I_s e^{\frac{q}{KT}u_{be1}} = I_s e^{\frac{u_{be1}}{V_T}} \\ i_{c2} = I_s e^{\frac{q}{KT}u_{be2}} = I_s e^{\frac{u_{be2}}{V_T}} \end{cases} \quad (6.2.2)$$

式中，$V_T=KT/q$ 为 PN 结内建电压，I_s 为饱和电流。

恒流源电流

$$I_0 = \left(\frac{I_0}{2} + \Delta I\right) + \left(\frac{I_0}{2} - \Delta I\right) = i_{e1} + i_{e2}$$

设 V_1、V_2 晶体管的 $\alpha \approx 1$，则有 $i_{c1} \approx i_{e1}$，$i_{c2} \approx i_{e2}$，所以

$$I_0 = i_{e1} + i_{e2} = i_{c1} + i_{c2} = i_{c1}\left(1 + \frac{i_{c2}}{i_{c1}}\right) = i_{c1}\left(1 + e^{-\frac{1}{V_T}(u_{be1} - u_{be2})}\right) = i_{c1}\left(1 + e^{-\frac{u}{V_T}}\right) \tag{6.2.3}$$

式中，输入电压 $u = u_{be1} - u_{be2}$，可得

$$i_{c1} = \frac{I_0}{1 + e^{-\frac{u}{V_T}}} = \frac{I_0}{2}\left[1 + \tanh\left(\frac{u}{2V_T}\right)\right] \tag{6.2.4}$$

$$i_{c2} = \frac{I_0}{1 + e^{\frac{u}{V_T}}} = \frac{I_0}{2}\left[1 - \tanh\left(\frac{u}{2V_T}\right)\right] \tag{6.2.5}$$

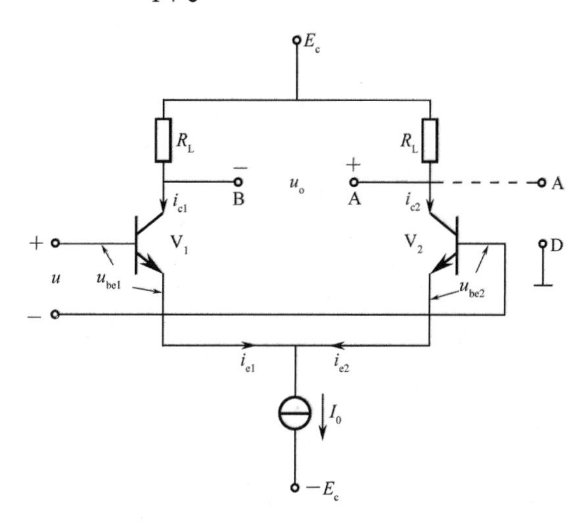

图 6-11　差分对原理电路

在双端输出的情况下，有

$$u_o = u_{c2} - u_{c1} = (E_c - i_{c2}R_L) - (E_c - i_{c1}R_L) = R_L(i_{c1} - i_{c2}) = R_L I_0 \tanh\left(\frac{u}{2V_T}\right) \tag{6.2.6}$$

可得等效的差动输出电流 i_{od} 与输入电压 u 的关系式为

$$i_{od} = i_{c1} - i_{c2} = I_0 \tanh\left(\frac{u}{2V_T}\right) \tag{6.2.7}$$

由式（6.2.4）、式（6.2.5）和式（6.2.7）可见，i_{c1}、i_{c2} 和 i_{od} 与差模输入电压 u 是非线性关系——双曲正切函数关系，与恒流源电流 I_0 呈现线性关系。在双端输出的情况下，直流抵消，交流输出加倍。

当输入电压 u 很小时，传输特性近似为线性关系，即工作在线性放大区。这是因为当 $|x|<1$ 时，$\tanh(x/2) \approx x/2$，即当 $|u| < V_T = 26\text{mV}$ 时，有

$$i_{\mathrm{od}}=i_{\mathrm{c1}}-i_{\mathrm{c2}}=I_0\tanh\left(\frac{u}{2V_{\mathrm{T}}}\right)\approx I_0\frac{u}{2V_{\mathrm{T}}} \tag{6.2.8}$$

当输入电压 u 很大，一般在$|u|>100\mathrm{mV}$ 时，电路呈现限幅状态，两个晶体管接近于开关状态，因此，该电路可作为高速开关、限幅放大器等电路。

差分放大电路的跨导 g_{m} 为

$$g_{\mathrm{m}}=\frac{\partial i_{\mathrm{o}}}{\partial u}\bigg|_{u=0}=\frac{I_0}{2V_{\mathrm{T}}} \tag{6.2.9}$$

2. 双差分对电路

双差分对模拟相乘器原理电路如图6-12所示。它由3个基本的差分电路组成，也可以看成由两个单差分对电路组成。

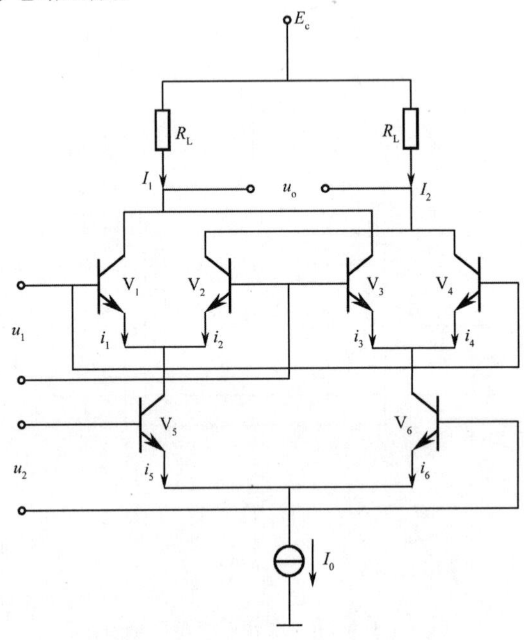

图6-12　双差分对模拟相乘器原理电路

在图6-12中，电流源 I_0 提供差分对管 V_5、V_6 的偏置电流，而 V_5 提供 V_1、V_2 差分对管的偏置电流，V_6 提供 V_3、V_4 差分对管的偏置电流。输入信号 u_1 交叉加到 V_1、V_2 和 V_3、V_4 两个差分对管的输入端，u_2 加到 V_5、V_6 的输入端，则

$$I_0=I_1-I_2=(i_1+i_3)-(i_2+i_4)=(i_1-i_2)-(i_4-i_3)$$

根据式（6.2.4）、式（6.2.5）差分电路的转移特性可知

$$\begin{cases}i_1-i_2=i_5\tanh\left(\dfrac{u_1}{2V_{\mathrm{T}}}\right)\\ i_4-i_3=i_6\tanh\left(\dfrac{u_1}{2V_{\mathrm{T}}}\right)\\ i_5-i_6=I_0\tanh\left(\dfrac{u_2}{2V_{\mathrm{T}}}\right)\end{cases} \tag{6.2.10}$$

由式（6.2.10）可求出输出电压

$$u_o = (I_1 - I_2)R_L = \left[(i_1 - i_2) - (i_4 - i_3)\right]R_L = (i_5 - i_6)\tanh\left(\frac{u_1}{2V_T}\right)R_L$$

$$u_o = I_0 \tanh\left(\frac{u_1}{2V_T}\right)\tanh\left(\frac{u_2}{2V_T}\right)R_L \tag{6.2.11}$$

当输入信号较小，且满足

$$\begin{cases} u_1 < 2V_T = 52\text{mV} \\ u_2 < 2V_T = 52\text{mV} \end{cases} \Rightarrow \begin{cases} \tanh\dfrac{u_1}{2V_T} \approx \dfrac{u_1}{2V_T} \\ \tanh\dfrac{u_2}{2V_T} \approx \dfrac{u_2}{2V_T} \end{cases} \tag{6.2.12}$$

将式（6.2.12）代入式（6.2.11）可得

$$u_o = I_0 \frac{u_1 u_2}{4V_T^2} R_L = k u_1 u_2 \tag{6.2.13}$$

式中，相乘系数 $k = \dfrac{I_0 R_L}{4V_T^2}$ 。

设两个输入信号分别为

$$u_1 = U_1 \cos\omega_1 t,\quad u_2 = U_2 \cos\omega_2 t,\quad 其中\ \omega_1 > \omega_2$$

则两个输入信号相乘后的输出信号为

$$u_o = k u_1 u_2 = \frac{kU_1U_2}{2}[\cos(\omega_1 + \omega_2)t + \cos(\omega_1 - \omega_2)t] \tag{6.2.14}$$

可见，相乘运算能够产生两个输入信号频率的和频与差频，这正是调幅、检波和混频电路所需要的功能。

6.3　集成模拟相乘器及其典型应用

单片集成模拟相乘器种类较多，由于内部电路结构不同，各项参数指标也不同。在选择时，应注意的主要参数包括工作频率范围、电源电压、输入电压动态范围、线性度等。

6.3.1　MC1496/1596 集成模拟相乘器及其应用

根据双差分对模拟相乘器基本原理制成的单片集成模拟相乘器 MC1496/1596 的内部电路如图 6-13 所示，电路内部结构与图 6-12 基本类似。所不同的是，MC1496/1596 相乘器用晶体管 V_7、V_8 和 V_9 所构成的镜像恒流源替代电流源 I_0，其中，二极管 V_9 与 500Ω 电阻构成 V_7、V_8 的偏置电路；负反馈电阻 R_y 外接在第 2、3 引脚两端，可扩展输入信号 u_y 的动态范围，并可调整相乘系数 k；负载电阻 R_c、偏置电阻 R_1 等采用外接形式。

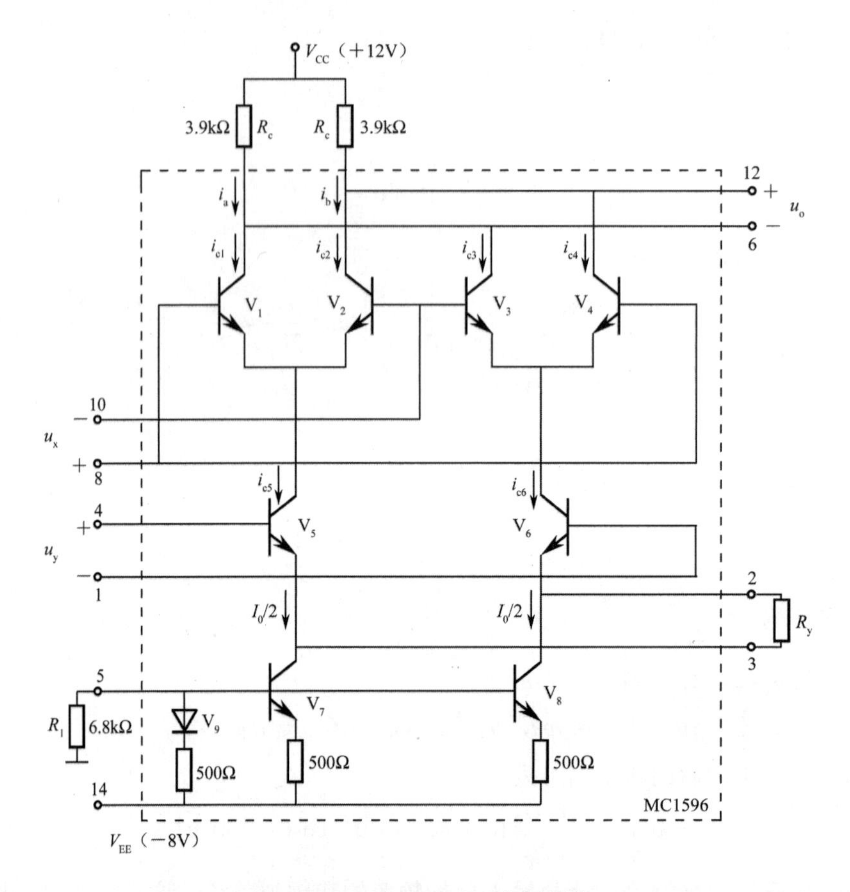

图 6-13　MC1496/1596 内部电路

V_7、V_8 两个晶体管发射机之间跨接负反馈电阻 R_y 的作用，是扩大输入电压 u_y 的动态范围，其基本原理如下。

当 R_y 远大于 V_5、V_6 晶体管的发射结电阻 r_e 时，有

$$\begin{cases} i_{e5} \approx \dfrac{I_0}{2} + \dfrac{u_y}{R_y} \\ i_{e6} \approx \dfrac{I_0}{2} - \dfrac{u_y}{R_y} \end{cases} \tag{6.3.1}$$

因此，差分对管 V_5、V_6 的输出电流差值为

$$i_5 - i_6 \approx i_{e5} - i_{e6} = \frac{2u_y}{R_y} \tag{6.3.2}$$

此时，MC1496/1596 模拟相乘器的输出电流差值为

$$i = (i_5 - i_6)\tanh\left(\frac{u_x}{2V_T}\right) \approx \frac{2u_y}{R_y}\tanh\left(\frac{u_x}{2V_T}\right) \tag{6.3.3}$$

输出电压为

$$u_o = \frac{2u_y}{R_y} R_c \tanh\left(\frac{u_x}{2V_T}\right) \tag{6.3.4}$$

u_y 允许的最大动态范围为

$$-\left(\frac{1}{4}I_0 R_y + V_T\right) \leqslant u_y \leqslant \left(\frac{1}{4}I_0 R_y + V_T\right) \tag{6.3.5}$$

MC1496/1596 广泛应用于调幅、解调、混频等电路中。图 6-14 是由 MC1496 组成的普通调幅电路。由图可知，X 通道两输入端第 8、10 引脚直流电位均为 6V，可作为载波 $u_c(t)$输入通道；Y 通道两输入端第 1、4 引脚之间外接调零电路，可通过调节 50kΩ电位器使第 1 引脚电位比第 4 引脚电位高一直流电压 U_D，调制信号 $u_\Omega(t)$与 U_D 叠加后输入 Y 通道。调节电位器可改变调制指数 M_a。输出端第 6、12 引脚应外接调谐于载频的带通滤波器。第 2、3 引脚之间外接 Y 通道负反馈电阻。

采用如图 6-14 所示的电路也可以组成双边带调幅电路，区别在于调节电位器的目的是使 Y 通道第 1、4 引脚之间的直流电位差为零，即 Y 通道输入信号仅为交流调制信号。为了减小流经电位器的电流，便于调零准确，可加大两个 750Ω电阻的阻值，如各增大 10kΩ。

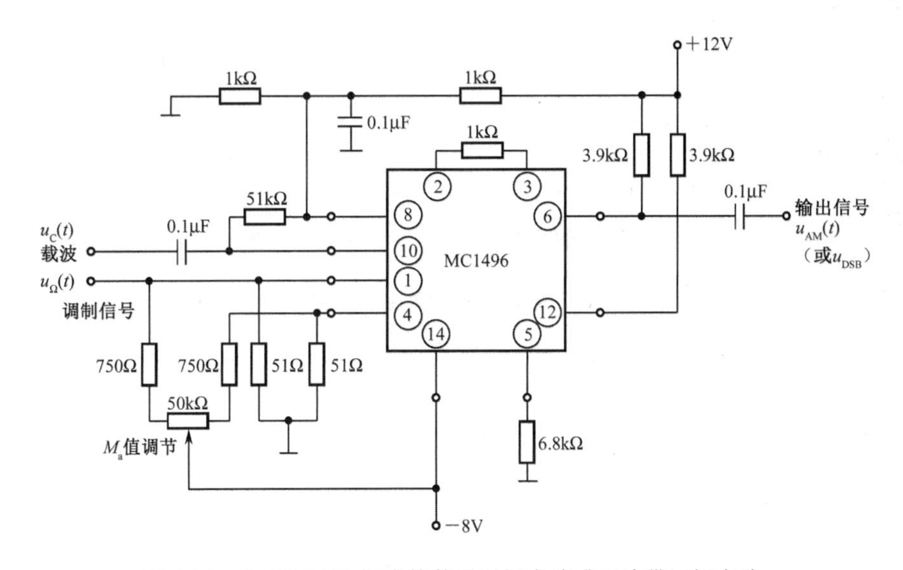

图 6-14　由 MC1496 组成的普通调幅电路或双边带调幅电路

6.3.2　MC1495/1595 集成模拟相乘器及其应用

作为通用的模拟相乘器，还需要将 u_x 的动态输入范围进行扩展。MC1495/1595 在 MC1496/1596 的基础上增加了 X 通道线性补偿网络，使 u_x 的动态输入范围增大，使之成为具有四象限相乘功能的通用集成元器件，实现理想的信号相乘运算。

在双差分模拟相乘器的基础上，加入了一个反正切双曲函数电路，就构成了四象限模拟相乘器 BG314 的内部电路。反正切双曲函数电路如图 6-15 所示，图 6-16 为 BG314

引脚分布。在图6-16中，第4、8引脚为u_x输入端，第9、12引脚为u_y输入端，第14、2引脚为输出端，R_c为外接负载电阻。第5、6引脚连接的电阻R_x和第10、11引脚连接的电阻R_y是分别用来扩展动态范围的负反馈电阻。第3引脚连接的电阻R_{W3}和第13引脚连接的电阻R_B用来分别设定$I_0'/2$和$I_0/2$。

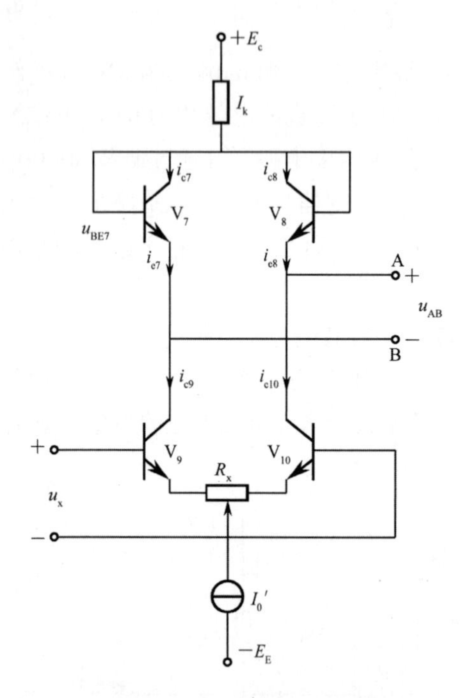

图6-15　反正切双曲函数电路

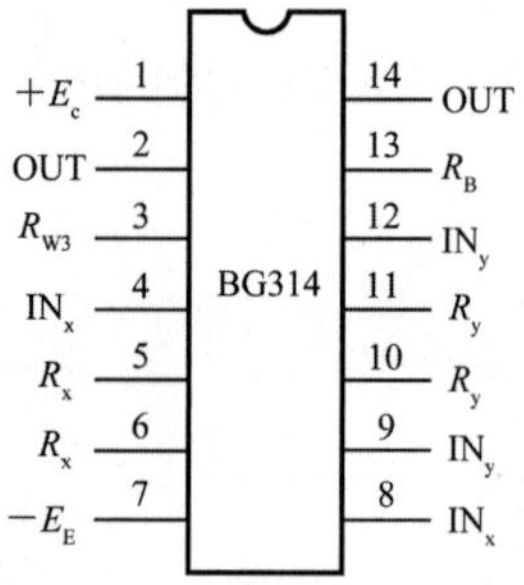

左侧功能	引脚	BG314	引脚	右侧功能
$+E_c$	1		14	OUT
OUT	2		13	R_B
R_{W3}	3		12	IN_y
IN_x	4		11	R_y
R_x	5		10	R_y
R_x	6		9	IN_y
$-E_E$	7		8	IN_x

图6-16　BG314引脚分布

在图6-15中，射极负反馈电阻$R_x \geqslant 2r_e$，则V_9和V_{10}的集电极电流为

$$\begin{cases} i_{c9} \approx \dfrac{I_o'}{2} + \dfrac{u_x}{R_x} = i_{e7} \\ i_{c10} \approx \dfrac{I_o'}{2} - \dfrac{u_x}{R_x} = i_{e8} \\ I' = I_k \end{cases} \tag{6.3.6}$$

为了保证i_{c9}和i_{c10}大于零，u_x的动态范围应满足

$$-\frac{I_0'}{2} \leqslant \frac{u_{xm}}{R_x} \leqslant \frac{I_0'}{2} \tag{6.3.7}$$

晶体管V_7和V_8是cb结短路的差分对管，各晶体管的电流分别为

$$\begin{cases} i_{e7} = \dfrac{I_k}{2}\left(1 + \tanh\dfrac{u_{BE7} - u_{BE8}}{2V_T}\right) \\ i_{e8} = \dfrac{I_k}{2}\left(1 - \tanh\dfrac{u_{BE7} - u_{BE8}}{2V_T}\right) \end{cases} \tag{6.3.8}$$

它们的电流差值为

$$i_{e7}-i_{e8}=I_{k}\tanh\frac{u_{BE7}-u_{BE8}}{2V_{T}} \tag{6.3.9}$$

由此可得，反正切双曲函数电路的输出电压为

$$u_{AB}=u_{BE7}-u_{BE8}=2V_{T}\text{arctanh}\frac{i_{e7}-i_{e8}}{I_{k}}=2V_{T}\text{arctanh}\frac{2u_{x}}{I_{k}R_{x}} \tag{6.3.10}$$

将此电路的输出端 A、B 分别接到双差分模拟相乘器的 u_1 输入端上，把式（6.3.10）代入式（6.3.4），得

$$u_{0}=\frac{2u_{y}}{R_{y}}R_{c}\tanh(\text{arctanh}\frac{2u_{x}}{I_{k}R_{x}})=\frac{4R_{c}}{I_{k}R_{x}R_{y}}u_{x}u_{y}=A_{M}u_{x}u_{y} \tag{6.3.11}$$

式中，$A_{M}=\dfrac{4R_{c}}{I_{k}R_{x}R_{y}}$为模拟相乘器的相乘系数。

u_x 和 u_y 允许的最大动态范围为

$$\begin{cases}-\left(\dfrac{1}{4}I_0'R_x+V_T\right)\leqslant u_x\leqslant\left(\dfrac{1}{4}I_0'R_x+V_T\right)\\-\left(\dfrac{1}{4}I_0R_y+V_T\right)\leqslant u_y\leqslant\left(\dfrac{1}{4}I_0R_y+V_T\right)\end{cases} \tag{6.3.12}$$

图 6-17 为由 BG314 构成的双边带调制器实际电路。

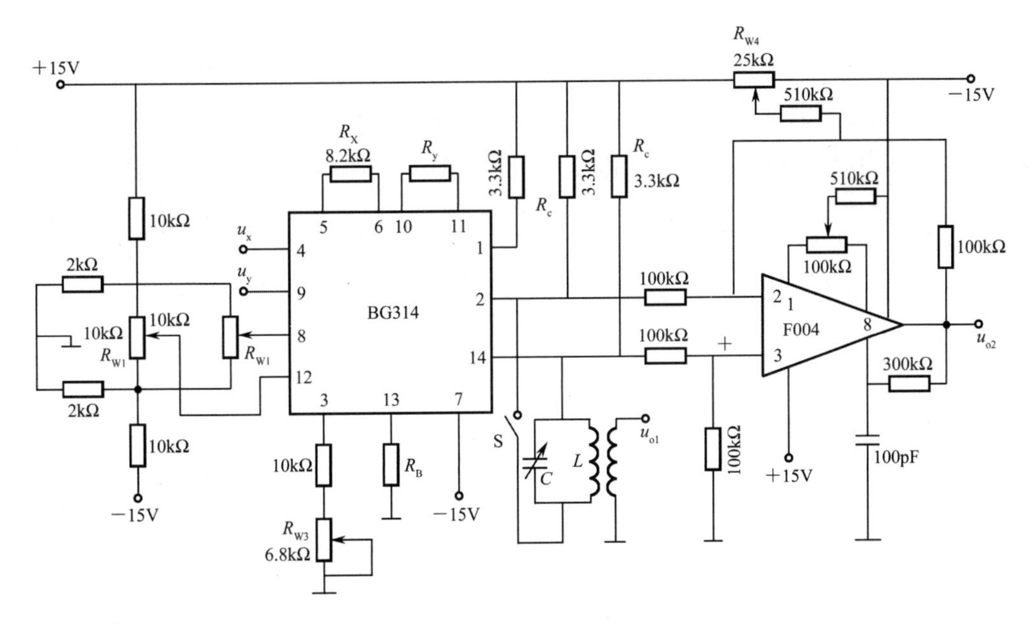

图 6-17　由 BG314 构成的双边带调制器实际电路

MC1494 以 MC1495 为基础，增加了电压调整器和输出电流放大器。

MC1495、MC1494 分别作为第一代、第二代变跨导模拟相乘器的典型产品，线性度很好，既可用于乘、除等模拟运算，也可用于调制、解调等频率变换，缺点是工作频率不高。

6.4 本章小结

本章以二极管的伏安特性为例说明了非线性元器件的特性。从工程应用角度讨论了非线性电路的分析方法，包括幂级数分析法、开关函数分析法和线性时变电路分析法。这 3 种分析方法都是非线性电路的近似分析方法。幂级数分析法适用于任何非线性电路，但主要应用于小信号分析，而且需要获得非线性元器件的伏安特性幂级数展开式，但是幂级数展开式并非在任何情况下都能轻而易举得到。当器件反向偏置且激励信号较大，涉及器件的导通、截止转换时，可采用开关函数分析法进行分析。线性时变电路分析法，必须是一个大信号、一个小信号，两个信号的幅度差距较大，非线性元器件的特性由大信号控制；对小信号而言，非线性电路近似为线性电路。开关函数分析法和线性时变电路分析法在实际电路分析中应用广泛。

模拟相乘器是目前应用非常广泛的非线性电路，本章详细讨论了差分对模拟相乘器的电路结构、工作原理，介绍了几种集成模拟相乘器的工作原理及其应用电路。

思考题与习题

6-1　调制与解调都是_______过程，所以必须用_________元器件才能完成。

6-2　变频作用是怎样产生的？为什么一定要有非线性元器件才能产生变频作用？

6-3　某线性时变电路的输出电流 $i_o = gk_2(\omega_2 t)[u_1(\omega_1) - u_2(\omega_2)]$，则电路对______是线性电路，而电路参数是随_______变化的。

6-4　在具有不同伏安特性的元器件中，（　　）为理想混频元器件。

A. $i = au^2$

B. $i = a_0 + a_1 u + a_2 u^2$

C. $i = a_0 + a_1 u + a_3 u^3$

6-5　非线性元器件的伏安特性为 $i = a_1 u + a_2 u^2$，其中的信号电压为 $u = U_{\text{cm}} \cos \omega_c t + U_{\Omega\text{m}} \cos \Omega t + \frac{1}{2} U_{\Omega\text{m}} \cos 2\Omega t$，式中，$\omega_c \gg \Omega$。求电流 i 中的组合频率分量。

第 7 章　振幅调制、解调及混频电路

7.1　概述

调制电路、解调电路与混频电路是通信设备中重要的组成部分，在其他电子设备中也得到了广泛应用。用待传输的低频信号控制高频载波参数的电路称为调制电路，它分为振幅调制和角度调制两大类。解调是调制的逆过程，从高频已调信号中还原出原调制信号的电路称为解调电路（也称检波电路）。把已调信号的载频变成另一载频的电路称为混频电路。调制电路、解调电路与混频电路都是用来对输入信号进行频谱变换的电路。

在模拟系统里，按照载波波形的不同，有脉冲调制和正弦波调制两种调制方式。正弦波调制是以高频正弦波为载波，用低频调制信号分别控制正弦波的振幅、频率和相位 3 个参量，相应的调制分别称为调幅（AM）、调频（FM）和调相（PM）。本书仅讨论正弦波调制。

频谱变换电路分为频谱线性变换电路和频谱非线性变换电路。振幅调制与解调电路、混频电路属于频谱线性变换电路，它们的作用是将输入信号频谱沿频率轴进行不失真的搬移；角度调制和解调电路属于频谱非线性变换电路，它们的作用是将输入信号频谱进行特定的非线性变换。

本章首先分别在时域和频域讨论振幅调制与解调的基本原理，然后介绍有关电路组成。由于混频电路、倍频电路与振幅调制与解调电路（又称检波电路）同属于频谱线性变换电路，所以也放在本章介绍。

7.2　振幅调制

7.2.1　调幅波的数学表达式、波形及频谱

普通调幅方式是用低频调制信号去控制高频正弦波（载波）的振幅，使之随调制信号波形的变化而线性变化。

设载波为 $u_c(t)=U_{cm}\cos\omega_c t$，调制信号为单频信号，即 $u_\Omega(t)=U_{\Omega m}\cos\Omega t$（$\Omega \ll \omega_c$），则普通调幅信号为

$$u_{AM}(t)=(U_{cm}+kU_{\Omega m}\cos\Omega t)\cos\omega_c t=U_{cm}(1+M_a\cos\Omega t)\cos\omega_c t \tag{7.2.1}$$

式中，$M_a=k\dfrac{U_{\Omega m}}{U_{cm}}$ 为调幅指数，$0<M_a\leqslant 1$；k 为比例系数。

图 7-1 给出了 $u_\Omega(t)$、$u_c(t)$和 $u_{AM}(t)$的波形，图中 $m=M_a$。结合图 7-1 和式（7.2.1）可以看出，普通调幅信号的振幅由直流分量 U_{cm} 和交流分量 $kU_{\Omega m}\cos\Omega t$ 叠加而成，其中交流分量与调制信号成正比，或者说，普通调幅信号的包络（信号振幅各峰值点的连线）完全反映了调制信号的变化。另外，还可得到调幅指数 M_a 的表达式为

$$M_a=\frac{U_{max}-U_{min}}{U_{max}+U_{min}}=\frac{U_{max}-U_{cm}}{U_{cm}}=\frac{U_{cm}-U_{min}}{U_{cm}} \quad (7.2.2)$$

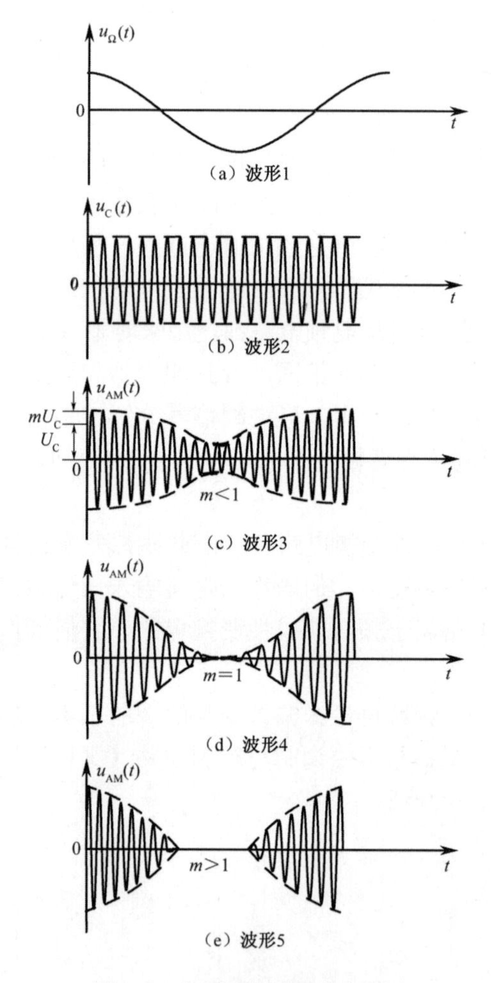

图 7-1　普通调幅波形与频谱

显然，当 $M_a>1$ 时，普通调幅信号的包络变化与调制信号不再相同，产生了失真，称为过调制，如图 7-1（e）所示。所以，普通调幅要求 M_a 必须小于 1。

式（7.2.1）又可以写成

$$u_{AM}(t)=U_{cm}\cos\omega_c t+\frac{M_aU_{cm}}{2}\left[\cos(\omega_c+\Omega)t+\cos(\omega_c-\Omega)t\right] \quad (7.2.3)$$

式（7.2.3）表明，单一调制时调幅信号的频谱由 3 个频率分量组成：角频率为ω_c的载波分量，角频率为$\omega_c+\Omega$和$\omega_c-\Omega$的上、下边频分量。原调制信号的频带宽度是Ω或F

（$F=\dfrac{\Omega}{2\pi}$），而普通调幅信号的频带宽度是 2Ω（或 $2F$），是原调制信号的 2 倍。普通调幅将调制信号频谱搬移到了载频的左右两旁，如图 7-2 所示。

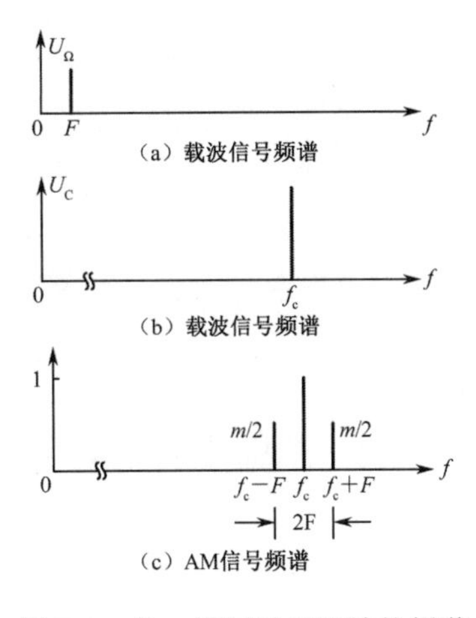

图 7-2　单一调制时已调波的频谱

上面的分析是在单一正弦信号作为调制信号的情况下进行的，而一般传输的信号并非单一频率的信号。例如，对一个连续频谱信号 $f(t)$，可用下式来描述调幅波：

$$u_{\mathrm{AM}}(t)=U_{\mathrm{cm}}[1+M_{\mathrm{a}}f(t)]\cos\omega_{\mathrm{c}}t$$

式中，$f(t)$是均值为零的归一化调制信号，有

$$|f(t)|_{\max}=1$$

若将调制信号分解为

$$f(t)=\sum_{n=1}^{\infty}U_{\Omega n}\cos(\Omega_n t+\varphi_n) \tag{7.2.4}$$

则调幅波表示式为

$$u_{\mathrm{AM}}(t)=U_{\mathrm{cm}}[1+\sum_{n=1}^{\infty}U_{\Omega n}\cos(\Omega_n t+\varphi_n)]\cos\omega_{\mathrm{c}}t \tag{7.2.5}$$

由式（7.2.5）可见，将调制信号与直流相加后，再与载波信号相乘，即可实现普通调幅。图 7-3 为实际调制信号的调幅波形与频谱，图 7-4 为 AM 信号的产生原理。

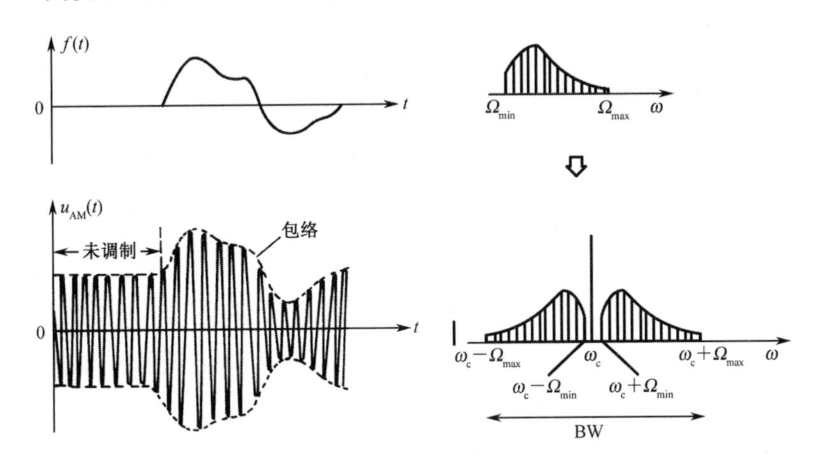

图 7-3　实际调制信号的调幅波形与频谱

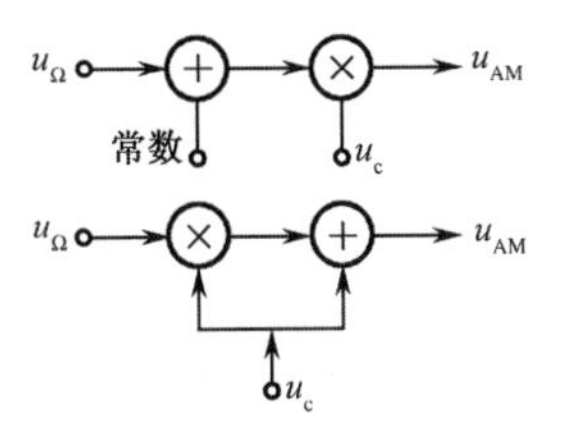

图 7-4　AM 信号的产生原理

根据信号分析理论，一般非周期调制信号 $u_\Omega(t)$的频谱是连续频谱，假设其频率范围

是$\Omega_{\min}\sim\Omega_{\max}$，如果载频仍是$\omega_c$，则这时的普通调幅信号可看成调制信号中所有频率分量分别与载频调制后的叠加，对上、下边频的叠加组成了上、下边带，相应的波形和频谱如图 7-3 所示。可见，这时普通调幅信号的包络仍然反映了调制信号的变化，上边带与下边带呈现对称状分别置于载频的两旁，并且都是调制信号频谱的线性搬移，上边带、下边带的宽度与调制信号频谱宽度分别相同，总频带宽度仍为调制信号带宽的 2 倍，即$\mathrm{BW}=2\Omega_{\max}$。

7.2.2 调幅波的功率关系

在负载电阻R_L上消耗的载波功率为

$$P_c=\frac{1}{2\pi}\int_{-\pi}^{\pi}\frac{u_{cm}^2}{R_L}\mathrm{d}\omega_c t=\frac{U_{cm}^2}{2R_L} \tag{7.2.6}$$

在负载电阻R_L上，一个载波周期内调幅波消耗的功率为

$$\begin{aligned}P&=\frac{1}{2\pi}\int_{-\pi}^{\pi}\frac{u_{AM}^2(t)}{R_L}\mathrm{d}\omega_c t=\frac{1}{2R_L}U_{cm}^2(1+M_a\cos\Omega t)^2\\&=P_c(1+M_a\cos\Omega t)^2\end{aligned} \tag{7.2.7}$$

由此可见，P是调制信号的函数，是随时间变化的。上、下边频的平均功率均为

$$P=\frac{1}{2R_L}\left(\frac{M_aU_{cm}}{2}\right)^2=\frac{M_a{}^2}{4}P_c \tag{7.2.8}$$

AM 信号的平均功率为

$$P_{av}=\frac{1}{2\pi}\int_{-\pi}^{\pi}P\mathrm{d}\Omega t=P_c\left(1+\frac{M_a{}^2}{2}\right) \tag{7.2.9}$$

由式（7.2.9）可以看出，AM 信号的平均功率为载波功率与上、下边频功率之和。而上、下边频功率与载波功率的比值为

$$\text{边频功率/载波功率}=\frac{M_a{}^2}{2}$$

同时，可以得到调幅波的最大功率和最小功率，它们分别对应调制信号的最大值和最小值，即

$$P_{max}=P_c(1+M_a)^2,\ P_{min}=P_c(1-M_a)^2$$

式（7.2.8）和式（7.2.9）表示，边频功率随M_a的增大而增加，当$M_a=1$时，边频功率最大，这时上、下边频功率之和只有载波功率的一半，即它只占整个调幅波功率的 1/3。在实际应用中，M_a在 0.1～1 变化，其平均值仅为 0.3，所以边频功率在整个调幅波功率中所占比例还要小。也就是说，用这种调制方式，发送端的功率被不携带信息的载波占去了很大的比例，这显然是不经济的。但由于这种调制设备简单，特别是解调更简单，便于接收，所以它仍在某些领域（如无线电广播）被广泛采用。

7.2.3　抑制载波的双边带调幅（DSB）

在振幅调制过程中，将载波抑制就形成了抑制载波的双边带调幅信号，简称双边带调幅信号（见图 7-5）。它可用载波与调制信号相乘得到，在单一正弦信号 $u_{\Omega}(t)=U_{\Omega m}\cos\Omega t$ 调制时，其表达式为

$$\begin{aligned}u_{\rm DSB}(t)&=ku_{\rm c}(t)u_{\Omega}(t)=kU_{\Omega m}U_{\rm cm}\cos(\Omega t)\cos(\omega_{\rm c}t)\\&=\frac{kU_{\Omega m}U_{\rm cm}}{2}[\cos(\omega_{\rm c}+\Omega)t+\cos(\omega_{\rm c}-\Omega)t]\end{aligned}\tag{7.2.10}$$

式中，k 为比例系数。

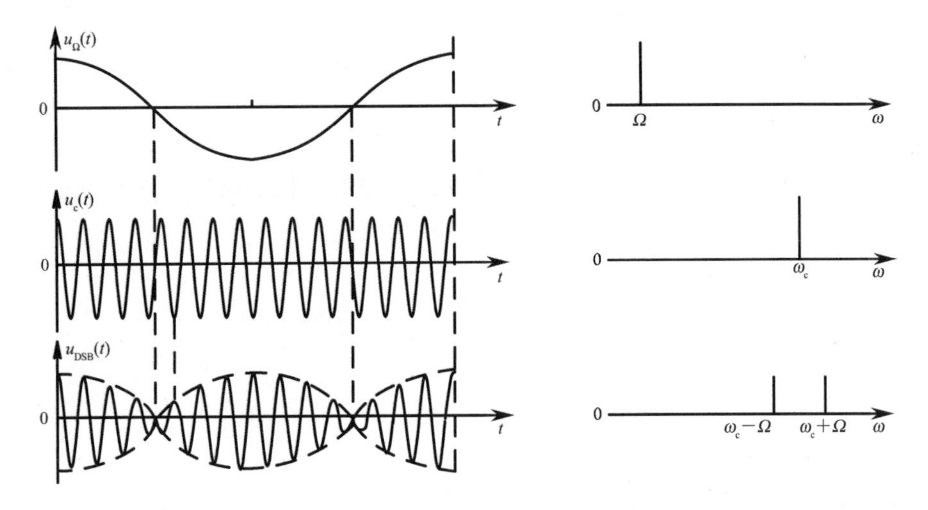

图 7-5　双边带调幅信号波形与频谱

在双边带调幅信号中仅包含两个边频，无载频分量，其频带宽度仍为调制信号带宽的 2 倍。

需要注意的是，不仅双边带调幅信号的包络已不再反映调制信号波形的变化，而且其调制信号波形过零点处的高频相位有 180° 的突变。由式（7.2.10）可以看到，在调制信号正半周，$\cos\Omega t$ 为正值，双边带调幅信号 $u_{\rm DSB}(t)$与载波信号 $u_{\rm c}(t)$同相；在调制信号负半周，$\cos\Omega t$ 为负值，$u_{\rm DSB}(t)$与 $u_{\rm c}(t)$反相。所以，在正、负半周交界处，$u_{\rm DSB}(t)$有 180° 的相位突变。

观察双边带调幅信号的频谱结构与调制信号的频谱结构可见，双边带调幅的作用也是把调制信号的频谱不失真地搬移到载频的两边，所以，双边带调幅电路也是频谱搬移电路。由式（7.2.10）可以看出，产生双边带调幅信号最直接的方法就是将调制信号与载波信号相乘，如图 7-6 所示。

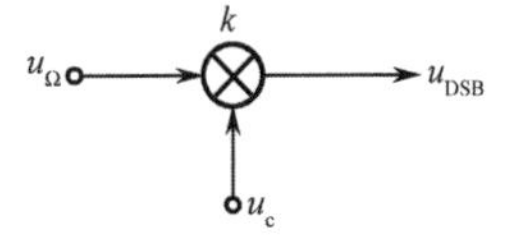

图 7-6　DSB 信号形成框架

7.2.4　抑制载波的单边带调幅（SSB）

单边带调幅（SSB）信号是由 DSB 信号经边带滤波器滤除一个边带，或者在调制过

程中，直接将一个边带抵消而形成的。在单频调制时，有

$$\begin{aligned} u_{\mathrm{DSB}}(t) &= ku_{\mathrm{c}}(t)u_{\Omega}(t) = kU_{\Omega\mathrm{m}}U_{\mathrm{cm}}\cos(\Omega t)\cos(\omega_{\mathrm{c}}t) \\ &= \frac{kU_{\Omega\mathrm{m}}U_{\mathrm{cm}}}{2}\left[\cos(\omega_{\mathrm{c}}+\Omega)t+\cos(\omega_{\mathrm{c}}-\Omega)t\right] \end{aligned} \tag{7.2.11}$$

当取上边带时，有

$$u_{\mathrm{SSB}}(t) = U\cos(\omega_{\mathrm{c}}+\Omega)t \tag{7.2.12}$$

当取下边带时，有

$$u_{\mathrm{SSB}}(t) = U\cos(\omega_{\mathrm{c}}-\Omega)t \tag{7.2.13}$$

单频调制 SSB 信号的波形和频谱分别如图 7-7 和图 7-8 所示。从图中可看出，单边带调幅信号的包络不再反映调制信号的变化规律，但与调制信号幅度的包络形状相同。单边带调幅信号的带宽与调制信号带宽相同，是普通调幅信号和双边带调幅信号带宽的一半。

单边带调幅信号的频率随调制信号频率的不同而不同，也就是说，调制信号频率信息已寄载到已调波的频率之中了。因此，可以说单边带调制是振幅和频率都随调制信号改变的调制方式，所以它的抗干扰性能优于 AM 调制。

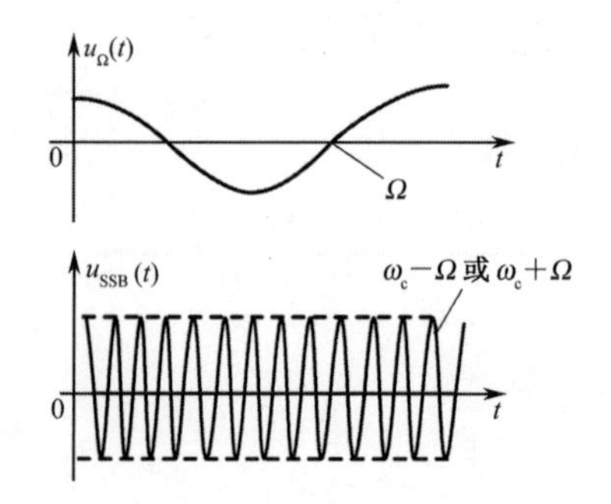

图 7-7　单频调制 SSB 信号波形

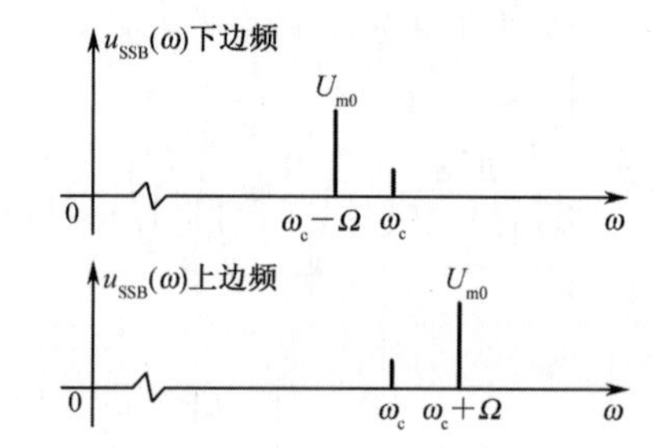

图 7-8　单频调制 SSB 信号的频谱

产生单边带调幅信号的方法主要有滤波法、相移法及两者相结合的相移滤波法。

1. 滤波法

这种方法首先将载波信号与调制信号相乘，之后用带通滤波器取出一个边带，抑制另一个边带。滤波法原理如图 7-9 所示。

这种方法要求滤波器过渡带很陡，调制信号中的低频分量越丰富，则要求滤波器的过渡带要求越窄，实现起来就越困难。因此，往往要在载频比较低的情况下经过几次滤波来取出单边带调幅信号，之后再将载波频率提高到要求的数值。

2. 相移法

这种方法可以直接由单边带调幅信号的表示式得到，如单一频率调制的下边带信号的展开式为

$$u_{\mathrm{SSB}}(t) = \frac{kU_{\Omega\mathrm{m}}U_{\mathrm{cm}}}{2}(\cos\omega_{\mathrm{c}}t\cos\Omega t-\sin\omega_{\mathrm{c}}t\sin\Omega t) \tag{7.2.14}$$

式中，第一项是载波与调制信号的乘积项，第二项是调制信号的正交信号与载波的正交信号的乘积项，两项相加得下边带信号，如图 7-10 所示。

显然，对单频信号进行 90° 相移比较简单，但是对一个包含许多频率分量的一般调制信号进行 90° 相移，要保证其中每个频率分量都准确相移 90° 是很困难的。

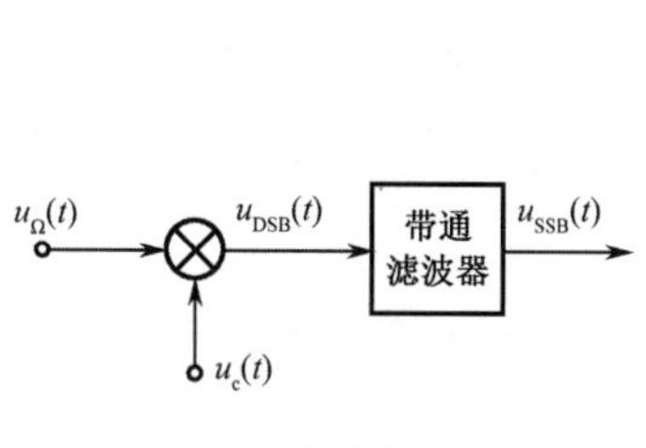

图 7-9　滤波法原理

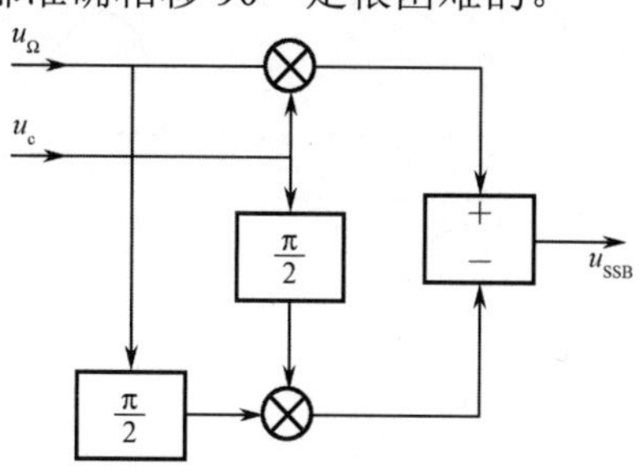

图 7-10　相移法原理

7.2.5　调幅电路

调幅信号的产生可以采用高电平调幅和低电平调幅两种方式完成。目前，普通调幅信号大多用于无线电广播，因此多采用高电平调幅方式进行调幅，输出功率大。低电平调幅是指在低电平状态下进行调幅，输出功率小。

1．高电平调幅

高电平调幅主要用于普通调幅，是在高频功率放大器中进行的，通常分为基极调幅、集电极调幅。

在集电极调幅电路中，晶体管应该始终工作在过压状态。把调制信号 u_Ω与直流电压 E_{c0} 串联，使晶体管的集电极直流电压变成为 $E_C=E_{c0}+u_\Omega$。通过 E_C 的变化，来控制 I_{C0}、I_{c1m} 调幅变化，从而实现调制，如图 7-11 所示。图 7-12 为集电极调幅的波形。

输入信号为高频载波 $\cos\omega_c t$，输出 LC 回路调谐在ω_c上，则输出信号可写成

$$u_o(t)= U_{cm}\cos\omega_c t=k\left[E_{c0}+u_\Omega(t)\right]\cos\omega_c t \tag{7.2.15}$$

式中，k 为比例系数。

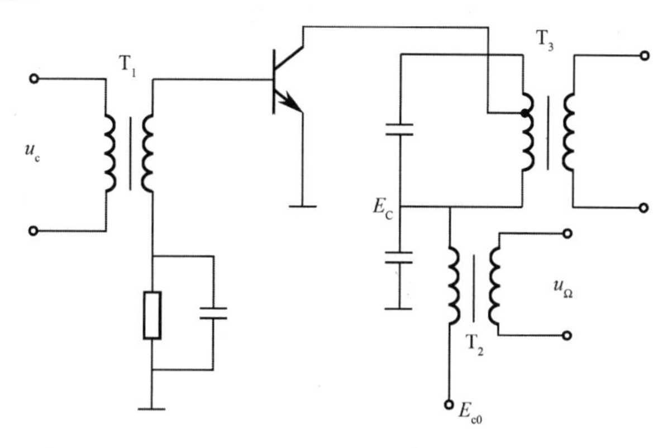

图 7-11　集电极调幅电路

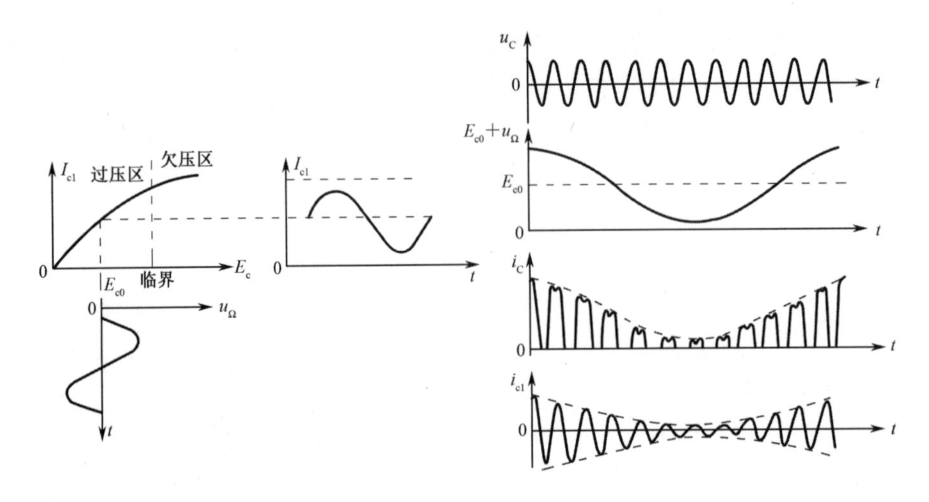

图 7-12　集电极调幅的波形

集电极调幅的特点：电路工作在过压区，而且调幅效率较高，输出调幅波形也较好，但同时要求集电极输入的调制信号有较高功率。

基极调辐电路如图 7-13 所示。三极管始终工作在欠压状态。把调制信号 u_Ω与外加直流偏置电压 E_{bO} 串联起来，使晶体管的基极直流偏置电压 E_b=E_{bO}+u_Ω。通过 E_b 变化，可以控制 I_{C0}、I_{c1m} 的变化，从而实现调制。有关高电平调制电路的分析在此就不再详述了。图 7-14 为基极调幅的波形。

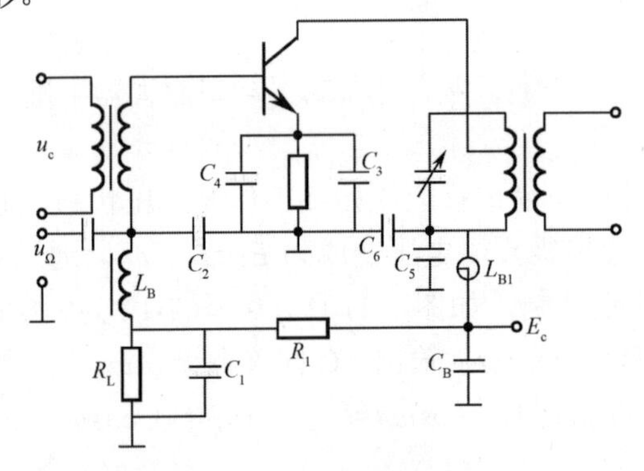

图 7-13　基极调幅电路

2．低电平调幅

模拟相乘器是低电平调幅电路的常用元器件，它不仅可以实现普通调幅，也可以实现双边带调幅与单边带调幅。既可以用单片集成模拟相乘器组成低电平调幅电路，也可以直接采用含有模拟相乘器部分的专用集成调幅电路来组成低电平调幅电路。

可采用图 7-15 的电路组成普通调幅电路。由图可知，*X* 通道两输入端第 8、10 引脚直流电位均为 6V，可作为载波输入通道；*Y* 通道两输入端第 1、4 引脚之间外接了调零电路，可通过调节 50kΩ电位器使第 1 引脚电位比第 4 引脚电位高 U_Y，然后将调制信号 $u_\Omega(t)$与直流电压 U_Y 叠加后输入 *Y* 通道。调节电位器可改变调制指数 M_a。输出端第 6、12 引脚外应接调谐于载频的带通滤波器。第 2、3 引脚之间外接 *Y* 通道负反馈电阻。

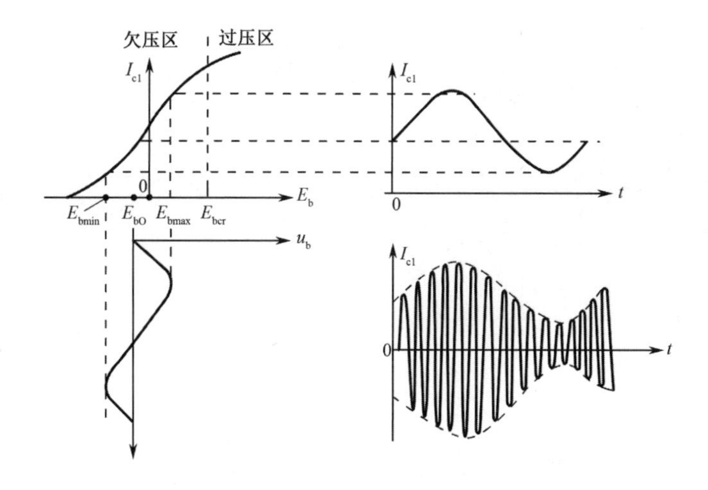

图 7-14　基极调幅的波形

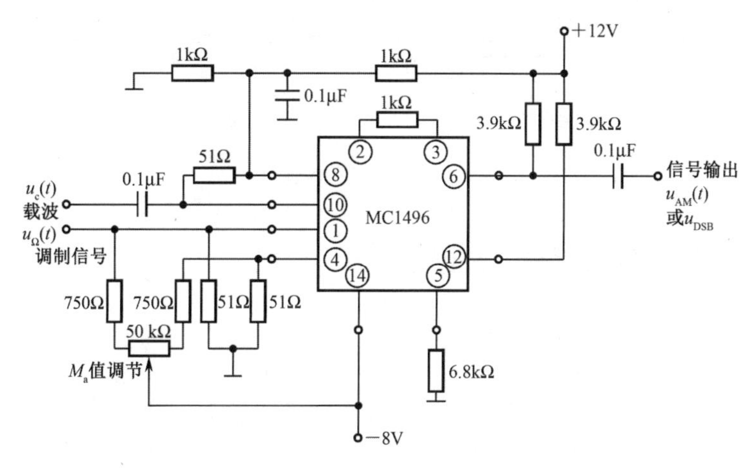

图 7-15　MC1496 组成的普通调幅或双边带调幅电路

采用如图 7-15 所示的电路也可以组成双边带调幅电路，区别在于调节电位器的目的是使 Y 通道第 1、4 引脚之间的直流电位差为零，即 Y 通道输入信号仅为交流调制信号。为了减小流经电位器的电流，便于调零准确，可加大两个 750Ω电阻的阻值，如各增大 10kΩ。

7.3　调幅信号解调电路

7.3.1　调幅信号的解调原理及电路模型

振幅解调方法可分为包络检波和同步检波两大类。包络检波是指解调器输出电压与输入已调波的包络成正比的检波方法。由于普通调幅信号的包络与调制信号成线性关系，因此，包络检波只适用于普通调幅波。包络检波的原理框架如图 7-16 所示。

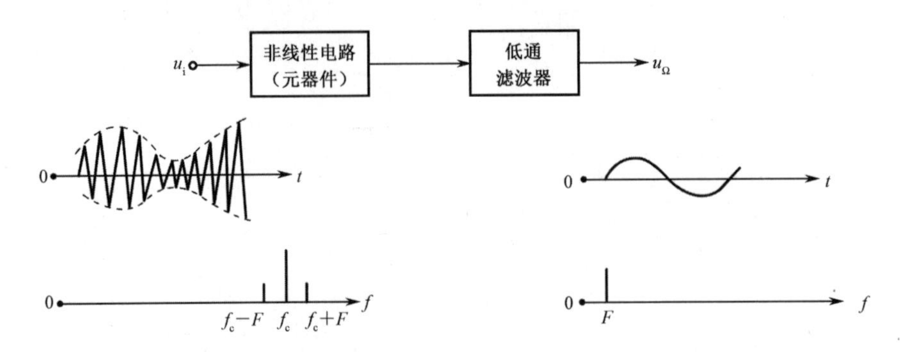

图 7-16　包络检波的原理框架

同步检波又可以分为乘积型［见图 7-17（a）］和叠加型［见图 7-17（b）］两类，它们都需要用恢复的载波信号 u_r 进行解调。

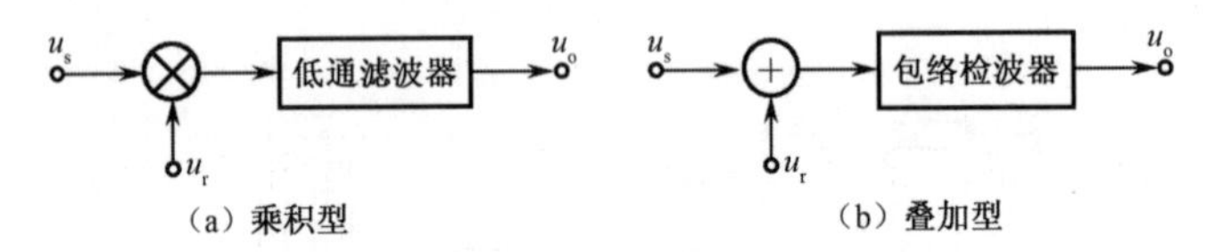

图 7-17　同步检波

7.3.2　二极管峰值包络检波电路

1．工作原理

图 7-18 是二极管峰值包络检波器的原理。它是由输入回路、二极管 V_D 和 RC 低通滤波器组成的。RC 低通滤波器满足：

$$\frac{1}{\omega_c C} \ll R, \quad \frac{1}{\Omega C} \gg R \tag{7.3.1}$$

在式（7.3.1）中，ω_c 为输入信号的载频，在超外差式接收机中则为中频 ω_I，Ω 为调制频率。在理想情况下，RC 网络的阻抗 Z 应为

$$Z(\omega_c) = 0, \; Z(\Omega) = R$$

图 7-19 为加入等幅波检波器稳态时的电流电压波形。

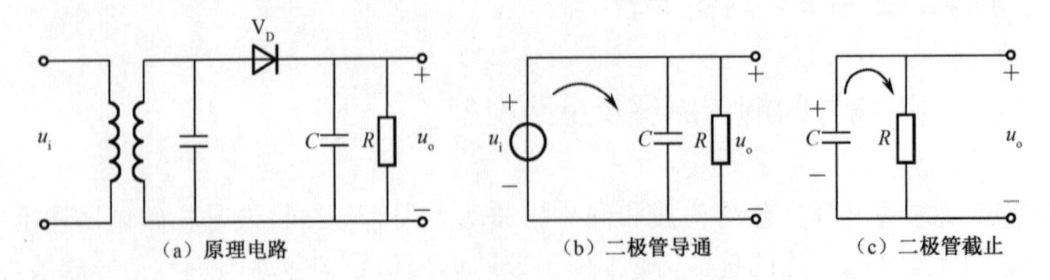

图 7-18　二极管峰值包络检波器的原理

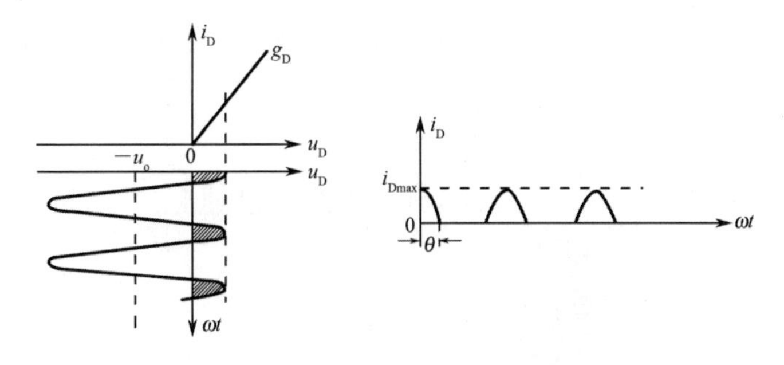

图 7-19　检波器稳态时的电流电压波形

在图 7-20（a）中，输入信号 u_s 为 AM 调幅波，RC 并联网络两端的电压为输出电压 u_o，二极管 V_D 两端的电压 $u_D=u_s-u_o$。当 $u_D>0$ 时，二极管导通，信源通过二极管对电容 C 充电，充电的时间常数约为 R_DC。由于二极管导通电阻 R_D 很小，因此电容上的电压迅速达到信源电压 u_s 的幅值。当 $u_D<0$ 时，二极管截止，电容 C 通过电阻 R 放电。由式(7.3.1)可知，电容放电的时间常数远大于载波周期 T_C，而远小于调制信号周期 T。那么，电容 C 两端的电压变化速率将远大于包络变化的速率，而远小于高频载波变化的速率。因此，在二极管截止期间，u_o 不会跟随载波变化，而是缓慢地按指数规律下降；当下降到重新出现 $u_D>0$ 时，二极管又导通，电容又被充电到 u_s 的幅值；当再次出现 $u_D<0$ 时，二极管再次截止，电容再通过电阻放电。如此充电、放电反复进行，在电容两端就可以得到一个接近输入信号峰值的低频信号，再经过滤波平滑，去掉叠加在上面的高频纹波，就得到了调制信号。充电、放电过程如图 7-20（b）所示。图 7-21 是输入为 AM 信号时，检波器二极管的电压及电流波形。

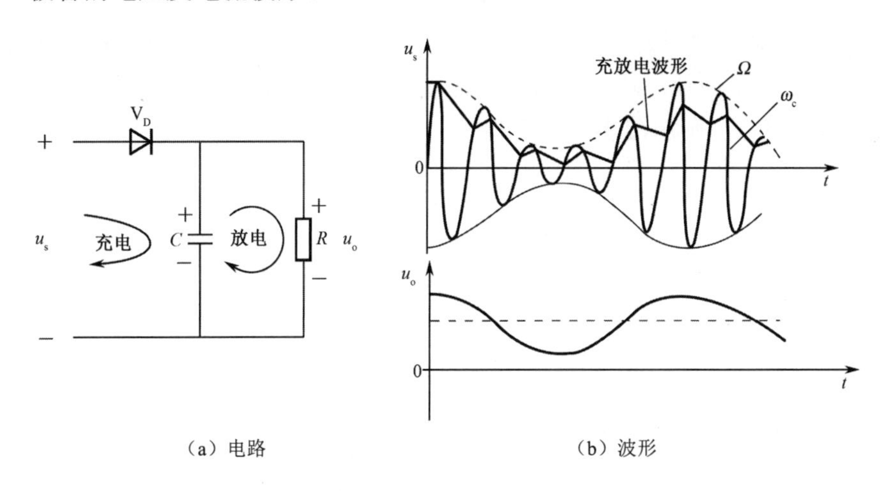

图 7-20　二极管峰值包络检波器电路及工作原理

从这个过程可以得出以下几点。

（1）检波过程就是信源通过二极管给电容充电与电容对电阻 R 放电的交替重复过程。

（2）由于时间常数远大于输入电压载波周期，放电慢，使得二极管负极永远处于正的较高的电位（因为输出电压接近高频正弦波的峰值，即 $U_o\approx U_m$）。

（3）二极管电流 i_D 包含平均分量（此种情况为直流分量）I_{av} 及高频分量。

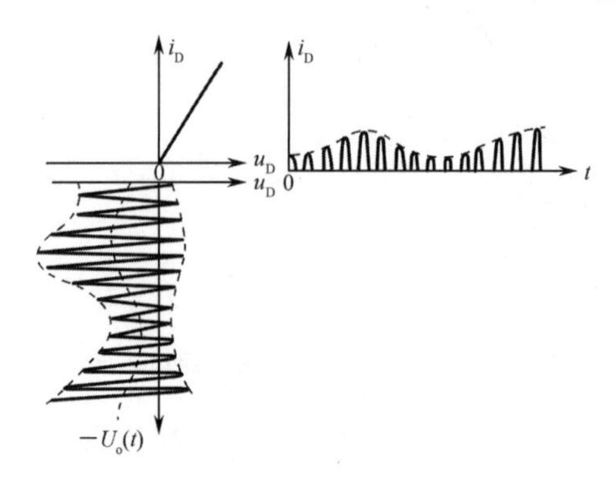

图 7-21　当输入为 AM 信号时，检波器二极管的电压及电流波形

2. 性能分析

（1）传输系数 K_d。

检波器传输系数 K_d，又称为检波系数、检波效率，是用来描述检波器对输入已调制信号的解调能力或效率的一个物理量。若输入载波电压振幅为 U_m，输出直流电压为 U_o，则 K_d 定义为

$$\begin{cases} K_d = \dfrac{U_o}{U_m} \\ K_d = \dfrac{U_\Omega}{M_a U_C} \end{cases} \tag{7.3.2}$$

由于输入大信号，检波器工作在大信号状态，二极管的伏安特性可用折线近似。考虑输入为等幅波，采用理想的高频滤波，并以通过原点的折线表示二极管特性（忽略二极管的导通电压 V_P），则由图 7-19 得

$$i_D = \begin{cases} g_D u_D & u_D \geqslant 0 \\ 0 & u_D < 0 \end{cases} \tag{7.3.3}$$

$$i_{D\max} = g_D(U_m - U_o) = g_D U_m (1 - \cos\theta) \tag{7.3.4}$$

式中，$u_D=u_m-u_o$；$g_D=1/r_D$；θ为电流通角；i_D 为周期性余弦脉冲，其平均分量 I_0 为

$$I_0 = i_{D\max} a_0(\theta) = \frac{g_D U_m}{\pi}(\sin\theta - \theta\cos\theta) \tag{7.3.5}$$

基频分量振幅为

$$I_1 = i_{D\max} a_1(\theta) = \frac{g_D U_m}{\pi}(\theta - \sin\theta\sin\theta) \tag{7.3.6}$$

式中，$a_0(\theta)$、$a_1(\theta)$为电流分解系数。

由式（7.3.2）和图 7-19 可得

$$K_d = \frac{U_o}{U_m} = \cos\theta \tag{7.3.7}$$

由此可见，传输系数 K_d 是检波器电流 i_D 的通角θ的函数，求出θ后，就可得 K_d。

由式（7.3.5）及 $U_o=I_0R$，有

$$\frac{U_o}{U_m}=\frac{I_0R}{U_m}=\frac{g_DR}{\pi}(\sin\theta-\theta\cos\theta)=\cos\theta \tag{7.3.8}$$

式（7.3.8）两边各除以 $\cos\theta$，可得

$$\tan\theta-\theta=\frac{\pi}{g_DR} \tag{7.3.9}$$

当 g_DR 很大时，如当 $g_DR\geqslant50$ 时，$\tan\theta\approx\theta-\theta^3/3$，将其代入式（7.3.9），有

$$\theta=\sqrt[3]{\frac{3\pi}{g_DR}} \tag{7.3.10}$$

（2）输入电阻 R_i。

检波器的输入阻抗包括输入电阻 R_i 及输入电容 C_i，如图 7-22 所示。输入电阻是输入载波电压的振幅 U_m 与检波器电流的基频分量振幅 I_1 之比，即

$$R_i\approx\frac{U_m}{I_1} \tag{7.3.11}$$

输入电阻是前级的负载，它可直接并入输入回路，影响回路的有效品质因数 Q 及回路阻抗。由式（7.3.6）得

$$R_i=\frac{\pi}{g_D(\theta-\sin\theta\cos\theta)} \tag{7.3.12}$$

当 $g_DR\geqslant50$ 时，θ 很小，$\sin\theta\approx\theta-\theta^3/6$，$\cos\theta\approx1-\theta^2/2$，将其代入式（7.3.12），可得

$$\frac{U_m^2}{2R_i}\approx\frac{(K_dU_m)^2}{R},\ K_d\approx1,\ R_i\approx\frac{R}{2} \tag{7.3.13}$$

3．检波器的失真

（1）惰性失真。

在二极管截止期间，电容 C 两端电压下降的速度取决于 RC 的时间常数。当 RC 的时间常数选得过大，也就是 C 通过 R 的放电速度过慢时，电容器上的端电压不能紧跟输入调幅波的幅度下降而及时放电，这样，输出电压降跟不上调幅波的包络变化就会产生失真。如图 7-23 所示，在 t_1～t_2 时间段内出现了失真，这种失真称为惰性失真。不难看出，调制信号角频率 Ω 越大，调幅指数 M_a 越大，包络下降速度越快，惰性失真就越严重。

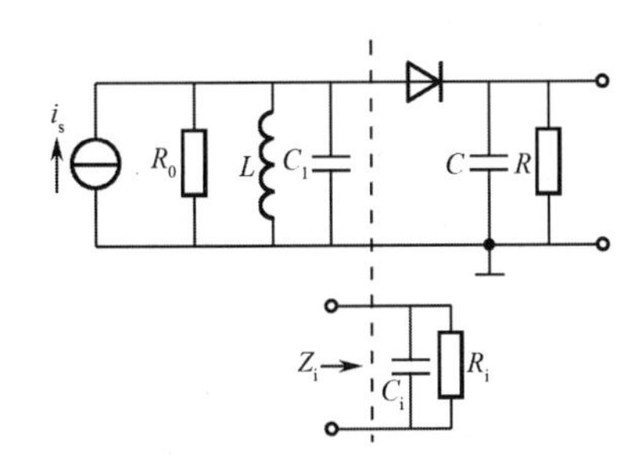

图 7-22　检波器的输入阻抗

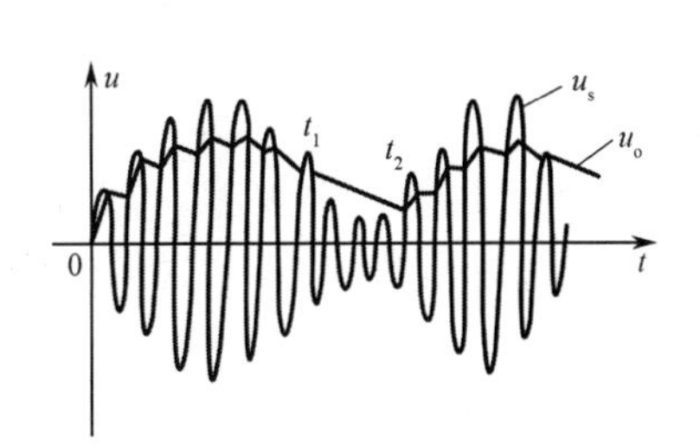

图 7-23　惰性失真的波形

为了避免产生惰性失真，必须在任何一个高频周期内，使电容 C 通过 R 放电的速度大于或等于包络的下降速度，即

$$\left|\frac{\partial u_{\text{o}}}{\partial t}\right| \geqslant \left|\frac{\partial u_{\text{s}}(t)}{\partial t}\right| \tag{7.3.14}$$

如果输入信号为单一调制的 AM 波，即 $u_{\text{s}}(t)=U_{\text{im}}(1+M_{\text{a}}\cos\Omega t)$，则在 t_1 时刻其包络的下降速度为

$$\frac{\partial u_{\text{s}}(t_1)}{\partial t} = -U_{\text{im}}M_{\text{a}}\Omega\sin\Omega t_1 \tag{7.3.15}$$

在 $K_{\text{d}}\approx1$ 的条件下，t_1 时刻电容器两端的电压 $U_{\text{o1}}=U_{\text{im}}(1+M_{\text{a}}\cos\Omega t_1)$。在 t_1 时刻之后二极管截止，电容器放电，电容器两端的电压变化规律为

$$u_{\text{o}} = U_{\text{o1}}\text{e}^{-\frac{t-t_1}{RC}} \tag{7.3.16}$$

电容器的放电速率为

$$\left.\frac{\partial u_{\text{o}}}{\partial t}\right|_{t=t_1} = -\frac{U_{\text{o1}}}{RC} = -\frac{U_{\text{im}}(1+M_{\text{a}}\cos\Omega t_1)}{RC} \tag{7.3.17}$$

将式（7.3.17）和式（7.3.15）代入式（7.3.14）中，可得

$$A = \frac{\left|\frac{\partial u_{\text{s}}(t)}{\partial t}\right|_{t=t_1}}{\left|\frac{\partial u_{\text{o}}}{\partial t}\right|_{t=t_1}} = \Omega CR\left|\frac{M_{\text{a}}\sin\Omega t_1}{1+M_{\text{a}}\cos\Omega t_1}\right| \leqslant 1 \tag{7.3.18}$$

t_1 时刻不同，A 值也不同。只有在 A 值最大时，式（7.3.17）才成立，才能保证不产生惰性失真。故令 $\text{d}A/\text{d}t_1=0$，则在 $\cos\Omega t=-M_{\text{a}}$ 时，A 有极大值，得出不失真条件为

$$RC \leqslant \frac{\sqrt{1-M_{\text{a}}^2}}{M_{\text{a}}\Omega} \tag{7.3.19}$$

式（7.3.19）即避免惰性失真应该满足的条件。可见，调幅指数越大，调制信号的频率越高，时间常数的允许值越小。

（2）底部切削失真。

底部切削失真又称为负峰切削失真。在产生这种失真后，输出电压的波形如图 7-24（b）所示。这种失真是因检波器的交直流负载不同引起的。

因为隔直流电容 C_{g} 较大，其两端的直流电压基本不变，大小约为载波振幅 U_{im}，可以把它看成一个直流电源。它在电阻 R 和 R_{L} 上产生分压。在电阻 R 上的压降为

$$U_{\text{R}} = \frac{R}{R+R_{\text{L}}}U_{\text{im}}$$

这意味着在检波器稳定工作时，其输出端 R 上将存在一个固定电压 U_{R}。当输入调幅波 $u_{\text{s}}(t)$的值小于 U_{R} 时，二极管将会截止。也就是说，电平小于 U_{R} 的包络线不能被提取出来，出现了失真，如图 7-24（b）所示。由于这种失真出现在调制信号的底部，故称为底部切削失真。所以，要避免底部切削失真，必须使包络线的最小电平大于或等于 U_{R}，即

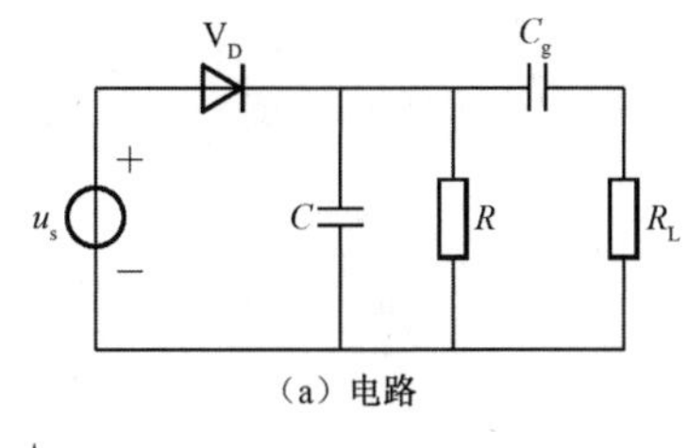

（a）电路

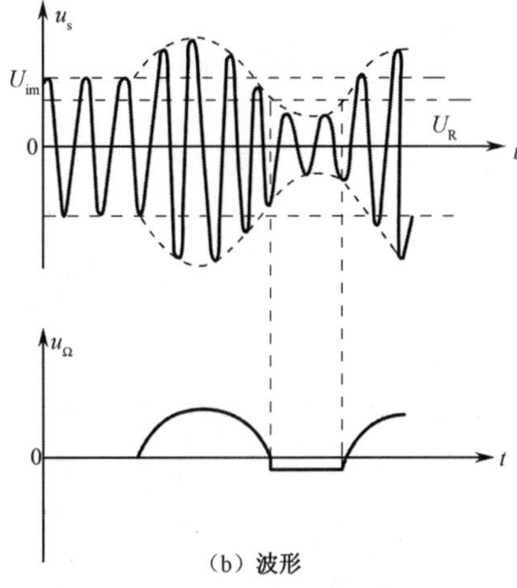

（b）波形

图 7-24　底部切削失真

$$U_{\mathrm{im}}(1-M_{\mathrm{a}}) \geqslant \frac{R}{R+R_{\mathrm{L}}} U_{\mathrm{im}}$$

$$M_{\mathrm{a}} \leqslant \frac{R_{\mathrm{L}}}{R+R_{\mathrm{L}}} = \frac{R'}{R} \tag{7.3.20}$$

式中，R' 指 R_{L} 与 R 的并联值，即检波器的交流负载。式（7.3.20）即避免底部切削失真应该满足的要求，由此式可以看出，交流负载 R' 与直流负载 R 越接近，可允许的调幅指数越大。

7.3.3　同步检波电路

同步检波电路比包络检波电路复杂，而且需要一个同步信号，但检波线性度好，不存在惰性失真和底部切削失真问题。

1．乘积型

设输入信号为 DSB 信号，即 $u_{\mathrm{s}}=U_{\mathrm{sm}}\cos\Omega t\cos\omega_{\mathrm{c}}t$，本地恢复载波 $u_{\mathrm{r}}=U_{\mathrm{rm}}\cos(\omega_{\mathrm{r}}t+\varphi)$，将这两个信号相乘：

$$\begin{aligned} u_{\mathrm{s}}u_{\mathrm{r}} &= U_{\mathrm{sm}}U_{\mathrm{rm}}\cos\Omega t\cos\omega_{\mathrm{c}}t\cos(\omega_{\mathrm{r}}t+\varphi) \\ &= \frac{1}{2}U_{\mathrm{sm}}U_{\mathrm{rm}}\cos\Omega t\left\{\cos[(\omega_{\mathrm{r}}-\omega_{\mathrm{c}})t+\varphi]+\cos[(\omega_{\mathrm{r}}+\omega_{\mathrm{c}})t+\varphi]\right\} \end{aligned} \tag{7.3.21}$$

经低通滤波器输出，且考虑 $\omega_{\mathrm{r}}-\omega_{\mathrm{c}}=\Delta\omega_{\mathrm{c}}$ 在低通滤波器的频带内，则有

$$u_{\mathrm{o}} = U_{\mathrm{om}}\cos(\Delta\omega_{\mathrm{c}}t + \varphi)\cos\Omega t \tag{7.3.22}$$

由式（7.3.22）可以看出，当恢复载波与发射载波同频同相时，即$\omega_{\mathrm{r}}=\omega_{\mathrm{c}}$，$\varphi=0$ 时，有

$$u_{\mathrm{o}}=U_{\mathrm{om}}\cos\Omega t \tag{7.3.23}$$

调制信号被无失真地恢复出来。

若恢复载波与发射载波有一定的频差，即$\omega_{\mathrm{r}}=\omega_{\mathrm{c}}+\Delta\omega_{\mathrm{c}}$，则

$$u_{\mathrm{o}}=U_{\mathrm{om}}\cos\Delta\omega_{\mathrm{c}}t\cos\Omega t \tag{7.3.24}$$

引起了振幅失真。若有一定的相差，则

$$u_{\mathrm{o}}=U_{\mathrm{om}}\cos\varphi\cos\Omega t \tag{7.3.25}$$

图 7.3.10 为几种实际的乘积型检波电路。

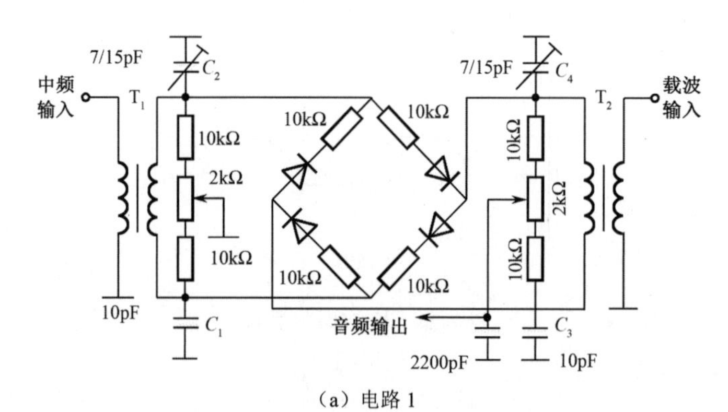

（a）电路 1

（b）电路 2

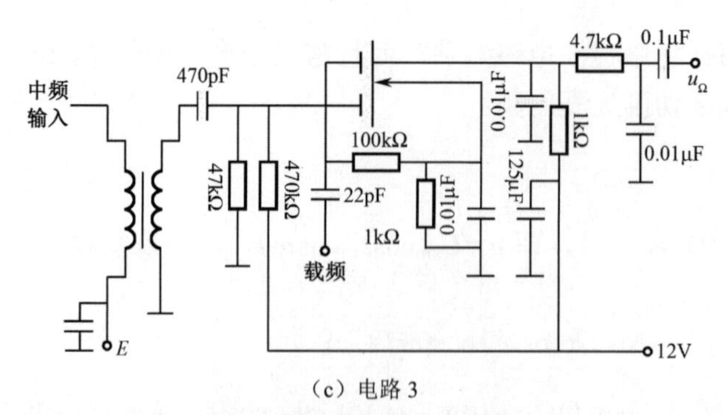

（c）电路 3

图 7-25　几种实际的乘积型检波电路

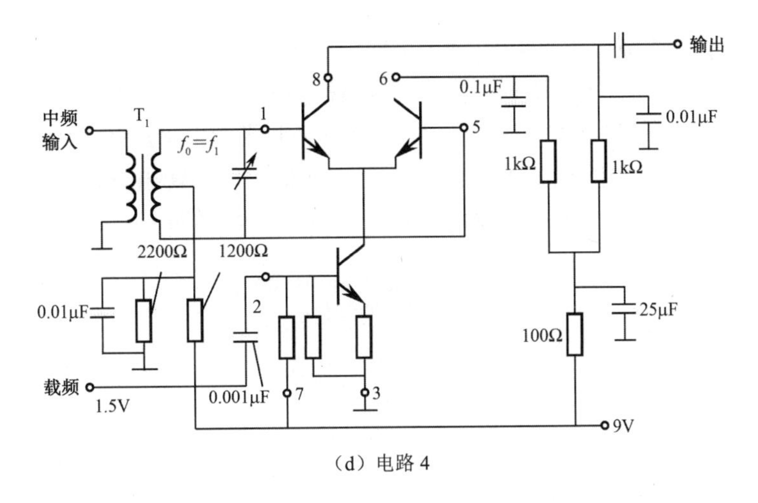

(d) 电路 4

图 7-25 几种实际的乘积型检波电路（续）

2. 叠加型

叠加型同步检波是将 DSB 信号或 SSB 信号插入恢复载波，使之成为或近似成为 AM 信号，再利用包络检波器将调制信号恢复出来。对 DSB 信号而言，只要加入的恢复载波电压在数值上满足一定的关系，就可得到一个不失真的 AM 信号。图 7-26 是叠加型同步检波器原理电路。

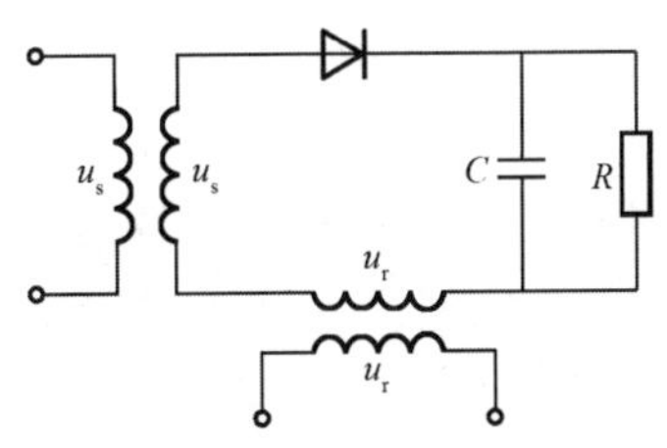

图 7-26 叠加型同步检波器原理电路

设单频调制的单边带信号（上边带）为

$$u_s=U_{sm}\cos(\omega_c+\Omega)t=U_{sm}\cos\Omega t\cos\omega_c t-U_{sm}\sin\Omega t\sin\omega_c t$$

恢复载波为

$$u_r=U_{rm}\cos\omega_r t=U_{rm}\cos\omega_c t$$

$$u_s+u_r=(U_{sm}\cos\Omega t+U_{rm})\cos\omega_c t-U_{sm}\sin\Omega t\sin\omega_c t=U_m(t)\cos[\omega_c t+\varphi(t)] \quad (7.3.26)$$

式中

$$U_m(t)=\sqrt{(U_{rm}+U_{sm}\cos\Omega t)^2+U_{sm}^2\sin^2\Omega t}$$

$$\varphi(t)=\arctan\frac{U_{sm}\sin\Omega t}{U_{rm}+U_{sm}\cos\Omega t}$$

$$U_m(t)=\sqrt{U_{rm}^2+U_{sm}^2+2U_{rm}U_{sm}\cos\Omega t}=\sqrt{1+\left(\frac{U_{sm}}{U_{rm}}\right)^2+2\frac{U_{sm}}{U_{rm}}\cos\Omega t} \quad (7.3.27)$$

$$=U_{rm}\sqrt{1+m^2+2m\cos\Omega t}$$

式中，$m=U_{sm}/U_{rm}$。当 $m \ll 1$，即 $U_{rm} \gg U_{sm}$ 时，上式可近似为

$$U_m(t) \approx U_{rm}\sqrt{1+2m\cos\Omega t} \approx U_{rm}(1+m\cos\Omega t)$$

采用图 7-27 所示的同步检波电路，可以减小解调器输出电压的非线性失真。它是由两个检波器构成的平衡电路，上检波器的输出和下检波器的输出分别为

$$u_{o1} = K_d U_m(t) = K_d U_{rm}(1+m\cos\Omega t) \tag{7.3.28}$$

$$u_{o2}=K_d U_{rm}(1-m\cos\Omega t) \tag{7.3.29}$$

则总的输出

$$u_o=u_{o1}-u_{o2}=2K_d U_{rm}\cos\Omega t \tag{7.3.30}$$

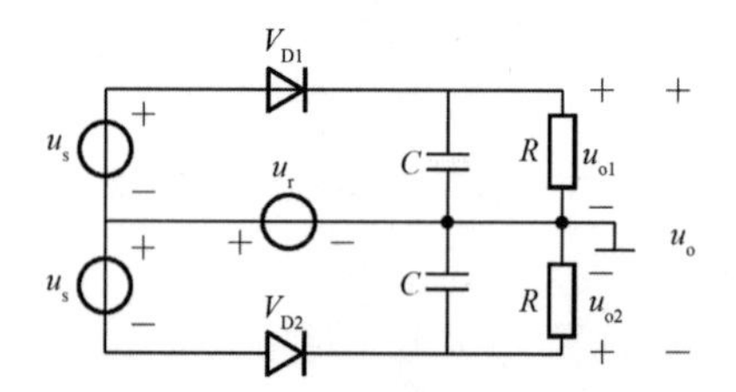

图 7-27　平衡同步检波电路

7.4　混频器

混频（或变频）是将信号的频率由一个数值变换成另一个数值的过程。完成这种功能的电路叫混频器（或变频器）。如在广播收音机中，中波波段信号载波的频率为 535kHz～1.6MHz，接收机中本地振荡的频率相应为 1～2.065MHz，在混频器中这两个信号的频率相减，则输出信号的频率等于中频频率，为 465kHz。经过混频，载波频率由高频变成中频，频谱结构没有变化。所以，混频是线性频率变换，也是频谱搬移。

在无线电技术中，混频的应用非常普遍。在超外差式接收机中，所有输入信号的频率都要变成中频，广播收音机的中频为 465kHz，电视接收机的中频为 38MHz。在发射机中，为了提高发射信号的频率稳定度，采用多级式发射机，即用一个频率较低的石英晶体振荡器作为主振荡器，产生一个频率非常稳定的主振信号，然后经过频率的加、减、乘、除运算将其变换成射频。此外，电视接收机接收频道的转换，卫星通信中上行、下行频率的变换等都必须采用混频器。

7.4.1　混频器原理

1．混频器的功能

图 7-28 是混频器的功能示意。它有两个输入信号，即输入信号 u_s 和本地振荡（简称本振）信号 u_L，其工作频率分别为 f_c 和 f_L，输出信号为 u_I（称为中频信号），其频率是 f_c

和 f_L 的差频或和频，称为中频 f_I，$f_I=f_L\pm f_c$（同时也可采用谐波的差频或和频）。图 7-29 为调制、解调和混频 3 种频谱线性搬移功能。

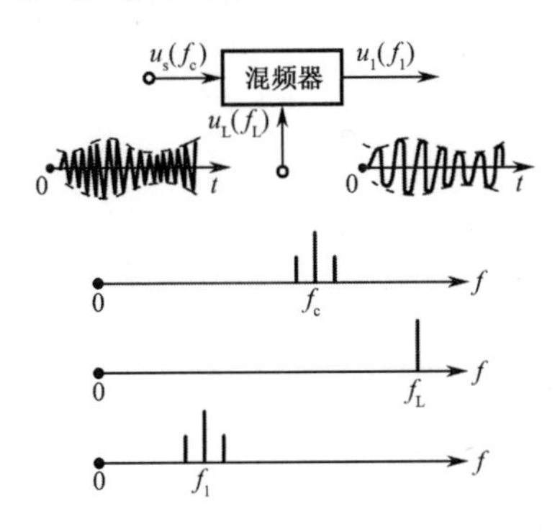

图 7-28　混频器的功能示意

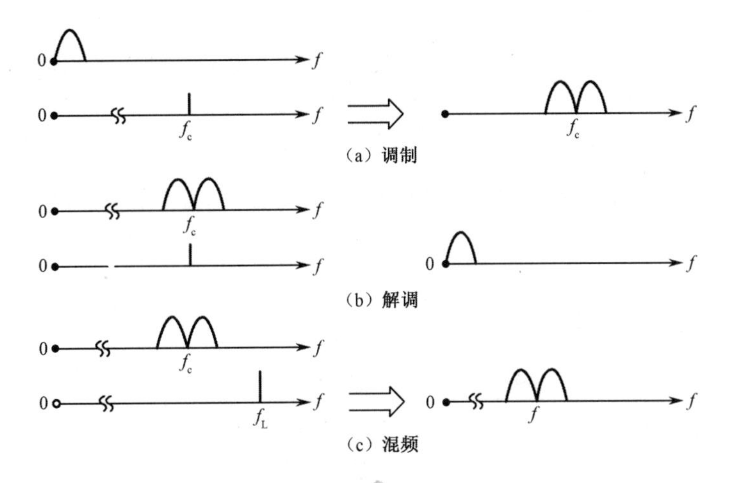

图 7-29　3 种频谱线性搬移功能

2．混频器的工作原理

图 7-30 是混频器的组成框架，设输入混频器中的已调信号 $u_s(t)=U_{sm}[1+ku_\Omega(t)]\cos\omega_c t$，本振信号为 $u_L(t)=U_{Lm}\cos\omega_L t$，则这两个信号的乘积为

$$
\begin{aligned}
u_s u_L &= U_{sm}U_{Lm}\left[1+ku_\Omega(t)\right]\cos\omega_c t\cos\omega_L t \\
&= \frac{1}{2}U_{sm}U_{Lm}\left[1+ku_\Omega(t)\right]\left[\cos(\omega_L+\omega_c)t+\cos(\omega_L-\omega_c)t\right]
\end{aligned} \tag{7.4.1}
$$

经带通滤波器后，得

$$
u_I = U_{Im}\left[1+ku_\Omega(t)\right]\cos\omega_I t \tag{7.4.2}
$$

式中，$\omega_I=\omega_L-\omega_c$，也即 $f_I=f_L-f_c$。

可见，调幅信号频谱从中心频率为 f_c 处平移到中心频率为 f_I 处，频谱宽度不变，包络形状不变。图 7-31 是普通调幅信号的混频频谱。

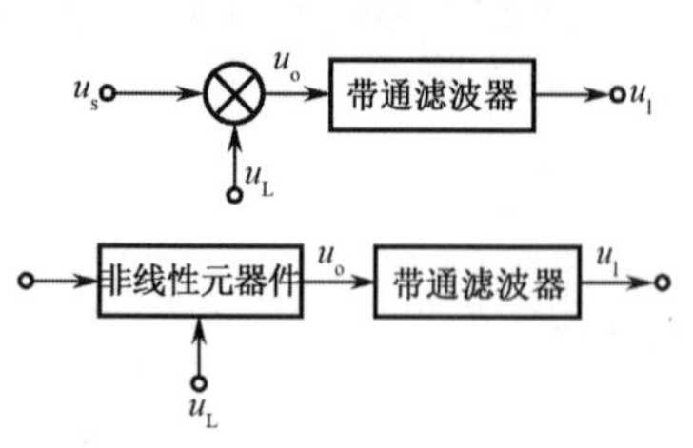

图 7-30　混频器的组成框架

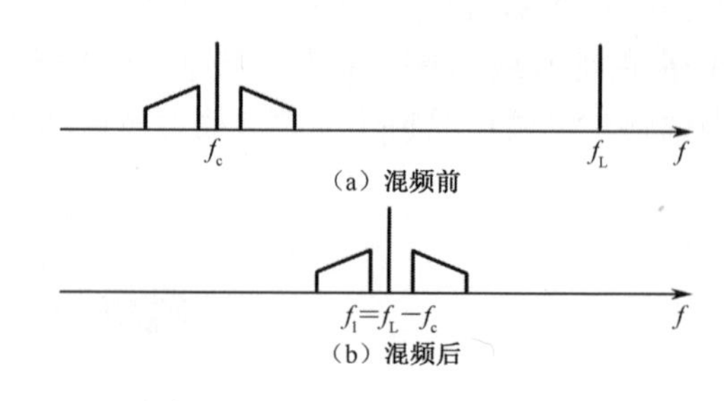

图 7-31　普通调幅信号的混频频谱

7.4.2　混频器主要性能指标

1．混频增益

混频电压增益定义为混频器中频输出信号电压振幅 U_{Im} 与高频输入信号电压振幅 U_{sm} 之比，即

$$K_{vc}=\frac{U_{Im}}{U_{sm}}$$

同样，可定义混频功率增益为中频输出信号功率 P_I 与高频输入信号功率 P_s 之比，即

$$K_{pc}=\frac{P_I}{P_s}$$

通常用分贝数表示混频增益，有

$$\begin{aligned}K_{vc}&=20\lg\frac{U_{Im}}{U_{sm}}\\K_{pc}&=10\lg\frac{U_{Im}}{U_{sm}}\end{aligned}\qquad(7.4.3)$$

混频增益的大小与混频电路的形式有关。二极管混频电路的混频增益 $K_{pc}<1$；三极管、场效应管和模拟相乘器构成的混频电路的混频增益可以大于1。

2．噪声系数

混频器的噪声系数 N_F 定义为

N_F=输入信噪比（信号频率）/输出信噪比（中频频率）

由于电路内部噪声的存在，输出信噪比总是小于输入信噪比，所以噪声系数 N_F 始终大于1。N_F 越大，说明电路的内部噪声越大；N_F 越小，说明电路的内部噪声越小，电路的噪声性能越好。在理想情况下，电路的内部无噪声，N_F=1。由于混频器处于接收机电路的前端，对整机噪声性能的影响很大，所以减小混频器的噪声系数是至关重要的。

3．失真与干扰

混频器的失真包括频率失真和非线性失真。除此之外，还会产生各种非线性干扰，如组合频率、交叉调制和互相调制、阻塞和倒易混频等。所以，对混频器不仅要求其频率特性好，而且要求其工作在非线性不太严重的区域，使之既能完成频率变换，又能抑制各种干扰。

4．混频压缩（抑制）

在混频器中，输出信号与输入信号幅度应成线性关系。实际上，由于非线性元器件的限制，当输入信号增加到一定程度时，中频输出信号的幅度与输入信号的幅度不再成线性关系，如图 7-32 所示。

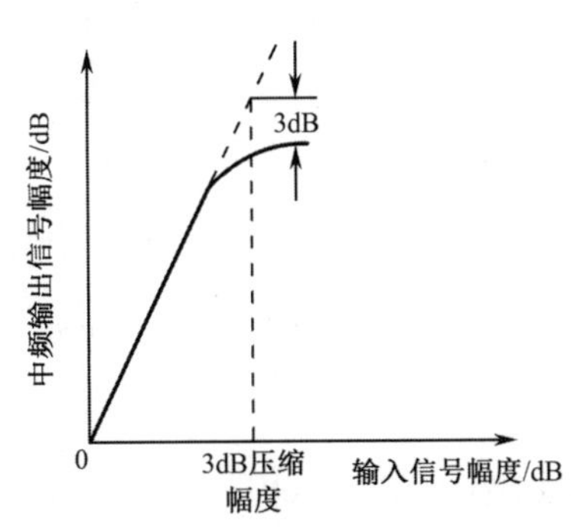

图 7-32　混频器输入、输出信号幅度的关系曲线

5．选择性

混频器的中频输出信号应该只有所要接收的有用信号（反映为中频，即 $f_I=f_L-f_c$），而不应该有其他不需要的干扰信号。但在混频器的输出信号中，由于各种原因，总会混杂很多与中频频率接近的干扰信号。所谓选择性是指混频器选取有用的中频输出信号而滤除其他干扰信号的能力。选择性越好，则混频器输出信号的频谱纯度越高。选择性主要取决于混频器输出端的中频带通滤波器的性能。

7.4.3　实用混频电路

1．晶体三极管混频器

晶体三极管混频器原理电路如图 7-33 所示。设外加的信号为 $u_s=U_{sm}\cos\omega_c t$，本振电压为 $u_L=U_{Lm}\cos\omega_L t$，基极直流偏置电压为 U_{BB0}，集电极负载为谐振频率等于中频 $f_I=f_L-f_c$ 的带通滤波器。忽略基调效应时，则集电极电流 i_C 可近似表示为 U_{BE} 的函数，即 $i_c=f(U_{BE})$，$U_{BE}=U_{BBO}+u_L+u_s$。

由于 u_s 振幅很小，u_L 振幅较大，所以三极管混频器电路是线性时变电路，$U_{BB0}+u_L$ 是时变工作点电压。采用式（6.1.11）可得

$$\begin{aligned} i_C &\approx I_0(t)+g_m(t)u_s \\ &=I_0(t)+(g_{m0}+g_{m1}\cos\omega_L t+g_{m2}\cos 2\omega_L t+\cdots)u_s \end{aligned} \tag{7.4.4}$$

经集电极谐振回路滤波后，得到中频电流为

$$\begin{aligned} i_I &=\frac{1}{2}g_{m1}U_{sm}\cos(\omega_L-\omega_c)t=\frac{1}{2}g_{m1}U_{sm}\cos\omega_I t \\ &=g_c U_{sm}\cos\omega_I t=I_{Im}\cos\omega_I t \end{aligned} \tag{7.4.5}$$

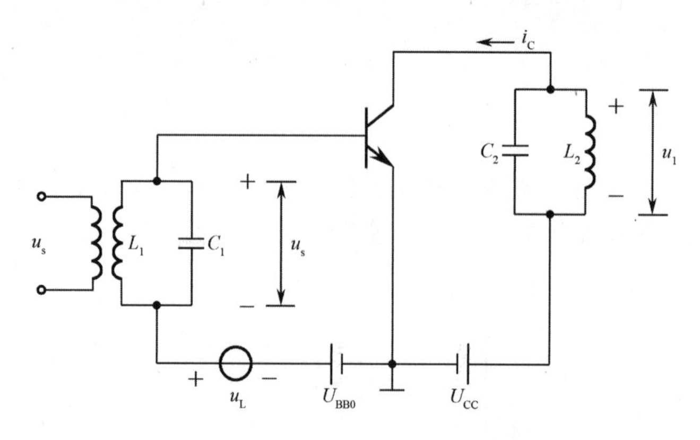

图 7-33　晶体三极管混频器原理电路

变频跨导 g_c=g_{m1}/2，其中，g_{m1} 只与晶体管特性、直流工作点及本振电压 u_L 有关，与 u_s 无关，故变频跨导 g_c 也有上述性质。由式（7.4.5）得

$$g_c = \text{中频输出电流振幅/高频输入电压振幅} = \frac{I_{Im}}{U_{sm}} = \frac{1}{2}g_{m1} \tag{7.4.6}$$

$$\begin{aligned} g_{m1} &= \frac{1}{\pi}\int_{-\pi}^{\pi} g_m(t)\cos\omega_L \mathrm{d}\omega_L t \\ g_c &= \frac{1}{2}g_{m1} = \frac{1}{2\pi}\int_{-\pi}^{\pi} g_m(t)\cos\omega_L \mathrm{d}\omega_L t \end{aligned} \tag{7.4.7}$$

若 L_2C_2 回路总谐振电导为 g_Σ，则可以求得混频电压增益为

$$A_{uc} = \frac{U_{Im}}{U_{sm}} = \frac{I_{Im}}{g_\Sigma U_{sm}} = \frac{g_c}{g_\Sigma} \tag{7.4.8}$$

图 7-34 为几种混频器本振注入方式，其中，图 7-34（a）、图 7-34（b）的本振电压由基极注入，需要本振提供的功率小，但信号电压对本振的影响较大；图 7-34（c）的本振电压由发射极注入，需要本振提供的功率大，但信号对本振影响小。

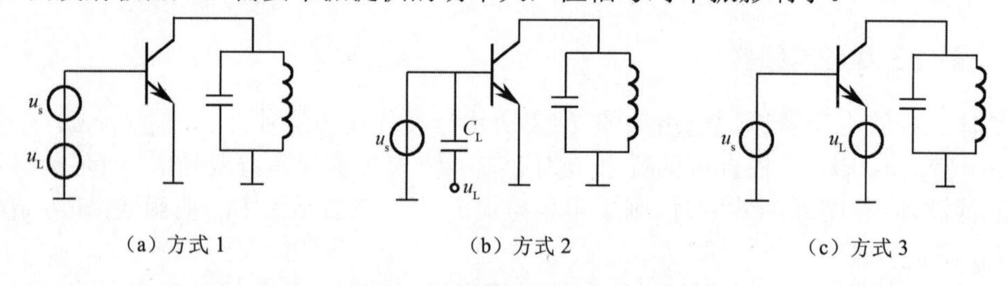

图 7-34　混频器本振注入方式

2. 二极管混频电路

在高质量通信设备中，当工作频率较高时，常使用二极管平衡混频器或环形混频器。其优点是噪声低、电路简单、组合分量少。

图 7-35 是二极管平衡混频器的原理电路。输入信号 u_s 为已调信号，本振电压为 u_L，由于 $u_L \gg u_s$，故二极管工作在受 u_L 控制的开关工作状态。因为在 u_L 正半周时两个二极管同时导通，在负半周时两个二极管同时截止，故根据 KVL 可写出两个回路电压方程分别为

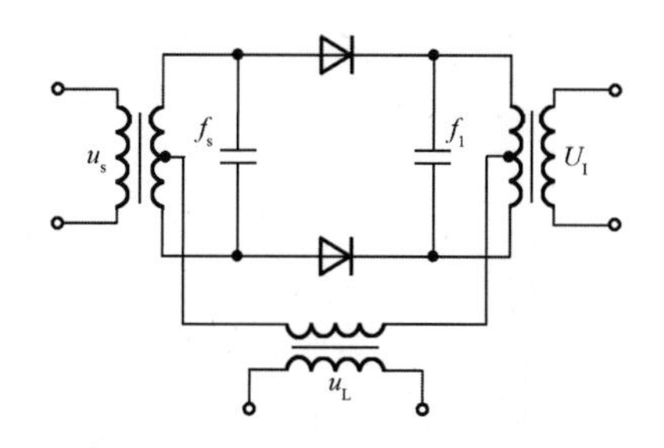

图 7-35　二极管平衡混频器的原理电路

$$-(u_L+u_s)K_1(\omega_L t)+i_1R_D-(i_2-i_1)R_L=0$$
$$-(u_L-u_s)K_1(\omega_L t)+i_2R_D+(i_2-i_1)R_L=0$$

式中，R_D是二极管导通电阻。将这两个方程相减，得

$$i_2-i_1=-\frac{2u_sK_1(\omega_L t)}{R_D+2R_L} \tag{7.4.9}$$

将式（6.1.15）代入式（7.4.9）中，若 $u_s=U_{sm}\cos\omega_c t$，可求得 $i=i_2-i_1$ 中的组合频率分量为ω_c和$|\pm(2n-1)\omega_L\pm\omega_c|\ (n=1,2,\cdots)$。其中中频电流分量为

$$i_I=\frac{-2U_{sm}}{\pi(R_D+2R_L)}\cos(\omega_L-\omega_c)t \tag{7.4.10}$$

输出端接负载电阻 R_L，则输出中频电压为

$$u_I=R_Li_I=\frac{2U_{sm}}{\pi(R_D+2R_L)}R_L\cos(\omega_L-\omega_c)t=U_{Im}\cos\omega_I t \tag{7.4.11}$$

图 7-36 所示为环形混频器的原理电路，输入信号 u_s 为已调信号，本振电压为 u_L，有 $u_L\gg u_s$，在大信号下工作，输出端接负载电阻 R_L，其输出的中频电压为

$$u_I=\frac{4}{\pi}g_DR_LU_{sm}\cos(\omega_L-\omega_c)t=U_{Im}\cos\omega_I t \tag{7.4.12}$$

二极管平衡混频电路与环形混频电路输出的无用组合频率分量均比晶体管混频电路少，且环形混频电路比二极管平衡混频电路还要少一个ω_c分量，且增益加倍。

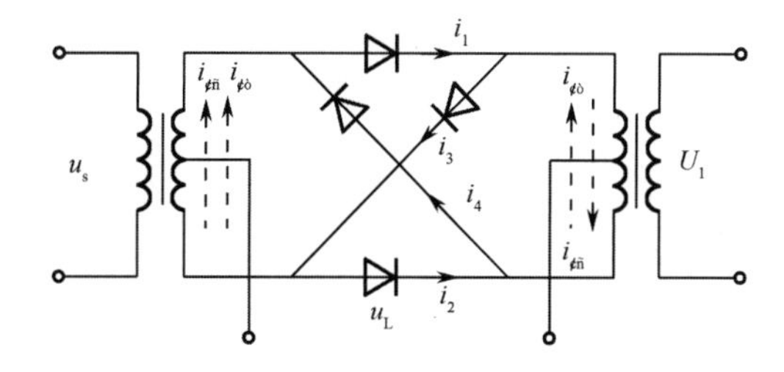

图 7-36　环形混频器的原理电路

3．其他混频电路

图 7-37 为差分对混频器，图中输入变压器是用磁环绕制的平衡—不平衡宽带变压器，加 200Ω的负载电阻后，其带宽可达 0.5～30MHz。XCC 型相乘器负载电阻单边为 300Ω，带宽为 0～30MHz，因此，该电路为宽带混频器。

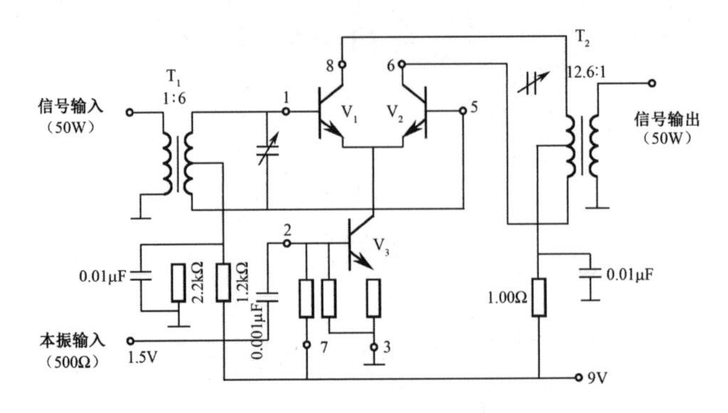

图 7-37　差分对混频器

图 7-38 是由模拟相乘器 MC1596 构成的混频器。本振和已调信号分别从 *X*、*Y* 通道输入，中频信号（9MHz）由第 6 引脚单端输出后的 π 型带通滤波器中取出。调节 50kΩ 电位器，使第 1、4 引脚直流电位差为零。

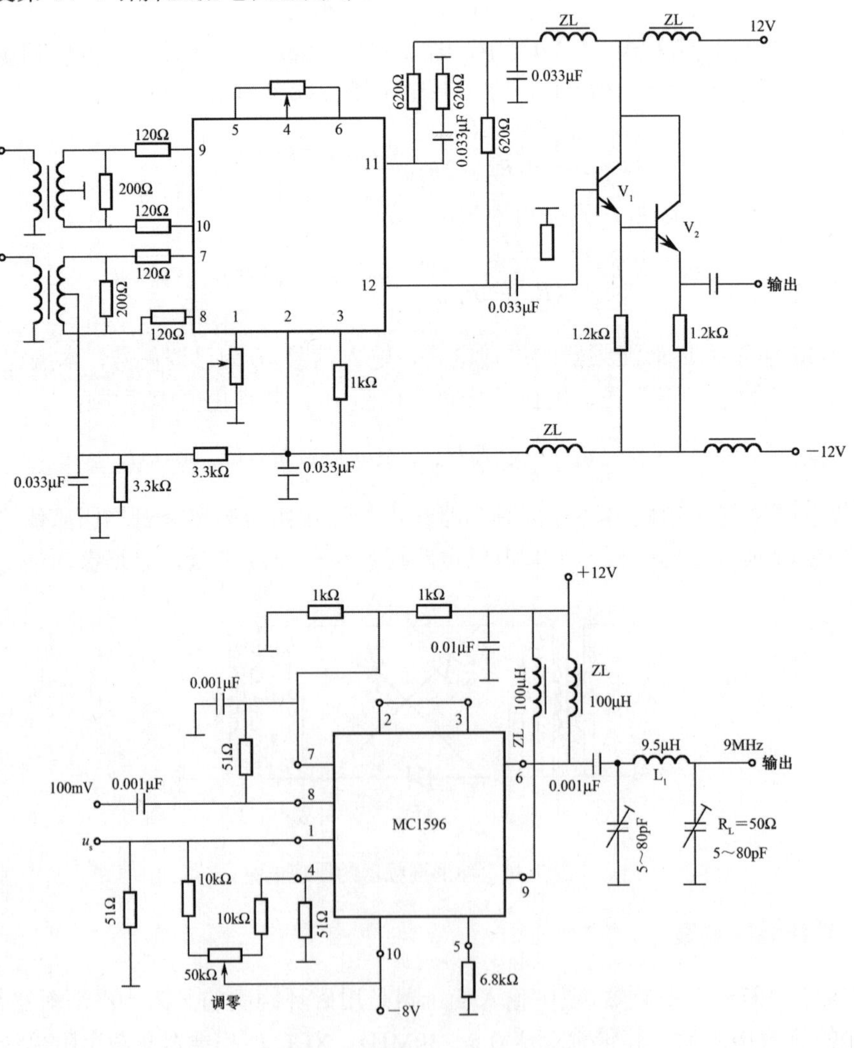

图 7-38　由模拟相乘器 MC1596 构成的混频器

7.4.4　混频干扰和非线性失真

1. 信号与本振的自身组合干扰

对混频器而言，作用于非线性元器件的两个信号为输入信号 u_s（f_c）和本振电压 u_L（f_L），则非线性元器件产生的组合频率分量为

$$f_\Sigma = \pm pf_L \pm qf_c$$

式中，p、q 为正整数或零。当有用中频为差频，即 $f_I = f_L - f_c$ 或 $f_I = f_c - f_L$ 时，只存在 $pf_L - qf_c = f_I$ 或 $qf_c - pf_L = f_I$ 两种情况可能会形成干扰，即

$$pf_L - qf_c \approx \pm f_I \tag{7.4.13}$$

这样，能产生中频组合分量的信号频率、本振频率与中频频率之间存在下列关系：

$$f_c = \frac{p}{q} f_L \pm \frac{1}{q} f_I \tag{7.4.14}$$

当取 $f_L - f_c = f_I$ 时，式（7.4.14）变为

$$\frac{f_c}{f_I} = \frac{p \pm 1}{q - p} \tag{7.4.15}$$

f_c/f_I 称为变频比。如果取 $f_c - f_L = f_I$，可得

$$\frac{f_c}{f_I} = \frac{p \pm 1}{p - q} \tag{7.4.16}$$

2. 外来干扰与本振的组合干扰

这种干扰是由外来干扰与本振的组合形成的。在正常情况下，接收电台与本振混频得到中频 $f_I = f_L - f_c$，这个通道叫主波道或主通道。外来干扰与本振组合形成中频的通道叫副波道或寄生通道。当混频器的输入端存在有用信号 $u_s = U_{sm}\cos\omega_c t$ 的同时窜入了干扰信号 $u_M = U_M\cos\omega_M t$ 时，则除了有用信号与本振差拍得到中频，以及有用信号与本振组合形成失真与干扰（这种干扰前面做了分析），外来干扰与本振组合也会形成组合频率干扰。在这种情况下，混频器的输入、输出和本振示意如图 7-39 所示。

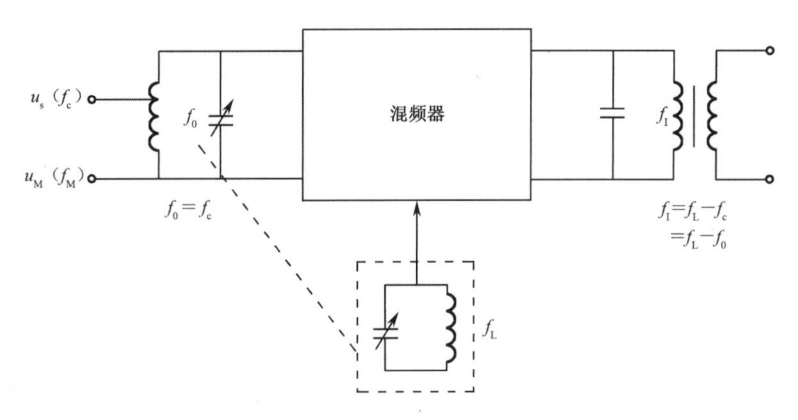

图 7-39　混频器的输入、输出和本振示意

如果干扰频率 f_M 满足式（7.4.14），即

$$f_M = \frac{p}{q} f_L + \frac{1}{q} f_I \tag{7.4.17}$$

就能形成干扰。式中，f_L 由所接收的信号频率决定。

将 $f_L = f_c + f_I$ 代入式（7.4.17），可得

$$f_M = \frac{p}{q} f_c + \frac{p \pm 1}{q} f_I \tag{7.4.18}$$

（1）中频干扰。

当 p=0，q=1 时，f_M=f_I，即外来干扰频率与中频相同。例如，中频为 465kHz，则同样频率的外来干扰即为中频干扰的来源。

当干扰频率等于或接近接收机中频时，如果接收机前端电路的选择性不够好，干扰电压一旦漏到混频器的输入端，则混频器于这种干扰相当于一级（中频）放大器，放大器的跨导为 $g_m(t)$中的 g_{m0}，从而将干扰放大，并使其顺利地通过其后各级电路，在输出端形成干扰。

（2）镜像干扰。

当 p=1，q=1 时，干扰频率 $f_M = f_L + f_I = f_c + 2f_I$，$f_M$、$f_L$ 及 f_I 的关系如图 7-40 所示。由于这种干扰频率 f_M 与本振频率 f_L 的差等于中频 f_I，处在信号频率 f_c 的镜像位置，所以称其为镜像干扰。例如，接收电台的频率是 550kHz，中频等于 465kHz，则镜像干扰频率 f_M=1480kHz，它比本振频率高一个中频。

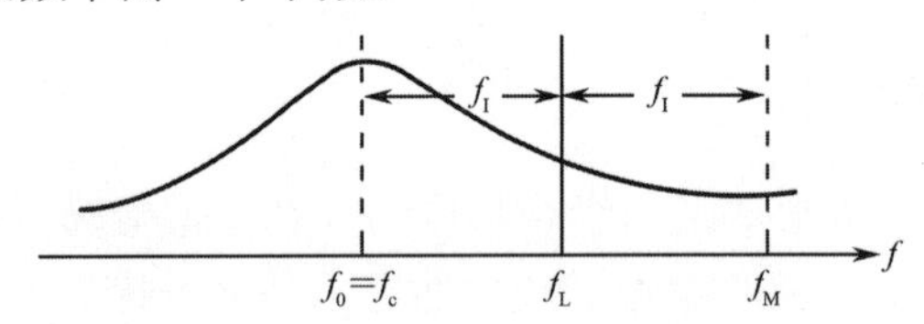

图 7-40　镜像干扰的频率关系

（3）组合副波道干扰。

这里，只观察当 p=q 时的部分干扰。在这种情况下，式（7.4.18）变为

$$f_M = f_L \pm \frac{1}{q} f_I \tag{7.4.19}$$

副波道干扰的频率分布如图 7-41 所示。由图可见，靠近信号频率最近的寄生通道干扰频率等于 f_L–f_I/2，它是 p=2，q=2 的 4 阶组合频率干扰，影响最为严重。

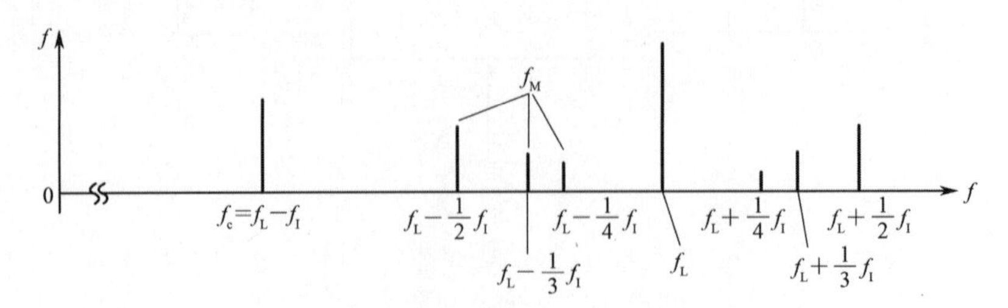

图 7-41　副波道干扰的频率分布

3. 交叉调制干扰（交调干扰）

当混频器的输入端同时存在有用的信号 $u_s=U_{sm0}(1+M_a\cos\Omega_s t)\cos\omega_c t=U_{sm}\cos\omega_c t$ 和干扰信号 $u_M=U_M(1+M_M\cos\Omega_M t)\cos\omega_M t$ 时，由于非线性特性的 4 阶项产生的乘积项 $12a_4U_{M2}u_su_L$ 中包含中频信号，其幅值等于 $3a_4U_{M2}U_{sm}U_{Lm}$，正比于干扰信号幅度 U_M 的平方。

4. 互调干扰

互调干扰是由于两个或多个干扰电台信号作用于混频器的输入端，在混频器中组合而形成的干扰。混频器输入端除了有用信号电压 u_s、本振电压 u_L，还存在两个干扰电压 u_{M1} 和 u_{M2}，它们的频率分别为 f_{M1} 和 f_{M2}。在混频器中，u_{M1} 和 u_{M2} 混频，当产生的组合频率$\pm rf_{M1}\pm sf_{M2}$等于或接近有用信号频率 f_c 时就会形成干扰，这种干扰就是互调干扰。图 7-42 为互调干扰示意。

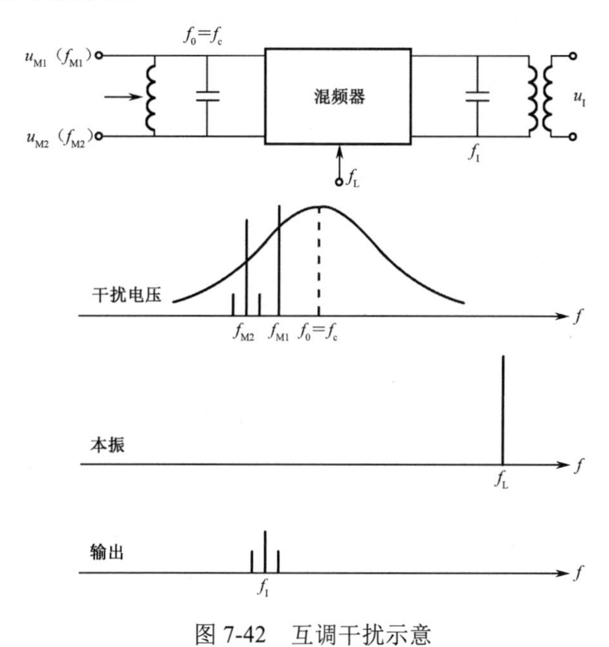

图 7-42　互调干扰示意

5. 包络失真和阻塞干扰

由于混频特性的非线性，中频电压幅度与输入信号幅度之间的关系出现非线性，因此，中频电压的包络不能正确反映输入信号的包络，这种失真叫包络失真。强信号阻塞是指强干扰与有用信号同时加入混频器时，混频器输出的有用信号幅度减少，甚至无法接收，这种现象叫阻塞干扰。例如，晶体三极管混频由于输入幅度过大，使三极管进入饱和或截止状态，有用信号的输出很小，甚至为零，这就是阻塞干扰。

7.5　本章小结

本章内容主要包含 3 个主要部分——调幅、检波和混频。它们在时域上都表现为两信号相乘，在频域上则是频谱的线性搬移。这 3 种电路的工作原理和基本组成相同，都是由非线性元器件实现频率变换和用滤波器来滤除不需要的频率分量。不同之处是输入信号、参考信号、滤波器特性在实现调幅、检波、混频时各有不同的形式，以完成特定要求的频谱搬移。

调幅有 3 种形式，分别是普通调幅、双边带调幅和单边带调幅。普通调幅的载波振幅随调制信号大小线性变化；双边带调幅是在普通调幅的基础上抑制不携带有用信息的载波，只传输包含有用信息的两个边带，从而提高了功率利用率；单边带调幅是在双边带调幅的基础上，抑制掉一个边带，只传输其中的一个边带来实现有用信息的传送。单边带调幅突出的优点是节省了频带和发射功率，提高了频带利用率和功率利用率。从调幅实现电路的角度来看，双边带调幅电路最简单，而单边带调幅电路最复杂。这 3 种调幅波的数学表达式、波形图、功率分配、频带宽度等各有区别，其解调方式也各不相同。

实现调幅的主要电路有三极管调幅电路、集成电路调制器。三极管调幅电路利用谐振功率放大器的集电极调制实现高电平调幅，常用于产生 AM 信号；集成电路调制器利用模拟相乘器实现低电平调幅，主要用于产生 DSB 信号和 SSB 信号。

检波是调幅的逆过程，是调幅波解调的简称。振幅解调的原理是将已调信号通过非线性元器件产生包含原调制信号的新频率成分，再由 RC 低通滤波器取出原调制信号。本章主要介绍了二极管峰值包络检波、同步检波。二极管峰值包络检波只适用于 $M_a \leqslant 1$ 的普通调幅波的解调，同步检波适用于 3 种调幅波的解调。同步检波又分为乘积型同步检波和叠加型同步检波。同步检波需要接收机提供与载波同步的本振信号。乘积型同步检波把上变频分量和下变频分量从载波附近线性搬移到低频位置，并滤除输出调制信号；叠加型同步检波用上、下变频分量和本振信号相加，生成普通调幅信号，再对其进行包络检波。

低通滤波器是检波器中不可缺少的组成部分，滤波器的时间常数选择对检波效果有很大影响，选择不当将会产生失真。本章在分析惰性失真、底部切削失真产生原因的基础上，对如何避免这两种失真进行了讨论。

混频过程也是一种频谱搬移的过程，它将载波为高频的已调信号搬移成载波为中频的已调信号，并保持频谱结构、调制规律波形的包络不变。无论输出中频信号的频率是高于输入信号还是低于输入信号，混频器的输出都称为中频信号，其工作原理与调幅十分相近，都是由两个不同频率的信号相乘后通过滤波器选频获得的。

常用的混频电路有晶体三极管混频电路、二极管混频电路、模拟相乘器混频电路等，其中，晶体三极管混频器电路采用线性时变参量电路分析，混频时，将晶体管视为跨导随本振信号变化的线性参变元器件。

元器件的非理想相乘特性会导致调幅和检波的失真，混频输出会产生干扰。混频器干扰的种类很多，主要包括组合频率干扰、副波道干扰、交调干扰、互调干扰和阻塞干扰。组合频率干扰是由信号频率和本振频率的谐波组合形成的；副波道干扰是由外来干扰和本振频率的谐波组合形成的；交调干扰是由外来干扰与有用信号频率组合形成的；互调干扰是由外来干扰频率之间的组合形成的。本章分析了各种干扰产生的原因和现象，以及针对不同的干扰，如何采用不同的方法进行抑制。

思考题与习题

7-1　根据波形不同，可将调幅波分为______、______、______3 种类型。

7-2　某单一频率调制的普通调幅波的最大振幅为 10V，最小振幅为 6V，则调幅指数 M_{a} 为______。

7-3　在单边带接收机中，信号的解调通常采用_______。

7-4　调幅接收机中频 $f_{\mathrm{I}}=465\mathrm{kHz}$，输入信号载波 $f_{\mathrm{c}}=810\mathrm{kHz}$，则本振信号频率 $f_{\mathrm{L}}=$______。

7-5　从频域看，调幅、检波和混频电路指的都是______电路。

7-6　二极管环形电路可以用来进行______、______和______。为使输出中的组合频率分量少，二极管应工作于______状态。

7-7　如题图 7-1 所示，某发射机在负载 $R_{\mathrm{L}}=100\Omega$ 时，输出信号为 $u_{\mathrm{s}}=8(1+0.5\cos\Omega t)\ \cos\omega_{\mathrm{c}}t$，其载波功率 $P_{\mathrm{o}}=$______，总输出功率 $P_{\mathrm{av}}=$______，边频功率占总功率的百分比为______。

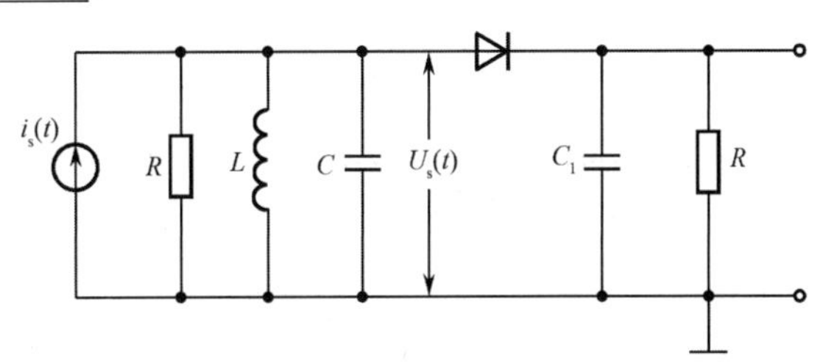

题图 7-1

7-8　如题图 7-2 所示，在检波电路中 $u_{\mathrm{s}}=0.8(1+0.5\cos\Omega t)\cos\omega_{\mathrm{s}}t(\mathrm{V})$，$F=5\mathrm{kHz}$，$f_{s}=46\mathrm{kHz}$，二极管为理想二极管，试检验有无惰性失真及底部切割失真。注：图中电容单位 μF。

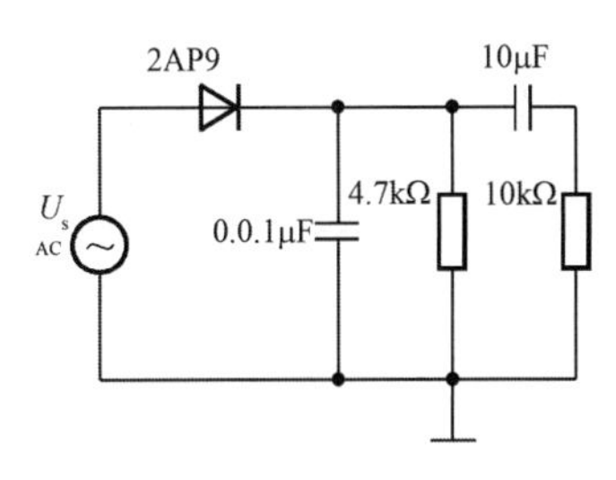

题图 7-2

7-9　基极调幅要求放大器工作在_______状态，而集电极调幅则要求放大器工作在______状态。

7-10　二极管峰值包络检波电路如题图 7-3 所示，设二极管为理想二极管。若输入 $u_{\mathrm{i2}}=3[1+0.5f(t)]\cos 2\pi\times10^{5}t$ 时，则 $u_{\mathrm{o}}=$______。若解调信号为 $u_{\mathrm{i1}}=0.2\cos(2\pi\times10^{6}-2\pi\times10^{2})t$ 时，方框 A 为______运算电路，还要添加______信号，该信号为______。若解调

信号 u_{i1} 为调频信号时，则方框 A 为______网络。

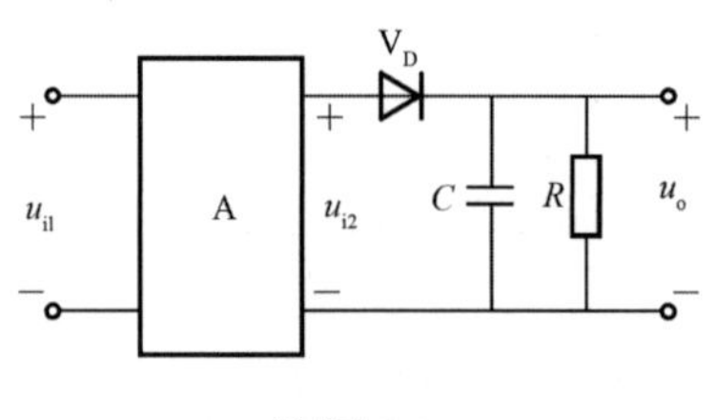

题图 7-3

7-11　已知已调波电压 $u(t)=2\sin(2\pi\times10^3t)\cos(2\pi\times10^6t)+3\cos(6\pi\times10^3t)\cos(2\pi\times10^6t)$，则 $u(t)$ 为____调制波。解调该电压应采用____，其解调输出为 $u_o(t)=U_{\Omega m}f(t)$ 时，$f(t)=$_____。

7-12　二极管峰值包络检波器两种特有的失真为______和______，产生的原因分别是______和______。

7-13　变频跨导的定义为______，混频时将晶体管视为______元器件，混频器特有的干扰有______。

7-14　二极管环形混频器可以用于（　　）。

A. 混频

B. 振幅调制

C. 调幅波的解调

D. 频率调制

7-15　在二极管峰值包络检波器中，它的交、直流负载电阻相差越大，其结果是（　　）。

A. 越不容易出现惰性失真

B. 越容易出现惰性失真

C. 越不容易出现底部切削失真

D. 越容易出现底部切削失真

7-16　同步检波器能解调的已调信号有（　　）。

A. AM 信号

B. DSB 信号

C. SSB 信号

D. FM 信号

7-17　信号在混频时，若不产生失真，则要求信号频谱在搬移过程中，各频率分量要保持（　　）。

A. 相对振幅不变，相对位置可以改变

B. 相对位置不变，相对振幅可以改变

C. 相对振幅和相对位置都不可改变

D. 相对振幅和相对位置两者同时改变

7-18　调幅、检波和混频电路的实质都是（　　）。

A. 频谱的非线性搬移

B. 频谱的线性搬移

C. 相位变换

7-19　某超外差式接收机的中波段为 531～1602kHz，中频 $f_I = f_L - f_s = 465\text{kHz}$，试问在该波段内哪些频率能产生较大的干扰哨声（设非线性特性为 6 次方项及其以下项）。

7-20　某一广播电台的载波频率 $f_s = 7\text{MHz}$，采用超外差式接收机接收信号，$f_I = f_L - f_s = 465\text{kHz}$，除接收机调到 7MHz 能正常收到这一广播电台的播音外，在调到 6.07MHz 时也能收到这个载频为 7MHz 电台的播音，这是什么干扰？若在调到 6.7675MHz 时也能收到这个载频为 7MHz 电台的播音，这是什么干扰？

7-21　已知混频晶体三极管的正向传输特性为 $i_C = a_0 + a_2u^2 + a_3u^3$，式中，$u = U_{sm}\cos\omega_s t + U_{Lm}\cos\omega_L t$，$U_{Lm} \gg U_{sm}$，混频器的中频 $\omega_I = \omega_L - \omega_s$，试求混频器的变频跨导 g_c。

7-22　某非线性元器件的伏安特性如题图 7-4 所示，其斜率为 b，使用此元器件组成混频器。设 $u_L(t) = U_{Lm}\cos\omega_L t = 0.4\cos\omega_L t$，且 $U_{Lm} \gg U_{sm}$，满足线性时变条件。

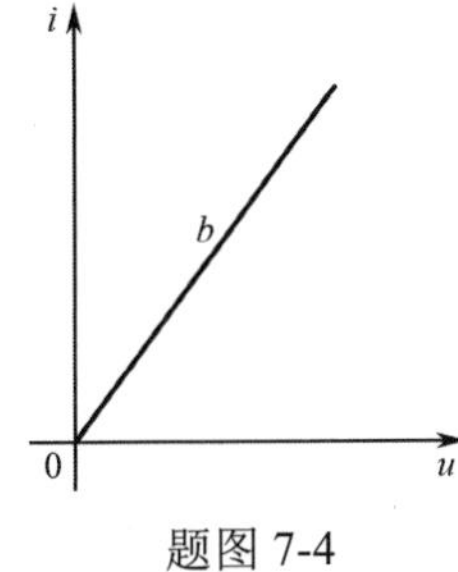

题图 7-4

试分别计算下列条件下的变频跨导 g_c：

（1）$U_Q = 0.4\text{V}$；

（2）$U_Q = 0.2\text{V}$；

（3）$U_Q = 0$。

7-23　某发射机输出级在负载 $R_L = 100\Omega$ 上的输出信号为 $u_s = 4(1 + 0.5\cos\Omega t)\cos\omega_c t$，求总的输出功率、载波功率和边频功率。

7-24　在如题图 7-5 所示检波电路中，输入信号回路为并联谐振电路，谐振频率 $f_0 = 10^6\text{Hz}$，回路本身谐振电阻 $R_0 = 20\text{k}\Omega$，检波负载 $R = 10\text{k}\Omega$，$C_1 = 0.01\mu\text{F}$，$r_d = 100\Omega$。

（1）若 $i_s = 0.5\cos 2\pi \times 10^6 t$，求检波器输入电压 u_s 及检波器输出电压 $u_o(t)$ 的表达式；

（2）若 $i_s = 0.5(1 + 0.5\cos 2\pi \times 10^3 t)\cos(2\pi \times 10^6 t)$，求 $u_o(t)$ 的表达式。

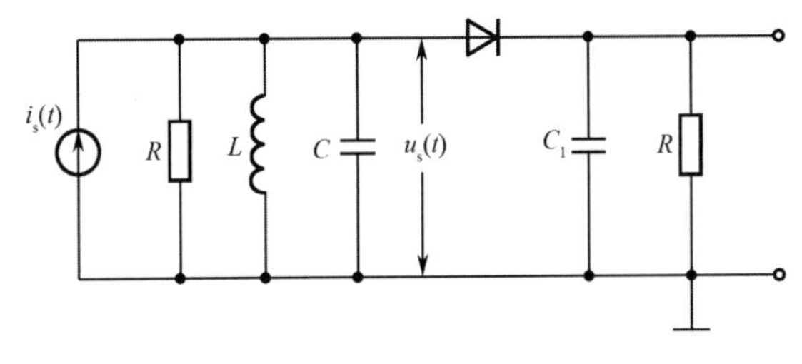

题图 7-5

7-25　二极管峰值包络检波电路如题图 7-6 所示。已知 $f_c = 465\text{kHz}$，单频调制指数 $M_a = 0.3$，$R_2 = 5.1\text{k}\Omega$。为不产生底部切削失真，R_2 的滑动点应放在什么位置？

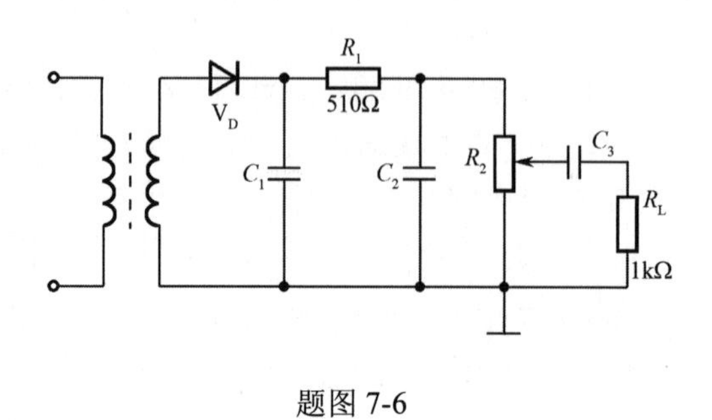

题图 7-6

第 8 章　角度调制与解调电路

角度调制是频率调制和相位调制的合称，因为相位是频率的积分，故频率的变化必将引起相位的变化，反之亦然。所谓频率调制是指用调制信号控制载波的瞬时频率，使之与调制信号的变化规律呈现线性关系。所谓相位调制是指用调制信号控制载波的瞬时相位，使之与调制信号的变化规律呈现线性关系。

事实上，无论是调频波还是调相波，它们的振幅均不改变，而频率的变化和相位的变化均表现为相角的变化，故调频和调相统称为角度调制或调角。

我们知道，调幅实际上是将调制信号的频谱搬移到载频的两边且不改变其频谱结构，因此，调幅属于线性调制。在角度调制中已调信号不再保持调制信号的频谱结构，因而模拟角度调制与解调属于非线性频率变换。

调角由于其优越的性能而获得了广泛应用，其中，调频主要应用于调频广播、广播电视、通信及遥测等，而调相主要应用于数字通信系统中的移相键控。

8.1　角度调制信号的基本特性

8.1.1　瞬时角频率与瞬时相位

一个余弦信号可以表示为

$$v_c(t) = V_{cm}\cos(\omega_c t + \theta_0) = V_{cm}\cos\phi(t) \tag{8.1.1}$$

式中，$\phi(t) = \omega_c t + \theta_0$，称为该余弦信号的全相角（角频率是常数），可以用旋转矢量在横轴上的投影表示，如图 8-1 所示。

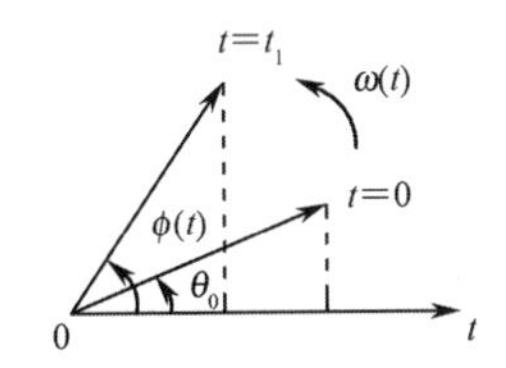

图 8-1　角度调制信号的矢量表示

设旋转矢量的长度为 V_{cm}，且当 t=0 时，初相角为 θ_0；当 t=t_1 时，矢量与实轴之间的瞬时相角为 $\phi(t)$，显然有

$$\omega(t)=\frac{\mathrm{d}\phi(t)}{\mathrm{d}t} \tag{8.1.2}$$

$$v_{\mathrm{c}}(t)=V_{\mathrm{cm}}\cos[\int\omega(t)\mathrm{d}t+\theta_0] \tag{8.1.3}$$

这里，$\omega(t)$ 为瞬时角频率：我们称在某一时刻的角频率为该时刻的瞬时角频率；$\phi(t)$ 为瞬时相位，我们称在某一时刻的全相角为该时刻的瞬时相位。

8.1.2 调频波的数学表达式及波形

假定未调载波表示为

$$v_{\mathrm{c}}(t)=V_{\mathrm{cm}}\cos(\omega_{\mathrm{c}}t+\theta_0)=V_{\mathrm{cm}}\cos\phi(t) \tag{8.1.4}$$

并假定调制信号为一单频余弦波，并表示为

$$v_{\mathrm{f}}(t)=V_{\Omega\mathrm{m}}\cos\Omega t$$

则调频波的瞬时角频率为

$$\omega_{\mathrm{F}}(t)=\omega_{\mathrm{c}}+K_{\mathrm{F}}v_{\mathrm{f}}(t)=\omega_{\mathrm{c}}+\Delta\omega_{\mathrm{m}}\cos\Omega t \tag{8.1.5}$$

式中，ω_{c} 为调频波的中心频率（载波频率）；K_{F} 为比例常数，单位是 rad/s · V；$\Delta\omega_{\mathrm{m}}=K_{\mathrm{F}}V_{\Omega\mathrm{m}}$ 为频移的幅度，称为最大频偏或简称频偏，即

$$\left|\Delta\omega_{\mathrm{F}}(t)\right|_{\max}=\omega_{\mathrm{F}}(t)-\omega_{\mathrm{c}}=K_{\mathrm{F}}\left|v_{\mathrm{f}}(t)\right|_{\max}=K_{\mathrm{F}}V_{\Omega\mathrm{m}} \tag{8.1.6}$$

调频波的瞬时相位为

$$\begin{aligned}\phi_{\mathrm{F}}(t)&=\int_0^t\omega_{\mathrm{F}}(\lambda)\mathrm{d}\lambda+\theta_0=\int_0^t[\omega_{\mathrm{c}}+K_{\mathrm{F}}v_{\mathrm{f}}(\lambda)]\mathrm{d}\lambda+\theta_0\\&=\omega_{\mathrm{c}}t+K_{\mathrm{F}}\int_0^t v_{\mathrm{f}}(\lambda)\mathrm{d}\lambda+\theta_0=\omega_{\mathrm{c}}t+\Delta\phi_{\mathrm{F}}(t)+\theta_0\end{aligned} \tag{8.1.7}$$

式中，θ_0 为 $t=0$ 时的初始相位；$\omega_{\mathrm{c}}t$ 为参考相位；$\Delta\phi_{\mathrm{F}}(t)$ 为附加相移。

调频波的调制指数 m_{F} 称为最大附加相移：

$$m_{\mathrm{F}}=\left|\Delta\phi_{\mathrm{F}}(t)\right|_{\max}=K_{\mathrm{F}}\left|\int_0^t v_{\mathrm{f}}(\lambda)\mathrm{d}\lambda\right|_{\max}=\frac{K_{\mathrm{F}}V_{\Omega\mathrm{m}}}{\Omega}=\frac{\Delta\omega_{\mathrm{m}}}{\Omega}=\frac{\Delta f_{\mathrm{m}}}{F} \tag{8.1.8}$$

与标准调幅情况不同，m_{F} 可小于 1，也可大于 1，而且一般都应用于大于 1 的情况。例如，在调频广播中，对于 F = 15kHz，其 Δf_{m} = 75kHz，故 m_{F} = 5。m_{F} 正比于 Δf_{m}，反比于 Ω。

调频波的数学表示式为

$$\begin{aligned}v_{\mathrm{FM}}(t)&=V_{\mathrm{cm}}\cos[\phi_{\mathrm{F}}(t)]=V_{\mathrm{cm}}\cos[\int_0^t\omega_{\mathrm{F}}(\lambda)\mathrm{d}\lambda+\theta_0]\\&=V_{\mathrm{cm}}\cos[\omega_{\mathrm{c}}t+K_{\mathrm{F}}\int_0^t v_{\mathrm{f}}(\lambda)\mathrm{d}\lambda+\theta_0]\\&=V_{\mathrm{cm}}\cos[\omega_{\mathrm{c}}t+\frac{K_{\mathrm{F}}V_{\Omega\mathrm{m}}}{\Omega}\sin\Omega t+\theta_0]\\&=V_{\mathrm{cm}}\cos[\omega_{\mathrm{c}}t+m_{\mathrm{F}}\sin\Omega t+\theta_0]\end{aligned} \tag{8.1.9}$$

图 8-2 为调频波波形，图 8-3 为调频波 Δf_{m}、m_{F} 与 F 的关系。

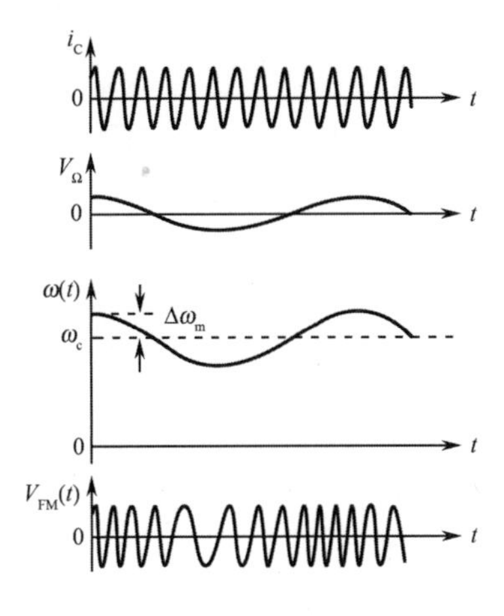

图 8-2　调频波波形

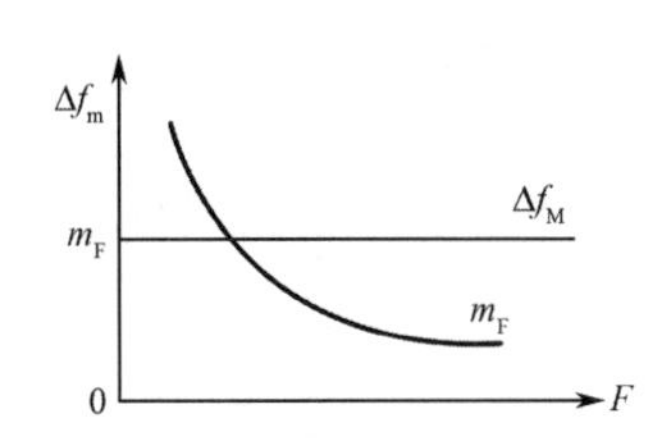

图 8-3　调频波Δf_m、m_F与 F 的关系

对于一个以单频余弦波作为调制信号的调频波，其主要性质有：

（1）频偏决定于调制信号的振幅，瞬时频率的变化规律取决于调制信号的变化规律；

（2）调频波的幅度为常数；

（3）调频波的调制指数可大于 1，而且通常应用于大于 1 的情况；

（4）调制指数与频偏成正比，与调制频率成反比。

8.1.3　调相波的数学表达式及波形

由于调相波的瞬时相位 $\phi_p(t)$ 随调制信号 $v_f(t)$ 呈现线性变化，即

$$\phi_p(t)=\omega_c t+K_p v_f(t)+\theta_0=\omega_c t+\Delta\phi_p(t)+\theta_0 \tag{8.1.10}$$

式中，$\omega_c t$ 为未调制时载波的相位角；θ_0 为初始相位；$K_p v_f(t)$ 为瞬时相位相对于载波相位角 $\omega_c t$ 的相位偏移，叫作瞬时相位偏移，简称相移，即

$$\Delta\phi_P(t)=K_P v_f(t) \tag{8.1.11}$$

$\Delta\phi_P(t)$ 的最大值叫作最大相移，或称为调制指数。调相波的调制指数用 m_P 表示，即

$$m_P=\left|\Delta\phi_P(t)\right|_{\max}=K_P\left|v_f(t)\right|_{\max}=K_P V_{\Omega m} \tag{8.1.12}$$

式中，K_P 为比例常数，单位是 rad/V 。

调相波的瞬时角频率为

$$\omega_P(t)=\frac{\mathrm{d}\phi_P(t)}{\mathrm{d}t}=\frac{\mathrm{d}[\omega_c t+K_P v_f(t)]}{\mathrm{d}t}=\omega_c+K_P\frac{\mathrm{d}v_f(t)}{\mathrm{d}t}=\omega_c+\Delta\omega_P(t) \tag{8.1.13}$$

调相波的数学表示式为

$$\begin{aligned}v_{PM}(t)&=V_{cm}\cos[\phi_p(t)]\\&=V_{cm}\cos[\omega_c t+K_p v_f(t)+\theta_0]\\&=V_{cm}\cos[\omega_c t+K_P V_{\Omega m}\cos\Omega t+\theta_0]\\&=V_{cm}\cos[\omega_c t+m_P\cos\Omega t+\theta_0]\end{aligned} \tag{8.1.14}$$

图 8-4 为调相波波形，图 8-5 为调相波Δf_m、m_P与 F 的关系。表 8-1 为调频波和调相

波的主要参数，表 8-2 为单频调频信号与单频调相信号的参数比较。

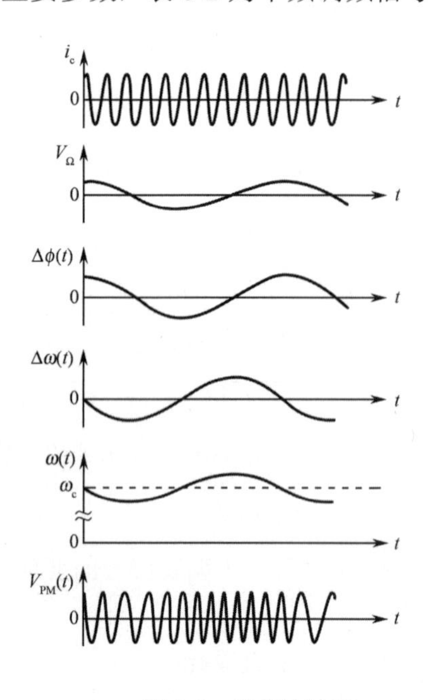

图 8-4　调相波波形

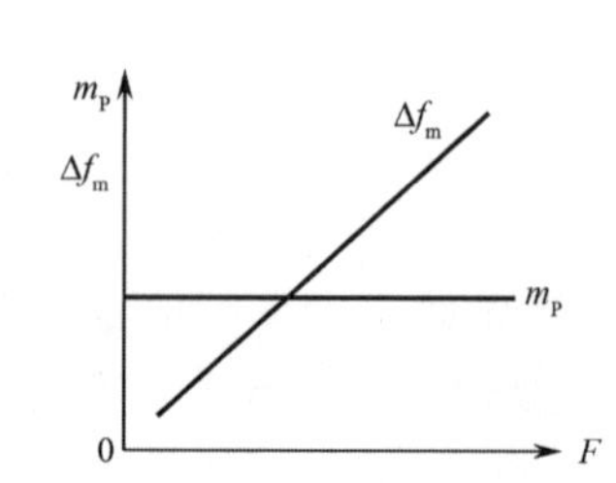

图 8-5　调相波Δf_m、m_P与 F 的关系

表 8-1　调频波和调相波的主要参数

参　数	频率调制	相位调制
瞬时角频率	$\omega_F(t)=\omega_c+K_F v_f(t)$	$\omega_p(t)=\omega_c+K_p \mathrm{d}v_f(t)/\mathrm{d}t$
附加相移	$\Delta\phi_F(t)=K_F\int_0^t v_f(\lambda)\mathrm{d}\lambda$	$\Delta\phi_P(t)=K_P v_f(t)$
全相角	$\phi_F(t)=\omega_c t+K_F\int_0^t v_f(\lambda)\mathrm{d}\lambda+\theta_0$	$\phi_p(t)=\omega_c t+K_P v_f(t)+\theta_0$
已调信号	$v_{FM}(t)=V_{cm}\cos[\phi_F(t)]$	$v_{PM}(t)=V_{cm}\cos[\phi_p(t)]$

表 8-2　单频调频信号与单频调相信号的参数比较

参　数	调 频 信 号	调 相 信 号
频偏 $\Delta\omega(t)$	$K_F V_{\Omega m}\cos\Omega t$	$-K_p\Omega V_{\Omega m}\sin\Omega t$
最大频偏 $\Delta\omega_m$	$K_F V_{\Omega m}$	$K_p\Omega V_{\Omega m}$
相移 $\Delta\phi(t)$	$\dfrac{K_F V_{\Omega m}}{\Omega}\sin\Omega t$	$K_p V_{\Omega m}\cos\Omega t$
调制指数（最大相移）	$m_F=\dfrac{K_F V_{\Omega m}}{\Omega}$	$m_P=K_P V_{\Omega m}$

调频信号与调相信号的区别如下。

（1）二者的频率和相位随调制信号变化的规律不一样，但由于频率与相位是微积分关系，故二者是有密切联系的。例如，对于调频信号来说，调制信号电平最高处对应的瞬时正频偏最大，波形最密；对于调相信号来说，调制信号电平变化率（斜率）最大处对应的瞬时正频偏最大，波形最密。

（2）从表 8-2 中可以看出，调频信号的调制指数 m_F 与调制频率有关，最大频偏与调制频率无关，而调相信号的最大频偏与调制频率有关，调相信号的调制指数 m_P 与调制频率无关。

（3）从理论上讲，调频信号的最大频偏 $\Delta\omega_m < \omega_c$，由于载频 ω_c 很高，故 $\Delta\omega_m$ 可以很大，即调制范围很大。由于相位以 2π 为周期，因此，调相信号的最大相移（调制指数）$m_P < \pi$，故调制范围很小。

8.1.4　调角波的频谱及带宽

由于频率调制过程是非线性过程，不能应用叠加定理。在本小节中，主要分析单频余弦信号调制下调频波的频谱。

1．调角信号的频谱

假定调制信号为一单频余弦波，并表示为

$$v_f(t) = V_{\Omega m}\cos\Omega t$$

调频波的表达式为

$$v_{FM}(t) = \cos[\omega_c t + m_F \sin\Omega t] \tag{8.1.15}$$

下面分析单频余弦信号调制下调频波的频谱。式（8.1.15）可展开为

$$v_{FM}(t) = \cos\omega_c t\cos(m_F\sin\Omega t) - \sin\omega_c t\sin(m_F\sin\Omega t) \tag{8.1.16}$$

式中，出现了 $\cos(m_F\sin\Omega t)$ 和 $\sin(m_F\sin\Omega t)$ 两个特殊函数。

利用贝塞尔函数理论中的两个公式可得

$$\begin{aligned} v_{FM}(t) &= J_0(m_F)\cos\omega_c t + J_1(m_F)[\cos(\omega_c+\Omega)t - \cos(\omega_c-\Omega)t] + \\ &\quad J_2(m_F)[\cos(\omega_c+2\Omega)t + \cos(\omega_c-2\Omega)t] + \\ &\quad J_3(m_F)[\cos(\omega_c+3\Omega)t - \cos(\omega_c-3\Omega)t] + \\ &\quad \cdots \\ &= \sum_{n=-\infty}^{\infty} J_n(m_F)\cos(\omega_c+n\Omega)t \end{aligned} \tag{8.1.17}$$

式中，$J_n(m_F)$ 是宗数为 m_F 的第一类贝塞尔函数。图 8-6 所示为宗数为 m_F 的 n 阶第一类贝塞尔函数的曲线，表 8-3 所示为不同 m_F 时的 $J_n(m_F)$ 值。

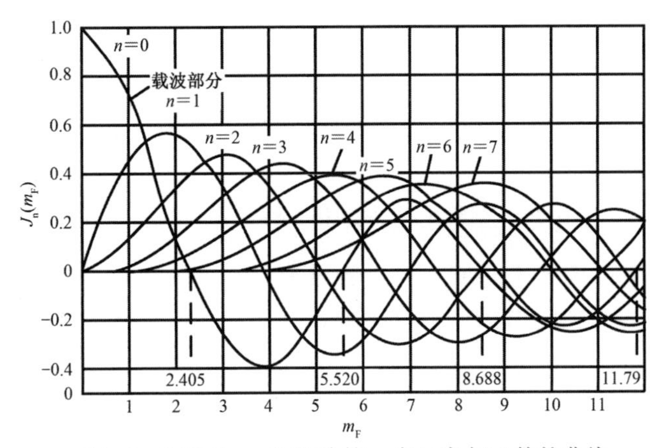

图 8-6　宗数为 m_F 的几阶第一类贝塞尔函数的曲线

1）第一类贝塞尔函数 $J_n(m_F)$ 的性质

（1）随着 m_F 的增加，$J_n(m_F)$ 近似周期性地变化，且其峰值下降。

（2）$J_{-n}(m_F)=(-1)^n J_n(m_F)$。

（3）$\sum\limits_{n=-\infty}^{\infty} J_n^2(m_F)=1$。

（4）对于某一固定的 m_F，有如下近似关系：$J_n(m_F)\approx 0$，$n>m_F+1$，忽略了小于 0.1 的分量。注意：载频分量有可能小于旁频分量。

（5）对于某些 m_F，$J_n(m_F)=0$。

表 8-3　不同 m_F 时的 $J_n(m_F)$值

m_F	$J_0(m_F)$	$J_1(m_F)$	$J_2(m_F)$	$J_3(m_F)$	$J_4(m_F)$	$J_5(m_F)$	$J_6(m_F)$	$J_7(m_F)$
0.01	1.00							
0.20	0.99	0.10						
0.50	0.94	0.24						
1.00	0.77	0.44	0.11					
2.00	0.22	0.58	0.35	0.13				
3.00	0.26	0.34	0.49	0.31	0.13			
4.00	0.39	0.06	0.36	0.43	0.28	0.13		
5.00	0.18	0.33	0.05	0.36	0.39	0.26	0.13	
6.00	0.15	0.28	0.24	0.11	0.36	0.36	0.25	0.13

2）调频波的频谱特点

（1）调频波的频谱结构。

- 包含载波频率分量（但是幅度小于 1，与 m_F 有关），还包含无穷多个旁频分量，图 8-7 给出了调角信号的频谱。

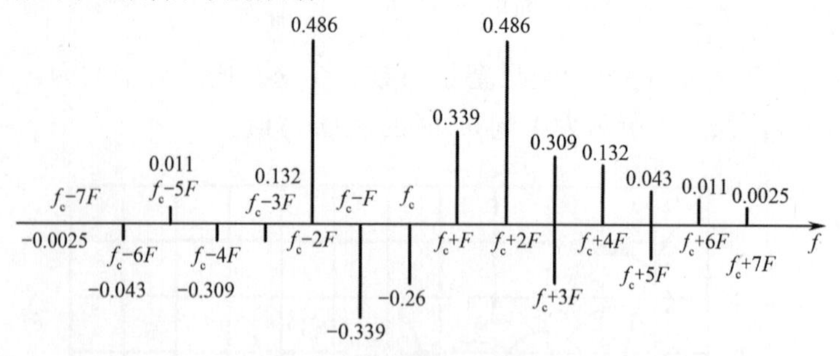

图 8-7　调角信号的频谱

- 各旁频分量之间的距离是调制信号频率 F。
- 各频率分量的幅度由贝塞尔函数 $J_n(m_F)$ 决定。
- 奇次旁频分量的相位相反。

（2）调频波的频谱结构与调制指数 m_F 关系密切。m_F 越大，则具有一定幅度的旁频数目愈多，这是调频波频谱的主要特点（与标准调幅情况不同，调频波的调制指数可大于 1，而且通常应用于大于 1 的情况）。

（3）对于某些 m_F，载频分量或某次旁频分量的幅度是零。例如，当 $m_F = 2.40, 5.52, 8.65, \cdots$ 时，载频分量的幅度是零。

（4）频率调制不是将信号的频谱在频率轴上平移，而是将信号各频率分量进行非线性变换。因此，频率调制是一种非线性过程，又称为非线性调制。

（5）各频率分量间的功率分配。因为调频波是一个等幅波，所以它的总功率为常数，不随调制指数的变化而变化，并且等于未调载波的功率。在调制后，已调波出现许多频率分量，这个总功率就分配到各分量上。随着 m_F 的不同，各频率分量之间功率分配的数值不同。

2．调频波的信号带宽

调频波所占的带宽，理论上说是无穷宽的，因为它包含无穷多个频率分量。但实际上，在调制指数一定时，超过某一阶数的贝塞尔函数的值已经相当小，其影响可以忽略，这时则可认为调频波所具有的频带宽度是近似有限的。

通常采用的准则是，信号的频带宽度应包括幅度大于未调载波 1%以上的边频分量，即按$|J_n(m_F)| \geqslant 0.01$ 的条件确定 n 的最大值 n_{max}，则误差要求为 0.01 的调频信号的带宽 $B_{0.01} = 2n_{max}\Omega$。

当 m_F 很小时，如 $m_F<0.5$，则为窄频带调频，此时 $B_{0.1} \approx 2F$。

对于一般情况，卡森带宽为

$$B=2(m_F+1)F=2(\Delta f_m + F) \tag{8.1.18}$$

当调制信号不是单一频率时，由于调频是非线性过程，其频谱要复杂得多。比如有 F_1、F_2 两个调制频率，则根据式（8.1.17）可得

$$\begin{aligned} \upsilon_{FM}(t) &= \mathrm{Re}[U_C e^{j\omega_c t} e^{j(m_{F1}\sin\Omega_1 t + m_{F2}\sin\Omega_2 t)}] \\ &= U_C \sum_{n=-\infty}^{\infty} \sum_{k=-\infty}^{\infty} J_n(m_{F2})\cos(\omega_c + n\Omega_1 + k\Omega_2)t \end{aligned} \tag{8.1.19}$$

3．调频信号的平均功率

根据帕塞瓦尔定理，调频信号的平均功率等于各频谱分量平均功率之和，在单位电阻上，其值为

$$P_{av} = \frac{V_m^2}{2}\sum_{n=-\infty}^{\infty} J_n^2(m_F)$$

第一类贝塞尔函数的特性为

$$\sum_{n=-\infty}^{\infty} J_n^2(m_F) = 1$$

所以，调角信号的平均功率为

$$P_{av} = \frac{V_m^2}{2} \tag{8.1.20}$$

即当 V_m 一定时，调频波的平均功率等于未调制时的载波功率，其值与 m_F 无关。

改变 m_F 可引起载波分量和各边频分量之间功率的重新分配，但不会引起总功率的改变。

8.1.5 调角波与调幅波的抗干扰性比较

抗干扰性是衡量调制体制性能的一个重要指标。假定接收机解调器输入的已调波信号信噪比相同，哪一种调制体制解调器输出信噪比高，解调失真小，则说明哪一种调制体制抗干扰性好。显然，调幅制的主要干扰是振幅噪声，调频制与调相制的主要干扰是频率噪声和相位噪声。

研究表明，在单频干扰情况下，调幅制、调频制与调相制对应的已调波信号的电压信噪比大约等于各自的调制指数 M_a、m_F 与 m_P。即调制指数越大，对应的已调波信号的电压信噪比越大，抗干扰性越好。调幅制的 $M_a \leqslant 1$，故其抗干扰性差。对于调频制与调相制来说，调制指数可以大于 1，故其抗干扰性比调幅制好。当然，这是用带宽增加的代价来换取的。由于调相制的 $m_P < \pi$，而调频制的 m_F 可以很大，故调频制的抗干扰性又可以比调相制好。显然，窄带调频的抗干扰性不如宽带调频。

对于有一定频率范围的调制信号，在系统带宽相同时，如果采用调频制，带宽大致由最大频偏决定。由于最大频偏与调制频率无关，所以每个调制频率分量都可以充分利用带宽，获得最大频偏。另外，较低调制频率分量还可以获得更高的调制指数，故具有更好的抗干扰性。但是，如果采用调相制，带宽是由最高调制频率分量获得的最大频偏决定的，$B=2(\Delta f_{mmax}+F_{max})$。除了最高调制频率分量，其余调制频率分量获得的最大频偏均越来越小，$\Delta f_m = m_P \mathrm{F}$，所以其不能充分利用系统带宽；另外，所有调制频率分量的 m_P 都相同，且不高，故其抗干扰性不大好。

由此得到如下结论。

1. 调角信号抗干扰性强

我们知道，调幅信号的边频功率最大只能等于载波功率的一半（当调制指数 M_a=1 时），而调角信号的边频功率远比调幅信号强。边频功率是运载有用信号的，因此调角制具有更强的抗干扰性。另外，对于信号传输过程中常见的寄生调幅，调角制可以通过限幅的方法加以克服，调幅制则不行。

2. 调角信号设备的功率利用率高

因为调角信号为等幅信号，其最大功率等于平均功率，所以不论调制度为多大，发射机末级功放管均可工作在最大功率状态，功率管得到了充分利用。调幅制则不然，调幅制的平均功率远低于最大功率，因而功率管的利用率不高。

3. 调角信号传输的保真度高

因为调角信号的频带宽且抗干扰性强，因而其具有较高的保真度。

综上所述，调角制的抗干扰性可以比调幅制好，调频制在带宽利用和抗干扰性方面又比调相制好，所以，在模拟通信系统中广泛采用调频制，而很少用调相制。由于调频系统占用频带很宽，所以调频通信的工作频段被安排在几十兆赫兹至近千兆赫兹的高频段。在以后各节的电路讨论中，我们将注意力着重放在调频和鉴频电路方面。由于调频可以由调相间接实现，鉴频也可以由鉴相间接实现，所以，本书实际上也涉及一些调相和鉴相电路。

8.2　调频信号的产生

由调频信号的频谱分析可知，调制后的调频信号中包含许多新的频率分量，因此，要产生调频信号就必须利用非线性元器件进行频率变换。

产生调频信号的方法主要有两种：直接调频和间接调频。直接调频用调制信号直接控制载波的瞬时频率，产生调频信号。间接调频则先将调制信号进行积分，再对载波进行调相，获得调频信号。

8.2.1　直接调频电路

调频信号的基本特点是它的瞬时频率按调制信号规律变换，根据这一基本特性，可以将调制信号作为压控振荡器的控制电压，使其产生的振荡频率不失真地反映调制信号的变化规律，压控振荡器的中心频率即载波频率。通常将这种直接调变振荡器频率的方法称为直接调频法。若被控制的是 LC 振荡器，则只须控制振荡回路的某个元器件（L 或 C），使其参数随调制电压变化，就可达到直接调频的目的。

8.2.2　间接调频电路

若先对调制信号 $u_\Omega(t)$进行积分，得到$u_1(t)=\int_0^t u_\Omega(\tau)\mathrm{d}\tau$，然后将 $u_1(t)$作为调制信号对载频信号进行调相，则由式（8.1.1）可得到

$$u(t)=U_{\mathrm{cm}}\cos[\omega_{\mathrm{c}}t+K_{\mathrm{p}}u_1(t)]=U_{\mathrm{cm}}\cos[\omega_{\mathrm{c}}t+K_{\mathrm{p}}\int_0^t u_\Omega(\tau)\mathrm{d}\tau] \tag{8.2.1}$$

参照式（8.1.9）可知，对于 $u_\Omega(t)$来说，式（8.2.1）是一个调频信号表达式。

将调制信号积分后调相，是实现调频的另一种方式，称为间接调频。或者说，间接调频借用调相的方式来实现调频。图 8-8 所示为间接调频原理。

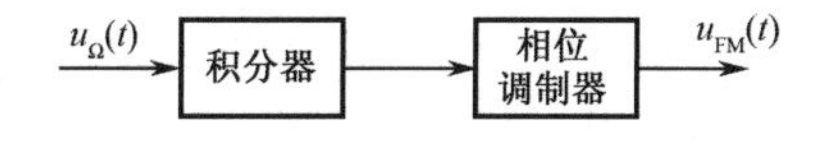

图 8-8　间接调频原理

8.2.3　调频电路的主要性能指标

1．调频线性特性

调频电路输出信号的瞬时频偏与调制电压的关系称为调频特性。显然，理想调频特性应该是线性的，所以，对实际电路可能产生的一些非线性失真，应尽量设法使其减小。

2．调频灵敏度

单位调制电压变化产生的角频偏称为调频灵敏度 S_F，即 $S_F = \left.\frac{d\Delta\omega(t)}{dv_\Omega}\right|_{v_\Omega=0}$。在线性调频范围内，$S_F$ 相当于式（8.1.5）中的 K_F。S_F 越大，调制信号对瞬时频率的控制能力就越强。

3．最大线性调制频偏（简称最大线性频偏）

实际电路的调频特性是非线性的，其中，线性部分能够实现的最大频偏称为最大线性频偏。

由公式 $m_F = \frac{\Delta f_m}{F}$，$B=2(m_F+1)F=2(\Delta f_m + F)$可知，最大频偏与调制指数和带宽都有密切关系。不同的调频系统要求不同的最大频偏，所以调频电路能达到的最大线性频偏应满足不同系统的要求。例如，调频广播系统的要求是 75kHz，调频电视伴音系统的要求是 50kHz。

4．载频稳定度

调频电路的载频（载波中心频率）稳定性是接收电路能够正常接收且不会造成邻近信道互相干扰的重要保证。因为调频信号的频率是以载波中心频率为基准变化的，若载波中心频率不稳定，必然会带来失真。此外，载波中心频率不稳定还会使调频信号的频带展宽，对邻近频道造成干扰。不同调频系统对载频稳定度的要求是不同的。例如，调频广播系统要求载频漂移不超过±2kHz，调频电视伴音系统要求载频漂移不超过±500Hz。

8.3　调频电路

8.3.1　变容二极管直接调频电路

1．变容二极管

变容二极管是利用 PN 结反向偏置的势垒电容构成的可控电容，它的表示符号如图 8-9（a）所示。变容二极管的结电容 C_j 与晶体管两端的反向电压 u 的关系曲线（变容特性）如图 8-9（b）所示。C_j 与 u 的关系为

$$C_{\mathrm{j}}=\frac{C_{\mathrm{j}0}}{\left(1+\frac{u}{U_{\mathrm{B}}}\right)^{\gamma}} \tag{8.3.1}$$

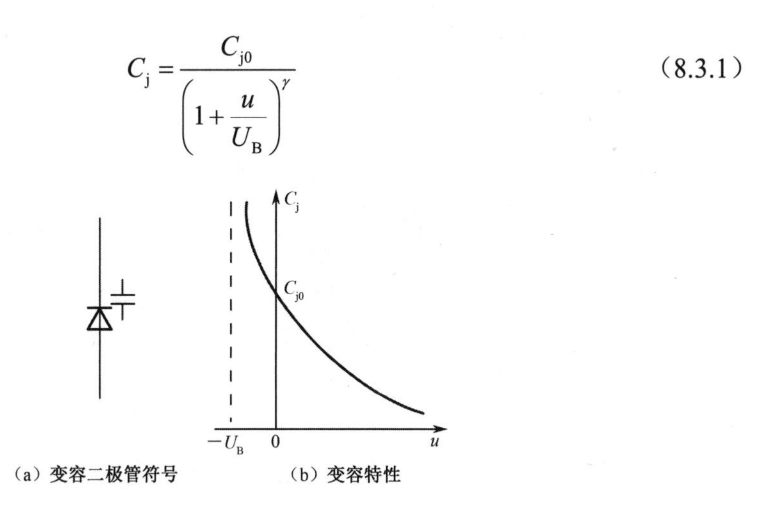

图 8-9　变容二极管符号和变容特性

U_{B} 是变容二极管的势垒电压，通常取 0.7V 左右；$C_{\mathrm{j}0}$ 是 u=0 时变容二极管的结电容；u 是加在二极管两端的反向电压；γ 是变容指数。不同的变容二极管由于 PN 结杂质掺杂浓度分布的不同，γ 也不同。例如，扩散型 γ=1/3，称其为缓变结变容二极管；合金型 γ=1/2，称其为突变结变容二极管；γ=1～5，称其为超越突变结变容二极管。

当静态工作点为 E_{Q} 时，变容二极管结电容为

$$C_{\mathrm{jQ}}=\frac{C_{\mathrm{j}0}}{\left(1+\frac{E_{\mathrm{Q}}}{U_{\mathrm{B}}}\right)^{\gamma}} \tag{8.3.2}$$

设在变容二极管上加的调制信号电压为 $u_{\Omega}(t)=U_{\Omega}\cos\Omega t$，则

$$u=E_{Q}+u_{\Omega}(t)=E_{Q}+U_{\Omega}\cos\Omega t \tag{8.3.3}$$

将式（8.3.3）代入式（8.3.1），得

$$C_{\mathrm{j}}=\frac{C_{\mathrm{j}0}}{\left(1+\frac{E_{\mathrm{Q}}+U_{\Omega}\cos\Omega t}{U_{\mathrm{B}}}\right)^{\gamma}}=\frac{C_{\mathrm{j}0}}{\left(1+\frac{E_{\mathrm{Q}}}{U_{\mathrm{B}}}\right)^{\gamma}}\frac{1}{\left(1+\frac{U_{\Omega}}{E_{\mathrm{Q}}+U_{\mathrm{B}}}\cos\Omega t\right)^{\gamma}}=\frac{C_{\mathrm{jQ}}}{(1+m\cos\Omega t)^{\gamma}} \tag{8.3.4}$$

式中

$$m=\frac{U_{\Omega}}{E_{\mathrm{Q}}+U_{\mathrm{B}}}<1$$

m 为反映结电容调制深度的调制指数。

2. 变容二极管直接调频性能分析

（1）C_{j} 作为回路总电容接入回路。

图 8-10（a）为一变容二极管直接调频电路，C_{j} 作为回路总电容接入回路。图 8-10（b）是图 8-10（a）振荡回路的简化高频电路。

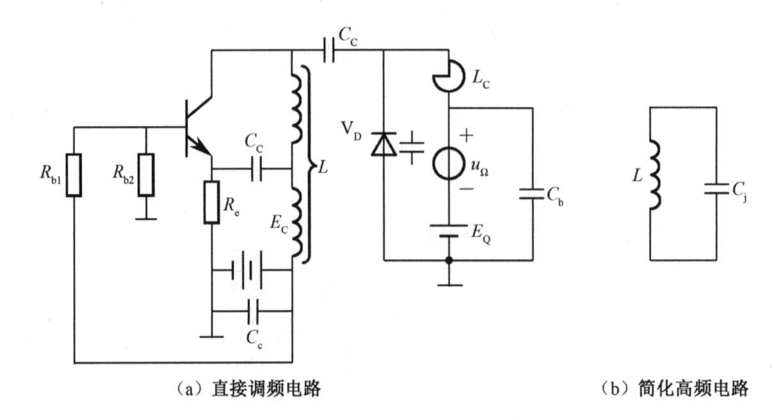

图 8-10　变容二极管作为回路总电容全部接入回路

如图 8-10（b）所示，振荡回路仅包括一个等效电感 L 和一个变容二极管组成的等效电容 C_j，则在单频调制信号 $u_\Omega(t)=U_\Omega\cos\Omega t$ 的作用下，回路振荡角频率可写成

$$\omega(t)=\frac{1}{\sqrt{LC_j}}=\frac{1}{\sqrt{\frac{LC_{jQ}}{(1+m\cos\Omega t)^\gamma}}}=\omega_c(1+m\cos\Omega t)^{\frac{\gamma}{2}}=\omega_c(1+x)^{\frac{\gamma}{2}} \tag{8.3.5}$$

式中，$\omega_c=1/\sqrt{LC_{jQ}}$，是当 $u_\Omega(t)=0$ 时的振荡角频率，即调频电路中心角频率；$x=m\cos\Omega t=\frac{u_\Omega(t)}{E_Q+U_B}$ 是归一化调制信号电压，$|x|\leqslant 1$。

当变容二极管变容指数 $\gamma=2$ 时，有

$$\omega(t)=\omega_c(1+x)=\omega_c(1+\frac{u_\Omega(t)}{E_Q+U_B})=\omega_c+\Delta\omega(t) \tag{8.3.6}$$

故角频偏为 $\Delta\omega(t)=\frac{\omega_c u_\Omega(t)}{E_Q+U_B}\propto u_\Omega(t)$，这种情况称为线性调频，无非线性失真。

在一般情况下，$\gamma\neq 2$，这时式（8.3.5）可以展开成幂级数为

$$\omega(t)=\omega_c[1+\frac{\gamma}{2}m\cos\Omega t+\frac{1}{2!}\frac{\gamma}{2}(\frac{\gamma}{2}-1)m^2\cos^2\Omega t+\cdots] \tag{8.3.7}$$

式中，第二项是线性频率调制项，最大频偏 $\Delta\omega_m=\frac{\gamma}{2}m\omega_c$；第三项是二次谐波调制项，是失真项。二次谐波调制的最大频偏 $\Delta\omega_{2m}=\frac{1}{8}(\frac{\gamma}{2}-1)m^2\omega_c$。

由此引入的非线性失真系数为

$$K_{F2}=\frac{\Delta\omega_{2m}}{\Delta\omega_m}=\frac{1}{4}(\frac{\gamma}{2}-1)m \tag{8.3.8}$$

调频灵敏度表达式为

$$K_F=S_F=\frac{\Delta\omega_m}{U_\Omega}=\frac{\gamma}{2}\frac{m\omega_c}{U_\Omega}=\frac{\gamma}{2}\frac{\omega_c}{E_Q+U_B}\approx\frac{\gamma}{2}\frac{\omega_c}{E_Q} \tag{8.3.9}$$

从以上分析可见，$\Delta\omega_m$、$\Delta\omega_{2m}$、K_{F2} 均随着 γ 和 m 的增大而增大。为了减小失真，m 应尽量小，γ 最好取 2。m 的减小，必然使 $\Delta\omega_m$ 下降，所以减小失真与增大最大频偏是矛盾的，在实际应用中必须折中考虑。

（2）C_j 作为回路部分电容接入回路。

在实际应用中，通常 $\gamma \neq 2$，C_j 作为回路总电容将会使调频特性出现非线性，输出信号的频率稳定度也将下降。因此，通常利用对变容二极管串联或并联电容的方法来调整回路总电容 C 与电压 u 之间的特性。图 8-11（a）所示为变容二极管部分接入调频电路。电路中采用了两个相同变容二极管背靠背连接，这是一种常用方式。图 8-11（b）所示为高频等效电路。

将图 8-11（b）的振荡回路简化，如图 8-12 所示，这就是变容二极管部分接入回路的情况。此时，回路的总电容为

$$C = C_1 + \frac{C_2 C_j}{C_2 + C_j} = C_1 + \frac{C_2 C_{jQ}}{C_2(1 + m\cos\Omega t)^{\gamma} + C_{jQ}} \tag{8.3.10}$$

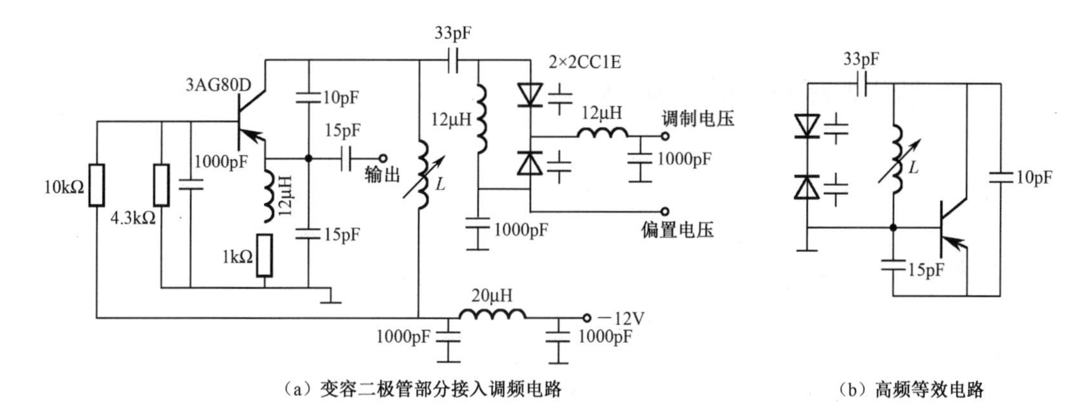

（a）变容二极管部分接入调频电路　　（b）高频等效电路

图 8-11　变容二极管直接调频电路举例

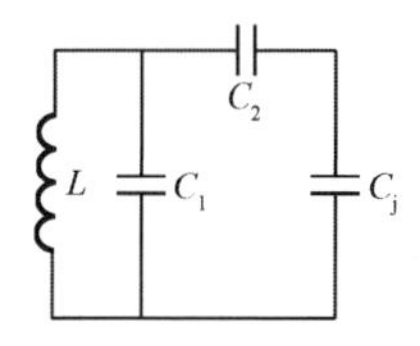

图 8-12　部分接入的振荡回路

振荡频率为

$$\begin{aligned}\omega(t) &= \omega_c(1 + A_1 m\cos\Omega t + A_2 m^2\cos^2\Omega t + \cdots)\\ &= \omega_c + \frac{A_2}{2}m^2\omega_c + A_1 m\omega_c\cos\Omega t + \frac{A_2}{2}m^2\omega_c\cos 2\Omega t + \cdots\end{aligned} \tag{8.3.11}$$

式中

$$\omega_c = \frac{1}{\sqrt{L(C_1 + \frac{C_2 C_{jQ}}{C_2 + C_{jQ}})}}$$

$$A_1 = \frac{\gamma}{2p} \tag{8.3.12}$$

$$A_2 = \frac{3}{8} \times \frac{\gamma^2}{p^2} + \frac{1}{4} \times \frac{\gamma(\gamma - 1)}{p} - \frac{\gamma^2}{2p} \times \frac{1}{1 + p_1}$$

$$p = (1 + p_1)(1 + p_1 p_2 + p_2)$$

$$p_1 = \frac{C_{jQ}}{C_2} \tag{8.3.13}$$

$$p_2 = \frac{C_1}{C_{jQ}}$$

由此可得，当 C_j 部分接入时，其最大频偏为 $\Delta f_m = A_1 m f_c = \frac{\gamma}{2p} m f_c$。

8.3.2　晶体振荡器直接调频电路

变容二极管（对 LC 振荡器）直接调频电路的载频稳定度较差。为了进一步提高载频稳定度，可采用变容二极管晶体直接调频电路。图 8-13（a）为变容二极管对晶体振荡器直接调频电路的实际电路，图 8-13（b）为其等效交流电路。

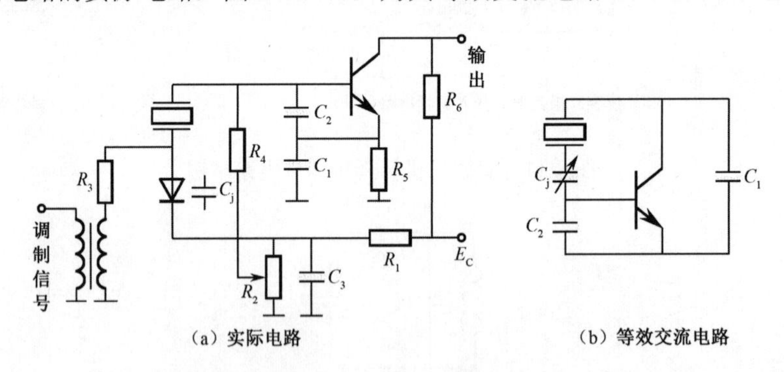

图 8-13　变容二极管对晶体振荡器直接调频电路

由图 8-13 可知，此电路为并联型晶振皮尔斯晶体振荡器电路，其稳定度高于密勒晶体振荡器电路。其中，变容二极管相当于晶体振荡器中的微调电容 C_j，它与 C_1、C_2 的串联等效电容作为石英谐振器的负载电容 C_L。此电路的振荡频率为

$$f_{osc} = f_s \left[1 + \frac{C_q}{2(C_L + C_0)}\right] \tag{8.3.14}$$

式中，f_s 为晶体的串联谐振频率；C_q 为晶体的动态电容；C_0 为晶体的静态电容。可见，

当 C_j 变化时，C_L 将变化，从而使晶体振荡器的振荡频率发生变化。用调制信号电压 $u_\Omega(t)$ 控制 C_j 的变化，便可实现调频。

由于晶体振荡器在满足振荡条件时，晶体应呈现感抗特性，即工作在晶体的感性区，f_{osc} 只能处于晶体的串联谐振频率 f_s 与并联谐振频率 f_p 之间，因而振荡频率的变化范围也必须位于 f_s 与 f_p 之间。而 f_s 与 f_p 之间的频率变化范围只有 10^{-4}～10^{-3} 量级，再加上 C_j 的串联，晶体的可调振荡频率更窄。例如，载频为 40Hz 的晶体振荡器，能获得的最大频偏 Δf_m 只有 7.5Hz。所以，采用晶体振荡器虽然可以获得较高的载频稳定度，但其最大频偏 Δf_m 很小，在实际使用时需要采取扩大频偏的措施。

8.3.3　间接调频电路

图 8-14 是单回路变容二极管调相电路。它将受调制信号控制的变容二极管作为振荡回路的一个元器件，调制信号的作用是使谐振回路谐振频率改变，当载波通过这个回路时由于失谐而产生相移，从而实现调相。

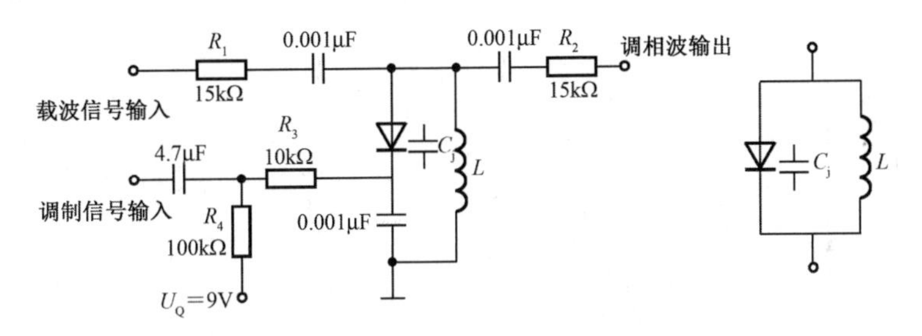

图 8-14　单回路变容二极管调相电路

在图 8-14 中，变容二极管的电容 C_j 和电感 L 组成谐振回路，作为可变相移网络；R_1 和 R_2 是谐振回路输入端与输出端的隔离电阻；R_4 是偏置电压 U_Q 与调制信号 $u_\Omega(t)$ 之间的隔离电阻。3 个电容（$C_1=C_2=C_3=0.001\mu F$）对高频短路，而对调制信号开路。在调制信号 $u_\Omega(t)$ 的作用下，回路谐振频率的表达式由式（8.3.7）导出，忽略二次以上的各项，可得回路的谐振频率为

$$\omega(t)=\frac{1}{\sqrt{LC_j}}=\omega_c(1+m\cos\Omega t)^{\frac{\gamma}{2}}\approx\omega_c(1+\frac{\gamma}{2}m\cos\Omega t) \tag{8.3.15}$$

回路的角频偏为

$$\Delta\omega(t)=\omega_c(t)-\omega_c=\frac{\gamma}{2}m\cos\Omega t \tag{8.3.16}$$

高 Q 值（LC_j 回路有载品质因数）并联振荡电路的电压、电流间相移为

$$\Delta\phi=-\arctan(Q\frac{2\Delta f}{f_c}) \tag{8.3.17}$$

当 $\Delta\phi<\pi/6$ 时，$\tan\Delta\phi\approx\Delta\phi$，式（8.3.17）简化为

$$\Delta\phi \approx -2Q\frac{\Delta f}{f_{\rm c}} \tag{8.3.18}$$

设输入调制信号为$u_\Omega(t)=U_\Omega\cos\Omega t$，其瞬时角频偏（此处为回路谐振频率的偏移）为

$$\Delta f=\frac{1}{2}\gamma m f_{\rm c}\cos\Omega t \tag{8.3.19}$$

式（8.3.18）进一步简化为

$$\Delta\phi \approx -Q\gamma m\cos\Omega t=-m_{\rm p}\cos\Omega t \tag{8.3.20}$$

这就是说，当频率为$f_{\rm c}$的载波电流i通过回路后，由于回路失谐，在回路两端得到的输出电压为

$$u_0(t)=U_{\rm m}\cos\left[\omega_{\rm c}t+\Delta\phi\right]=I_{\rm m}Z(\omega_{\rm c})\cos(\omega_{\rm c}t-m_{\rm p}\cos\Omega t) \tag{8.3.21}$$

显然，这是调幅、调相波。将幅度变化经由限幅器消除后，即可得到调相信号。

由式（8.3.21）可见，变容二极管相移网络能够实现线性调相，但只能产生$m_{\rm p}<\pi/6$的调相波。为了增大$m_{\rm p}$，必须采用多级单回路构成的变容二极管调相电路，图 8-15 所示为三级回路级联的移相器。这样可使该电路总的相移近似为 3 个回路的相移之和，$m_{\rm p}\cong\pi/2$。

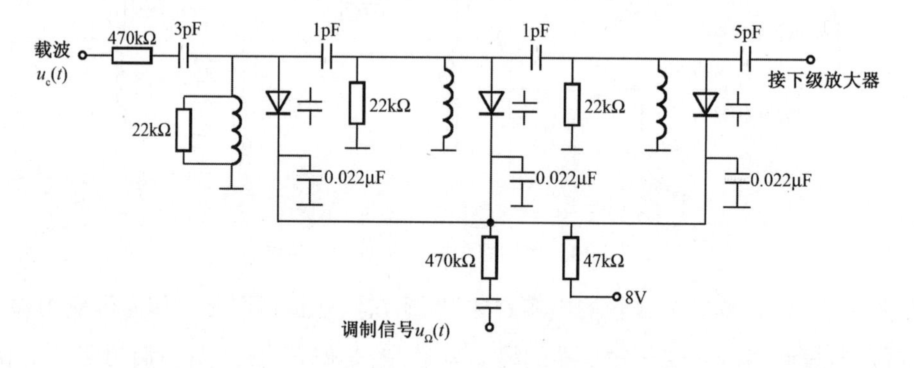

图 8-15　三级回路级联的移相器

注意，图 8-15 中 470kΩ的电阻和 3 个 0.022μF 的并联电容组成的电路满足积分器的条件，因此，加到 3 个变容二极管上的电压为调制电压的积分，所以该电路的输出是调频信号，从而实现了间接调频的目的。

8.4　扩大最大频偏的方法

1．问题的提出

$\Delta\omega_{\rm m}$是频率调制器的主要性能指标，若实际调频设备不能达到需要的$\Delta\omega_{\rm m}$，则须进行扩展。

2．扩大最大频偏的方法——倍频

设调频波瞬时角频率为 $\omega(t)=\omega_c+\Delta\omega_m\cos\Omega t$，通过 n 倍频器，其瞬时角频率增大 n 倍，变为 $n\omega_c+n\Delta\omega_m\cos\Omega t$。可见倍频器可不失真地将 ω_c 和 $\Delta\omega_m$ 同时增大 n 倍，且保持相对角频偏 $\dfrac{n\Delta\omega_m}{n\omega_c}=\dfrac{\Delta\omega_m}{\omega_c}$ 不变。

若将该调频波通过混频器，由于混频器具有频率加减的功能，其可使调频波的载波角频率 ω_c 降低或者提高，但 $\Delta\omega_m$ 不变。可见，混频器可以在保持最大角频偏不变的条件下，不失真地改变调频波的相对角频偏。利用倍频器、混频器的上述特点，可以实现在要求的载波频率上扩展频偏。

图 8-16 是某调频发射机的框架，采用矢量合成法调相电路，欲产生载波频率为 100MHz，最大频偏为 75MHz 的调频波。已知调制信号的频率为 100～15000Hz。

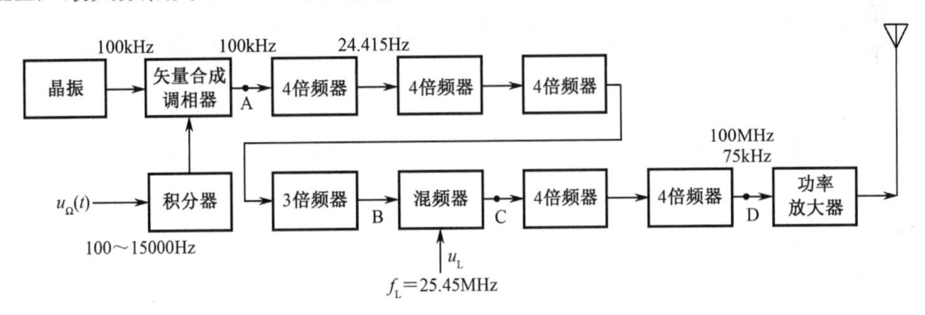

图 8-16　调频发射机的框架

矢量合成法限定 $m_F\leqslant\pi/6$。由于调频信号的 m_F 与调制信号的频率成反比，所以应按照调制信号的最低频率去限定最大频偏值。调相器的输入载波频率为 100kHz，产生的最大频偏设为 24.415Hz（已知 100Hz 上能产生的最大线性频偏为 26Hz），通过三级 4 倍频器和一级 3 倍频器，可以得到 f_c=19.2MHz、Δf_m=4.687kHz 的调频波，再通过混频将其载波频率降低到 6.25MHz，然后通过两个 4 倍频器，就能得到所需的调频器。

8.5　调频波解调电路——鉴频器

8.5.1　鉴频器的性能指标

1．鉴频线性特性

鉴频电路的输出低频解调电压与输入调频信号瞬时频偏的关系称为鉴频特性，理想的鉴频特性应是线性的。实际电路应该尽量减小非线性失真。

2. 鉴频线性范围

鉴频线性范围是指鉴频特性曲线中近似直线段的频率范围，用 $2\Delta f_{\max}$ 表示，表示鉴频器实现不失真解调所允许的频率变化范围。因此，要求 $2\Delta f_{\max}$ 应大于输入调频波最大频偏的两倍，即 $2\Delta f_{\max} \geqslant 2\Delta f_{m}$，$2\Delta f_{\max}$ 也可以称为鉴频器的带宽。

3. 鉴频灵敏度 S_d

在鉴频线性范围内，单位频偏产生的解调信号电压的大小称为鉴频灵敏度 S_d，即 $f(t)=f_c$（$\Delta f(t)=0$）附近曲线的斜率。

$$S_d = \left.\frac{du_0}{df(t)}\right|_{f(t)=f_c} = \left.\frac{du_0}{d\Delta f(t)}\right|_{\Delta f(t)=0} \tag{8.5.1}$$

显然，鉴频灵敏度越高，意味着鉴频特性曲线越陡峭，鉴频能力越强。

8.5.2 斜率鉴频器

1. 基本原理

将调频信号通过一个幅频特性为线性的线性网络，使它变成调频-调幅信号，其振幅的变化正比于频率的变化，之后再用包络检波的方法取出调制信号，这种方法称为斜率鉴频。在线性解调范围内，其鉴频灵敏度和频率-振幅转换网络特性曲线的斜率成正比。

斜率鉴频框架如图 8-17（a）所示。图 8-17（b）是线性变换网络的幅频特性 $H(\omega)$和相频特性 $\varphi(\omega)$。由于这种网络可以把频率变化转化为振幅变化，所以称它为频率-振幅转换网络。

输入的调频信号为

$$u_{FM} = U_{m0}\cos[\omega_c t + \Delta\omega_m \int_0^t f(t)dt)]$$

线性转换网络的幅频特性为

$$H(\omega) = k\omega(t) = k[\omega_c + \Delta\omega_m f(t)] = A_0 + k\Delta\omega(t) \tag{8.5.2}$$

式中，k 为幅频特性的斜率。

在满足似稳态的条件下，线性变换网络的输出可近似认为是稳态响应，其表示式为

$$\begin{aligned} u_1 = u_{FM/AM} &= U_{m0} k\omega(t)\cos[\omega_c t + \Delta\omega_m \int_0^t f(t) + \varphi(\omega)] \\ &= U_{m0}[A_0 + k\Delta\omega(t)]\cos[\omega_c t + \Delta\omega_m \int_0^t f(t) + \varphi(\omega)] \end{aligned} \tag{8.5.3}$$

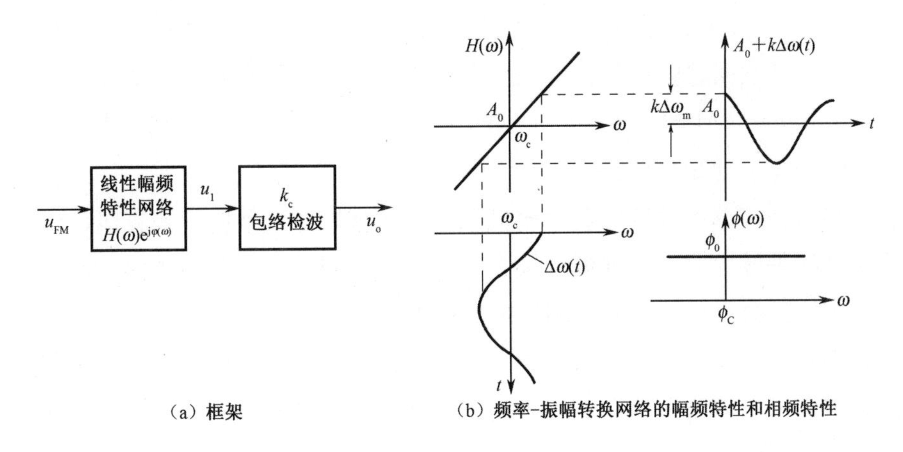

图 8-17　斜率鉴频框架及频率-振幅转换网络的幅频特性和相频特性

2. 失谐回路斜率鉴频电路

在斜率鉴频电路中，频率-振幅转换网络通常采用 LC 并联回路或 LC 互感耦合式回路，检波电路通常采用差分检波电路或二极管包络检波电路。如图 8-18 所示为单回路斜率鉴频器。

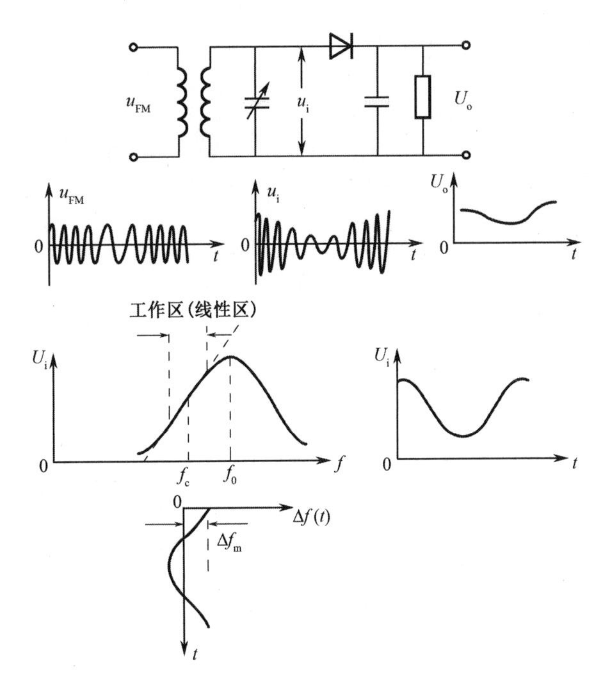

图 8-18　单回路斜率鉴频器

由 LC 并联回路构成线性频率-振幅转换网络，二极管与 RC 构成包络检波器。$u_{FM}(t)=U_{m0}\cos[\omega_c t+m_F\sin\Omega t]$，则

$$u_{\mathrm{i}} = (V_{\mathrm{m0}} + S_{\mathrm{d}}\Delta f_{\mathrm{m}}\cos\Omega t)\cos(\omega_{\mathrm{c}}t + m_{\mathrm{F}}\sin\Omega t) \tag{8.5.4}$$

式中，S_{d} 为 LC 并联回路幅频传输特性中上升段的斜率，即鉴频灵敏度。

显然，u_{i} 为 FM-AM 波。变换后得到的调幅-调频波 u_{i} 通过包络检波器，就可以解调出反映在包络变化上的调制信号。

由于上述这种简单的单回路斜率鉴频器的幅频特性曲线不完全是直线，或者说线性范围较窄，当频偏较大时，其非线性失真就很严重，因此只能解调频偏小的调频信号。在实际应用中，不会采用这种单回路斜率鉴频器。

为了获得较好的线性鉴频特性以减小失真，并能适用于解调较大频偏的调频信号，一般采用由两个失谐回路构成的斜率鉴频器，称为双失谐回路斜率鉴频器，其原理电路如图 8-19（a）所示。

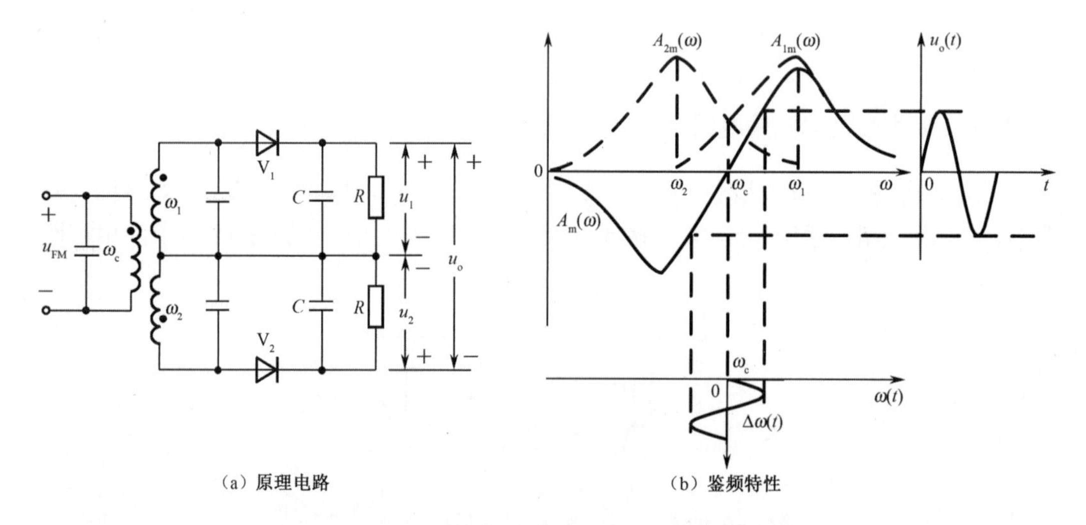

图 8-19　双失谐回路斜率鉴频器及其鉴频特性

图 8-19（a）中上面的回路谐振在 ω_1 上，下面的回路谐振在 ω_2 上，它们各自失谐在调频波中心频率 ω_{c}（载波）的两侧，并且与 ω_{c} 的间隔相等。图 8-19（b）中两条虚线 $A_{\mathrm{1m}}(\omega)$、$A_{\mathrm{2m}}(\omega)$ 分别是次级两个 LC 回路的鉴频特性曲线，实线 $A_{\mathrm{m}}(\omega)=A_{\mathrm{1m}}(\omega)-A_{\mathrm{2m}}(\omega)$ 是两个回路合成的鉴频特性曲线。这里已假定两个检波器参数相同。若检波效率 $\eta_{\mathrm{d}}=1$，则有 $u_0(t)=u_1(t)-u_2(t)=S_{\mathrm{d}}\Delta\omega(t)$。$S_{\mathrm{d}}$ 是 $A_{\mathrm{m}}(\omega)$ 线性部分的斜率，即鉴频灵敏度。

若 ω_1 与 ω_2 的配置恰当，两个回路幅频特性曲线中的弯曲部分就可相互补偿，合成一条线性范围较大的鉴频特性曲线。这种电路的主要缺点是调试比较困难，因为需要调整 3 个 LC 回路的参数使之满足要求。

3．集成电路中采用的斜率鉴频器

图 8-20 是差分峰值鉴频电路原理。这种电路便于集成，仅 LC 回路元器件需要外接，且调试方便。图中可调元器件 L_1、C_1、C_2 组成了频率-振幅转换网络，输出调频-调幅电

压为 $u_1(t)$、$u_2(t)$；V_1、V_2 为射随器；V_3、V_4 为三极管差分峰值包络检波器，输出解调波；V_5、V_6 为差分放大器，放大解调电压。其鉴频特性曲线如图 8-21 所示。

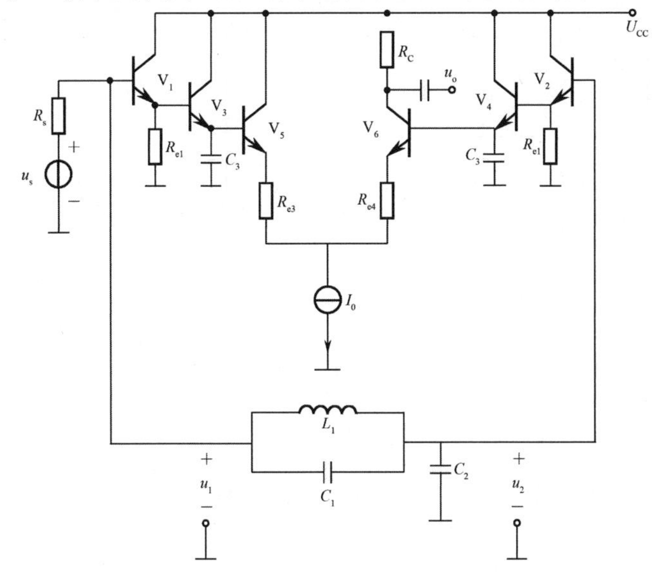

图 8-20　差分峰值鉴频电路原理

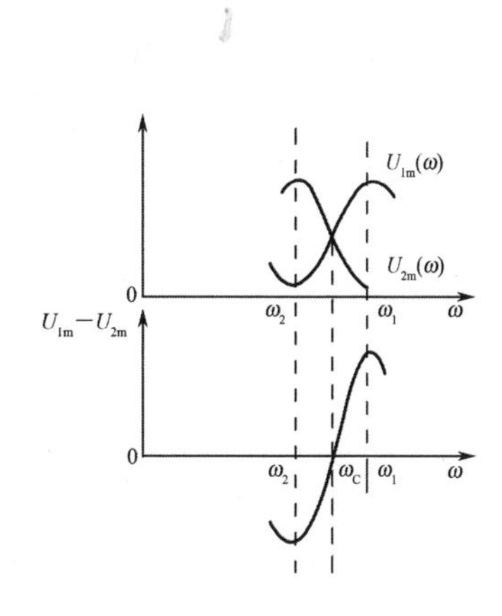

图 8-21　鉴频特性曲线

其工作原理如下：

（1）$\omega \approx \omega_1$，L_1、C_1 并联谐振，u_{1m} 最大，u_{2m} 最小。

（2）$\omega \approx \omega_2$，L_1、C_1、C_2 串联谐振，u_{1m} 最小，u_{2m} 最大。

（3）解调电压 $u_o = A(u_{1m} - u_{2m}) = S_d \Delta\omega(t)$。

式中，A 为增益常数，取决于射随器、检波器、差分放大器；S_d 是差分峰值鉴频电路的鉴频灵敏度；$\Delta\omega(t)$ 为调频信号的瞬时频偏。

显然，调整 L_1、C_1、C_2 可以改变鉴频器特性曲线的鉴频灵敏度、线性范围、中心频率，以及上、下曲线的对称性等。在通常情况下，固定 C_1、C_2，调整 L_1。

由于差分峰值鉴频电路具有良好的鉴频特性，鉴频线性范围可达 300kHz，因此在集成电路中得到了广泛应用。

8.5.3　相位鉴频器

1．基本原理

调频信号通过线性相频特性网络，变换成调频-调相信号；附加的相位变化正比于频率变化，之后通过相位检波方法实现频率检波，这种方法叫作相位鉴频法。相位鉴频法框架如图 8-22（a）所示。图 8-22（b）是线性变换网络的相频特性 $\phi(\omega)$ 和幅频特性 $H(\omega)$。由于这种网络可以实现频率-相位的转换，所以把它叫作频-相转换网络。

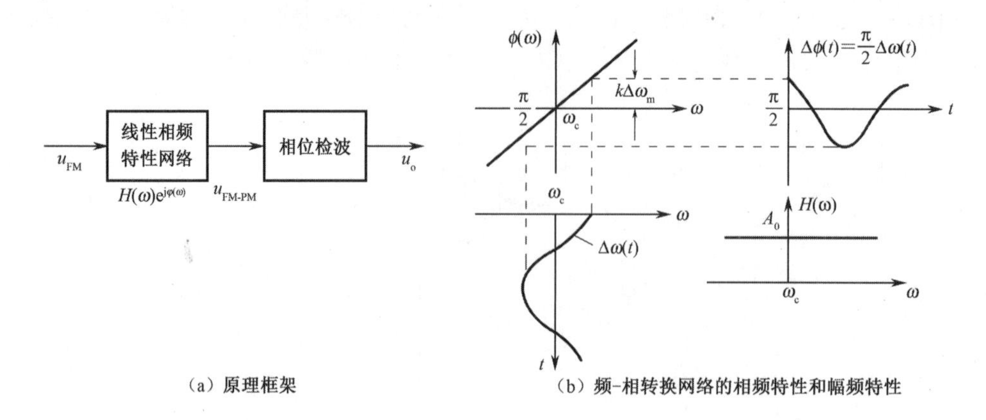

图 8-22　相位鉴频法框架及频-相转换网络的相频特性和幅频特性

在似稳态条件下，线性变换网络的输出可认为是稳态输出，所以

$$u_{\text{FM-PM}}(t)=A_0U_{\text{m0}}\cos[\omega_{\text{c}}t+\Delta\omega_{\text{c}}\int_0^t f(t)\text{d}t+\frac{\pi}{2}+k\Delta\omega(t)] \tag{8.5.5}$$

当相位检波电路具有线性鉴相特性时，输出电压为

$$u_{\text{o}}(t)=S_{\text{dk}}\Delta\omega(t) \tag{8.5.6}$$

2. 叠加型相位鉴频器

叠加型相位鉴频器电路形式很多，图 8-23（a）所示的是互感式耦合叠加型相位鉴频器的原理电路。图中，输入电压 $u_{\text{s}}=U_{\text{sm}}\cos[\omega_{\text{C}}t+\Delta\omega_{\text{m}}\int_0^t f(t)\text{d}t]$，晶体管 V 和集电极调谐回路构成动态限幅器。

L_1C_1 并联回路两端得到的是幅度恒定的调频正弦波电压：

$$u_1=U_{\text{1m}}\cos[\omega_{\text{c}}t+\Delta\omega_{\text{m}}\int_0^t f(t)\text{d}t] \tag{8.5.7}$$

L_2C_2 并联回路与 L_1C_1 并联回路组成互感耦合式双调谐回路，设计为等频、等 Q 值，即 $C_1=C_2=C$，$L_1=L_2=L$，初级回路的损耗电阻 r_1 和次级回路的损耗电阻 r_2 相等，用 r 表示。L_1 与 L_2 之间的互感系数等于 M。互感耦合式双调谐回路在此起到频—相转换网络的作用，所以次级回路两端的电压 u_2 就是一个调频-调相信号。u_1 通过耦合电容 C_0 把上端接在次级电感 L_2 的中点 A；u_1 的下端通过滤波电容交流接地，也等效接在输出端点 C。L_3 是高频扼流圈，所以又可认为 u_1 加在 L_3 两端，有 $u_{\text{AB}}\approx u_1$。因此，在图 8-23 中，有

$$u_{\text{DB}}=u_1+\frac{u_2}{2},\ u_{\text{EB}}=u_1-\frac{u_2}{2} \tag{8.5.8}$$

二极管 V_{D1} 与 $R_{\text{L}}C$ 组成一个峰值包络检波器，输入电压为 u_{DB}，输出电压为 u_{o1}。二极管 V_{D2} 和 $R_{\text{L}}C$ 组成另一个峰值包络检波器，输入电压是 u_{EB}，输出电压是 u_{o2}。鉴频器总的输出电压 $u_{\text{o}}=u_{\text{o1}}-u_{\text{o2}}$。两个峰值包络检波器构成的是平衡式叠加型相位检波器电路，其等效电路如图 8-23（b）所示。

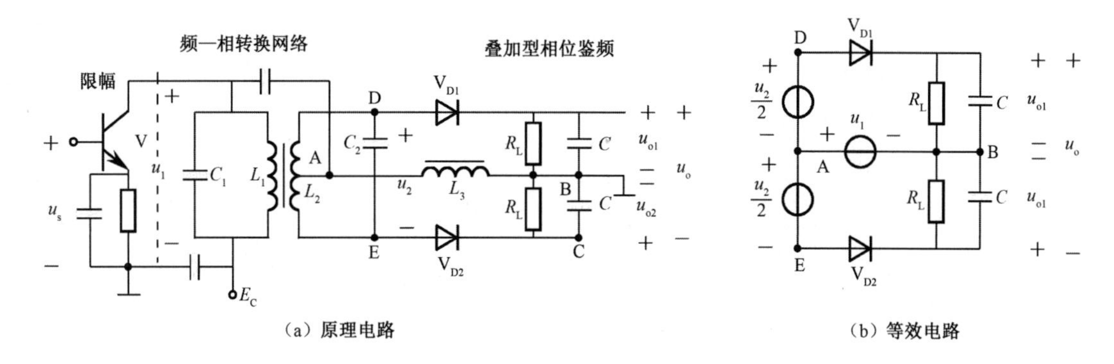

图 8-23　互感耦合式叠加型相位鉴频器

下面首先分析双调谐回路是如何完成频-相转换功能的。把双调谐回路的电路单独画在图 8-24（a）中。

忽略次级回路对初级回路的影响，则初级回路中流过 L_1 的电流为

$$\dot{I}_1=\frac{\dot{U}_1}{r_1+\mathrm{j}\omega L_1+\dot{Z}_{C_1}}\approx\frac{\dot{U}_1}{\mathrm{j}\omega L_1} \tag{8.5.9}$$

而次级回路［见图 8-24（b）］中产生的感应电动势为

$$\dot{E}=\mathrm{j}\omega M\dot{I}_1=\frac{M}{L_1}\dot{U}_1 \tag{8.5.10}$$

感应电动势 $\dot{E}$ 在次级回路形成的电流 $\dot{I}_2$ 为

$$\dot{I}_2=\frac{\dot{E}}{r_2+\mathrm{j}(\omega L_2-\frac{1}{\omega C_2})}=\frac{M}{L_1}\frac{\dot{U}_1}{r_2+\mathrm{j}(\omega L_2-\frac{1}{\omega C_2})} \tag{8.5.11}$$

$$\dot{U}_2=\frac{1}{\mathrm{j}\omega C_2}\dot{I}_2=-\mathrm{j}\frac{1}{\omega C_2}\frac{M}{L_1}\frac{\dot{U}_1}{r_2+\mathrm{j}(\omega L_2-\frac{1}{\omega C_2})} \tag{8.5.12}$$

由此可得互感耦合式双调谐回路的电压传输系数为

$$\dot{A}(\mathrm{j}\omega)=\frac{\dot{U}_2}{\dot{U}_1}=\frac{QM}{\omega C_2L_1r_2\sqrt{1+\xi^2}}\mathrm{e}^{-\mathrm{j}(\frac{\pi}{2}+\arctan\theta)}=A(\omega)\mathrm{e}^{\mathrm{j}\varphi(\omega)} \tag{8.5.13}$$

式中，广义失谐 ξ 为

$$\xi=Q\frac{2\Delta\omega(t)}{\omega_0}=Q\frac{2\Delta f(t)}{f_0}$$

幅频特性 $A(\omega)$ 为

$$A(\omega)=\frac{QM}{\omega C_2L_1r_2\sqrt{1+\xi^2}}$$

如图 8-24（c）所示；相频特性 $\varphi(\omega)=-\frac{\pi}{2}-\arctan\xi$，如图 8-24（c）所示。

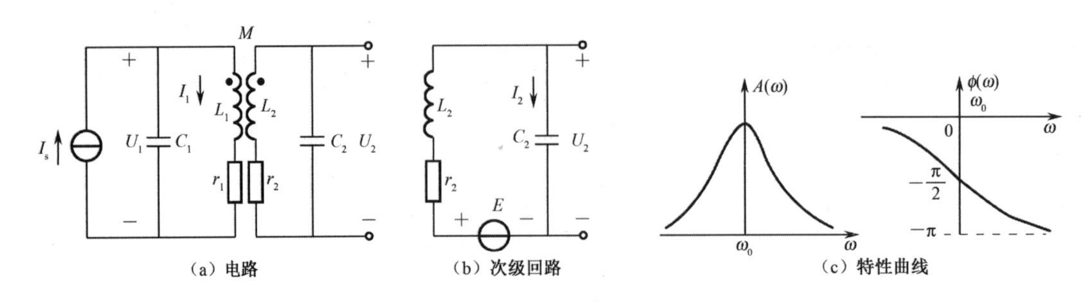

图 8-24　互感耦合式回路频-相转换原理

下面利用 u_2 与 u_1 之间的相位随输入 FM 信号的瞬时频率而变化的特性，分 3 种情况来讨论。

（1）当输入 FM 信号的瞬时频率 f 等于调频波中心频率 f_0 时，u_2 与 u_1 之间的相位差为 $\frac{\pi}{2}$，根据式(8.5.8)和图 8-25(a)可得 $|u_{\text{DB}}|=|u_{\text{EB}}|$，设检波器的传输系数为 $K_{\text{d1}}=K_{\text{d2}}=K_{\text{d}}$，则鉴频器总的输出电压 $u_{\text{o}}=u_{\text{o1}}-u_{\text{o2}}=K_{\text{d1}}U_{\text{DB}}-K_{\text{d2}}U_{\text{EB}}=K_{\text{d}}(U_{\text{DB}}-U_{\text{EB}})=0$。

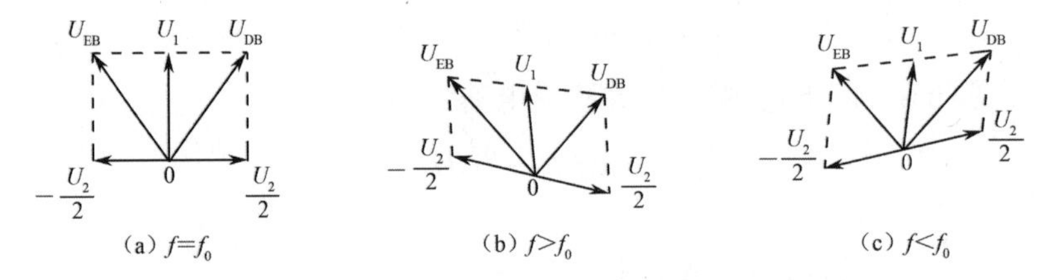

图 8-25　矢量图说明叠加型相位鉴频器工作原理

（2）当 $f>f_0$ 时，u_2 与 u_1 之间的相位差为 $\varphi(\omega)=-\frac{\pi}{2}-\arctan\xi$，且随着瞬时频率 f 的增大而增大，u_2 与 u_1 之间的相位差将向接近 $-\pi$ 的方向变化。由图 8-25（b）可得 $|u_{\text{DB}}|<|u_{\text{EB}}|$，即 $U_{\text{DB}}<U_{\text{EB}}$，则鉴频器总的输出电压 $u_{\text{o}}=u_{\text{o1}}-u_{\text{o2}}=K_{\text{d1}}U_{\text{DB}}-K_{\text{d2}}U_{\text{EB}}=K_{\text{d}}(U_{\text{DB}}-U_{\text{EB}})<0$。

（3）当 $f<f_0$ 时，u_2 与 u_1 之间的相位差为 $\varphi(\omega)=-\frac{\pi}{2}-\arctan\xi$，且随着瞬时频率 f 的增大而减小，u_2 与 u_1 之间的相位差将向接近 0° 的方向变化。由图 8-25(c)可得 $|u_{\text{DB}}|>|u_{\text{EB}}|$，即 $U_{\text{DB}}>U_{\text{EB}}$，则鉴频器总的输出电压 $u_{\text{o}}=u_{\text{o1}}-u_{\text{o2}}=K_{\text{d1}}U_{\text{DB}}-K_{\text{d2}}U_{\text{EB}}=K_{\text{d}}(U_{\text{DB}}-U_{\text{EB}})>0$。

由图 8-25 不难得出互感耦合式叠加型相位鉴频器的输出电压 u_{o} 与输入调频波瞬时角频偏 $\Delta\omega(t)$ 的关系曲线，即鉴频特性曲线，如图 8-26 所示。

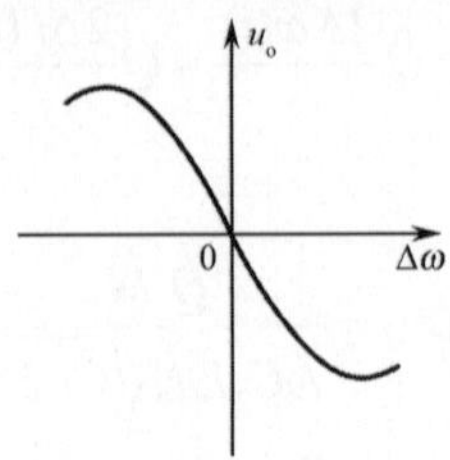

图 8-26　互感耦合式叠加型鉴频器鉴频特性曲线

互感耦合式叠加型相位鉴频器只能用于窄带调频信号的解调。上述分析在窄带条件下才能成立，也就是说，鉴频特性仅在原点附近才是准确的，偏离原点越远，准确度越小。互感耦合式双调谐回路次级反射到初级的阻抗 Z_C 的影响，只有在窄带、高 Q 值、弱耦合（M 很小）的前提下才可以忽略。当耦合加强，工作频率范围展宽时，必须考虑 Z_C 的影响。考虑 Z_C 影响后的鉴频特性的导出，请读者参考有关书籍。

8.5.4 乘积型相位鉴频器

1. 基本原理

乘积型相位鉴频器又称为集成差分峰值鉴频器，或者正交移相型鉴频器。乘积型相位鉴频器的电路如图 8-27 所示，主要由移相器、相乘器和低通滤波器 3 部分组成。

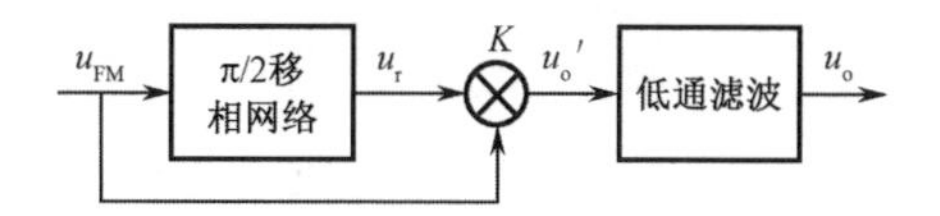

图 8-27　乘积型相位鉴频器的电路

设输入为单频率调制信号，即

$$u_{FM}(t)=U_{FM}\cos[\omega_c t+K_F\int_0^t u_\Omega(\tau)\mathrm{d}\tau]=U_{FM}\cos[\omega_c t+m_F\sin\Omega t]$$

经π/2 移相后的 $u_r(t)$ 信号，对载频有π/2 的固定相移，还有一个与调制信号 $u_\Omega(t)$ 成正比的瞬时相位，即

$$\begin{aligned}u_r(t)&=U_r\cos[\omega_c t+m_F\sin\Omega t+\Delta\varphi(t)]=U_r\cos[\omega_c t+m_F\sin\Omega t+\frac{\pi}{2}-\Delta\varphi_1(t)]\\&=U_r\cos[\omega_c t+m_F\sin\Omega t+\frac{\pi}{2}-\frac{2Q_e K_F u_\Omega(t)}{\omega_c}]\end{aligned}\tag{8.5.14}$$

式中，$\Delta\varphi(t)=\frac{\pi}{2}-\Delta\varphi_1(t)$，$\Delta\varphi_1(t)=-\frac{2Q_e K_F u_\Omega(t)}{\omega_c}$。

这是一个调频-调相信号。设相乘器的乘积因子为 K，则从经过相乘器和低通滤波器后的输出电压中可得到原调制信号 $u_\Omega(t)$。

2. 双差分正交移相型鉴频电路

双差分正交移相型鉴频电路如图 8-28 所示。调频信号经过一级射随器 V_1 后，一路作为调频信号 u_3 从 V_7 单端输入，另一路在电阻 R_1 和 R_2 上分压取出电压 u_1。C_1 和 C、R、L 并联回路共同组成 90° 频-相转换网络。频-相转换网络的输入电压是 u_1，输出电压是 u_2。u_2 经 V_2 和 R_4、R_5 构成的射极输出器后，输出电压为 u_4，从 V_3、V_6 的基极双端输入，V_4、V_5 的基极是固定偏置。V_3、V_4 和 V_5、V_6 及 V_7、V_8、V_9 构成了一个三差分乘法器电路。

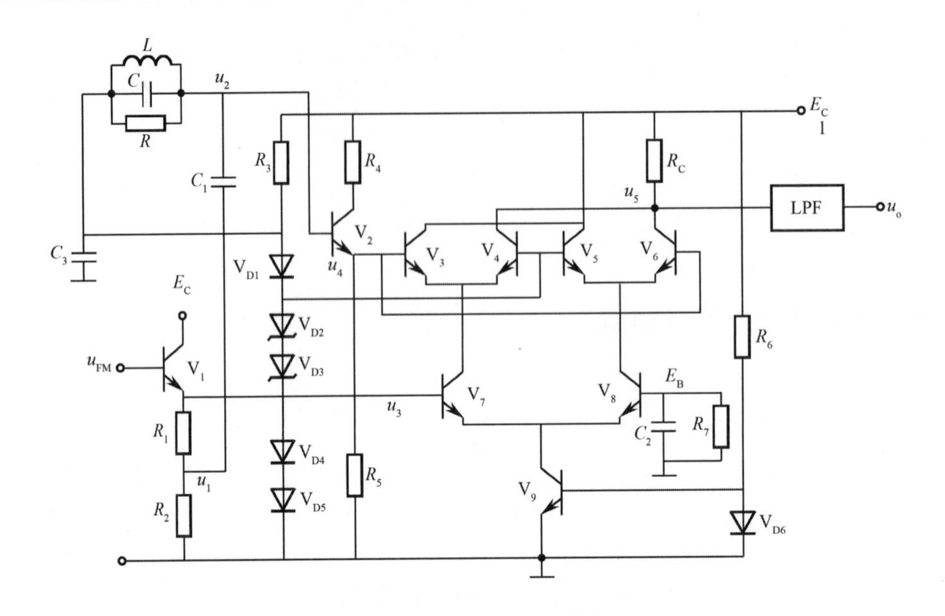

图 8-28 双差分正交移相型鉴频电路

设输入单频调频信号为

$$u_{FM}(t) = U_{FM}\cos[\omega_c t + K_F\int_0^t u_\Omega(\tau)d\tau]$$

由式（8.5.14）可得到

$$\begin{aligned} u_4 &= U_4\cos\left[\omega_c t + K_F\int_0^t u_\Omega(\tau)d\tau + \frac{\pi}{2} - \Delta\varphi_1\right] \\ &= U_4\sin\left[\omega_c t + K_F\int_0^t u_\Omega(\tau)d\tau - \Delta\varphi_1\right] \end{aligned} \tag{8.5.15}$$

在 u_3、u_4 满足线性输入条件下，相乘器的输出为

$$u_5 = ku_3u_4 = -\frac{kU_3U_4}{2}\left\{\sin(-\Delta\varphi_1) + \sin\left[2\omega_c t + 2K_F\int_0^t u_\Omega(\tau)d\tau - \Delta\varphi_1\right]\right\} \tag{8.5.16}$$

式中，k 为相乘器增益。低频分量为

$$u_o = \frac{kU_1U_2}{2}\sin\Delta\varphi_1 \tag{8.5.17}$$

当$|\Delta\varphi_1|\leqslant\pi/6$ 时，有

$$u_o \approx \frac{kU_1U_2}{2}\Delta\varphi_1 = \frac{kU_1U_2Q_e}{\omega_c}\Delta\omega = \frac{kK_FU_1U_2Q_e}{\omega_c}u_\Omega(t) \tag{8.5.18}$$

假定低通滤波器增益为 1，则 u_o 就是输出的解调信号。

乘积型鉴相器在输入信号均为小信号的情况下，当$|\Delta\varphi_1|\leqslant\pi/6$ 时，才能够实现线性鉴相。

双差分正交移相型鉴频电路的优点是易于集成，外接元器件少，调试简单，鉴频线性特性好，目前在通用或专用鉴频集成电路中应用非常广泛。

8.6　本章小结

调频是使高频振荡的瞬时频率随调制信号线性变化而振幅保持恒定的一种调制方式，调相是使高频振荡的瞬时相位随调制信号线性变化而振幅保持恒定的一种调制方式。由于频率与相位之间存在微分与积分的关系，故调频与调相之间存在密切的关系，即调频必调相，调相必调频。因此，调频和调相统称为角度调制。调频主要用于模拟调制，调相多用于数字调制。调角波的频谱不是调制信号频谱的线性搬移，而是以载频为中心，由无穷多对以调制信号频率为间隔的边频分量构成的，这些频谱分量的分布位置、幅度与由调制指数 m 决定的贝塞尔函数密切相关，这一点与调幅是不同的。

角度调制信号包含的频谱虽然无限宽，但其能量大部分集中在载波频率 f_c 附近的有限频带内。略去小于未调高频载波振幅 10%以下的边频，调角信号占据的有效带宽为 $B=2(\Delta f_m+F_{max})$，其中 Δf_m 是频偏，F_{max} 是调制信号的最高频率。

调角波的调制指数可表示为 $m=\dfrac{\Delta f}{F}$，但其中调频波的 m_F 与调制频率 F 成反比，而调相波的 m_P 则与调制频率 F 无关。调频波的频带宽度与调制信号频率无关，近似为恒定带宽调制；调相波的频带宽度随调制信号频率的变化而变化，是变带宽调制，在通信中易造成频带浪费，因此在模拟电路中较少采用。

调角波的平均功率与调制前的等幅载波功率相等。调制的过程仅将原来的载波功率重新分配到各边频上，每个频率分量分得的功率由贝赛尔函数决定，各功率分量之和仍等于未调载波功率。这就是调频信号具有很高的功率利用率和较强抗干扰性的原因。

实现调频的方法有两类，直接调频与间接调频。

直接调频用调制信号去控制振荡器中的可变电抗元器件（通常是变容二极管），使其振荡频率随调制信号线性变化。常用的直接调频电路有变容二极管直接调频电路和晶体振荡器直接调频电路；间接调频是将调制信号积分后，再对高频载波进行调相，获得调频信号。

直接调频可获得较大的频偏，但载波中心频率的稳定度低；间接调频时载波中心频率的稳定度较高，但难以获得较大的频偏，须采用多次倍频、混频等措施来加大频偏。

调频波的解调称为频率检波或鉴频，调相波的解调称为相位检波或鉴相。与调幅波的检波一样，鉴频和鉴相也从已调信号中还原出原调制信号。鉴频器实质上是一个将输入调频信号的瞬时频率转换成输出电压的变换器，鉴频特性曲线为“S”曲线。鉴频跨导反映鉴频能力与鉴频效率，鉴频带宽必须大于调频信号带宽。鉴频的主要方法有斜率鉴频器、相位鉴频器、相移乘法鉴频器等，其是由实现波形变换的线性网络和实现频率变换的非线性电路构成的。相位鉴频器和比例鉴频器则是利用耦合电路的相频特性将调频波变换成调频调幅波，然后再进行振幅检波。比例鉴频器具有自动限幅的功能，能够抑制寄生调幅干扰。乘积型相位鉴频器由移相器、相乘器和低通滤波器组成，移相器有多种形式，但乘积型鉴相器一般由差分对电路实现。若移相器的输入信号和输出信号在载波频率处正交，则称该鉴频器为正交鉴频器。

思考题与习题

8-1　若鉴频曲线为正“S”曲线，比例鉴频器的初次级回路均调谐在输入信号的载波频率 f_0 上，当输入信号频率 $f_i>f_0$ 时，若 f_i 增加，鉴频器的输出______，当输入信号幅度突然增加时，输出______，其原因为______。

8-2　模拟通信系统中调频比调相应用得广泛的主要原因是______。

8-3　对载频均为10MHz的AM、PM、FM波，其调制电压均为 $u_\Omega(t)=0.3\cos 4\pi\times10^3 t$，在调角时，频偏 $\Delta f_m=5\text{kHz}$，则AM波的带宽为______，FM波的带宽为______，PM波的带宽为______；若 $u_\Omega(t)=9\cos 8\pi\times10^3 t$，则此时AM波的带宽为______，FM波的带宽为______，PM波的带宽为______。

8-4　已知调频信号 $u(t)=5\cos(5\pi\times10^6 t-2\cos 2\pi\times10^3 t)$，若调频灵敏度 $k_f=10^4\text{Hz/V}$，则调制信号 $u_\Omega(t)=$______，该调频波的最大频偏 $\Delta f_m=$______，带宽BW=______；若将调制信号 $u_\Omega(t)$ 的频率增大1倍，则BW=______。

8-5　载波振荡的频率为 $f_0=25\text{MHz}$，振幅为 $V_0=4\text{V}$；调制信号为单频正弦波，频率为400Hz，最大频偏为 $\Delta f=10\text{kHz}$，试写出：

（1）调频波和调相波的数学表达式；

（2）若调制频率为2kHz，其他所有参数不变，写出调频波和调相波的数学表达式。

8-6　已知载波频率 $f_0=100\text{MHz}$，载波电压幅度 V_0=5V，调制信号 $v_\Omega(t)=\cos(2\pi\times10^3 t)+2\cos(2\pi\times500t)$，试写出调频波的数学表达式（设最大频偏 Δf_{max} 为20kHz）。

8-7　被单一正弦波 $V_\Omega\sin\Omega t$ 调制的调角波，其瞬时频率为 $f(t)=10^6+10^4\cos(10^3\times2\pi t)$，调角波的幅度为10V。

（1）该调角波是调频波还是调相波？

（2）写出这个调角波的数学表达式。

（3）求频带宽度 B，若调制信号振幅加倍，其频带宽度如何变化？

8-8　鉴频器的输入信号 $u_1(t)=3\cos(\omega_c t+10\sin 2\pi\times10^3 t)$，鉴频灵敏度为 $S_d=-5\text{mv/kHz}$，线性鉴频范围大于 $2\Delta f_m$，求鉴频电路的输出解调电压 $u_o(t)$。

8-9　已知变容二极管调频电路如题图8-1所示，其中心频率 $f_0=460\text{MHz}$，变容二极管的 $\gamma=3$，$V_D=0.6\text{V}$，$v_\Omega=\cos\Omega t$。

（1）画出交流等效电路。

（2）分析各元器件的作用。

（3）调 R_2 使变容二极管反偏电压为6V，$C_{j0}=20\text{pF}$，求电感 L_2。

（4）求最大频率偏移 Δf_m。

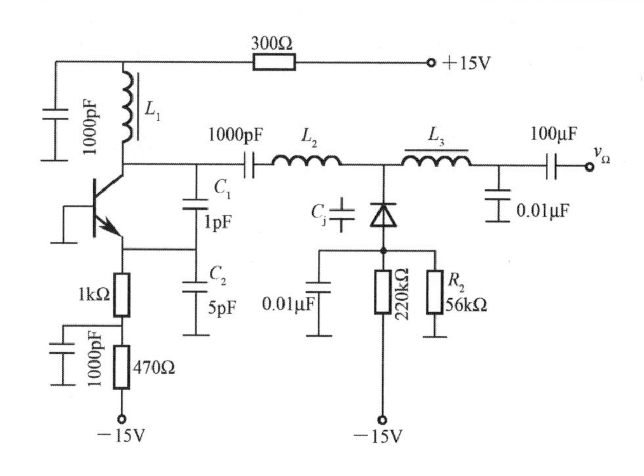

题图 8-1

8-10　有一个调幅信号和一个调频信号，它们的载频均为 1MHz，调制信号 $u_\Omega(t)=0.1\times\sin 2\pi\times10^3 t$，已知调频灵敏度为 1kHz/V。

（1）比较两个已调信号的带宽。

（2）若调制信号 $v\ (t)=20\sin 2\pi\times10^3 t$，它们的带宽有何变化？

8-11　鉴频器输入信号 $u_{\mathrm{FM}}=3\cos[\omega_c t+10\sin 2\pi\times10^3 t]$，鉴频特性的鉴频跨导 $S_{\mathrm{D}}=-5\mathrm{mV/kHz\cdot S}$，鉴频线性范围大于 $2\Delta f_{\mathrm{m}}$，求鉴频输出电压 u_{o}。

8-12　已知载波信号 $u_c(t)=2\cos 2\pi\times10^7 t$，调制信号 $u_\Omega(t)=3\cos 800\pi t$，最大频偏 $\Delta f_{\mathrm{m}}=10\mathrm{kHz}$。

（1）试分别写出调频波与调相波的数学表示式。

（2）若调制电路不变，只是将调制信号频率变为 2kHz，振幅不变，则此时调频波和调相波将产生什么样的变化？

8-13　若某调频波的数学表示式为 $u(t)=6\cos(2\pi\times10^8 t+5\sin\pi\times10^4)$，其调制信号 $u_\Omega(t)=2\cos\pi\times10^4 t$，试求：

（1）此调频波的载频、调制频率和调制指数；

（2）瞬时相位 $\theta(t)$ 和瞬时频率 $f(t)$ 的表示式；

（3）最大相移 $\Delta\theta_{\mathrm{m}}$ 和最大频偏 Δf_{m}；

（4）有效频带宽度 BW。

8-14　设角度调制信号为 $u(t)=8\cos(4\pi\times10^8 t+10\sin 2\pi\times10^3 t)$。

（1）试问在什么调制信号下，该调角波为调频波或调相波？

（2）试计算调频波和调相波的 Δf_{m} 与 m。

（3）若调频电路和调相电路保持不变，但将调制信号的频率增大到 2kHz，振幅不变，试求输出调频波和调相波的 Δf_{m} 与 BW。

（4）若调频电路和调相电路不变，仅将调制信号振幅减为原值的一半，频率不变。试求输出调频波和调相波的 Δf_{m} 与 BW。

8-15　当调制信号的频率改变，而幅度固定不变时，调幅波、调频波和调相波的频谱结构和频谱宽度如何改变？

8-16　间接调频方法就是用调相来实现调频，但首先对调制信号进行（　　），然后调相。

A. 倒相

B. 微分

C. 积分

第 9 章　通信系统中的反馈控制电路

9.1　概述

反馈控制电路是一种自动调节系统，其作用是在系统受到扰动的情况下，通过电路自身的调节，使输入与输出间保持某种预定关系。反馈控制是现代通信系统中的一种重要技术手段。

在现代通信系统和电子设备中，为了提高技术性能，或者实现某些特殊的高指标要求，广泛采用各种类型的反馈控制电路。例如，对于车载接收设备来说，接收机相对于发射机的距离及周围环境时刻在改变，接收天线上感应到的信号强弱将持续无规则地变化。若采用自动增益控制电路，则放大器的增益能够随接收到信号的强弱变化，使输出信号电平基本稳定，可克服应用固定增益放大器输出信号时强时弱的缺点。对通信系统来说，传送信息的载波信号通常采用高频振荡信号，而一个高频振荡信号含有 3 个基本参数，即振幅、频率和相位。在传送信息时，发射信号可以振幅调制、频率调制和相位调制。反馈控制电路就是要实现对这 3 个参数的分别控制，即自动增益控制、自动频率控制和自动相位控制。

一般来说，反馈控制系统通常由 5 部分组成，即参考部件、比较器、控制部件、可控部件和反馈网络。图 9-1 给出了反馈控制系统的组成框架。参考部件用于产生标准物理量，作为系统的输入信号 x_i；比较器产生误差信号 x_e；控制部件产生控制信号 x_c；可控部件产生输出物理量 x_o；扰动代表各种使输出量变动的因素；反馈网络的作用是从受控对象中提取进行比较的分量并送至比较器。

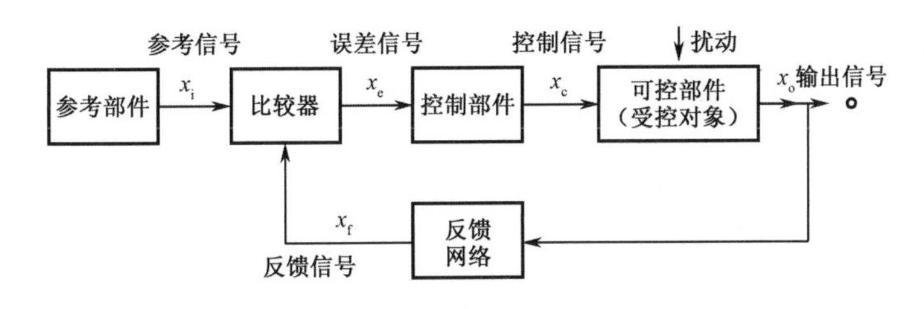

图 9-1　反馈控制系统的组成框架

整个反馈控制系统是一个闭环系统，系统的输入量 x_i 是反馈控制系统的比较标准量。根据实际工作的需要，每个反馈控制电路的 x_o 和 x_i 之间都具有确定的关系，假设 $x_o = f(x_i)$。如果由于某种原因这个关系遭到破坏，则比较器就能够通过对 x_o 和 x_i 的比较，检测出输出量和输入量的关系偏离 $x_o = f(x_i)$ 的程度，从而产生相应的误差量 x_e，由控制部件转化为控制信号 x_c，并将其加到受控对象上。受控对象根据 x_c 对输出量 x_o 进行调节，使输出量和输入量之间的关系接近或恢复到预定的关系 $x_o = f(x_i)$。通过不断地反馈、比较并输出控制信号，从而对受控对象的特性进行修正，使系统性能优良并达到稳定状态。反馈控制系统之所以能够控制参量并使之稳定，其主要原因在于它能够利用存在的误差来减小误差。因此，当扰动引起误差时，反馈控制系统只能减小误差，但不能完全消除误差。下面以空调的温控系统为例，来说明闭环自动控制系统的工作过程。当我们用遥控器设置空调温度时，就在空调的控制板上形成了一个与这个温度相对应的电信号，这个电信号就是输入量。感温头（温度传感器）用来测量环境温度，形成反馈信号，只要反馈信号和输入信号表示的温度不相等，空调就产生冷风或热风，使房间温度向预定温度方向变化。在此温度控制系统中，房间温度是输出量。反馈控制系统之所以能够控制参量，并使之稳定，主要原因在于它能够利用存在的误差来减小误差。

根据无线电技术中的反馈控制电路所控制的对象参量不同，反馈电路可以分为以下 3 类。

（1）自动增益控制（Automatic Gain Control，AGC）电路，需要比较和调节的参量为电压或电流，相应地，x_o 和 x_i 为电压或电流。

（2）自动频率控制（Automatic Frequency Control，AFC）电路，需要比较和调节的参量为频率，相应地，x_o 和 x_i 为频率。

（3）自动相位控制（Automatic Phase Control，APC）电路，需要比较和调节的参量为相位，相应地，x_o 和 x_i 为相位。

自动相位控制电路又称为锁相环路（Phase Locked Loop，PLL），是电子与通信领域应用最广的一种反馈控制电路。本章将重点介绍它的工作原理、性能特点及主要应用。

9.2 自动增益控制电路

自动增益控制电路（AGC 电路）是接收机的重要辅助电路之一。其主要功能是根据输入信号电平的大小，调整接收机的增益，从而使输出信号电平保持稳定。

在各种通信系统中，由于受发射机功率、收发距离远近、电波传播衰落等各种因素的影响，接收机所接收的信号强弱变化范围很大，信号最强时与最弱时可相差几十分贝。如果接收机增益不变，则信号太强时会造成饱和和阻塞，而信号太弱时又可能丢失。因此，我们希望接收机的增益能随输入信号的强弱而变化。当信号强时，增益低；当信号弱时，增益高。对于强弱变化较大的信号，只有采用自动增益控制，才能实现正常接收。

9.2.1　AGC 电路的组成、工作原理和性能分析

1．AGC 电路的组成及工作原理

自动增益控制电路是一种在输入信号振幅变化较大的情况下，通过调节可控增益放大器的增益，使输出信号振幅基本恒定或仅在很小范围内变化的一种电路。图 9-2 给出自动增益控制电路的原理框架。由图可见，自动增益控制电路由反馈控制器和控制对象两部分构成，其中，反馈控制器由电平检测器、低通滤波器、直流放大器、电压比较器和控制信号发生器组成；控制对象就是可控增益放大器。其增益 A 受电压比较器输出误差电压 u_e 的控制，控制电压 u_c 是由电压比较器产生的误差电压经控制信号发生器转换后得到的，增益可写成 $A(u_c)$ 或 $A(u_e)$，它是控制电压或误差电压的函数。这种控制是通过改变受控放大器的静态工作点电流、输出负载大小、反馈网络的反馈量或与受控放大器相连的衰减器的衰减量等方法来实现的。

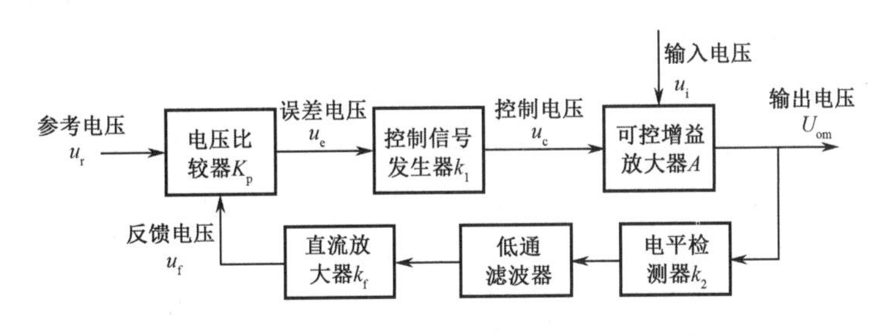

图 9-2　自动增益控制电路组成的原理框架

1）电平检测器

在自动增益控制电路中，参与比较的参量是信号电平，所以采用电压比较器。电平检测器检测出输出信号 u_o 的平均值，通常由振幅检波器实现，它的输出信号与输入信号的电平呈现线性关系。

2）低通滤波器

滤除不需要的高频分量，取出反映振幅大小变化的缓变信号，经直流放大器适当放大后与恒定的参考电压 u_r 进行比较，产生一个误差电压 u_e，去控制可控增益放大器的增益。当输入电压 u_i 减小而使输出电压 u_o 减小时，误差电压 u_e 将使增益 A 增大，从而使 u_o 趋于增大；当输入电压 u_i 增大而使输出电压 u_o 增大时，误差电压 u_e 将使增益 A 减小，从而使 u_o 趋于减小。因此，通过环路不断调节，就能使输出信号 u_o 的振幅基本保持不变或仅在较小范围内变化。

环路中的低通滤波器非常重要。系统的发射功率、距离远近、电波传播衰落等引起的信号强度的变化是比较缓慢的，所以整个环路应具有低通传输特性，这样才能保证电路仅对信号电平的缓慢变化有控制作用。例如，当输入信号为调幅信号时，调制信号为低频信号，经过电平检测可将调制信号引起的变化检测出来，但是，AGC 电路不应该用此信号的变化来调控增益 A，否则，调幅波需要的振幅变化将会被 AGC 电路的控制作用

所抵消。当调制信号的振幅增大时，AGC 电路的增益下降；当调制信号的振幅减小时，AGC 电路的增益增加，从而使放大器的输出保持基本不变，这种现象称为反调制。为了避免出现反调制，必须恰当选择环路频率响应特性，使其仅对 $\omega < \Omega$（调制信号频率）缓慢变化的信号产生响应，也就是对低于调制频率的信号才有控制作用，而对于那些高于或等于调制频率的信号没有控制作用。这主要取决于低通滤波器的截止频率。低通滤波器将调制信号滤除，保留缓慢变化的信号送给电压比较器进行比较，从而实现对缓慢变化信号电平的控制。

AGC 电路控制的是可控增益放大器的输出电压 u_o 的幅值 U_{om}， u_r 是 AGC 电路的输入量（u_i 是放大器的输入信号，不是 AGC 电路的输入量）。AGC 电路输出量与输入量之间的预定关系

$$U_{om} = Ku_r \tag{9.2.1}$$

式中，K 为由电路确定的常数。

由图 9-2 可知，参考电压 u_r 与比较器另一输入电压 u_f 的差值，即误差电压 u_e 将控制可控增益放大器的增益。当满足式（9.2.1）的预定关系时，比较器的输出误差电压 u_e 应为 0，即此时输出电压 u_o 经检波、低通滤波、直流放大后加到电压比较器上的电压 u_f 等于 u_r。若由于某种原因，造成可控增益放大器的输出电压振幅增大，则 u_f 也将增大，从而使误差电压 u_e 增大，可控增益放大器的增益 A 将随 u_e 的变化而变化，使输出电压振幅 U_{om} 向预定值靠近。如此反复循环，直到可控增益放大器输出某一设定电压振幅所需的控制电压，恰好等于由该输出电压振幅通过反馈控制器产生的误差电压时，环路才稳定下来。环路通过自身的调整只使输出电压振幅靠近所设定的 U_{om}，而无法等于 U_{om}。换句话说，AGC 电路是一种存在静态误差的控制电路。

3）直流放大器

通常电平检测器输出的电平信号的变化频率很低，如几赫兹左右，所以一般采用直流放大器进行放大。直流放大器将低通滤波器输出的电平进行放大后输送至电压比较器。

4）电压比较器

经直流放大器放大后的输出电压 u_f 与给定的基准电压 u_r 进行比较，输出误差电压 u_e，若比较器的增益为 K_p，则 $u_e = K_p(u_f - u_r)$。

5）控制信号发生器

控制信号发生器的功能是将误差电压 u_e 转换成适合可控增益放大器需要的控制电压 u_c，这种变换可以是幅度的放大或电压极性的变换。$u_c = k_1 u_e$，其中 k_1 为控制信号发生器的变换系数。

6）可控增益放大器

可控增益放大器的功能是在控制电压作用下改变可控增益放大器的增益，其工作原理如下。

（1）当输入信号 u_i 较小时，输出信号的振幅 U_{om} 也较小，经电平检测器、低通滤波器、直流放大器的输出信号加到电压比较器上的电压 u_f 也比较小。在实际应用中，往往规定 u_f 必须大于或等于 u_r。当 $u_f < u_r$ 时，u_f 不能改变电压比较器的输出电压，也就不可

能产生控制电压u_c去控制可控增益放大器的增益。换句话说，此时自动增益控制电路不工作。

结论：当$u_f < u_r$时，$u_e = u_c = 0$，自动增益控制电路不工作。u_r称为比较器的门限电压。

（2）当输入信号u_i的振幅增大使输出信号的振幅增大时，直流放大器的输出电压u_f也相应增大，当u_f大于或等于基准电压，即$u_f \geqslant u_r$时，比较器的输出电压u_e及控制电压u_c都将随之改变，并控制可控增益放大器的增益，此时环路启动，可控增益放大器的增益随输出信号的增大而降低，从而使输出信号减小；反之，当输入信号u_i的振幅减小而导致输出电压u_o减小时，环路产生的控制信号u_c将使可控增益放大器的增益A增加。可见，通过环路的控制作用，无论输入电压u_i增加或减小，输出信号电平u_o仅在较小范围内变化，确保在输入信号变化的情况下输出信号基本稳定，达到自动增益控制（AGC）或自动电平控制（ALC）的目的。

自动增益控制电路广泛应用于各种通信接收机和电子设备中需要幅度稳定的场合，图 9-3 给出了一种具有自动增益控制电路的超外差式接收机框架。

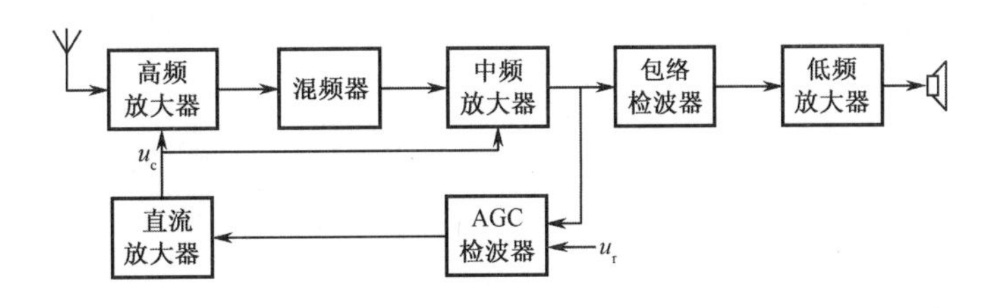

图 9-3　具有自动增益控制电路的超外差式接收机框架

在图 9-3 中，高频放大器、混频器和中频放大器共同组成环路的可控增益放大器。中频输出信号分成两路，一路通过主通道中的峰值包络检波器解调出低频调制信号，经低频放大器到扬声器输出声音信号；另一路加到 AGC 检波器，AGC 检波器兼作为电压比较器，加在其输入端的直流电压u_f是环路的输入量——基准电压。当中频电压中的载波幅值$U_{om} > u_r$时，AGC 电路才输出相应的比较电压，其值为$u_e = K_p(U_{om} - u_r)$；而当$U_{om} < u_r$时，AGC 电路的输出电压为零，这时环路不工作，可控增益放大器的增益A达到最大。当天线感应到的调幅信号载波的振幅U_{im}增大时，经直流放大器输出的误差电压u_c也随之增大，由高频放大器、混频器和中频放大器组成环路的可控增益放大器的增益在u_c控制下将相应减小，结果使中频放大器输出电压幅度的增长受到抑制。由 AGC 检波器输出的直流电压分量，用于控制高频放大器和中频放大器的增益。通常控制晶体管放大器的增益需要一定的信号强度。如果 AGC 检波器的输出功率不够，可在其后加一个直流放大器。

2. 自动增益控制电路分类

自动增益控制电路分为简单 AGC 电路和延迟 AGC 电路两种。

1）简单 AGC 电路

在简单 AGC 电路中，参考电压$u_r = 0$。这样，只要输入信号u_i振幅增加，AGC 电路的作用就会使增益 A 减小，从而使输出信号 U_{om} 振幅减小。图 9-4 给出了简单 AGC 电路的原理框架及特性曲线。这种 AGC 电路简单，在实际应用中不需要电压比较器。该电路的主要缺点是：一有外来信号，AGC 电路立即起作用，接收机的增益就受控制而减小，这对提高接收机的灵敏度是不利的，尤其是在外来信号很微弱时更不适用。因此，简单 AGC 电路仅适合灵敏度要求不高和输入信号幅度较大的场合。

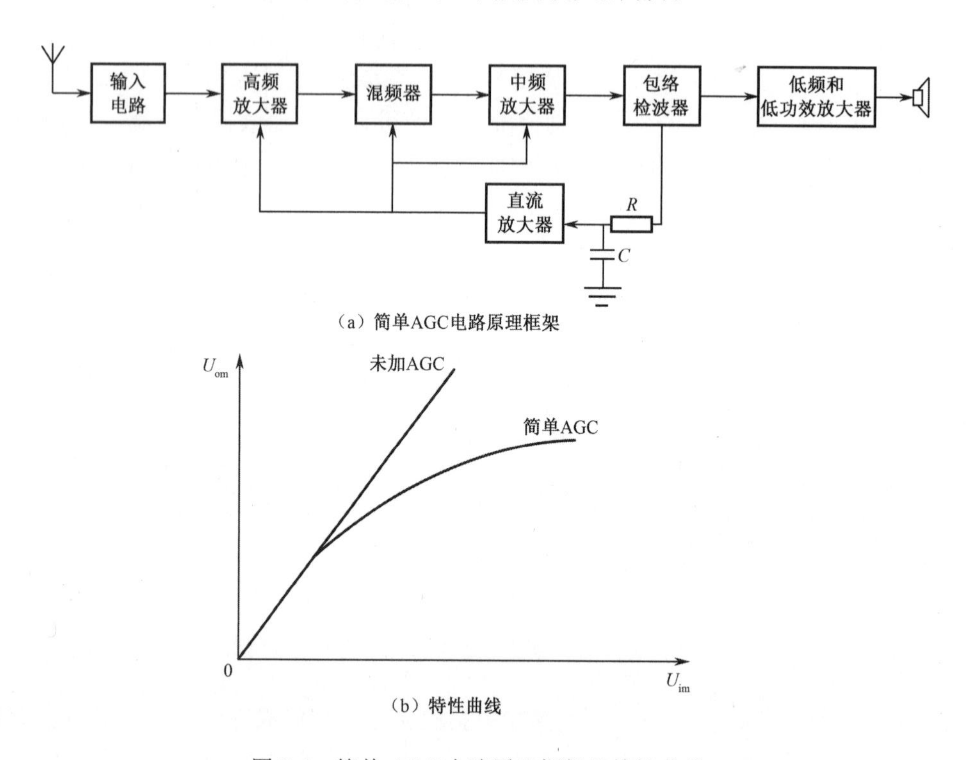

图 9-4　简单 AGC 电路原理框架及特性曲线

2）延迟 AGC 电路

延迟 AGC 电路针对简单 AGC 电路存在的缺点做了改进，在 AGC 电路中引入了基准电压 u_r，该基准电压为直流电压，也称为参考电压或门限电压。在延迟 AGC 电路中，AGC 检波器兼作为电压比较器，使基准电压 u_r 与检波电压进行比较，因此 AGC 检波器一定要与调幅信号的包络检波器分开。图 9-3 同时也是延迟 AGC 电路的原理框架。图 9-5 给出了延迟 AGC 电路的控制特性。由图可见，在延迟 AGC 电路中，当输入电压小于门限电压 u_r 时，系统无控制作用，此时输出电压 u_o 是输入电压 u_i 的线性函数，即此时系统增益不变，从而避免了由于延迟 AGC 电路作用引起的系统增益下降的缺点，使当输入信号为微弱信号时灵敏度不降低。当输入信号幅度超过 u_r 时，AGC 电路起控制作用，使整个系统随输入电压 U_{im} 的增强，输出电压仅有极小的变化，即 $\Delta u_o = U_{omax} - U_{omin}$ 很小；而当输入信号很强，超过延迟 AGC 电路的工作范围时（当 $U_{im} > U_{imax}$ 时），AGC 电路的控制作用消失。这种 AGC 电路由于需要延迟到 $U_{im} > U_{imin}$ 之后才开始起控制作用，故称为延迟 AGC 电路。

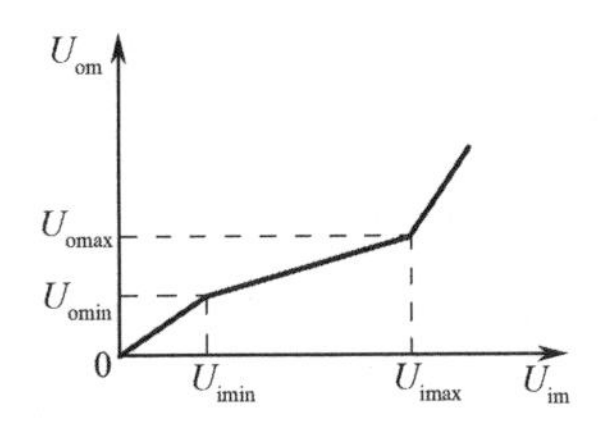

图 9-5　延迟 AGC 电路的控制特性

3. AGC 电路的主要性能指标

AGC 电路的主要性能指标有两个，一个是动态范围，另一个是响应时间。

1）动态范围

AGC 电路是利用电压误差信号 u_e 消除输出信号振幅 U_{om} 与要求输出信号振幅之间电压误差的自动控制电路。所以，当电路达到平衡状态后，仍会有误差电压存在。在 AGC 实际电路设计中，一方面希望其输出信号幅度的变化越小越好，即与理想输出电压幅度的误差越小越好；另一方面也希望允许输入信号幅度 U_{im} 的变化越大越好。也就是说，在给定输出信号幅度变化范围内，允许输入信号幅度的变化越大，AGC 电路的动态范围越宽，其性能越好。

2）响应时间

AGC 电路的响应时间是指从输入信号变化到输出端得到稳定输出信号所需的时间。AGC 电路通过对可控增益放大器增益的控制来实现对输出信号振幅变化的限制，而增益变化又取决于输入信号振幅的变化，所以要求 AGC 电路的反应既要能跟得上输入信号振幅的变化速度，又不会出现反调制现象，这就是响应时间特性。

对 AGC 电路响应时间长短的要求取决于输入信号 u_i 的类型和特点。根据响应时间长短分别有慢速 AGC 电路和快速 AGC 电路。响应时间长短的调节由环路带宽决定，与低通滤波器带宽密切相关。低通滤波器带宽越宽，响应时间越短，但容易出现反调制现象。

9.2.2　增益控制电路

增益控制电路的控制对象是一个可变增益放大器。控制可变增益放大器的方法主要有两类，一类是通过控制放大器本身的某些参数来控制放大器的增益，另一类是在放大器级间插入可控衰减器。晶体管放大器的增益取决于晶体管正向传输导纳$|y_{fe}|$，而$|y_{fe}|$又与晶体管工作点有关，所以，改变发射极平均电流 I_E（或集电极平均电流 I_C），就可以使$|y_{fe}|$随之改变，从而达到控制放大器增益的目的。

图 9-6 给出了晶体管的$|y_{fe}|-I_E$特性曲线，其中，实线是普通晶体管特性，虚线是 AGC 晶体管特性。如果放大器的静态工作点选在 I_{EQ}，当 $I_E < I_{EQ}$ 时，$|y_{fe}|$随 I_E 的减小而下降，称为反向 AGC 晶体管。所谓反向 AGC 晶体管，是指当输入信号增强时，若希望增益减小，即$|y_{fe}|$减小，则 I_E 应该减小，所以 I_E 的变化方向与输入信号的变化方向相反。当 $I_E > I_{EQ}$ 时，$|y_{fe}|$随 I_E 的增加而下降，称为正向 AGC 晶体管。所谓正向 AGC 晶体管，

是指当输入信号增强时，若希望增益减小，I_E 应该增大，所以 I_E 的变化方向与输入信号的变化方向相同。一些设计成专供增益控制使用的晶体管，如 2SC398、3DG56、3DG79、3DG91 等，它们都作为正向 AGC 晶体管使用，这些晶体管的 $|y_{fe}|-I_E$ 曲线右边的下降部分斜率大，线性度好，且在较大范围内晶体管的集电极损耗都不会超过允许值，这些晶体管称为正向 AGC 晶体管。用场效应晶体管也可以组成可控增益放大电路。由于结型场效应管和增强型场效应管的跨导 g_m 都随漏极电流 I_{DQ} 而变，图 9-7 给出典型的 g_m-I_{DQ} 关系曲线，所以场效应管都具有反向 AGC 晶体管功能。

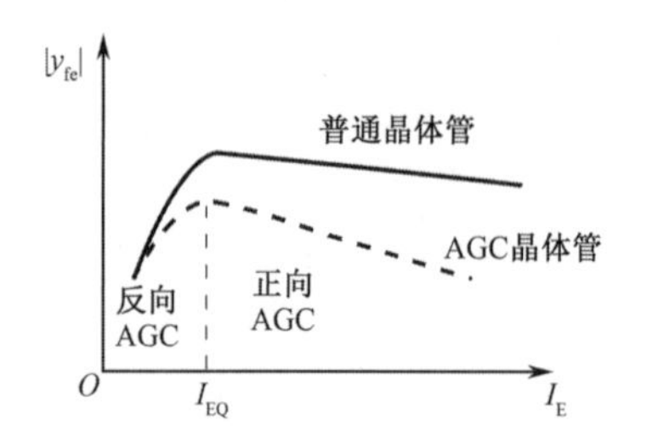

图 9-6　晶体管的 $|y_{fe}|-I_E$ 特性曲线

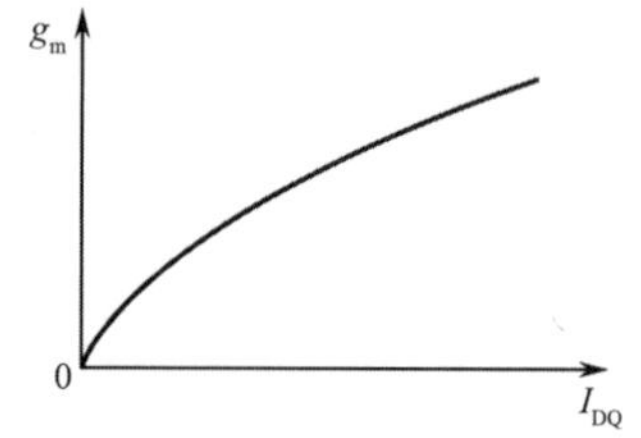

图 9-7　典型的 g_m-I_{DQ} 关系曲线

在电视接收机中经常采用双栅场效应管构成可控增益高频放大器，其中，栅极 G_1 加输入信号，G_2 引入 AGC 控制电压 u_c。当 u_c 发生变化时，将引起 I_{DQ} 改变，从而导致可控增益放大器增益发生变化。

图 9-8 给出了在广播收音机中常用的 AGC 控制电路。二极管 D 和阻容 R_1、R_2、C_1、C_2 构成检波器。中频电压 U_I 经检波后，除得到音频信号 u_{av} 外，还有一个平均值分量 V_{AV}，其大小与中频载波成正比，与调幅无关，此电压可用作 AGC 电压。为了使 AGC 电压不受音频信号的影响，利用低通滤波器 R_3C_3，把检波后的音频分量去掉，送到前级去控制高频放大器的增益，实现增益控制。R_3C_3 的时间常数选取十分重要，应根据最低调制频率来选择。当调制信号为 50Hz 时，应使 R_3=4.7 kΩ，C_3=10～30pF。

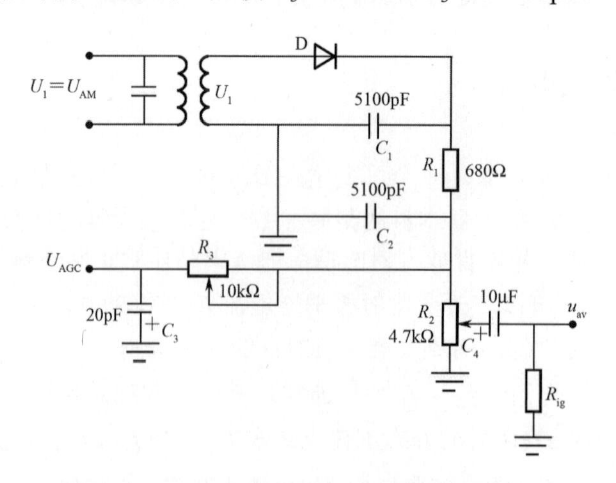

图 9-8　在广播收音机中常用的 AGC 控制电路

9.3　自动频率控制电路

自动频率控制（AFC）电路也是一种反馈控制电路，广泛地应用于各种接收机和发射机中。它与 AGC 电路的区别在于控制对象不同，AGC 电路的控制对象是信号的电平，而 AFC 电路的控制对象是信号的频率。AFC 电路的主要功能是自动调节振荡器的振荡频率，以减少频率变化，并提高频率稳定度。

9.3.1　AFC 电路的组成和基本特性

图 9-9 给出了 AFC 电路的原理框架。它由频率比较器、低通滤波器和可控频率元器件 3 部分组成一个闭环的负反馈控制系统。

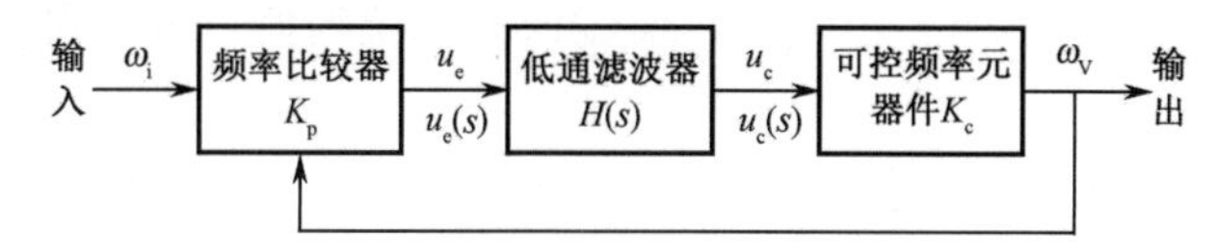

图 9-9　AFC 电路的原理框架

1．频率比较器

频率比较器有两个输入信号，一个是角频率为 ω_i 的参考信号，另一个是频率为 ω_V 的 AFC 电路的输出信号，两个信号在频率比较器中进行比较，输出误差电压 u_e，$u_e = K_p(\omega_i - \omega_V)$，式中 K_p 为频率比较器的比例常数，仅在一定范围内可近似表示为上述线性关系。u_e 与两个输入信号的频率差有关，而与它们的电压幅度无关。凡能检测出两个输入信号的频差并将其转换为电压（或电流）的电路均可作为频率比较器。常用的频率比较器有两种形式。一种是鉴频器，它不需要外加参考信号，鉴频器的中心工作频率 ω_0 起参考信号的作用。当施加于鉴频器的频率等于鉴频器的中心工作频率时，鉴频器输出为零；当施加于鉴频器的频率偏离鉴频器的中心工作频率时，根据其值是高于还是低于鉴频器的中心工作频率，输出不同极性的电压。鉴频器常用于要求输出信号稳定在某一固定频率的情况。另一种是混频—鉴频器，如图 9-10 所示。图中，角频率为 ω_i 的参考信号先与角频率为 ω_V 的输出信号进行混频，再送至中心工作频率为 ω_0 的鉴频器中。当 ω_i 和 ω_V 之差等于 ω_0 时，鉴频器输出为零，$u_e = 0$，无误差信号输出，压控振荡器振荡频率不变；当 $\omega_i - \omega_V \neq \omega_0$ 时，鉴频器就有误差电压 u_e 输出，鉴频器的鉴频特性如图 9-10（b）所示。

综上所述，鉴频器的功能是将频差转换为输出误差电压 u_e，即

$$u_e(t) = f\left[\Delta\omega_e(t)\right] \tag{9.3.1}$$

式中，$\Delta\omega_e(t) = \omega_i - \omega_V$ 为瞬时频差。通常鉴频特性为“S”曲线。从图 9-10 中可知，在零频点附近有一段线性鉴频区域，设鉴频特性原点处斜率为 K_p，则在原点附近近似直线

的范围内，鉴频器的输出误差电压为

$$u_{\mathrm{e}} = K_{\mathrm{p}}(\omega_{\mathrm{i}} - \omega_{\mathrm{V}}) \tag{9.3.2}$$

式中，K_{p} 为鉴频灵敏度，单位为 V/(rad/s)。

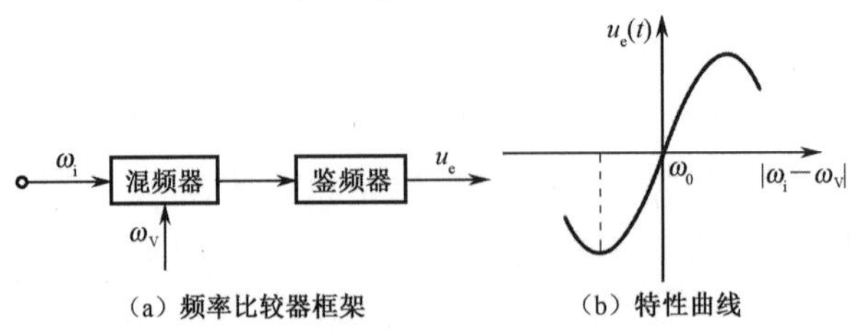

图 9-10　混频-鉴频器框架及特性

2．低通滤波器

低通滤波器根据系统的要求，从鉴频器的输出误差信号中滤出所需的控制信号，去除不需要的干扰、噪声及其他无用信号。通过低通滤波器后，输出误差电压 u_{e} 变为控制电压 u_{c}。

3．可控频率电路

可控频率电路是在控制电压 u_{c} 的作用下改变输出信号频率的电路。它可以由调频电路或压控振荡器（VCO）实现。可控频率电路一般是非线性的，但在一定范围内可近似表示为线性关系，即

$$\omega_{\mathrm{V}}(t) = \omega_{\mathrm{V0}} + K_{\mathrm{V}} u_{\mathrm{c}} \tag{9.3.3}$$

式中，K_{V} 为可控频率电路的比例常数；ω_{V0} 为当 $u_{\mathrm{c}} = 0$ 时可控频率电路的振荡角频率，也称为中心角频率。

AFC 电路利用频差控制振荡器的频率并使之稳定。由鉴频器产生的电压信号，该电压正比于频差 $|\omega_{\mathrm{i}} - \omega_{\mathrm{V}}|$，经过低通滤波器滤除干扰及噪声后，得到控制电压 u_{c}，利用控制电压 u_{c} 控制压控振荡器的振荡频率，最终使压控振荡器的频率 ω_{V} 发生变化。变化的结果使频差 $|\omega_{\mathrm{i}} - \omega_{\mathrm{V}}|$ 减小到一个定值，即 $\Delta\omega$，自动控制过程即停止，压控振荡器的频率稳定于 $\omega_{\mathrm{V}} = \omega_{\mathrm{i}} \pm \Delta\omega$，环路进入锁定状态，也就是稳定状态。这时，两个频率不可能完全相等，锁定状态的 $\Delta\omega$ 称为稳态频率误差（剩余频率误差）。

9.3.2　AFC 电路的应用

下面介绍具有自动频率控制电路的调频器，图 9-11 给出了采用 AFC 电路稳定调频发射机中心工作频率的原理框架。

在图 9-11 中，石英晶体振荡器的振荡频率为 f_{i}，调频振荡器的中心工作频率为 f_{c}，鉴频器的中心工作频率调整在 $f_{\mathrm{i}} - f_{\mathrm{c}}$，由于 f_{i} 频率稳定度很高，混频输出调频信号 $f_{\mathrm{i}} - f_{\mathrm{o}}$ 中心频率的偏移是由调频振荡器中心工作频率的偏移引起的。混频输出信号 $u_1(t)$ 经鉴频

后产生电压 $u_2(t)$，它的变化规律与经调制后的调频波中心工作频率的变化规律相同。经低通滤波器滤波后，随调制信号而变化的分量被滤除，而其中随调频振荡器中心工作频率偏移规律变化的量，由于变化极其缓慢，处于低通滤波器的通带内，而成为低通滤波器的输出电压 $u_3(t)$。经直流放大器放大后的电压 $u_4(t)$ 和调制信号经加法器相加之后，送到 LC 振荡器的变容二极管上。当调频振荡器的中心工作频率 f_c 产生漂移时，反馈控制系统作用就可以使 f_c 的偏离减小。

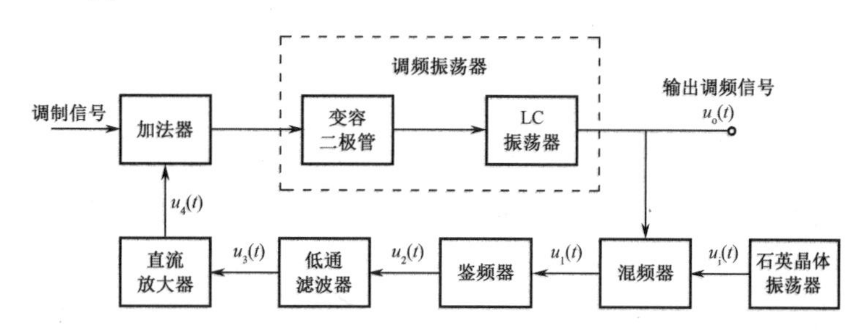

图 9-11　采用 AFC 电路稳定调频发射机中心频率的原理框架

实践证明：为了提高调频振荡器中心工作频率 f_c 的频率稳定度，要求环路增益（$K_V A_d K_d K_F$）远大于 1。其中，K_V 为压控振荡器的压控灵敏度，定义为单位电压产生的输出角频率的变化；A_d 为直流放大器的放大倍数；K_d 为鉴频器的鉴频灵敏度，定义为两个输入信号单位频差产生的输出电压；K_F 为低通滤波器的传输系数。自动频率控制系统可以显著改善压控振荡器频率的不稳定度，也就是调频振荡器中心工作频率 f_c 的频率稳定度，但对石英晶体振荡器和鉴频器中心工作频率的不稳定度几乎不产生影响。因此，在自动频率控制系统中，提高鉴频器中心工作频率的稳定度，并提高石英晶体振荡器的频率稳定度，具有十分重要的意义。

综上分析，自动频率控制电路具有如下特点。

（1）当自动频率控制电路用于稳频时，不可能做到与基准频率一样，其差别为剩余频差。

（2）在实际电路设计中，鉴频器的中心工作频率不能为零频，而为某一有限值。鉴频器用于检测混频器输出频差的变化。故鉴频器中心工作频率的不稳定，势必造成输出电压的变化，该电压用于控制 VCO 振荡器中的变容二极管，导致 VCO 输出频率的附加不稳定。基于此，鉴频器谐振回路的元器件应精心选择。

（3）原则上，只有把鉴频器谐振回路元器件的稳定性做得很高，将鉴频器中心工作频率选在输出频率的标准值，就可以省去混频器，只需要压控振荡器和鉴频器就可以构成自动频率控制电路。但是在一般情况下，鉴频器中心工作频率的稳定性不可能做得像石英晶体振荡器的振荡频率那么高，采用混频器的目的是提高输出频率的稳定性。

（4）采用混频器的方案，频率不稳定的绝对值将大为减小。减小的物理原因有两个方面。其一是鉴频器的谐振频率变化绝对值减小；其二是鉴频器的输出电压基本上正比于相对频率差。当绝对频率差相同时，中心工作频率较低者，其相对频率差较大，故在较低频率下工作时其鉴频灵敏度较高。依靠对自动频率控制电路的调节，可以将压控振荡器振荡频率的变化减小。

（5）鉴频器回路谐振频率的不稳定性是导致系统频率不稳的主要原因。因此，要进一步提高输出频率的稳定度，应精心选择鉴频器元器件，或者进一步降低混频器输出的频差。但是在频差过低时，鉴频器的体积会增大。

9.4 自动相位控制电路

各种反馈控制电路，由于它们均利用误差产生控制电压，去控制受控对象，因此当电路达到动态平衡以后，必然存在一定的误差——稳态频率误差。AFC 电路是以消除频率误差为目的的反馈控制电路。由于它的基本原理是利用频率误差电压消除频率误差，所以当电路达到平衡状态之后，必然存在剩余频率误差，即频差不可能为零，这是一个不可克服的缺点。由于相位是频率变化对时间的积分，所以频率与相位是相关的，可以通过控制相位实现对频率的精确控制。锁相环路也是一种以消除频率误差为目的的反馈控制电路，但它的基本原理是利用相位误差电压消除频率误差。所以，当电路达到平衡状态之后，虽然有剩余相位误差存在，但频率误差可以降低到零，从而实现无频差的频率跟踪和相位跟踪。另外，锁相环还具有可以不用电感线圈、易于集成化、性能优越等许多优点，因此广泛应用于通信、雷达、制导、导航、仪表、电机等方面。可以说，锁相环路的应用几乎遍及整个无线电技术领域。

锁相技术的特点概括起来就是“稳”“窄”“抗”“同步”。

“稳”指的是锁相环的基本性能是输出信号频率稳定地跟踪输入信号频率，它们不存在频差而只有很小的稳态相位差。因此，可以用锁相环做成稳频系统，如微波稳频信号源、原子频率标准等。

“窄”指的是锁相环具有窄带跟踪的性能，正是因为它的窄带特性，可以做成窄带跟踪滤波器，从输入的已调信号中提取基准的载波信号，实现相干性。因此，锁相技术在相干通信中得到广泛应用。

“抗”指的是锁相环的抗干扰性能，抑制噪声性能。理论分析表明，锁相环的环路信噪比比输入信噪比小得多，所以它可以广泛用于抗噪声干扰的装置。同时，锁相环又可以将深埋于噪声中的信息提取出来，因此它在弱信号提取方面发挥了很大的作用。

“同步”指的是锁相环的同步跟踪性能，如果数字信号本身含有同步信息，利用锁相环可以从数字信号本身提取位同步信号，所以锁相环在数字通信等系统中广泛地用作位同步装置。

9.4.1 锁相环的基本工作原理

1．锁相环的基本组成及数学模型

1）锁相环的构成

锁相环是一个相位负反馈控制系统。它由鉴相器（Phase Detector，PD）、环路滤波器（Loop Filter，LF）和压控振荡器（Voltage Controlled Oscillator，VCO）3 个基本部件

组成，如图 9-12 所示。PLL 环路利用输入信号与输出信号的相位误差 $\theta_e(t)$ 产生误差电压，通过环路滤波器滤除其中的高频成分与噪声，得到控制电压 $u_c(t)$ 控制压控振荡器，使 $\theta_e(t)$ 朝缩小固有频差的方向变化，最终 $\theta_e(t)$ 稳定在某一很小的常数（称剩余相差），输入信号、输出信号频率相等，即 $\omega_i=\omega_V$，则环路被锁定了，即 $\theta_e(t)=\theta_{e\infty}$。

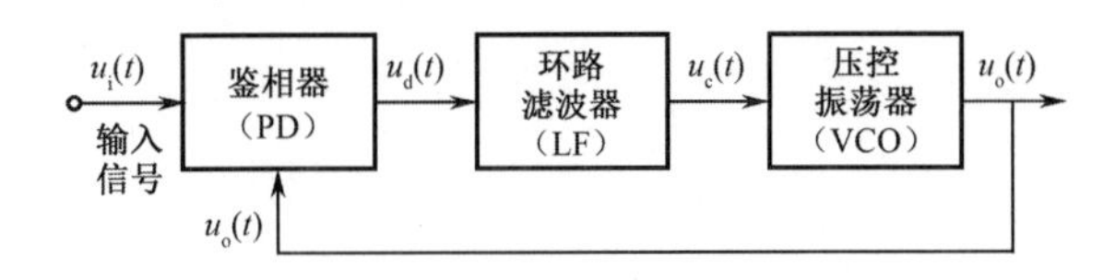

图 9-12　锁相环的基本构成

下面阐述 PLL 环路中几个重要的频率。鉴相器的两个输入信号，其一，晶体振荡器提供的参考输入信号 $u_i(t)=V_{im}\sin(\omega_i t+\theta_i)$；其二，VCO 的输出电压信号。在开环时，VCO 的自由振荡频率 ω_o，其输出电压为 $u_o(t)=V_{om}\cos(\omega_o t+\theta_o)$。在闭环时，VCO 的频率受 $u_c(t)$ 控制，瞬时频率从 $\omega_o\to\omega_V$，相应地，输出电压为 $u_o(t)=V_{om}\cos(\omega_V t+\theta_o)$。为了研究方便，通常假设 $u_i(t)$ 和 $u_o(t)$ 的初始相位为零，$u_i(t)$ 和 $u_o(t)$ 的相位均以 $\omega_o t$ 作为参考，则

$$u_i(t)=V_{im}\sin[\omega_o t+(\omega_i-\omega_o)t]=V_{im}\sin[\omega_o t+\theta_1(t)] \tag{9.4.1}$$

$$u_o(t)=V_{om}\cos[\omega_o t+(\omega_V-\omega_o)t]=V_{om}\cos[\omega_o t+\theta_2(t)] \tag{9.4.2}$$

式中，$\theta_1(t)=(\omega_i-\omega_o)t$，为输入相位。

$\Delta\omega_o=\omega_i-\omega_o=\dfrac{d\theta_1(t)}{dt}$ 为环路的固有频差，其值等于输入参考信号频率与 VCO 自由振荡频率之差。

$\theta_2(t)=(\omega_V-\omega_o)t$，为输出相位。

$\omega_V-\omega_o=\dfrac{d\theta_2(t)}{dt}$，为输出控制频差，其值等于受控 VCO 频率与自由振荡频率的差值。

$\theta_e(t)=\theta_1(t)-\theta_2(t)=(\omega_i-\omega_V)t$，为瞬时相差。

$\Delta\omega_e(t)=\omega_i-\omega_V=\dfrac{d\theta_e(t)}{dt}$，为瞬时频差。

2）锁相环的相位数学模型

（1）相位检波器（鉴相器）。

鉴相器是一个相位比较装置，用来检测输入信号相位 $\theta_1(t)$ 与反馈信号相位 $\theta_2(t)$ 之间的相位差 $\theta_e(t)$。输出的误差信号 $u_d(t)$ 是相差 $\theta_e(t)$ 的函数，即

$$u_d(t)=f[\theta_e(t)] \tag{9.4.3}$$

鉴相特性 $f[\theta_e(t)]$ 可以是多种多样的，有正弦形特性、三角形特性、锯齿形特性等。常用的正弦鉴相器可用模拟相乘器与低通滤波器串联作为模型，如图 9-13 所示。

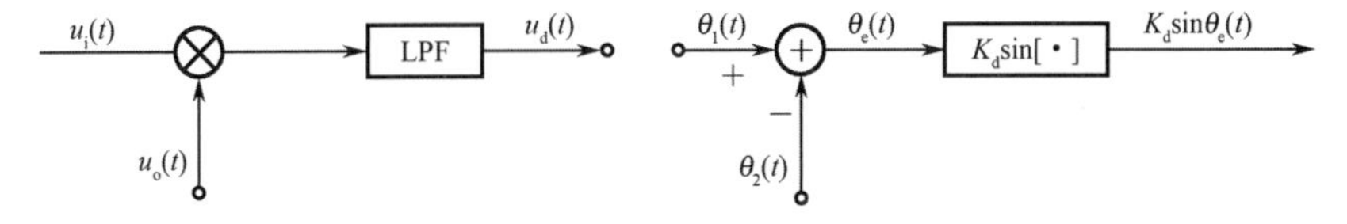

图 9-13　正弦鉴相器模型

设模拟相乘器的相乘系数为 K_{m}（单位为 1/V），输入信号 $u_{\mathrm{i}}(t)$ 与反馈信号 $u_{\mathrm{o}}(t)$ 经相乘作用：

$$
\begin{aligned}
K_{\mathrm{m}}u_{\mathrm{i}}(t)u_{\mathrm{o}}(t) &= K_{\mathrm{m}}V_{\mathrm{im}}\sin[\omega_{\mathrm{o}}t+\theta_1(t)]V_{\mathrm{om}}\cos[\omega_{\mathrm{o}}t+\theta_2(t)] \\
&= \frac{1}{2}K_{\mathrm{m}}V_{\mathrm{im}}V_{\mathrm{om}}\sin[2\omega_{\mathrm{o}}t+\theta_1(t)+\theta_2(t)]+\frac{1}{2}K_{\mathrm{m}}V_{\mathrm{im}}V_{\mathrm{om}}\sin[\theta_1(t)-\theta_2(t)]
\end{aligned}
$$

再经过低通滤波器（LPF）滤除 $2\omega_{\mathrm{o}}$ 成分之后，得到误差电压为

$$
\begin{aligned}
u_{\mathrm{d}}(t) &= \frac{1}{2}K_{\mathrm{m}}V_{\mathrm{im}}V_{\mathrm{om}}\sin[\theta_1(t)-\theta_2(t)] \\
u_{\mathrm{d}}(t) &= K_{\mathrm{d}}\sin\theta_{\mathrm{e}}(t)
\end{aligned}
\tag{9.4.4}
$$

式中，$K_{\mathrm{d}}=\frac{1}{2}K_{\mathrm{m}}V_{\mathrm{im}}V_{\mathrm{om}}$ 为鉴相器的最大输出电压。式（9.4.4）为正弦鉴相特性，如图 9-14 所示。

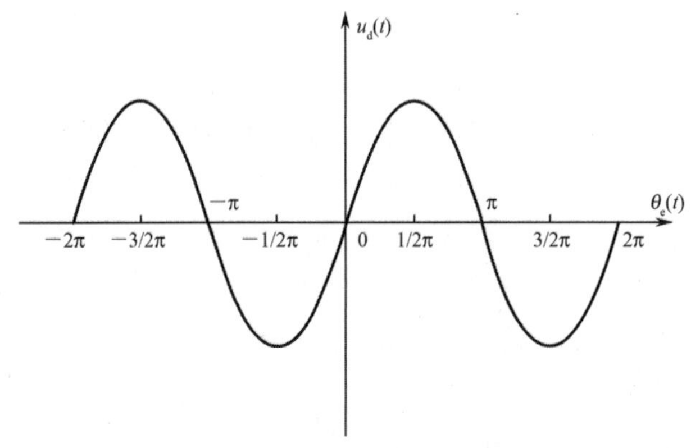

图 9-14　正弦鉴相特性

（2）环路滤波器（LPF）。

环路滤波器由线性元器件电阻、电容或运算放大器组成。它可以起到低通滤波器的作用，滤除误差电压 $u_{\mathrm{d}}(t)$ 的高频分量，取出平均电压 $u_{\mathrm{c}}(t)$ 控制 VCO，达到改善控制电压的频谱纯度、提高系统稳定度的目的，更重要的是它对环路参数的调整起到了决定性的作用，直接影响输出信号的稳定性、频谱纯度、锁定时间等。常用的 LPF 有 RC 积分滤波器、无源比例积分滤波器、有源比例积分滤波器 3 种电路形式。

环路滤波器是一个线性电路，在时域分析中可用一个传输算子 $F(p)$ 来表示，其中 p（$\equiv\frac{\mathrm{d}}{\mathrm{d}t}$）是微分算符，而 $\int(\ )\mathrm{d}t=\frac{1}{p}$ 为积分算符；在频域分析中可用传递函数 $F(s)$ 表示，其中 $s(a+\mathrm{j}\Omega)$ 是复频率；若用 $s=\mathrm{j}\Omega$ 代入 $F(s)$ 就得到它的频率响应 $F(\mathrm{j}\Omega)$，故环路滤波器模型可表示为如图 9-15 所示的形式。

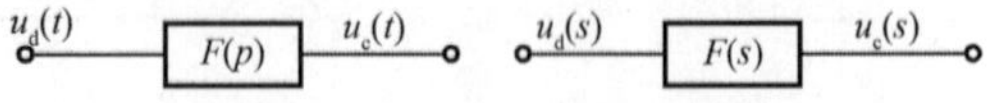

$u_{\mathrm{d}}(t)$ → $F(p)$ → $u_{\mathrm{c}}(t)$　　　$u_{\mathrm{d}}(s)$ → $F(s)$ → $u_{\mathrm{c}}(s)$

（a）时域　　　（b）频域

图 9-15　环路滤波器模型

● RC 积分滤波器。

RC 积分滤波器是一种结构最简单的环路滤波器，其电路形式如图 9-16（a）所示。时域传递函数为

$$F(p)=\frac{1}{1+p\tau_1} \tag{9.4.5}$$

式中，$\tau_1=RC$ 是 RC 积分滤波器唯一可调的参数。用 s 代替 p 得频域传输函数为

$$F(s)=\frac{1}{1+s\tau_1} \tag{9.4.6}$$

用 $s=\mathrm{j}\Omega$ 代入可得到频率特性为

$$F(\mathrm{j}\Omega)=\frac{1}{(1+\mathrm{j}\Omega\tau_1)} \tag{9.4.7}$$

其频率特性模的对数和相位分别为

$$20\lg\left|F(\mathrm{j}\Omega)\right|=-20\lg\sqrt{1+\Omega^2\tau_1^{\ 2}} \tag{9.4.8a}$$

$$\phi(\Omega)=-\arctan\Omega\tau \tag{9.4.8b}$$

其对数频率特性如图 9-16（b）所示。

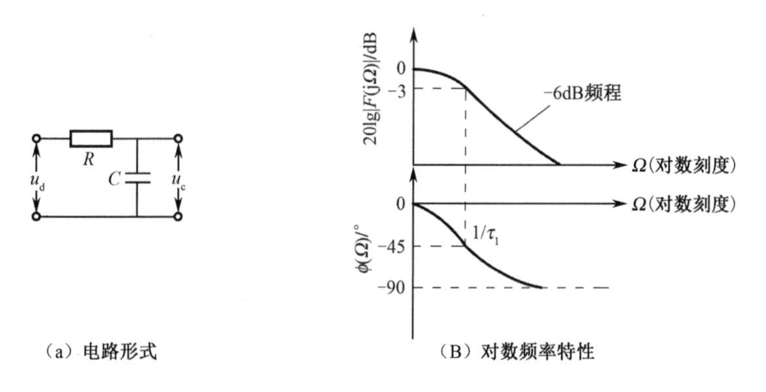

图 9-16　RC 积分滤波器的电路形式与对数频率特性

由图 9-16 可见，RC 积分滤波器是低通型的，并且相位滞后；当频率很高时，其幅度趋于零，相位滞后接近$\dfrac{\pi}{2}$。

● 无源比例积分滤波器。

无源比例积分滤波器的电路形式如图 9-17（a）所示。它与 RC 积分滤波器相比，附加了一个与电容器串联的电阻 R_2，这样就增加了一个可调参数，它的时域传递函数为

$$F(p)=\frac{1+\tau_2 p}{1+\tau_1 p} \tag{9.4.9}$$

式中，$\tau_1=(R_1+R_2)C$，$\tau_2=R_2C$，这是两个独立的可调参数。用 s 代替 p，将 $s=\mathrm{j}\Omega$ 代入可得到频率特性为

$$F(\mathrm{j}\Omega)=\frac{1+\mathrm{j}\Omega\tau_2}{1+\mathrm{j}\Omega\tau_1} \tag{9.4.10}$$

其频率特性模的对数和相位分别为

$$20\lg|F(\mathrm{j}\Omega)| = 20\lg\sqrt{1+\Omega^2\tau_2^2} - 20\lg\sqrt{1+\Omega^2\tau_1^2} \tag{9.4.11a}$$

$$\phi(\Omega) = \arctan\Omega\tau_2 - \arctan\Omega\tau_1 \tag{9.4.11b}$$

其对数频率特性如图 9-17（b）所示。无源比例积分滤波器也是一个低通滤波器。当频率很高时，有

$$F(\mathrm{j}\Omega)\big|_{\Omega\to\infty} = \frac{R_2}{R_1+R_2} \tag{9.4.12}$$

其值等于电阻的分压比，这就是滤波器的比例特性。从相频特性看，当频率较高时，有“相位超前的作用”，这里的“超前”是相对于最大相位滞后而言的。滤波器的这种“相位超前”特性对环路的稳定性及捕获性能的改善是极为有利的。

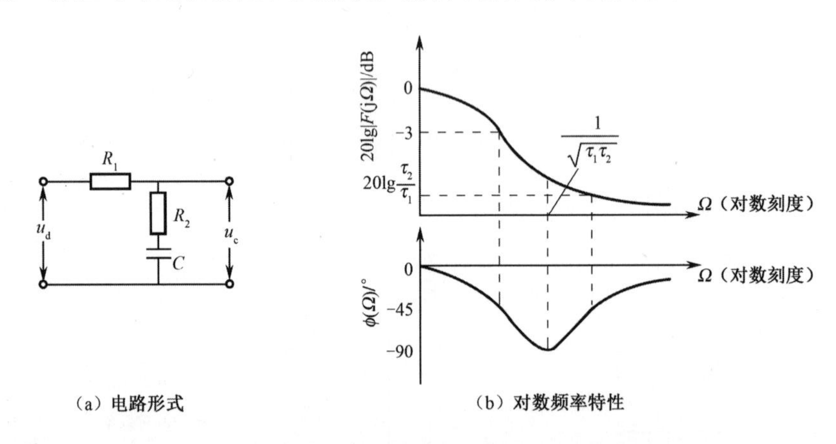

图 9-17　无源比例积分滤波器的电路形式和对数频率特性

- 有源比例积分滤波器。

有源比例积分滤波器由运算放大器组成，其电路形式如图 9-18（a）所示。它的时域传递函数为

$$F(p) = -A\frac{1+p\tau_2}{1+p\tau_1} \tag{9.4.13}$$

式中，$\tau_1 = (R_1 + AR_1 + R_2)C$，$\tau_2 = R_2C$，$A$ 为直流运算放大器的增益。式中的负号相当于在环路中引入一个倒相器，只会引起环路稳定平衡点与不稳定平稳点之间的互换，对环路的工作没有影响，故在后面不予考虑。当直流运算放大器的增益 $A \gg 1$ 时，式（9.4.13）可近似为

$$F(p) = \frac{1+p\tau_2}{p\tau_1} \tag{9.4.14}$$

式中，$\tau_1 = R_1C$。式（9.4.14）表示的传递函数中只有一个 $\frac{1}{p}$，是一个积分因子，故高增益的有源比例积分滤波器又称为理想积分滤波器。显然，A 越大就越接近理想积分滤波器。此滤波器的频率响应应为

$$F(\mathrm{j}\Omega)=\frac{1+\mathrm{j}\Omega\tau_2}{\mathrm{j}\Omega\tau_1} \tag{9.4.15}$$

其对数频率特性如图 9-18（b）所示。由图可见，当频率高于转角频率 $1/\tau_2$ 后，高频增益渐近于 $\tau_2/\tau_1=R_2/R_1$，其相频特性具有从 $-\pi/2$ 开始的超前特性。

环路滤波器的设计对锁相环的性能有很大影响，其中有源比例积分滤波器由于运算放大器的作用，不仅可以滤除高频成分，而且可以提供一定的直流增益，是锁相环设计中比较常用的一种电路，但缺点是运算放大器是有源元器件，会引入一定的噪声。

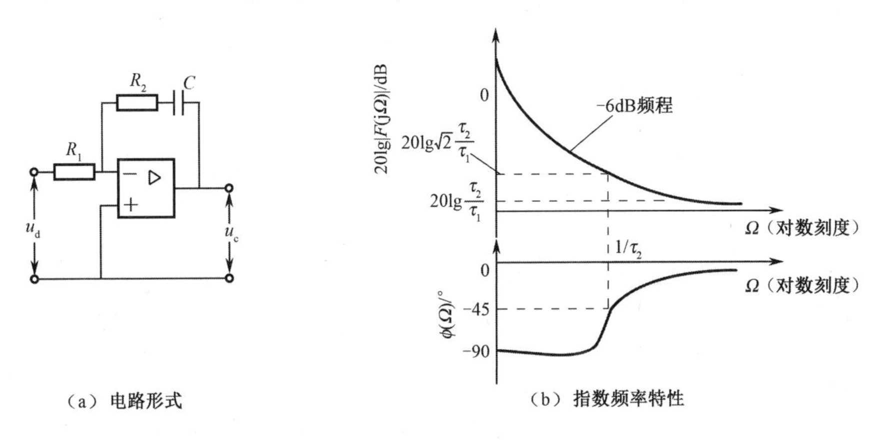

图 9-18　有源比例积分滤波器

（3）压控振荡器（VCO）。

压控振荡器是一个电压—频率变换装置，在环路中作为被控振荡器，它的振荡频率应随输入控制电压 $u_{\mathrm{c}}(t)$ 线性变化，即满足变换关系

$$\omega_{\mathrm{V}}(t)=\omega_{\mathrm{o}}+K_{\mathrm{V}}u_{\mathrm{c}}(t) \tag{9.4.16}$$

式中，ω_0 是当 $u_{\mathrm{c}}=0$ 时 VCO 的自由振荡角频率，K_{V} 为压控灵敏度，其单位是 (rad/s)/V。图 9-19 给出了 VCO 的电压控制特性。

在实际应用中，VCO 的电压控制特性只有有限的线性控制范围，超出这个范围之后压控灵敏度将会大幅度下降。如图 9-19（a）所示的电压控制特性的实线为实际 VCO 的控制特性，虚线为符合式（9.4.16）的线性控制特性。由图可见，在以 ω_0 为中心的一定区域内，两者是吻合的，故可在环路分析中用式（9.4.16）作为 VCO 的控制特性。

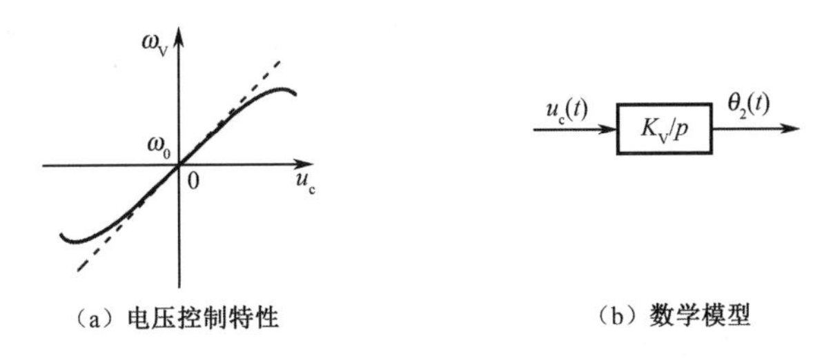

图 9-19　VCO 的电压控制曲线与数学模型

在 PLL 环路中，VCO 的输出作为鉴相器的输入，但在鉴相器中起作用的是瞬时相位，

而不是其角频率 ω_V。

$$\int_0^t \omega_V(\tau)d\tau = \omega_0 t + K_V\int_0^t u_c(\tau)d\tau \tag{9.4.17}$$

$$\theta_2 = K_V\int_0^t u_c(\tau)d\tau = \frac{K_V}{p}u_c(t) \tag{9.4.18}$$

式中，$1/p$ 是积分算子，这是由相位与角频率之间的积分关系形成的。这个积分算子是 VCO 固有的，因此通常称 VCO 是 PLL 环路中的固有积分环节，在环路中起着重要作用。

VCO 的数学模型如图 9-19（b）所示，VCO 的传递函数为

$$\theta_2(t) = \frac{K_V}{p}u_c(t) \tag{9.4.19}$$

（4）锁相环的相位模型。

前面已分别得到了锁相环的 3 个基本部件的模型，根据如图 9-12 所示的锁相环构成，将这 3 个模型连接起来得到锁相环的相位模型，如图 9-20 所示。

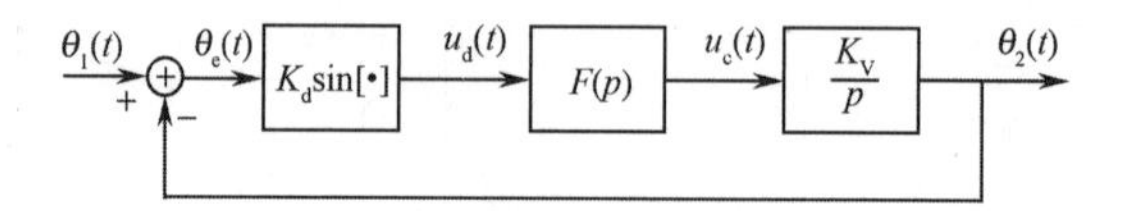

图 9-20　锁相环的相位模型

2．锁相环的基本方程

由图 9-20 给出的锁相环的相位模型，可以得出锁相环的基本方程为

$$\theta_e(t) = \theta_1(t) - \theta_2(t) \tag{9.4.20}$$

$$\theta_2(t) = K_d\sin\theta_e(t)F(p)\frac{K_V}{p} \tag{9.4.21}$$

将式（9.4.21）代入式（9.4.20），得

$$\theta_e(t) = \theta_1(t) - \theta_2(t) = \theta_1(t) - \frac{K_dK_VF(p)}{p}\sin\theta_e(t) \tag{9.4.22}$$

式（9.4.22）两边同乘以 p，得

$$p\theta_e(t) = p\theta_1(t) - K_dK_V\sin\theta_e(t)F(p) = p\theta_1(t) - K\sin\theta_e(t)F(p) \tag{9.4.23}$$

或

$$\frac{d\theta_e(t)}{dt} = \frac{d\theta_1(t)}{dt} - KF(p)\sin\theta_e(t) \tag{9.4.24}$$

这就是锁相环动态方程的一般形式。式中，$K = K_dK_V$ 为环路增益，是 VCO 的最大频率偏移；K_d 为误差电压最大值，即鉴相灵敏度，单位为 V/rad；K_V 为压控灵敏度，单位为 (rad/s)/V。

从物理概念上可以逐项理解它的含意。在方程中，等号左边 $p\theta_e(t) = \frac{d\theta_e(t)}{dt} = \Delta\omega_e(t)$ 显然是锁相环的瞬时频差。

右边第一项

$$\theta_1(t)=(\omega_i-\omega_o)t$$
$$p\theta_1(t)=\omega_i-\omega_0=\Delta\omega_0 \quad (9.4.25)$$

是锁相环的固有频差。

右边第二项

$$K_dK_VF(p)\sin\theta_e(t)=\frac{d\theta_2(t)}{dt}=K_Vu_c(t)=\omega_V-\omega_o=\Delta\omega_c$$

是锁相环闭合后 VCO 受控制电压 $u_c(t)$ 作用输出的瞬时角频率 ω_V 与其固有振荡频率 ω_o 的频差，称为控制频差。由式（9.4.24）可见，在闭环之后的任何时刻存在如下关系：

$$\Delta\omega_0=\Delta\omega_e(t)+\Delta\omega_c \quad (9.4.26)$$

即锁相环在任何时刻满足

固有频差=瞬时频差+控制频差

锁相环动态方程是描述锁相环从闭合的一瞬间开始，输入信号和 VCO 输出信号之间的相位误差 $\theta_e(t)$ 随时间 t 变化的规律，方程具有下述特点。

（1）描述输入信号与输出信号的瞬时相位之间的关系，而不是输入电压 $u_i(t)$ 和输出电压 $u_o(t)$ 之间的幅度关系。

（2）锁相环的基本方程是非线性的微分方程，求解该微分方程可以确定系统的各项性能。遗憾的是，只有一阶环，才可用解析法求出微分方程的精确解，其他情况只能用近似分析的方法，而没有环路滤波器的一阶环性能较差，在实际工程中很少采用。锁相环的阶数取决于环路滤波器的传递函数 $F(p)$，因为 VCO 是固有积分环节，环路的阶数为 $F(p)$ 的阶数加 1。$F(p)$ 的阶数如何确定将在后续章节学习。

（3）锁相环动态方程的非线性主要源于鉴相器。虽然 VCO 和锁相环中的放大器也存在非线性，但通过合理设计都可以近似进行线性处理。

（4）当误差相位 $|\theta_e(t)|\leqslant\frac{\pi}{6}$ 时，$\theta_e(t)\approx\sin\theta_e(t)$，可将鉴相器线性化，此时锁相环近似为线性系统，可用我们熟悉的方法求解其动态方程。

（5）锁相环动态方程（基本方程）是在无干扰和参数不变的条件下导出的，若考虑噪声和时变参数的影响，则锁相环的相位模型和基本方程都应该加以修正。

锁相环动态方程的物理意义：在任何时候，锁相环在开环时的固有频差，恒等于锁相环瞬时频差与锁相环控制频差之和；在锁定过程中，瞬时频差将逐渐减小，而控制频差将逐渐增大，它们之和总等于开环时输入的固有频差。

9.4.2　锁相环的工作状态

锁相环有两个基本状态，锁定状态和失锁状态。在锁定状态和失锁状态之间有两种动态过程，分别是跟踪过程和捕获过程。使用锁相环经常遇到两个问题：

（1）在开机后，环路能否进入锁定状态；

（2）在环路锁定后，环路能否维持锁定状态。

第一个问题与捕获过程有关，第二个问题与跟踪（或同步）过程有关。

1. 锁定状态

在环路刚闭合的瞬间，因为控制电压 $u_{\mathrm{c}}(t)=0$，$\omega_{\mathrm{V}}=\omega_{\mathrm{o}}$，控制频差 $\Delta\omega_{\mathrm{c}}=0$，此时环路的固有频差就等于瞬时频差；随着 t 增加，在环路产生控制电压的作用下，控制频差 $\Delta\omega_{\mathrm{c}}$ 增大，瞬时频差 $\Delta\omega_{\mathrm{e}}(t)$ 减小，环路在锁定时具有如下特点。

（1）当控制频差 $\Delta\omega_{\mathrm{c}}$ 增大到等于固有频差 $\Delta\omega_0$ 时，瞬时频差 $\Delta\omega_{\mathrm{e}}(t)=0$，此时环路进入锁定状态。

（2）当环路处于锁定状态时，鉴相器输出的电压为直流。

（3）当环路处于锁定状态时，控制频差等于固有频差，瞬时相差 $\theta_{\mathrm{e}}(t)$ 趋向于一个恒定值，满足

$$\lim_{t\to\infty} p\theta_{\mathrm{e}}(t)=0$$

在锁定时的环路方程为

$$K_{\mathrm{d}}K_{\mathrm{V}}\sin\theta_{\mathrm{e}}(\infty)F(\mathrm{j}0)=\Delta\omega_0 \tag{9.4.27}$$

由式（9.4.27）求得稳态相差为

$$\theta_{\mathrm{e}}(\infty)=\arcsin\frac{\Delta\omega_0}{K_{\mathrm{d}}K_{\mathrm{V}}F(\mathrm{j}0)} \tag{9.4.28}$$

锁定是指在由稳态相差 $\theta_{\mathrm{e}}(\infty)$ 产生的直流控制电压作用下，强制使 VCO 的振荡角频率相对于自由振荡频率 ω_0 发生 $\Delta\omega_{\mathrm{c}}$ 的偏移，变为 ω_{V}，进而与参考输入角频率 ω_{i} 相等，即

$$\omega_{\mathrm{V}}=\omega_0+K_{\mathrm{d}}K_{\mathrm{V}}\sin\theta_{\mathrm{e}}(\infty)F(\mathrm{j}0)=\omega_0+\Delta\omega_{\mathrm{c}}=\omega_{\mathrm{i}} \tag{9.4.29}$$

（4）$F(\mathrm{j}0)$ 为环路在锁定时，环路滤波器的时域传输特性。

其中，无源滤波器 $F(\mathrm{j}0)=1$，无源比例积分滤波器 $F(\mathrm{j}0)=1$，有源比例积分滤波器 $F(\mathrm{j}0)=\infty$。

（5）$K_{\Sigma 0}=K_{\mathrm{d}}K_{\mathrm{V}}F(\mathrm{j}0)$ 为环路在锁定时的环路直流总增益。

由式（9.4.28）可知，当环路锁定时，输入固有频差 $\Delta\omega_0$ 越大，稳态相差 $\theta_{\mathrm{e}}(\infty)$ 越大，也就是说，随着 $\Delta\omega_0$ 的增加，将 VCO 的自由振荡频率 ω_0 调整到等于 ω_{i} 所需的控制电压越大，因而产生 u_{c} 的 $\theta_{\mathrm{e}}(\infty)$ 也就越大。直到 $\Delta\omega_0>K_{\Sigma 0}$，式（9.4.28）无解。也就是说，$\Delta\omega_0$ 过大，环路无法锁定。其原因在于，当 $\theta_{\mathrm{e}}(\infty)=\dfrac{\pi}{2}$ 时，u_{d}（鉴相器输出电压）已最大，若继续增大 $\theta_{\mathrm{e}}(\infty)$，$u_{\mathrm{d}}$ 反而减小，也就无法获得所需的 u_{c} 以调整 VCO 的 ω_0 使之等于 ω_{i}，因此环路无法实现锁定。

（6）当环路锁定时，$\Delta\omega_{\mathrm{e}}(t)=\omega_{\mathrm{i}}-\omega_{\mathrm{V}}=0$，所以 $\omega_{\mathrm{i}}=\omega_{\mathrm{V}}$，即环路可以实现无误差频率跟踪。

（7）VCO 的输出信号与参考信号之间的相差为固有相差 $\dfrac{\pi}{2}$，再叠加一个稳态相差。稳态相差的大小反映了环路同步的精度，通过环路的合理设计可使 $\theta_{\mathrm{e}}(\infty)$ 很小。

2．失锁状态

失锁状态就是瞬时频差 $\Delta\omega_e(t)=\omega_i-\omega_V$ 无法达到零的状态。这时鉴相器的输出电压 $u_d(t)$ 为一个上下不对称的差拍波形，通过滤波器的作用，产生平均直流电平作用于 VCO，使振荡器的瞬时频率 ω_V 偏离 ω_0 向输入参考频率 ω_i 靠拢，这就是环路的频率牵引效应。在环路失锁时，必有 $\Delta\omega_0|_{max}>K_{\Sigma0}$。

3．锁相环的跟踪过程

跟踪过程又称为同步过程，是指环路原本锁定，由于外界因素造成环路失锁，而环路通过自身的调节过程重新维持锁定的过程。当环路处于跟踪状态时，相位误差通常较小，锁相环可视为线性系统。

与跟踪过程相关的一个重要物理量是同步带。当控制频差 $\Delta\omega_c$ 足以补偿固有频差 $\Delta\omega_o$ 时，环路维持锁定，因而有

$$\begin{aligned}\Delta\omega_0&=\Delta\omega_c=K_dK_V\sin\theta_e(\infty)F(j0)\\ \Delta\omega_0|_{max}&=K_dK_VF(j0)\end{aligned}\tag{9.4.30}$$

如果继续增大 $\Delta\omega_o$，使 $\Delta\omega_0|_{max}>K_dK_VF(j0)$，则环路失锁（$\omega_V\neq\omega_i$），因此，我们把环路能够继续维持锁定状态的最大固有频差定义为环路的同步带，记为 $\Delta\omega_H$，即

$$\Delta\omega_H=\Delta\omega_0|_{max}=K_0K_dF(j0)=K_{\Sigma0}\tag{9.4.31}$$

实际上，由于输入信号角频率向 ω_i 两边偏离的效果是一样的，因此同步带可以表示为

$$\Delta\omega_H=\pm K_{\Sigma0}\tag{9.4.32}$$

该式表明，要增大锁相环的同步带，必须提高其直流总增益。这个结论在假设 VCO 的频率控制范围足够大的条件下才成立。因为，在满足这个条件时，锁相环的同步带主要受到鉴相器最大输出电压的限制。如果式（9.4.32）求得的 $\Delta\omega_H$ 大于 VCO 的频率控制范围，那么，即使有足够大的控制电压加到 VCO 上，也不能将 VCO 的振荡频率调整到输入信号频率上。因而，在这种情况下，同步带主要受到 VCO 最大频率控制范围的限制。

4．捕获过程

捕获过程是指环路原本失锁，闭合后环路通过自身的调节由失锁状态进入锁定状态的过程。能够由失锁状态进入锁定状态所允许的最大输入固有角频差称为捕获带（Pull in Range，Capture Range），用 $\Delta\omega_p$ 表示。在一般情况下，捕获带不等于同步带，前者小于后者，下面将对锁相环的捕获过程进行定性分析。

9.4.3　锁相环捕获过程的定性分析

当环路相位误差大于 π/6 时，正弦鉴相特性不能线性化，环路成为一个非线性系统，

前几节的分析方法不再适用。环路的非线性分 3 种情况：一是已处于锁定状态的锁相环，当输入信号频率或 VCO 的固有振荡频率变化过大或变化速度过快时，环路相位误差增大到鉴相器的非线性区，这种非线性环路的有关性能被称为非线性跟踪性能；二是从接通到锁定的捕获过程（或称捕捉过程），在该过程中，相位误差的变化范围很大，环路处于非线性状态，研究环路的捕获过程可以得到环路的捕捉性能；三是失锁状态，在失锁状态下的非线性特性，主要是环路的频率牵引现象。

1. 一阶环非线性性能

最简单的锁相环是没有滤波器的锁相环路，即

$$F(p)=1 \tag{9.4.33}$$

将式（9.4.33）代入环路动态方程的一般形式［见式（9.4.23）］得

$$p\theta_e(t)=p\theta_1(t)-K\sin\theta_e(t) \tag{9.4.34}$$

式（9.4.34）是一个一阶非线性微分方程，因此没有滤波器的锁相环路称为一阶锁相环。锁相环的捕获过程属于非线性过程，在工程上广泛采用相图法进行分析。

尽管在工程实际中很少采用一阶环，由于环路中发生的种种物理现象，如捕获、锁定和失锁等，都可以通过一阶环得到明确的说明。因此本节以一阶环为例，采用图解法来定性分析锁相环的捕获过程，从而建立一些重要的基本概念，并以此作为进一步研究常用二阶环的基础。

非线性微分方程的图解法又称为相平面图法。由 $\theta_e(t)$ 和 $p\theta_e(t)$ 构成的平面叫作相平面。在相平面 $\theta_e(t)$ 和 $p\theta_e(t)$ 上确定的点叫作相点。随着时间变化，相点在相平面上移动的轨迹叫作相轨迹。

图解法是指，在以 $\theta_e(t)$ 为横坐标、以 $p\theta_e(t)\left[\dfrac{\mathrm{d}\theta_e(t)}{\mathrm{d}t}\right]$ 为纵坐标的相平面上绘制出式（9.4.34）描述的一阶锁相环路的动态方程。在 $\theta_e(t)$—$p\theta_e(t)$ 平面上绘制出环路动态方程的曲线称为相图。

相图的 3 个特点如下。

（1）相图上的一个点称为相点或状态点，表示某一时刻环路的一种状态。环路的状态随着时间的变化而变化，因此相点随着时间移动，相点移动的轨迹称为相轨迹。

（2）相轨迹是有方向的。

在横坐标轴上方 $\dfrac{\mathrm{d}\theta_e(t)}{\mathrm{d}t}>0$，$\theta_e(t)$ 是递增函数（随着 t 的增加 $\theta_e(t)$ 增大），故状态点必然沿着相轨迹向右移动，即在相图上半平面，相点右移。

在横坐标轴下方 $\dfrac{\mathrm{d}\theta_e(t)}{\mathrm{d}t}<0$，$\theta_e(t)$ 是递减函数（随着 t 的增加 $\theta_e(t)$ 减小），故状态点必然沿着相轨迹向左移动，即在相图下半平面，相点左移。

（3）$\dfrac{\mathrm{d}\theta_{\mathrm{e}}(t)}{\mathrm{d}t}=0$ 的相点是“平衡点”或“锁定点”。平衡点的频差为零，相差为常数。平衡点又分为稳定平衡点和不稳定平衡点。相轨迹两端的状态点均朝之移动的平衡点称为稳定平衡点，如图 9-21 中所示的 A 点。稳定平衡点对应于环路的锁定状态，无论出于何种原因使状态偏离 A 点之后，状态点都会按如图 9-21 所示的箭头方向朝 A 点移动，最后稳定在平衡点 A。也就是说，无论起始状态处于相轨迹中的哪一点，在其稳定平衡点 A 实现锁定时，$\theta_{\mathrm{e}}(t)$ 的变化量都不会超过 2π，即不会发生周期跳跃。相轨迹两端的状态点均朝背离方向移动的平衡点称为不稳定平衡点，如图 9-21 中所示的 B 点。因某种原因使状态偏离 B 点之后，状态点都会按如图 9-21 所示的箭头方向移至邻近的稳定平衡点 A。

1）当 $|\Delta\omega_0|<K$ 时，环路的捕获过程和锁定状态

根据式（9.4.34）给出的一阶环动态方程，可画出当 $|\Delta\omega_0|<K$ 时一阶锁相环的相平面，如图 9-21 所示。无论状态点在相轨迹的哪一点，经过不到 2π 都会移至稳定平衡点 A 实现锁定。

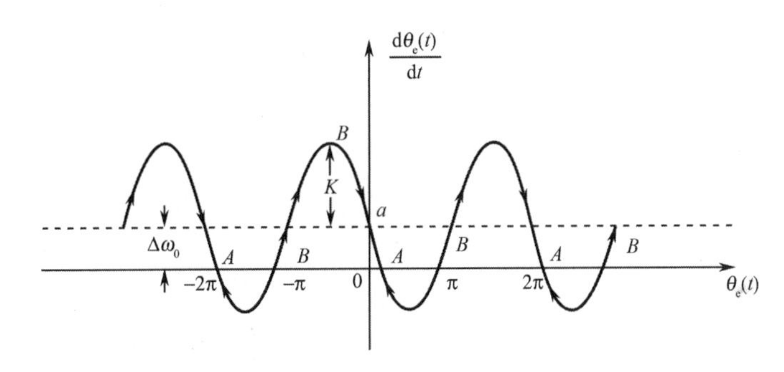

图 9-21　当 $|\Delta\omega_0|<K$ 时一阶锁相环的相平面

A 点是稳定平衡点，而 B 点是不稳定平衡点。A 点对应的误差相角是锁定时的剩余相差，即

$$\theta_{\mathrm{e}\infty}=2n\pi+\arcsin\frac{\Delta\omega_0}{K}\quad n=0,1,2\cdots$$

$\Delta\omega_0$ 越小，K 越大，锁定时的剩余相差也就越小。

2）当 $|\Delta\omega_0|=K$ 时，环路的临界状态

当 $|\Delta\omega_0|=K$ 时，一阶锁相环的相平面如图 9-22 所示。由图可见，相轨迹与横坐标轴相切，A、B 两点合为一点。这种情况是锁定与失锁的临界点，称其为临界状态。这个点对应的锁相环路状态实际上是不稳定的。当 $|\Delta\omega_0|$ 继续增大时，环路就失锁；当 $|\Delta\omega_0|$ 继续减小时，环路就锁定。

如果环路起始的固有频差 $|\Delta\omega_0|<K$，环路就处于锁定状态。输入信号的角频率缓慢地增大，使固有频差 $|\Delta\omega_0|$ 增大，当固有频差增大到环路增益 K 时，环路进入临界状态，环路的锁定就难以维持了。因此，$|\Delta\omega_0|=K$ 是环路由锁定到开始失锁的最大固有频差，称其为环路的同步带（从锁定到失锁所允许的最大固有频差），用 $\Delta\omega_{\mathrm{H}}$ 表示。显然，一阶

锁相环的同步带

$$\Delta\omega_{\mathrm{H}} = K \tag{9.4.35}$$

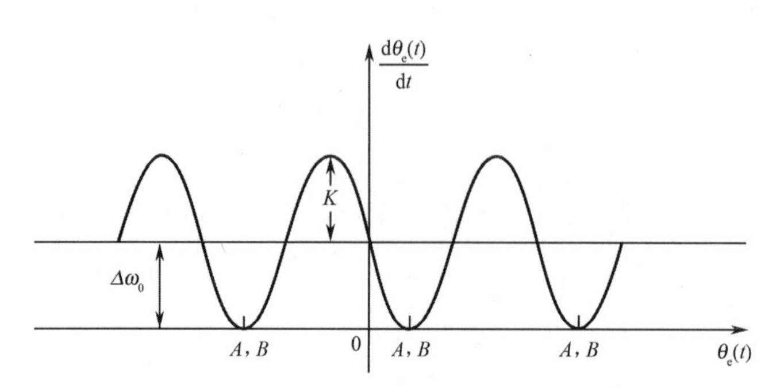

图 9-22　当$|\Delta\omega_0| = K$时一阶锁相环的相平面

若环路起始的固有频差$|\Delta\omega_0| > K$，环路处于失锁状态。输入信号的角频ω_{i}缓慢地减小，固有频差$|\Delta\omega_0|$减小，当$|\Delta\omega_0|$减小到$|\Delta\omega_0| = K$时，环路进入临界状态，开始锁定。定义环路由失锁状态而进入锁定状态所允许的最大固有频差，称为环路的捕获带，用$\Delta\omega_{\mathrm{p}}$表示。显然，一阶锁相环的捕获带

$$\Delta\omega_{\mathrm{p}} = K \tag{9.4.36}$$

当一阶锁相环起始的固有频差$|\Delta\omega_0| < K$时，因为在每个2π区间内都有一个稳定的平衡点A，所以不论起始状态处于相轨迹上哪一点，环路均会在一个周期内到达A点，即$\theta_{\mathrm{e}}(t)$的变化都不会超过2π，即一阶环捕获过程是在一个周期之内完成的。这种不需要经过周期跳跃就可以进入锁定状态的捕获过程称为快捕过程，相应的捕获带叫作快捕带，用$\Delta\omega_{\mathrm{L}}$表示。一阶锁相环的快捕带

$$\Delta\omega_{\mathrm{L}} = K \tag{9.4.37}$$

综上所述，一阶锁相环的同步带、捕获带和快捕带都相等，在数值上等于直流增益，即

$$\Delta\omega_{\mathrm{H}} = \Delta\omega_{\mathrm{p}} = \Delta\omega_{\mathrm{L}} = K \quad （K\text{为环路直流增益}） \tag{9.4.38}$$

上述关系恰恰是一阶锁相环的不足之处。从一阶锁相环的动态方程［见式（9.4.34）］可知，一阶锁相环的可调参数仅为环路直流增益$K = K_{\mathrm{d}}K_{\mathrm{V}}$，环路的各项性能均由式（9.4.34）决定，无法通过调节环路的这个参数来满足多方面性能的要求，这就是一阶锁相环在实际中很少应用的原因之一。

3）当$|\Delta\omega_0| > K$时，环路的失锁状态和频率牵引现象

当$|\Delta\omega_0| > K$时，一阶锁相环路的相平面如图 9-23 所示。由图可见，此时相轨迹处于横坐标轴的上方，$\frac{\mathrm{d}\theta_{\mathrm{e}}(t)}{\mathrm{d}t} > 0$，相轨迹为一条单方向移动的正弦曲线，无论初始状态处于相轨迹的哪一点，状态点都沿着如图 9-23 所示的方向向右运动，环路无法锁定，处于失锁状态。

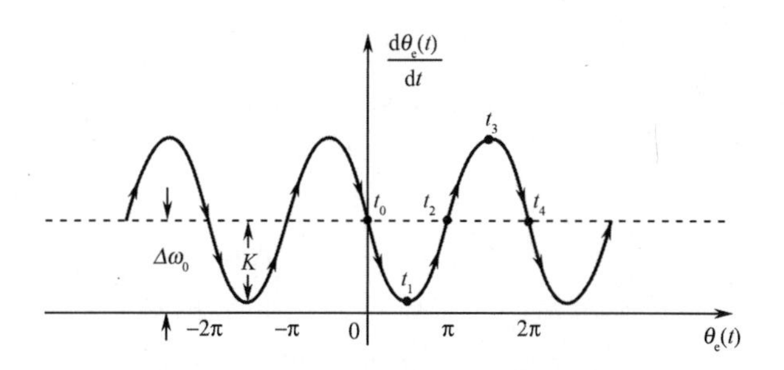

图 9-23　当$|\Delta\omega_0| > K$时一阶锁相环的相平面

在失锁状态时，环路瞬时相差$\theta_e(t)$随着时间不断增大，不断地进行周期跳跃；瞬时频差则周期性地在$\Delta\omega_0 \pm K$范围内摆动。在失锁状态时，鉴相器的输出电压$u_d(t)$为差拍电压，该差拍电压作为 VCO 的控制电压，使 VCO 的振荡角频率$\omega_V(t)$在ω_0附近上下摆动，但无法摆动到ω_i上。

4）捕获性能分析

由上面的分析可知，环路能否确保在失锁的情况下通过自身的调节作用实现环路锁定的条件是最大输入频差小于环路总直流增益，该值就是环路的捕获带；从失锁到锁定需要的时间，称为捕获时间。捕获带大，捕获时间短，则说明环路的捕获性能好。下面分析捕获过程。

（1）在环路断开时，VCO 没有控制电压，其振荡频率为自由振荡频率ω_0。

（2）在环路闭合后，加在 PD 上两个信号的固有频差$\Delta\omega_0 = \omega_i - \omega_0 = \frac{d\theta_1(t)}{dt}$，此时瞬时相差$\theta_e(t)=\int_0^t \Delta\omega_0 dt = \Delta\omega_0 t$，PD 输出的误差电压$u_d(t) = K_d \sin\theta_e(t) = K_d \sin\Delta\omega_0 t$，$u_d(t)$是频率为$\Delta\omega_0$的差拍电压（差拍电压是指其角频率$\Delta\omega_0$是两个角频率$\omega_i$与$\omega_0$的差值）。

分析捕获过程需要抓住两点：

（1）鉴相器输出的差拍电压$u_d(t)$是上下不对称的波形，它的频率是输入信号与 VCO 的频率差；

（2）二阶以上锁相环的环路滤波器是低通滤波器。

下面分析在捕获过程中$u_d(t)$为什么是上下不对称的波形。由图 9-23 可得如下结论。

- 在$t_0 \sim t_2(0 \sim \pi)$，相位的变化率$\theta_e'(t) < \Delta\omega_0$；在$t_2 \sim t_4(\pi \sim 2\pi)$，相位的变化率$\theta_e'(t) > \Delta\omega_0$。瞬时相位变化率大，意味着$\theta_e(t)$变化快。在$t_0 \sim t_2(0 \sim \pi)$和$t_2 \sim t_4(\pi \sim 2\pi)$都完成了$\Delta\theta_e(t) = \pi$的变化，变化率大的区间$t_2 \sim t_4(\pi \sim 2\pi)$所花的时间短，而变化率小的区间$t_0 \sim t_2(0 \sim \pi)$所花的时间长，如图 9-24（a）所示。
- 根据图 9-24（a）中的$\theta_e(t)$可画出图 9-24（b）的$u_d(t) = K_d \sin\theta_e(t)$，对于没有环路滤波器的一阶环来说，$u_d(t) = u_c(t)$就是 VCO 的控制电压。该电压是正半周长、负半周短的上下不对称的非正弦差拍波形，如图 9-24（c）所示。该不对称波形包含直流分量、基波分量和众多谐波分量，其中，直流分量$\bar{K}_d$为正值（$\omega_i > \omega_0$），经过环路滤波器后，该直流分量 $\bar{K}_d$ 使 VCO 的平均频率 $\bar{\omega}_V$ 向输入信号频率 ω_i 接近，这种现象称为频率牵引（Frequency Pulling）。

环路频率牵引的作用，使得 VCO 的受控频率的平均值 $\bar{\omega}_V$ 不断向输入信号频率 ω_i 靠近，差拍角频率越来越低，即

$$\Delta\omega_0' = \omega_i - \bar{\omega}_V < \Delta\omega_0$$

频差减小，其通过低通滤波器的能力就越强，即有 $|F(j\Delta\omega_0')| > |F(j\Delta\omega_0)|$，$F(j\omega)$ 为低通滤波器的传输系数，也就是说，随着捕获过程的进行，VCO 的控制电压 $u_c = K_d|F(j\Delta\omega_0')|$ 随之增大，VCO 的频率向着输入信号频率的方向牵引，使鉴相器输出的差拍信号的频率逐渐减小，且上下不对称程度更大，环路滤波器输出的控制电压也随之增大，通过几个循环，ω_0 能否摆动到 ω_i，进入快捕状态，由快捕状态进入锁定状态，取决于固有频差 $\Delta\omega_0$ 的大小。

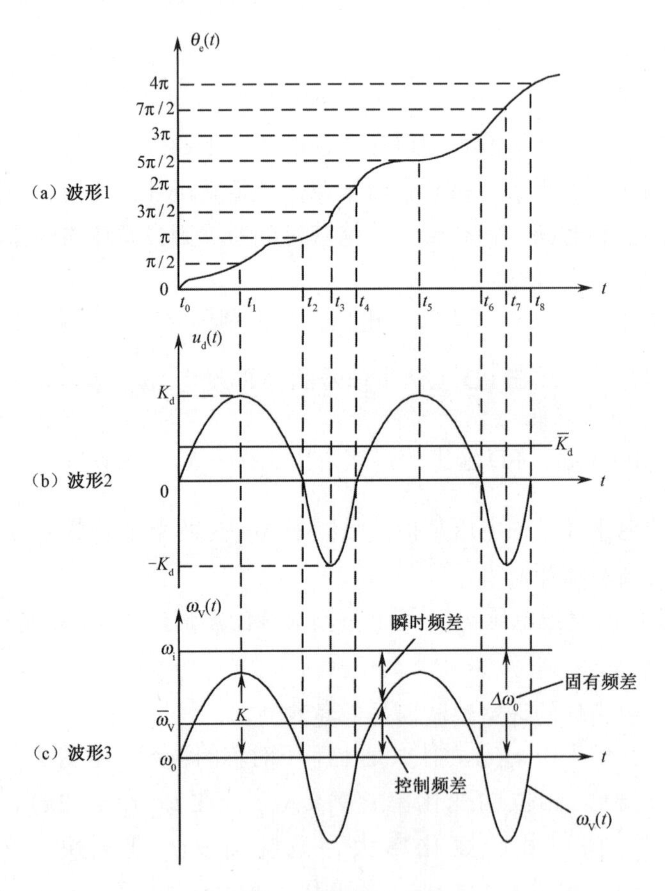

图 9-24　捕获过程的波形

（1）当 $\Delta\omega_0$ 很大时，即 ω_i 与 ω_0 的频差很大，使 $\Delta\omega_0$ 远大于 LF（低通滤波器）的通频带，这时 PD 输出的差拍电压 $u_d(t) = K_d \sin\Delta\omega_0 t$ 不能通过 LF，则 VCO 上几乎没有控制电压 $u_c(t)$，VCO 的输出频率为 ω_0，鉴相器输出一个上下接近对称的正弦差拍电压，环路未起控制作用，处于失锁状态。

（2）当$\Delta\omega_0$很小时，差拍电压$u_d(t)=K_d\sin\Delta\omega_0 t$的拍频很低，能顺利通过 LF 加到 VCO 上，使 VCO 的瞬时频率ω_V围绕着ω_0在一定范围内摆动。因为$\Delta\omega_0$很小，该摆动很快使得$\omega_V=\omega_i$，这时，鉴相器输出一个数值很小的直流误差电压，环路进入锁定状态。

（3）若$\Delta\omega_0$较大，处于（1）和（2）这两种情况之间，$\Delta\omega_0=\omega_i-\omega_0$的差拍较大，使环路滤波器有一定的衰减（既非完全抑制，也非完全通过），加到 VCO 上的控制电压$u_c(t)$较小，VCO 的输出频率$\omega_V(t)$在ω_0的基础上变化很小，使得$\omega_V(t)$不能立即等于ω_i，因此，鉴相器输出的电压不会马上变成直流，而是一个正弦波与 FM 波的差拍电压，且是上下不对称的差拍电压，该差拍电压经 LF 产生一平均直流电平$\bar{K}_d$，使 VCO 输出的平均频率$\bar{\omega}_V$接近ω_i，这就是后面要分析的牵引捕获过程。这时 VCO 输出的是频率受差拍电压控制的 FM，其调制频率就是差拍频率。图 9-25 给出了在捕获过程中鉴相器输出电压$u_d(t)$的变化规律。

通过以上分析可以推断出两点。第一，二阶环路的捕获过程包括频率牵引和快捕两个过程。快捕的时间很短，一般近似等于下节将要分析的瞬态响应建立时间；而频率牵引所需要的时间比快捕的时间长得多，捕获时间主要指的是频率牵引的时间。第二，二阶环路的频率牵引主要由滤波器引起，环路滤波器在捕获过程中起到两个作用，其一，对差拍电压中的交流成分起衰减作用，频率越高，衰减越大；其二，对差拍电压中的直流成分进行积分，此积累的电压不断对 VCO 频率进行牵引。图 9-26 给出频率牵引和捕获过程的示意。环路滤波器及环路增益K_dK_V对捕获性能的影响很大。

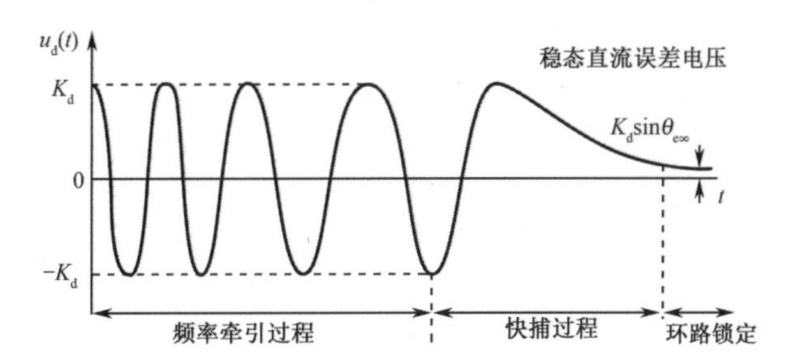

图 9-25　在捕获过程中鉴相器输出电压$u_d(t)$的变化规律

问题：当$\Delta\omega_0>0$和$\Delta\omega_0<0$时，输出的差拍波形有何不同？

当$\Delta\omega_0>0$时，鉴相器输出的差拍波形上大下小，拍频逐渐变稀，平均直流电平为正值。$u_d(t)$波形上下不对称，经低通滤波器输出平均直流电平$\bar{K}_d$。当$\Delta\omega_0>0$，$\bar{K}_d>0$时，ω_0的平均值不断向ω_i靠拢，如图 9-26 所示。为什么是平均值？因为此时 VCO 输出的是调频波。随着$u_d(t)$的不对称性增加，$\bar{K}_d$不断增大，最后使得$\omega_V(t)$摆动到与ω_i相等，实现锁定。

注意：在$u_d(t)$差拍电压中含有平均直流、基波分量和谐波分量。经环路滤波器后，可以近似认为只有平均直流和基波分量，加到 VCO 上的直流使 VCO 的中心频率产生偏移（由$\omega_0\to\omega_{01}\to\omega_{02}\to\cdots\to\omega_i$），基波分量使 VCO 调频，其结果使 VCO 的频率$\omega_V(t)$变成一个围绕平均频率$\bar{\omega}_0$变化的 FM 波形。

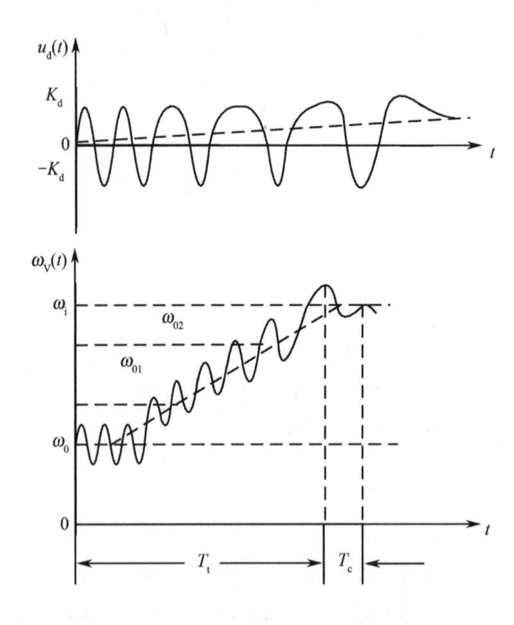

图 9-26　频率牵引和捕获过程示意

当 $\Delta\omega_0 < 0$ 时，鉴相器输出的差拍波形上小下大，拍频逐渐变稀，平均直流电平为负值。非正弦差拍波形的平均直流对锁相环路非常重要，正是这个差拍电平的上下不对称性，经过环路的滤波作用产生了一个不断积累的直流控制电压 $\bar{K}_d$ 加到 VCO 上，使 VCO 的平均频率 $\bar{\omega}_0$ 偏离其自由振荡频率 ω_0，而向 ω_i 不断靠拢，使两个信号的频差（差拍）不断减小，波形越来越稀疏，不对称加大，相应的直流分量增加，驱使 VCO 频率不断偏离 ω_0，向 ω_i 进一步靠拢，直到最后使得 $\omega_V(t) = \omega_i$，实现锁定。显然，这种锁定状态是通过频率的逐渐牵引实现的，这个过程就是图 9-26 描述的捕获过程，鉴相器输出的差拍电压波形可用长余辉慢扫示波器看到。

快捕是指控制电压在正弦输出电压变化一周内就完成捕获锁定的现象。快捕带 $\Delta\omega_L$ 指能实现快捕的最大输入固有频差。

2．环路的非线性性能指标

（1）一阶环的捕获带 $\Delta\omega_p$、同步带 $\Delta\omega_H$、快捕带 $\Delta\omega_L$ 及捕获时间 T_P 为

$$\Delta\omega_H = \Delta\omega_p = \Delta\omega_L = K$$

环路完成捕获过程所需的时间叫捕获时间。工程上，常把一阶环的捕获时间表示为

$$T_P = \frac{5}{K}$$

（2）二阶环的非线性性能指标。

二阶环的非线性性能也可用相图法来分析，但比一阶环复杂得多。限于篇幅，下面直接给出由相图法得到的结果。

理想二阶环 $F(\mathrm{j}0) \to \infty$，故有

$$\theta_{e\infty} = \arcsin(\Delta\omega_0 / K_{\Sigma}) \to 0$$

环路的同步带为

$$\Delta\omega_H = KF(j0) \to \infty$$

捕获带为

$$\Delta\omega_P \to \infty$$

快捕带为

$$\Delta\omega_L = 2\xi\omega_n$$

捕获时间为

$$T_P = \frac{\Delta\omega_o^{\ 2}}{2\xi\omega_n^{\ 3}}$$

快捕时间为

$$T_L = \frac{5}{\xi\omega_n}$$

高增益二阶环的捕获时间

$$\Delta\omega_P = 2\sqrt{K\xi\omega_n}$$

$\Delta\omega_L$、T_P和T_L的计算公式同理想二阶环。

在非理想二阶环、典型二阶环中，$F(j0)=1$，故其同步带为

$$\Delta\omega_H = KF(j0) = K$$

非理想二阶环的 3 个重要频带间的关系为

$$\Delta\omega_H > \Delta\omega_p > \Delta\omega_L \tag{9.4.39}$$

如图 9-27 所示。

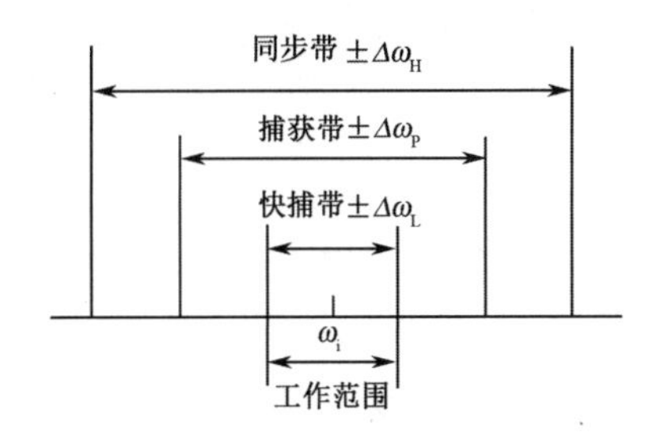

图 9-27　锁相环各频带关系示意

在环路锁定后，固有频差的变化是缓慢的，因而鉴相器输出信号$u_d(t)$的变化也是缓慢的，环路滤波器对此缓慢变化的输入信号的增益为 1，即$F(j0)=1$，故压控振荡器的控制电压$u_d(t)=u_c(t)$。$u_d(t)$的最大值为 U_d（K_d），所以$u_c(t)$的最大值也是 U_d。此控制电压可以使 VCO 的振荡频率变化量为$K_dK_V = K$。也就是说，只要固有频差小于K，环路就可以保持锁定状态，即$\Delta\omega_H = K$。

当捕获时，环路处于失锁状态，鉴相器输出幅度为K_d的上下不对称差拍电压。环路

滤波器对差拍电压的增益小于 1，因而在 $\Delta\omega_0 = \Delta\omega_H$ 的条件下，实际加到 VCO 的控制电压振幅小于 K_d，致使 VCO 的振荡频率变化量小于 $\Delta\omega_H$，环路不能进入锁定状态。随着固有频差 $\Delta\omega_0$ 减小，平均差拍频率也减小，环路滤波器对差拍电压的衰减也减小，从而使 VCO 的振荡频率增大。直到 $\Delta\omega_0$ 下降到使 VCO 的振荡频率能达到 ω_i 才能进入锁定状态，与此对应的 $\Delta\omega_0$ 即为 $\Delta\omega_p$，故 $\Delta\omega_p < \Delta\omega_H$。对于本节所给出的公式，我们再做以下说明。

（1）所有公式只适用于采用正弦鉴频器的模拟锁相环。

（2）环路的基本方程没有考虑噪声的影响，噪声使捕获性能及稳定性下降。

（3）任何锁相环的 $\Delta\omega_H$、$\Delta\omega_p$ 的实际值都不可能为无穷大，因为环路能提供的控制电压为有限值，VCO 的频率变化范围也是有限的。

（4）$\Delta\omega_H$、$\Delta\omega_p$ 等指标的计算值只能作为参考，实际值通过测量得到。

例 9.1 已知某一阶环路的正弦鉴相器的最大输出电压 $K_d = 2$，压控振荡器的控制灵敏度 $K_V = 10^4\,\text{Hz/V}$，压控振荡器的自由振荡频率 $f_0 = 1\text{MHz}$，在输入微波信号作用下环路锁定，控制频差为 10kHz。试问：

（1）输入信号的角频率 ω_i，环路的控制电压 u_c 及稳态相差 $\theta_{e\infty}$ 各为多大？

（2）假设压控振荡器的线性范围很大，若缓慢地将输入信号频率增大，则当输入信号的角频率 ω_i 达到何值时，环路将失锁？

分析：本例主要复习锁相环路的一些基本概念，包括：对环路动态方程的理解，在环路工作过程中锁定的概念，稳态相差与控制电压的关系，同步带的概念等。

解：（1）由环路的动态方程可知，闭合环路在任何时候都满足如下关系：

$$\text{瞬时频差 }\Delta\omega_e(t) = \text{固有频差 }\Delta\omega_0 - \text{控制频差 }\Delta\omega_c$$

在锁定时，瞬时频差 $\Delta\omega_e(t) = 0$，控制频差 $\Delta\omega_c$ =固有频差 $\Delta\omega_0$，即 $\omega_i - \omega_0 = \omega_V - \omega_0$，$\omega_i - 2\pi\times10^6 = 2\pi\times10^4\,\text{rad/s}$。

输入信号角频率为

$$\omega_i = 2\pi\times101\times10^4\,\text{rad/s}$$

相应的控制电压（一阶锁相环路）

$$u_c = \frac{\Delta\omega_c}{K_V} = \frac{10^4}{10^4} = 1\text{V}$$

稳态误差为

$$\theta_{e\infty} = \arcsin\frac{\Delta\omega_0}{K_d K_V F(\text{j}0)} = \arcsin\frac{2\pi\times10^4}{2\times2\pi\times10^4\times1} = \arcsin\frac{1}{2} = \frac{\pi}{6}$$

（2）若使已锁定的环路缓慢地增大输入信号频率，直到环路失锁，则此时的固有频差即为同步带。由于在锁定情况下，$\theta_{e\infty}$ 为常数，鉴相器输出始终为直流电压，其值为 $K_d\sin\theta_{e\infty} = u_c$，环路滤波器对它的响应是 $F(\text{j}0)$。如果压控振荡器的线性范围足够大，当输入信号频率缓慢地增大时，固有频差随之增大，稳态相差 $|\theta_{e\infty}|$ 增大，鉴相器输出的直

流电压也增大，直至$|\sin\theta_{e\infty}|=1$，由于一阶环路的$F(\mathrm{j}0)=1$，控制电压达到最大，$u_c=K_dF(\mathrm{j}0)=2\mathrm{V}$，这是环路能够保持锁定的极限。如果继续增大$|\Delta\omega_0|$，环路就失锁了。此时 VCO 可能产生的最大频偏为$\Delta\omega_c(t)=K_dK_VF(\mathrm{j}0)=2\times2\pi\times10^4=4\pi\times10^4\,\mathrm{rad/s}$。

$$\text{固有频差}\,\Delta\omega_0=\text{控制频差}\,\Delta\omega_c=\omega_i-\omega_0$$

于是可得对应环路将失锁的输入角频率为

$$\omega_i=\Delta\omega_c+\omega_0=4\pi\times10^4+2\pi\times10^6=204\times10^4\,\mathrm{rad/s}$$

提示：（1）用上述方法求稳态相差，只适用于环路线性跟踪情况，即只有满足$|\theta_e(t)|<\pi/6$条件才能运用，当不能肯定是否满足上述条件时则用公式$\theta_{e\infty}=\arcsin\dfrac{\Delta\omega_0}{K_dK_VF(\mathrm{j}0)}$进行计算。环路的直流增益$K_\Sigma=K_dK_VF(\mathrm{j}0)$越大，或者$\Delta\omega_0$越小，则环路锁定时的稳态相差越小。当环路增益不够大时，可在环路滤波器与压控振荡器之间加放大器。

（2）如果压控振荡器的线性范围很大，那么该同步带只取决于环路的直流增益K_Σ，一阶环路的$F(\mathrm{j}0)=1$，故一阶环路的同步带为$\Delta\omega_H=K$。

9.4.4　锁相环的跟踪性能——锁相环路的线性分析

严格地说，锁相环是一个非线性系统，锁相环之所以是非线性系统，是因为环内含有非线性部件——鉴相器。其他部件如运算放大器、压控振荡器等也可能出现非线性，但只要适当地设计与使用，可以保证它们工作在线性范围之内。鉴相器使环路方程为非线性微分方程。锁相环的相位模型如图 9-20 所示。

处于锁定状态的环路，若输入信号频率或相位发生变化，环路通过自身调节，来维持锁定状态的过程称为跟踪。跟踪性能表示环路跟随输入信号频率或相位变化的能力，跟踪特性是动态特性。

1．线性化二阶锁相环路动态方程

在跟踪过程中，$\theta_e(t)$很小，鉴相器可以近似认为工作在线性状态，当$|\theta_e(t)|\leqslant\dfrac{\pi}{6}$时，可把原点附近的正弦型鉴相特性曲线视为斜率为$K_d$的直线，如图 9-28 所示，此时锁相环是近似的线性系统。跟踪特性又称为环路的线性动态特性。

鉴相器线性化鉴相特性曲线：

$$u_d(t)=K_d\sin\theta_e(t)\approx K_d\theta_e(t) \tag{9.4.40}$$

用$K_d\theta_e(t)$取代基本方程式（9.4.34）中的$K_d\sin\theta_e(t)$可得到环路的线性基本方程

$$p\theta_e(t)=p\theta_1(t)-K_dK_VF(p)\theta_e(t) \tag{9.4.41}$$

或

$$p\theta_e(t)=p\theta_1(t)-KF(p)\theta_e(t) \tag{9.4.42}$$

式中，K为环路增益。式（9.4.42）为时域中环路的线性动态方程。

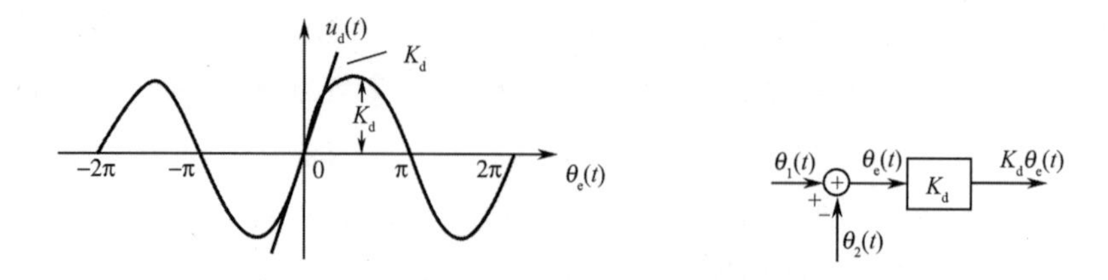

图 9-28　正弦鉴相器线性化特性曲线和线性化鉴相器模型

对式（9.4.42）两边取拉氏变换，可得到复频域中环路的线性动态方程：

$$s\theta_e(s)=s\theta_1(s)-KF(s)\theta_e(s) \tag{9.4.43}$$

式中 $\theta_e(s)$ 和 $\theta_1(s)$ 分别是 $\theta_e(t)$ 和 $\theta_1(t)$ 的拉氏变换。图 9-29（a）、图 9-29（b）分别给出了时域和复频域中锁相环路的线性相位模型。

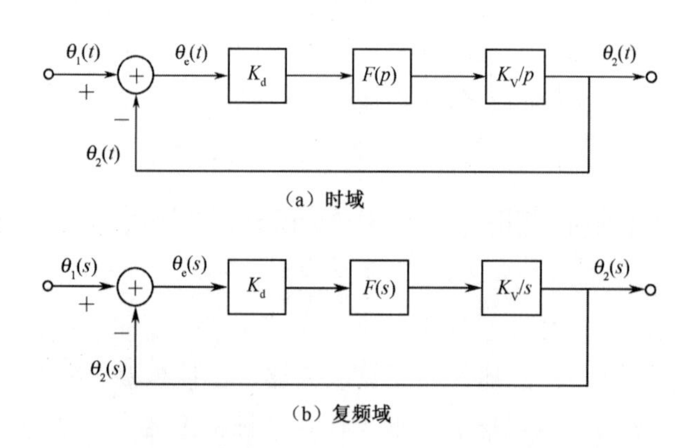

图 9-29　锁相环路线性相位模型

2．环路的传递函数

对于线性系统，描述各输入、输出特性关系的是系统传递函数，分析环路跟踪性能的重要依据是环路的传递函数。采用复频域传递函数描述可以简化系统分析，因此，常用复频域传递函数来描述锁相环路的基本特性。

环路的相位传递函数有 3 种，分别是开环传递函数、闭环传递函数、误差传递函数，不同的传递函数用于研究环路不同的响应特性。

（1）开环传递函数 $H_0(s)$。

开环传递函数研究环路断开 $[\theta_e(t)=\theta_1(t)]$ 时，由输入相位 $\theta_1(t)$ 所引起的输出相位 $\theta_2(t)$ 的响应，定义为

$$H_0(s)=\left.\frac{\theta_2(s)}{\theta_1(s)}\right|_{\text{开环}}=K\frac{F(s)}{s} \tag{9.4.44}$$

（2）闭环传递函数 $H(s)$。

闭环传递函数实际上就是系统传递函数，是研究闭环时由 $\theta_1(t)$ 引起输出相位 $\theta_2(t)$ 的响应，定义为

$$H(s)=\left.\frac{\theta_2(s)}{\theta_1(s)}\right|_{\text{闭环}}=\frac{KF(s)}{s+KF(s)} \tag{9.4.45}$$

（3）误差传递函数 $H_e(s)$。

误差传递函数研究在闭环时由 $\theta_1(t)$ 引起误差相位 $\theta_e(t)$ 的响应，定义为

$$H_e(s)=\frac{\theta_e(s)}{\theta_1(s)}=\frac{\theta_1(s)-\theta_2(s)}{\theta_1(s)}=\frac{s}{s+KF(s)} \tag{9.4.46}$$

三者之间存在如下关系：

$$H(s)=\frac{H_0(s)}{1+H_0(s)} \tag{9.4.47}$$

$$H_e(s)=\frac{1}{1+H_0(s)}=1-H(s) \tag{9.4.48}$$

在理解这些传递函数时，应该注意以下几点。

（1）这些传递函数都是将环路近似为线性系统得到的，要求 $|\theta_e(t)|\leqslant\frac{\pi}{6}$。

（2）式（9.4.47）、式（9.4.48）只有在单位反馈系统中才成立。

（3）锁相环是相位传递系统。传递函数中的 s 表示输入、输出信号频率的变化量，而不是输入、输出信号的载频。

如何理解这句话？

鉴相器的两个输入信号如下。

其一，晶体振荡器提供的参考输入信号为

$$u_i(t)=V_{im}\sin[\omega_0 t+(\omega_i-\omega_0)t]=V_{im}\sin[\omega_0 t+\theta_1(t)]$$

其二，VCO 的输出电压信号为

$$u_o(t)=V_{om}\cos[\omega_0 t+(\omega_V-\omega_0)t]=V_{om}\cos[\omega_0 t+\theta_2(t)]$$

式中，$\theta_1(t)=(\omega_i-\omega_0)t$ 为输入相位，$\theta_2(t)=(\omega_V-\omega_0)t$ 为输出相位。$\theta_1(t)$ 和 $\theta_2(t)$ 均表示频率变化量，而不是作为参考频率的 ω_0。

（4）对于闭环传递函数，由式（9.4.45）可知，当 $s\to 0$ 时，$H(s)\to 1$；当 $s\to\infty$ 时，$H(s)\to 0$。可见，闭环传递函数具有低通特性。

闭环传递函数的低通特性决定了锁相环路的窄带特性。当压控振荡器的频率锁定在输入频率上时，只有位于输入信号频率附近的干扰成分才能以低频干扰的形式进入环路，而绝大多数的干扰成分会受到环路低通滤波特性的抑制，从而使 VCO 的输出频谱较纯、噪声较小。

（5）误差传递函数，由式（9.4.46）可知，当 $s\to 0$ 时，$H_e(s)\to 0$；当 $s\to\infty$ 时，$H_e(s)\to 1$。可见，误差传递函数具有高通特性，这与 $H_e(s)=1-H(s)$ 是一致的。

3．环路的阶与型

（1）特征方程。

系统传递函数（闭环传递函数）与开环传递函数的关系为

$$H(s)=\frac{H_0(s)}{1+H_0(s)} \tag{9.4.49}$$

式$1+H_0(s)$被称为 PLL 的特征方程。特征方程的根［那些满足$1+H_0(s)=0$的 s 值］是闭环传递函数的极点，极点的位置决定了 PLL 的重要特性。在大多数环路中，开环传递函数可以写为

$$H_0(s)=\frac{A(s)}{B(s)} \tag{9.4.50}$$

式中，$A(s)$和$B(s)$为 s 的两个代数多项式。把式（9.4.50）代入式（9.4.47）和式（9.4.48）得到

$$H(s)=\frac{A(s)}{A(s)+B(s)} \tag{9.4.51}$$

$$H_e(s)=\frac{B(s)}{A(s)+B(s)} \tag{9.4.52}$$

多项式$A(s)+B(s)$称为特征多项式。

（2）环路的阶与型。

式（9.4.51）分母的根称为传递函数的极点［使$A(s)+B(s)=0$］，极点的个数也就是特征多项式$A(s)+B(s)$中 s 的最高次幂，定义为环路的阶数。若特征多项式的最高次幂是二次，则传递函数就有两个极点，环路为二阶。式（9.4.51）分子的根称为传递函数的零点［$A(s)=0$］，零点是环路稳定所必需的。

采用前面介绍的 3 种滤波器的环路传递函数都有两个极点，因此都为二阶环。为了简化采用不同环路滤波器的二阶环的命名，将采用 RC 积分滤波器、无源比例积分滤波器和有源比例积分滤波器的二阶环分别定义为典型二阶环、非理想二阶环和理想二阶环。

将 3 种滤波器的传递函数$F(s)$分别代入式（9.4.44）、式（9.4.45）和式（9.4.46），可得到由表 9-1 给出的 3 种不同二阶环的传递函数，其中传递函数表达式中的每个物理量都是与锁相环电路参数 K、τ_1 和 τ_2 相关的。这种形式的传递函数的表述非常复杂，很难从这些表达式中分析得出环路的性能。锁相环路是一个伺服系统，因此可引入伺服系统中常用的参数 ω_n——无阻尼振荡频率（单位为 rad/s），也叫固有频率，定义为$\xi=0$时系统的自然谐振频率；ξ 为阻尼系数，无量纲。用系统参数 ω_n、ξ 表示传递函数，会给系统设计带来很多方便。表 9-2 给出了不同形式二阶环的系统参数 ω_n、ξ 与电路参数 K、τ_1 和 τ_2 的关系。表 9-3 给出了用系统参数 ω_n、ξ 表示的环路传递函数的表达式。

在运用表 9-2 中的公式计算 ω_n 时应特别注意单位。式中，$K=K_dK_V$，K_V 的单位必须是$\mathrm{rad/(s\cdot V)}$。如果测量得到 K_V 的单位是 Hz/V，在代入表 9-3 中公式计算时必须把这个数值乘以 2π。按公式计算出 ω_n 的单位为$1/\mathrm{s}$与 rad/s 是相同的量纲，无须乘 2π。

表 9-1　二阶环的传递函数

	一　阶　环	典型二阶环	非理想二阶环	理想二阶环
$F(s)$	1	$\dfrac{1}{1+s\tau_1}$	$\dfrac{1+s\tau_2}{1+s\tau_1}$	$\dfrac{1+s\tau_2}{s\tau_1}$
$H_0(s)$	$\dfrac{K}{s}$	$\dfrac{K}{s(1+s\tau_1)}$	$\dfrac{K\left(\dfrac{1}{\tau_1}+s\dfrac{\tau_2}{\tau_1}\right)}{s^2+\dfrac{s}{\tau_1}}$	$\dfrac{s\dfrac{K\tau_2}{\tau_1}+\dfrac{k}{\tau_1}}{s^2}$
$H_e(s)$	$\dfrac{s}{s+K}$	$\dfrac{s^2+\dfrac{s}{\tau_1}}{s^2+\dfrac{s}{\tau_1}+\dfrac{K}{\tau_1}}$	$\dfrac{\dfrac{s}{\tau_1}+s^2}{s^2+s\left(\dfrac{1}{\tau_1}+K\dfrac{\tau_2}{\tau_1}\right)+\dfrac{K}{\tau_1}}$	$\dfrac{s^2}{s^2+s\dfrac{K\tau_2}{\tau_1}+\dfrac{K}{\tau_1}}$
$H(s)$	$\dfrac{K}{s+K}$	$\dfrac{\dfrac{K}{\tau_1}}{s^2+\dfrac{s}{\tau_1}+\dfrac{K}{\tau_1}}$	$\dfrac{s\dfrac{K\tau_2}{\tau_1}+\dfrac{K}{\tau_1}}{s^2+s\left(\dfrac{1}{\tau_1}+K\dfrac{\tau_2}{\tau_1}\right)+\dfrac{K}{\tau_1}}$	$\dfrac{s\dfrac{K\tau_2}{\tau_1}+\dfrac{K}{\tau_1}}{s^2+s\left(\dfrac{1}{\tau_1}+K\dfrac{\tau_2}{\tau_1}\right)}$

表 9-2　系统参数 ω_n、ξ 与电路参数 K、τ_1 和 τ_2 的关系

	典型二阶环	非理想二阶环	理想二阶环
ω_n	$\sqrt{\dfrac{K}{\tau_1}}$	$\sqrt{\dfrac{K}{\tau_1}}$	$\sqrt{\dfrac{K}{\tau_1}}$
ξ	$\dfrac{1}{2}\sqrt{\dfrac{1}{K\tau_1}}$	$\dfrac{1}{2}\sqrt{\dfrac{K}{\tau_1}\left(\tau_2+\dfrac{1}{K}\right)}$	$\dfrac{\tau_2}{2}\sqrt{\dfrac{K}{\tau_1}}$

表 9-3　用系统参数 ω_n、ξ 表示环路传递函数

	典型二阶环	非理想二阶环	理想二阶环
$H_e(s)$	$\dfrac{s^2+2\xi\omega_n s}{s^2+2\xi\omega_n s+\omega_n{}^2}$	$\dfrac{s\left(s+\dfrac{\omega_n{}^2}{K}\right)}{s^2+2\xi\omega_n s+\omega_n{}^2}$	$\dfrac{s^2}{s^2+2\xi\omega_n s+\omega_n{}^2}$
$H(s)$	$\dfrac{\omega_n{}^2}{s^2+2\xi\omega_n s+\omega_n{}^2}$	$\dfrac{s\left(2\xi\omega_n-\dfrac{\omega_n{}^2}{K}\right)+\omega_n{}^2}{s^2+2\xi\omega_n s+\omega_n{}^2}$	$\dfrac{2\xi\omega_n s+\omega_n{}^2}{s^2+2\xi\omega_n s+\omega_n{}^2}$

不同的二阶线性系统可以有相同的传递函数，但系统参数 ω_n、ξ 表达式不同。在如图 9-30 所示的 RLC 电路中，用 ω_n、ξ 表示的系统传递函数为

$$H(s)=\frac{u_o(s)}{u_i(s)}=\frac{\omega_n^2}{s^2+2\xi\omega_n s+\omega_n^2} \tag{9.4.53}$$

式中，$\omega_n=\dfrac{1}{\sqrt{LC}}$，$\xi=\dfrac{1}{2}\dfrac{R}{\sqrt{L/C}}$。

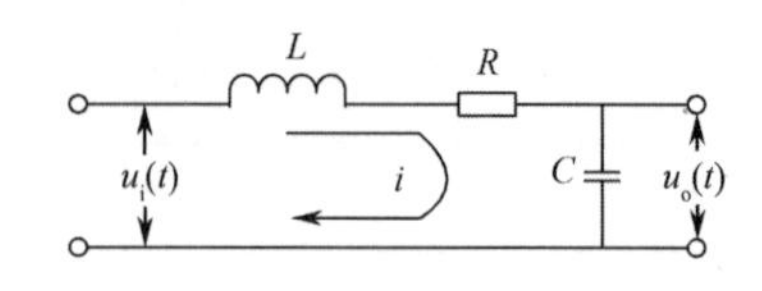

图 9-30　RLC 电路

由表 9-3 可知，RLC 电路与典型二阶环（RC 积分滤波器）的系统传递函数具有完全相同的形式，只是系统参数 ω_n 、ξ 的表达式不同。

利用上述传递函数，可以分析锁相环的跟踪特性、频率特性、噪声特性及稳定性。

4．环路的跟踪性能

锁相环的一个重要特点是对输入信号相位的跟踪能力，衡量跟踪性能好坏的指标是跟踪相位误差。环路的跟踪性能主要表现为两种响应，一种是输入信号的相位在受到频率为Ω 的正弦信号调制时系统的输出响应，称为系统的正弦稳态响应（或系统的频率响应）；另一种是输入暂态信号时系统的输出响应，称为系统的瞬态响应。前者在频域中研究锁相环路的载波跟踪和调制跟踪特性；后者在时域中，根据相位误差函数 $\theta_e(t)$ 对输入暂态信号的响应，研究环路跟踪速度的快慢，以及在跟踪过程中相位误差波动的大小、稳态相位误差的大小。稳态相位误差用于描述锁相环系统的跟踪性能和跟踪精度。

1）环路的时域跟踪性能——瞬态响应

本节通过分析环路对暂态相位信号的响应——瞬态响应，得到环路的跟踪精度、跟踪速度、稳态相位误差等时域性能指标。

在讨论瞬态响应之前首先要了解什么是暂态相位信号。

锁相环的输入量是相位，通常作用于 PLL 输入端的 3 种典型的暂态相位信号为相位阶跃信号、相位斜升信号（频率阶跃信号）、相位加速度信号（频率斜升信号），如图 9-31 所示。

（1）相位阶跃信号。

相位阶跃信号如图 9-31（a）所示，它的表达式为

$$\theta_1(t)=\Delta\theta\cdot 1(t) \tag{9.4.54}$$

式中，$\Delta\theta$ 为相位阶跃量，$1(t)$ 为单位阶跃函数，即

$$1(t)=\begin{cases}0, & t\leqslant 0\\ 1, & t>0\end{cases}$$

输入相位阶跃信号的拉氏变换为

$$\theta_1(s)=\Delta\theta/s \tag{9.4.55}$$

（2）相位斜升信号（频率阶跃信号）。

相位斜升信号如图 9-31（b）所示，它的表达式为

$$\theta_1(t)=\Delta\omega t\cdot 1(t) \tag{9.4.56}$$

式中，$\Delta\omega$ 为频率阶跃量。上式的拉氏变换为

$$\theta_1(s)=\Delta\omega/s^2 \tag{9.4.57}$$

（3）相位加速度信号（频率斜升信号）。

相位加速度信号如图 9-31（c）所示，它的表达式为

$$\theta_1(t)=\frac{1}{2}Rt^2\cdot 1(t) \tag{9.4.58}$$

式中，R 为频率斜升的斜率，即频率的变化率，单位是 $\mathrm{rad/s^2}$。此信号的拉氏变换为

$$\theta_1(s)=R/s^3 \tag{9.4.59}$$

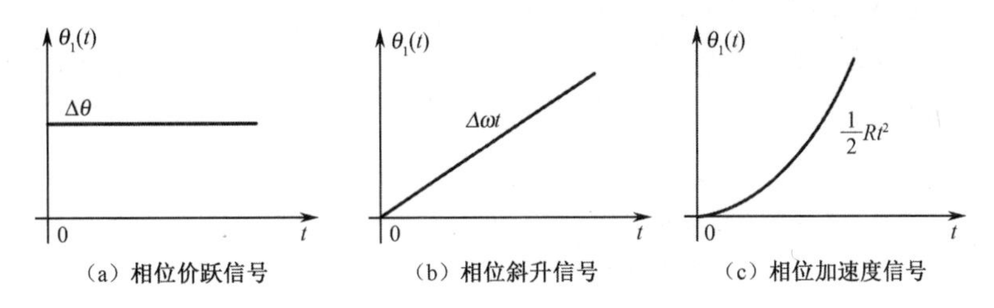

图 9-31　典型的暂态相位信号

这 3 种信号在实际工程中是由收发机的相对运动产生的。

设发射机发射信号的频率为 ω_t，瞬时相位为 $\omega_\mathrm{t}t$。若收发机的相对距离为 $S(t)$，则接收机接收信号的瞬时相位为

$$\theta_\mathrm{r}(t)=\omega_\mathrm{t}\left[t-S(t)/c\right] \tag{9.4.60}$$

式中，c 为光速。

接收信号的瞬时频率为

$$\omega_\mathrm{r}(t)=\omega_\mathrm{t}\left[1-\frac{\mathrm{d}S(t)}{c\mathrm{d}t}\right] \tag{9.4.61}$$

由式（9.4.60）和式（9.4.61）可以看出，若收发机进行匀速或匀加速运动，则接收信号的相位将进行斜升或加速度变化（频率进行阶跃变化或斜升变化）。这种由收发机相对运动而产生的频率变化称为多普勒频移。由式（9.4.60）可见，当收发机的距离发生突变时，接收信号的相位将发生阶跃变化。

2）环路对典型暂态相位信号的响应

环路对暂态相位信号的响应称为系统的瞬态响应。系统的瞬态响应包括两个过程：瞬态（暂态）过程和稳态过程。瞬态过程是指系统在外加信号作用下，从一个定态到另一个定态的过渡过程，用来描述跟踪速度的快慢，以及在跟踪过程中误差波动的大小。稳态过程在理论上是指当 $t\to\infty$ 时，系统的输出状态。实质上是指在控制过程结束后，系统所处的状态，此时的相位误差 $\theta_{\mathrm{e}\infty}$ 为稳态相位误差，$\theta_{\mathrm{e}\infty}$ 越小，系统的跟踪能力越强，跟踪精度越高。在环路锁定后，当输入信号的相位发生上述变化时，环路的相位误差经历从稳态 $\to$ 时变 $\to$ 锁定后达到新稳态的变化过程。

在瞬态响应过程中，环路的相位误差按一定的规律变化。描述瞬态响应主要有 3 个指标：过冲量 M_p、响应时间 t_s、稳态相位误差 $\theta_{\mathrm{e}\infty}$。这 3 个指标用于说明环路跟踪暂态相位信号时的跟踪速度和瞬态跟踪相位误差的大小。通常，瞬态响应指标根据环路对单位相位阶跃信号的响应来定义。典型的暂态响应曲线如图 9-32 所示，瞬态指标为 M_p、t_s，稳态指标为 $\theta_{\mathrm{e}\infty}$。

M_p 为环路的最大过冲量（或最大过调量），M_p 通常表示为百分比形式，定义为

$$M_{\mathrm{p}} = \frac{\theta_{\mathrm{e}}(t_{\mathrm{p}}) - \theta_{\mathrm{e}\infty}}{\theta_{\mathrm{e}\infty}} \times 100\% \qquad (9.4.62)$$

式中，t_p（峰值时间）定义为响应曲线达到第一个过冲峰点所需要的时间，$\theta_{e\infty}$ 为稳态相差。图 9-33 给出了 M_p 与阻尼系数 ξ 的关系。从图可看出：ξ 越小，过冲量 M_p 越大；过冲量 M_p 越大，会导致系统稳定性变差。但这并不意味着 M_p 越小越好，当 M_p 过小（ξ 很大）时，$\theta_{e\infty}$（稳态相差）会很大，而 $\theta_{e\infty}$ 表征系统的跟踪精度，因此 $\theta_{e\infty}$ 不能过大，工程上通常取 ξ=0.707。

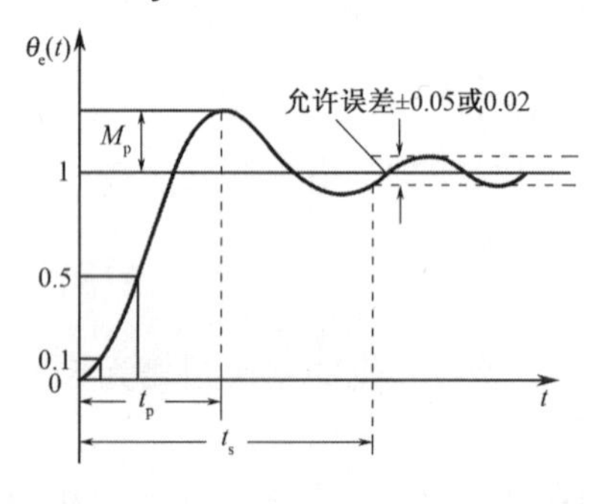

图 9-32　暂态响应曲线

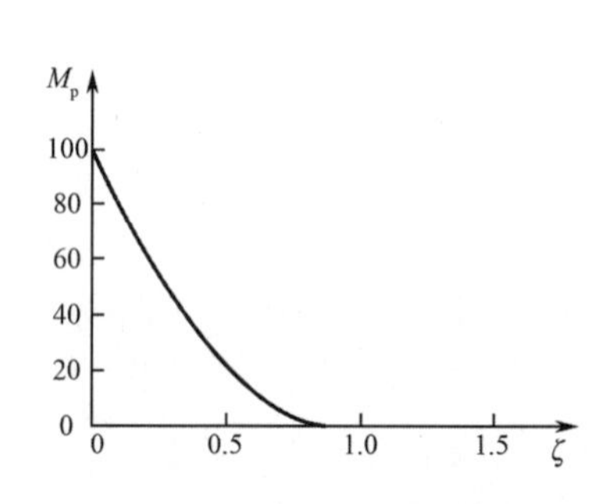

图 9-33　M_p 与 ξ 关系曲线

响应时间（调节时间）t_s 为暂态过程结束所需的时间，即响应曲线达到并最终保持在允许的稳态值误差范围之内（2%～5%）所需的时间，或者说，经过时间 t_s 后，环路相位误差中的瞬态项可忽略不计。描述稳态过程的性能指标 $\theta_{e\infty}$（稳态相差）定义为当时间趋于无穷时，系统进入稳定状态之后的静态相位误差，即

$$\theta_{\mathrm{e}\infty} = \lim_{t\to\infty}\theta_{\mathrm{e}}(t) = \lim_{s\to 0}\theta_{\mathrm{e}}(s) \qquad (9.4.63)$$

只要在整个过程中环路的相位误差 $\theta_e(t)$ 不超出鉴相器的线性工作区，就可以将环路看成二阶线性系统，用传递函数描述环路的变化特性。

研究瞬态响应的基本步骤如下。

- 根据输入相位的时间变化 $\theta_1(t)$，求出输入相位的拉氏变换 $\theta_1(s)$；
- 求出环路的传递函数 $H(s)$ 或 $H_e(s)$；
- 根据环路的传递函数，求出输出量的拉氏变换：

$$\theta_2(s) = \theta_1(s)H(s) \text{ 或 } \theta_{\mathrm{e}}(s) = \theta_1(s)H_{\mathrm{e}}(s) \qquad (9.4.64)$$

- 运用拉氏反变换求出输出量随时间的变化特性：

$$\theta_2(t) = \mathrm{L}^{-1}[\theta_2(s)] \text{ 或 } \theta_{\mathrm{e}}(t) = \mathrm{L}^{-1}\left[\theta_{\mathrm{e}}(s)\right] = \mathrm{L}^{-1}\left[\theta_1(s)H_{\mathrm{e}}(s)\right] \qquad (9.4.65)$$

- 求稳态相位误差

$$\theta_{\mathrm{e}\infty} = \lim_{t\to\infty}\theta_{\mathrm{e}}(t) = \lim_{s\to 0}\theta_{\mathrm{e}}(s)$$

下面分析环路对输入典型暂态相位信号的响应——瞬态响应。将表 9-3 中二阶环路的 $H_e(s)$ 及 3 种典型暂态相位信号的拉氏变换式分别代入式（9.4.65），可得到不同的二阶环路对 3 种典型暂态相位信号的响应。

（1）对相位阶跃信号（如 PSK 信号）的响应。

相位阶跃信号$\theta_1(t)=\Delta\theta\cdot 1(t)$，拉氏变换为$\theta_1(s)=\Delta\theta/s$，式中$\Delta\theta$为相位阶跃量。

（a）RC 积分滤波器构成的典型二阶环的响应。

由 RC 积分滤波器构成的典型二阶环与 RLC 电路构成的二阶线性系统具有完全相同的$H(s)$，因此它对相位阶跃信号的响应与 RLC 电路对单位阶跃电压响应的规律完全相同。式（9.4.66）给出，当ξ取不同值时，RLC 电路在单位阶跃电压输入作用下输出响应的不同形式，即

$$\begin{cases} u_o(t)=1-\dfrac{e^{-\xi\omega_n t}}{\sqrt{1-\xi^2}}\sin\left[\sqrt{1-\xi^2}\omega_n t+\arctan\dfrac{\sqrt{1-\xi^2}}{\xi}\right], 0<\xi<1 \\ u_o(t)=1-e^{-\omega_n t}(1+\omega_n t),\ \xi=1 \\ u_o(t)=1-\dfrac{e^{-(\xi-\sqrt{\xi^2-1})\omega_n t}}{2\sqrt{\xi^2-1}(\xi-\sqrt{\xi^2-1})}+\dfrac{e^{-(\xi+\sqrt{\xi^2-1})\omega_n t}}{2\sqrt{\xi^2-1}(\xi+\sqrt{\xi^2-1})},\ \xi>1 \end{cases} \tag{9.4.66}$$

由此可画出二阶系统的输出响应曲线，如图 9-34 所示。

由图 9-34 可见，当$0<\xi<1$时，响应为衰减振荡，系统称为欠阻尼系统，这种系统响应的暂态过程在稳定值的上下振荡，振荡的频率$\omega_d<\omega_n$，由于存在振荡，暂态过程出现过冲，即瞬时值大于稳定值；当$\xi>1$时，响应为单调上升的曲线，是非振荡型过阻尼系统；$\xi=1$是上述两者的临界状态，这种系统称为临界阻尼系统，系统的响应没有过冲现象。通常锁相环设计在欠阻尼状态，即$0<\xi<1$。

在理解二阶线性系统瞬态响应性能指标时，应注意这些指标是在下面的假设条件下定义的：

- 系统的初始条件为 0，即在外加信号作用之前，系统处于静止或平衡状态，输出量及各级导数为 0；
- 各项指标是根据系统在单位阶跃信号作用下的瞬态响应而定义的；
- 对于$\xi\geqslant 1$的二阶环及一阶环的瞬态过程为非振荡过程。

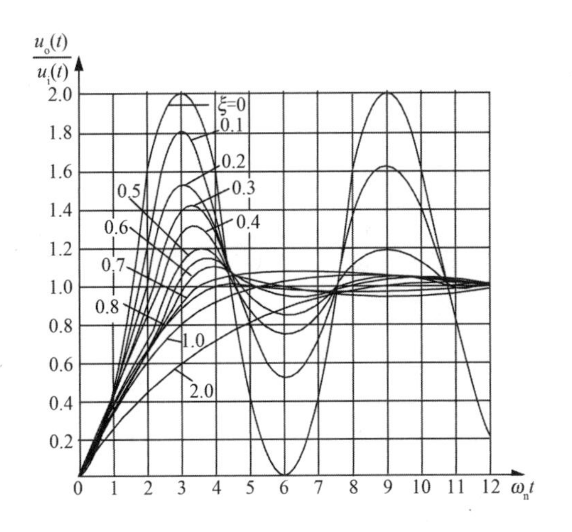

图 9-34　二阶系统的输出响应曲线

由式（9.4.66）可知，在相位阶跃信号的作用下，当 RC 积分滤波器构成的典型二阶环经历暂态过程达到稳定状态时，不存在稳态相位误差，即 $\theta_{e\infty}=0$。典型二阶环可无相差跟踪相位阶跃信号。

（b）有源积分滤波器构成的理想二阶环的响应。

锁相环路的相位误差响应为

$$\begin{cases}\theta_e(t)=\Delta\theta e^{-\xi\omega_n t}\left[\cosh(\omega_n\sqrt{\xi^2-1}t)-\dfrac{\xi}{\sqrt{\xi^2-1}}\sinh(\omega_n\sqrt{\xi^2-1}t)\right],\ \xi>1\\ \theta_e(t)=\Delta\theta e^{-\xi\omega_n t}(1-\omega_n t),\ \xi=1\\ \theta_e(t)=\Delta\theta e^{-\xi\omega_n t}\left[\cos(\omega_n\sqrt{1-\xi^2}t)-\dfrac{\xi}{\sqrt{1-\xi^2}}\sin(\omega_n\sqrt{1-\xi^2}t)\right],0<\xi<1\end{cases}\tag{9.4.67}$$

由式（9.4.67）可得 ξ 取不同值的暂态响应曲线，如图 9-35 所示，纵坐标中的 $\Delta\theta$ 为相位阶跃量。观察相位误差响应曲线，可得如下结论。

- 当 $t=0$ 时，环路有最大的相位误差值 $\Delta\theta$，这是由于 $t=0$ 时环路还未来得及进行反馈控制。显然该值不应超过鉴相器鉴相特性的线性范围。当 $t\to\infty$ 时，$\theta_{e\infty}\to 0$，即稳态相位误差为 0。
- ξ 越小，瞬态过程的振荡幅度越大；ξ 越大，暂态时间 t_s 越短。
- 比较图 9-34 和图 9-35 可知，理想二阶环比典型二阶环的响应速度快得多，这是因为在理想二阶环中滤波器的传递函数 $F(j\Omega)=\dfrac{1+j\Omega\tau_2}{j\Omega\tau_1}$ 比在典型二阶环中滤波器的传递函数 $F(j\Omega)=\dfrac{1}{(1+j\Omega\tau_1)}$ 增加了一个相位超前项，该超前项能改善环路的响应速度。

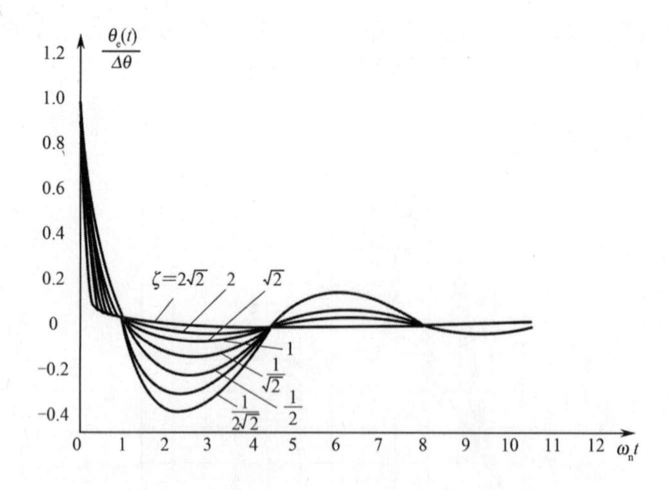

图 9-35　理想二阶环对相位阶跃输入信号的暂态响应

（c）无源比例积分滤波器构成的非理想二阶环的响应。

锁相环路的相位误差响应为

$$\begin{cases}\theta_e(t)=\Delta\theta e^{-\xi\omega_n t}\left[\cosh(\omega_n\sqrt{\xi^2-1}t)+\dfrac{\dfrac{\omega_n}{K}-\xi}{\sqrt{\xi^2-1}}\sinh(\omega_n\sqrt{\xi^2-1}t)\right],\ \xi>1\\ \theta_e(t)=\Delta\theta e^{-\xi\omega_n t}\left[1+(\dfrac{\omega_n}{K}-1)\omega_n t\right],\ \xi=1\\ \theta_e(t)=\Delta\theta e^{-\xi\omega_n t}\left[\cos(\omega_n\sqrt{1-\xi^2}t)+\dfrac{\dfrac{\omega_n}{K}-\xi}{\sqrt{\xi^2-1}}\sin(\omega_n\sqrt{1-\xi^2}t)\right],\ 0<\xi<1\end{cases}\tag{9.4.68}$$

通常 $\dfrac{\omega_n}{K}\ll\xi$，所以可以用图 9-35 给出的理想二阶环相位误差响应曲线近似地表示非理想二阶环相位误差响应曲线。

综上所述，对于输入的相位阶跃信号，二阶环都能实现无误差相位跟踪，即稳态相差 $\theta_{e\infty}\to 0$。

（2）对频率阶跃信号的响应。

频率阶跃信号 $\theta_1(t)=\Delta\omega t\cdot 1(t)$。

式中，$\Delta\omega$ 为频率阶跃量。上式的拉氏变换为 $\theta_1(s)$ $=\Delta\omega/s^2$。

（a）RC 积分滤波器构成的典型二阶环的响应。

锁相环路的相位误差响应为

$$\begin{cases}\theta_e(t)=2\xi\dfrac{\Delta\omega}{\omega_n}+\dfrac{\Delta\omega}{\omega_n}e^{-\omega_n\xi t}\left[\dfrac{1-2\xi^2}{\sqrt{\xi^2-1}}\sinh(\omega_n\sqrt{\xi^2-1}t)-2\zeta\cosh(\omega_n\sqrt{\xi^2-1}t)\right],\ \xi>1\\ \theta_e(t)=2\dfrac{\Delta\omega}{\omega_n}-\dfrac{\Delta\omega}{\omega_n}e^{-\omega_n t}(2+\omega_n t),\ \xi=1\\ \theta_e(t)=2\xi\dfrac{\Delta\omega}{\omega_n}+\dfrac{\Delta\omega}{\omega_n}e^{-\omega_n\xi t}\left[\dfrac{1-2\xi^2}{\sqrt{1-\xi^2}}\sin(\omega_n\sqrt{1-\xi^2}t)-2\zeta\cos(\omega_n\sqrt{1-\xi^2}t)\right],\ 0<\xi<1\end{cases}\tag{9.4.69}$$

根据式（9.4.69）可画出相位误差响应曲线，如图 9-36 所示。

在锁相环路设计中，通常取 $0<\xi<1$。在 $\theta_e(t)$ 表达式中有两项：第一项是常数，第二项随时间减小。其物理意义：典型二阶环在跟踪频率阶跃输入信号时，瞬态响应分为两项，第一项所描述的是环路过渡过程结束后进入稳态过程的稳态相差 $\theta_e(t)=2\xi\dfrac{\Delta\omega}{\omega_n}=\dfrac{\Delta\omega}{K}$，其中 K 为环路增益，第二项描述暂态响应的暂态过程，当 $t\to\infty$ 时，该项趋于 0。

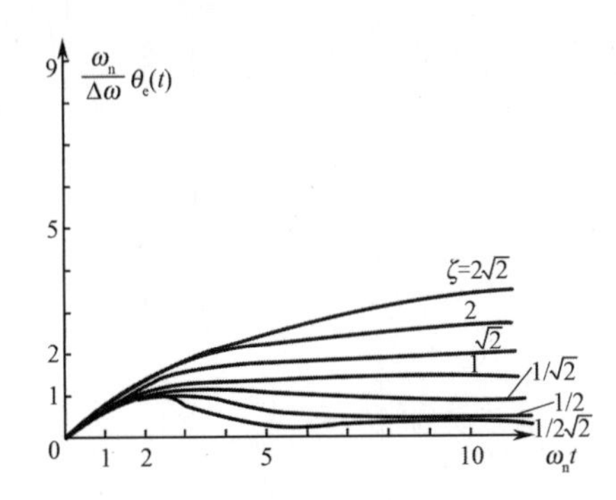

图 9-36　典型二阶环对频率阶跃信号输入的相位误差响应

由上述分析可知，典型二阶环跟踪频率阶跃信号有稳定相差，无频差。稳态相差越小，表示跟踪性能越好，因此在设计时应该注意以下问题。

- 由式（9.4.69）可知，要使稳态相差 $\theta_{e\infty}=2\xi\dfrac{\Delta\omega}{\omega_n}=\dfrac{\Delta\omega}{K}$ 尽可能小，必须增大 K，即增大 ω_n，或者减小 ξ。
- ξ 过小会导致过冲量大，瞬态过渡时间长，并且系统不稳定，因此必须兼顾稳态相差和系统的稳定性，通常取 $\xi=0.707$。

（b）有源积分滤波器构成的理想二阶环的响应。

锁相环路的相位误差响应为

$$\begin{cases}\theta_e(t)=\dfrac{\Delta\omega}{\omega_n}\mathrm{e}^{-\xi\omega_n t}\dfrac{\sinh\omega_n\sqrt{\xi^2-1}t}{\sqrt{\xi^2-1}},\ \ \xi>1\\ \theta_e(t)=\dfrac{\Delta\omega}{\omega_n}\mathrm{e}^{-\omega_n t}\omega_n t,\ \ \xi=1\\ \theta_e(t)=\dfrac{\Delta\omega}{\omega_n}\mathrm{e}^{-\xi\omega_n t}\dfrac{\sin\omega_n\sqrt{1-\xi^2}t}{\sqrt{1-\xi^2}},\ 0<\xi<1\end{cases}\tag{9.4.70}$$

ξ 取不同值时的相位误差响应曲线如图 9-37 所示。图 9-37（a）是当 $\omega_n t$ 较小时的相位误差响应曲线，图 9-37（b）是当 $\omega_n t$ 较大时的相位误差响应曲线。

分析图 9-37 可总结出以下规律。

- 暂态过程的性质由 ξ 决定。当 $\xi<1$ 时，暂态过程是衰减振荡，环路处于欠阻尼振荡状态，振荡频率为 $\sqrt{1-\xi^2}\omega_n$；当 $\xi>1$ 时，暂态过程按指数衰减，尽管有可能产生过冲，但不会在稳态值附近多次摆动，环路处于过阻尼状态；当 $\xi=1$ 时，环路处于临界阻尼状态，其暂态过程没有振荡。
- 当 $\xi=0$ 时，振荡频率为 ω_n，所以 ω_n 作为无阻尼自由振荡频率的物理意义非常明确。
- 由图 9-37 可见，二阶环的暂态过程有过冲现象，过冲量的大小与 ξ 有关，ξ 越小，过冲量越大，环路的稳定性越差。
- 稳态相位误差 $\theta_{e\infty}=0$，即理想二阶环路可无相差地跟踪频率阶跃输入信号。

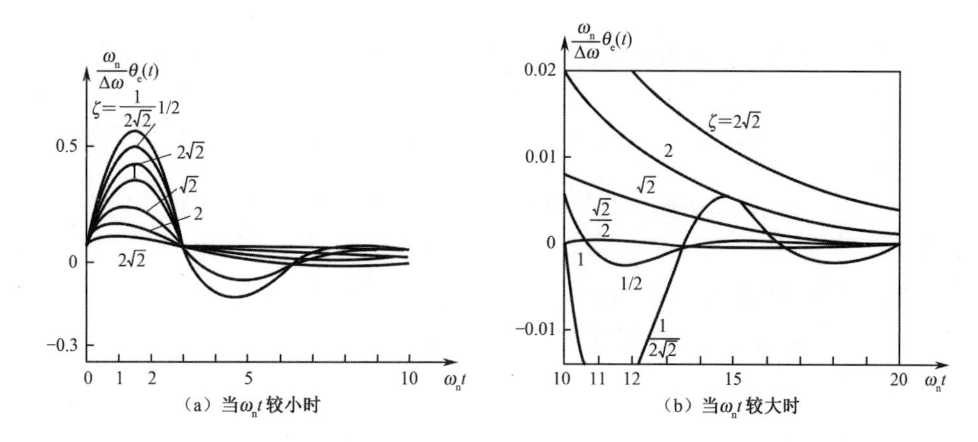

图 9-37　理想二阶环对频率阶跃信号输入的相位误差响应曲线

（c）无源比例积分滤波器构成的非理想二阶环的响应。

锁相环路的相位误差响应为

$$
\begin{cases}
\theta_e(t)=\dfrac{\Delta\omega}{K}+\dfrac{\Delta\omega}{\omega_n}e^{-\omega_n\xi t}\left[\dfrac{1-\dfrac{\omega_n\xi}{K}}{\sqrt{\xi^2-1}}\sinh(\omega_n\sqrt{\xi^2-1}t)-\dfrac{\omega_n}{K}\cosh(\omega_n\sqrt{\xi^2-1}t)\right],\quad \xi>1 \\
\theta_e(t)=\dfrac{\Delta\omega}{K}-\dfrac{\Delta\omega}{\omega_n}e^{-\omega_n t}(\omega_n t-\dfrac{\omega_n^2}{K}t-\dfrac{\omega_n}{K}),\quad \xi=1 \\
\theta_e(t)=\dfrac{\Delta\omega}{K}+\dfrac{\Delta\omega}{\omega_n}e^{-\omega_n\xi t}\left[\dfrac{1-\dfrac{\omega_n\xi}{K}}{\sqrt{1-\zeta^2}}\sin(\omega_n\sqrt{1-\xi^2}t)-\dfrac{\omega_n}{K}\cos(\omega_n\sqrt{1-\xi^2}t)\right],\quad 0<\xi<1
\end{cases}
\tag{9.4.71}
$$

当环路增益K足够大时，式（9.4.71）与式（9.4.70）基本相同，所以可以用图 9-37 给出的理想二阶环的相位误差响应曲线近似地表示非理想二阶环的相位误差响应曲线。

（3）对频率斜升信号的响应。

频率斜升信号

$$\theta_1(t)=\frac{1}{2}Rt^2\cdot 1(t)$$

此信号的拉氏变换为

$$\theta_1(s)=R/s^3$$

式中，R为频率斜升的斜率，即频率的变化率，单位是rad/s^2。

（a）RC 积分滤波器构成的典型二阶环的响应。

当$0<\xi<1$时，锁相环路的相位误差响应为

$$
\begin{aligned}
\theta_e(t)=&\frac{R}{\omega_n^2}(1-4\xi^2)+\frac{2\xi Rt}{\omega_n}-\frac{R}{\omega_n^2}e^{-\omega_n\xi t}[(1-4\xi^2)\cos(\omega_n\sqrt{1-\xi^2}t)+ \\
&\frac{\zeta}{\sqrt{1-\xi^2}}(3-4\xi^2)\sin(\omega_n\sqrt{1-\xi^2}t)]
\end{aligned}
\tag{9.4.72}
$$

由式（9.4.72）可见，在相位误差响应中包含 1 个固定的相差项 $\frac{R}{\omega_n^2}(1-4\xi^2)$、1 个线性增长项 $\frac{2\xi Rt}{\omega_n}$ 和 1 个随时间指数衰减项。其中，相位随时间线性增长项意味着存在一个固定的频差 $2\xi R/\omega_n$，由它引起了相位误差的积累 $(2\xi R/\omega_n)t$。对于采用 RC 积分滤波器构成的典型二阶环，$\omega_n/2\xi=K$，当 $K \gg R$ 时，即高增益时，其响应曲线可近似用随后介绍的理想二阶环的响应曲线表示。

（b）有源积分滤波器构成的理想二阶环的响应。

锁相环路的相位误差响应为

$$\begin{cases}\theta_e(t)=\dfrac{R}{\omega_n^2}-\dfrac{R}{\omega_n^2}e^{-\omega_n\xi t}\left[\cosh(\omega_n\sqrt{\xi^2-1}t)+\dfrac{\xi}{\sqrt{\xi^2-1}}\sinh(\omega_n\sqrt{\xi^2-1}t)\right],\ \xi>1\\ \theta_e(t)=\dfrac{R}{\omega_n^2}-\dfrac{R}{\omega_n^2}e^{-\omega_n\xi t}(1+\omega_n t),\ \xi=1\\ \theta_e(t)=\dfrac{R}{\omega_n^2}-\dfrac{R}{\omega_n^2}e^{-\omega_n\xi t}\left[\cos(\omega_n\sqrt{1-\xi^2}t)+\dfrac{\xi}{\sqrt{1-\xi^2}}\sin(\omega_n\sqrt{1-\xi^2}t)\right],\ 0<\xi<1\end{cases} \tag{9.4.73}$$

ξ 取不同值时的误差响应曲线如图 9-38 所示。

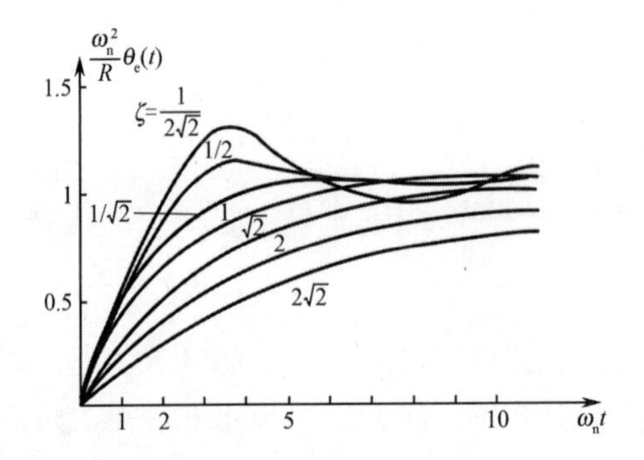

图 9-38　理想二阶环对频率斜升信号输入的相位误差响应

结论：理想二阶环能无频差地跟踪频率斜升信号，但有 $\frac{R}{\omega_n^2}$ 的稳态相差。

（c）无源比例积分滤波器构成的非理想二阶环的响应。

当 $0<\xi<1$ 时，锁相环路的相位误差响应为

$$\theta_e(t)=\frac{R}{\omega_n^2}(1-2\zeta\frac{\omega_n}{K})+\frac{R}{K}t-\frac{R}{\omega_n^2}e^{-\omega_n\zeta t}\left[(1-2\zeta\right.$$
$$\left.\frac{\zeta-\frac{\omega_n}{K}(2\zeta^2-1)}{\sqrt{\zeta^2-1}}\sin(\omega_n\sqrt{1-\zeta^2}t)\right] \tag{9.4.74}$$

式（9.4.74）与式（9.4.73）表示的理想二阶环的误差响应类似。它包括固定相差项

$\frac{R}{\omega_n^2}(1-2\zeta\frac{\omega_n}{K})$、线性增长项 $\frac{R}{K}t$ 及随时间指数衰减项。也就是说，这种跟踪有固定的频差 R/K，固定频差 R/K 引起的相位误差的积累经过足够长的时间，最终会超过鉴相特性的线性工作区域而导致环路失锁。因此，这种环路只能在有限时间内对输入频率斜升信号进行跟踪。

综上所述，二阶环对典型暂态相位信号输入的响应过程的性质由 ξ 决定。通常二阶环设计都取 $0<\xi<1$。暂态过程是衰减振荡，环路处于欠阻尼状态。暂态过程的相位差称为暂态相位差，其值不仅与环路参数有关，还与输入信号的变化形式有关。稳态相差 $\theta_{e\infty}$ 可利用中值定理求出，$\theta_{e\infty}=\lim_{t\to\infty}\theta_e(t)=\lim_{s\to 0}\theta_e(s)$。表 9-4 给出了典型相位信号输入不同的二阶环时的稳态相差。

表 9-4　典型相位信号输入不同的二阶环时的稳态相差

典型相位信号	一阶环 $F(s)=1$	二阶 1 型环 $F(s)=\frac{1}{1+S\tau_1}$	二阶 1 型环 $F(s)=\frac{1+S\tau_2}{1+S\tau_1}$	二阶 2 型环 $F(s)=\frac{1+S\tau_2}{S\tau_1}$	三阶 3 型环 $F(s)=(\frac{1+S\tau_2}{S\tau_1})^2$
相位阶跃	0	0	0	0	0
频率阶跃	$\frac{\Delta\omega}{K}$	$\frac{\Delta\omega}{K}$	$\frac{\Delta\omega}{K}$	0	0
斜率斜升	∞	∞	∞	$\frac{\tau_1 R}{K}$	0

在理解表 9-4 时应注意以下几个问题。

- 环路的“阶”与“型”。

表达式 $1+H_0(s)$ 称为 PLL 的特征方程。特征方程的根（那些满足 $1+H_0(s)=0$ 的 s 值）是闭环传递函数的极点。环路的“阶”由闭环传递函数的极点数确定，环路的“型”由原点处的极点数确定（也就是环路中理想积分器 $1/s$ 的个数）。从这个意义上说，“阶”永远不会低于“型”。在锁相环电路中，VCO 是一个固有积分环节，因此环路至少是 1 型的。例如，无源比例积分滤波器的二阶环开环传递函数为

$$H_o(s)=\frac{K(\frac{1}{\tau_1}+s\frac{\tau_2}{\tau_1})}{s^2+\frac{s}{\tau_1}}=\frac{K(\frac{1}{\tau_1}+s\frac{\tau_2}{\tau_1})}{s(s+\frac{1}{\tau_1})}$$

因此，无源比例积分滤波器的二阶环是二阶 1 型的，综上，无环路滤波器——一阶 1 型环，RC 积分滤波器——二阶 1 型环，无源比例积分滤波器——二阶 1 型环，高增益有源比例积分滤波器——二阶 2 型环，两阶高增益有源比例积分滤波器——三阶 3 型环。

- 只有在研究环路的线性性能时，$p(\mathrm{d}/\mathrm{d}t)$、$s$、$\mathrm{j}\omega$ 之间才有互换关系。

分析表 9-4 可知：

- 相同环路对不同输入的跟踪能力不同，输入变化越快，跟踪性能越差，$\theta_{e\infty}=\infty$ 意

味着环路不能跟踪。

- 同一输入，采用不同滤波器环路的跟踪性能不同。可见滤波器环路对改善环路跟踪性能有作用。
- 同是二阶环，对同一信号的跟踪能力并不取决于“阶”，而与环路的“型”有关（环内理想积分因子 $1/s$ 的个数）。
- 三阶3型环可零相差跟踪频率斜升信号，理想二阶环（二阶2型环）跟踪频率斜升信号的稳态相位误差与频率的变化率 R 成正比。

3）环路的频域跟踪特性——正弦稳态响应

当锁相环的输入信号为正弦相位信号时，系统的输出响应称为系统的正弦稳态响应。所谓的相位信号是指输入相位 $\theta_1(t)$ 受到正弦调制。在这种情况下，用环路的频率特性分析环路对 $\theta_1(t)$ 的响应比较方便，因此又称其为锁相环路的频率响应。研究频率响应，可得到载波跟踪和调制跟踪这两个重要的跟踪特性，同时，频率响应是决定锁相环路对信号和噪声过滤性能好坏的重要特性。下面以输入调角信号为例，分析环路对正弦相位信号的响应，即正弦稳态响应。

输入调角波（FM或PM）信号的瞬时电压

$$u_i(t)=V_{im}\cos\left[\omega_0 t+m_i\sin\Omega t\right]$$

式中，ω_0 是信号的载波频率，Ω 是调制信号的频率，m_i 是调制指数。该输入信号电压的频谱是以 ω_0 为中心、谱线间隔为Ω、幅值为相应的贝塞尔函数值的无数条谱线，可表示为

$$u_{FM}(t)=\sum_{-\infty}^{+\infty}J_n(m_f)\cos(\omega_0\pm n\Omega)t$$

输入调角信号电压的频谱如图9-39所示。

该输入信号的瞬时相位变化为 $\theta_1(t)=m_i\sin\Omega t$。其频谱是一根频率为$\Omega$、幅值为 m_i 的谱线。输入调角信号的相位谱如图9-40所示。

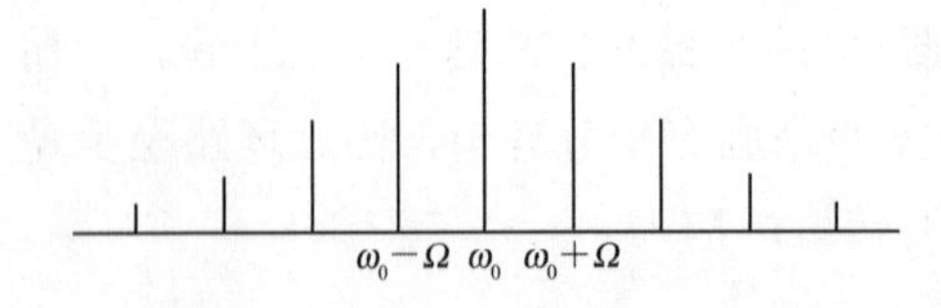

图9-39 输入调角信号电压的频谱

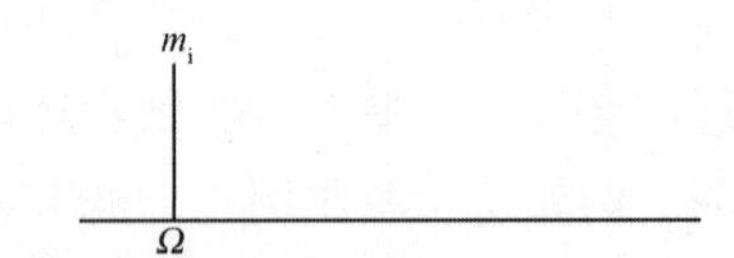

图9-40 输入调角信号的相位谱

由图9-40可知，输入正弦相位信号有两组谱线：第一组是电压谱 $u_i(t)$，处于高端；第二组是相位谱 $\theta_1(t)$，处于低端。研究锁相环路的频率响应是研究其对输入信号相位谱的响应，而不是研究其对输入信号电压谱的响应。

假设锁相环的输入信号是一单音调制的调角波：

$$u_i(t)=V_{im}\sin\left[\omega_0 t+m_i\sin(\Omega t+\theta_i)\right] \tag{9.4.75}$$

输入瞬时相位为

$$\theta_1(t)=m_i\sin(\Omega t+\theta_i) \tag{9.4.76}$$

这是一个频率为Ω的正弦相位，输入相位的幅值是m_{i}，初始相角为θ_{i}。

相应 VCO 的输出信号为

$$u_{\mathrm{o}}(t)=V_{\mathrm{om}}\cos\left[\omega_0 t+\theta_2(t)\right] \tag{9.4.77}$$

正弦稳态响应就是研究输出相位$\theta_2(t)$随输入相位$\theta_1(t)$变化的规律。

由于锁相环路近似为线性系统，在正弦输入相位作用下，输出相位一定是同频的正弦相位，可表示为

$$\theta_2(t)=m_{\mathrm{o}}\sin(\Omega t+\theta_{\mathrm{o}}) \tag{9.4.78}$$

式中，m_{o}是输出相位的幅度，θ_{o}是输出相位的初始相角。正弦信号$\theta_1(t)$通过传递函数为$H(s)$的线性系统，其响应$\theta_2(t)$为

$$\theta_2(\mathrm{j}\omega)=H(\mathrm{j}\omega)\theta_1(\mathrm{j}\omega) \tag{9.4.79}$$

输出相位的幅度m_{o}与输入相位的幅度m_{i}之间的关系取决于闭环频率响应$H(\mathrm{j}\Omega)$的模，即

$$m_{\mathrm{o}}=m_{\mathrm{i}}\left|H(\mathrm{j}\Omega)\right| \tag{9.4.80}$$

在式（9.4.78）中，输出相位的初始相角θ_{o}等于输入相位的初始相角θ_{i}加上闭环传递函数$H(\mathrm{j}\Omega)$的相移，即

$$\theta_{\mathrm{o}}=\theta_{\mathrm{i}}+\arg H(\mathrm{j}\Omega) \tag{9.4.81}$$

在单一频率的正弦输入相位$\theta_1(t)$作用下，环路的误差相位$\theta_{\mathrm{e}}(t)$也是同频的正弦相位，可表示为

$$\theta_{\mathrm{e}}(t)=m\sin(\Omega t+\theta) \tag{9.4.82}$$

$$\theta_{\mathrm{e}}(\mathrm{j}\omega)=H_{\mathrm{e}}(\mathrm{j}\omega)\theta_1(\mathrm{j}\omega) \tag{9.4.83}$$

正弦误差相位$\theta_{\mathrm{e}}(t)$的幅度m及相位θ与输入相位之间的关系取决于环路的误差频率响应$H_{\mathrm{e}}(\mathrm{j}\Omega)$。它们之间的关系为

$$m=m_{\mathrm{i}}\left|H_{\mathrm{e}}(\mathrm{j}\Omega)\right| \tag{9.4.84}$$

$$\theta=\theta_{\mathrm{i}}+\arg H_{\mathrm{e}}(\mathrm{j}\Omega) \tag{9.4.85}$$

式（9.4.78）、式（9.4.82）表明，输出相位$\theta_2(t)$与误差相位$\theta_{\mathrm{e}}(t)$都是与输入相位$\theta_1(t)$同频的正弦相位。

下面介绍与频率响应特性相关的波特图（Bode Diagram）。波特图是频率响应的对数坐标图，它由幅频特性对数坐标图和相频特性对数坐标图构成。之所以叫“对数坐标图”，是因为波特图的坐标轴都是以对数分度的。例如，横坐标以$\lg\omega$均匀分度，但为了读取频率方便，仍用ω作为标度，如图 9-41 所示。

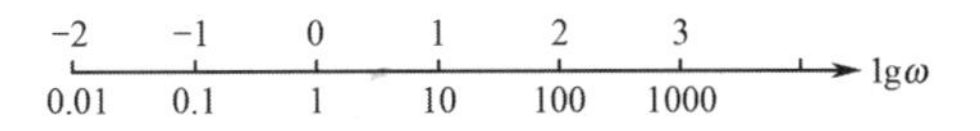

图 9-41　波特图中的横坐标

在波特图中，横坐标刻度变化 1，频率变化就是 10 个倍频程，即 1 个刻度表示 10 个倍频程。幅频特性曲线的纵坐标为$20\lg\left|H(\mathrm{j}\Omega)\right|=20\lg H(\Omega)$，相频特性曲线的纵坐标以°为单位。选取对数坐标的目的是扩展坐标的表示范围。

（1）理想二阶环的频率响应。

用 $s=\mathrm{j}\Omega$ 代入理想二阶环的闭环传递函数，得到它的闭环频率响应为

$$H(\mathrm{j}\Omega)=\frac{\omega_\mathrm{n}^2+\mathrm{j}2\xi\omega_\mathrm{n}\Omega}{\omega_\mathrm{n}^2-\Omega^2+\mathrm{j}2\xi\omega_\mathrm{n}\Omega} \tag{9.4.86}$$

引入归一化频率 $x=\dfrac{\Omega}{\omega_\mathrm{n}}$，式（9.4.86）可改写为

$$H(\mathrm{j}x)=\frac{1+\mathrm{j}2\xi x}{1-x^2+\mathrm{j}2\xi x} \tag{9.4.87}$$

其幅频特性和相频特性分别为

$$|H(\mathrm{j}x)|=\sqrt{\frac{1+4\xi^2x^2}{(1-x^2)^2+4\xi^2x^2}} \tag{9.4.88}$$

$$\arg H(\mathrm{j}x)=\arctan 2\xi x-\arctan\frac{2\xi x}{1-x^2} \tag{9.4.89}$$

由式（9.4.88）和式（9.4.89）可画出闭环频率响应的波特图，如图9-42所示。

其中图9-42（a）为闭环频率响应的幅频特性，图9-42（b）为闭环频率响应的相频特性。由图可见，理想二阶环对于输入相位来说，相当于低通滤波器，其特性与阻尼系数 ξ 有关。在 $x<1$ 的频率范围内，对数幅频响应出现过冲，超过0dB。阻尼系数 ξ 越小，其过冲越严重；阻尼系数 ξ 越大，带宽宽而平坦。在 $x>1$ 的范围内，对数幅频响应急剧下降。下降的斜率随 ξ 的不同而不同，ξ 越小下降得越快。

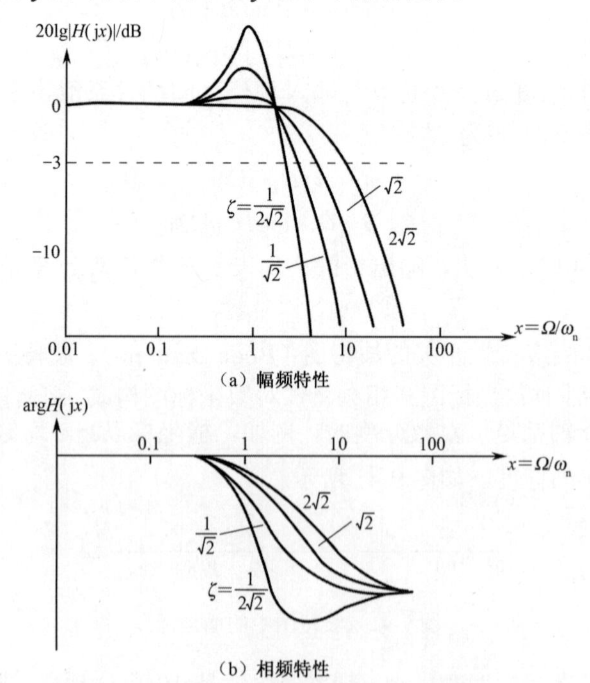

图9-42　理想二阶环的闭环频率响应的波特图

求3dB带宽。令 $|H(\mathrm{j}\Omega)|=\dfrac{1}{\sqrt{2}}$，低通滤波器的截止频率即幅频特性下降3dB所对应

的角频率 Ω_c，可根据式（9.4.88）求得。令

$$|H(\mathrm{j}\Omega)|^2=\frac{1+4\xi^2x^2}{(1-x^2)^2+4\xi^2x^2}=\frac{1}{2} \tag{9.4.90}$$

从中可解出

$$x_c=\frac{\Omega_c}{\omega_n}=\left[2\xi^2+1+\sqrt{(2\xi^2+1)^2+1}\right]^{1/2} \tag{9.4.91}$$

表 9-5 给出了 3dB 带宽与阻尼系数 ξ 的关系。

表 9-5　3dB 带宽与阻尼系数 ξ 的关系

ξ	0.500	0.707	1.000
$\frac{\Omega_c}{\omega_n}$	1.82	2.06	2.48

从表 9-5 中可看出，当 ξ 取定值时，环路带宽 Ω_c 与环路无阻尼自由振荡角频率 ω_n 之比为常数，因此经常用 ω_n 来说明 3dB 带宽的大小。例如，已知 $\xi=0.707$，求得环路的 3dB 带宽为

$$\Omega_c=2.058\omega_n=2.058\left(\frac{K_dK_V}{\tau_1}\right)^{\frac{1}{2}} \tag{9.4.92}$$

由式（9.4.92）可以看出，通过改变鉴相器的鉴相灵敏度 K_d、压控振荡器的压控灵敏度 K_V 和滤波器的时间常数 τ_1 的大小，可实现锁相环带宽的控制。增大 τ_1，减小环路增益 $K=K_dK_V$，可使 3dB 带宽非常小。

用类似的方法可求得误差频率响应

$$H_e(\mathrm{j}x)=\frac{-x^2}{1-x^2+\mathrm{j}2\xi x} \tag{9.4.93}$$

相应的幅频特性和相频特性分别为

$$|H_e(\mathrm{j}x)|=\frac{x^2}{\sqrt{(1-x^2)^2+4\xi^2x^2}} \tag{9.4.94}$$

$$\arg H_e(\mathrm{j}x)=\pi-\arctan\frac{2\xi x}{1-x^2} \tag{9.4.95}$$

根据式（9.4.94）和式（9.4.95）可画出理想二阶环的误差频率响应的波特图，如图 9-43 所示。其中图 9-43（a）为误差频率响应的幅频特性，图 9-43（b）为误差频率响应的相频特性。由图可见，理想二阶环的误差频率响应具有高通特性。

（2）典型二阶环的频率响应。

用上面同样的方法，可得到典型二阶环的闭环频率响应为

$$H(\mathrm{j}x)=\frac{1}{1-x^2+\mathrm{j}2\xi x} \tag{9.4.96}$$

相应的幅频特性为

$$|H(\mathrm{j}x)| = \frac{1}{\sqrt{(1-x^2)^2 + 4\xi^2 x^2}} \tag{9.4.97}$$

相频特性为

$$\arg H(\mathrm{j}x) = -\arctan\frac{2\xi x}{1-x^2} \tag{9.4.98}$$

根据式（9.4.97）和式（9.4.98）可画出典型二阶环的闭环频率响应的波特图，如图 9-44 所示。图 9-44（a）为闭环频率响应的幅频特性，图 9-44（b）为闭环频率响应的相频特性。由图可见，典型二阶环对于输入相位来说呈现低通特性。

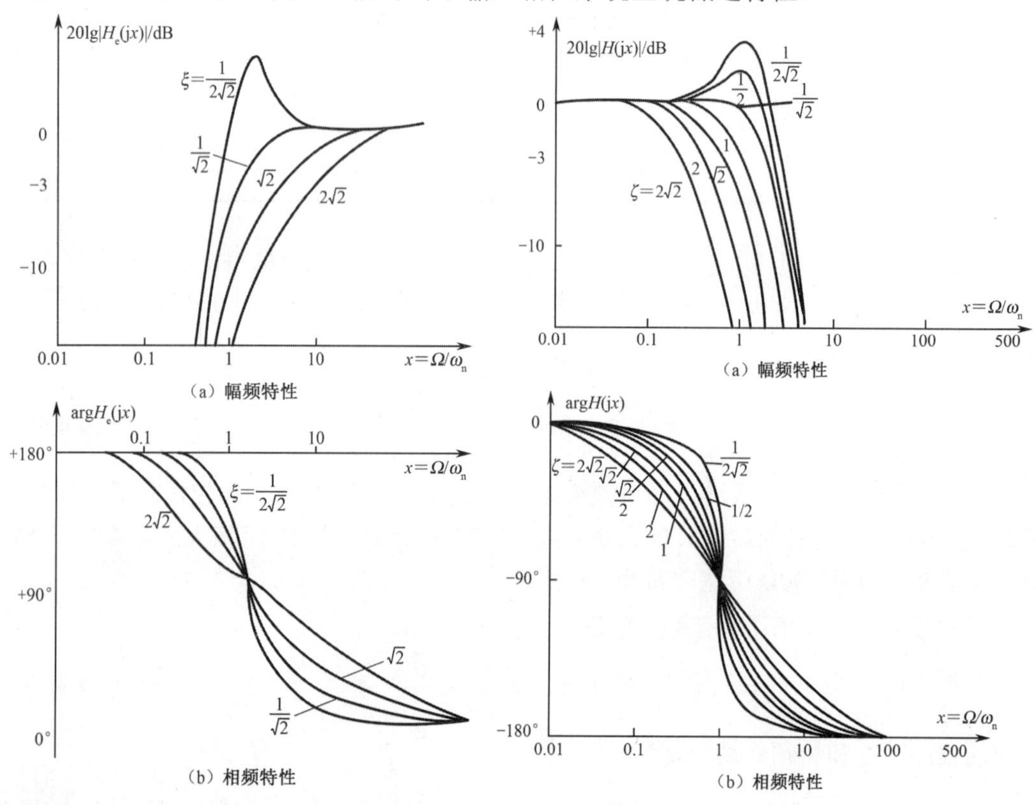

图 9-43　理想二阶环的误差频率响应的波特图　　图 9-44　典型二阶环的闭环频率响应的波特图

典型二阶环的误差频率响应为

$$H_{\mathrm{e}}(\mathrm{j}x) = \frac{-x^2 + \mathrm{j}2\xi x}{1-x^2 + \mathrm{j}2\xi x} \tag{9.4.99}$$

相应的幅频特性

$$|H_{\mathrm{e}}(\mathrm{j}x)| = \left[\frac{x^4 + 4\xi^2 x^2}{(1-x^2)^2 + 4\xi^2 x^2}\right]^{1/2} \tag{9.4.100}$$

相频特性

$$\arg H_{\mathrm{e}}(\mathrm{j}x) = \pi - \arctan\left(\frac{2\xi}{x}\right) - \arctan\left(\frac{2\xi x}{1-x^2}\right) \tag{9.4.101}$$

根据式（9.4.100）和式（9.4.101）可画出典型二阶环误差频率响应的波特图，如图 9-45 所示。其中，图 9-45（a）为误差频率响应的幅频特性，图 9-45（b）为误差频率响应的相频特性曲线。由图可见，典型二阶环的误差频率响应具有高通特性。

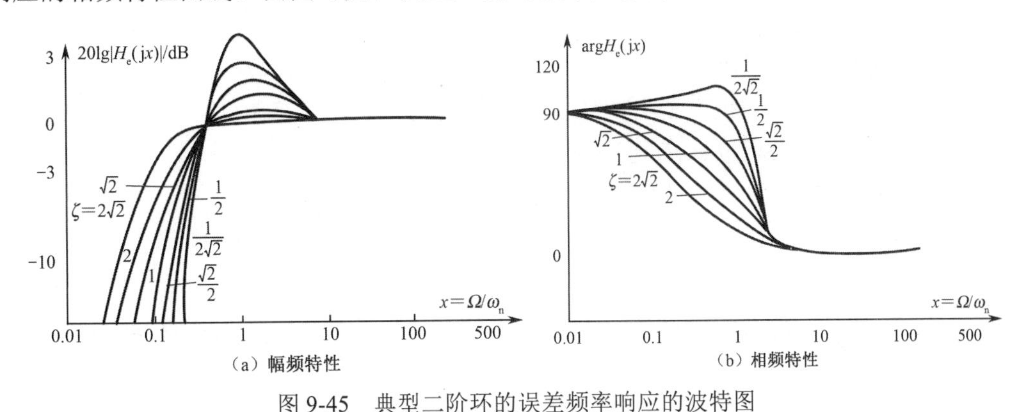

图 9-45　典型二阶环的误差频率响应的波特图

（3）非理想二阶环的频率响应。

只要环路增益满足 $K \gg \omega_n$，对于采用无源比例积分滤波器的非理想二阶环，其闭环频率响应的波特图可用图 9-42 近似表示；而非理想二阶环的误差频率响应的波特图可用图 9-43 近似表示。通常，大部分非理想二阶环满足高增益的条件，所以它的频率特性与理想二阶环的频率特性基本相同。

通过上述分析，对锁相环路频率响应的基本特性总结如下。

- 锁相环路的频率响应是对输入电压的相位进行正弦变化时的响应。例如，调角信号就是相位进行正弦变化的信号。这种信号在作为锁相环路的输入时，存在两组频谱：一组是电压谱，在高频端；另一组是相位谱，在低频端。锁相环路的频率响应是对输入电压相位谱的响应。
- 通过上述分析可建立下述重要概念。无论何种滤波器构成的二阶环，其闭环频率响应都具有低通特性。也就是说，当输入信号的相位调制频率Ω 低于环路的自然频率 ω_n（严格地说是截止频率）时，环路的输出可以良好地传递相位调制。也就是说，VCO 输出相位 $\theta_2(t)$ 可以很好地跟踪输入相位 $\theta_1(t)$ 的变化，环路的误差相位 $\theta_e(t)$ 很小。二阶环的误差频率响应具有高通特性，表现为当相位调制频率Ω 高于环路的自然频率 ω_n 时，环路就不能传递相位调制，即 VCO 的输出相位 $\theta_2(t)$ 不能跟踪输入相位 $\theta_1(t)$ 的变化。此时，环路的相位误差 $\theta_e(t)$ 与输入相位 $\theta_1(t)$ 变化一致，环路相位误差就是输入信号调制非常好的复制。上述两种响应特性在锁相环电路应用中有着极其重要的地位。

注意：ω_n（确切地说是 Ω_c）是闭环传递函数低通特性的截止频率，不是环路滤波器的截止频率。

4）调制跟踪与载波跟踪

假设环路输入信号为调角信号，即

$$u_i(t) = V_{im}\sin\left[\omega_0 t + \theta_1(t)\right]$$

式中，$\theta_1(t)=m_i\sin(\Omega t+\theta_i)$，是一个频率为$\Omega$的正弦相位。

当环路处于跟踪状态时，VCO 的输出信号为

$$u_o(t)=V_{om}\cos\left[\omega_0 t+\theta_2(t)\right]$$

式中，$\theta_2(t)=m_o\sin(\Omega t+\theta_o)$。

（1）调制跟踪。

当$\Omega<\omega_c$时，即调制频率处于闭环低通特性的通带之内，有$H(j\omega)\approx 0$，$H_e(j\omega)\approx 0$成立。此时，环路输出相位$\theta_2(t)$可完全跟踪$\theta_1(t)$，即

$$\theta_2(t)\approx\theta_1(t)$$

$$\theta_e(t)\approx 0$$

$$u_o(t)=V_{om}\cos\left[\omega_0 t+\theta_1(t)\right]$$

在这种情况下，输出信号也是一个调相信号，相位的变化与输入信号完全相同。环路既跟踪了输入信号的载波ω_0，又跟踪了输入信号的相位调制$\theta_1(t)$，这种跟踪方式叫作调制跟踪。处于调制跟踪工作状态的锁相环叫作调制跟踪环。

（2）载波跟踪。

当$\Omega>\omega_c$时，即当调制频率处于闭环低通特性通带之外时，有$H(j\omega)\approx 0$，$H_e(j\omega)\approx 0$成立。此时环路输出相位$\theta_2(t)$完全不能跟踪$\theta_1(t)$，即

$$\theta_2(t)\approx 0$$

$$\theta_e(t)\approx\theta_1(t)$$

$$u_o(t)=V_{om}\cos\omega_0 t$$

在这种情况下，压控振荡器的输出没有相位调制，是一个未调载波。当输入信号$u_i(t)$的载频产生缓慢漂移时，环路为了维持锁定，压控振荡器输出的未调载波频率也会跟随着输入信号的载频漂移，这种载频ω_0跟随输入信号的载频变化，而相位不跟踪输入相位变化的状态叫载波跟踪。工作在载波跟踪的锁相环叫载波跟踪环。

上述两种响应在锁相环路中有极其重要的作用。例如，利用调制跟踪环，可实现调频信号的解调；载波跟踪环带宽很窄，它的窄带跟踪特性可用于：同步检波中载波信号的再生，数字信号传输中位同步信号的提取，淹没在噪声中信号的检测及其相干处理。

例 9.2 某锁相环 VCO 的自由振荡频率$f_0=90\text{MHz}$，压控灵敏度$K_V=10^5\text{Hz/V}$，正弦鉴相器的灵敏度$K_d=1\text{V/rad}$。

（1）若此锁相环为一阶环路，问当输入信号频率从 90MHz 跳至 90.5MHz 时，该环路能否锁定？为保持锁定，该环路允许输入信号频率变化最大的频差是多少？

（2）若在上述环路中插入下图所示的有源比例积分滤波器，设$F(j0)=10$，时间常数$\tau_1=7.46\times10^{-3}\text{s}$，$\tau_2=0.154\times10^{-3}\text{s}$，该环路的同步带、捕获带、快捕带各为多少？

（3）若在上述具有有源比例积分滤波器的锁相环路的输入端加一个如下的信号，$u_i(t)=V_{im}\sin\left[2\pi\times90\times10^6 t+0.5\sin(5\pi\times10^4 t)\right]$，VCO 的自由振荡频率仍为$f_0=90\text{MHz}$，则环路处于调制跟踪状态还是载波跟踪状态？为什么？若输入信号的调制信号频率$\Omega=2\pi\times10^3\text{rad/s}$，写出输出信号表达式。

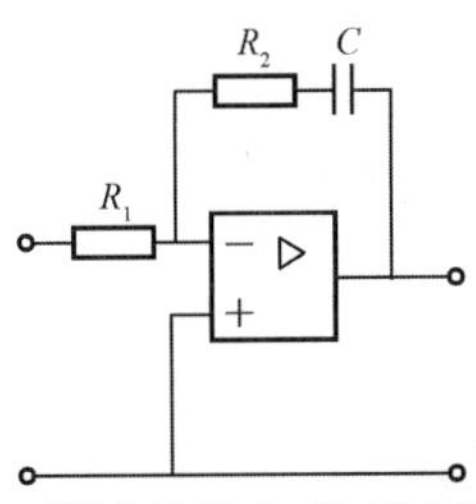

分析：（1）因为 $f_0 = 90\text{MHz}$，所以当输入信号频率为 90MHz 时环路是锁定的。已锁定的锁相环路，能保持锁定的输入信号频率变化的最大范围即为同步带，一阶环的同步带 $\Delta\omega_{\text{H}} = K$，如果输入信号频率变化值大于同步带，则环路就不能维持锁定了。本例问输入信号频率从 90MHz 跳至 90.5MHz 能否锁定，就是求该环路的同步带是否大于（或等于）500kHz。

（2）由于同步带是指环路由锁定状态到失锁状态所允许的最大输入固有频差，与一阶环一样，在同步带内，二阶环也始终是锁定的，对于固定频率的输入信号，鉴相器输出是直流，最大电压是 U_{d}，数值上等于 K_{d}，在锁定时滤波器的响应是 $F(\text{j}0)$，控制 VCO 的最大电压为 $V_{\text{p}} = K_{\text{d}}F(\text{j}0)$，VCO 可能产生的最大频偏是 $\Delta\omega = K_{\text{V}}V_{\text{p}} = K_{\text{V}}K_{\text{d}}F(\text{j}0) = K_{\Sigma}$。所以，二阶环的同步带也等于环路的直流增益，而捕获带和快捕带主要与环路的高频增益、ω_{n}、ξ 有关。

（3）由于锁相环路的闭环频率响应为低通特性，输入正弦调相（或调频）信号 $u_{\text{i}}(t) = V_{\text{im}}\sin[\omega_{\text{i}}t + m_{\text{i}}\sin(\Omega t + \theta_{\text{i}})]$ 加到锁相环上之后，环路输出相位能否跟踪输入正弦调制相位的变化就取决于调制信号频率 Ω 与环路自然振荡频率 ω_{n}（严格地说应为环路幅频特性的截止频率 ω_{c}）之间的关系。因为输入调角信号的调制信号频率 Ω 就是输入相位按正弦规律变化的频率。当 $\Omega < \Omega_{\text{c}}$，即调制信号频谱处于环路带宽之内时，环路对相位变化频率为 Ω 的输入相位几乎没有衰减，环路输出信号的相位将跟踪输入相位的瞬时变化，压控振荡器的输出电压也就成为一个正弦调相（或调频）信号：

$$u_{\text{o}}(t) = V_{\text{om}}\cos[\omega_{\text{i}}t + m_{\text{o}}\sin(\Omega t + \theta_{\text{o}}) - \theta_{\text{e}\infty}]$$

式中，$m_{\text{o}} = m_{\text{i}}\,|H(\text{j}\Omega)|$，$\theta_{\text{o}} = \theta_{\text{i}} + \arg H(\text{j}\Omega)$，这种跟踪状态称为调制跟踪，该环路称为调制跟踪环。在调制跟踪状态，误差相位 $\theta_{\text{e}}(t) = \theta_{\text{i}}(t) - \theta_{\text{o}}(t)$ 一定是比较小的。当 $\Omega \gg \Omega_{\text{c}}$，即调制信号频率远在环路通带之外时，相位的变化频率为 Ω 的输入相位被环路衰减，环路输出相位不能跟踪输入相位的瞬时变化，压控振荡器的输出电压是未调载波，$u_{\text{o}}(t) = V_{\text{om}}\cos(\omega_{\text{i}}t + \theta_{\text{e}\infty})$。此时，若输入信号的载频产生缓慢漂移，则 VCO 输出的载频会跟随其漂移，称这种跟踪状态（VCO 输出相位没有跟踪输入的相位调制，而跟踪输入信号载频漂移的跟踪状态）为载波跟踪，并称该环路为载波跟踪环。

解：（1）一阶环的同步带为

$$\omega_{\text{H}} = K_{\Sigma} = 2\pi \times 10^5 \times 1\text{rad/s} = 2\pi \times 10^5\,\text{rad/s}$$

当输入信号频率从 90MHz 跳至 90.5MHz 时，有

$$\Delta\omega_0 = 2\pi \times (90.5 - 90) \times 10^6\,\text{rad/s} = 10\pi \times 10^5\,\text{rad/s} > K_{\Sigma}$$

所以该环路不能锁定。为保持锁定，该环路允许输入信号频率变化的最大频差为

$$\Delta\omega_0 = K_{\Sigma} = 2\pi \times 10^5\,\text{rad/s}$$

（2）具有如上图所示有源比例积分滤波器的 PLL 的同步带为

$$\Delta\omega_{\rm H}=K_{\Sigma}F({\rm j}0)=2\pi\times10^5\times10{\rm rad/s}=2\pi\times10^6{\rm rad/s}$$

高增益二阶环的捕获带为

$$\Delta\omega_{\rm p}=2\sqrt{K_{\Sigma}\xi\omega_{\rm n}}=12.77\times10^4{\rm rad/s}$$

式中，有

$$\omega_{\rm n}=\sqrt{\frac{K_{\Sigma}}{\tau_1}}=\sqrt{\frac{2\pi\times10^5}{7.46\times10^{-3}}}{\rm rad/s}=9.175\times10^3{\rm rad/s}$$

$$\xi=\frac{1}{2}\tau_2\sqrt{\frac{K_{\Sigma}}{\tau_1}}=\frac{1}{2}\times0.154\times10^{-3}\times9.175\times10^3=0.707$$

高增益二阶环的快捕带（同理想二阶环的快捕带）为

$$\Delta\omega_{\rm L}=2\omega_{\rm n}\xi=12.97\times10^3{\rm rad/s}$$

（3）由 $u_{\rm i}(t)=V_{\rm im}\sin\left[2\pi\times90\times10^6t+0.5\sin(5\pi\times10^4t)\right]$ 得到该信号的相位变化频率 Ω=$5\pi\times10^4$。该 PLL 的带宽为

$$\omega_{\rm c}=\omega_{\rm n}\sqrt{1+2\xi^2+\sqrt{(1+2\xi^2)^2+1}}=2.06\omega_{\rm n}=18.9\times10^3{\rm rad/s}$$

由于输入信号的相位变化频率 $\Omega=5\pi\times10^4>\omega_{\rm c}$，该相位变化频率被环路衰减，环路输出相位不能跟踪输入相位的瞬时变化，因此该 PLL 为载波跟踪状态。

当 $\Omega=(2\pi\times10^3){\rm rad/s}$ 时，由于 $\Omega<\omega_{\rm c}$，即输入信号相位变化频率处于闭环低通特性的通带之内，环路输出相位能跟踪输入相位的瞬时变化，此时 PLL 为调制跟踪状态。VCO 输出信号的表达式为

$$u_{\rm o}(t)=V_{\rm om}\cos[2\pi\times90\times10^6t+m_{\rm o}\sin(2\pi\times10^3t+\theta_{\rm o})-\theta_{\rm e\infty}]$$

式中，有

$$m_{\rm o}=|H({\rm j}x)|m_{\rm i}=\left[\frac{1+(2\xi x)^2}{(1-x^2)^2+(2\xi x)^2}\right]^{\frac{1}{2}}m_{\rm i}$$

$$=\sqrt{\frac{1+\left(\sqrt{2}\times\frac{(2\pi\times10^3)}{2\pi\times1.461\times10^3}\right)x^2}{\left[1-\left(\frac{(2\pi\times10^3)}{2\pi\times1.461\times10^3}\right)^2\right]^2+\left(\sqrt{2}\times\frac{(2\pi\times10^3)}{2\pi\times1.461\times10^3}\right)^2}}\times0.5=1.26\times0.5=0.63$$

其中

$$x=\frac{\Omega}{\omega_{\rm n}}$$

$$\begin{aligned}\theta_{\rm o}&=\theta_{\rm i}+\arg H({\rm j}x)=\arctan(2\xi x)-\arctan\frac{2\xi x}{1-x^2}\\&=\arctan0.967-\arctan(0.967/0.532)\\&=\arctan0.967-\arctan1.817\\&=44°-61.2°=-17.2°\end{aligned}$$

$$\theta_{\rm e\infty}\to0$$

提示：（1）当输入信号为调角信号，而且环路带宽较宽时，若 VCO 的自由振荡频率与输入调角波的载频不等，即 $\omega_i \neq \omega_o$，则在环路锁定后输出信号的相位中应包括 3 个部分，一是载波相位，二是为了锁定在输入信号的载频所产生的稳态相差 $\theta_{e\infty}$，三是跟踪输入信号相位变化的部分。

（2）调制跟踪环和载波跟踪环是两种不同应用的锁相环。调制跟踪环带宽较宽，通常应用于调频信号的解调；载波跟踪环带宽较窄，主要用于相干解调中载波信号的提取，或者对淹没在噪声中的窄带信号的提取等。在设计时，只要控制锁相环的带宽，就能决定输出信号是否跟踪输入信号的角度调制变化。改变 VCO 的压控灵敏度、鉴相器的鉴相灵敏度和环路滤波器的时间常数，就可以控制环路带宽。

5．锁相环的应用

锁相环具有很多优良的性能，概括起来有如下几点。

1）高稳定性

锁相环的基本性能是输出信号频率能稳定地跟踪输入信号频率，它们之间不存在频差，而只有很小的稳态相位差。因此，可以用锁相环做成稳频系统，如微波稳频信号源、原子频率标准等。

2）载波跟踪特性

无论锁相环的输入信号是已调制的，还是未调制的，只要信号中包含载波频率成分，就可以将环路设计成一个窄带跟踪滤波器，跟踪输入信号载波成分的频率变化，环路输出信号就是需要提取（或复制）的载波信号，这就是环路的载波跟踪特性。

载波跟踪特性有两个重要含义。一是窄带。环路可以有效地滤除输入信号伴随的噪声与干扰。环路主要利用环路的低通特性来实现输入信号载频上的窄带带通特性，这比实现普通的窄带带通滤波器要容易得多。在高载波频率上，用锁相环可以将通带做到几赫兹那么窄，这是任何 LC、RC、石英晶体、陶瓷等普通带通滤波器难以做到的。二是跟踪。环路可以在保持窄带特性的情况下跟踪输入载频的漂移。普通带通滤波器的频率特性是固定的，为了能接收载频漂移的输入信号，滤波器的通频带带宽必须考虑漂移范围，因而无法利用窄带特性来滤除噪声与干扰。另外，锁相环可将输入的微弱载波信号放大为强信号输出。因为锁相环输出的是压控振荡器的信号，它是输入弱载波信号频率与相位的真实复制品，其幅度可以比输入信号的幅度强得多。利用它的窄带特性，可以做成窄带跟踪滤波器，从输入的已调信号中提取基准的载波信号，实现相干性，因此其在相干通信中得到了广泛应用。

3）调制跟踪特性

只要使环路有适当宽度的低频通带，压控振荡器的频率与相位就能跟踪输入调频或调相信号的频率和相位的变化，即得到输入角度调制信号的复制品，这就是调制跟踪特性。

4）低门限抗干扰特性

理论分析表明，锁相环的环路信噪比比输入信号的信噪比小很多，所以它可以广泛用于抗噪声干扰的装置；同时，锁相环又可以将深埋于噪声中的信息提取出来，因此它在弱信号提取方面发挥了很大的作用。锁相电路成本低，使用方便，已成为电子技术领域一种非常有用的技术手段，获得了越来越广泛的应用。下面介绍一些典型的锁相环的应用。

（1）锁相环调频器。

在普通的直接调频电路中，振荡器的中心工作频率稳定度较低，而锁相环调频电路能得到中心工作频率稳定度很高的调频信号，锁相环调频电路原理框架如图 9-46 所示。

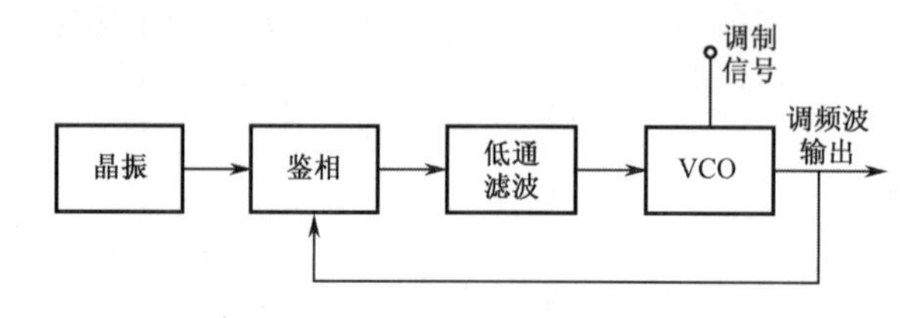

图 9-46　锁相环调频电路原理框架

实现调频的条件是调制信号的最低频率远大于环路闭环频率响应低通特性的截止频率，也就是说调制信号频谱要在环路低通特性的通带之外。只有将环路的带宽做得足够窄，使它的带宽低于调制频率的下限，在调制信号范围内环路的闭环传递函数近似为零，因而调制信号就不能在锁相环内形成交流反馈，也就是调制信号对锁相环没有影响。锁相环只对 VCO 平均中心工作频率的不稳定起稳频作用，即环路只跟踪中心工作频率，使调频波的中心工作频率的稳定度很高，实现锁相调频。显然，锁相环调频器能克服直接调频中心工作频率稳定度不高的缺陷。若控制压控振荡器的调制信号经过微分，再对 VCO 调频，即可实现载波跟踪型调相的功能。

另外，锁相环频率响应低通特性的截止频率很低，这意味着环路带宽很窄，这会带来其他问题，如环路捕获时间长，从而使频道转换时间长等。总之，在单点注入式锁相调频方案中，环路截止频率的选择要受到调制信号频率的限制，这样选择的参数有时会存在一些问题。为了克服这些问题，人们提出了两点注入式锁相调频方案。

（2）锁相环鉴频器。

调制跟踪锁相环本身就是一个调频波解调器。它利用锁相环良好的调制跟踪特性，使锁相环跟踪输入调频信号瞬时相位的变化，从而使 VCO 控制端获得解调输出。锁相环鉴频器的组成如图 9-47 所示。

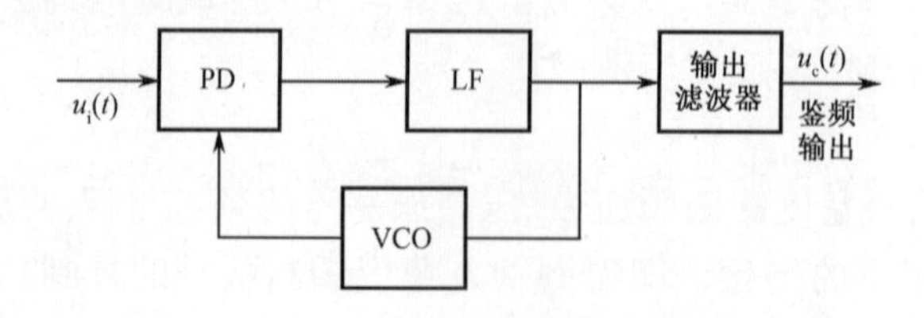

图 9-47　锁相环鉴频器的组成

设锁相环路输入的调频信号为

$$u_{\mathrm{FM}}(t)=V_{\mathrm{im}}\sin\left[\omega_0 t+m_{\mathrm{f}}\sin\Omega t\right]$$

式中，调制信号 $u_\Omega(t)=V_{\Omega\mathrm{m}}\cos\Omega t$ ， m_{f} 为调频指数。

调频波的瞬时相位为

$$\theta_1(t)=m_{\mathrm{f}}\sin\Omega t$$

假设锁相环的闭环频率响应为 $H(\mathrm{j}\Omega)$ ，在调制跟踪状态下，环路输出调频波的瞬时相位为

$$\theta_2(t)=m_{\mathrm{f}}\left|H(\mathrm{j}\Omega)\right|\sin[\Omega t+\angle H(\mathrm{j}\Omega)]$$

根据 VCO 控制特性， $\theta_2(t)=\dfrac{K_{\mathrm{V}}}{p}u_{\mathrm{c}}(t)$ ，不难求得压控振荡器的输入电压为

$$u_{\mathrm{c}}(t)=\frac{1}{K_{\mathrm{V}}}\frac{\mathrm{d}\theta_2(t)}{\mathrm{d}t}=\frac{1}{K_{\mathrm{V}}}m_{\mathrm{f}}\Omega\left|H(\mathrm{j}\Omega)\right|\cos[\Omega t+\angle H(\mathrm{j}\Omega)]$$

$$=\frac{K_{\mathrm{f}}}{K_{\mathrm{V}}}V_{\Omega\mathrm{m}}\left|H(\mathrm{j}\Omega)\right|\cos[\Omega t+\angle H(\mathrm{j}\Omega)]$$

当环路工作于调制跟踪状态时，在调制信号的频率范围内，$H(\mathrm{j}\Omega)\approx 1$，$\angle H(\mathrm{j}\Omega)\approx 0$ ，故

$$u_{\mathrm{c}}(t)=\frac{K_{\mathrm{f}}}{K_{\mathrm{V}}}V_{\Omega\mathrm{m}}\left|H(\mathrm{j}\Omega)\right|\cos[\Omega t+\angle H(\mathrm{j}\Omega)]$$

$$\approx\frac{K_{\mathrm{f}}}{K_{\mathrm{V}}}V_{\Omega\mathrm{m}}\cos\Omega t$$

可见，调制跟踪环可作为鉴频器，压控振荡器的输入电压 $u_{\mathrm{c}}(t)$ 可作为调频波的解调输出信号。

需要说明的是，在调频波锁相解调电路中，为了实现不失真的解调，环路的捕获带必须大于输入调频波的最大频偏，环路的带宽必须大于输入调频信号中调制信号的频谱，即调频波的频谱必须在环路低通特性的通频带内。

（3）锁相环同步检波器。

载波跟踪环可用于提取输入已调信号的载波。用锁相环对调幅信号进行解调，实际上是利用锁相环得到一个稳定度很高的载波同步信号，该同步信号与调幅波在非线性元器件中乘积检波，从而输出原调制信号。然而，由于在锁相环的乘积型鉴相器的输入信号中，VCO 输出电压与输入已调信号的载波电压之间有 π/2 的固定相移，所以用作同步信号时应考虑这一点，即需要将 VCO 的输出信号经 π/2 相移网络，才能用作同步检波器的相干载波。这种同步检波器的原理框架如图 9-48 所示。

（4）锁相环在跟踪滤波器中的应用。

锁相环构成的跟踪滤波器是一个带通滤波器。由锁相环工作原理可知，其中心频率能自动地跟踪输入信号载波频率的变化，只是其输出信号的相位可能（取决于所用鉴相器的类型）与输入信号相位差 90° 。此外，当输入信号暂时消失时，环路滤波器输出的

控制电压不会立即消失，压控振荡器能在短时间内维持振荡频率不变，因而锁相环还能跟踪衰落信号。

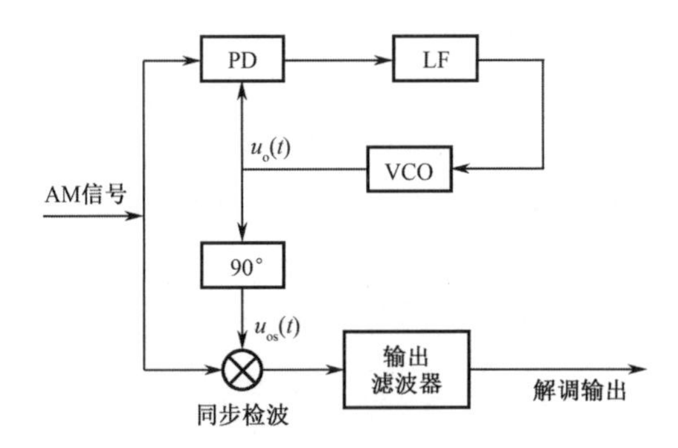

图 9-48　载波跟踪环同步检波器原理框架

锁相环对高频信号的带通特性是由环路传递函数的低通特性决定的。图 9-49 给出了跟踪滤波器的频率响应特性曲线。由图 9-49（a）可知，该曲线就是锁相环的闭环传递函数振幅频率响应曲线。

在图 9-49（a）横坐标中，Ω 是调制频率。当 Ω=0 时，输入信号为未调载波，它的频率为 ω_c，所以 Ω 实际上是叠加在载频 ω_c 上的。若横坐标改用 ω_i 画出其与 $|H(j\omega_i)|$ 的关系，则得到如图 9-49（b）所示的带通特性，它的通频带宽等于 $|H(j\Omega)|$ 的 3dB 带宽的 2 倍。因为环路具备跟踪特性，因此该带通滤波器的中心工作频率会自动地跟踪输入信号载频 ω_c 的变化。从理论上说，跟踪范围可达到同步范围 $\pm\Delta\omega_H$，但由于滤波器有一定的带宽，在同步带的边缘环路会造成失锁。在大多数实际应用中，带通滤波器的跟踪范围取环路快捕带的 2 倍，即 $\pm\Delta\omega_L$。

（5）频率合成器。

随着信息化社会的高度发展，人们对通信的需求日益迫切，对频率源的要求也越来越高。传统的石英晶体振荡器的频率稳定度非常高，但晶体的频率是单一的或只能在一个极小的范围内微调。在无线通信应用领域，需要的是在特定频率范围内提供一系列高准确度和高稳定度的频率。因此，在 20 世纪 30 年代，随着电子技术的不断发展和频率源在电子设备中的大量使用，为了解决既要频率稳定、准确，又要频率能在大范围内可变这一对矛盾，合成频率成为解决频率源需求的最佳途径，频率合成技术应运而生。

频率合成技术将一个低相位噪声、高稳定度和高精确度的标准频率经过混频、倍频、分频等，对它进行加、减、乘、除基本运算，最终产生所需的具有同样高稳定度、高精确度的离散频率。实现频率合成的电路或组件叫作频率合成器。在锁相环的反馈支路中，接入具有高分频比的可变分频器，通过单片机控制可变分频器的分频比，就可以得到若干个标准频率输出。

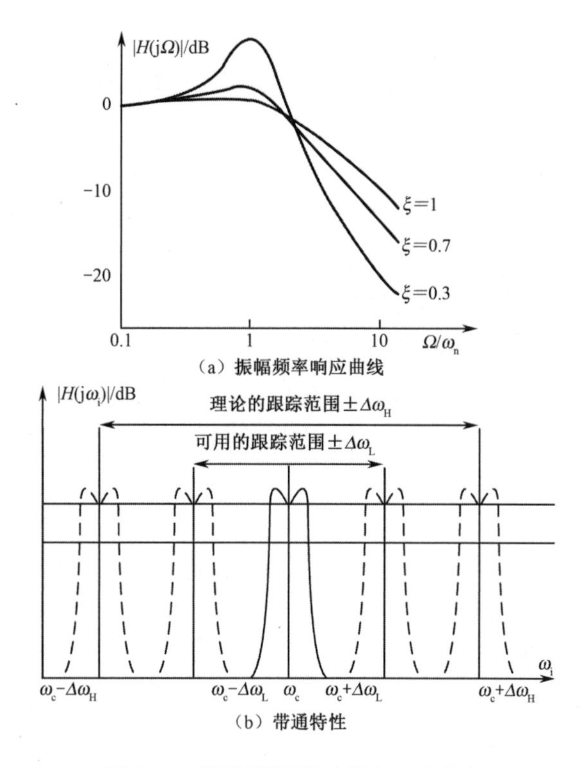

图 9-49　跟踪滤波器的频率响应特性

频率合成器因为应用场合不同，人们对它们的性能要求也不尽相同。在工程应用中，对频率合成器的技术要求主要包括以下几个方面。

- 频率范围。

频率范围是指频率合成器最低输出频率 $f_{\min}$ 和最高输出频率 $f_{\max}$ 之间的范围，也可以用频率覆盖系数表示，即 $K = f_{\max} / f_{\min}$。当 $K > 3$ 时，一般 VCO 很难满足这个输出频率范围，在实践中可以把整个频段分为几个波段，每个波段由 1 个 VCO 来满足分波段频率范围。通常要求在规定的频率范围内，在任何指定的频率点上，频率合成器都能正常工作，而且能满足质量指标的要求。

- 频率分辨率。

因为频率合成器的输出频谱不是连续的，所以用频率分辨率来表征两个相邻频率之间的最小间隔，故也称频率间隔，用 Δf_{o} 表示。目前，PLL 频率合成器可以做到 Δf_{o} 为 100kHz、10Hz 或 1Hz，而 DDS 合成器则可以做到 1Hz 以下。

- 频率转换时间。

频率转换时间是指频率合成器从一个频率转换到另一个频率，并且达到稳定所需要的时间。频率转换时间与所采用的频率合成技术有密切的关系。

对于直接频率合成，频率转换时间主要取决于信号通过窄带滤波器所需的建立时间 t_{s}，可以做到毫秒（ms）以下，甚至可以达到微秒（μs）；而对于锁相频率合成，频率转换时间则主要取决于环路进入锁定所需的暂态时间，即环路的捕获时间，t_{s} 大约为参考频率周期的 25 倍。

- 频率准确度与稳定度。

频率准确度是指频率合成器的实际输出频率 f 偏离标称工作频率 f_0 的大小，即 $\Delta f = f - f_0$。频率稳定度是指频率的相对准确度 $\dfrac{\Delta f}{f_0} = \dfrac{f - f_0}{f_0}$。按给定的时间间隔长短，频率稳定度可分为长期稳定度、短期稳定度和瞬时稳定度。

长期稳定度是指年或月时间范围内频率准确度的变化，主要取决于构成频率合成器的有源元器件、无源元器件的老化特性。

短期稳定度是指以周、天或小时为测量时间间隔的频率准确度的变化。短期稳定度主要取决于振荡电路的电源、负载或环境温度的稳定性。

瞬时稳定度是指在秒级时间内，由于干扰和噪声的作用所引起的频率变化。瞬时稳定度在频域上又称为相位抖动或相位噪声。

- 频谱纯度。

频谱纯度是频率合成器输出信号中包含谐波分量和其他杂散分量大小的一种度量。影响频谱纯度高低的重要因素是滤波器的质量、相位噪声、杂散分量和其他寄生干扰，其中相位噪声和杂散分量尤为主要。杂散又称寄生信号，分为谐波分量和非谐波分量两种，主要由频率合成过程中的非线性失真产生。对于一个理想的频率合成器，所有的能量都集中在一个频率点上，然而实际的情况是功率能量分布在载波能量的两边，这些能量就是相位噪声。图 9-50 给出了理想频率合成器和实际频率合成器的相位噪声分布情况。相位噪声是指各种随机噪声造成的瞬时频率或相位起伏，在频谱上呈现为主谱两边的连续噪声频谱，是衡量输出信号相位抖动大小的参数。

相位噪声的单位通常用 dBc/Hz：在 1Hz 带宽内的噪声功率与中心频率的功率比。在指定相位噪声时通常要说明与中心频率的偏离值。在通常情况下，偏离中心频率 1kHz 处的相位噪声至关重要，例如，GSM 协议就对相位噪声提出了−80dBc/Hz@1kHz 的明确要求。

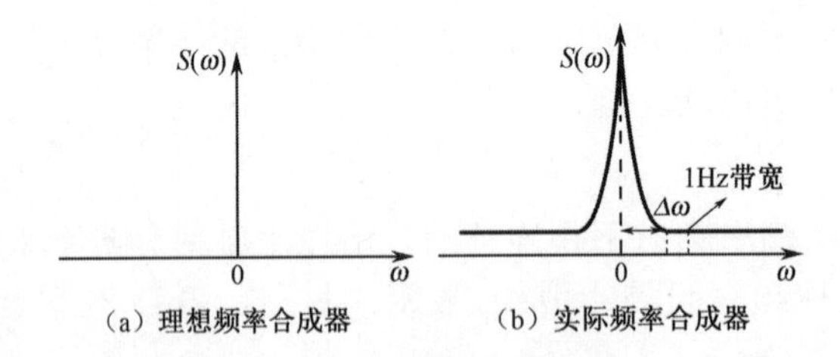

图 9-50　理想频率合成器和实际频率合成器的相位噪声分布情况

在设计频率合成器时，为了得到所需的频率间隔，往往需要在电路中加一个前置分频器。锁相式单环频率合成器的原理框架如图 9-51 所示。

要设计满足性能要求的频率合成器，主要是确定前置分频器和可变分频器的分频比。在选定 f_i 后，通常分以下两步进行。

首先，由给定的频率间隔求出前置分频器的分频比 M。在图 9-51 中，由于在环路锁定后，鉴相器两路输入信号的频率相等，即

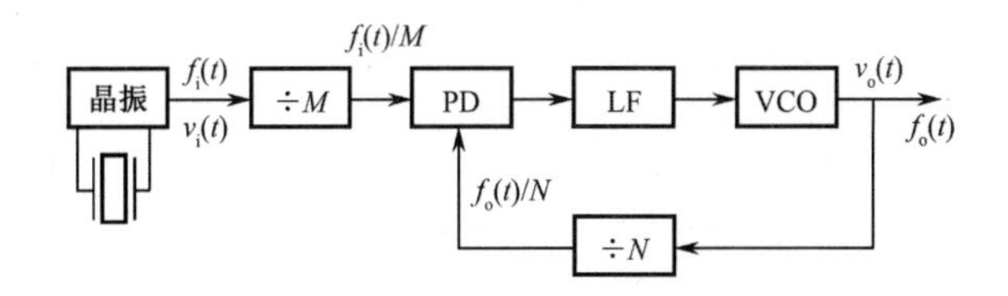

图 9-51　锁相式单环频率合成器原理框架

$$\frac{f_\mathrm{i}}{M}=\frac{f_\mathrm{o}}{N},\quad f_\mathrm{o}=\frac{N}{M}f_\mathrm{i}$$

如果设频率间隔为Δf，则有

$$\Delta f=f_{\mathrm{o}(N+1)}-f_{\mathrm{o}(N)}=\frac{N+1}{M}f_\mathrm{i}-\frac{N}{M}f_\mathrm{i}=\frac{1}{M}f_\mathrm{i} \tag{9.4.102}$$

式（9.4.102）给出了频率间隔Δf与前置分频器的分频比M之间的关系。

然后，根据输出频率范围确定可变分频器的分频比N，有

$$f_\mathrm{o}=\frac{N}{M}f_\mathrm{i} \tag{9.4.103}$$

如果要求f_o在f_{omin}～f_{omax}可调节，利用式（9.4.103）可求出对应可变分频比$N_{\min}$～$N_{\max}$。

（6）锁相接收机（PLL Receiver）。

由于卫星、飞机、航天飞船、火箭、导弹等多种先进技术设备的需要，空间电子技术得到了迅速发展。在空间技术中，测速与测距是确定飞行器运行轨道的两种重要技术手段。为了获取飞行器的速度和距离数据，必须接收飞行器发回来的信号，并对此信号的频率和相位进行测量。由于飞行器的发射功率不可能很大，通信距离又远，所以地面站接收的信号极其微弱。另外，信号在传输过程中叠加了大量的噪声。而由于飞行器的快速运动引起很大的多普勒频移，例如，对于频率为 108MHz 的载波，多普勒频移可以达到±3kHz。假如接收机接收的“测速定轨”信号带宽大约为 6Hz。如果不使用锁相接收机，则接收机带宽必须考虑由于多普勒频移而使载波频率发生漂移的因素，而设计成比接收信号带宽大 1000 倍，这样接收的噪声也要大 1000 倍，从而使接收到的噪声大大增加，极大地恶化接收信号的信噪比，一般为−30～−10dB。显然，普通接收机无法将信号从噪声中提取出来实现正常接收。在锁相接收机中用高稳定度的参考晶振锁住中频，从而实现对接收信号多普勒频率漂移的跟踪，可将接收机带宽做得很窄，因此又称“窄带跟踪滤波器”。这种接收机的应用使空间电子系统的性能得到了很大的改善。

首先介绍一下如何利用多普勒效应进行测速。图 9-52 给出了卫星多普勒测速的示意。

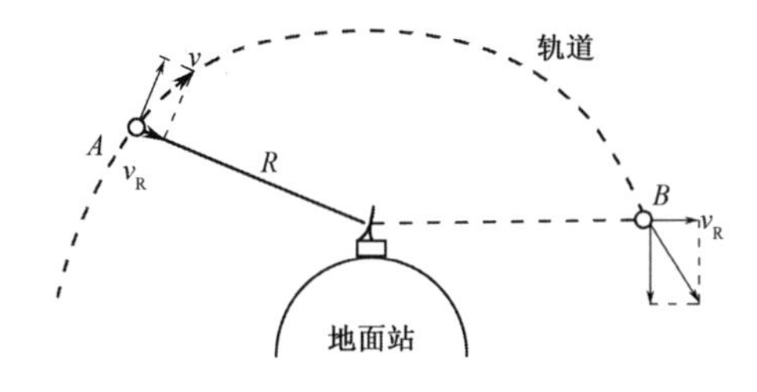

图 9-52　卫星多普勒测速示意

其中，v_{R} 表示卫星相对于地面站的径向运动速度，R 代表卫星至地面站的距离，有

$$v_{\mathrm{R}} = \frac{\mathrm{d}R}{\mathrm{d}t} \tag{9.4.104}$$

假设，卫星向地面发射的信号频率为 ω_{t}，则地面站接收信号的相位为

$$\theta_{\mathrm{r}} = \omega_{\mathrm{t}}\left(t - \frac{R}{c}\right) \tag{9.4.105}$$

式中，c 为光速，$\dfrac{R}{c}$ 表示传播延迟。

接收信号的角频率为

$$\omega_{\mathrm{r}} = \frac{\mathrm{d}\theta_{\mathrm{r}}}{\mathrm{d}t} = \omega_{\mathrm{t}}\left(1 - \frac{v_{\mathrm{R}}}{c}\right) \tag{9.4.106}$$

根据径向运动方向的不同，接收频率为

$$f_{\mathrm{r}} = f_{\mathrm{t}} \pm f_{\mathrm{t}}\left|\frac{v_{\mathrm{R}}}{c}\right| = f_{\mathrm{t}} \pm f_{\mathrm{d}}$$

式中

$$f_{\mathrm{d}} = f_{\mathrm{t}}\left|\frac{v_{\mathrm{R}}}{c}\right| \tag{9.4.107}$$

为卫星相对于地面站径向运动所产生的多普勒频移。

当卫星朝地面站方向运动时，v_{R} 为正，即

$$f_{\mathrm{r}} = f_{\mathrm{t}} + f_{\mathrm{d}} > f_{\mathrm{t}} \tag{9.4.108}$$

当卫星朝背离地面站方向运动时，v_{R} 为负，即

$$f_{\mathrm{r}} = f_{\mathrm{t}} - f_{\mathrm{d}} < f_{\mathrm{t}} \tag{9.4.109}$$

由上述分析可知，只要测出 f_{d}，便可确定 v_{R}。若用几个地面站同时测量，就可实现对卫星的“测速定轨”。

在高精度多普勒测量系统中，地面站系统必须使用锁相接收机才能将深埋在噪声中的微弱信号提取出来。那么什么叫锁相接收机呢？

所谓锁相接收机，就是采用锁相环来控制压控振荡器的频率所实现的超外差式接收机，图 9-53 是锁相接收机的基本构成。它实质上是一个窄带跟踪锁相环。受调制的高频信号 $u_1(t)$ 经选频放大器放大、混频之后，进入中频放大器，与频率稳定的参考信号 $u_4(t)$ 在鉴相器中进行相位比较。将环路的带宽做得足够宽，使它的带宽高于输入信号调制频率的上限，锁相环为调制跟踪环。环路不仅能对输入信号载频的多普勒频移在鉴相器输出端呈现漂移的直流信号，通过环路滤波器加到 VCO，使其频率跟踪输入信号载频的漂移，而且能对输入信号的调制产生低频控制电压，实现对输入信号的调制跟踪。当锁定时，VCO 输出经 N 次倍频后的 $u_2(t)$ 的频率与输入信号 $u_1(t)$ 载频之差（中频）恰好等于基准频率源 $u_4(t)$ 的频率。

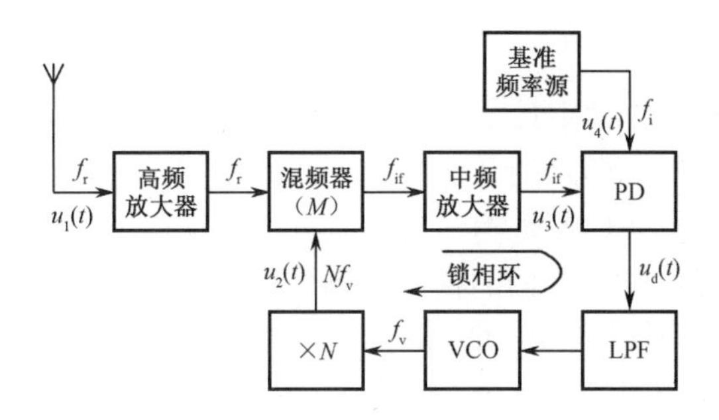

图 9-53　锁相接收机原理框架

锁相接收机的工作原理：由图 9-53 可见，基准信号 f_i 由晶体振荡器产生，它相当于锁相环输入信号，压控振荡器经过 N 次倍频后，其频率不断跟踪经高频放大器放大后的信号 f_r，与 Nf_V 混频后，得到中频信号 f_{if} 经中频放大器放大后进入鉴相器，鉴相器将 f_{if} 与晶体振荡器产生的基准信号 f_i 进行相位比较，鉴相器输出误差信号经环路滤波器滤波后控制 VCO 的频率 f_V，使其跟踪接收到的载波频率 f_r 的变化，使 $|f_r - f_V| = f_{if} = f_i$，这样就实现了对接收到载频多普勒频移的跟踪，VCO 控制电压经隔直电容就可得到输入调频波的解调信号。

6．锁相环的稳定性

锁相环是一个相位反馈控制系统，稳定是反馈控制系统的重要性能，关系到系统能否正常工作。锁相环具备前面所讨论的各种优良性能的前提：环路是稳定的。与振荡器的稳定性一样，锁相环这个闭环系统，当它处于锁定平衡状态时，在外界干扰、噪声等因素的作用下，环路若有能力保持它的平衡状态，则环路是稳定的，否则是不稳定的。研究系统稳定性与环路参数之间的关系，是分析 PLL 性能的重要任务之一。

本质上，锁相环是一个非线性系统。严格地说，它的稳定性是一个非线性问题。非线性系统的稳定性不仅取决于系统本身，也取决于输入信号的强弱。因此，通常又把非线性系统的稳定性分为在强干扰作用下的稳定性问题和在弱干扰作用下的稳定性问题，或者叫大稳定性问题和小稳定性问题。对锁相环来说，在强干扰作用下，环路失锁，进入捕获状态，因此研究在强干扰作用下的稳定性问题，主要研究环路的捕获问题；在弱干扰作用下的稳定性问题则属于同步状态下的问题，是线性化系统的稳定性问题。一旦确定了环路线性稳定的条件，就可以找出保证环路正常工作的前提，本节限于讨论环路的线性稳定性。

根据自动控制理论，对线性系统进行稳定性分析的方法很多；如根轨迹法、伯特准则法、劳斯-霍尔维茨法、奈奎斯特准则。本书着重介绍如何用环路的开环波特图来分析环路的稳定性。

1）波特准则

波特准则是利用环路的开环频率特性直接判断闭环特性稳定性的方法。用开环传递函数的频域特性来判断闭环时系统的极点是否都落在“S”平面的左半平面内。若是，则环路为稳定系统；若有 1 个或以上的极点处在右半平面内或虚轴上，则环路系统为不稳定系统。

用开环波特图判断闭环稳定性是工程中非常实用和常用的方法。可以用两种方法获取开环波特图，一种是根据环路的开环传递函数绘出开环波特图，另一种是通过实验方法测量得到开环波特图。开环波特图，也就是开环传递函数频率响应的波特图，包括振幅频率响应和相位频率响应。它们的横坐标轴均以 $\lg\omega$ 均匀分度，却以 ω 标称以方便读取。振幅频率响应的纵坐标为 $20\lg|H_o(j\omega)|$，单位为 dB；相位频率响应的纵坐标为 ω，单位为°（度）。当开环增益达到 0dB（$20\lg|H_o(j\omega)|$dB）=1 时对应的频率，称为增益临界频率 Ω_T；当开环相移达到 π 时对应的频率，称为相位临界频率 Ω_K。

如果系统的开环特性满足条件：

当 $\varphi(\Omega_K)=\pi$ 时，$20\lg|H_o(j\Omega_K)|<0\text{dB}$；

当 $20\lg|H_o(j\Omega_T)|=0\text{dB}$ 时，$|\varphi(\Omega_T)|<\pi$。

则系统闭环后一定是稳定的，这就是波特准则。

波特准则：一个线性反馈系统的稳定条件是，当开环增益 $|H_o(j\Omega_T)|=1$ 时，其相移 $|\varphi(j\Omega_T)|$ 不得大于或等于 180°，或者在开环相移等于 180° 时，振幅增益不得大于或等于 1。可以将波特准则用图 9-54 表示出来。

对于稳定的环路，必有 $\Omega_T<\Omega_K$，如图 9-54（b）所示；当 $\Omega_T>\Omega_K$ 时，环路不稳定，如图 9-54（c）所示；当 $\Omega_T=\Omega_K$ 时，环路处于临界状态，如图 9-54（a）所示。在工程实际应用中，临界状态实际上是不稳定的，在设计中要求远离临界稳定的条件，保持一定的稳定裕量。系统的稳定程度可用稳定裕量来描述，稳定裕量包括相位裕量和增益裕量。

增益裕量的定义：

$$G_m=20\lg|H_o(\Omega_K)|$$

对于稳定的反馈系统，G_m 必须为负值，数值负得越多，环路稳定性越好，通常要求 $G_m\leqslant-10\text{dB}$。

相位裕量的定义：

$$\varphi_m=180^\circ+\arg H_o(j\Omega_T)\text{（以度为单位）}$$

$$=\pi+\arg H_o(j\Omega_T)\text{（以弧度为单位）}\qquad(9.4.110)$$

对于稳定的反馈系统，φ_m 必须为正值，φ_m 越大，表示系统的稳定性越好。一般要求 $\varphi_m\geqslant45^\circ$，最好为 60°。

图 9-54（b）说明了增益裕量和相位裕量的定义。虽然增益裕量和相位裕量都可用来说明环路的稳定性，但在工程实际中，判断环路的稳定性用得更多的是相位裕量。

相位裕量的计算方法如下。

（1）求出增益临界频率 Ω_T：

$$|H_o(j\Omega_T)|=1$$

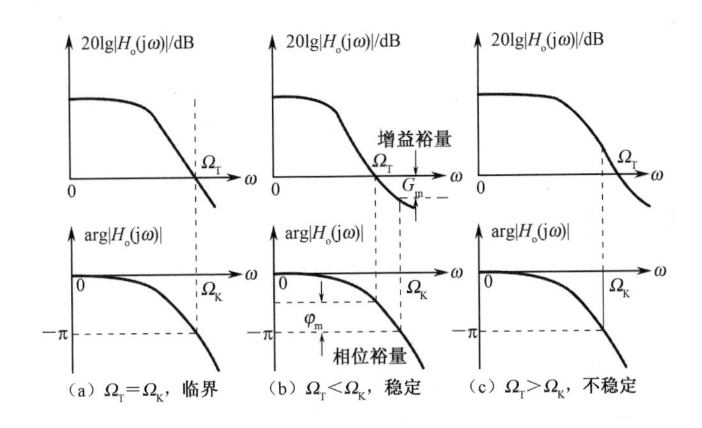

图 9-54　用开环波特图判断闭环稳定性

（2）求出相位裕量 φ_m：

$$\varphi_m = 180^\circ + \arg H_o(j\Omega_T)$$

2）锁相环路的稳定性

（1）一阶环路。

没有滤波器的环路是一阶环，此时 $F(j\Omega)=1$。环路增益 $K=K_dK_V$。开环传递函数 $H_o(s)=\dfrac{K}{s}$。一阶环的幅频曲线是一条直线，因为锁相环总有一个 VCO，它是环路固有的积分环节，产生一个位于原点的极点，使开环传递函数的相位滞后90°，图 9-55 给出了一阶环的开环波特图。

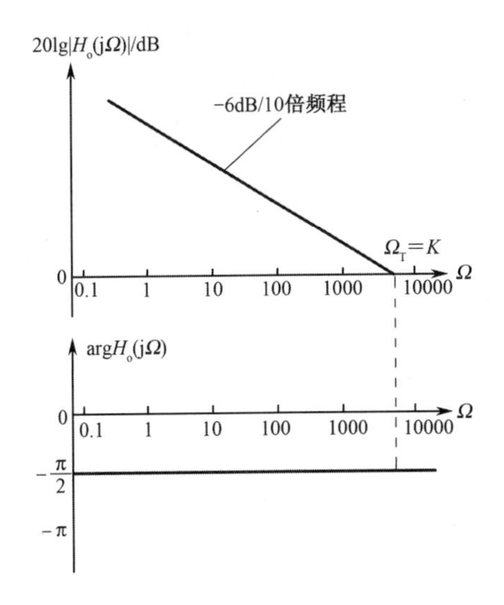

图 9-55　一阶环的开环波特图

由图 9-55 可知，$\Omega_K \to \infty$，即相位临界频率趋于无穷大，总是满足 $\Omega_T < \Omega_K$，所以一阶环绝对稳定。

对于一阶环，环路增益 K 是设计者唯一可变的参数。为了保证良好跟踪，如果要求

增益 K 很大，则环路带宽也就很大。一阶环良好的跟踪能力与窄带特性是相互矛盾的，因此一阶环在实际工程中不常用。然而，一阶环经常出现在文献中，主要是因为这种环路分析起来方便，且由此得到的物理现象往往可推广到比较复杂、难以分析的锁相环。

（2）理想二阶环。

理想二阶环的开环传递函数：

$$H_o(s)=\frac{K(1+s\tau_2)}{\tau_1 s^2} \tag{9.4.111}$$

分析式（9.4.111）可知，环路中有两个理想积分环节，一个为 VCO 的理想积分作用 K_V/s，另一个是环路滤波器的理想积分作用 $\frac{(1+s\tau_2)}{s\tau_1}$。用 $s=j\Omega$ 代入式（9.4.111）得开环频率响应

$$H_o(j\Omega)=\frac{K(1+j\Omega\tau_2)}{\tau_1(j\Omega)^2} \tag{9.4.112}$$

当 $\Omega\to\infty$ 时，式（9.4.112）可近似表示为

$$H_o(j\Omega)\approx\frac{Kj\Omega\tau_2}{\tau_1(j\Omega)^2}=\frac{K\tau_2}{j\Omega\tau_1}$$

$j=e^{j\frac{\pi}{2}}$，此时开环传递函数的相频特性滞后 $\frac{\pi}{2}$。

当 $\Omega\to 0$ 时，在式（9.4.112）中忽略 $j\Omega\tau_2$，可近似表示为

$$H_o(j\Omega)\approx\frac{K}{\tau_1(j\Omega)^2}$$

因为 $j^2=-1=e^{j\pi}$，此时开环传递函数的相频特性滞后 π。

由式（9.4.112）可得，开环传递函数的幅频特性和相频特性为

$$H_o(\Omega)=20\lg|H_o(j\Omega)|=20\lg\frac{K}{\tau_1\Omega^2}+20\lg\sqrt{1+\tau_2^2\Omega^2} \tag{9.4.113a}$$

$$\varphi(\Omega)=-180^\circ+\arctan(\tau_2\Omega) \tag{9.4.113b}$$

为分析方便，用渐近线法绘制开环幅频特性曲线，渐近线是在 $\Omega\to\infty$ 和 $\Omega\to 0$ 两种极限情况下得到的近似。由式（9.4.113a）得到开环幅频特性曲线的渐近线方程为

$$H_o(\Omega)=\begin{cases}20\lg(\frac{K}{\Omega^2\tau_1}), & \Omega\leqslant\frac{1}{\tau_2}\\ 20\lg(\frac{K}{\Omega^2\tau_1})+20\lg(\tau_2\Omega), & \Omega>\frac{1}{\tau_2}\end{cases} \tag{9.4.114}$$

另外，$\Omega=1/\tau_2$ 为开环波特图的拐点，此时的相位余量 $\varphi_m=180^\circ+\varphi(\Omega)=45^\circ$。由式（9.4.114）可得理想二阶环的开环波特图，如图 9-56 所示。由图可见，开环传递函数的相移特性曲线全部位于 $-\pi$ 线之上，所以从理论上说，环路一定是稳定的。但是，为了保证足够的相位裕量，必须选择合适的环路参数。

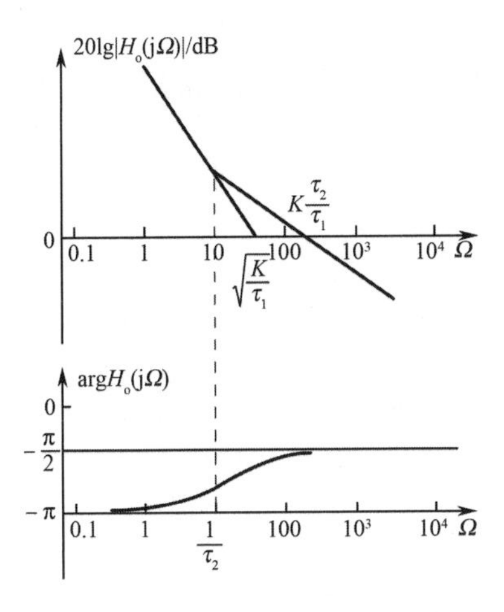

图 9-56　当 $\xi > \frac{1}{2}$ 时，理想二阶环的开环波特图

下面分几种情况分析环路的稳定性。

- 当 $\omega_n > \frac{1}{\tau_2}$ 时，即 $\xi > \frac{1}{2}$。

图 9-56 给出的开环波特图就是这种情况，此时有

$$\Omega_T = K\frac{\tau_2}{\tau_1}，\quad \varphi_m = \arctan\frac{K{\tau_2}^2}{\tau_1} = \arctan(4\xi^2)$$

- 当 $\omega_n < \frac{1}{\tau_2}$ 时，处于低频区，即 $\xi \leqslant \frac{1}{2}$。

由式（9.4.114）求得

$$\Omega_T = \sqrt{\frac{K}{\tau_1}} \tag{9.4.115}$$

根据相位裕量公式 $\varphi_m = 180^\circ + \arg H_o(j\Omega_T)$ 和式（9.4.113b）可得

$$\varphi_m = 180^\circ + \varphi(\Omega_T) = \arctan(\tau_2\Omega_T) \tag{9.4.116}$$

由表 9-2 可知

$$\Omega_T = \omega_n = \sqrt{\frac{K}{\tau_1}}，\quad \varphi_m = \arctan(\tau_2\Omega_T) = \arctan(\tau_2\sqrt{\frac{K}{\tau_1}}) = \arctan(2\xi)$$

图 9-57 给出了这种情况下的开环波特图。

由上述分析可得到如下结论。

- 不管 K、τ_1、τ_2 取何值，拐点处的相位裕量为 45°，φ_m 总大于零。从理论上说，环路是绝对稳定的，但在实际工程中通常要求 $\varphi_m > 45^\circ$。
- φ_m 随 ξ 的增大而增大。当 $\xi > \frac{1}{2}$ 时，无论高频区或低频区，都满足相位裕量 $\varphi_m > 45^\circ$，满足工程上对相位裕量的要求，环路稳定；当 $\xi \leqslant \frac{1}{2}$ 时，无论高频区或低频区，相位裕量 $\varphi_m < 45^\circ$，不满足工程上对相位裕量的要求，环路不稳定。

- 要设计稳定性较好的理想二阶环，必须满足$\xi > \dfrac{1}{2}$。因为$\xi = \dfrac{\tau_2}{2}\sqrt{\dfrac{K}{\tau_1}}$，所以要求$K$增大，$\tau_2$增大，$\tau_1$减小，以确保$\xi > \dfrac{1}{2}$。

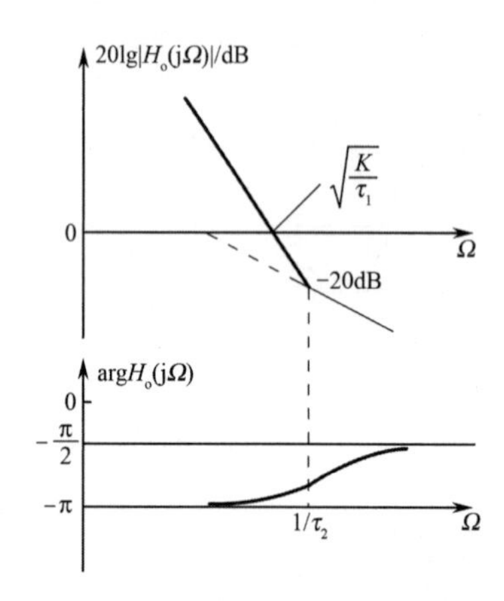

图 9-57　当$\xi \leqslant \dfrac{1}{2}$时，理想二阶环的开环波特图

注意：用渐近线方程来分析环路稳定性，将环路幅频特性分割为几条线段，求出几个临界频率，并不意味着有多个相位裕量。实际上，相位裕量是唯一的，只是在不同频率区近似用不同的线段来表示开环特性而已。

（3）典型二阶环（采用 RC 积分滤波器）。

典型二阶环的开环传递函数为

$$H_o(s) = \frac{K}{s(1+\tau_1 s)} \tag{9.4.117}$$

用$s = \mathrm{j}\Omega$代入式（9.4.117）得开环频率响应

$$H_o(\mathrm{j}\Omega) = \frac{K}{\mathrm{j}\Omega(1+\tau_1 \mathrm{j}\Omega)} \tag{9.4.118}$$

当$\Omega \to \infty$时，式（9.4.118）可近似表示为

$$H_o(\mathrm{j}\Omega) \approx \frac{K}{(\mathrm{j}\Omega)^2 \tau_1} \tag{9.4.119}$$

因为$\mathrm{j}^2 = -1 = \mathrm{e}^{\mathrm{j}\pi}$，此时开环传递函数的相频特性滞后$\pi$。

当$\Omega \to 0$时，式（9.4.118）中忽略$\tau_1 \mathrm{j}\Omega$，可近似表示为

$$H_o(\mathrm{j}\Omega) \approx \frac{K}{\mathrm{j}\Omega} \tag{9.4.120}$$

$\mathrm{j} = \mathrm{e}^{\mathrm{j}\frac{\pi}{2}}$，此时开环传递函数的相频特性滞后$\dfrac{\pi}{2}$。

由式（9.4.118）可得开环传递函数的对数幅频特性和相频特性为

$$H_o(\Omega) = 20\lg|H_o(\mathrm{j}\Omega)| = 20\lg K - 20\lg\Omega - 20\lg\sqrt{1+(\tau\Omega)^2} \tag{9.4.121a}$$

$$\varphi(\Omega) = -\frac{\pi}{2} - \arctan(\Omega\tau) \tag{9.4.121b}$$

由式（9.4.121a）得到开环幅频特性曲线的渐近线方程为

$$H_o(\Omega) = \begin{cases} 20\lg(\dfrac{K}{\Omega}), & \Omega < \dfrac{1}{\tau} \\ 20\lg(\dfrac{K}{\Omega^2\tau}), & \Omega > \dfrac{1}{\tau} \end{cases} \tag{9.4.122}$$

$\Omega = 1/\tau$ 是开环幅频特性的一个拐点，此时 $\varphi(\Omega) = -135^\circ$，$\varphi_m = 180^\circ + \varphi(\Omega) = 45^\circ$。

当 $K < \dfrac{1}{\tau}$ 时，即 $\xi > \dfrac{1}{2}$，图 9-58 给出了开环波特图。

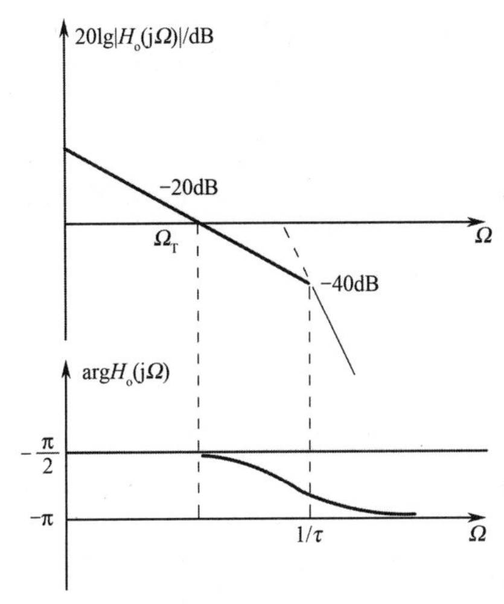

图 9-58　当 $\xi > \dfrac{1}{2}$ 时典型二阶环的开环波特图

当 $\Omega < \dfrac{1}{\tau}$ 时，$\Omega_T = K$，相位裕量 $\varphi_m > 45^\circ$；当 $\Omega > \dfrac{1}{\tau}$ 时，$\Omega_T = \sqrt{\dfrac{K}{\tau}}$，同样有相位裕量 $\varphi_m > 45^\circ$。无论 Ω 取何值，均有 $\varphi_m > 45^\circ$，环路满足工程设计要求的相位裕量，系统稳定。

当 $K \geqslant \dfrac{1}{\tau}$ 时，即 $\xi \leqslant \dfrac{1}{2}$，图 9-59 给出了在这种情况下的开环波特图。由图可知，无论 Ω 取何值，均有 $\varphi_m < 45^\circ$，环路不满足工程设计要求的相位裕量，系统不稳定。

对于典型二阶环，必须满足 $K < \dfrac{1}{\tau}$，即 $\xi > \dfrac{1}{2}$，才能确保环路稳定。环路增益 K 增大将导致环路的稳定性下降。

（4）非理想二阶环（采用无源比例积分滤波器）。

非理想二阶环的开环传递函数为

$$H_o(s) = \frac{K(1 + s\tau_2)}{s(1 + s\tau_1)} \tag{9.4.123}$$

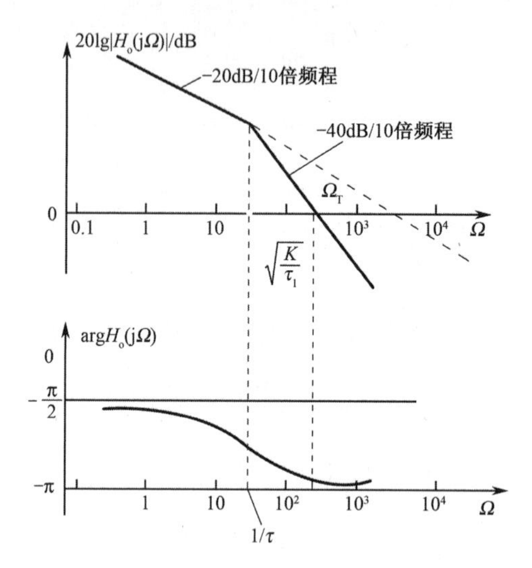

图 9-59　当$\xi \leqslant \frac{1}{2}$时典型二阶环的开环波特图

用$s = \mathrm{j}\varOmega$代入式（9.4.123）得开环频率响应为

$$H_{\mathrm{o}}(\mathrm{j}\varOmega) = \frac{K(1+\mathrm{j}\varOmega\tau_2)}{\mathrm{j}\varOmega(1+\mathrm{j}\varOmega\tau_1)} \tag{9.4.124}$$

与典型二阶环开环频率响应式（9.4.118）相比，式（9.4.124）多了一项相位超前因子$(1+\mathrm{j}\varOmega\tau_2)$，改善了环路的稳定性。

在低频区，$H_{\mathrm{o}}(\mathrm{j}\varOmega) \approx \frac{K}{\mathrm{j}\varOmega}$，相频特性曲线滞后$\frac{\pi}{2}$；通常环路满足$\tau_1 \gg \tau_2$，随着$\varOmega$增大，$1/(1+\mathrm{j}\varOmega\tau_1)$的作用首先逐渐显现，使相频曲线出现拐点$1/\tau_1$，相位滞后逼近$-\pi$；当$\varOmega$继续增大时，超前项$1+\mathrm{j}\varOmega\tau_2$的作用逐渐显现，相频曲线出现拐点$1/\tau_2$，相位滞后逼近$-\pi/2$。由式（9.4.124）可得，开环传递函数的对数幅频特性和相频特性为

$$H_{\mathrm{o}}(\varOmega) = 20\lg\left|H_{\mathrm{o}}(\mathrm{j}\varOmega)\right| = 20\lg(K/\varOmega) - 20\lg\sqrt{1+\tau_1^2\varOmega^2} + 20\lg\sqrt{1+\tau_2^2\varOmega^2} \tag{9.4.125a}$$

$$\varphi(\varOmega) = -\frac{\pi}{2} - \arctan(\tau_1\varOmega) + \arctan(\tau_2\varOmega) \tag{9.4.125b}$$

$\varOmega = 1/\tau_1$和$\varOmega = 1/\tau_2$为开环波特图的拐点，其相位裕量$\varphi_{\mathrm{m}} = 45^\circ$。由式（9.4.125a）得到开环幅频特性曲线的渐近线方程：

$$H_{\mathrm{o}}(\varOmega) = \begin{cases} 20\lg\left(\dfrac{K}{\varOmega}\right), & \varOmega < \dfrac{1}{\tau_1} \quad \text{低频区} \\ 20\lg\left(\dfrac{K}{\varOmega}\right) - 20\lg(\varOmega\tau_1), & \dfrac{1}{\tau_1} \leqslant \varOmega \leqslant \dfrac{1}{\tau_2} \quad \text{中频区} \\ 20\lg\left(\dfrac{K}{\varOmega}\right) - 20\lg(\varOmega\tau_1) + 20\lg(\varOmega\tau_2), & \varOmega > \dfrac{1}{\tau_2} \quad \text{高频区} \end{cases} \tag{9.4.126}$$

由式（9.4.126）可得非理想二阶环的开环波特图，如图 9-60 所示。图中已经假设$\omega_{\mathrm{n}} = \sqrt{\frac{K}{\tau_1}} > \frac{1}{\tau_2}$，即$\xi > \frac{1}{2}$。

- 低频区：$\Omega < \dfrac{1}{\tau_1}$，$\Omega_{\mathrm{T}} = K$。
- 中频区：$\dfrac{1}{\tau_1} \leqslant \Omega \leqslant \dfrac{1}{\tau_2}$，$\Omega_{\mathrm{T}} = \sqrt{\dfrac{K}{\tau_1}}$。
- 高频区：$\Omega > \dfrac{1}{\tau_2}$，$\Omega_{\mathrm{T}} = K\dfrac{\tau_2}{\tau_1}$。

由图 9-60 可见，3 条渐近线求出的临界增益频率 Ω_{T} 均大于 $1/\tau_2$，相移约为 $-\dfrac{\pi}{2}$，环路相位裕量大约等于 $\dfrac{\pi}{2}$，能够保证相位裕量都大于 45°。相位超前因子中的时间常数 τ_2 越大，环路的稳定性越好。因此，只要满足 $\omega_{\mathrm{n}} = \sqrt{K/\tau_1} > 1/\tau_2$，无论在什么频区都能确保环路稳定。

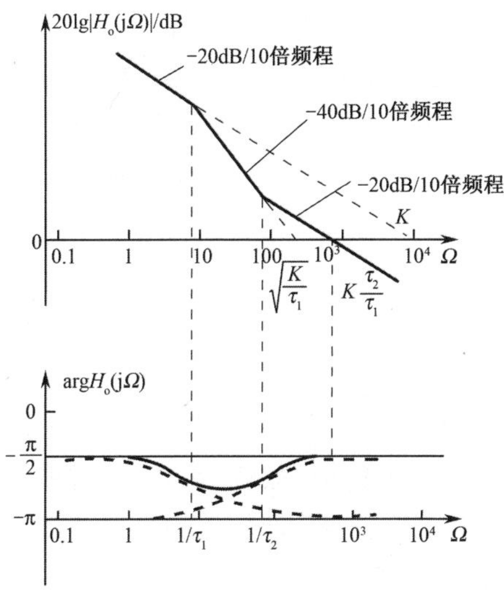

图 9-60　非理想二阶环的开环波特图

综上分析，可得到下述结论。

（1）从理论上说，二阶环都是绝对稳定的，但考虑到在工程实际中要求 $\varphi_{\mathrm{m}} > 45^\circ$，必须合理选择环路参数。

（2）对于二阶环，ξ 越大，相位裕量 φ_{m} 越大，环路的稳定性越好。任何一种二阶环，都要求 $\xi > \dfrac{1}{2}$，以确保 $\varphi_{\mathrm{m}} > 45^\circ$，环路稳定。在典型二阶环中，要 φ_{m} 增大，必须减小 K，这与减小 $\theta_{\mathrm{e}\infty}$ 是矛盾的，因此典型二阶环的实际应用受到限制。在理想二阶环和高增益非理想二阶环中，两者要求一致，要 φ_{m} 增大，则要增大 K，而 K 增大 $\theta_{\mathrm{e}\infty}$ 必须减小。另外，K 增大，导致 ω_{n} 增大，这与滤除环路噪声发生矛盾。尽管如此，这两种环路有两个可调参数，设计灵活性很大，有着极其广泛的应用。

9.4.5 锁相环的噪声性能

锁相环最重要的应用就是构成频率合成器。频率合成器是一种高质量的信号发生器。在通信设备中，它可用作发射机的激励信号源，也可以作为接收机的本地振荡信号源，或者可以单独用作无线电测量设备中的信号发生器等。在这些设备中都要求频率合成器具有很低的相位噪声，而且这种要求随着无线电技术的发展而越来越高。

前几节在锁相环的同步、捕获、线性跟踪等性能分析中，都只考虑信号的作用，没有考虑输入噪声、环内的各种噪声及干扰源对环路工作状态和性能的影响。实际上，任何场合的锁相环都不可避免地受到噪声的影响。锁相环的噪声与干扰种类很多，主要有以下几种。

（1）环路的外部噪声。环路的外部噪声主要从环路输入端与信号一起进入环路，包括加性噪声、调制噪声、参考分频器的触发噪声等。

（2）环路内部噪声。环路的内部噪声主要指环路中的有源元器件产生的热噪声，如压控振荡器的噪声、直流放大器的输出噪声、鉴相器的非线性失真干扰等。

噪声会对环路产生重要的影响，例如，使环路的捕获性能、线性跟踪性能变差，使输入信号的相位产生抖动、频谱不纯，严重时会完全破坏环路的正常工作。

1. 相位噪声的基本概念

任何信号的频谱均不是绝对纯净的，或多或少附带了随机性的相位噪声和周期性的杂散干扰。环路的相位噪声性能是输出频率稳定性的一个重要体现。相位噪声实际上是指频率的短期稳定性。如果把不纯净的正弦信号作为发射机的激励源或超外差式接收机的本振信号，这种随机性的相位噪声和杂散干扰的危害便充分暴露出来，严重时可能使通信中断，所以必须力求减少信号的相位噪声和杂散干扰。

理想锁相环的输出信号是标准的正弦信号，可表示为$u_{\mathrm{o}}(t)=V_{\mathrm{om}}\cos\left(\omega_0 t+\theta_0\right)$，式中$V_{\mathrm{om}}$、$\omega_0$、$\theta_0$均为常数，这是一个理想的纯净信号，它的频谱是一根直线，如图 9-50（a）所示。实际锁相环输出的正弦信号不可避免地存在寄生调幅和寄生调相，这种寄生调幅调相波可表示为

$$u_{\mathrm{o}}(t)=V_{\mathrm{om}}\left[1+\alpha(t)\right]\cos\left[\omega_0 t+\theta(t)\right]$$

式中，$\alpha(t)$代表寄生调幅，$\theta(t)$代表寄生调相。寄生调幅$\alpha(t)$较小，且很容易用限幅器消除，危害性不大；寄生调相$\theta(t)$是影响输出信号频谱纯度的主要因素。锁相环实际的输出信号如图 9-50（b）所示，功率能量分布在所需载波能量的两边，这些能量就是相位噪声。

相位噪声是指各种随机噪声造成的瞬时频率或相位起伏，是衡量输出信号相位抖动大小的参数，在频谱上呈现为主谱两边的连续噪声频谱。相位噪声的单位通常用 dBc/Hz：在 1Hz 带宽内的噪声功率与中心频率的功率比。在指定相位噪声时，通常要说明与中心频率的偏离值。

2. 在输入白噪声时环路的噪声模型

实际环路在工作时，存在各种来源的噪声和干扰，如鉴相器、环路滤波器、分频器、压控振荡器都会产生噪声。这里我们仅限于讨论 3 种主要的噪声源。图 9-61 是锁相环的噪声模型，其中，$\theta_{ni}(t)$是输入噪声，它来源于晶振或参考分频器等；$U_{PD}(t)$ 是鉴相器的噪声；$\theta_{nv}(t)$是压控振荡器的噪声。

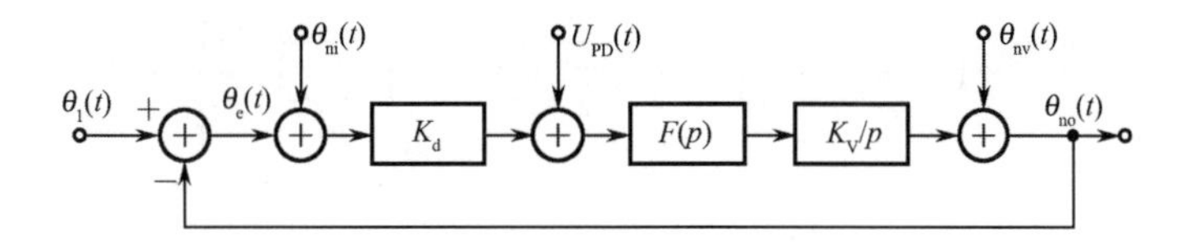

图 9-61 锁相环的噪声模型

锁相环具有很好的噪声滤除功能，本节将讨论在噪声影响下环路的性能。严格地分析各种噪声对环路的影响十分困难，甚至是不可能的。在锁相环中，主要考虑两种噪声的影响，一是与输入信号同时进入的输入噪声，二是由压控振荡器本身产生的噪声输出。应用于不同场合的锁相环，各种噪声对其影响的程度是不一样的，因此可以根据实际应用加以简化。例如，在锁相频率合成器中，环路的输入信号由高稳定度的晶体振荡器提供，环路输入的噪声很小，起主要作用的是环路的内部噪声，即由压控振荡器本身产生的噪声；在锁相接收机中，输入信噪比很低，环路外部噪声起主要作用，内部噪声往往可以忽略。

在弱噪声作用下，考虑到各噪声源是统计独立的，因此线性近似和叠加原理仍旧适用。在研究环路噪声特性时可分别求出每个噪声源在环路输出端的响应(输出相位方差)，然后将输出相位方差相加，用这种方法近似求出各种噪声共同作用的结果。

1）环路的相位模型

图 9-62 为仅在考虑输入噪声 $n_i(t)$ 作用时锁相接收机的原理框架。图中，BPF 为锁相接收机中的前置带通滤波器，其带宽为 B_i；$u_i(t)$ 为环路输入信号电压，有

$$u_i(t)=U_i\sin\left[\omega_0 t+\theta_i(t)\right] \tag{9.4.127}$$

$n_i(t)$ 为加性白噪声（白高斯噪声），其单边功率谱密度为 N_o（单位为 W/Hz）。经接收机前置带通滤波器的作用后，加性白噪声变为一窄带加性白噪声电压 $n(t)$，可表示为

$$n(t)=n_c(t)\cos\omega_0 t-n_s(t)\sin\omega_0 t \tag{9.4.128}$$

式中，$n_c(t)$、$n_s(t)$ 分别为 $n(t)$ 的同相分量和正交分量，它们相互独立，均值为零，方差为 N_oB_i。

这样就可以把图9-62等效为如图9-63所示的含有窄带白高斯噪声的锁相环路原理框架。“白”是指噪声功率谱密度在有用频带内是常数，即在 0～10^{13} Hz 频带内功率谱密度是均匀的，而“高斯”是指概率密度的分布。白高斯噪声指在 0～10^{13} Hz 频带内功率谱密度均匀，并且概率密度满足高斯分布的噪声。噪声是随机变量，其强度只能用功率谱密度来表示。功率谱密度定义为单位带宽（单位电阻所得到的平均功率），记为 $S_n(f)$。功率谱密度对频率积分可得平均功率。

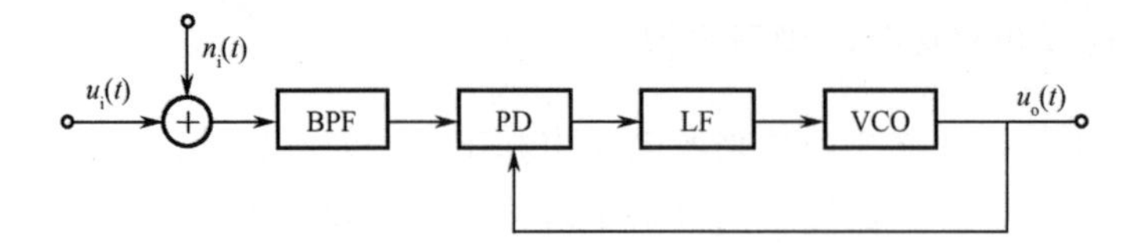

图 9-62　在有输入噪声时锁相接收机的原理框架

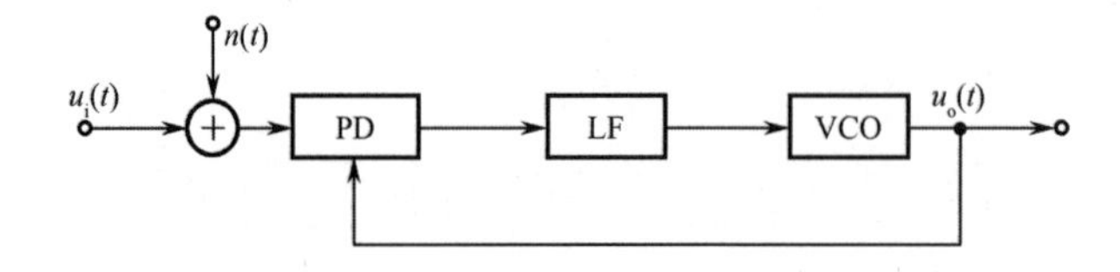

图 9-63　在有输入窄带白噪声时锁相接收机的原理框架

环路鉴相器就是模拟相乘器，相乘系数为 K_m，它有两个输入。其一为输入端的电压

$$U_i(t)=u_i(t)+n(t)=U_i\sin[\omega_0 t+\theta_1(t)]+n(t) \tag{9.4.129}$$

其二为压控振荡器的输出电压

$$u_o(t)=U_o\cos[\omega_0 t+\theta_2(t)] \tag{9.4.130}$$

说明：（1）u_i、u_o 之间有 $90°$ 相差，输入信号为正弦量，而输出 VCO 的电压为余弦量，$\theta_1(t)$ 和 $\theta_2(t)$ 之间的基准关系是互为正交的，这是模拟正弦鉴相器的要求。

（2）输入电压及 VCO 的频率均为 ω_0，即两个信号的频率相等，表示环路已被锁定，这是噪声分析过程线性化的依据。

$u_i(t)+n(t)$ 与 $u_o(t)$ 经鉴相器相乘作用，其内部附加的低通滤波器可滤除二次谐波项，其输出为

$$u_d(t)=U_d\sin\theta_e(t)+N(t) \tag{9.4.131}$$

式中，瞬时相差 $\theta_e(t)=\theta_1(t)-\theta_2(t)$，$N(t)$ 为环内等效相加噪声电压，表示为

$$N(t)=\frac{U_d}{U_i}[n_c(t)\cos\theta_2(t)+n_s(t)\sin\theta_2(t)]=\frac{U_d}{U_i}n'(t) \tag{9.4.132}$$

式中，$U_d=\frac{1}{2}K_m U_i U_o$ 为误差电压幅值，U_i 为输入信号幅值，U_o 为输出信号幅值。乘法器的输出中有谐波成分 $2\omega_0$，环路需要的控制项是其频差，倍频项必须用滤波器滤除，否则会对环路造成严重影响。

式（9.4.131）表示在输入噪声作用下鉴相器的数学模型。鉴相器的输出电压由两部分构成：其一，由瞬时相位误差 $\theta_e(t)$ 决定，它主要体现了信号相位的作用；其二由等效相加噪声电压 $N(t)$ 决定，它是噪声作用项。由式（9.4.131）表示的鉴相器输出电压 $u_d(t)$ 经环路滤波器后加至压控振荡器，压控振荡器的输出相位 $\theta_2(t)$ 为

$$\theta_2(t)=\frac{K_V F(p)}{p}[U_d\sin\theta_e(t)+N(t)] \tag{9.4.133}$$

也可表示为

$$\frac{d\theta_e}{dt}=\frac{d\theta_1}{dt}-K_V F(p)[U_d\sin\theta_e(t)+N(t)] \tag{9.4.134}$$

式（9.4.134）是在考虑输入白高斯噪声时环路的非线性随机方程，与之相对应的环路噪声相位模型如图 9-64 所示。

与在无噪声时环路的相位模型比较，在鉴相器输出端增加了输出项 $N(t)$ 。$N(t)$ 是一个均值为零的随机变化量，其统计特性与 $n_{c}(t)$ 、 $n_{s}(t)$、 $\theta_{e}(t)$ 有关。 $N(t)$ 是窄带白高斯噪声，并且方差值为

$$\overline{N^2(t)} = \frac{U_{d}^2}{U_{i}^2} N_{o} B_{i} \tag{9.4.135}$$

式中， U_{d} 为误差电压幅值， U_{i} 为输入信号幅值， B_{i} 为环路前置滤波器带宽， N_{o} 为输入噪声 $N(t)$ 在 B_{i} 带宽内均匀分布的单边功率谱密度。

式（9.4.134）是非线性随机微分方程，目前只能对一阶环进行精确求解。在工程上常用的近似求解方法是线性近似法。线性近似方法是指在相位误差的均方根[$\theta_{e}(t)$ 的标准偏差 σ_{e}]小于 13° 时，将非线性鉴相特性线性化，即把式（9.4.133）和式（9.4.134）中的 $U_{d}\sin[\cdot]$ 近似用 K_{d} 代替（ K_{d} 在数值上等于 U_{d} ），这样得到线性化噪声相位模型与方程。本节将用它对环路噪声性能进行线性分析，得出一些重要结论。

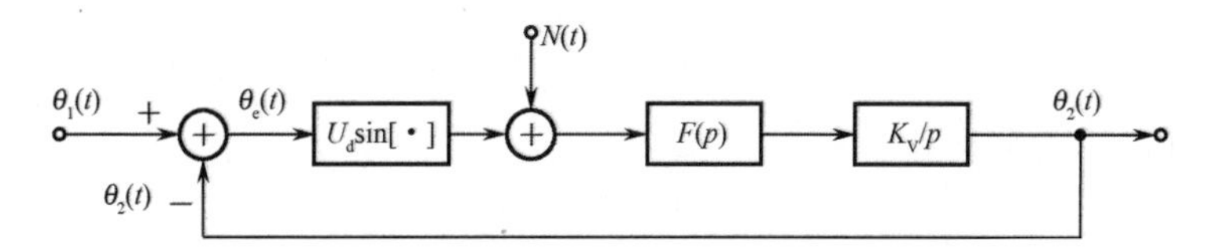

图 9-64　在有输入白噪声时环路的相位模型

2）线性化相位模型

在工程上，当 $\sigma_{e} < 13^{\circ}$ 时，把正弦鉴相特性线性化后得到环路的相位模型如图 9-65 所示。

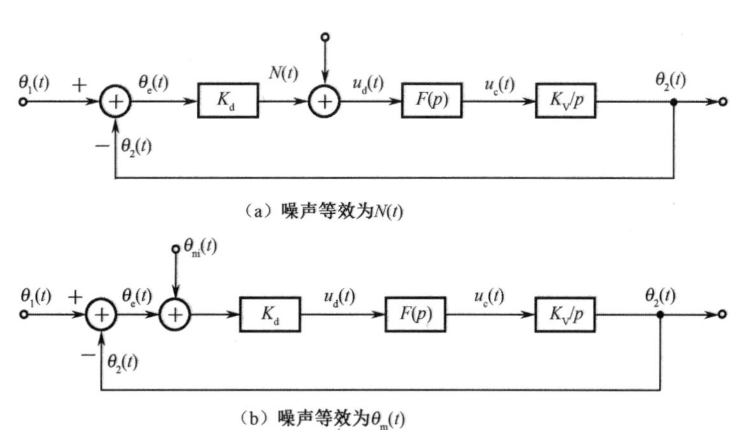

图 9-65　在有输入白高斯噪声时环路线性化相位模型

在图 9-65（b）中，有

$$\theta_{ni}(t) = N(t) / K_{d} \tag{9.4.136}$$

式中， $\theta_{ni}(t)$ 为等效输入相位噪声。

线性系统满足叠加定理，假设输入信号 $\theta_1(t)$ 和噪声 $\theta_{ni}(t)$ 在输出端的响应分别为 $\theta_{so}(t)$ 和 $\theta_{no}(t)$，即

$$\theta_2(t)=\theta_{so}(t)+\theta_{no}(t) \tag{9.4.137}$$

在前面已分析过环路对 $\theta_1(t)$ 的响应，此处将研究环路对噪声 $\theta_{ni}(t)$ 的响应。研究环路对噪声的响应可等同为环路对噪声的线性过滤问题。

3．环路对输入白高斯噪声的线性过滤特性

为了研究环路对噪声的过滤特性，令输入信号 $\theta_1(t)=0$，则有 $\theta_{so}(t)=0$，$\theta_2(t)=\theta_{no}(t)$。此外，对于线性系统，运算上可使用拉氏变换。图 9-66 给出了当 $\theta_1(s)=0$ 时环路对输入噪声响应的相位模型。

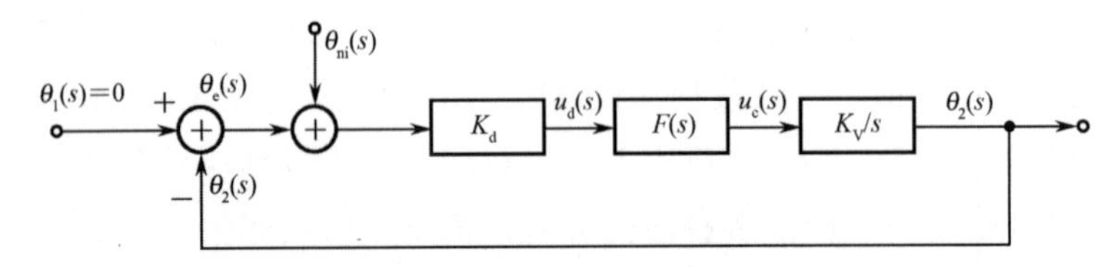

图 9-66　环路对输入噪声响应的相位模型

根据图 9-66 可得到环路方程为

$$\theta_e(s)=-\theta_2(s) \tag{9.4.138}$$

$$\frac{[\theta_{ni}(s)+\theta_e(s)]K_dF(s)K_V}{s}=\theta_2(s) \tag{9.4.139}$$

将式（9.4.138）代入式（9.4.139），可得

$$\theta_2(s)=\frac{KF(s)}{s+KF(s)}\theta_{ni}(s)=H(s)\theta_{ni}(s)$$

即

$$\theta_{no}(s)=H(s)\theta_{ni}(s) \tag{9.4.140}$$

式（9.4.140）描述了环路对输入噪声的过滤特性。

1）环路输出噪声相位方差 $\sigma_{\theta no}^2$

$\sigma_{\theta no}^2$ 是表示环路输出噪声的平均功率的物理量，是衡量环路对输入噪声滤除能力的重要参数。为了求得表示环路输出噪声平均功率的物理量 $\sigma_{\theta no}^2$，必须首先求得输出相位噪声 $\theta_{no}(t)$ 的功率谱密度 $S_{\theta no}(F)$。相位噪声是随机变量，其强度只能用功率谱来表示。在已知输出噪声功率谱密度的情况下，对 df 积分就可以求得输出噪声的平均功率。

等效相加噪声电压 $N(t)$ 是一个功率谱在 $[0,B_i/2]$ 均匀分布的白高斯噪声电压。由式（9.4.135）可知其单边功率谱密度为 $2N_o\dfrac{U_d^2}{U_i^2}$，故等效输入相位噪声的单边功率谱密度为

$$S_{\theta ni}(F)=\begin{cases}\dfrac{2N_o}{U_i^2}, & 0\leqslant F\leqslant B_i/2\\ 0, & F>B_i/2\end{cases} \tag{9.4.141}$$

由此可求出环路等效输入相位噪声 $\theta_{ni}(t)$ 的方差（输入相位噪声的平均功率）为

$$\sigma_{\theta\text{ni}}^2 = \int_0^{\frac{B_\text{i}}{2}} S_{\theta\text{ni}}(F)\text{d}F = \int_0^{\frac{B_\text{i}}{2}} \frac{2N_\text{o}}{U_\text{i}^2}\text{d}F = \frac{N_\text{o}B_\text{i}}{U_\text{i}^2} \tag{9.4.142}$$

由统计信号分析理论可知

$$\frac{\theta_\text{no}(s)}{\theta_\text{ni}(s)} = H(s)$$

所以有

$$S_{\theta\text{no}}(F) = S_{\theta\text{ni}}(F)\left|H(\text{j}2\pi F)\right|^2 \tag{9.4.143}$$

式中，$S_{\theta\text{no}}(F)$ 为输出相位噪声 $\theta_\text{no}(t)$ 的单边功率谱密度，$S_{\theta\text{ni}}(F)$ 为等效输入相位噪声 $\theta_\text{ni}(t)$ 的单边功率谱密度，$\left|H(\text{j}2\pi F)\right|^2$ 为功率传递函数（是电压传递函数的平方）。

根据式（9.4.143），可求得经环路过滤后的输出相位噪声的单边功率谱密度为

$$S_{\theta\text{no}}(F) = \begin{cases} \dfrac{2N_\text{o}}{U_\text{i}^2}\left|H(\text{j}2\pi F)\right|^2, & 0 \leqslant F \leqslant \dfrac{B_\text{i}}{2} \\ 0, & F > \dfrac{B_\text{i}}{2} \end{cases} \tag{9.4.144}$$

环路输出相位噪声 $\theta_\text{no}(t)$ 的方差（输出相位噪声的平均功率）为

$$\sigma_{\theta\text{no}}^2 = \int_0^{\frac{B_\text{i}}{2}} S_{\theta\text{no}}(F)\text{d}F = \int_0^{\frac{B_\text{i}}{2}} \frac{2N_\text{o}}{U_\text{i}^2}\left|H(\text{j}2\pi F)\right|^2\text{d}F \tag{9.4.145}$$

式中，$\left|H(\text{j}2\pi F)\right|$ 为环路的闭环传递函数，呈现低通特性。通常，环路带宽远小于 $B_\text{i}/2$，所以，当 $F > \dfrac{B_\text{i}}{2}$ 时，可认为 $\left|H(\text{j}2\pi F)\right|^2 \approx 0$，因此式（9.4.145）可表示为

$$\sigma_{\theta\text{no}}^2 = \frac{2N_\text{o}}{U_\text{i}^2}\int_0^{\infty}\left|H(\text{j}2\pi F)\right|^2\text{d}F = \frac{2N_\text{o}}{U_\text{i}^2}B_\text{L} \tag{9.4.146}$$

式中，有

$$B_\text{L} = \int_0^{\infty}\left|H(\text{j}2\pi F\right|^2\text{d}F \tag{9.4.147}$$

B_L 定义为环路的噪声带宽。

将式（9.4.146）与式（9.4.142）相比，可得

$$\frac{\sigma_{\theta\text{no}}^2}{\sigma_{\theta\text{ni}}^2} = \frac{B_\text{L}}{(B_\text{i}/2)}$$

即

$$\sigma_{\theta\text{no}}^2 = \sigma_{\theta\text{ni}}^2\frac{B_\text{L}}{(B_\text{i}/2)} \tag{9.4.148}$$

通常 $B_\text{L} \ll \dfrac{B_\text{i}}{2}$，所以 $\sigma_{\theta\text{no}}^2 \ll \sigma_{\theta\text{ni}}^2$，这反映了环路对噪声的抑制作用。显然，$B_\text{L}$ 越小，环路的噪声带宽越窄；$\sigma_{\theta\text{no}}^2$ 越小，环路对输入噪声的抑制作用越强。B_L 是衡量环路滤除噪声能力的一个重要参量，下面对其做进一步讨论。

2）环路的噪声带宽 B_L

根据式（9.4.147）可知 B_L 的物理意义。功率谱密度 $S_{\theta ni}(F)$ 为常数的等效输入相位噪声经功率响应为 $|H(j2\pi F)|^2$ 的环路过滤后，其输出相位噪声功率等同于让 $S_{\theta ni}(F)$ 通过一个宽度为 B_L、功率响应为 $|H(j2\pi F)|^2=|H(j0)|^2=1$ 的矩形响应过滤后的输出，如图 9-67 所示。

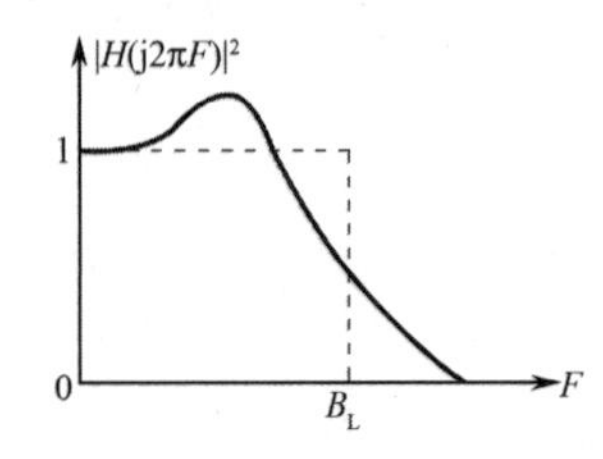

图 9-67　环路噪声带宽 B_L 的物理意义

根据 B_L 的物理意义可得

$$S_{\theta ni}(F)\int_0^\infty |H(j2\pi F)|^2\,dF = S_{\theta ni}(F)|H(j0)|^2 B_L$$

因此，等效矩形滤波器的带宽为

$$B_L=\int_0^\infty |H(j2\pi F)|^2\,dF$$

B_L 很好地反映了环路对输入噪声的滤除能力。B_L 越小，环路对输入噪声的抑制作用越强。

环路采用不同的滤波器，其闭环频率响应 $|H(j2\pi F)|$ 不同，所以计算得到的 B_L 也不同。表 9-6 给出了常用环路噪声带宽的计算公式。

表 9-6　常用环路噪声带宽的计算公式（表中环路增益 $K=K_dK_V$）

环路类型	一 阶 环	典型二阶环	理想二阶环	非理想二阶环
B_L（Hz）	$\frac{K}{4}$	$\frac{K}{4}$	$\frac{\omega_n}{8\xi}(1+4\xi^2)$	$\frac{\omega_n}{8\xi}\left[1+\left(2\xi-\frac{\omega_n}{K}\right)^2\right]$

由表 9-6 可得到如下结论。

（1）典型二阶环与一阶环具有相同的 B_L。对于这两种环路，如要增加环路对输入噪声的滤除能力，即要求减小 B_L，必须减小 K，而 K 的减小会导致环路稳态相位误差的增加，因此，增加环路对噪声的滤除能力与减小稳态相位误差对 K 的要求是矛盾的。典型二阶环减小 K，则相位裕量 φ_m 增加，环路稳定性变好，与滤除噪声的能力一致，但与减小环路的稳态相位误差矛盾。

（2）理想二阶环的 B_L 和 ω_n 成正比，若要有效地滤除输入噪声，应尽量减小环路带宽 ω_n。理想二阶环的 B_L 和阻尼系数 ξ 的关系曲线如图 9-68 所示。由图可知，当 $\xi=0.5$ 时，$B_L=0.5\omega_n$ 为最小值。因此，从有效抑制窄带白高斯噪声而言，$\xi=0.5$ 最佳，但考虑到暂态响应不宜过长，ξ 通常取 0.707 为最佳。

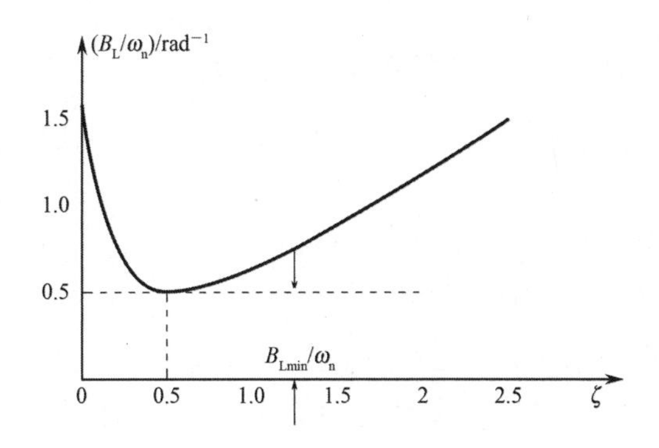

图 9-68　理想二阶环 B_L 与 ξ 的关系曲线

（3）当 $2\xi \gg \dfrac{\omega_n}{K}$ （$K \gg \dfrac{1}{\tau_2}$）时，非理想二阶环的 B_L 与理想二阶环的 B_L 相同。满足 $K \gg \dfrac{1}{\tau_2}$ 的非理想二阶环又称高增益二阶环。前面曾多次提及，高增益二阶环的有关性能近似于理想二阶环。

（4）在计算表 9-6 中的 B_L 时，应特别注意有关的单位。B_L 的单位为 Hz，ω_n 的单位为 rad/s，压控灵敏度 K_V 的单位为 rad/(s·V)，如果压控灵敏度以 Hz/V 为单位，必须乘以 2π 后才能代入公式。

3）环路信噪比

环路输入信噪比定义为环路输入端的信号功率 $U_i^2/2$ 与通过带宽为 B_i 的环路前置滤波器的输入噪声功率 N_oB_i 之比，即

$$\left(\frac{S}{N}\right)_i = \frac{U_i^2/2}{N_oB_i} = \frac{1}{2\sigma_{\theta ni}^2} \tag{9.4.149}$$

环路信噪比定义为环路输入端的信号功率 $U_i^2/2$ 与通过噪声带宽为 B_L 的噪声功率 N_oB_L 之比，即

$$\left(\frac{S}{N}\right)_L = \frac{U_i^2/2}{N_oB_L} = \frac{1}{\sigma_{\theta no}^2} \tag{9.4.150}$$

式中，N_o 为输入噪声在 B_i 带宽内均匀分布的单边功率谱密度。

比较式（9.4.149）和式（9.4.150），得

$$\left(\frac{S}{N}\right)_L = \left(\frac{S}{N}\right)_i \frac{B_i}{B_L} \tag{9.4.151}$$

通常 $B_i > B_L$，所以 $\left(\dfrac{S}{N}\right)_L \gg \left(\dfrac{S}{N}\right)_i$。

上式表明：环路信噪比也可用来说明环路对输入噪声的滤除能力，环路信噪比越大，则环路对输入噪声的滤除能力越强；环路的输入信噪比可以在环路输入端测量，而环路的信噪比却无法用仪器在环路任何一点测量得到，但它能明确表示环路对输入噪声的抑制能力。

4．环路对压控振荡器相位噪声的线性过滤特性

在前面我们主要讨论了输入白噪声、加性噪声的影响，这种噪声是那些高灵敏度锁相接收器的主要问题，如用于太空通信链路的接收机。下面将讨论相位噪声对环路的影响，相位噪声是乘性的、非平稳的，它的频谱也不是白的。相位噪声对信号频谱的影响如图9-69所示，在频率合成器中主要考虑这种噪声。

一个设计良好的锁相系统，相位噪声的主要来源应该是振荡器，这并不是说其他模块不会对输出信号的相位噪声产生贡献，而是因为振荡器的相位噪声应受到特别关注。

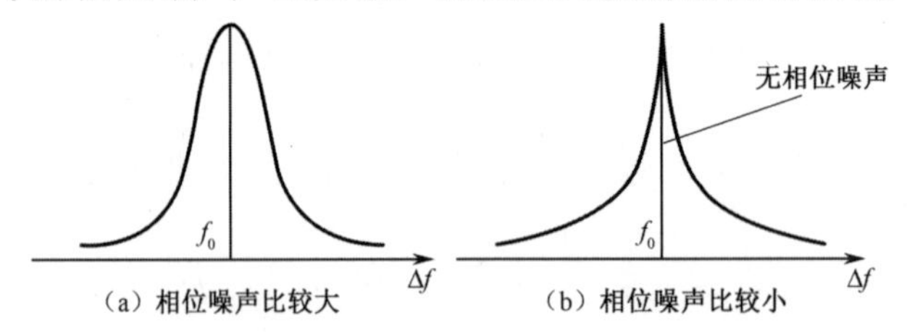

图9-69　具有相位噪声的信号频谱

压控振荡器的相位噪声可以等效为一个无噪的压控振荡器，在其输出端再叠加一个噪声相位$\theta_{nv}(t)$，如图9-70所示。

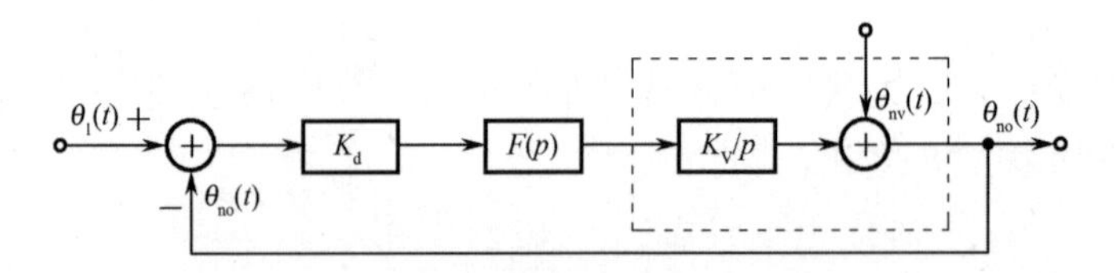

图9-70　包含VCO相位噪声的环路线性化噪声相位模型

下面首先讨论LC振荡器和晶体振荡器的相位噪声功率谱密度。

1）LC振荡器（压控振荡器）的相位噪声

频率稳定度是振荡器在整个规定时间段内产生相同频率的一种度量。如果信号频率由于存在瞬时变化而不能保持频率的稳定性，其起因就是相位噪声。在锁相频率合成器中，压控振荡器的相位噪声是影响信号短期频率稳定度的重要因素。在频域中，描述相位噪声的物理量是相位噪声功率谱密度函数。下面讨论压控振荡器的相位噪声功率谱密度。

由于内部噪声源的扰动，振荡器会产生瞬时的相位或频率起伏，分析表明，振荡器主要有两种噪声。

（1）闪烁（变）噪声。这种噪声是由于半导体接触表面的不规则、结电阻上载流子密度起伏或一些无源元器件（如云母电容）加工质量不好造成的。它具有高斯分布，其功率谱密度具有$1/f$的性质，故又称这种噪声为$1/f$噪声。

（2）白噪声。有源元器件中的热噪声、散粒噪声，以及无源元器件中的热噪声均属于白噪声。它也具有高斯分布，其功率谱密度具有均匀性质。

在锁相环中，压控振荡器的相位噪声的功率谱密度是上述两种噪声的叠加。工程实

践和大量实践数据测试表明：在 5MHz～100GHz 整个频率范围内，振荡器输出的相位噪声基本与振荡类型无关。常用的工程计算式为

$$\frac{S_{\theta\text{nv}}(F)}{f_0^2} \approx \frac{1}{F^3}\frac{10^{-11.6}}{Q^2} + \frac{1}{F^2}\frac{10^{-15.6}}{Q} + \frac{1}{F}\frac{10^{-11}}{f_0^2} + \frac{10^{-15}}{f_0^2} \tag{9.4.152}$$

式中，f_0 为振荡器的标称中心频率；Q 为选频回路的 Q 值，Q 越大，相位噪声越小；频率 F 表示调制频率，即偏离载波的频率，也可叫边带频率或傅里叶频率。图 9-71 给出了振荡器典型的相位噪声特性曲线。由图可知，F 越接近载波频率，$S_{\theta\text{nv}}(F)$ 越大。

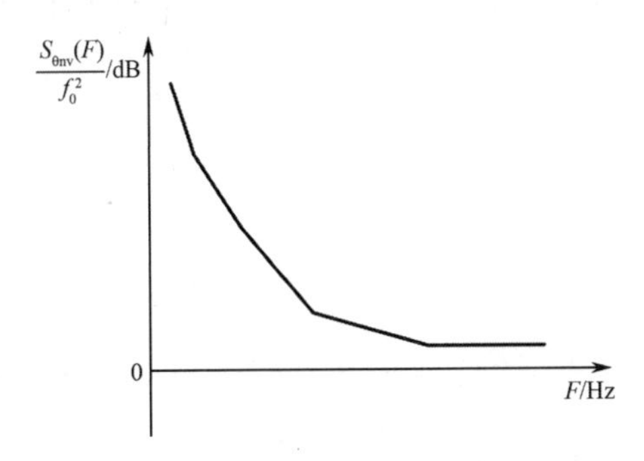

图 9-71　典型的归一化振荡器相位噪声特性曲线

常用单边带相位噪声描述相位噪声的大小，其定义为偏离载波频率 f_m，在 1Hz 带宽内相位调制边带的功率 P_{SSB} 与总信号功率之比，即

$$L(f_\text{m}) = \frac{P_{\text{SSB}}}{P_\text{S}} = \frac{\text{相位调制边带的功率}}{\text{总的载波功率}}\text{（单位：dBc/Hz）}$$

式中，P_{SSB} 为指定偏移频率处带宽为 1Hz 的噪声功率电平；P_S 为载波的功率电平。图 9-72 给出了相关示意。

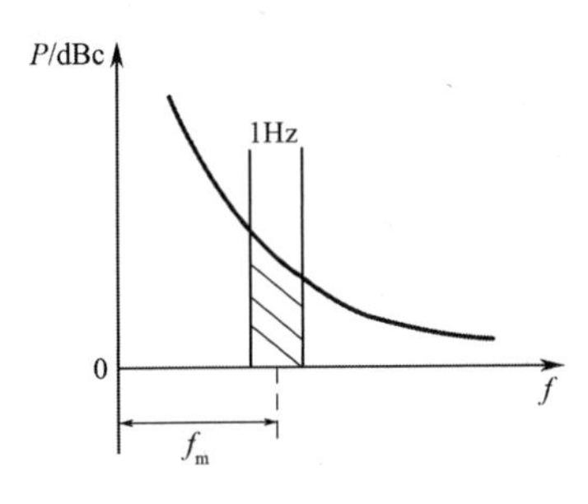

图 9-72　单边带相位噪声定义示意

2）晶体振荡器的相位噪声

高稳定度晶体振荡器作为锁相环的标准频率源，其本身的相位噪声很小。对频率为 5～170MHz 的晶体振荡器进行大量测量得到，晶体振荡器的相位噪声功率谱密度函数为

$$\frac{S_{\theta\text{nr}}(F)}{f_\text{r}^2} \approx \frac{1}{F^3}\times 10^{-37.25}\times f_\text{r}^2 + \frac{1}{F^2}\times 10^{-39.4}\times f_\text{r}^2 + \frac{1}{F}\frac{10^{-12.15}}{f_\text{r}^2} + \frac{10^{-14.9}}{f_\text{r}^2} \tag{9.4.153}$$

式中，f_r 为晶振工作频率，一般取值为 5～10MHz。

综上分析可知：

（1）式（9.4.152）和式（9.4.153）中的 F 是偏离振荡频率 f_0（或 f_r）的失谐量；

（2）失谐量 F 越大，振荡器的相位噪声功率谱密度 $S_{\theta nv}(F)$ 越小，VCO 的相位噪声集中在偏离 f_0 较近的区域；

（3）比较式（9.4.152）和式（9.4.153）可知，晶体振荡器的相位噪声一般远小于普通 LC 振荡器的相位噪声。

研究环路对压控振荡器相位噪声的线性过滤特性，可根据如图 9-70 所示的线性化噪声模型分析环路输出相位噪声 $\theta_{no}(t)$ 对 VCO 振荡器产生的相位噪声 $\theta_{nv}(t)$ 的响应。根据线性叠加原理，可令 $\theta_1(t)=0$，则有 $\theta_e(t)=\theta_{no}(t)$，$\theta_{no}(t)$ 表示环路对 $\theta_{nv}(t)$ 的响应，有

$$H_e(s)=\frac{\theta_e(s)}{\theta_{nv}(s)}=\frac{\theta_{no}(s)}{\theta_{nv}(s)} \tag{9.4.154}$$

$\theta_{no}(t)$ 和 $\theta_e(t)$ 的功率谱密度及方差为

$$S_{\theta no}(F)=S_{\theta e}(F)=S_{\theta nv}(F)\left|H_e(j2\pi F)\right|^2 \tag{9.4.155}$$

$$\sigma_{\theta no}^2=\sigma_{\theta e}^2=\int_0^{\infty}S_{\theta nv}(F)\left|H_e(j2\pi F)\right|^2\mathrm{d}F \tag{9.4.156}$$

因为 $H_e(j2\pi f)$ 具有高通滤波特性，由上述分析可知，环路对 VCO 的相位噪声表现为高通滤波特性，压控振荡器相位噪声的功率主要集中在低频部分。仅从过滤压控振荡器的相位噪声来说，环路带宽 f_n 越大，越有利于滤除 VCO 的相位噪声。如果同时存在输入噪声，而环路对输入噪声表现出的是低通滤波特性，增大环路带宽显然是有害的。滤除这两种噪声对环路带宽的要求是矛盾的。环路对输入的白高斯噪声表现为低通滤波特性，输入的白高斯噪声为低通型噪声，窄带（f_n 较小）环路有利于滤除输入噪声，如图 9-73（a）所示；环路对 VCO 的相位噪声呈现高通滤波特性，所以称 VCO 的相位噪声为高通型噪声，宽带（f_n 较大）环路有利于滤除 VCO 的相位噪声，如图 9-73（b）所示。因此，在同时存在输入噪声和环路内压控振荡器噪声的情况下，环路带宽的确定应综合考虑两个因素，选取一个最佳环路带宽 f_n。

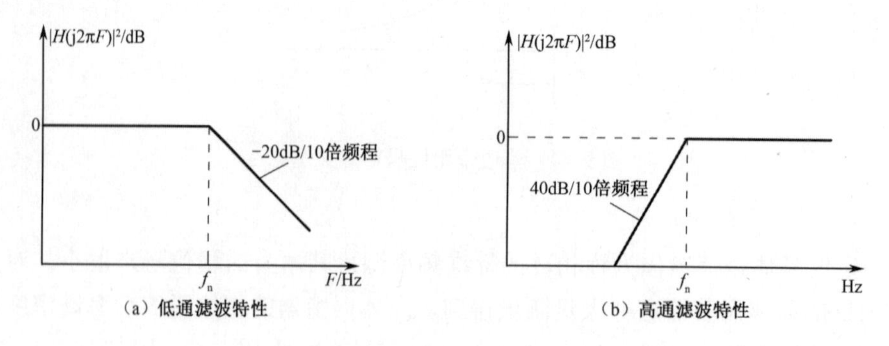

图 9-73　环路呈现的低通滤波特性和高通滤波特性

5. 环路对各类噪声与干扰的线性过滤

1）环路输出的总相位噪声功率谱密度

在实际环路中存在各种来源的噪声与干扰。具有离散谱的噪声称为干扰。在基本环路中，存在 3 种主要的噪声源，图 9-74 给出了相关噪声的线性相位模型。

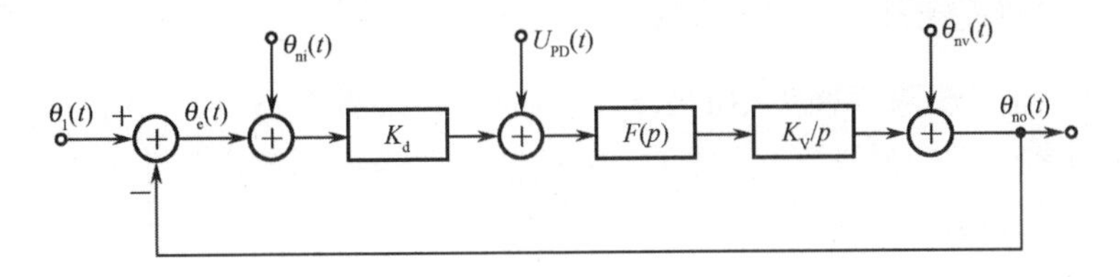

图 9-74　考虑 3 种主要噪声源的环路线性相位模型

在图 9-74 中，$\theta_{ni}(t)$ 为输入白高斯噪声形成的等效输入相位噪声，$U_{PD}(t)$ 为输出谐波或鉴相器本身的输出噪声电压，$\theta_{nv}(t)$ 为压控振荡器内部噪声形成的相位噪声。运用线性分析方法，假设输入信号相位 $\theta_1(t)=0$，可得环路方程为

$$\theta_e(s)=-\theta_{no}(s) \tag{9.4.157}$$

$$\theta_{no}(s)=\{[\theta_{ni}(s)+\theta_e(s)]K_d+U_{PD}(s)\}F(s)\frac{K_V}{s}+\theta_{nv}(s) \tag{9.4.158}$$

将式（9.4.157）代入式（9.4.158）得环路总输出相位噪声为

$$\theta_{no}(s)=[\theta_{ni}(s)+\frac{U_{PD}(s)}{K_d}]H(s)+\theta_{nv}(s)[1-H(s)] \tag{9.4.159}$$

分析式（9.4.159）可得到以下结论。

（1）二阶环的闭环传递函数具有低通滤波特性。因此，环路对输入白高斯噪声形成的等效输入相位噪声 $\theta_{ni}(s)$ 和鉴相器本身的输出噪声电压或输出的谐波 $U_{PD}(s)$ 呈现低通滤波特性，这两类噪声称为低通型噪声。

（2）二阶环的误差传递函数 $H_e(s)=1-H(s)$ 具有高通滤波特性。因此，环路对 VCO 的相位噪声 $\theta_{nv}(s)$ 呈现高通滤波特性，故称为高通型噪声。

上述各类噪声源是相互独立的，故可采用各自的噪声功率谱密度表示。假设 $S_{\theta ni}(F)$ 是 $\theta_{ni}(t)$ 的相位噪声功率谱密度，$S_{UPD}(F)$ 为 $U_{PD}(t)$ 的电压噪声功率谱密度，$S_{\theta nv}(F)$ 是 $\theta_{nv}(t)$ 的相位噪声功率谱密度，则环路输出的总相位噪声功率谱密度 $S_{\theta no}(F)$ 为

$$S_{\theta no}(F)=\left[S_{\theta ni}(F)+\frac{S_{UPD}(F)}{K_d^2}\right]\left|H(j2\pi F)\right|^2+S_{\theta nv}(F)\left|1-H(j2\pi F)\right|^2 \tag{9.4.160}$$

对式（9.4.160）进行积分可求得总的输出相位噪声方差。只要适当选择环路的低通响应 $H(j2\pi F)$ 的带宽，也就是适当设计环路的参数 ξ 和 ω_n，可使总的输出相位噪声方差最小化，实现环路的最佳设计。

2）环路带宽的最佳选择

在忽略鉴相器本身噪声的条件下，环路输出的归一化总相位噪声功率谱密度为

$$\frac{S_{\theta no}(F)}{f_0^2}=\frac{S_{\theta nr}(F)}{f_r^2}\left|H(j2\pi F)\right|^2+\frac{S_{\theta nv}(F)}{f_0^2}\left|H_e(j2\pi F)\right|^2$$

图 9-75（a）给出了当$\xi = 0.5$时，理想二阶环参考晶振($f_r = 5$MHz)的归一化相位噪声$\dfrac{S_{\theta nr}(F)}{f_r^2}$曲线，以及压控振荡器的归一化相位噪声$\dfrac{S_{\theta nv}(F)}{f_0^2}$曲线。

由于环路对晶振噪声呈现低通滤波特性，故希望将f_n选低，对滤除晶振噪声有利，但是f_n选低了不利于滤除 VCO 噪声的低频分量。综上考虑，选择在$\dfrac{S_{\theta nr}(F)}{f_r^2}$和$\dfrac{S_{\theta nv}(F)}{f_0^2}$两谱线的相交频率处对滤除两种类型的噪声较为有利，在图 9-75（a）中$f_n = 2\times10^4$Hz。由图可见，晶振噪声经低通滤波之后，在$F > f_n$的高频段内的噪声谱等于或低于 VCO 噪声；VCO 噪声经高通滤波后，在$F < f_n$的低频段内的噪声谱低于晶振的噪声，实际的输出相位噪声如图 9-75（b）所示。不同的噪声源，最佳f_n的选择是不同的，但在一般情况下，将f_n选在两噪声源密度谱线的交叉点频率附近比较接近最佳状态。

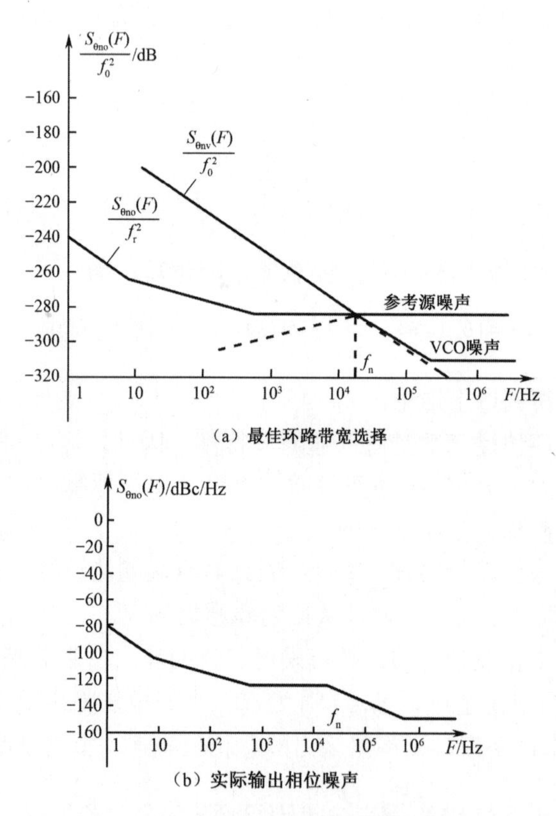

图 9-75　最佳环路带宽f_n的选择原则

9.4.6　集成锁相环电路的设计和应用

集成锁相环，按其内部电路结构可分为模拟锁相环和数字锁相环两大类，按其用途又可分为通用型和专用型两种。通用型集成锁相环是一种多用途的锁相环，其内部主要由 PD 和 VCO 两部分构成。专用型集成锁相环是一种专为某种功能设计的锁相环，例如，用于调频接收机中的调频立体解码电路，以及用于彩色电视接收机中的色差信号解调电路等。

前文以介绍模拟环为主，本节将着重介绍目前最常用的电荷泵鉴相器的工作原理。鉴相器大致分两类，一是模拟鉴相器，其输入信号为各种模拟信号，适用于锁相解调；二是数字鉴相器，其输入必须为数字信号，其鉴相灵敏度比模拟鉴相器高，在频率合成器中用得较多。根据结构不同，数字鉴相器可分为门鉴相器、RS 触发鉴相器和边沿触发鉴相器。其中，边沿触发鉴相器的性能最好，因此把边沿触发鉴相器与模拟鉴相器进行比较。

（1）模拟鉴相器，由模拟相乘器构成，灵敏度较低，线性度较好，在锁定时两个输入信号有 90° 相差。

（2）边沿触发鉴相器（数字），输入信号为方波或脉冲，在锁定时两个输入信号有 0° 或 180° 的相移，具有鉴频鉴相功能。采用模拟鉴相器构成的环路称为模拟锁相环。目前绝大多数频率合成器锁相环几乎都是电荷泵锁相环。电荷泵锁相环（Charge-Pump Phase-Locked Loops，CPPLL）属于模数混合环，它的捕获带等于同步带，捕获时间短，线性范围大，已经成为现代锁相环设计的主流。本节将分析电荷泵锁相环的基本原理。

1. 电荷泵锁相环

电荷泵锁相环由鉴频鉴相器（FPD）、电荷泵（CP）、环路滤波器（LF）、压控振荡器（VCO）构成，图 9-76 给出了电荷泵锁相环的基本构成。其与模拟锁相环的唯一区别是采用的鉴相器不同。模拟锁相环一般采用模拟相乘器作为鉴相器；电荷泵锁相环的鉴相器包括 FPD 和 CP，称为电荷泵鉴相器。

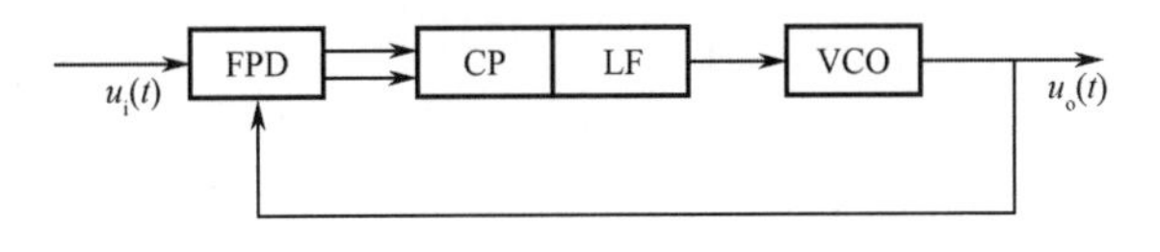

图 9-76　电荷泵锁相环的基本构成

1）电荷泵鉴相器

电荷泵鉴相器由 FPD 和 CP 构成。FPD 的输入可以是脉冲，也可以是方波，既可以鉴频又可以鉴相。该组件是锁相环系统中必不可少的部分，特别适用于数字锁相频率合成器。

（1）鉴频鉴相器（FPD）。

FPD 的重要功能是检测参考输入信号与 VCO 分频后的反馈信号之间的频率差及相位差，并产生相应的误差电压信号启动电荷泵。FPD 的优势在于，能够同时对相位和频率进行检测。典型的 FPD 电路结构如图 9-77 所示，该电路主要由两个 D 触发器和一个与非门组成，D 触发器分别接电源，两个 D 触发器的输出作为与非门的输入信号，与非门的输出控制两个 D 触发器的复位。锁相环的输入参考信号 f_{ref} 和输出反馈信号 f_{VCO}，作为两个 D 触发器的时钟输入，输出信号分别为 UP 信号和 DN 信号。

（2）电荷泵（CP）。

电荷泵（CP）的功能是将FPD输出的数字信号转化为控制VCO的模拟信号，其内部经历了由数字信号转化为电流信号，再由电流信号控制滤波器充放电产生电压信号的复杂过程。

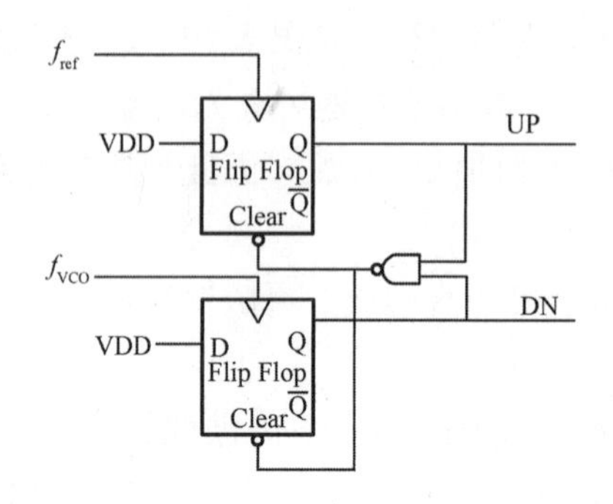

图9-77　典型的鉴频鉴相器（FPD）电路结构

图9-78给出电荷泵鉴相器的电路原理。FPD输出的UP信号和DN信号分别控制电荷泵上、下支路电流源的开关，输出电流经电容积累得到电压V_{ctrl}，即通过对滤波器的电容进行充、放电完成电流到电压输出的转换。下面讨论电荷泵的3种工作状态。

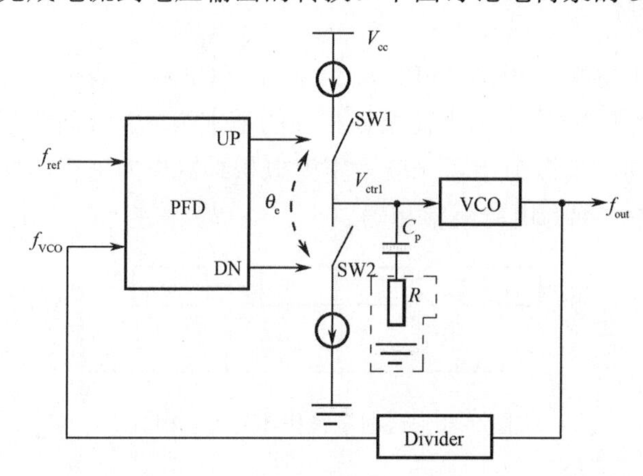

图9-78　电荷泵鉴相器的电路原理

- $f_{ref} > f_{VCO}$，UP信号输出正向脉冲，在理想情况下DN信号保持低电平，开关SW1闭合，即电荷泵的上支路导通，通过电流源对滤波器的电容充电。充电过程使得滤波器的输出控制电压升高，从而增大VCO的输出频率。当UP信号的上升沿结束时，SW1打开，即电荷泵中无电流导通，滤波器电压保持不变，充电过程结束。
- $f_{ref} < f_{VCO}$，DN信号输出正向脉冲，在理想情况下UP信号保持低电平。开关SW2闭合，SW1断开，电流源使电荷泵的下支路导通，滤波器的电容对电荷泵放电。由于滤波器不断放电，其输出电压，即VCO的控制电压逐渐降低，致使VCO输出频率降低以适应电压的变化。当DN信号的上升沿结束时，SW2打开，即电荷泵中无电流导通，滤波器电压保持不变，放电过程结束。

- $f_{\text{ref}} = f_{\text{VCO}}$，这种工作状态在理想情况下的结果是，UP 信号和 DN 信号均为低电平，电荷泵中无电流导通，电荷泵不工作，输出电压保持常数。图 9-79 给出了在理想情况下，电荷泵工作于不同状态，滤波器的充放电过程引起 VCO 控制电压 V_{ctrl} 变化。在充电时电压呈现阶梯上升，在放电时则相反。当参考信号的相位超前于反馈信号时，电荷泵工作于如图 9-79（a）所示的状态；当参考信号滞后于反馈信号时，电荷泵工作于如图 9-79（b）所示的状态；当两信号相位误差接近零时，电荷泵不工作，如图 9-79（c）所示。

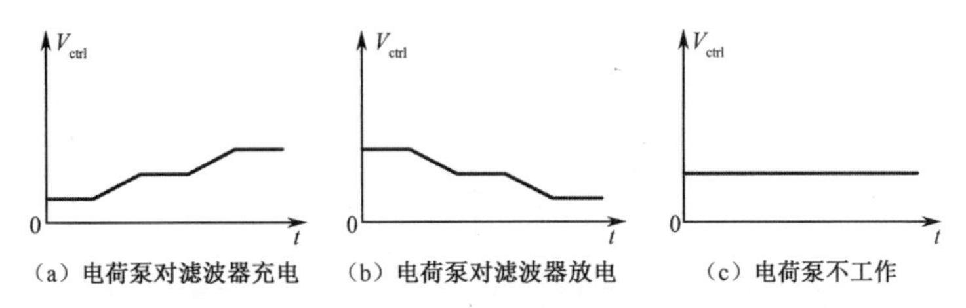

（a）电荷泵对滤波器充电　（b）电荷泵对滤波器放电　（c）电荷泵不工作

图 9-79　电荷泵工作在不同状态下滤波器输出的控制电压 V_{ctrl} 随时间变化曲线

综上分析可知，电荷泵鉴相器的工作机理是用 FPD 输出脉冲的 UP 信号和 DN 信号分别去控制两个电流源开关，从而控制电流源对电容的充放电，将 FPD 输出的表示相位差 θ_{e} 大小的脉冲宽度转换为电容上的电压。电荷泵可以看作一个理想的积分器，即使只存在微小的相位差，输出电压也会不断积累，因此在锁定时 f_{ref} 和 f_{VCO} 应该没有相位差。采用电荷泵鉴相器构成的锁相环电路具有以下特点：不管固有频差多大，环路都可以进入锁定状态；同样，在环路锁定后，不管固有频差如何变化，环路都可以维持锁定状态。因而，环路的同步带、捕获带为无穷大，即

$$\Delta\omega_{\text{H}} = \Delta\omega_{\text{p}} = \infty$$

上述是理论分析结果，实际情况是有一些差异的。首先，环路的同步带、捕获带不可能为无穷大，和模拟环一样，它们要受到环路能够提供的最大控制电压及 VCO 的频率覆盖范围的限制，同步范围和捕获范围实际上等于 VCO 的频率变化范围；其次，在环路锁定时，相位差也不可能为零。

2）鉴相原理

FPD 将输入信号的上升沿进行比较，在 UP 端和 DN 端输出脉宽为 $\dfrac{T}{2\pi}\theta_{\text{e}}$ 的脉冲信号，式中，T 为输入信号的周期，θ_{e} 为两个输入信号上升沿的相位差。

当 $f_{\text{ref}} = f_{\text{VCO}}$ 时，根据两个输入信号相位的不同，下面给出 FPD 输出的 3 种波形。

- 当 $u_{\text{i}}(t)$ 超前 $u_{\text{o}}(t)$ 时，在 UP 端输出脉冲信号，其脉宽正比于两个输入信号的相位差。当 UP 端输出高电平、DN 端输出低电平时称为 u 状态。在 u 状态下，FPD 输出的脉冲使电荷泵对环路滤波器充电。
- 当 $u_{\text{i}}(t)$ 滞后 $u_{\text{o}}(t)$ 时，在 DN 端输出脉冲信号。同样，其脉宽正比于两个输入信号的相位差。当 UP 端输出低电平、DN 端输出高电平时称为 d 状态。在 d 状态

下，FPD 的输出脉冲使环路滤波器对电荷泵放电。

- 当两个信号频率相同且相位差为零时，在理想情况下，输出 UP 信号和 DN 信号均为零。当 UP 端、DN 端均输出低电平时称为 n 状态。在 n 状态下，环路滤波器既不充电也不放电。

鉴相器的输出只有这 3 种状态，因此称为三态鉴相器。图 9-80 给出在理想状态下 FPD 的 3 种状态的输出脉冲波形。

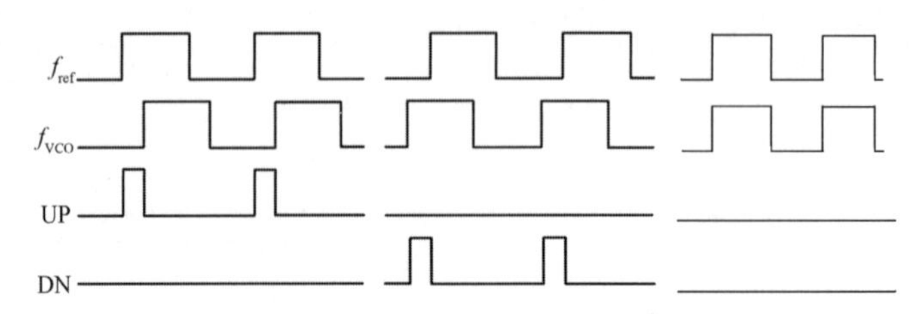

图 9-80　在理想状态下 FPD 鉴相的输出脉冲波形

电荷泵在鉴相器控制下，既可为环路滤波器提供恒定的充放电电流，也可为环路滤波器提供恒定的充放电电压。能够为环路滤波器提供恒定的充放电电流的电荷泵鉴相器称为电流型电荷泵鉴相器，简称为电流型鉴相器。由电流型电荷泵鉴相器构成的环路为电流型电荷泵锁相环。能够为环路滤波器提供恒定的充放电电压的电荷泵鉴相器称为电压型电荷泵鉴相器，简称为电压型鉴相器。由电压型电荷泵鉴相器构成的环路为电压型电荷泵锁相环。

以电流型电荷泵鉴相器为例，说明鉴相特性。

设电荷泵提供的充放电电流为 I_{p}，则充放电电流在一个周期内的平均值为

$$i_{\text{d}}(t)=\frac{I_{\text{p}}}{2\pi}\theta_{\text{e}}(t),\ \left|\theta_{\text{e}}(t)\right|<2\pi \tag{9.4.161}$$

式（9.4.161）为电流型电荷泵鉴相器的鉴相特性。

考虑到相位的周期性，电流型电荷泵鉴相器的鉴相特性可用图 9-81 表示。

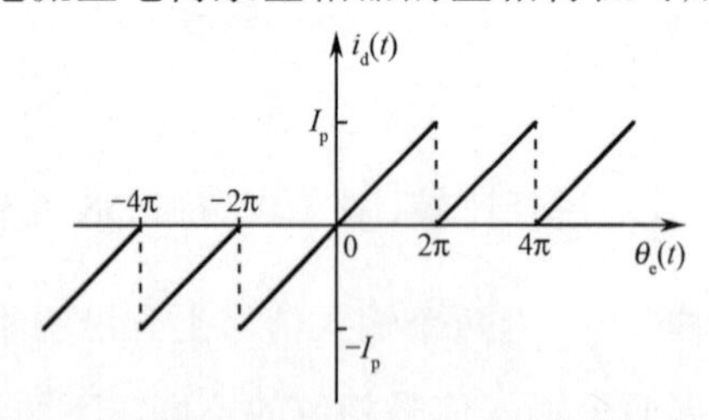

图 9-81 电流型电荷泵鉴相器的鉴相特性曲线

在环路锁定之前，f_{ref} 和 f_{VCO} 不可能相等。在环路锁定后，由于噪声和干扰的存在，两个频率也不可能完全相等，但频差很小。

下面讨论当 $f_{\text{ref}}\neq f_{\text{VCO}}$，即频差很小时，FPD 在 3 种工作状态下的输出波形。

- 当 $f_{ref} > f_{VCO}$ 时，f_{ref} 首先出现高电平，此时输出信号 UP 为高电平，高电平持续时间视两个信号的相位差而定。当 f_{VCO} 同时出现高电平时，两个 D 触发器复位，UP 信号恢复低电平，如图 9-82（a）所示。在 UP 信号为高电平时，开启电荷泵电源通路，使其对滤波器充电，从而导致滤波器对 VCO 的控制电压升高，进而控制 VCO 频率增大。分频后的反馈信号 f_{VCO} 频率增大，两个输入信号的相位误差减小，形成反馈过程，直至相位误差接近零。
- 当 $f_{ref} < f_{VCO}$ 时，f_{VCO} 首先出现高电平，此时输出信号 DN 为高电平，高电平持续时间视两个信号的相位差而定。当 f_{ref} 同时出现高电平时，两个 D 触发器复位，DN 信号恢复低电平，如图 9-82（b）所示。在 DN 信号高电平时，开启电荷泵接地通路，使滤波器放电，这使 VCO 的控制电压减小，进而控制 VCO 频率减小。分频后的反馈信号频率减小，同样使得两个信号的相位误差减小，最终接近零。
- 当 $f_{ref} = f_{VCO}$，且相位差为零时，经过与非门复位后置低电平。在理想情况下，输出 UP 信号和 DN 信号均为零，即锁相环最终的锁定状态，如图 9-82（c）所示。

从图中可以看出，当 $f_{ref} > f_{VCO}$ 时，UP 信号产生宽度不断增大的脉冲。当 $f_{ref} < f_{VCO}$ 时，DN 信号产生宽度不断增大的脉冲。当 $f_{ref} = f_{VCO}$，但存在一定相位差时，输出信号为相等宽度的脉冲，如图 9-80 所示。

分析表明，若两个输入信号频率差别不大，$u_i(t)$ 和 $u_o(t)$ 的上升沿之间的时间间隔不超过 $u_i(t)$ 的周期，此时的鉴相波形如图 9-82 所示，则式（9.4.161）的鉴相特性仍然成立。如果 $u_i(t)$ 和 $u_o(t)$ 的上升沿之间的时间间隔超过 $u_i(t)$ 的周期，则不能用式（9.4.161）表述三态鉴相器的鉴相特性。因为在这种情况下，在 $u_i(t)$（或 $u_o(t)$）的一个周期内有几个周期的 $u_o(t)$（或 $u_i(t)$）信号，此时无法定义相位误差，不能用图 9-81 说明三态鉴相器的鉴相特性。当 f_{ref} 和 f_{VCO} 差别较大时，FPD 表现出鉴频功能。

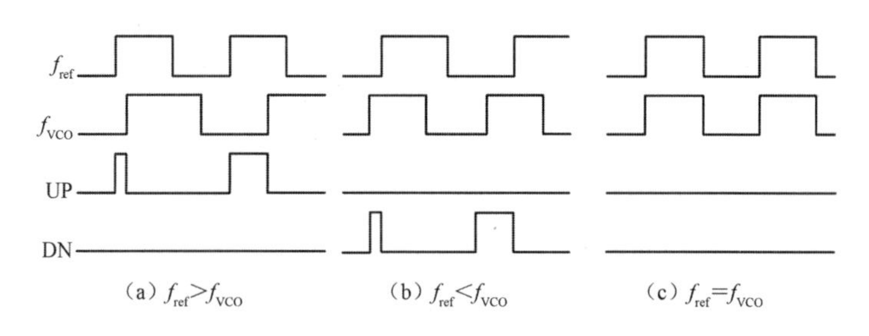

图 9-82　在理想情况下，鉴相器 3 种工作状态的输出波形

3）鉴频原理

假设 FPD 为电流型，下面讨论当 $f_{ref} \neq f_{VCO}$ 且频差较大时，FPD 在 3 种工作状态下的输出波形。

- 当 $f_{ref} > f_{VCO}$ 时，图 9-83 给出电流型 FPD 的输出波形。

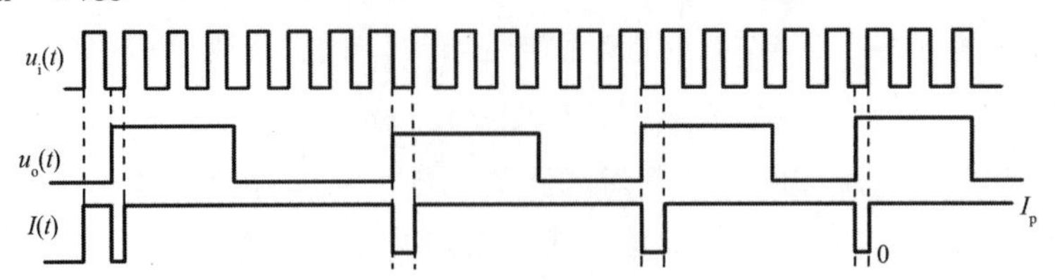

图 9-83 当 $f_{ref} > f_{VCO}$ 时电流型 FPD 的输出波形

图中，$I(t)$ 表示电荷泵提供的电流。当 $I(t)>0$ 时，FPD 向滤波器充电，$I(t)$ 持续高电平的时间取决于两个输入信号 f_{ref} 和 f_{VCO} 的频差。频差越大，$I(t)$ 持续高电平的时间越长，其平均值 $i_d(t)$ 越大，当 $f_{ref} \gg f_{VCO}$ 时，$i_d(t) \approx I_P$。

- 当 $f_{ref} < f_{VCO}$ 时，只要将图 9-83 中 $I(t)$ 的电流波形倒相即可得到 FPD 的输出波形。此时，$I(t)<0$，滤波器向 FPD 放电，平均电流 $i_d(t)<0$，且频差越大 $i_d(t)$ 越负，当 $f_{ref} \ll f_{VCO}$ 时，$i_d(t) \approx -I_P$
- 当 $f_{ref}=f_{VCO}$ 时，$i_d(t)=0$，也就是环路处于锁定状态，电荷泵没有充放电过程。

在实际环路中，$u_i(t)$ 是输入信号，其频率 f_{ref}（或 ω_r）是不受环路控制的，因此在分析鉴频特性时 f_{ref} 为定值。而 $u_o(t)$ 的频率 f_{VCO} 随环路控制电压的变化而变化，因而把它表示为时间的函数 $f_{VCO}(t)$ 或 $\omega_V(t)$。

令 $\Delta\omega(t)=\omega_r-\omega_V(t)$，由上述分析可知：当两个输入信号的频差很小时，即 $\Delta\omega(t)\approx 0$，$i_d(t)$ 取决于 FPD 的鉴相特性；当两个输入信号的频差很大时，即 $\Delta\omega(t)\to\infty$，$i_d(t)\approx -I_P$ 或 $\Delta\omega(t)\to-\infty$，$i_d(t)\approx -I_P$，图 9-84 给出电流型电荷泵鉴相器的鉴频特性曲线，实线为实际鉴频特性。当 $|\Delta\omega(t)|\leqslant\omega_r$ 时，工程上可进行近似处理，在此范围内鉴频特性为线性且对称，如图 9-84 中虚线所示。

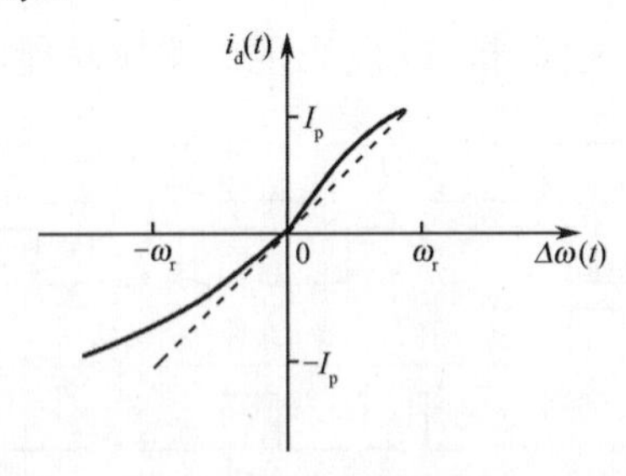

图 9-84 当 ω_r 为定值时电流型 FPD 的鉴频特性

电流型 FPD 的鉴频特性为

$$i_d(t)=\frac{I_P}{\omega_r}\Delta\omega(t),\quad |\Delta\omega(t)|<\omega_r \tag{9.4.162}$$

由式（9.4.161）和式（9.4.162）可得，电流型 FPD 的鉴相增益及鉴频增益分别为

$$K_{d\theta}=\frac{I_P}{2\pi}$$

$$K_{\mathrm{df}}=\frac{I_{\mathrm{P}}}{\omega_{\mathrm{r}}}$$

在正弦鉴相器中，不管两个比较信号的频率是否相等，还是频差很大，它们的数学模型都是一样的，而电荷泵鉴相器有所不同。在环路捕获过程中，频差比较大，必须使用式（9.4.162）描述鉴相器的性能。当环路处于锁定或跟踪状态时，由于频差较小，相位差不会超过 $\pm 2\pi$，可用式（9.4.161）描述鉴相器的性能。

结论：电荷泵鉴相器有两种数学模型。一种用于描述环路的锁定或跟踪性能，为相位模型；另一种用于描述环路的捕获性能，为频率模型。

由于电荷泵鉴相器既可以检测两个输入信号相位的差别，又可以检测两个输入信号频率的差别，并且检测范围较大，因此在锁相环电路中得到了极其广泛的应用。

上面描述的都是在理想状态下 FPD 的脉冲输出波形，实际上 UP 信号在参考信号上升沿有一毛刺输出，DN 信号在压控振荡器输出信号上升沿有一毛刺输出，如图 9-85 所示。这些毛刺会使 FPD 的输出波形中产生纹波，影响电路性能。

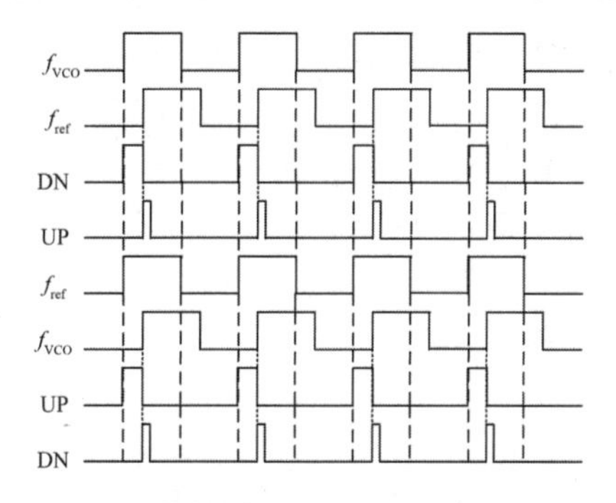

图 9-85　FPD 输入信号上升沿的毛刺输出

电荷泵可看成一个理想的积分器，PFD+CP 的传递函数为 $\frac{K_{\mathrm{d}}}{s}$，则 CPPLL 闭环传递函数为

$$H(s)=\frac{\frac{K_{\mathrm{d}}}{s}\frac{K_{\mathrm{V}}}{s}}{1+\frac{K_{\mathrm{d}}}{s}\frac{K_{\mathrm{V}}}{s}}=\frac{K}{s^2+K}\quad（K\text{ 为环路增益}）$$

因为它具有两个在虚轴上的共轭极点，因此环路不稳定。解决的方法是在图 9-78 中给电容 C_{P} 串联一个电阻 R，引入一个零点，使系统稳定。环路即使处于锁定状态，电荷泵开关仍会在每个鉴相周期短暂开启，两个电流源的误差电流将在电阻上产生纹波。为此，可在控制电压输出端并联一个小电容（$\approx\frac{1}{10}C_{\mathrm{p}}$），用于抑制纹波。

2. 环路滤波器的设计

环路滤波器的设计和调试在锁相环设计中占有很重要的地位。环路滤波器是线性电路，由线性元器件电阻、电容或运算放大器组成。它可以起到低通滤波器的作用，滤除

误差电压 $u_d(t)$ 中的高频分量，取出平均电压 $u_c(t)$ 去控制 VCO。它可以改善控制电压的频谱纯度，提高系统稳定度，更重要的是它对环路参数的调整起到了决定性的作用，直接影响了输出信号的相位噪声、杂散抑制、跳频时间、环路稳定锁定时间等。对于 CPPLL 电荷泵鉴相器滤波器设计要考虑的因素包括以下几个方面。

（1）最基本的无源环路滤波器由 RC 元器件构成。

（2）从理论上说，无源环路滤波器的阶数越高，对杂散的抑制越好。

如果从波特图上看，阶数高的无源环路滤波器的传递函数能以更快的速度衰减，但高阶无源环路滤波器会带来两个方面的不利影响：无源元器件增多，会增加损耗，增加噪声，导致系统稳定性下降；阶数越多，后面阶数的时间常数就会减小，对应的电容就会越小，这将会直接影响 VCO 的调谐电容。因此，在实际工程中很少采用大于 4 阶的无源环路滤波器。

（3）采用 CPPPL 环，使得传统有源环路滤波器相对无源环路滤波器的优势失去了意义。在通常情况下，我们采用无源环路滤波器，因为有源环路滤波器中的有源元器件部分会带来额外的环路噪声，同时使设计更复杂，成本增加。但在一些情况下必须采用有源环路滤波器，最常见的一种情况就是当 PLL 中电荷泵输出的最大电压小于 VCO 调谐电压的要求时。在 PLL 设计中采用高的 VCO 调谐电压可以带来更大的调谐范围或换取更低的 VCO 相位噪声。

3．基于 ADS 锁相环电路的仿真分析

1）ADS

ADS（Advanced Design System），是由美国 Agilent 公司推出的微波电路和通信系统仿真软件，是当今业界最流行的微波射频电路、通信系统、RFIC 设计软件之一；也是国内高校、科研院所和大型 IT 公司使用最多的软件之一。其功能非常强大，仿真手段丰富多样，可实现包括时域和频域、数字与模拟、线性与非线性、噪声等多种仿真分析手段，并可对设计结果进行成品率分析与优化，从而大大提高复杂电路的设计效率，是非常优秀的微波射频电路、系统信号链路的设计工具。ADS 主要应用于射频和微波电路的设计、通信系统的设计、RFIC 设计、DSP 设计和向量仿真；是射频工程师必备的工具软件。

ADS 根据锁相环电路结构的特点和共性，对环路的每个功能模块都建立了齐全的通用模型，如图 9-86 所示。各功能模块的主要性能指标都可以通过设定相关技术参数的方式在模型中反映出来，而无须另外建模。在对实际电路进行仿真分析时，只要用给定元器件的技术参数代替 ADS 提供的模型参数即可。ADS 还给出了常用的典型电路模板，直接利用模板的原理图进行仿真分析即可了解锁相环电路的基本特性。在 S 仿真器中的虚拟仪器非常齐全，在时域可以观察各种参数随时间的变换曲线，在频域可在不加噪声的情况下观察杂散和谐波分量，在加噪声后可以分析频谱特性及相位噪声特性；在调制域可以分析锁相环的捕获过程，从而测试频率切换时间。在 ADS 的 S 仿真器中还有一个分频比控制器，通过改变分频器的分频比，可实现锁相环的锁定及合成不同的频率，对

分频比进行扫描，可实现合成器的跳频。对于不同的鉴相器和电荷泵电路，输入相应的环路传递函数就可以对环路滤波器的参数进行扫描，达到优化环路滤波器参数的目的。总之，ADS 为锁相环的设计提供了完整的电路设计模型和全面的仿真设计境。

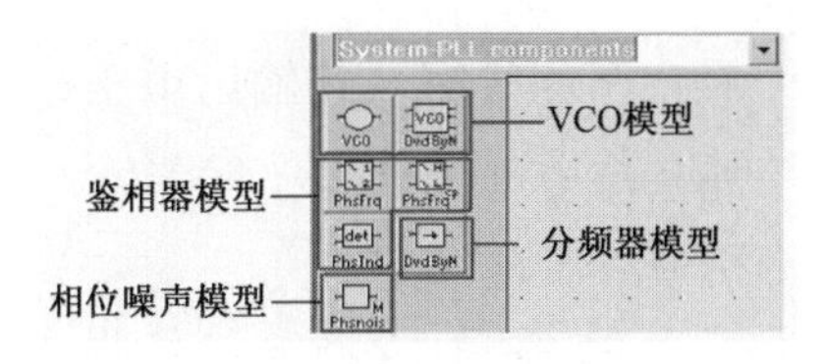

图 9-86　ADS 锁相环电路模块面板

下面将介绍如何使用 ADS 对构成锁相环电路的各功能模块的电气性能进行仿真分析，将系统模块的电气特性以动态的形式逼真地呈现给读者，使读者对锁相环路功能部件的电气特性有深刻、全面的了解。

2）鉴相器

鉴相器（PD）是用来检测输入信号和压控振荡器输出的反馈信号的相位偏差，并产生误差电压用于控制压控振荡器输出的频率。根据输入信号是数字信号，还是模拟信号，鉴相器又可分为模拟乘法鉴相器和数字鉴相器两类。

（1）模拟乘法鉴相器。

（a）静态分析。

u_1 和 u_2 分别为鉴相器的两个输入信号，在进行仿真分析时 u_1、u_2 的频率保持不变，观察鉴相器的输出电压波形 $u_d(t)$，可了解模拟乘法鉴相器的功能特性。

仿真平台搭建及仿真参数设置如图 9-87 所示。

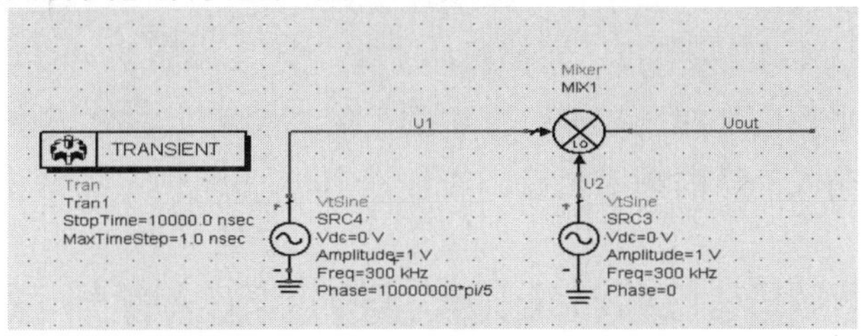

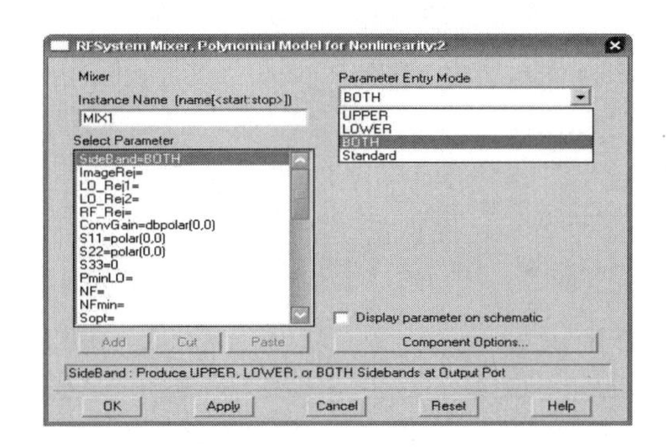

图 9-87　模拟乘法鉴相器的仿真平台及参数设置

图 9-88 给出了 ADS 对鉴相器功能特性仿真分析的结果。图 9-88（a）、图 9-88（b）分别表示正弦鉴相器的两个输入信号，图 9-88（c）、图 9-88（d）分别是由 ADS 仿真得出的鉴相输出电压 U_{out} 的波形。其中，图 9-88（a）表示输入信号 U_1 的频率大于 U_2 的频率，而图 9-88（b）则相反。ADS 给出的仿真结果非常明确地描述了鉴相器的功能特性。

当鉴相器的两个输入信号频率不相等时，其输出电压 U_{out} 是一个上下不对称的差拍电压，经环路滤波后得到的平均直流电平加到压控振荡器上，使其频率向参考输入信号逼近，通过捕获过程的频率牵引最终实现锁定。

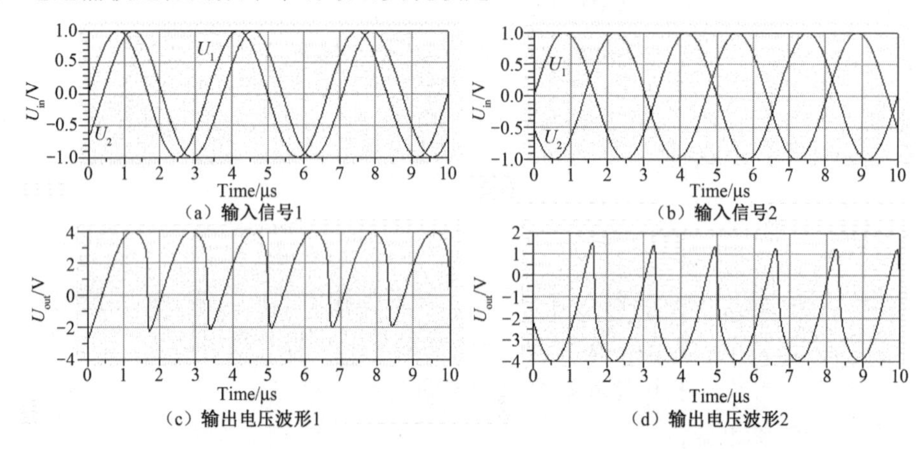

图 9-88　ADS 对鉴相器功能特性仿真分析的结果

当 U_1 的频率大于 U_2 的频率时，差拍电压上大下小［见图 9-88（c）］，经环路滤波产生正的平均直流电平反向加在压控振荡器中的变容二极管上，使压控振荡器的输出频率增大，最终使两个输入信号的频率相等，实现锁定。

当 U_1 的频率小于 U_2 的频率时，差拍电压上小下大［见图 9-88（d）］，经环路滤波产生负的平均直流电平反向加在压控振荡器中的变容二极管上，使压控振荡器的输出频率减小，最终使两个输入信号的频率相等，实现锁定。

（b）动态分析。

在进行仿真分析时使 U_1 的频率保持不变，逐渐改变 U_2 的频率，观察鉴相器的输出电压 U_{out} 的波形，可动态地了解模拟乘法鉴相器的功能特性。

图 9-89 给出了鉴相器动态特性仿真平台。

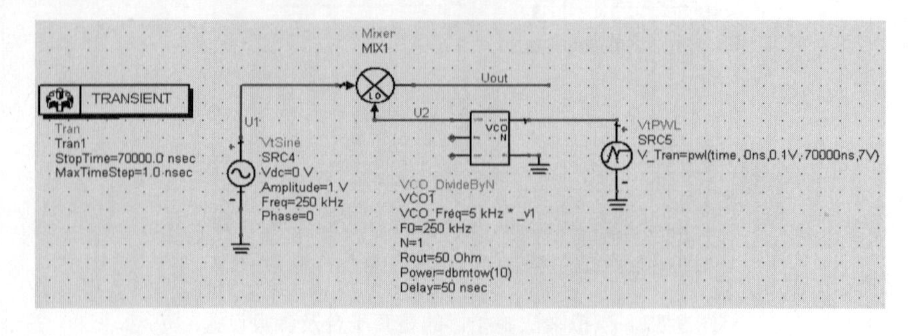

图 9-89　鉴相器动态特性仿真平台

使U_1的频率保持不变，改变U_2的频率使其线性增加。由于普通的信号源模块很难满足输出频率逐渐变化的正弦信号的需求，所以考虑用一个压控振荡器模块加入斜升信号作为调谐电压，以达到输出正弦信号频率逐渐增加的目的。

图 9-90 给出了用 ADS 分析模拟乘法鉴相器动态特性的仿真结果。图 9-90（a）中的正弦波U_1为频率不变的参考信号，而正弦波U_2为频率逐渐增加的信号，在锁相环路中该信号由压控振荡器提供。图 9-90（b）为模拟乘法鉴相器输出波形，可以看出在起始时由于U_1的频率大于U_2的频率，鉴相器输出为上大下小的差拍波形，从而提供一个正的平均直流电平；随着U_2频率的增大两个信号之间的频差逐渐变小，大约在 25 微秒处上下波形对称，平均直流电平为 0，此时U_1的频率等于U_2的频率；当U_2的频率继续增大到 35 微秒时，输出波形开始出现上小下大的趋势，且波形也向电压轴的负半轴移动，其平均直流电平为负值，此时U_1的频率小于U_2的频率；之后，U_2的频率重复其变化过程，输出波形也呈现出相应的周期性。该动态仿真分析过程非常直观地描述了鉴相器的功能特性。

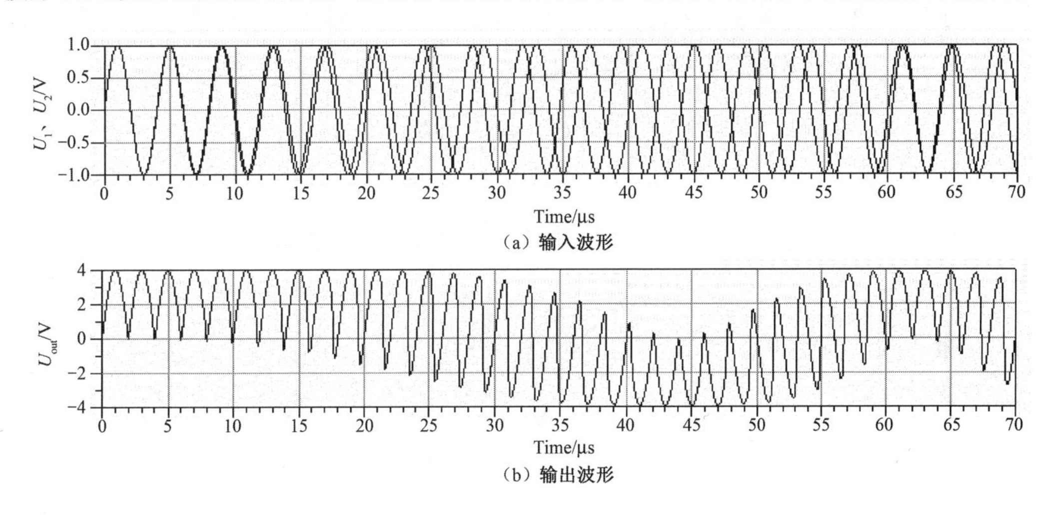

（a）输入波形

（b）输出波形

图 9-90　ADS 分析模拟乘法鉴相器动态特性的仿真结果

（2）数字鉴相器。

（a）电荷泵鉴频鉴相器电路（PFD）。

图 9-91 给出了电荷泵鉴频鉴相器的电路模型。

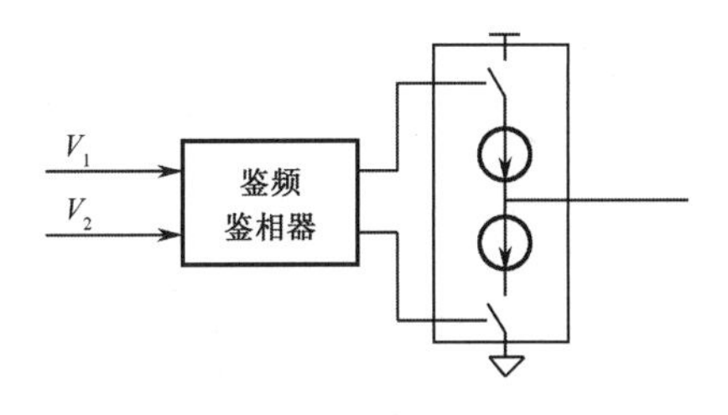

图 9-91　电荷泵鉴频鉴相器的模型

V_1和V_2分别为方波输入信号，改变两个信号之间的相位，观察电荷泵的输出电流，通常在电荷泵鉴频鉴相器后接一个无源环路滤波器，使其输出的电流转换成电压，在无源环路滤波器后面可观察电荷泵输出的控制电压。

（b）仿真平台搭建及参数设置。

图 9-92 给出了电荷泵鉴相器 ADS 仿真平台。在仿真平台中使用了两个方波信号源“VtPulse”幅度为 1V、脉冲宽度为 4ns、上升时间为 1ns，改变其中一个信号的“Delay”参数用于产生两个有相差的方波信号；选择电流输出的电荷泵鉴相器“PhaseFreqDetCP”，用一个电流表 I_Probe 测量电荷泵的输出电流，插入一个瞬态仿真控制器用于完成瞬时仿真，在滤波器后面可观察输出的控制电压波形。

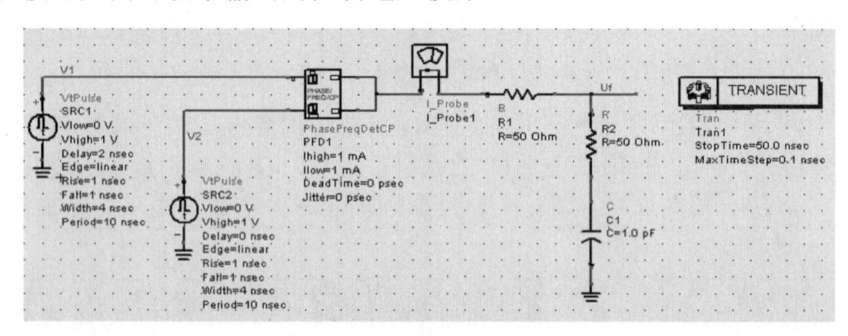

图 9-92　电荷泵鉴相器 ADS 仿真平台

（c）仿真结果。

图 9-93 给出了电荷泵鉴相器鉴相特性的仿真分析结果。

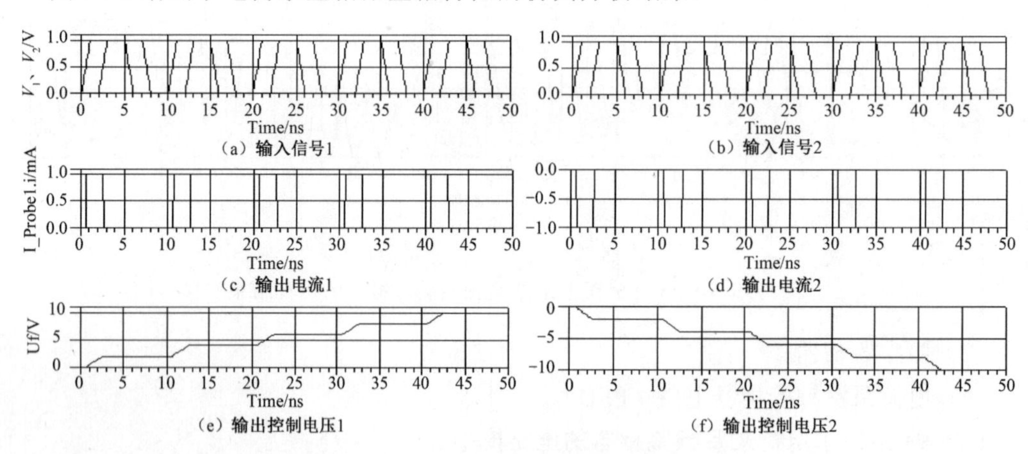

图 9-93　电荷泵鉴相器鉴相特性

（d）仿真结果分析。

如图 9-93（a）和图 9-93（b）所示为电荷泵鉴相器的两个输入方波信号 V_1 和 V_2，如图 9-93（c）和图 9-93（d）所示为电荷泵鉴相器的输出电流，如图 9-93（e）和图 9-93（f）所示为经过滤波器后输出的控制电压。可以看出，在 V_1 超前时，电荷泵鉴相器的输出电流为一系列正脉冲；反之，电荷泵鉴相器的输出电流为一系列负脉冲，脉冲的宽度正比于两个输入方波信号 V_1 和 V_2 的相位差。用该脉冲去控制电流源对后面所接无源环路滤波器中电阻电容的充放电过程，以产生控制电压。从图 9-93（e）和图 9-93（f）可以看到，这个控制电压呈阶梯形，当输入的两个方波信号有相位误差时，电荷泵鉴相器的输出对滤波器进行充放电，而当无相差时保持控制电压不变，用该电压去控制压控振荡器的频率，通过捕获牵引过程最终实现锁定。从仿真结果可看出，只要输入信号有相差，充放电过程就不会停止，因此采用电荷泵鉴相器构成的锁相环电路可实现无频差、无相差跟踪，且跟踪带无穷大。但是，实际上由于受到电荷泵鉴相器的电源电压及 VCO 调谐范围的限制，环路的捕获范围是有限的。借助于 ADS 所完成的仿真分析可以逼真地呈现电荷泵鉴相器的基本物理特性，还可以观察在改变相关的参数设置时输出波形发生的相应变化。

3）环路滤波器（LPF）

（1）RC 积分滤波器。

（a）电路。

图 9-94 给出了 RC 积分滤波器电路。其中，V_AC 为可以改变频率的交流信号源，幅度为 1V，通过改变输入信号的频率，分析滤波器的输出频率响应。

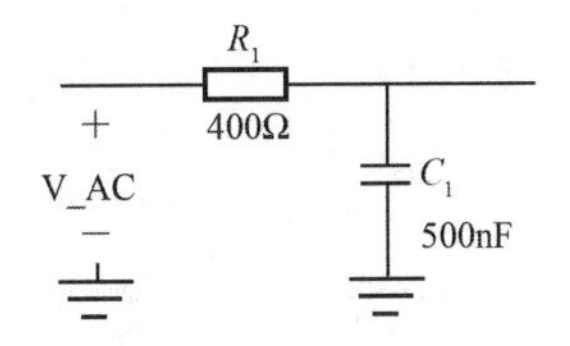

图 9-94　RC 积分滤波器电路

（b）仿真平台的搭建。

第一步：在原理图窗口中的元器件面板列表中选择“Lumped-Components”项，在元器件面板中选择、，分别代表理想电阻、理想电容。

第二步：在原理图窗口中的元器件面板列表中选择“Simulation-AC”项，在元器件面板中选择交流仿真控制器和设置扫描方式的控件。通过设置 SweepVar=“freq”实现仿真过程的频率扫描，SweepPlan=“SwpPlan1”表示按照变量“SwpPlan1”设置的方式进行频率扫描。设置起始频率为 1Hz，设置结束频率为 10MHz，设置扫描方式为对数方式。图 9-95 给出了运用 ADS 搭建的 RC 积分滤波器的仿真平台。

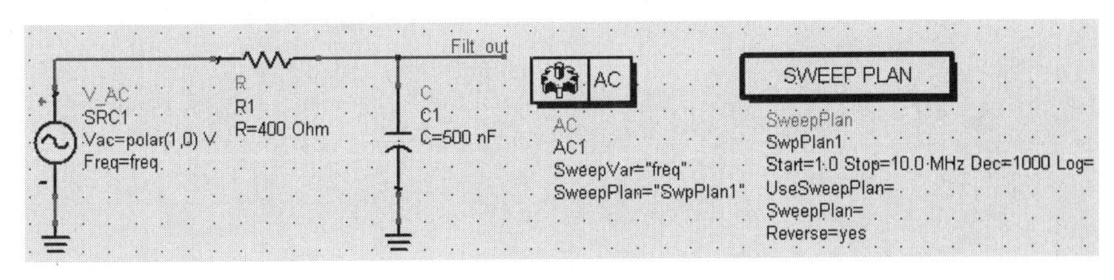

图 9-95　RC 积分滤波器 ADS 仿真平台

（c）仿真分析结果。

图 9-96 为 RC 积分滤波器频率响应。其中，图 9-96（a）为该滤波器的幅频响应，图 9-96（b）为该滤波器的相频响应。由图可见，RC 积分滤波器是低通型的，且相位滞后，当频率很高时，幅度趋于零，相位滞后接近 π/2。

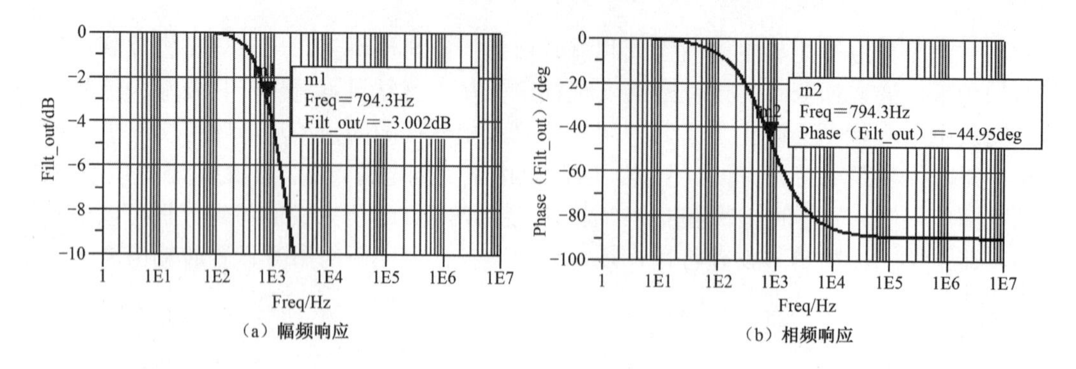

（a）幅频响应　　（b）相频响应

图 9-96　RC 积分滤波器频率响应

（2）无源比例积分滤波器。

（a）电路。

图 9-97 给出了无源比例积分滤波器电路。其中，V_AC 为可以改变频率的交流信号源，幅度为 1V，通过改变输入信号的频率，分析滤波器的输出频率响应。

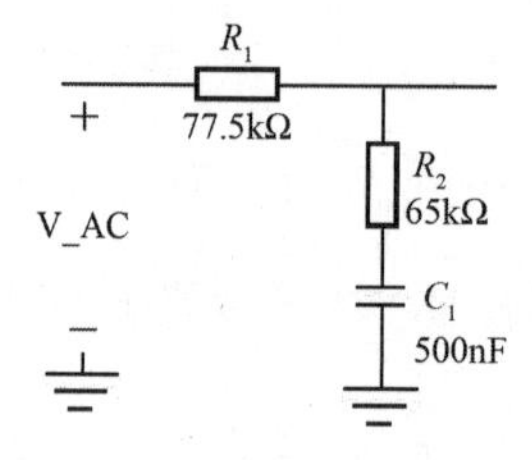

图 9-97　无源比例积分滤波器电路

（b）仿真平台的搭建。

无源比例积分滤波器与图 9-94 给出的 RC 积分滤波器相比，加了一个电阻 R_2，但仿真平台的搭建方法与 RC 积分滤波器完全相同，不再赘述。图 9-98 给出了无源比例积分滤波器 ADS 仿真平台。

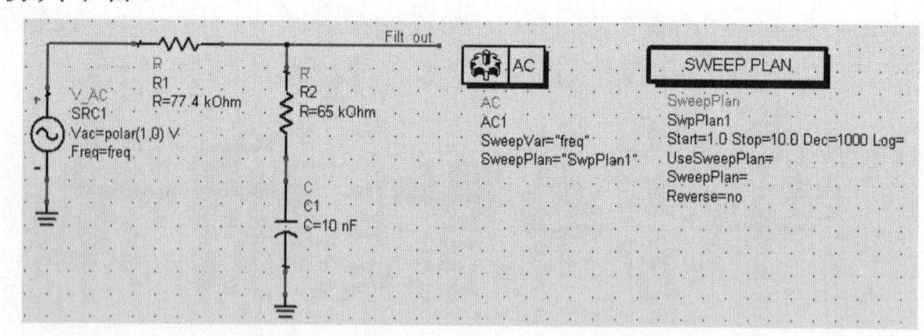

图 9-98　无源比例积分滤波器 ADS 仿真平台

（c）仿真结果。

图 9-99 给出了无源比例积分滤波器的频率响应。其中，图 9-99（a）为该滤波器的幅频响应，图 9-99（b）为该滤波器的相频响应。无源比例积分滤波器也是一个低通滤波器，当频率很高时，$F(\mathrm{j}\omega)=\tau_2/\tau_1=R_2/(R_1+R_2)$，即等于电阻的分压比，这就是无源比例积分滤波器的比例特性。由相频特性可知，无源比例积分滤波器有一个“超前作用”，这里所指的“超前”是相对最大相位滞后而言的。无源比例积分滤波器的比例特性及相位“超前”特性对环路的稳定性及捕获性能有极为有利的作用。

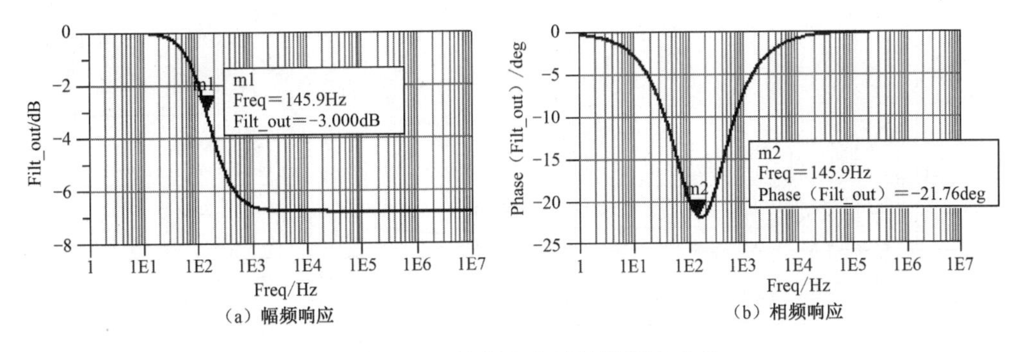

（a）幅频响应　　　（b）相频响应

图 9-99　无源比例积分滤波器频率响应

（3）有源比例积分滤波器。

（a）电路。

图 9-100 给出了有源比例积分滤波器电路。其中，V_AC 为可以改变频率的交流信号源，幅度为 1V，通过改变输入信号的频率，分析滤波器的输出频率响应。

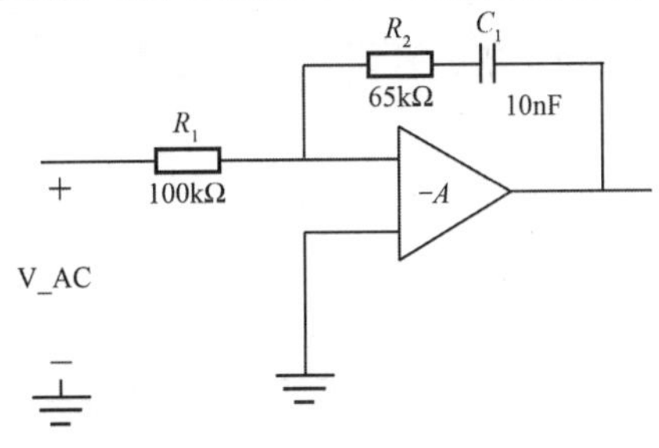

图 9-100　有源比例积分滤波器电路

（b）仿真平台的搭建。

在元器件面板列表中选择“System-Amps & Mixers”项，在元器件面板列表中选择理想运算放大器，其他元器件的设置与 RC 积分滤波器、无源比例积分滤波器相同。图 9-101 给出了有源比例积分滤波器 ADS 仿真平台。

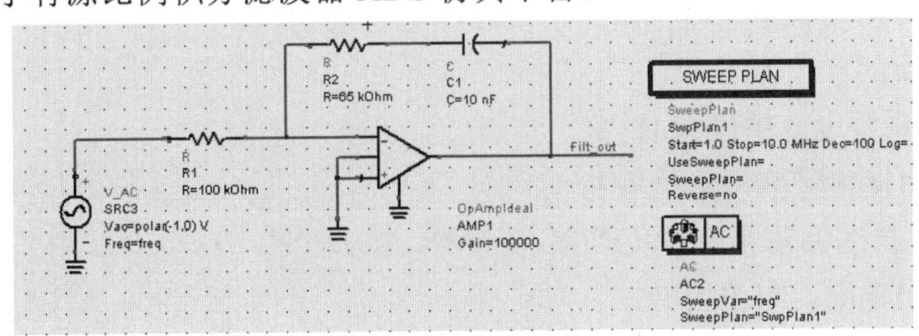

图 9-101　有源比例积分滤波器 ADS 仿真平台

（c）仿真结果。

图 9-102 给出了有源比例积分滤波器的频率响应。其中，图 9-102（a）为有源比例积分滤波器的幅频响应，图 9-102（b）为有源比例积分滤波器的相频响应。由图可知，有源比例积分滤波器也具有低通特性，其相频特性具有超前校正作用，这对环路的稳定是非常有利的。

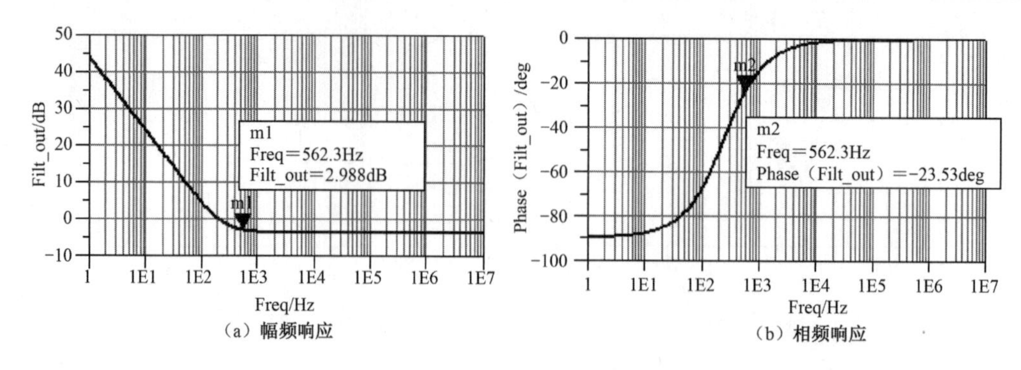

（a）幅频响应　（b）相频响应

图 9-102　有源比例积分滤波器频率响应

（4）压控振荡器（VCO）。

（a）电路。

压控振荡器是电压控制频率模块，图 9-103 给出了 VCO 的原理框架。

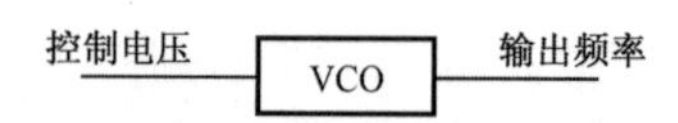

图 9-103　VCO 的原理框架

VCO 的控制电压通常为一个可变的直流电压或低频调制电压，该输入电压的变化导致输出频率产生相应的变化，即输出频率随输入控制电压的变化而改变。

（b）仿真平台的搭建。

在 ADS 的“System-PLL components”面板中提供了两种压控振荡器。

图 9-104 给出了 ADS 中的简单压控振荡器模块。该模块的输出频率随输入调谐电压线性变化。中心频率由 Freq 参数描述，它是在不加调谐电压时的 VCO 输出频率。输出频率是输入基频电压关于参数 Kv 的倍数。在输入调谐电压信号中，只有基频分量对该压控振荡器的频偏起作用。VCO 在时间等于零时输出的初始相位是固定的，所以这个模块仅工作在时域分析模式中，包括瞬时仿真和电路包络仿真。

描述该模块的参数如下。

Kv：压控灵敏度，单位为 Hz/V。

Freq：自由振荡频率，单位为 Hz。

P：工作在自由振荡频率时负载 Rout 上的功率。

Rout：输出电阻，单位为 Ω。

Delay：调谐电压的瞬时时延，单位为 s。

Harmonics：谐波电压与基频电压的比值，它是一个复数。

在 ADS 中另一种压控振荡器为 VCO_DivideByN 模块。该 VCO 模块具有任意的非线性频率调谐特性，该模块中还包含 *N* 分频器。把分频器与 VCO 集成在一个模块中可以在锁相环仿真中使用包络仿真。

图 9-105 给出了 VCO_DivideByN 模块的引脚排列及该模块参数描述。

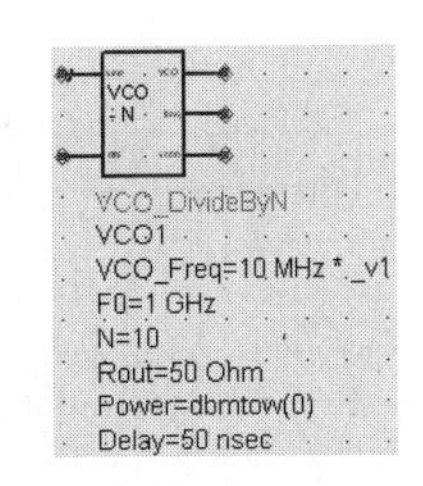

图 9-104　简单压控振荡器模块

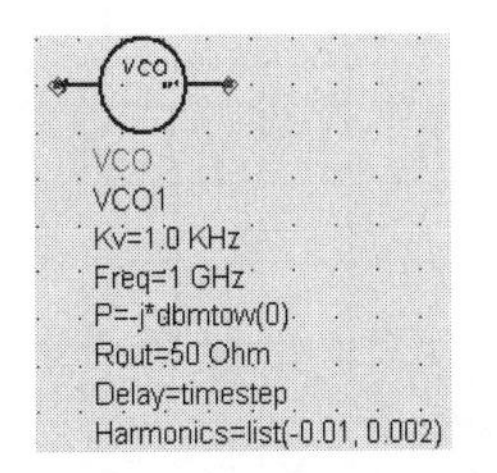

图 9-105　VCO_DivideByN 模块

tune：设置调谐电压。

d*N*：接地（d*N*=0）或者接一个电压源，如 V_DC。

VCO*n*：经 *N*+d*N* 分频的输出。

Freq：未经分频的 VCO 输出频率，该引脚可以断开。

VCO_Freq：压控振荡器的瞬时频率（控制电压 V1 的函数）。

F0：VCO 的中心频率，单位为 Hz。

N：额定分频比（当 d*N*=0 时）。

Rout：VCO 的输出电阻，单位是 Ω。

Power：输出到负载 Rout 上的功率，单位是 W。

Delay：调谐电压的瞬时时延，单位为 s。

图 9-106 给出了在 ADS 中分频比为 *N* 的分频器模块。该模块的输入可以是基频，也可以是经选择的载波频率。模块的两个重要参数如下。

FnomIn：额定输入频率，单位为 Hz。

N：分频比。

图 9-107 给出了 VCO 的 ADS 仿真平台。在 ADS 仿真平台中使用了一个分段线性频率源“VtPWL”，它的参数 V_Tran=pwl(time，0μs，0，60μs，0，60μs，2，120μs，2，120μs，5)。它表示一个分段线性电压，其电压波形为幅度开始为 0V，到 60μs 跳变到 2V，到 120μs 跳变到 5V；插入一个带内置分频器的压控振荡器，其压控灵敏度为 20kHz/V、中心频率为 20kHz；插入一个瞬时仿真控制器，输入仿真结束时间、步长时间。在完成上述设置后即可仿真分析 VCO 的压控特性。

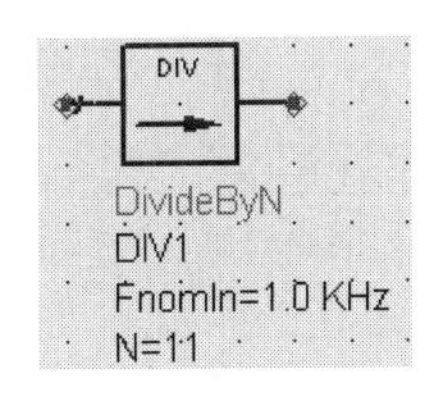

图 9-106　分频比为 *N* 的分频器模块

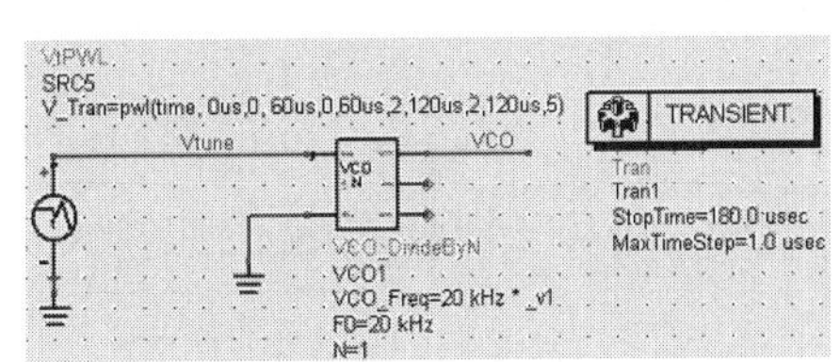

图 9-107　VCO 的 ADS 仿真平台

（c）仿真分析结果。

图 9-108 给出了 VCO 的电压频率特性。由图可知，当输入调谐电压增大时，压控振荡器的频率随之增大。调谐电压越大，VCO 的输出频率越高。这个压控振荡器没有设置压控范围，在实际应用中压控振荡器的电压—频率调谐特性的线性范围有限，若超出了线性范围，调谐特性则会变差。

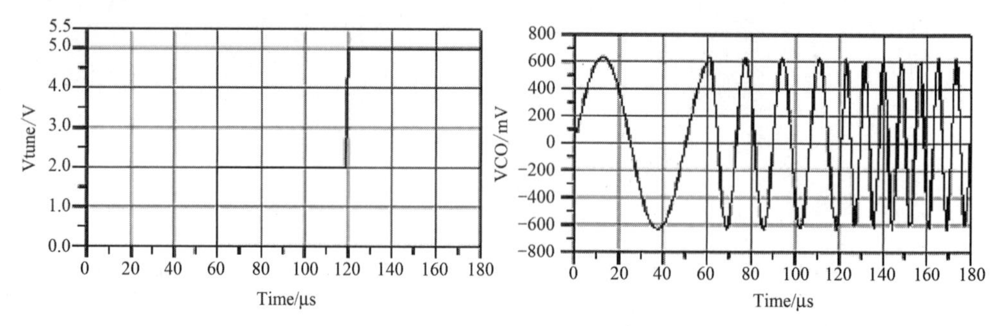

图 9-108　VCO 的电压频率特性

4．集成电荷泵锁相芯片 ADF4113

1）ADF4113 芯片的结构及工作电压模式

ADF4113 是 AD（Analog Devices）公司推出的电流型电荷泵数字锁相式频率综合器芯片，图 9-109 给出了芯片的原理框架。它主要由 4 个部分组成。

（1）低噪声数字鉴频鉴相器（Phase Frequency Detector，PFD）。

（2）精密电荷泵（Charge Pump）。

（3）可编程预置分频器，主要由 3 类可编程计数器组成：*A* 计数器（6 位）、*B* 计数器（13 位）、双模预置分频器（*P*/*P*+1，*P* 为预置分频器的模）。这 3 类可编程计数器执行 VCO 输出频率到 PFD 的 *N* 分频，实现 $N=BP+A$ 的运算；其中双模预置分频器有 4 种工作模式：8/9、16/17、32/33、64/65。

（4）参考分频器（*R* 计数锁存器，14 位）；在 PFD 输入端对参考频率（Fr）进行选择，鉴频/相频率 $F=\mathrm{Fr}/R$。

该集成芯片利用一个简单的三线串行口，通过微型计算机，对芯片上的所有寄存实施编程控制或工作模式选择。表 9-7 给出了芯片工作电压模式。

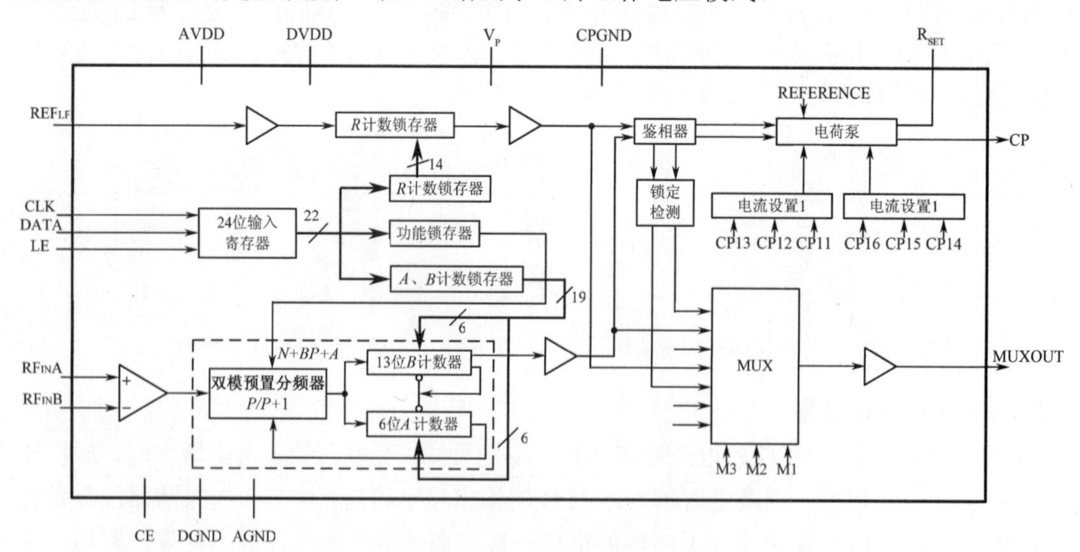

图 9-109　ADF4113 原理框架

表 9-7 芯片工作电压模式

工作电压（V）	工作频率范围（GHz）	射频信号幅度（dBm）	预置分频器最大输出（MHz）	参考输入频率范围（MHz）	参考输入信号幅度（dBm）
3	0.2～3.7	−15～0	165	5～100	>−5
5	0.2～4.0	−10～0	200	5～100	>−5

2）芯片主要性能

ADF4113 可用于无线电射频通信系统基站、手机、WLAN、通信检测设备、CATV 设备中，其主要性能特点如下。

（1）工作电压：2.7～5.5V，同时还提供外部可调的电荷泵电压调节功能。

（2）最高鉴相频差为 55MHz，最高 RF 输出频率达 4GHz。

（3）具有 4 组可编程双模预置分频器：8/9、16/17、32/33、64/65。

（4）内置可编程电荷泵电流和可编程反冲（Antibacklash）脉宽功能。

（5）编程控制采三线串行接口。

（6）能够进行模拟和数字锁定检测。

（7）软硬件断电模式。

（8）具有良好的相位噪声参数。当鉴相频率输出为 200kHz 时，相噪基底为−164dBc/Hz；当输出为 900MHz 时，相噪可达−91dBc/Hz@1kHz；当输出为 1960MHz 时，相噪为−85dBc/Hz@1kHz；当鉴相频率为 1MHz 且输出为 3100MHz 时，相噪为−86dBc/Hz@1kHz。

3）ADF4113 芯片引脚功能

图 9-110 给出了 ADF4113 芯片 TSSOP 和 LFCSP 两种封装形式的引脚排列，各引脚功能如下。

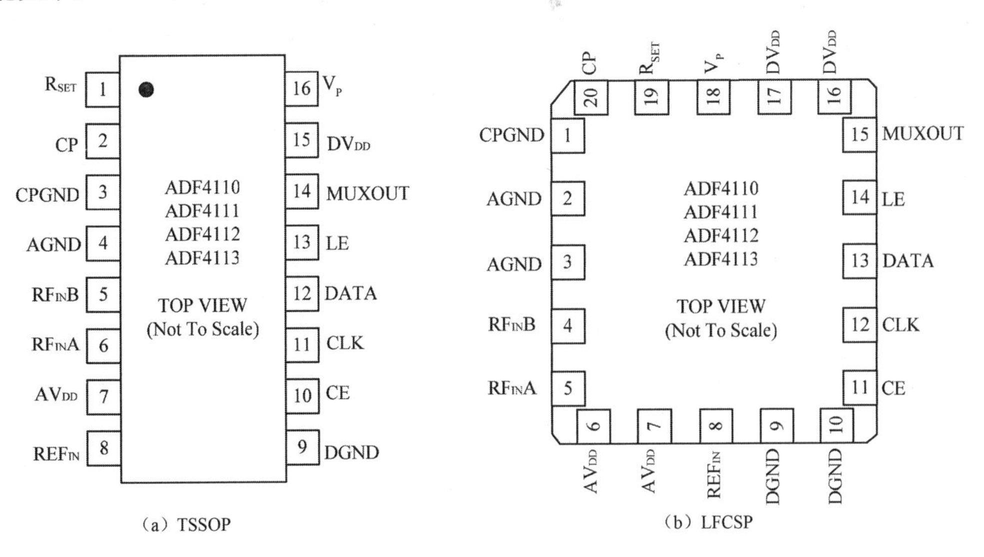

图 9-110 ADF4113 的两种封装形式

R_{SET}：用来设置最大电荷泵输出电流，外接一个电阻 R_{SET} 并连接至 CPGND，换算关系为 ICP_{max}＝23.5 / RSET（单位：mA），式中 RSET 为 R_{SET} 的电阻值。

CP：电荷泵输出，接环路滤波器。

CPGND：电荷泵接地引脚，电荷泵的接地返回路径。

AGND：模拟接地引脚，分频器接地返回路径。

$RF_{IN}B$：RF 互补输入，一般接一个 100pF 的去耦电容。

$RF_{IN}A$：RF 分频器的输入（来自 VCO 的 RF 信号耦合输入）。

AV_{DD}：模拟电源，电压为 2.7～5.5 V；去耦电容应尽量靠近该引脚；AV_{DD} 必须和 DV_{DD} 一致。

REF_{IN}：参考晶振输入，预置阈值为 $V_{DD}/2$，等效输入电阻为 100kΩ的 CMOS 输入。

DGND：数字接地引脚。

CE：芯片使能端，逻辑“1”有效。

CLK：串行时钟输入端，每个 CLK 的上升沿，串行数据锁入寄存器。

DATA：串行数据输入端，首先装入的是最高有效位 MSB，控制位在最低两位设置。

LE：加载使能，当该位为逻辑“1”时，存储在 24 位移位寄存器中的数据将全部装入指定的锁存器中，锁存器的选择由控制位来决定。

MUXOUT：模拟或数字锁定检测端。

DV_{DD}：数字电源，2.7～5.5 V，去耦电容应尽量靠近该引脚；DV_{DD} 大小必须和 AV_{DD} 一致。

V_P：电荷泵电源，其电压应大于或等于 V_{DD}，最高可达 6V。

4）芯片工作原理

ADF4113 从外部输入的信号只有标准频率源信号和控制信号。标准频率源信号经过耦合电路差分输入 ADF4113 后，经 14 位的 R 计数锁存器得到鉴相基准频率送至鉴相器。控制信号由时钟信号 CLK、数据信号 DATA 和使能信号 LE 组成。在时钟信号 CLK 的控制下，由串行口输入 24 位数据信号，暂时存放在 24 位输入寄存器中。在接收到 LE 使能信号后，先前输入的 24 位数据信号，根据地址位存储到相应的锁存器中。当 ADF4113 接收到反馈回来的输出频率后，首先通过预置比例因子 P，经 A、B 计数器，得到分频以后的反馈信号，输入锁存器，与分频以后的标准频率源信号在鉴相器中比较，输出低频控制信号以控制外部 VCO 的频率，使其锁定在参考频率的稳定度上。

ADF4113 的分频比 N 通过设置预引比例因子 P 和 A、B 计数器实现，算法为 $N = BP + A$。参考频率通过 R 计数锁存器分频得到适合鉴相器的输入，因此有

$$f_{\mathrm{VCO}} = \frac{N f_{\mathrm{REFIN}}}{R} = \frac{[BP + A] f_{\mathrm{REFIN}}}{R}$$

式中，A 计数器、B 计数器和 R 计数锁存器分别为 6 位、13 位和 14 位，其数值通过写相应的控制寄存器实现。

ADF4113 内部有 4 个 24 位控制字寄存器，分别为 R 计数锁存器控制字寄存器、N 分频器控制字寄存器、初始化寄存器、功能寄存器。通过设置这 4 个控制字寄存器的控

制字实现对锁相环的控制。*R* 计数锁存器控制字包括地址控制位、14 位 *R* 计数锁存器的数值设置位、脉冲宽度控制位、模式测试位、锁定精度选择位、方式选择位和保留位。*N* 分频器控制字包括地址控制位、6 位 *A* 计数器的数值设置位、13 位 *B* 计数器的数值设置位、输出位增益控制位和保留位。初始化寄存器控制字包括地址控制位、分频器设置位、电源设置位、MUXOUT 输出端控制位、PD 极性设置位、输出端是否为三态输出设置位、快速锁定设置位、定时器设置位、当前状态选定设置位、预引比例因子设置位。功能寄存器控制字与初始化寄存器控制字基本相同，只是低两位地址控制位不同。

5）ADF4113 控制字

ADF4113 的数字部分包括 1 个 24 位输入移位寄存器、1 个 14 位 *R* 计数锁存器和 1 个 19 位 *N* 计数器（含 *A* 计数器、*B* 计数器）。*R* 分频和 *N* 分频都设置为固定值，不随输入频率的变化而变化，其控制状态在整个频率合成器工作过程中不改变，因此只要在初始化时写入一次控制字即可。而对于 ADF4113 内部的 24 位输入移位寄存器，数据（DATA）在每个时钟（CLK）的上升沿从 MSB（最高有效位）开始依次写入 24 位移位寄存器中，直到 LSB 位写入完成之后，由来自 LE 的上升沿将存储在 24 位输入移位寄存器中的数据一次性锁存入目标寄存器（包括 *R* 计数锁存器、*N* 计数器、功能寄存器、初始化寄存器），接着再进行下一个目标寄存器的初始化工作。目标寄存器的选择由输入移位寄存器中的低两位 DB1、DB0 来决定。图 9-111 给出了数据输入的时序。

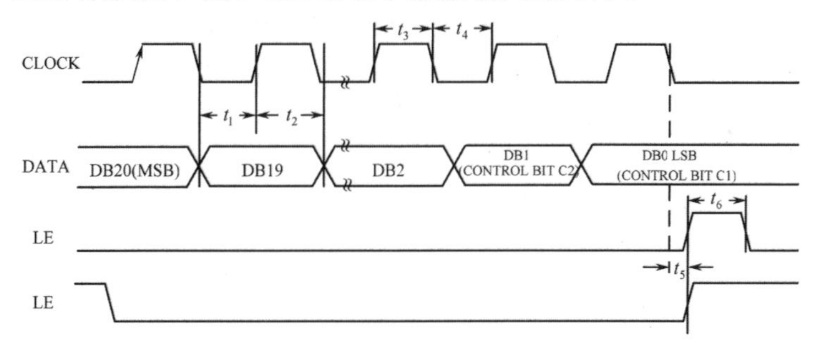

图 9-111　ADF4113 芯片数据输入的时序

ADF4113 的使用手册提供了 3 种元器件的编程方法，分别是初始化锁存器模式、CE 引脚模式、计数器重置模式。在锁相电路设计中，可以任意选择一种，精确写出控制字，画出相应的软件流程，进行软件编程。图 9-112 给出了运用第二种 CE 引脚模式对元器件进行编程的流程。

5．ADIsimPLL 辅助设计软件

ADIsimPLL 是 ADI 公司推出的专门用于锁相环电路设计的软件。该软件内部集成了 ADI 公司推出的各种芯片资料，操作界面很简洁，是锁相环电路设计和仿真的有力工具，特别适合 ADI 公司 PLL 芯片的设计。图 9-113 给出了 ADIsimPLL 的主界面。下面举例说明如何运用该软件完成锁相环电路的设计。

1）ADIsimPLL 相关参数的设置

扫频域为 114～115MHz；VCO 固有频率为 115MHz；其余均采用软件默认值。

ADF4113 的具体参数设置如下：

参考分频比 $R=400$，$P=8$，$f_{\text{ref}}=10.0\text{MHz}$。

A 与 B 满足 $N=BP+A$，其中 VCO 的分频比 $N=4561$。

$f_{\text{VCO}}=\dfrac{Nf_{\text{ref}}}{R}=114.025\text{MHz}$。

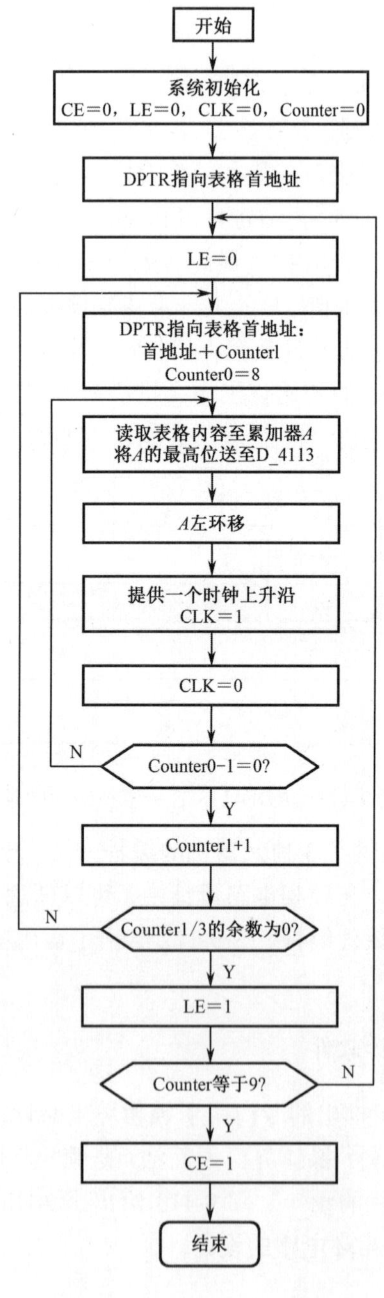

图 9-112　控制字写入流程

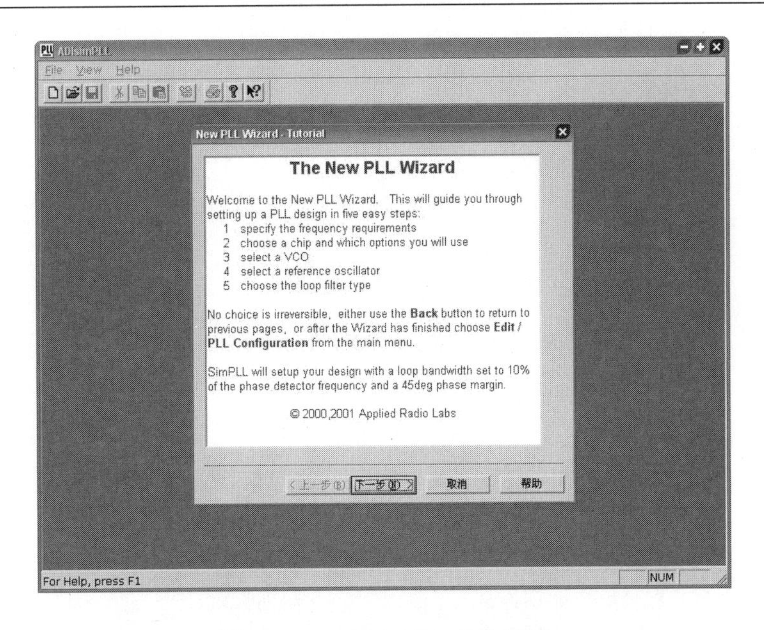

图 9-113　ADIsimPLL 的主界面

2）环路滤波器的设计

环路滤波器的设计是锁相环电路设计的关键，将直接影响环路的锁定时间、稳定性等重要特性。

在运用 ADIsimPLL 软件进行仿真分析及辅助设计之前需要完成下列设置。

指定所选锁相芯片型号，如图 9-114 所示。

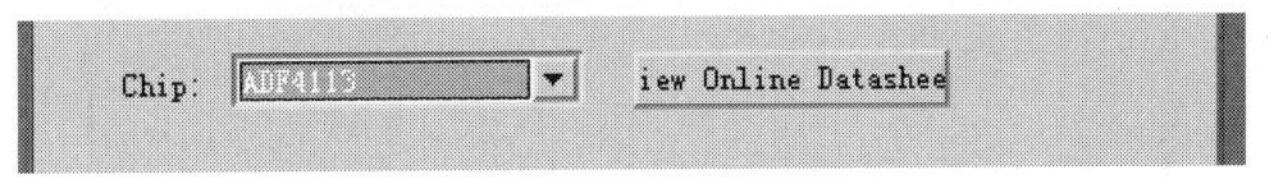

图 9-114　选定芯片型号

设定输入频率、输出频率的范围，如图 9-115 所示。

设定鉴相器的电源电压为 5V，如图 9-116 所示。

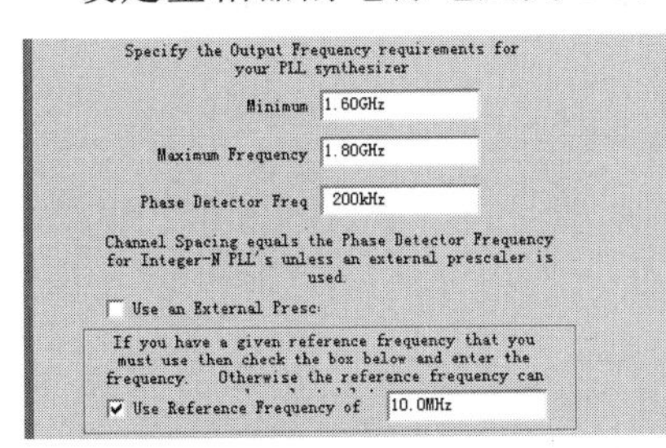

图 9-115　设定输入、输出频率的范围

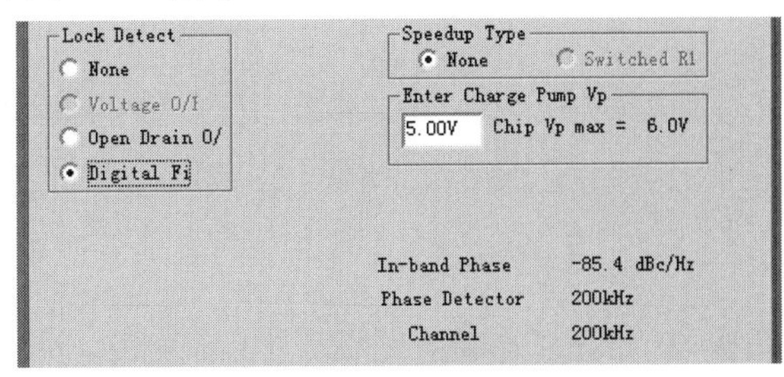

图 9-116　设定鉴相器的电源电压

选择滤波器的拓扑结构，如图 9-117 所示为选择无源二阶滤波器。

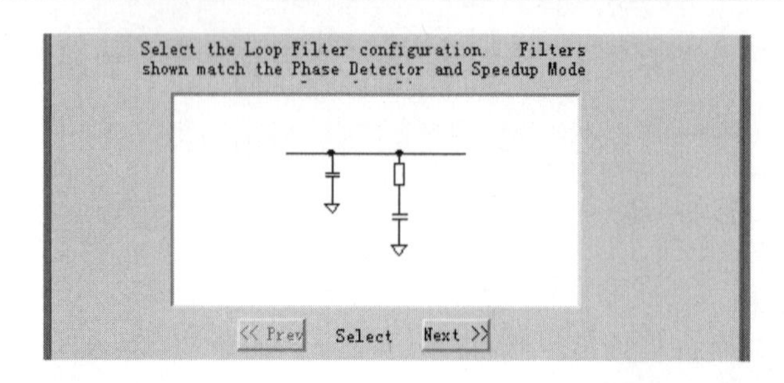

图 9-117　选择滤波器的拓扑结构

设定 VCO 的压控灵敏度。可运用 Search 选项直接选择该软件库内的 V602ME20 芯片作为 VCO，如图 9-118 所示。

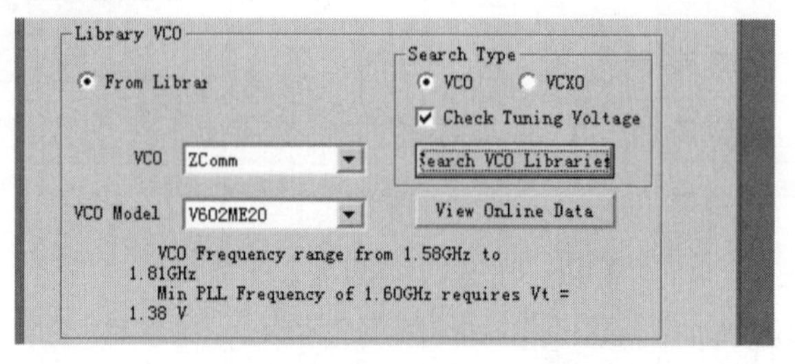

图 9-118　设定 VCO 的压控灵敏度

设定环路带宽和相位裕量。通常环路带宽为输入鉴相器频率的 10%，为了确保环路稳定，相位裕量通常要求大于或等于 45°，如图 9-119 所示。

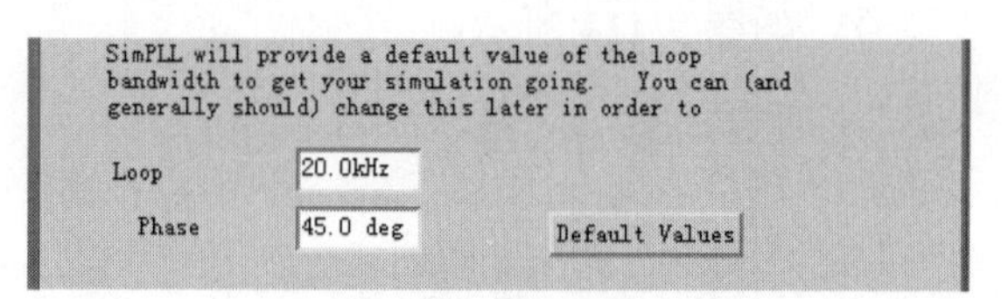

图 9-119　设定环路带宽和相位裕量

在完成上述设置之后，运用软件仿真，可得到如图 9-120 所示的滤波器参数。

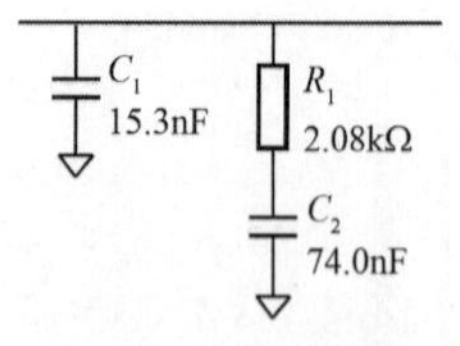

图 9-120　滤波器结构及参数

图 9-121 给出了电荷泵锁相环的系统电路。

3）仿真结果

ADIsimPLL 的时域仿真结果如图 9-122 所示，可用于分析锁相环锁定后的跟踪精度。图 9-122（a）为时间-频率关系；图 9-122（b）为时间-频率误差关系；图 9-122（c）为时间-相位误差关系。仿真结果表明，当 $t = 1.4\text{ms}$ 时，锁相环实现锁定。

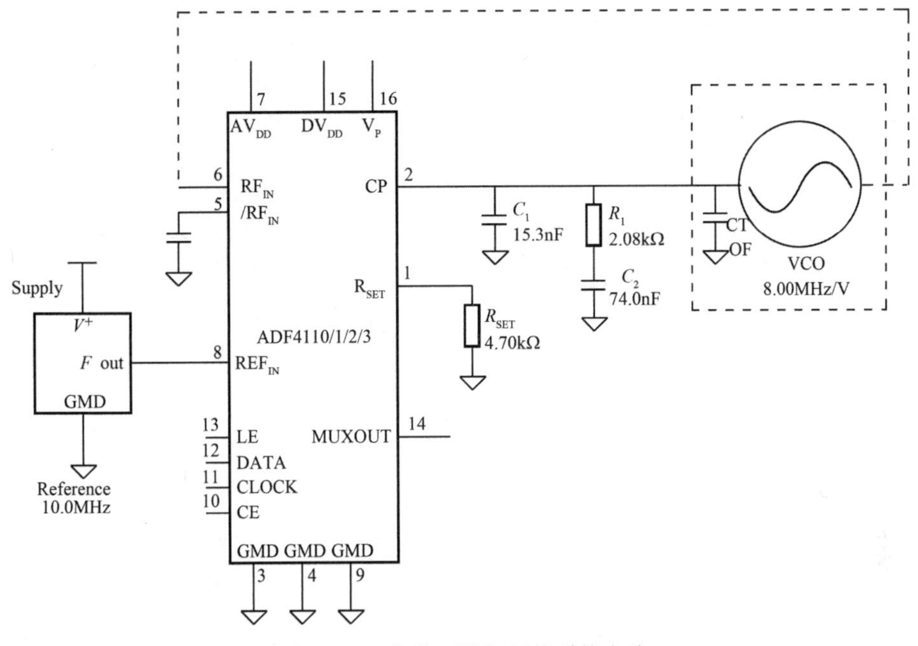

图 9-121　电荷泵锁相环的系统电路

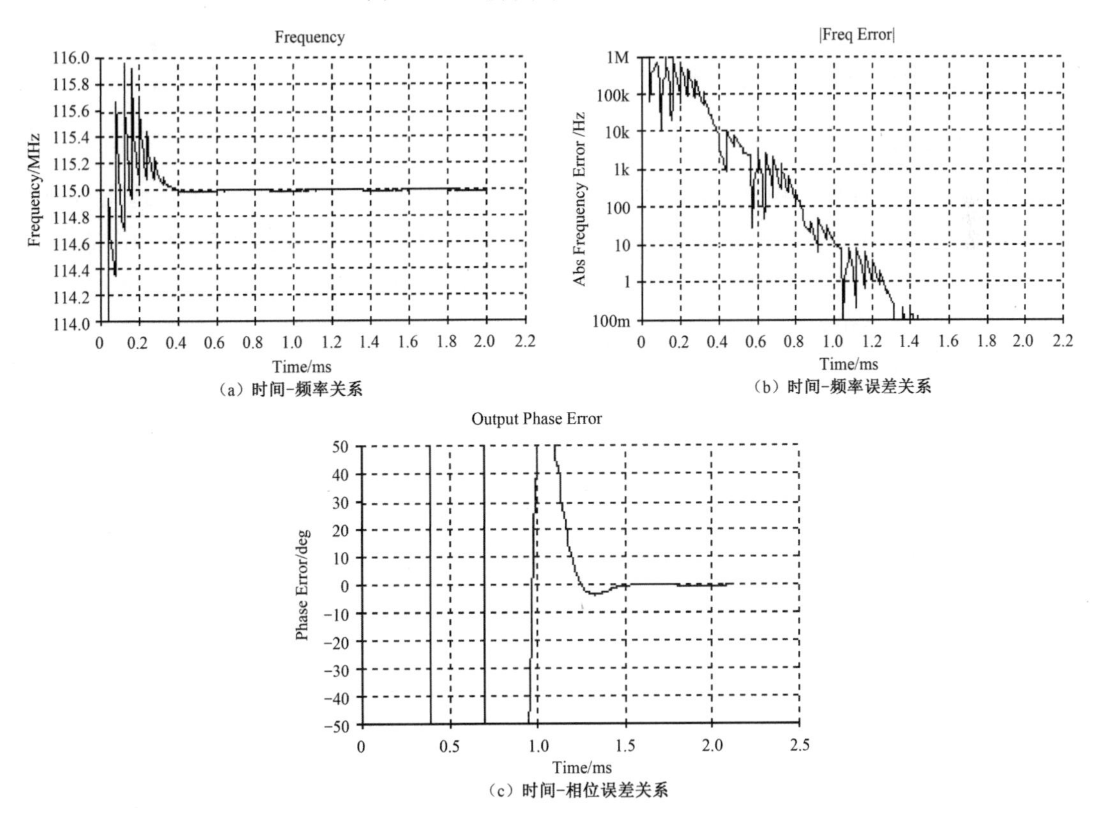

(a) 时间-频率关系

(b) 时间-频率误差关系

(c) 时间-相位误差关系

图 9-122　ADIsimPLL 的时域仿真结果

ADIsimPLL 的频域仿真结果如图 9-123 所示。其中，图 9-123（a）为开环波特图，图 9-123（b）为系统的闭环频率响应曲线。开环波特图用于分析环路的稳定性。由图 9-123（a）可见，环路相位裕量 $\varphi_m > 45°$，环路稳定。图 9-123（b）给出了环路带宽，为设计载波跟踪环或调制跟踪环提供了指导。

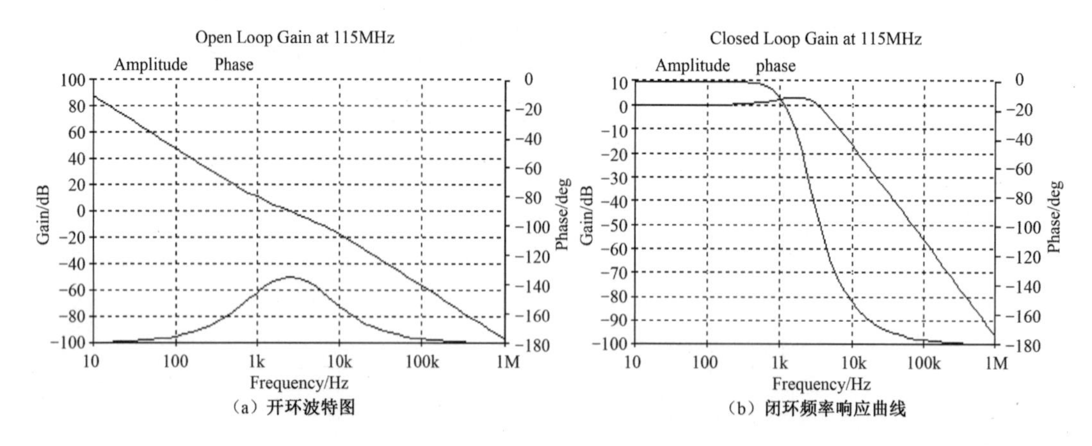

（a）开环波特图　　（b）闭环频率响应曲线

图 9-123　ADIsimPLL 频域仿真结果

6．集成电荷泵锁相环设计实例

图 9-124 给出利用 ADF4113 设计的 2.5GHz 频率合成器电路。在图 9-124 中，单片机选用 MICROCHIP 公司的 PIC16F874，串行数据采用 SPI 方式写入，VCO 选用 MINI 公司的 ROS-3000V。芯片使能端 CE 直接与电源连接，鉴相频率 FPD 取 25MHz，50MHz 参考晶振从 REF_{IN} 输入，因此参考分频比 R=2；VCO 分两路输出，一路作为频率合成器的输出，另一路输出至 ADF4113 的 $RF_{IN}A$ 端，经 N 分频后与来自 R 计数锁存器的参考频率进行鉴相并产生一个误差信号，该误差信号从 CP 输出经有源三阶环路滤波后驱动 VCO，最终锁定在 2.5GHz 的频点上。调整环路滤波电路中的电阻和电容可以改变环路参数，阻尼系数 ζ 一般取 0.707。这里分频比 N＝2500MHz/25MHz=100，P 取 16，由 $N=BP+A$ 得 B=6，A=4。4 个 24 位寄存器的初始化设置如下。

功能寄存器：0101 1111 1000 0000 1001 0010。

初始化寄存器：0101 1111 1000 0000 1001 0011。

R 计数锁存器：0000 0000 0000 0000 0000 1000。

N 计数（含 A 计数器、B 计数器）锁存器：0000 0000 0000 0110 0001 0001。

根据上面介绍的步骤，运用 ADIsimPLL 软件对环路的时域及频域特性进行仿真。

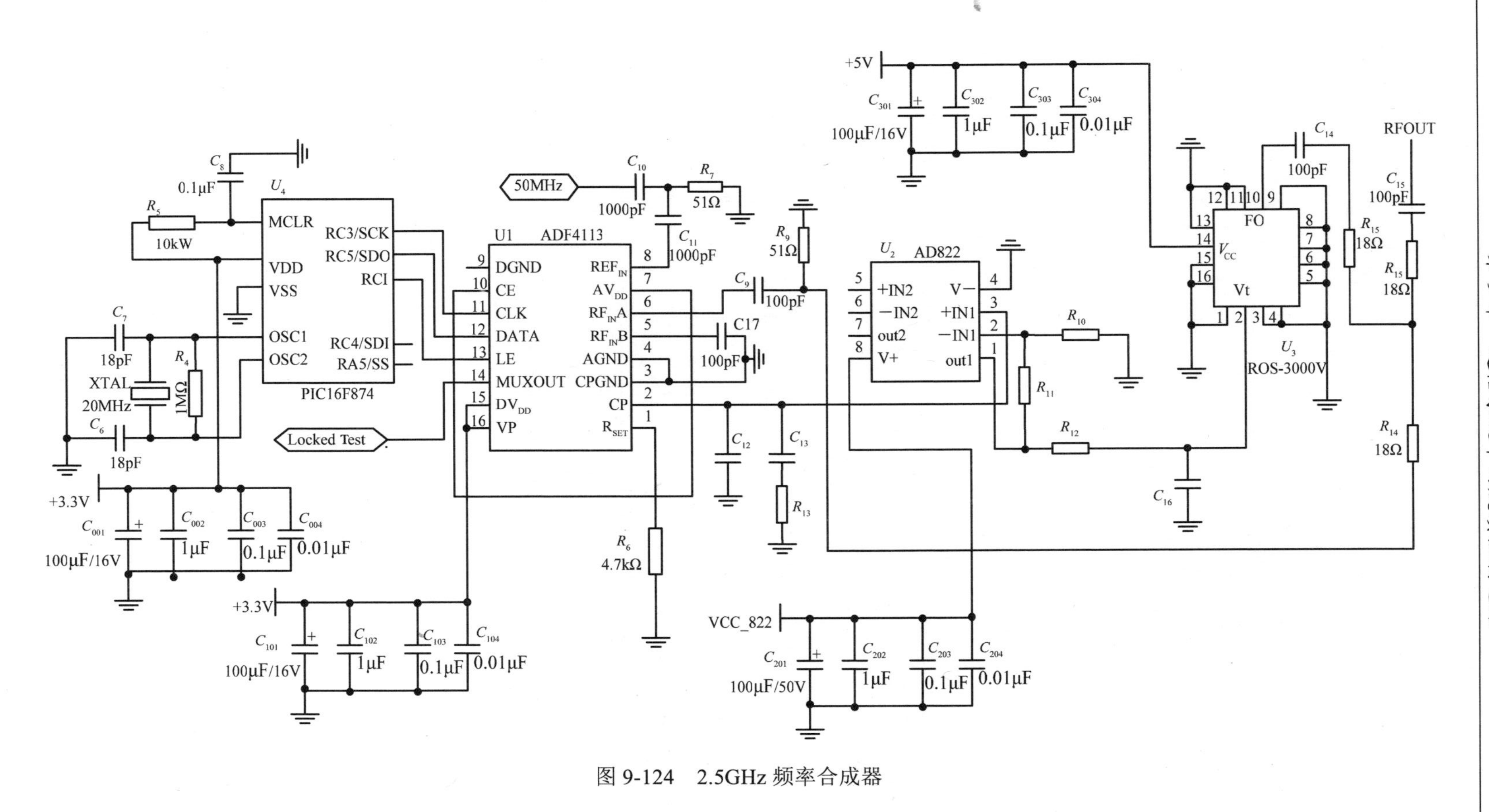

图 9-124　2.5GHz 频率合成器

1）时域响应

图9-125给出了时域响应曲线。由时间-频率关系曲线可知，响应时间为0.6μs。

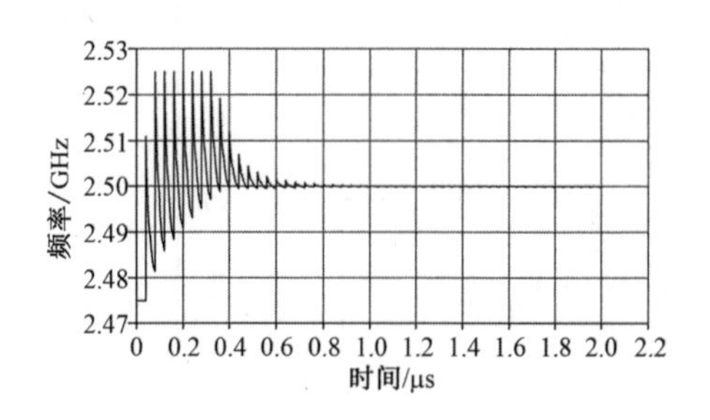

图9-125　时域响应曲线

2）系统开环波特图

图9-126给出了系统开环波特图。由图可知，当开环增益为0dB时，相位裕量大于45°，因此环路稳定。

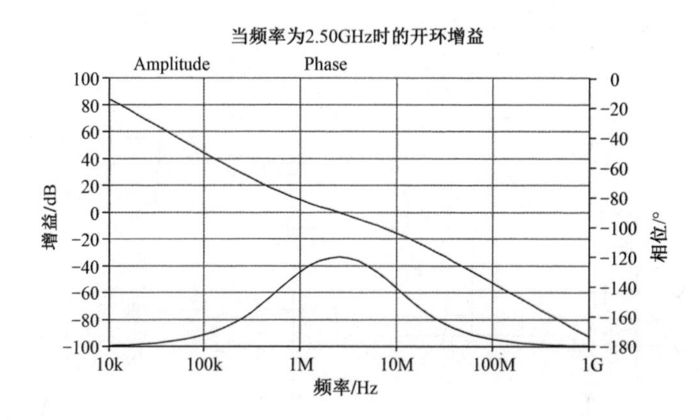

图9-126　开环波特图

3）系统闭环频率响应曲线

图9-127给出了系统闭环频率响应曲线。由曲线可知，环路的带宽为2.5MHz。

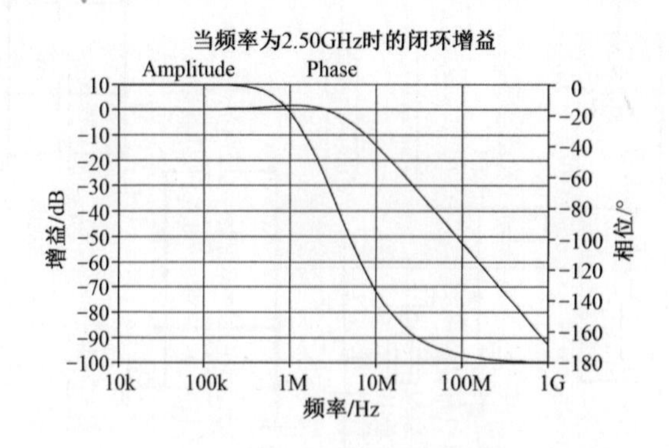

图9-127　闭环频率响应曲线

4）环路的噪声特性

图 9-128 给出了环路的相位噪声特性。

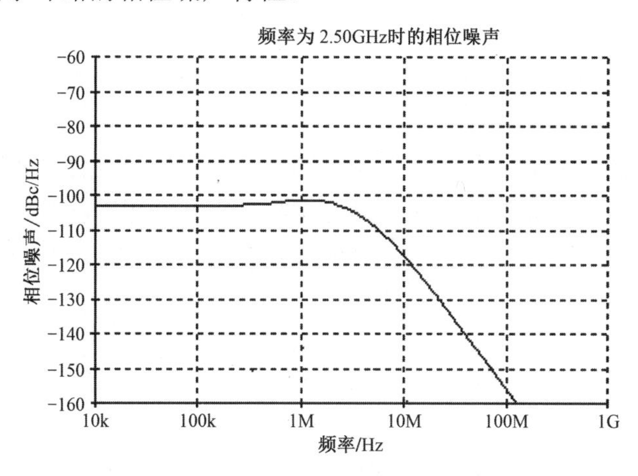

图 9-128　环路相位噪声特性

仿真分析表明，该电路在 2.5GHz 输出频率上的相位噪声为−100dBc/Hz@100kHz。

9.5　本章小结

反馈控制电路是现代系统工程中的一项重要技术手段。反馈控制电路是一种自动调节系统，其作用是在系统受到扰动的情况下，通过环路反馈控制作用，使系统某个参数达到所需的精度，或者按一定的规律变化。在电子电路中，常使用反馈控制技术。根据需要比较和控制的参量不同，反馈控制电路可分为自动增益控制电路、自动频率控制电路和自动相位控制电路。这 3 种电路的被控参量分别是信号的电平、频率和相位，在结构上分别采用电平比较器、鉴频器和鉴相器取出误差信号，然后分别控制放大器的增益、VCO 的振荡频率，使输出信号的电平、频率稳定在一个预先规定的参量上，或跟踪参考信号的变化。这 3 种电路分别存在电平、频率和相位 3 种误差，其后都跟有环路滤波器。为了减小稳态误差，可在环路中加入直流放大器，以便增加环路直流增益。

（1）自动增益控制电路的典型应用是调幅接收机。当输入信号很强时，AGC 电路进行控制，使接收机增益减小；当输入信号很弱时，AGC 电路使增益较大，这样可以维持接收机输出端的电压或功率基本保持不变。

（2）自动频率控制电路和自动相位控制电路的工作过程十分相似，两者都利用误差信号的反馈作用来提高输出频率的稳定度，但两者之间存在根本差别。在锁相电路中采用的是鉴相器，所输出的误差电压与两个比较频率源之间的相位误差成比例，因此，当达到锁定状态时，两个输入频率可以相等，但有稳态相位误差（剩余相差）存在。在自动频率控制电路中，采用的是鉴频器，它们输出的误差电压与两个比较频率源之间的频差成比例，两个频率不可能完全相等，有剩余频差存在。因此，利用锁相环电路可以实现较理想的频率控制。

（3）锁相环的基本方程完整地描述了环路闭合后发生的控制过程。环路一经锁定，其输出信号（VCO 振荡信号）的频率等于输入信号的频率。两者只存在稳态相差（通常很小），没有频差。输入信号通常是高稳定度、高纯度的基准信号，这样就保证了输出信号的高频率稳定度。

（4）环路处于锁定状态，若输入信号的频率或相位发生变化，环路通过自身调节来维持锁定状态的过程称为跟踪。环路的跟踪性能是指环路跟踪输入信号频率或相位变化的能力。跟踪性能研究的是环路通过自身调节重新达到锁定状态所经历的动态过程。

（5）输入信号频率和相位不同的变化方式，使环路跟踪特性表现为两种响应。当输入信号的频率或相位发生阶跃变化时（如前面提及的典型暂态相位信号），环路系统的输出响应称为环路的瞬态响应。瞬态响应包括两个过程：瞬态过程和稳态过程。瞬态过程描述跟踪速度快慢及跟踪过程相位误差波动的大小。描述瞬态响应主要有 3 个指标：过冲量M_p、响应时间t_s、稳态相位误差$\theta_{\mathrm{e}\infty}$。稳态过程指当$t\to\infty$时的相位误差，表明了系统的跟踪精度。当输入信号的频率或相位被频率为Ω的正弦信号调制时（也就是输入信号为正弦调制信号时），系统的输出响应称为系统的正弦稳态响应（也称为频率响应）。正弦稳态响应在频域中研究锁相环的载波跟踪特性和调制跟踪特性。

（6）载波跟踪又称窄带跟踪。当调制频率$\Omega>\Omega_\mathrm{c}$时，$\theta_2(t)$不能跟踪$\theta_1(t)$，但 PLL 的输出可以实现对输入载波频率漂移的跟踪。载波跟踪是相对于输入信号的电压谱而言的。对于输入信号的电压谱，锁相环相当于中心频率位于ω_0处的带通滤波器，能实现载波跟踪的条件是最大固有频差不超过同步带。调制跟踪又称宽带跟踪，是对输入信号相位谱的跟踪。锁相环的低通特性是对于输入信号的相位谱而言的，叫调制跟踪（又称宽带跟踪，$\Omega<\Omega_\mathrm{c}$）。

（7）环路的稳定性。常用开环波特图来判断环路是否稳定。当相位裕量大于零时，环路是稳定的；否则，环路是不稳定的。工程上，稳定的环路要求相位裕量大于45°。一阶环是绝对稳定的；当阻尼系数大于 0.5 时，二阶环的相位裕量大于45°。

（8）相图法是分析一阶环和二阶环非线性性能的重要方法。本章用相图法对一阶环和二阶环的捕获过程做了定性分析。一阶环的捕获过程是个渐近过程，相位误差无周期变化现象。二阶环和高阶环的捕获过程是一个牵引过程，在捕获过程中，相位误差发生周期变化，误差电压的不对称程度逐渐增加，在锁定时变为直流。

（9）在锁相环电路中，噪声的来源主要有两种，一种是从外部加入环路中，如随输入信号一起加到输入端的噪声，环路对输入的加性窄带白噪声表现出低通特性；另一种是环路内部所产生的，如 VCO 的相位噪声，环路对 VCO 的相位噪声表现出高通特性。减小环路带宽有利于滤除低通型噪声，增大环路带宽有利于滤除高通型噪声。环路噪声带宽B_L是描述环路对输入加性窄带白噪声滤除能力的重要参数，B_L越小，环路滤除此噪声的能力越强。对于输入加性白噪声，环路等效为一个带宽为B_L的窄带带通滤波器，而对输入射频调角信号，环路则等效为一个宽带带通滤波器。这两个等效滤波器的中心频率都可跟踪输入信号的载频漂移。

（10）电荷泵锁相环的鉴相器是一个同时具有鉴频特性的三态数字鉴相器。这种鉴相器使电荷泵锁相环的捕获带等同于同步带，其理论值无穷大。

（11）本章介绍了 AD（Analog Devices）公司推出的电流型电荷泵数字锁相式频率综合器芯片 ADF4113 的结构、基本工作原理，以及运用 ADIsimPLL 辅助设计软件对锁相环电路的时域、频域特性进行仿真分析，并给出了 2.5GHz 频率合成器电路。

思考题与习题

9-1　锁相环同步带的定义是什么？

9-2　题图 9-1 虚线框中的电路具有什么功能？达到稳定状态后的频率比 f_2/f_1 为多少？

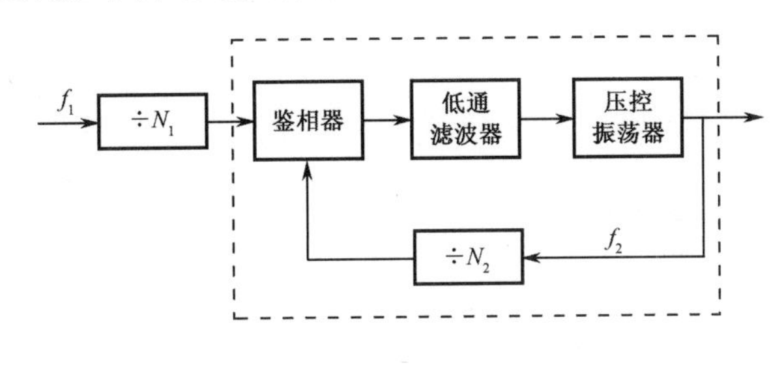

题图 9-1

9-3　锁相环与自动频率控制电路在实现稳频功能时，哪种性能优越？为什么？

9-4　锁相环由哪几个部分组成？说明其工作原理，它有哪几种自动调节过程？

9-5　锁相环调频波解调器原理电路如题图 9-2 所示，试分析其解调过程。

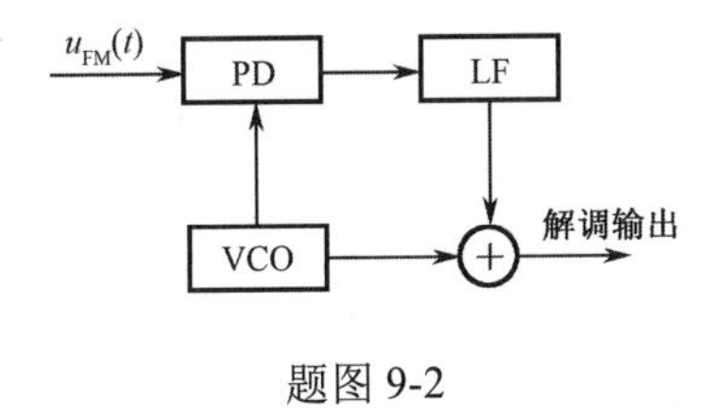

题图 9-2

9-6　锁相环频率合成器如题图 9-3 所示，分析输出频率和输入频率的关系。若已知 $f_R = 100\text{kHz}$，$M = 10$，可变分频器的分频比 N=85～96，试求输出频率的可控范围。

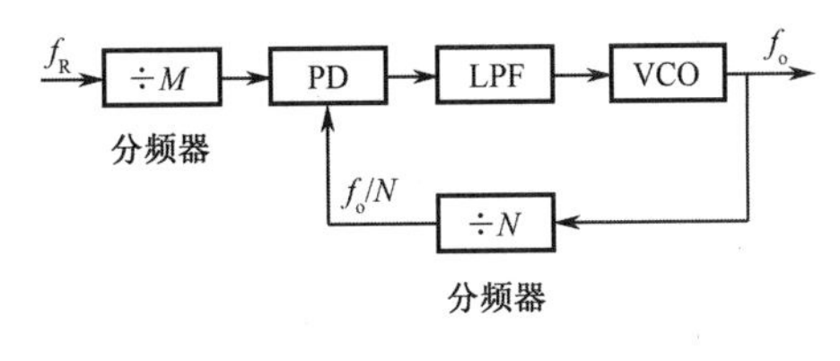

题图 9-3

9-7　锁相环的基本部件是（　　）、（　　）、（　　）。

A. 鉴相器

B. 鉴频器

C. 环路滤波器

D. 压控振荡器

9-8　锁相环的误差频率特性呈（　　）性质。

A. 高通

B. 带通

C. 低通

D. 带阻

9-9　锁相环在锁定后，输入信号 $u_{\mathrm{i}}(t)$ 与输出信号 $u_{\mathrm{o}}(t)$ 之间存在（　　）差。

A. 相位

B. 频率

C. 恒定的频率

D. 恒定的相位

9-10　锁相环锁定的条件是（　　）。

A. 相位差一定为零

B. 相位差不一定为零

C. 频率差一定为零

D. 频率差不一定为零

9-11　锁相环在锁定后，无（　　）差，有（　　）差。

A. 相位、频率

B. 频率、相位

C. 幅度、频率

D. 频率、幅度

9-12　锁相环在锁定后，稳态误差 $\theta_{\mathrm{e}\infty}$ 越小，说明环路（　　）。

A. 捕获带越窄

B. 捕获带越宽

C. 捕获时间越长

D. 捕获时间越短

9-13　一阶锁相环的同步带宽为______，捕获带宽为______，快捕带宽为______。

9-14　已知锁相环的直流总增益 $K = 4\pi \times 10^4\,\mathrm{rad/s}$，$F(s) = 1$。试求：（1）捕获带 $\Delta\omega_{\mathrm{P}}$ 为______；（2）同步带 $\Delta\omega_{\mathrm{H}} =$______。

9-15　试导出题图 9-4 中 RC 积分滤波器、无源比例积分滤波器和有源比例积分滤波器的传递函数。

9-16　已知一阶环的 $K_{\mathrm{d}} = 2\mathrm{V}$，$K_{\mathrm{V}} = 15\mathrm{kHz/V}$，$\omega_0 / 2\pi = 2\mathrm{MHz}$，问当输入频率分别为 1.98MHz 和 2.04MHz 的载波信号时，环路能否锁定？稳定相差多大？

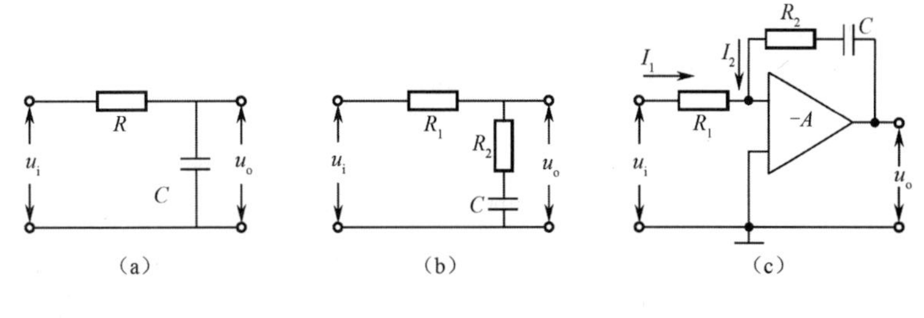

题图 9-4

9-17　已知一阶环的 $K_d = 0.63\text{V}$，$K_V = 20\text{kHz/V}$，$f_0 = 2.5\text{MHz}$，在输入载波信号作用下环路锁定，控制频差等于 10kHz。问：输入信号频率 ω_i 为多大？环路控制电压 $u_c(t)$ 为多大？稳态相差 $\theta_{e\infty}$ 为多大？

9-18　一阶环，设开环时 $u_i(t) = 0.2\sin(2\pi\times10^3 t+\theta_i)$，$u_o(t) = \cos(2\pi\times10^4 t+\theta_o)$，$\theta_i$、$\theta_o$ 为常数。鉴相器相乘系数 $K_m = 10$，VCO 控制灵敏度 $K_V = 10^3$。问：

（1）环路能否进入锁定？为什么？

（2）环路的最大和最小瞬时频差各为多少？

（3）画出鉴相器输出波形 $u_d(t)$。

（4）为使环路进入锁定，在鉴相器和 VCO 之间加了一级直流放大器，问其放大量必须大于多少？

9-19　一个锁相环的截止频率 $\Omega_c = 10^3\text{rad/s}$，输入信号为 $u_i(t) = U_i\sin[10^6 t + 2\sin(10^2 t+\theta_i)]$，问：

（1）环路处于调制跟踪状态，还是载波跟踪状态？为什么？

（2）若 Ω_c 降至 10rad/s，环路处于什么状态？

9-20 在深空中用于跟踪飞船的测试设备，使用一窄带载波跟踪环路，假定环路使用有源比例积分滤波器，如题图 9-5 所示。设计环路噪声带宽 $B_L = 18\text{Hz}$，$\tau_1 = 2630\text{s}$，$\tau_2 = 0.0834\text{s}$。试确定：

（1）环路阻尼系数 ξ 与自然谐振频率 ω_n；

（2）环路增益 K；

（3）选择电容 C 值，并确定 R_1 与 R_2 的值。

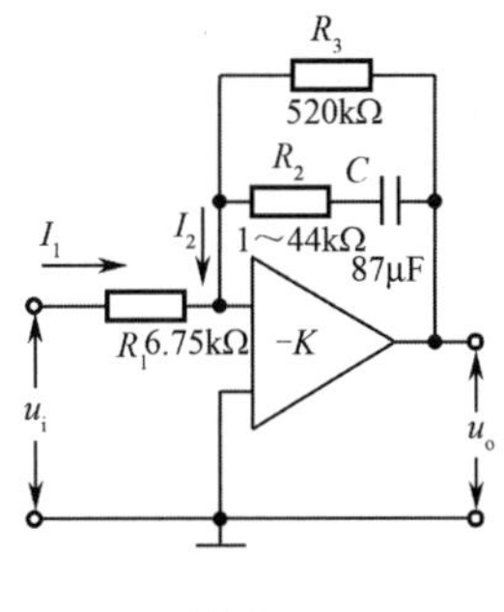

题图 9-5

9-21　设有一个非理想二阶环，使用有直流反馈的有源比例积分滤波器作为环路滤波器，如题图 9-5 所示，已知环路 $K_\mathrm{d}K_\mathrm{V}=5800\mathrm{Hz}$。试求：

（1）环路滤波器传递函数的表达式；

（2）确定 τ_1、τ_2、ω_n、ξ、B_L；

（3）写出闭环传递函数的表达式。

9-22　已知一阶锁相环的正弦鉴相器的最大输出电压 $K_\mathrm{d}=2\mathrm{V}$，VCO 的压控灵敏度 $K_\mathrm{V}=10^4\mathrm{Hz/V}$，自由振荡频率 $\omega_\mathrm{o}=2\pi\times10^6\mathrm{rad/s}$。

（1）当输入信号频率分别为 $\omega_\mathrm{i1}=2\pi\times1015\times10^3\mathrm{rad/s}$，$\omega_\mathrm{i2}=2\pi\times1075\times10^3\mathrm{rad/s}$ 时环路能否锁定？若能锁定稳态相差多大？此时控制电压为多少？分别画出正弦鉴相器输出电压的波形示意。

（2）如果该环路处于线性跟踪状态，那么当输入信号分别为调频波 $u_\mathrm{i}(t)=V_\mathrm{im}\sin(2\pi\times10^6t+0.5\sin2\pi\times10^4t)$ 和调幅波 $u_\mathrm{i}(t)=V_\mathrm{im}(1+0.5\cos2\pi\times10^4t)\sin2\pi\times10^6t$ 时，试说明它们的输出信号形式。

9-23　如题图 9-6 所示为锁相环用于解调抑制载波调幅信号的框架，设输入信号为一个由 $\sin\Omega t$ 调制的 DSB/SC 信号，即 $u_\mathrm{i}(t)=V_\mathrm{im}\sin\Omega t\cos(\omega_\mathrm{c}t+\theta_1)$，试分析其工作原理。

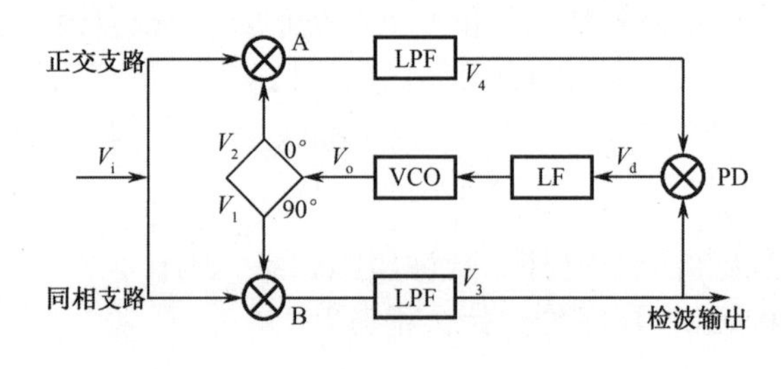

题图 9-6

9-24（1）分别画出锁相调频器和锁相鉴频器的原理框架，并说明其工作原理。

（2）用于调频和用于鉴频的锁相环在设计上有何区别？

（3）若采用有源比例积分滤波器的二阶环解调如下调频波：

$$u_\mathrm{i}(t)=V_\mathrm{im}\sin[2\pi\times50\times10^6t+5\sin2\pi\times3\times10^3t]$$

已知环路的鉴相灵敏度为 2.5V/rad，VCO 的压控灵敏度 $K_\mathrm{V}=2\pi\times10^6\mathrm{rad/(s\cdot V)}$。设环路滤波器参数 $R_1=20\mathrm{k\Omega}$，$R_2=300\Omega$，$C=0.03\mu\mathrm{F}$，鉴相器的附加低通滤波器在 3kHz 频率上的传递函数为 1，试问用该 PLL 对输入信号进行解调，输出信号会不会产生失真？其振幅为多大？

9-25　求：

（1）如何测量锁相环的同步带和捕获带？

（2）为什么说二阶环的捕获带一定小于同步带？

9-26　PLL 的频率特性为什么不等于环路滤波器的频率特性？在 PLL 中低通滤波器的作用是什么？

9-27　当输入一阶环的信号发生频率阶跃时，试说明为什么除 K 趋于无穷大以外，环路总会有稳态相差。从物理意义上说明该稳态相差与起始频率阶跃和环路增益 K 的关系。

9-28　一阶环的输入信号为 $u_{\rm i}(t)=V_{\rm im}\sin[\omega_{\rm i}t+m_{\rm f}\cos\Omega t]$，当其接入环路的瞬间，输出信号（压控振荡器振荡信号）为 $u_{\rm o}(t)=V_{\rm om}\cos\omega_{\rm o}t$，求：

（1）环路的起始频差；

（2）环路的起始相差；

（3）环路的稳态相差；

（4）在锁定后环路输出电压的表达式。

9-29　一阶环接通瞬间输入信号和输出信号分别为

$$u_{\rm i}(t)=V_{\rm im}\sin[2.005\times10^{6}\pi t+0.5\sin2\pi\times10^{3}t]$$

$$u_{\rm o}(t)=V_{\rm om}\cos(2\pi\times10^{6}t)$$

测得环路在锁定后稳态相差 $\theta_{\rm e\infty}=0.5\rm rad$。

（1）写出在环路锁定后，输出信号的表达式；

（2）计算该环路的带宽。

9-30　若 UP 信号一直为正脉冲（UP=1），充电结果可以使 $U_{\rm out}\to\infty$；反之，DN 信号为正脉冲，引起放电会使 $U_{\rm out}\to-\infty$，由此可以推断该组合的特点：控制电压 $U_{\rm c}(t)$ 可以足够大，因此 PFD+CP 结构的捕获带仅由 VCO 的可变频率范围决定。该观点是否正确？

第 10 章　无线电接收与发射系统

无线电接收与发射系统是高频电子电路的综合应用，是现代通信系统、广播与电视系统、无线电安全防范系统、无线电遥控和遥测系统、雷达系统、电子对抗系统、无线电制导系统等必不可少的设备。

无线电接收与发射系统按照调制方式可分为调幅（AM）、调频（FM）、调相（PM）。由于其调频方式恒定带宽和优良的抗干扰性能，无线电接收与发射系统得到了极其广泛的应用。图 10-1 给出了无线电接收与发射系统的原理框架。

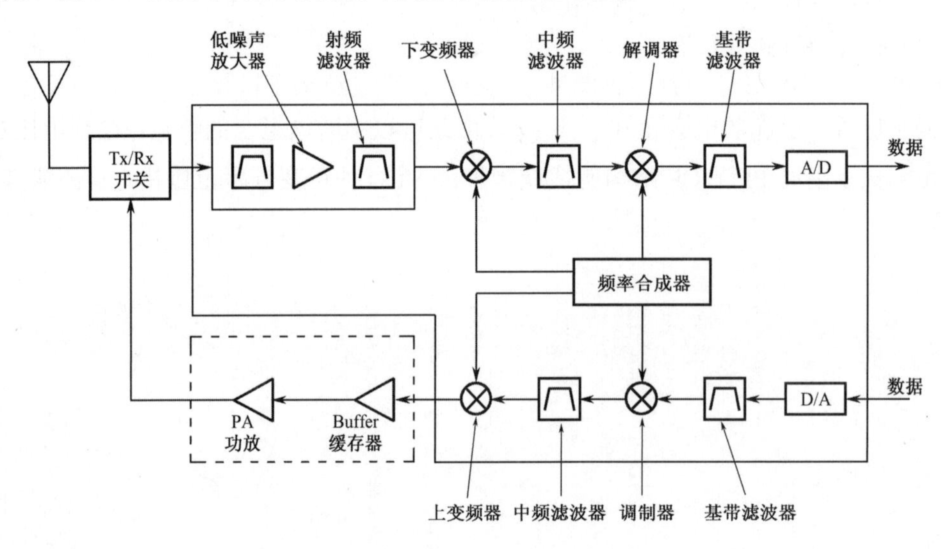

图 10-1　无线电接收与发射系统原理框架

10.1　FM 发射机的主要性能指标

（1）发射频率 f_0 及频率范围：f_0 是指载波频率，频率范围是指载波可变化的频率范围。

（2）发射功率：接上负载后的实际输出功率。

（3）输出阻抗：对 FM 广播要求为 50Ω，对电视差转要求为 75Ω。

（4）残波辐射：杂波（含谐波）与输出功率之比。

（5）信噪比：已调波在规定频偏的情况下经理想解调后，有用信号功率与噪声功率之比。

（6）失真度：已调波在规定的频偏下，经理想解调后单音频信号的失真度。

（7）频率响应：已调波在规定的频偏下，经理想解调后输出音频的幅频响应。

（8）效率：输出功率与电源消耗功率之比。

10.2　FM 接收机的主要性能指标

（1）信噪比：在一定输入信号电平下，接收机的输出端的信号电压与噪声电压之比。

（2）灵敏度：在规定的音频输出信噪比下，产生标称输出功率所需要的最小输入信号电平。灵敏度是衡量接收机对微弱信号接收能力的指标。调幅接收机的灵敏度为 5～50μV 。

（3）信号选择性：接收机从作用在接收天线上的许多不同频率的信号（包括干扰信号）中选择有用信号，同时抑制邻近频率信号干扰的能力称为信号选择性。通常以接收机接收信号的 3dB 带宽和接收机对邻近频率的衰减能力来表示。

（4）中频抑制比：接收机抑制中频干扰的能力称为中频抑制比，通常为输入信号频率为本机中频时的灵敏度 S_{IF} 与接收机灵敏度 S 之比，一般以 dB 为单位。中频抑制比越大，说明抗中频干扰能力越强。中频抑制比为 $20\lg\dfrac{S_{\mathrm{IF}}}{S}$，一般要求大于 60dB。

（5）镜频抑制比：接收机对镜频（镜像频率）干扰的抑制能力称为镜频抑制比。镜频为 $f_{\mathrm{s}} \pm f_{\mathrm{i}}$，其中，$f_{\mathrm{s}}$ 为信号频率，f_{i} 为中频频率。对于本振频率高于信号频率的接收机，其镜频为 $f_{\mathrm{s}} + 2f_{\mathrm{i}}$；对于本振频率低于信号频率的接收机，其镜频为 $f_{\mathrm{s}} - 2f_{\mathrm{i}}$。镜频抑制比通常为输入信号频率为镜频时的灵敏度 S_{IM} 与接收机灵敏度 S 之比，一般以 dB 为单位。镜频抑制比越大，说明抗镜频干扰能力越强。镜频抑制比为 $20\lg\dfrac{S_{\mathrm{IM}}}{S}$，一般要求大于 60dB。

（6）整机电压频率特性：输出端的负载电压与调制频率的关系。

（7）整机电压谐波失真：当输入正弦波调制信号时，接收机输出端出现的各次谐波分量的总和与输出信号有效值之比。接收机的额定音频输出功率由产品技术规范规定，一般大于等于 0.5W，固定台的谐波失真不应大于 7%，移动台的谐波失真不应大于 10%。

（8）最大有用功率：当整机电压谐波失真为 10%时的输出功率。

（9）频率范围：在保证整机指标的条件下，接收机能接收的频率范围。

本章将以摩托罗拉公司的窄带发射集成芯片 MC2833 为核心，设计低功率调频发射机，以 MC3362 为核心设计实现双变频型窄带调频接收机，再结合 MAX232、MC145442 实现数字无线通信。图 10-2 给出了数字无线电通信系统的原理框架。

MC145442 可以工作在全双工状态，因此电路可简化为如图 10-3 所示的电路形式。发射部分由计算机发出信号经计算机串口输出，至 MAX232 电平转换电路，经单片 300 波特调制解调器调制 MC145442 产生相应的音频信号，最后由 MC2833 调频发射电路将调频信号发射至空间。接收部分由 MC3362 调频接收电路将调频信号接收并解调输出音频信号，该音频信号输入至 MC145442，由 MC145442 解调出原来的数字信号，经 MAX232

电平转换后输入计算机串口，实现数字无线电通信。本章主要介绍以MC2833为核心的低功率调频发射机电路，以及以MC3362为核心的窄带调频接收机电路。

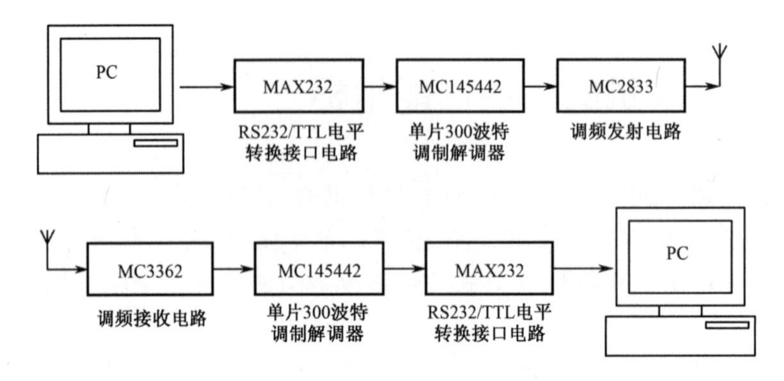

图10-2　数字无线电通信系统的原理框架（单工）

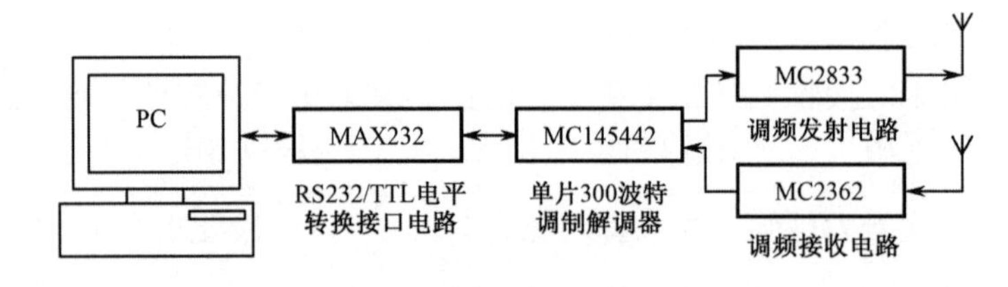

图10-3　数字无线电通信系统的原理框架（全双工）

10.3　无线电发射机

MC2833是摩托罗拉公司生产的单片调频发射器电路，芯片内包括1个具有30dB电压增益的话筒放大器、1个电压控制振荡器和2个备用晶体管等。采用片上晶体管放大器可获得10dBm功率输出，采用直接射频输出方式，–30dBm输出功率可以达到60MHz，工作电源电压为2.8～9.0V，电流消耗为2.9mA，可工作在–30～75℃。表10-1给出了引脚的功能，主要技术参数可查阅相关技术文献。图10-4给出了MC2833的内部结构及引脚排列。对于不同的输出频率，发射机电路所使用的元器件值有所不同。

表10-1　MC2833各引脚功能

引　脚	名　称	功能说明	引　脚	名　称	功能说明
1	V_R	可变电抗输出端	9	C_2	内部晶体管Q_2的集电极
2	D	滤波电容端	10	V_{DD}	电源正极
3	M	频率调制输入端	11	C_1	内部晶体管Q_1的集电极
4	V_o	话筒放大器输出端	12	E_1	内部晶体管Q_1的发射极
5	V_1	话筒放大器输入端	13	B_1	内部晶体管Q_1的基极
6	V_{SS}	电源负极	14	RF	射频振荡器的缓冲输出端
7	E_2	内部晶体管Q_2的发射极	15	OSC_1	射频振荡器外接元器件端
8	B_2	内部晶体管Q_2的基极	16	OSC_2	射频振荡器外接元器件端

图 10-5 给出了载波频率为 32MHz 的 FM 发射机电路。晶振 XTAL 使用基频模式（16MHz），采用 32pF 负载电容进行并联谐振校准。下面分别介绍各功能模块电路。

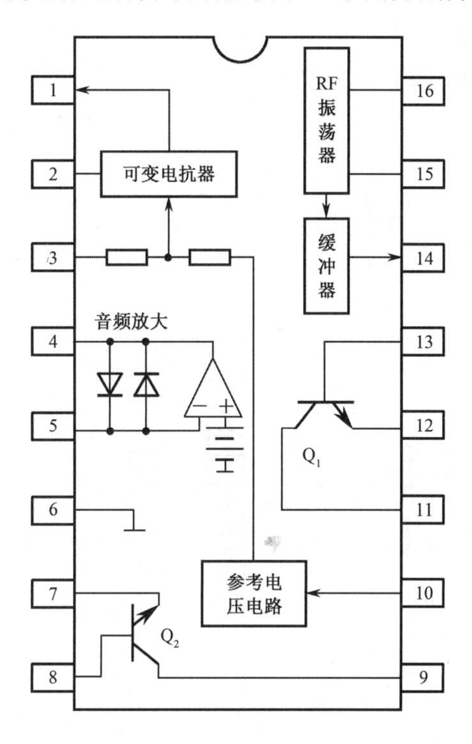

图 10-4　MC2833 的内部结构及引脚排列

1．语音信号处理电路

对于窄带调频发射机，语音处理电路通常包括预加重、放大限幅等电路。话筒将声音变成音频电压信号，经耦合电容 C_6 由第 5 引脚输入，经过话筒放大器放大。话筒放大器由片内运算放大器和外接电阻等组成反相放大器，放大器增益由外接负反馈可变电阻 W_1 和 R_2 决定。图中两个二极管用于将话筒放大器的输出电压幅度限制在 ±0.7V 之间。第 4 引脚输出经放大的音频信号，经过由 C_3、R_1 构成的预加重电路处理后，作为调制信号接到可变电抗控制端。

预加重电路：由于调频信号解调后的噪声功率呈现抛物线分布，在语音信号频带高端的噪声大。为了改善信噪比，在发射端预先将信号的高频分量加强（每倍频程 6dB），这就是所谓的预加重。

最简单的预加重电路是由 R、C 组成的微分电路，如图 10-6 所示。它的时间常数应满足

$$RC \ll \frac{1}{f_{\max}}$$

式中，$f_{\max}$ 是语音信号频带上限。

在语音处理中应包括的另一个功能是限制瞬时频偏不超过最大允许值。窄带频率调制规定最大频偏 $\Delta f_{\mathrm{m}} = 5\mathrm{kHz}$。由于调频器频偏正比于音频信号电压，因此，要对音频信

号的幅度加以限制。最简单的限幅器是二极管限幅器。限幅器对小信号没有影响，而对于大信号则使其正、负半周波形的顶部削平，从而对音频信号的幅值加以限制，使瞬时频偏不超过规定值。限幅之后的一个不利影响是会产生高次谐波，致使调频信号的频带加宽，造成对邻道的干扰。因此，限幅器之后常加装低通滤波器，以抑制 3400Hz 以上的谐波分量。

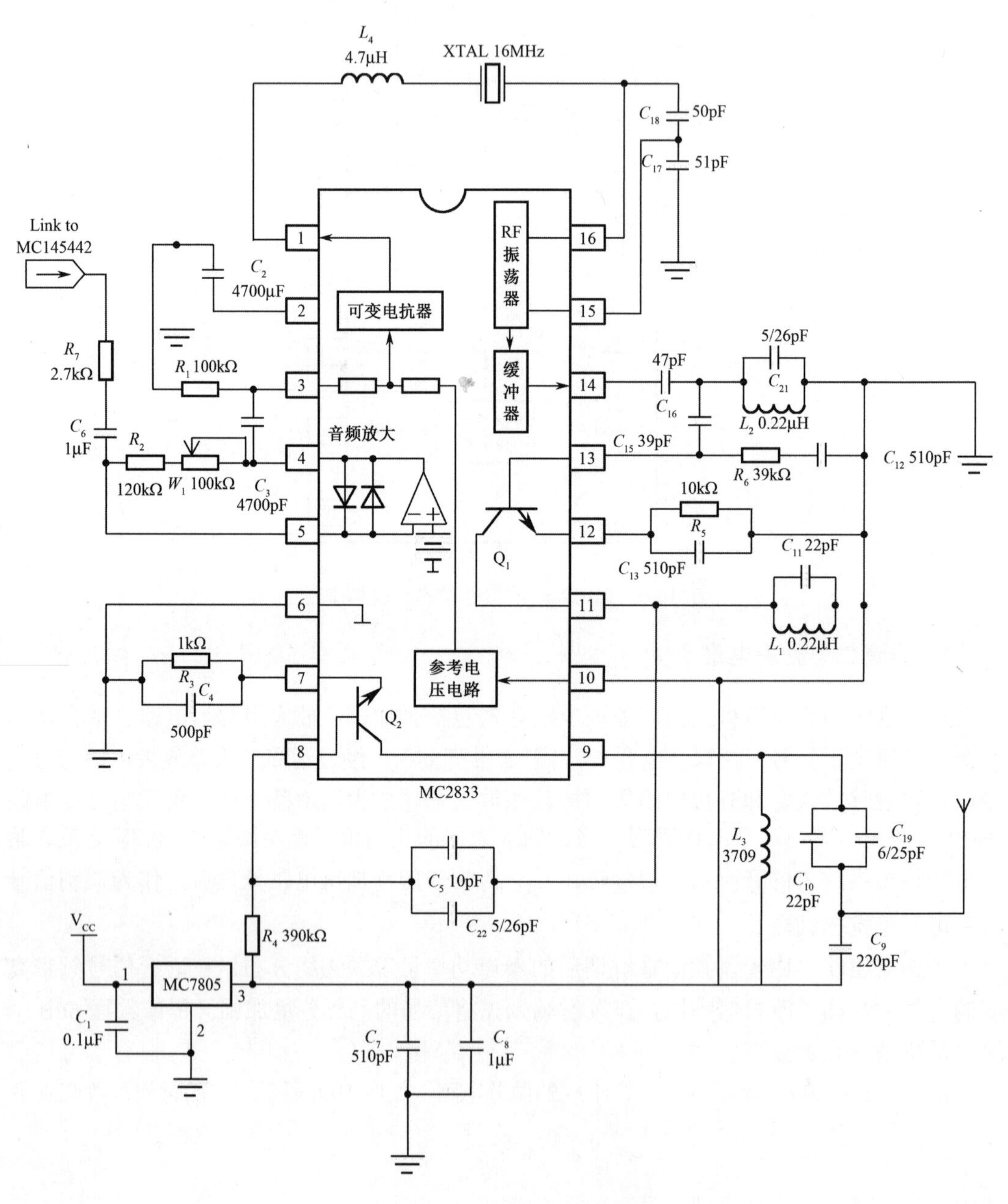

图 10-5 窄带 FM 发射机电路

2．调频振荡器

调频振荡器由可变电抗器、射频振荡器、外接电感 L_4 、石英晶体谐振器 XTAL 及反馈电容 C_{17} 、 C_{18} 组成。振荡器接成电容三点式振荡电路形式，同时完成频率调制，即振荡器和调频电路合二为一，均由晶体振荡器完成。

振荡器产生射频信号的频率由第 1 引脚和第 16 引脚之间外接的晶体谐振器决定，与晶体串联的电感 L_4 可对振荡频率进行微调，从而保证振荡频率正好处于要发射的频点上，该电感还可以起到扩展频偏的作用。由 MC2833 的第 5 引脚输入的音频信号经芯片内部音频放大器的放大后由第 4 引脚输出，再经耦合电容 C_3 到第 3 引脚，作为调制信号的输入，送到可变电抗器控制端，可变电抗器与第 1 引脚和第 16 引脚之间电感 L_4 及晶体谐振器 XTAL 串联，音频信号的变化引起可变电抗的电抗值改变，而使石英晶体振荡器的振荡频率随之改变，从而产生调频信号。第 16 引脚和第 15 引脚之间的外接电容 C_{18}，以及第 15 引脚与地之间的外接电容 C_{17} 与芯片内部晶体管构成振荡电路，图 10-7 给出了皮尔斯晶体振荡器电路。图 10-8 给出了第 3 引脚、第 4 引脚的输出波形。片内参考电压电路和外接电阻 R_1 为可变电抗器提供静态电压。

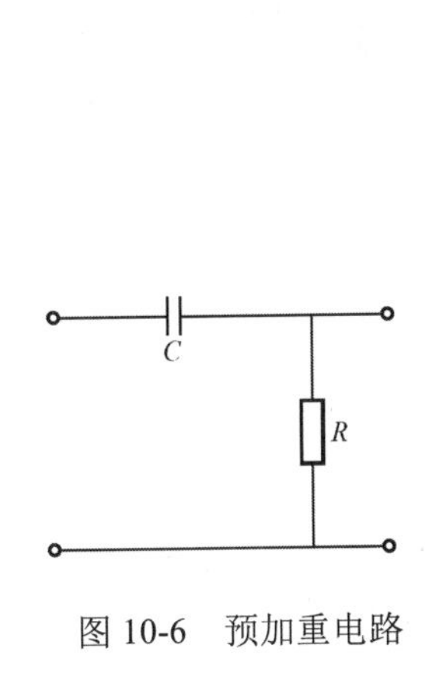

图 10-6 预加重电路

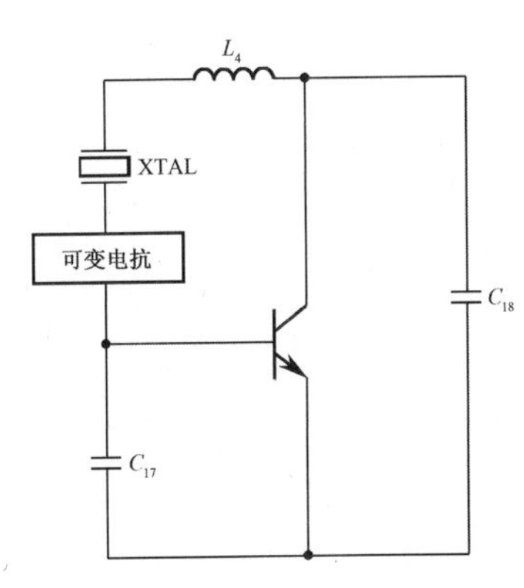

图 10-7 皮尔斯晶体振荡器电路

3．缓冲与功率放大器

调频振荡器的输出信号由片内直接送入缓冲器，缓冲器的作用是将振荡器与功率放大器隔离，提高振荡频率的准确度与稳定度。缓冲器负载是由 L_2、C_{21} 构成的并联谐振回路，调谐于输出的载波频率 32MHz 上（2 倍频），波形如图 10-9 所示。Q_1、Q_2 是两个级联的晶体管，用于功率放大。从缓冲器第 14 引脚输出的调频信号经由 C_{15} 耦合到第 13 引脚，即 Q_1 的基极；Q_1 的集电极第 11 引脚上连接电感 L_1 和电容 C_{11} 构成高频功率放大器的选频回路，调谐于发射机的工作频率 32MHz 。Q_1 放大后的输出信号连至 Q_2 构成的第二级功率放大器进一步放大，其集电极上 L_3 、 C_9、C_{10}、C_{19} 并联选频网络兼作为匹配网络完成 50Ω 阻抗变换，从第 9 引脚输出，经天线向外发射出去。本设计输出的是载波为 32MHz 的调频波，图 10-10 和图 10-11 分别给出了晶体管 Q_1 的第 11 引脚和晶体管 Q_2 的第 9 引脚输出的典型波形。

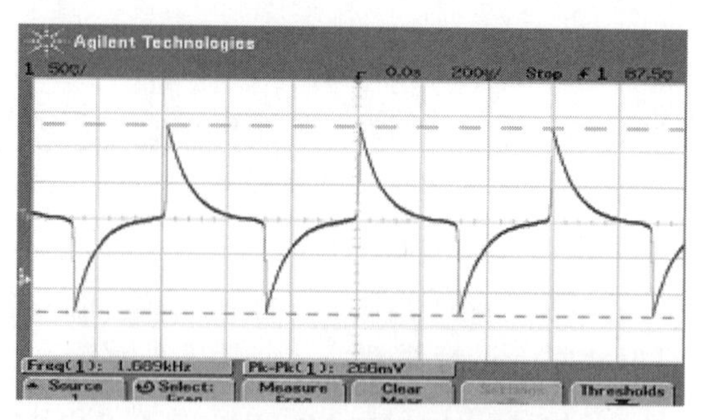

（a）MC2833 的第 3 引脚的典型波形

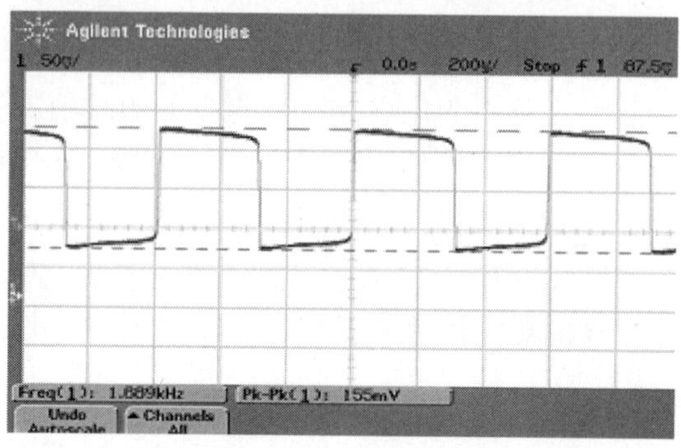

（b）MC2833 的第 4 引脚的典型波形

图 10-8　MC2833 的第 3 引脚和第 4 引脚的典型波形

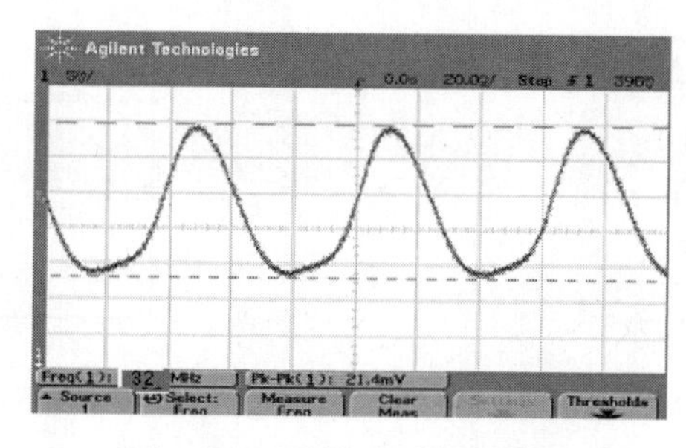

（a）MC2833 的第 13 引脚典型波形

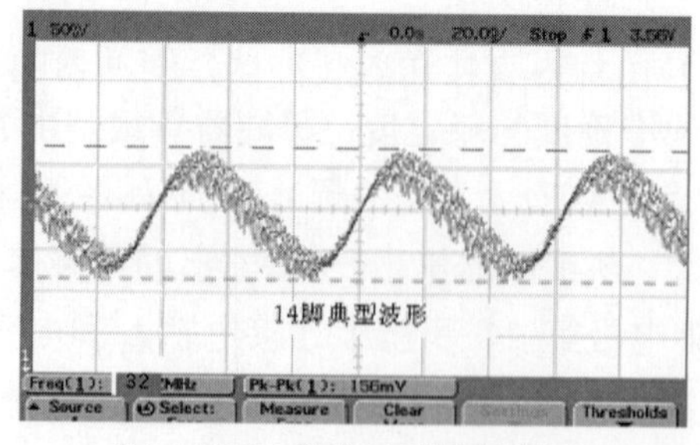

（b）MC2833 的第 14 引脚典型波形

图 10-9　MC2833 的第 13 引脚和第 14 引脚的典型波形

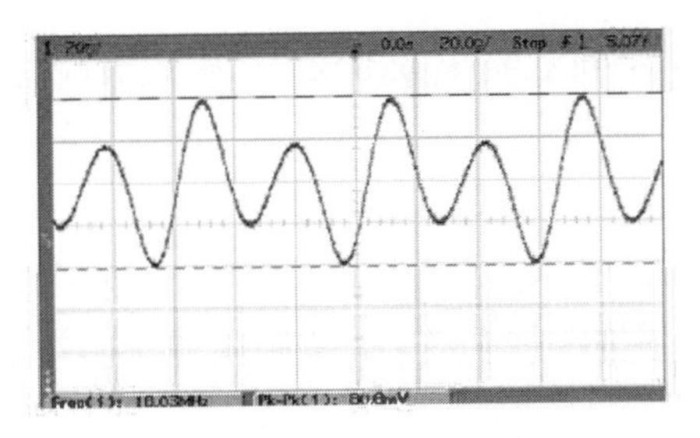

图 10-10　MC2833 的第 11 引脚输出的典型波形

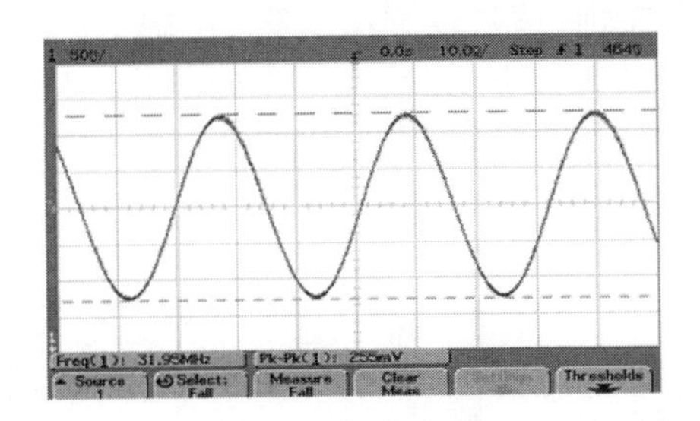

图 10-11　MC2833 的第 9 引脚输出的典型波形

10.4　无线电接收机

图 10-12 给出了典型的二次变频超外差式无线电接收机的原理框架。

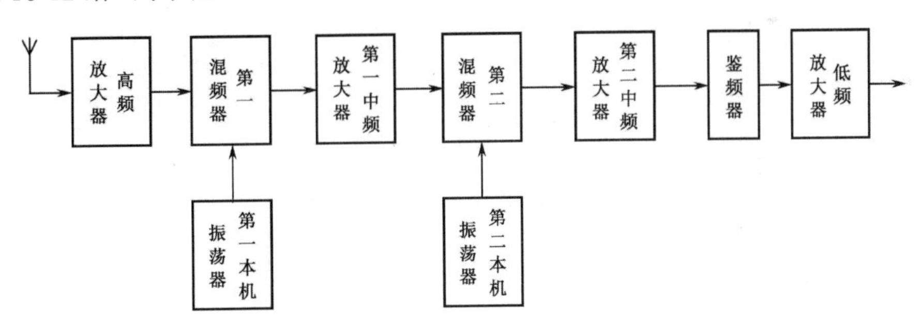

图 10-12 二次变频超外差式无线电接收机原理框架

摩托罗拉公司将调频接收机的主要功能集合在一起，组成一片调频接收集成电路 MC3362，主要包括振荡器、混频器、正交鉴频器和载波检测电路，还具有第一本机振荡器和第二本机振荡器及一个比较电路。其内部结构及引脚排列如图 10-13 所示。MC3362 性能特点如下。

（1）接收机单片化。芯片包含两个本机振荡器、两个混频器和两个中频放大器，是一个从天线输入到音频预放大器输出的全二次超外差式接收电路。

（2）工作频率高。在使用芯片内部本机振荡器电路时可达 200MHz，使用外接本机振荡器电路，工作频率可高达 450MHz。

（3）输入频带宽度。第一本机振荡器可采用灵活的 LC 振荡回路，也可作为锁相环频率合成器的 VCO，工作频率可达到 190MHz。在射频输入为 450MHz 时，还可以用外部振荡器（100mV）驱动。

（4）可低电压工作，电源电压为 2～7V 。

（5）低功耗。当电源电压为 3V 时，消耗电流典型值为 3.6mA 。

（6）具有很好的灵敏度和镜像抑制能力。当输出信噪比为 12dB 时，输入灵敏度典型值为 0.7μV 。

（7）含有数据信号整形比较器，可用于 FSK 数据通信。

（8）有 60dB 动态范围的接收信号场强指示器，可用于控制有中心和无中心移动通信设备的过区切换和空闲信道检测。表 10-2 给出了引脚的功能，主要技术参数可查阅相关技术文献。

表 10-2　MC3362 各引脚功能

引　脚	功能说明	引　脚	功能说明
1	第一混频输入	13	解调输出
2	第二本振输出	14	比较器输入
3	第二本振射极	15	比较器输出
4	第二本振基极	16	负电源 V_{EE}（公共地）
5	第二混频输出	17	第二混频输入
6	正电源 V_{CC}	18	第二混频输入
7	限幅输入	19	第一混频输出
8	限幅退耦	20	第一本振输出
9	限幅退耦	21	第一本振回路
10	场强指示	22	第一本振回路
11	载波检测	23	变容管控制
12	相移线圈	24	第一混频输入

图 10-14 给出了载波频率为 32MHz 的 FM 接收机电路。输入射频信号经第一混频器放大（18dB），并转换成第一中频信号（10.7MHz），第一中频信号再经过外部带通陶瓷滤波器滤波，然后输入第二混频器进一步放大（22dB），并混频转换成第二中频信号（455kHz），第二中频信号再经过外部带通陶瓷滤波器滤波，输入限幅放大器和电平检测电路，最后通过相移鉴频器恢复成音频信号输出。另外，电平检测电路用来检测输入 RF 信号的场强，数据整形比较电路用于检测 FSK 调制信号的过零率，该电路检测数据的传输速率为 2000～35000bps 。为了解决 MC3362 灵敏度不够高（0.7μV）和没有静噪电路问题，改进型的 MC3363 低功耗二次超外差式窄带 FM 单片接收机电路，增加了一只高频放大晶体管和静噪电路。当输出信噪比为 12dB 时，输入灵敏度为 0.3μV 。因此，MC3363 是性能更好的、从天线输入音频预放大输出的全单片化接收电路。

在图 10-14 给出的调频接收电路中，第 1 引脚和第 24 引脚是第一混频器信号输入端，既可采用平衡输入，也可采用不平衡输入。本电路采用单端不平衡输入，来自天线的信号经输入匹配网络接到第 1 引脚，第 24 引脚用电容高频旁路，输入匹配网络中的电感 L_2 选用 MC3310 可调电感（$L_2 = 0.22$～$0.47\mu H$），调节 L_2 和微调电容 C_2，使第 1 引脚输入信号最大，图 10-15 给出了第 1 引脚输入信号（32MHz）的波形。片内混频器均采用双差分对模拟相乘器构成。第 20～23 引脚是与第一本机振荡器相关的引脚。第 21 引脚、第 22 引脚外接 LC 谐振回路，其中电感 $L_1 = 0.41\mu H$；第 23 引脚内接变容二极管。第一本机振荡器频率受第 23 引脚上输入控制电压的控制，该电压可以是来自锁相环鉴相器的输出电压，本设计中通过调节可变电阻 W_2 改变第 23 引脚上的控制电压；第 20 引脚为第一本机振荡器输出，图 10-16 给出了用示波器测量该引脚的波形，频率近似为 21.35MHz。第 19 引脚为第一混频器的输出端，调节 L_1 和 C_{15} 使第 19 引脚得到的第一中频信号最大。第 19 引脚第一混频输出的信号经外部带通陶瓷滤波器 10.7MHz 滤波接至第 17 引脚，图 10-17 给出了第 17 引脚的波形。第 17 引脚、第 18 引脚、第 2 引脚、第 3 引脚、第 4 引脚、第 5 引脚是第二混频器的相关引脚，17 引脚、18 引脚是第二混频器输入端，该输入信号为第一混频器输出信号经陶瓷滤波器滤波后得到的第一中频信号 10.7MHz。在第二混频器中，第二本机振荡器信号 10.245MHz 与第一中频信号 10.7MHz 混频，产生的第二中频信号从第 5 引脚送到外接的 455kHz 陶瓷滤波器，从第 7 引脚取出经滤波的 455kHz 第二中频信号，波形如图 10-18 所示。

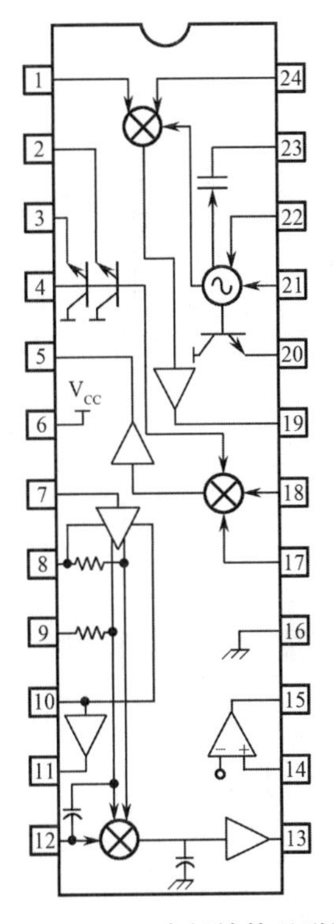

图 10-13　MC3362 内部结构及引脚排列

第 7 引脚、第 8 引脚、第 9 引脚是限幅中频放大器的相关引脚。第二中频信号由 7 引脚送到片内限幅中频放大器。第 8 引脚与第 9 引脚是限幅中频放大器去耦滤波端，外接去耦滤波电容。限幅中频放大器输出分两路，一路在内部直接连到乘积型相位鉴频器，另一路经第 12 引脚外接的 LC 并联谐振回路构成的移相网络移相后，接至乘积型相位鉴频器，并联 68kΩ 电阻以决定相位鉴频器的带宽。在鉴频器解调输出放大后，由第 13 引脚外接的 RC 低通滤波器实现加重并输出音频信号，图 10-19 给出了示波器测量音频输出端（电阻 R_3）在 FSK 为“1”时输出信号的波形。若传送的是数据信号，第 13 引脚上的数据信号通过比较器由第 15 引脚输出，第 10 引脚、第 11 引脚为检测限幅放大信号强度的相关引脚，第 10 引脚是电表驱动指示端，可通过电流表电流的大小判断信号的强弱，第 11 引脚是第二中频载波检测端。

当调频接收机收到的信号电平在鉴频门限以下时，它的输出信噪比便会急剧下降，解调出的信号中会出现大量噪声。为防止上述情况发生，须将接收机的音频及时切断，这种附加电路即为静噪电路。静噪电路常见的方式如下：

（1）噪声控制方式，即根据语音频带以外的噪声作为判断依据，对静噪电路进行控制；

（2）载频控制方式，以载频的强弱为依据，当接收信号的载频下降到一定电平时，将音频输出切断，这种方式控制效果较差，应用不多。

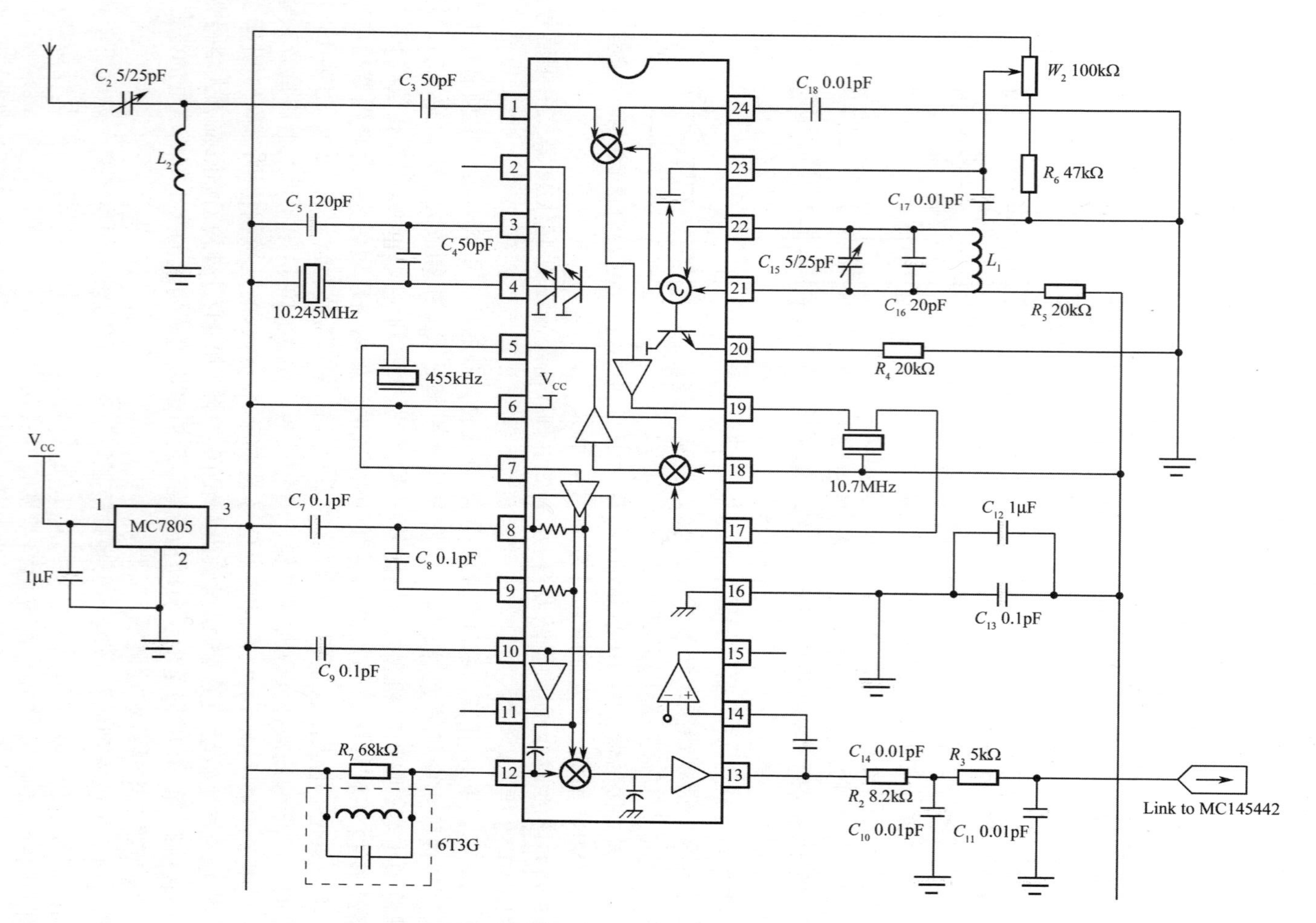

图 10-14 载波频率为 32MHz 的 FM 接收机电路

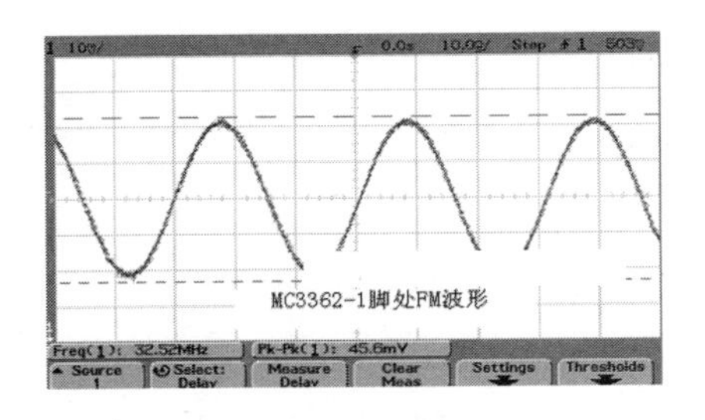

图 10-15　MC3362 的第 1 引脚的输入信号波形

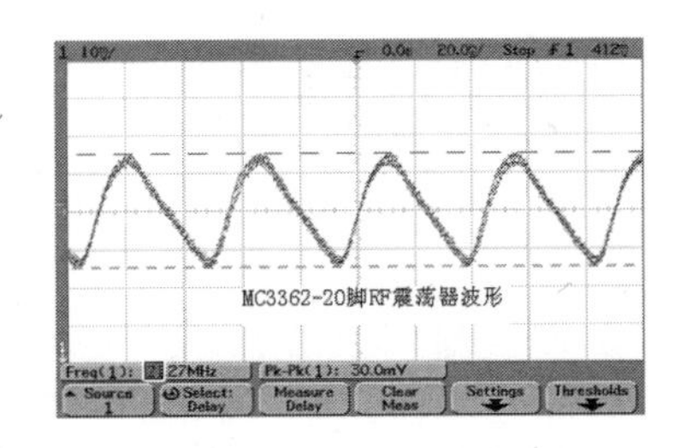

图 10-16　MC3362 的第一本机振荡器第 20 引脚的波形

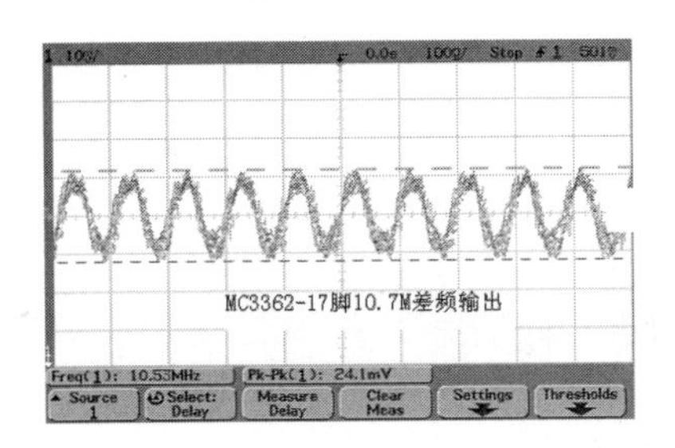

图 10-17　MC3362 的第 17 引脚 10.7MHz 的波形

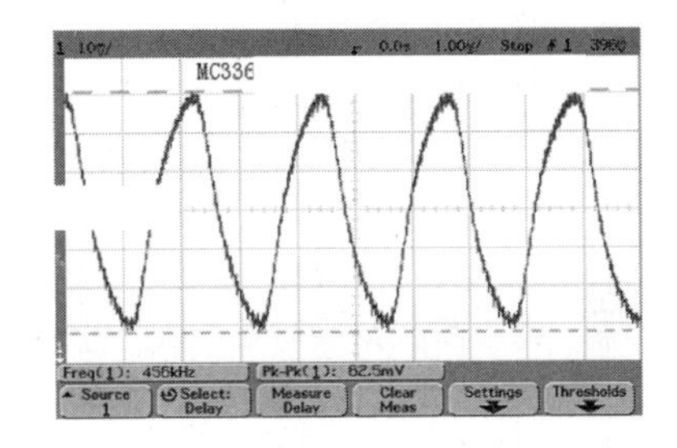

图 10-18　MC3362 的第 7 引脚 455kHz 的波形

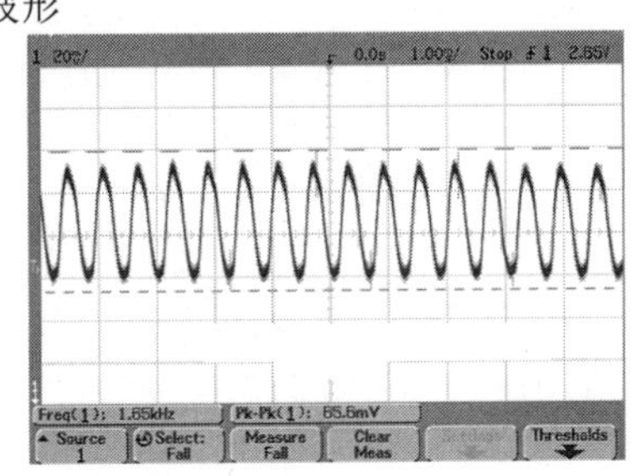

图 10-19　MC3362 音频输出端在 FSK 为“1”时 1.65kHz 输出信号波形

10.5　本章小结

本章介绍了无线电接收与发射系统的组成及主要性能指标，分析说明了以 MC2833 为核心的调频发射机、以 MC3362 为核心的调频接收机各功能模块的作用及工作原理，并阐述了数字通信的实现方法。

思考题与习题

10-1　为什么改变可调电阻 W_2 可以达到微调第一本机振荡频率的目的？

10-2　电路中的鉴频器的基本工作原理是什么？

10-3　在发射机电路中，如果在第 11 引脚测得的信号波形比第 13 引脚小，可能的原因是什么？

10-4　在发射机电路中，由 C_3、R_1 组成的预加重电路的作用是什么？

参考文献

[1] 王卫东. 高频电子电路[M]. 北京：电子工业出版社，2004.
[2] 范博. 射频电路原理与实用电路设计[M]. 北京：机械工业出版社，2006.
[3] 顾宝良. 通信电子电路[M]. 2 版. 北京：电子工业出版社，2008.
[4] 黄智伟. 通信电子电路[M]. 北京：机械工业出版社，2007.
[5] 谢沅清. 通信电子电路[M]. 北京：电子工业出版社，2007.
[6] 陈雅琴. 通信电路原理学习指导书[M]. 北京：高等教育出版社，2007.
[7] 陈邦媛. 射频通信电路[M]. 2 版. 北京：科学出版社，2006.
[8] 张肃文. 高频电子电路[M]. 2 版. 北京：高等教育出版社，1984.
[9] 刘宝玲. 通信电子电路[M]. 北京：高等教育出版社，2008.
[10] 张厥盛. 锁相技术[M]. 西安：西安电子科技大学出版社，2003.
[11] 王福昌. 锁相技术[M]. 武汉：华中理工大学出版社，1997.
[12] 侯丽敏. 通信电子电路[M]. 北京：清华大学出版社，2008.
[13] 黄亚平. 高频电子电路[M]. 北京：机械工业出版社，2007.
[14] 张企民. 通信电路学习指导书[M]. 西安：西安电子科技大学出版社，2004.
[15] 严国萍. 高频电子电路学习指导与题解[M]. 武汉：华中理工大学出版社，2003.
[16] 孟涛. 非线性电子电路学习与考试辅导[M]. 第一版. 北京：人民邮电出版社，2005.
[17] 张玉兴. 射频模拟电路[M]. 北京：电子工业出版社，2002.
[18] 陈启兴. 通信电子电路[M]. 北京：清华大学出版社，2008.
[19] 阳昌汉. 高频电子电路[M]. 北京：高等教育出版社，2006.
[20] 高吉祥. 高频电子电路[M]. 北京：电子工业出版社，2002.
[21] 曾兴雯. 高频电子电路[M]. 北京：高等教育出版社，2004.
[22] 解相吾. 通信电子电路[M]. 北京：人民邮电出版社，2008.
[23] 于洪珍. 通信电子电路[M]. 北京：清华大学出版社，2005.
[24] 夏术权. 通信电子电路[M]. 北京：北京理工大学出版社，2010.
[25] Wayne Tomasi. 电子通信系统[M]. 4 版. 王曼玉，等，译. 北京：电子工业出版社，2002.
[26] 高如云. 通信电子电路[M]. 2 版. 西安：西安电子科技大学出版社，1994.
[27] 沈伟慈. 高频电路[M]. 西安：西安电子科技大学出版社，2000.
[28] 沈琴. 非线性电路[M]. 北京：高等教育出版社，2004.
[29] http://www.Motorola.com/semiconductor.
[30] 曾兴雯. 高频电路原理与分析[M]. 4 版. 西安：西安电子科技大学出版社，2006.
[31] 杨霓清. 高频电子电路[M]. 北京：机械工业出版社，2007.
[32] 张义芳. 高频电子电路[M]. 哈尔滨：哈尔滨工业大学出版社，1996.
[33] 董尚斌. 电子电路（Ⅱ）[M]. 北京：清华大学出版社，2008.
[34] 钱聪. 通信电子电路[M]. 北京：人民邮电出版社，2004.
[35] 赵建勋. 射频电路[M]. 西安：西安电子科技大学出版社，2010.
[36] 解月珍. 通信电子电路[M]. 北京：机械工业出版社，2003.
[37] 邬国扬. 高频电路原理[M]. 浙江：浙江大学出版社，2006.